“十三五”普通高等教育规划教材

现代交流电机控制技术

主　编　潘月斗　楚子林

主　审　李华德

U0213188

机械工业出版社

本书全面、系统、深入地介绍了现代交流电机调速控制技术。从建立交流电机静态和动态数学模型入手，着重介绍了现代交流电机调压调频系统的基本组成、工作原理、控制策略以及交流调速系统的静、动态特性分析，还特别介绍了完善和提高交流电机控制性能的新理论、新技术、新方法。本书的重点是交流电机矢量控制技术、直接转矩控制技术、定子磁链轨迹控制技术、正弦波永磁同步电动机控制技术以及梯形波永磁同步电动机控制技术。

本书可作为电气工程、自动化、机械电子工程专业的研究生教材，也可作为本科生教材，还可以作为从事电气传动工作的技术人员的参考用书。

图书在版编目(CIP)数据

现代交流电机控制技术/潘月斗，楚子林主编．—北京：机械工业出版社，2017.11
"十三五"普通高等教育规划教材
ISBN 978-7-111-58787-3

Ⅰ.①现… Ⅱ.①潘… ②楚… Ⅲ.①交流电机－控制系统－高等学校－教材 Ⅳ.①TM340.12

中国版本图书馆 CIP 数据核字(2017)第 320067 号

机械工业出版社(北京市百万庄大街 22 号 邮政编码 100037)
策划编辑：时 静 责任编辑：时 静
责任校对：张艳霞 责任印制：张 博

河北鑫兆源印刷有限公司印刷

2018 年 1 月第 1 版・第 1 次印刷
184mm×260mm・21.75 印张・521 千字
0001-3000 册
标准书号：ISBN 978-7-111-58787-3
定价：59.00 元

凡购本书，如有缺页、倒页、脱页，由本社发行部调换

电话服务
服务咨询热线：(010)88379833
读者购书热线：(010)88379649

网络服务
机 工 官 网：www.cmpbook.com
机 工 官 博：weibo.com/cmp1952
教育服务网：www.cmpedu.com
金 书 网：www.golden-book.com

封面无防伪标均为盗版

前　言

交流电机控制技术是一种通过控制电动机转速来满足各种生产工艺要求、改善工作效果的技术，它是信息、能源和机械的接口。早期的电动机调速是直流调速独霸天下，自 20 世纪 80 年代以来，随着电力电子技术、数字控制技术的发展和高性能交流调速方法的发明，交流调速技术已经得到了广泛的应用，现在已实现了以交流调速取代直流调速的目标。

本书全面、系统、深入地介绍了现代交流电机的控制理论与技术。从建立交流电机数学模型入手，着重介绍了现代交流电机调压调频系统的基本组成、工作原理、控制策略以及静、动态特性分析；介绍了完善和提高交流电机控制性能的新理论、新技术。本书的重点是交流电机矢量控制技术、直接转矩控制技术、定子磁链轨迹控制技术、正弦波永磁同步电动机控制技术以及梯形波永磁同步电动机控制技术。本书的特点如下：

1）本书题材来源于工程实际，具有前沿性和先进性。遵循了深入浅出、循序渐进的写作思想及理论联系实际的原则。考虑到本书可作为研究生教材，因此对本书的理论内容进行了加深和充实。

2）本书澄清了直接转矩控制的基本概念，拓展了直接转矩控制技术的内容。

3）为提高和完善交流电机的控制性能，本书第 10 章比较全面地介绍了新型的先进控制技术及智能控制技术。

4）磁链轨迹控制是近几年研究出来的一种新控制方法，主要解决由于使用高压开关器件后开关频率低带来的问题，它既不同于常规矢量控制，又不同于直接转矩控制，性能优于二者，在本书第 5 章中详细介绍了该方法。

5）不同于其他教材，本书根据交流电机控制技术的新发展和实际应用的需要，把正弦波永磁同步电动机控制技术和梯形波永磁同步电动机控制技术作为重点内容做了全面而深入的介绍。

本书可作为电气工程、自动化、机械电子工程专业的研究生教材，也可作为本科生教材，还可以作为从事电气传动工作的技术人员的参考用书。

本书由潘月斗副教授、楚子林教授级高工担任主编，李华德教授担任主审。其中第 1 ~ 7 章、第 10 章由北京科技大学潘月斗副教授编写，第 8 ~ 9 章由天津电气传动研究院楚子林教授级高工编写。研究生王丞伟、陈涛、郭凯、张立中、王国防、赵家兴、李永亮参加了本书的编写、录入及校对工作。

由于作者水平有限，虽然尽力而为，但仍难免有错误和不足之处，敬请广大读者批评指正。

编　者

常用符号

一、元件和装置用的文字符号（按国家标准 GB/T 7159—1987）

A	放大器、调节器、电枢绕组、A 相绕组	GD	驱动电路
ACR	电流调节器	GAB	绝对值变换器
ADR	电流变化率调节器	GF	函数发生器
AE	电动势运算器	GT	触发装置
AER	电动势调节器	GTF	正组触发装置
AFR	励磁电流调节器	GTR	反组触发装置
AP	脉冲放大器	GI	给定积分器
APR	位置调节器	K	继电器；接触器
AR	反号器	KF	正向继电器
ASR	转速调节器	KMF	正向接触器
ATR	转矩调节器	KMR	反向接触器
AVR	电压调节器	KR	反向继电器
AΨR	磁链调节器	L	电感；电抗器
B	非电量－电量变换器	M	电动机
BQ	位置传感器	LS	饱和电抗器
BS	自整角机	MI(MA)	异步电动机
BSR	自整角机接收机	MD	直流电动机
BST	自整角机发送机	MS	同步电动机
BRT	转速传感器	N	运算放大器
C	电容	R，r	电阻，电阻器；变阻器
CD	电流微分环节	RP	电位器
CU	功率变换单元	SA	控制开关；选择开关
D	数字集成电路和器件	SB	按钮
DHC	滞环比较器	SM	伺服电动机
DLC	逻辑控制环节	T	变压器
DLD	逻辑延时环节	TA	电流互感器
F	励磁绕组	TAF	励磁电流互感器
FB	反馈环节	TC	控制电源变压器
FBC	电流反馈环节	TG	测速发电机
FBS	测速反馈环节	TM	电力变压器；整流变压器
G	发电机；振荡器；发生器	TU	自耦变压器
		TV	电压互感器

U	变换器；调制器
UI	逆变器
UPE	电力电子变换器
UR	整流器
URP	相敏整流器
UCR	可控整流器
V	开关器件；晶闸管整流装置
VBT	晶体管
VD	二极管
VF	正组晶闸管整流装置
VFC	励磁电流可控整流装置
VR	反组晶闸管整流装置
VS	稳压管
VT	晶闸管，功率开关器件

二、参数和物理量文字符号

A_d	动能
a	线加速度；特征方程系数
B	磁感应强度
C	电容；输出被控变量
C_e	直流电动机在额定磁通下的电动势系数
C_m	直流电动机在额定磁通下的转矩系数
D	调速范围；摩擦转矩阻尼系数；脉冲数
E，e	反电动势，感应电动势（大写为平均值或有效值，小写为瞬时值，下同）；误差
e_d	检测误差
e_s	系统误差
e_{sf}	扰动误差
e_{sr}	给定误差
F	磁动势；力；扰动量
f	频率
G	重力
GD^2	飞轮惯量
GM	增益裕度
g	重力加速度
h	开环对数频率特性中频宽度
I，i	电流
I_a，i_a	电枢电流
i	减速比
I_d，i_d	整流电流
I_{dL}	负载电流
I_f，i_f	励磁电流
J	转动惯量
K	控制系统各环节的放大系数（以环节符号为下角标）；闭环系统的开环放大系数；扭转弹性转矩系数
K_{bs}	自整角机放大系数
K_e	直流电机电动势的结构常数
K_m	直流电机转矩的结构常数
K_p	比例放大系数
K_{rp}	相敏整流器放大系数
K_s	电力电子变换器放大系数
k	谐波次数；振荡次数
k_N	绕组系数
K_g	减速器放大系数
L	电感；自感；对数幅值
L_l	漏感
L_m	互感
M	电动机；调制度；闭环系统频率特性幅值
m	整流电流（电压）一周内的电脉冲数；典型 I 系统两个时间常数比
N	匝数；扰动量；载波比；额定值
n	转速；n 次谐波
n_0	理想空载转速；同步转速
n_s	同步转速
n_p	极对数
P，p	功率

$P\left(=\frac{\mathrm{d}}{\mathrm{d}t}\right)$	微分算子
P_m	电磁功率
P_s	转差功率
Q	无功功率
R	电阻；电阻器；变阻器
R_a	直流电机电枢电阻
R_L	电力电子变换器内阻
R_{rec}	整流装置内阻
S	视在功率
s	转差率；静差率；拉氏变换因子
$s=\alpha+j\omega$	Laplace 变量
T	时间常数；开关周期；感应同步器绕组节距
t	时间
T_c	脉宽调制载波的周期
T_e	电磁转矩
T_{ei}	异步电动机电磁转矩
T_{ed}	直流电动机电磁转矩
T_{es}	同步电动机电磁转矩
T_l	电枢回路电磁时间常数
T_L	负载转矩
T_m	机电时间常数
t_m	最大动态降落时间
T_o	滤波时间常数
t_{on}	开通时间
t_{off}	关断时间
t_p	峰值时间
t_r	上升时间
T_s	电力电子变换器平均失控时间，电力电子变换器滞后时间常数
t_s	调节时间
t_v	恢复时间
U，u	电压，电枢供电电压
U_b	基极驱动电压
U_{bs}	自整角机输出电压
U_C	控制电压
U_d，u_d	整流电压；直流平均电压
U_{d0}，u_{d0}	理想空载整流电压
U_f，u_f	励磁电压
U_s	电源电压
U_x	变量 x 的反馈电压（x 可用变量符号代替）
U_x^*	变量 x 的给定电压（x 可用变量符号代替）
v	速度，线速度
$W(s)$	开环传递函数
$W_{cl}(s)$	闭环传递函数
$W_{obj}(s)$	控制对象传递函数
W_m	磁场储能
X	电抗
x	机械位移
Z	阻抗；电抗器
z	负载系数
α	速度反馈系数；可控整流器的触发延迟角
β	电流反馈系数；可控整流器的逆变角
γ	电压反馈系数；相角裕度；（同步电动机反电动势换流时的）换流提前角
γ_0	空载换流提前角
δ	转速微分时间常数相对值；磁链反馈系数；脉冲宽度；换流剩余角
Δn	转速降落
ΔU	偏差电压
$\Delta\theta$	失调角，角差
ξ	阻尼比
η	效率
θ	电角位移；可控整流器的导通角
θ_m	机械角位移
λ	电机允许过载倍数
μ	磁导率；换流重叠角
ρ	占空比；电位器的分压系数

σ	漏磁系数；超调量	ω	角速度，角频率
τ	时间常数，积分时间常数	ω_b	闭环特性通频带
Φ，ϕ	磁通	ω_c	开环特性截止频率
Φ_m，ϕ_m	每极气隙磁通量	ω_m	机械角速度
φ	相位角、阻抗角；相频；功率因数角	ω_n	二阶系统的自然振荡频率
		ω_s	同步角速度
Ψ，ψ	磁链	ω_{sl}	转差角速度
Ω	机械角速度		

三、常用下角标

add	附加值（additional）	s	定子（stator）；电源（source）
av	平均值（average）	s，ser	串联（series）
b	偏压（bias）；基准（basic）；镇流（ballast）	in	输入；入口（input）
		i，inv	逆变器（inverter）
b，bal	平衡（balance）	k	短路（short）
bl	堵转封锁（block）	L	负载（load）
br	击穿（break down）	l	线值（line）；漏磁（leakage）
c	环流（circulating current）；控制（control）	lim	极限，限制（limit）
		m	极限值，峰值；励磁（magnetizing）
cl	闭环（closed loop）		
com	比较（compare）；复合（combination）	max	最大值（maximun）
		min	最小值（minimum）
cr	临界（critical）	N	额定值，标称值（nominal）
d	延时；延滞（delay）；驱动（drive）	obj	控制对象（object）
		off	断开（off）
er	偏差（error）	on	闭合（on）
ex	输出，出口（exit）	op	开环（open loop）
f	正向（forward）；磁场（field）；反馈（feedback）	p	脉动（pulse）
		sam	采样（sampling）
g	气隙（gap）；栅极（gate）	st	起动（starting）
R	合成（resultant）	syn	同步（synchronous）
r	转子（rotator）；上升（rise）；反向（reverse）	t	力矩（torque）；触发（trigger）；三角波（triangular wave）
r，ref	参考（reference）	∞	稳态值，无穷大处（infinity）
rec	整流器（rectifier）	$\sum$	和（sum）

四、常用缩写符号

CHBPWM	电流滞环跟踪 PWM（Current Hysteresis Band PWM）
CSI	电流源（型）逆变器（Current Source Inverter）

CVCF	恒压恒频（Constant Voltage Constant Frequency）
DSP	数字信号处理器（Digital Signal Processor）
IPM	智能功率模块（Intelligent Power Module）
PIC	功率集成电路（Power Integrated Circuit）
PWM	脉宽调制（Pulse Width Modulation）
SCR	晶闸管（Silicon Controlled Rection）
SHEPWM	消除指定次数谐波的 PWM（Selected Harmonics Elimination PWM）
SOA	安全工作区（Safe Operation Area）
SPWM	正弦波脉宽调制（Sinusoidal PWM）
VCO	压控振荡器（Voltage - Controlled Oscillator）
VR	矢量旋转变换器（Vector Rotator）
VSI	电压源（型）逆变器（Voltage Source Inverter）
VVVF	变压变频（Variable Voltage Variable Frequency）

目　录

绪　论

0.1　交流电动机控制技术的发展

19 世纪 70 年代前后相继诞生了直流电动机和交流电动机，从此人类社会进入了以电动机为动力设备的时代。以电动机为代表的动力机械，为人类社会的发展和进步、为工业生产的现代化起到了巨大的推动作用。

在用电系统中，电动机作为主要的动力设备而广泛地应用于工农业生产、交通运输、空间技术、国防及社会生活等方面。电动机负荷约占总发电量的70%，为用电量最多的电气设备。

根据采用的电流制式不同，电动机分为直流电动机和交流电动机两大类，其中交流电动机拥有量最多，提供给工业生产的电量多半是通过交流电动机加以利用的。经过一百多年的发展，至今为止人们已经制造出了型式多样、用途各异、多种容量、品种齐全的交流电动机。交流电动机分为同步电动机和异步（感应）电动机两大类：电动机的转子转速与定子电流的频率保持严格不变的关系，即是同步电动机；反之，若不保持这种关系，即是异步电动机。20 世纪 80 年代以来，开关磁阻电动机、永磁无刷直流电动机（梯形波永磁同步电动机）、正弦波永磁同步电动机等新型交流电动机得到了很快的发展和应用。根据统计，交流电动机用电量占电动机总用电量的 85% 左右，可见交流电动机应用的广泛性及其在国民经济中的重要地位。

在实际应用中，一是要使电动机具有较高的机电能量转换效率；二是要根据生产机械的工艺要求控制和调节电动机的旋转速度。电动机的调速性能如何，对提高产品质量、提高劳动生产率和节省电能有着直接的决定性影响。以直流电动机作为控制对象的电力拖动自动控制系统称为直流调速系统；以交流电动机作为控制对象的电力拖动自动控制系统称为交流调速系统。根据交流电动机的分类，相应地有同步电动机调速系统和异步电动机调速系统。

0.1.1　直流电动机控制技术存在的问题

20 世纪 60 年代以前是以旋转变流机组供电的直流调速系统为主（见图 0–1），还有

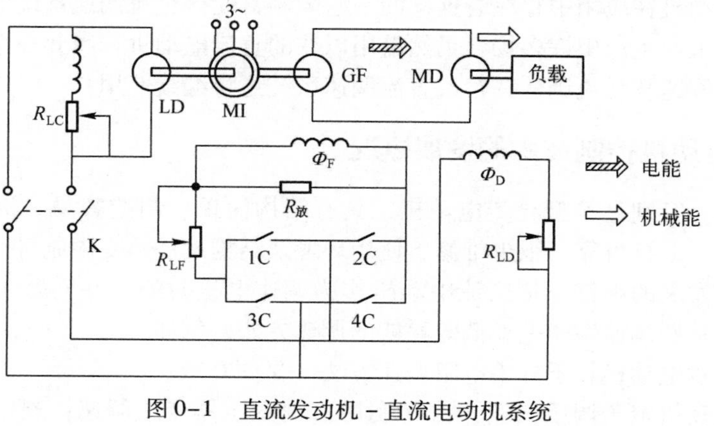

图 0–1　直流发动机 – 直流电动机系统

一些是静止式水银整流器供电的直流调速系统（见图 0–2）。1957 年美国通用电气公司的 A. R. 约克制成了世界上第一只晶闸管（SCR），又称为可控硅整流元件（简称可控硅），这标志着电力电子时代的开始。20 世纪 60 年代以后以晶闸管组成的直流供电系统逐步取代了直流机组和水银整流器。20 世纪 80 年代末期全数字控制的直流调速系统迅速取代了模拟控制的直流调速系统。

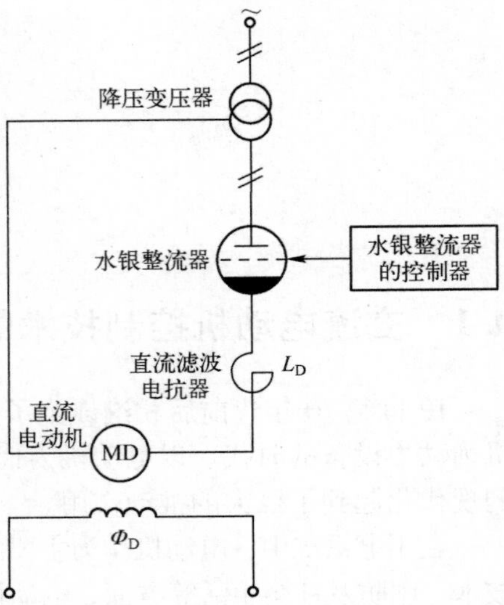

图 0–2　离子电力拖动的主回路

由于直流电动机的转速容易控制和调节，在额定转速以下，保持励磁电流恒定，可用改变电枢电压的方法实现恒转矩调速；在额定转速以上，保持电枢电压恒定，可用改变励磁的方法实现恒功率调速。近代采用晶闸管供电的转速、电流双闭环直流调速系统可获得优良的静、动态调速特性。因此，长期以来（20 世纪 80 年代中期以前）在变速传动领域中，直流调速一直占据主导地位。然而，由于直流电动机本身存在机械式换向器和电刷这一固有的结构性缺陷，这给直流调速系统的发展带来了一系列限制，具体表现在以下几方面：

1）机械式换向器表面线速度及换向电压、电流有一极限容许值，这就限制了电动机的转速和功率（其极限容量与转速乘积被限制在 10^6 kW · r/min）。如果要超过极限容许值，则会大大增加电动机制造的难度和成本以及调速系统的复杂性。因此，在工业生产中，对一些要求特高转速、特大功率的场合则根本无法采用直流调速方案。

2）为了使机械式换向器能够可靠工作，往往采用增大电枢和换向器直径的方法，这使得电动机体积增大，导致转动惯量增大，对于要求快速响应的生产工艺，采用直流调速方案就难以实现。

3）机械式换向器必须经常检查和维修，电刷必须定期更换。这就表明了直流调速系统维护工作量大，维修费用高，同时停机检修和更换电刷也直接影响了正常生产。

4）在一些易燃、易爆的生产场合或一些多粉尘、多腐蚀性气体的生产场合不能或不宜使用直流调速系统。

由于直流电动机在应用中存在着这样的一些限制，使得直流调速系统的发展也相应受到限制。但是目前工业生产中许多场合仍然沿用以往的直流电动机，因此在今后相当长的一个时期内会是直流调速和交流调速并存，直流调速系统还将继续使用。

0.1.2　交流电动机控制技术的发展概况

交流电动机，特别是笼型异步电动机，具有结构简单、制造容易、价格便宜、坚固耐用、转动惯量小、运行可靠、很少维修、使用环境及结构发展不受限制等优点。但是，长期以来由于受科技发展的限制，把交流电动机作为调速电机时的一些问题未能得到较好的解决，在早期只有一些调速性能差、低效耗能的调速方法，例如：

绕线转子异步电动机转子外串电阻调速方法（见图 0–3）。

笼型异步电动机定子调压调速方法（利用自耦变压器变压调速；利用饱和电抗器变压

调速），如图 0-4 所示。还有变极对数调速方法（见图 0-5）及后来的电磁（转差离合器）调速方法（见图 0-6）等。

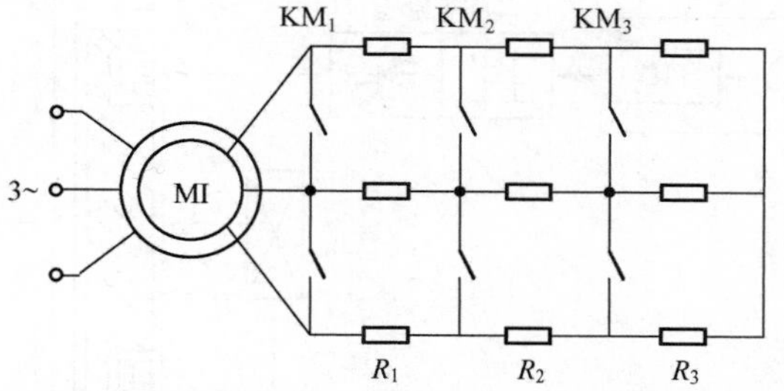

图 0-3　绕线转子异步电动机转子外串电阻调速原理图

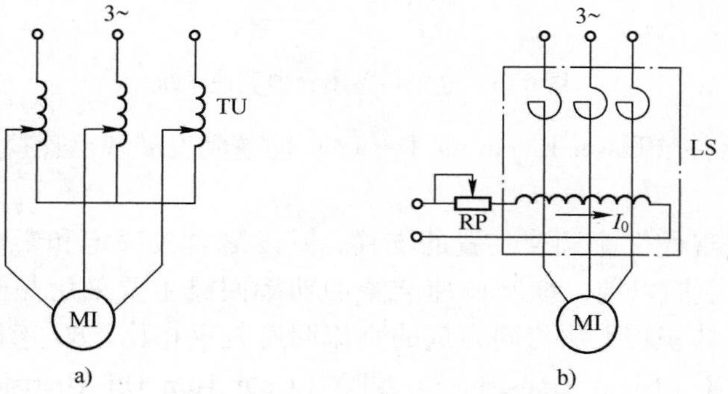

图 0-4　异步电动机变压调速原理图

a）利用自耦变压器变压调速　b）利用饱和电抗器变压调速

TU—自耦变压器　LS—饱和电抗器

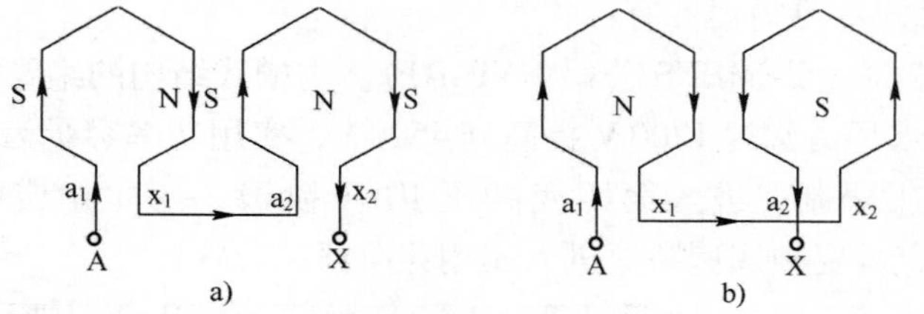

图 0-5　变极对数调速方法原理图

a）顺向串联 $2n_p=4$ 极　b）反向串联 $2n_p=2$ 极

图 0-5a 为一台 4 极电动机 A 相两个线圈连接示意图，每个线圈代表半个绕组。如果两个线圈处于首尾相连的顺向串联状态，根据电流方向可以确定出磁场的极性，显然为 4 极，如果将两个线圈改为图 0-5b 所示的反向串联状态，会使极数减半。

在图 0-6 中，当励磁绕组通以直流电，电枢为电动机所拖动以恒速定向旋转时，在电枢中感应产生涡流，涡流与磁极的磁场作用产生电磁转矩，使磁极跟着电枢同方向旋转。改变励磁电流的大小就可以实现对负载的调速。

20 世纪 60 年代以后，由于生产发展的需要和（由能源危机引起的）节省电能的迫切要求，促使世界各国开始重视交流调速技术的研究与开发。尤其是 20 世纪 80 年代以来，科学技术的迅速发展，为交流调速的发展创造了极为有利的技术条件和物质基础。从此，以变频调速为主要内容的现代交流调速系统沿着下述四个方面迅速发展。

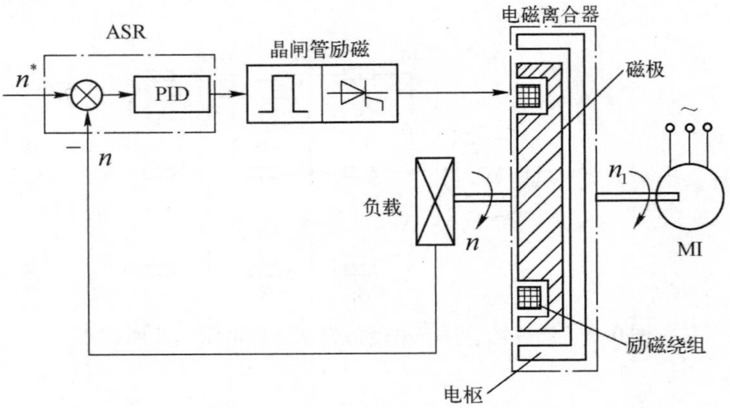

图 0-6　电磁转差离合器调速系统

（1）电力电子器件（Power Electronic Device）的蓬勃发展和迅速换代推动了交流调速的迅速发展

电力电子器件是现代交流调速装置的支柱，其发展直接决定和影响交流调速技术的发展。20 世纪 80 年代中期以前，变频调速装置的功率回路主要采用晶闸管元件。装置的效率、可靠性、成本、体积均无法与同容量的直流调速装置相比。80 年代中期以后采用第二代电力电子器件 GTR（Giant Transistor）、GTO（Gate Turn Off Thyristor）、VDMOS - IGBT（Insulated Gate Bipolar Transistor）等功率器件制造的变频器在性能上与直流调速装置相当。90 年代第三代电力电子器件问世，在这个时期中，中、小功率的变频器（1 ~ 1000 kW）主要采用 IGBT 器件，大功率的变频器采用 GTO 器件。20 世纪 90 年代末至今，电力电子器件的发展进入了第四代，主要的器件有：

1）高压 IGBT 器件（SIEMENS 公司 HVIGBT）。沟槽式结构的绝缘栅晶体管 IGBT 问世，使 IGBT 器件的耐压水平由常规 1200 V 提高到 4500 V，实用功率容量为 3300V/1200A，表明 IGBT 器件突破了耐压限制，进入第四代高压 IGBT 阶段，与此相应的三电平 IGBT 中压（2300 ~ 4160 V）大容量变频调速装置进入实用化阶段。

2）IGCT（Insulated Gate Controlled Transistor）器件。ABB 公司把环形门极 GTO 器件外加 MOSFET 功能，研制成功全控型 IGCT（ETO）器件，使其耐压及容量保持了 GTO 的水平，但门极控制功率大大减小，仅为 0.5 ~ 1 W。目前实用化的 IGCT 功率容量为 4500V/3000A，相应的变频器容量为(315 ~ 10000 kW)/(6 ~ 10 kV)。

3）IEGT（Injection Enhanced Gate Transistor）器件。东芝 - GE 公司研制的高压、大容量、全控型功率器件 IEGT 是把 IGBT 器件和 GTO 器件二者优点结合起来的注入增强栅晶体管。IEGT 器件的实用功率容量为 4500 V/1500 A，相应的变频器容量达 8 ~ 10 MW。

由于 GTR、GTO 器件本身存在的不可克服的缺陷，功率器件进入第四代以来，GTR 器件已被淘汰不再使用，GTO 器件也将被逐步淘汰。用第四代电力电子器件制造的变频器性能/价格比与直流调速装置相当。

第四代电力电子器件模块化更为成熟，如功率集成电路 PIC、智能功率模块 IPM 等，模块化器件将是 21 世纪的主宰器件。

(2) 脉宽调制(PWM)技术

1964 年，德国学者 A. Schonung 和 H. Stemmler 提出将通信中的调制技术应用到电机控制中，于是产生了脉冲宽度调制技术（Pulse Width Modulation，PWM），简称脉宽调制（PWM）技术。脉宽调制技术的发展和应用优化了变频装置的性能，适用于各类调速系统。

脉宽调制（PWM）种类很多，并且正在不断发展之中。基本上可分为四类，即等宽 PWM、正弦 PWM（SPWM）、磁链追踪型 PWM（SVPWM）及电流滞环跟踪型 PWM（CHBPWM）。PWM 技术的应用克服了相控方法的所有弊端，使交流电动机定子得到了接近正弦波的电压和电流，提高了电动机的功率因数和输出功率。现代 PWM 生成电路大多采用具有高速输出口（HSO）的单片机（如 80196）及高速数字信号处理器（DSP），通过软件编程生成 PWM。近年来，新型全数字化专用 PWM 生成芯片 HEF4752、SLE4520、MA818 等已在实际中得到应用。

(3) 矢量控制理论的诞生和发展奠定了现代交流调速系统高性能化的基础

1971 年，德国学者伯拉斯切克（F. Blaschke）提出了交流电动机矢量控制理论，这是实现高性能交流调速系统的一个重要突破。

矢量控制的基本思想是应用参数重构和状态重构的现代控制理论概念实现交流电动机定子电流的励磁分量和转矩分量之间的解耦，将交流电动机的控制过程等效为直流电动机的控制过程，从而使交流调速系统的动态性能得到了显著的提高，这使交流调速最终取代直流调速成为可能。目前对调速特性要求较高的生产工艺已较多地采用了矢量控制型的变频调速装置。实践证明，采用矢量控制的交流调速系统的优越性高于直流调速系统。

针对电机参数时变的特点，在矢量控制系统中采用了自适应控制技术。毫无疑问，矢量控制技术在应用实践中将会更加完善，其控制性能将得到进一步提高。

继矢量控制技术之后，于 1985 年由德国学者 M. Depenbrock 提出的直接自控制（DSC）的直接转矩控制，以及于 1986 年由日本学者 I. Takahashi 提出的直接转矩控制都取得了实际应用的成功。近十几年的实际应用表明，与矢量控制技术相比，直接转矩控制可获得更大的瞬时转矩和快速的动态响应，因此，交流电动机直接转矩控制也是一种很有发展前途的控制技术，目前，采用直接转矩控制方式的 IGBT、IEGT、IGCT 变频器已广泛应用于工业生产及交通运输部门中。

(4) 计算机控制技术的迅速发展和广泛应用

微型计算机控制技术的迅速发展和广泛应用为现代交流调速系统的成功应用提供了重要的技术手段和保证。近十几年来，由于微机控制技术，特别是以单片微机及数字信号处理器（DSP）为控制核心的微机控制技术的迅速发展和广泛应用，促使交流调速系统的控制回路由模拟控制迅速走向数字控制。当今模拟控制器已被淘汰，全数字化的交流调速系统已普遍应用。

数字化使得控制器对信息处理能力大幅度提高，许多难以实现的复杂控制，如矢量控制中的坐标变换运算、解耦控制、滑模变结构控制、参数辨识的自适应控制等，采用微机控制器后便都迎刃而解了。此外，微机控制技术又给交流调速系统增加了多方面的功能，特别是故障诊断技术得到了完全的实现。

计算机控制技术的应用提高了交流调速系统的可靠性和操作、设置的多样性和灵活性，降低了变频调速装置的成本和体积。以微处理器为核心的数字控制已成为现代交流调速系统的主要特征之一。

交流调速技术的发展过程表明，现代工业生产及社会发展的需要推动了交流调速的发展；现代控制理论的发展和应用、电力电子技术的发展和应用、微机控制技术及大规模集成电路的发展和应用为交流调速的发展创造了技术和物质条件。

20 世纪 90 年代以来，电力传动领域面貌焕然一新，各种类型的异步电动机变频调速系统、各种类型的同步电动机变频调速系统覆盖了电力传动领域的方方面面。电压等级从 110 V 到 10000 V，容量从数百瓦的伺服系统到数万千瓦的特大功率调速系统，从一般要求的调速传动到高精度、快速响应的高性能调速传动，从单机调速传动到多机协调调速传动，几乎无所不有。

0.1.3 交流电动机控制技术的发展动向

交流调速取代直流调速已是不争的事实，21 世纪必将是交流调速的时代。当前交流调速系统正朝着高电压、大容量、高性能、高效率、绿色化、网络化的方向发展，主要包括以下几方面：

① 高性能交流调速系统的进一步研究与技术开发；

② 新型拓扑结构功率变换器的研究与技术开发；

③ PWM 模式的改进和优化；

④ 中压变频装置（我国称为高压变频装置）的开发研究。

（1）控制理论与控制技术方面的研究与开发

十几年的应用实践表明，矢量控制理论及其他现代控制理论的应用尚待随着交流调速的发展而不断完善，从而进一步提高交流调速系统的控制性能。各种控制结构所依据的都是被控对象的数学模型，因此，为了建立交流调速系统的合理的控制结构，仍需对交流电动机数学模型的性质、特点及内在规律做深入研究和探讨。

按转子磁链定向的异步电动机矢量控制系统实现了定子励磁电流和转矩电流的完全解耦，然而转子参数估计不准确及参数变化造成定向坐标的偏移是矢量控制研究中必须解决的重要问题之一。

直接转矩控制技术在应用实践中不断完善和提高，其研究的主攻方向是进一步提高低速时的控制性能，以扩大调速范围。

无速度传感器的控制系统已有许多应用，但是转速推算精度和控制的实时性有待于深入研究与开发。

近年来，为了进一步提高和改善交流调速系统的控制性能，国内外学者致力于将先进的控制策略引入到交流调速系统中来，诸如，滑模变结构控制、非线性反馈线性化控制、Backstepping 控制、自适应逆控制、内模控制、自抗扰控制、智能控制等，已经成为交流调速发展中新的研究内容。

（2）变频器主电路拓扑结构的研究与开发

提高变频器的输出效率是电力电子技术发展中需要解决的重要问题之一，提高变频器输出效率的主要措施是降低电力电子器件的开关损耗。具体解决方法是开发研制新型拓扑结构的变流器，如 20 世纪 80 年代中期美国威斯康星大学 Divan 教授提出的谐振直流环逆变器，可使电力电子器件在零电压或零电流下转换，即工作在所谓“软开关”状态下，从而使开关损耗降低到接近于零。

此外，电力电子逆变器正朝着高频化、大功率方向发展，这使装置内部的电压、电流发生剧变，不但使器件承受很大的电压、电流应力，而且在输入、输出引线及周围空间里产生高频电磁噪声，引发电气设备误动作，这种公害称为电磁干扰（Electro Magnetic Interference，EMI）。抑制 EMI 的有效方法也是采用软开关技术，国内外都在积极研究与开发，具有软开关功能的谐振逆变器，今后串并联谐振式变频器将会有越来越多的应用。

针对交－交变频器输出频率低（不到供电频率的 1/2）的缺点，人们于 20 世纪 80 年代开始研究矩阵式变频器（Matrix Converter）（见图 0-7）。矩阵式变频器是一种可选择的交－交变频器结构，其输出频率可以提高到 45 Hz 以上。这种变频器可以拓扑成 AC－DC、DC－AC 或 AC－AC 转换，且不受相数和频率的限制，并且能量可以双向流动，功率因数可调。尽管这种变频器所需的功率器件较多，但它的一系列优点已经引起人们的广泛关注，今后必将会有一个很好的发展前景。

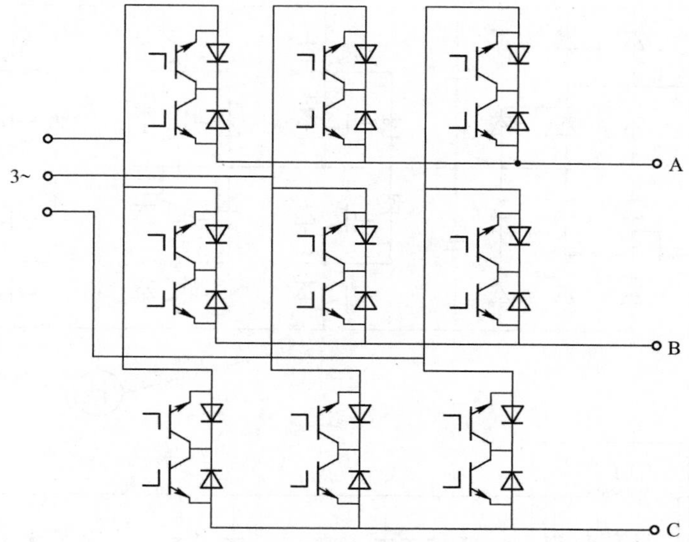

图 0-7　矩阵式变频器主电路原理图

具有 PWM 整流器/PWM 逆变器的“双 PWM 变频器”（见图 0-8）已进入实用化阶段，并且仍在迅速发展。这种变频器的变流功率因数为 1，能量可以双向流动，网侧和负载侧的谐波量比较低，减少了对电网的公害和电动机的转矩脉动，被称为“绿色变频器”，这代表了交流调速一个新的发展方向。

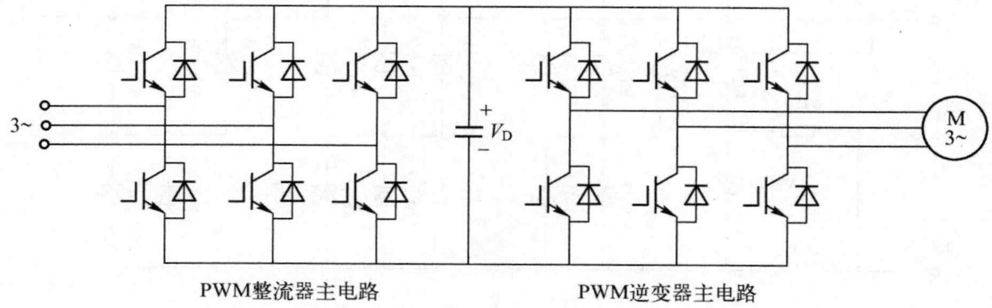

图 0-8　由三相、两电平变流器构成的双侧 PWM 变频器主电路（12 开关）

（3）PWM 模式改进与优化研究

近年来，随着中压变频器的兴起，人们对 SVPWM 模式进行了改进和优化研究。其中，为解决三电平中压变频器中点电压偏移问题，研究出了虚拟电压矢量合成 PWM 模式（不产生中点电压偏移时的电压长矢量、短矢量、零矢量的组合），目前已取得了具有实用价值的研究成果。同时，用于级联式多电平中压变频器的脉冲移相 PWM 技术已有应用。

（4）中压变频装置的研究与开发

中压是指电压等级为 1 ~ 10 kV，中、大功率是指功率等级在 300 kW 以上。对中压、大容量交流调速系统的研究与开发实践已有 20 多年了，并且逐步走上了实际应用阶段，尤其随着全控型功率器件耐压的提高，中压变频器的应用迅速加快了。应用较多的是采用 IGBT、IEGT、IGCT 的三电平中压变频器（见图 0-9）及级联式单元串联多电平中压变频器（见图 0-10）。目前，中压变频器已成为交流调速开发研究的新领域，是热点课题之一。

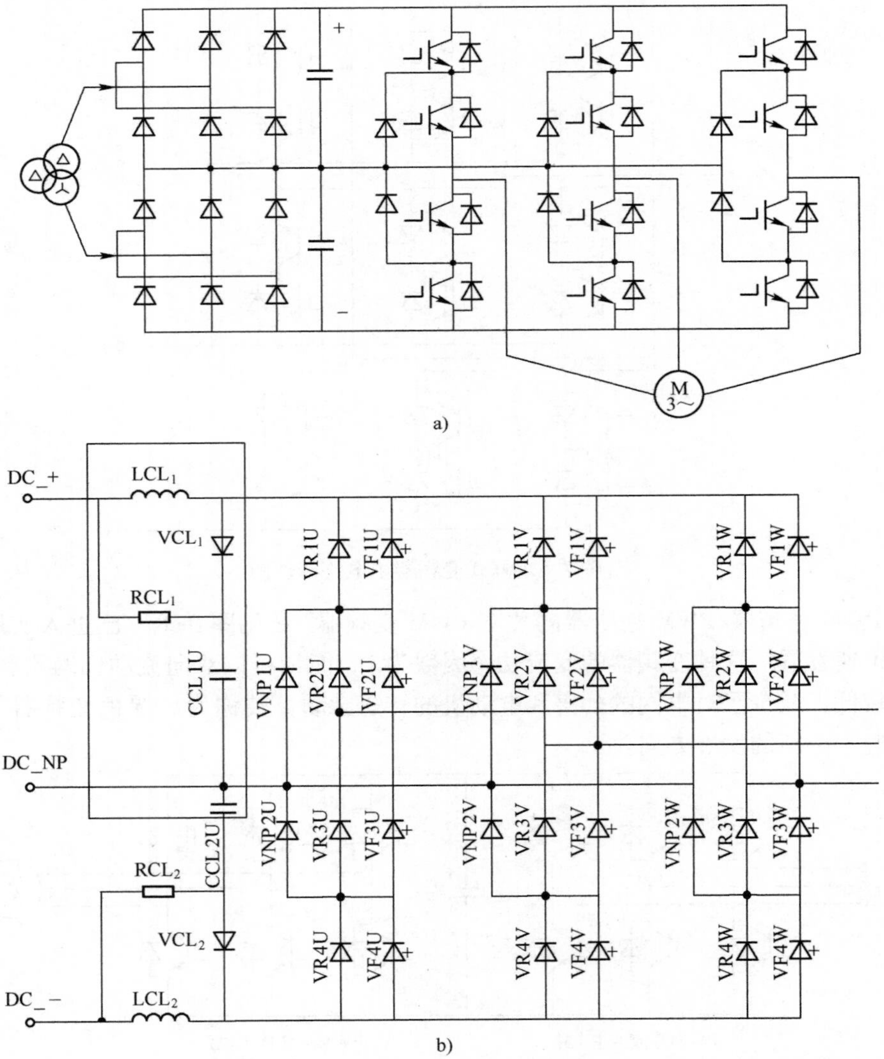

图 0-9　采用 IGBT、IGCT 的三电平中电压变频器主电路拓扑结构图

a）由 IGBT 构成的三电平 PWM 电压源型逆变器主电路拓扑结构

b）由 IGCT 构成的三电平 PWM 电压源型逆变器主电路拓扑结构

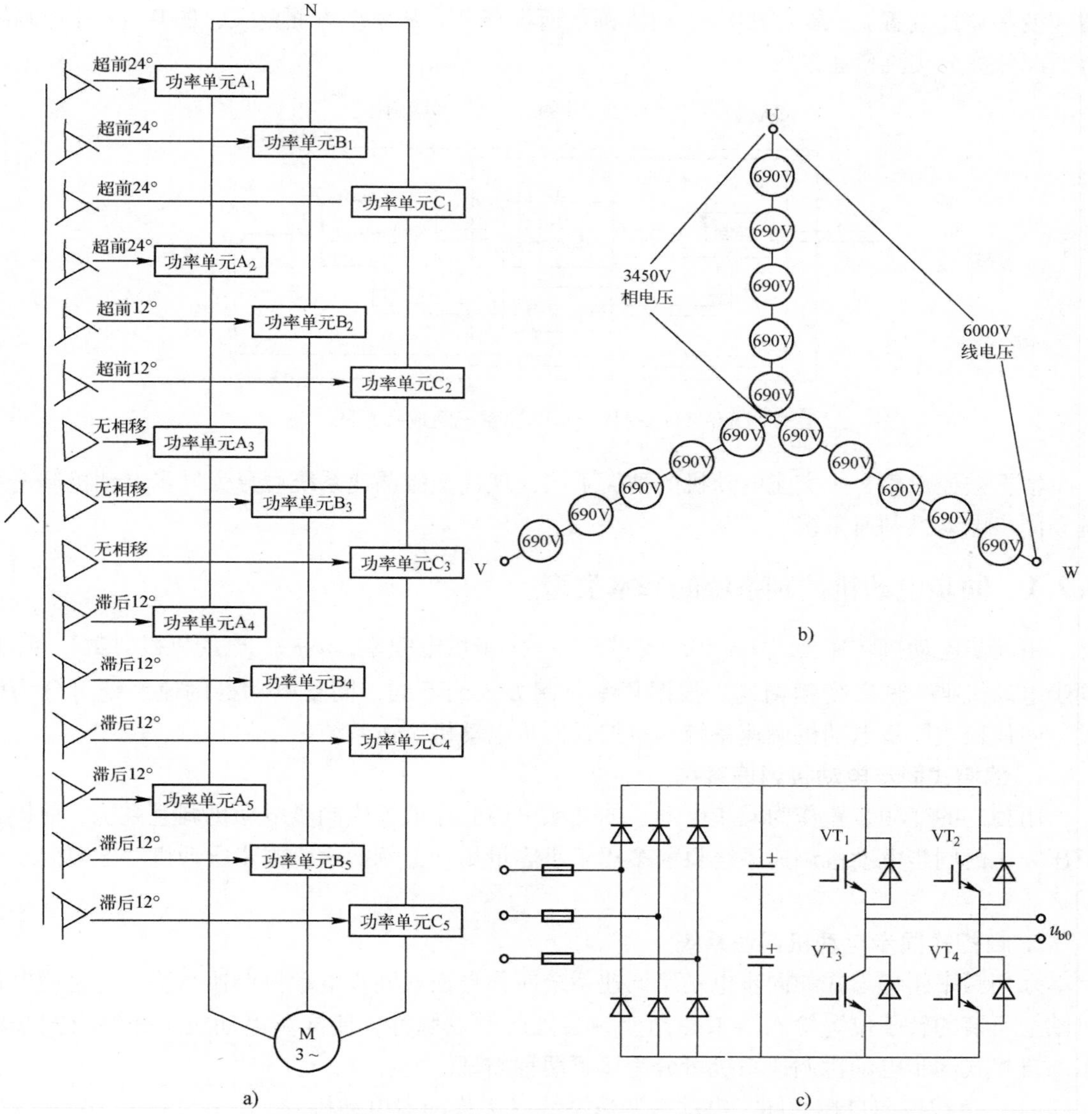

图 0-10　级联式多电平中压变频器主电路拓扑结构图

a）变频器主电路图　b）电压叠加原理　c）功率单元结构图

中压变频器的发展受到了电力电子器件耐压等级不高的限制。为此，美国 Cree 公司、德国西门子公司、日本东芝公司，还有欧洲 ABB 公司等都投入巨资研制一种碳化硅（SiC）电力电子器件，其 PN 结耐压等级可达到 10 kV 以上，预计不久的将来会有突破性的进展，新一代的中压变频器将随之诞生。

0.2　交流电动机控制系统的类型

现代交流调速系统由交流电动机、电力电子功率变换器、控制器和电量检测器四大部分组成，如图 0-11 所示。电力电子功率变换器与控制器及电量检测器集中于一体，称为变频器（变频调速装置），参见图 0–11 内点画线所框部分。从系统方面定义，图 0–11 外点画线所框部分称为交流变速系统。

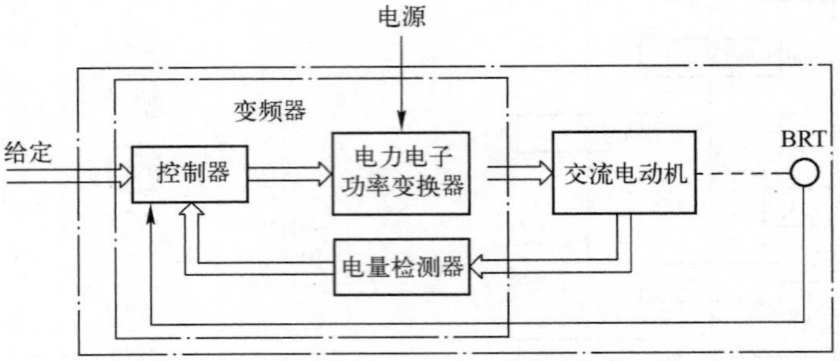

图 0–11　现代交流调速系统组成示意图

根据被控对象——交流电动机的种类不同，现代交流调速系统可分为异步电动机调速系统和同步电动机调速系统。

0.2.1　同步电动机控制系统的基本类型

由同步电动机转速公式 $n=60f_s/n_p$（f_s——定子供电频率，n_p——电动机极对数）可知，同步电动机唯一依靠变频调速。根据频率控制方式的不同，同步电动机调速系统可分为两类，即他控式同步电动机调速系统和自控式同步电动机调速系统。

1. 他控式同步电动机调速系统

用独立的变频装置作为同步电动机的变频电源叫作他控式同步电动机调速系统。他控式恒压频比的同步电动机调速系统目前多用于小容量场合，例如永磁同步电动机、磁阻同步电动机。

2. 自控式同步电动机调速系统

采用频率闭环方式的同步电动机调速系统叫作自控式同步电动机调速系统。它是用电动机轴上所装的转子位置检测器来控制变频装置的触发脉冲，使同步电动机工作在自同步状态。自控式同步电动机调速系统可分为以下两种类型。

（1）负载换向自控式同步电动机调速系统（无换向器电动机）

负载换向自控式同步电动机调速系统主电路常采用交–直–交电流型变流器，利用同步电动机电流超前电压的特点，使逆变器的晶闸管工作在自然换向状态。国际上简称这种系统为 LCI（Load Commutated Inverter）。目前这种调速系统容量已达到数万千伏安，电压等级达到万伏以上。值得注意的是，这种超大容量的系统所用的同步电动机集电环式励磁系统已改用无刷励磁机系统。

（2）交–交变频供电的同步电动机调速系统

交–交变频同步电动机调速系统的逆变器采用交–交循环变流结构，由晶闸管组成，提供频率可变的三相正弦电流给同步电动机。采用矢量控制后，这种系统具有优良的动态性能，广泛用于轧钢机主传动调速中。交–交变频同步电动机调速系统的容量可以做到很大，可达到 10000 kV·A 以上。但是调频范围最高只能达到 20 Hz（工频为 50 Hz 时），这是这种调速系统的不足之处。

0.2.2 异步电动机控制系统的基本类型

由异步电动机工作原理可知，从定子传入转子的电磁功率 P_m 可分为两部分：一部分 $P_d = (1-s)P_m$ 是拖动负载的有效功率；另一部分是转差功率 $P_s = sP_m$，与转差率 s 成正比。转差功率如何处理，是消耗掉还是回馈给电网，可用来衡量异步电动机调速系统的效率高低。因此，按转差功率处理方式的不同，可以把现代异步电动机调速系统分为以下三类。

（1）转差功率消耗型调速系统

在转差功率消耗型调速系统中，全部转差功率都转换成热能的形式而消耗掉。晶闸管调压调速属于这一类。在异步电动机调速系统中，这类系统的效率最低，是以增加转差功率的消耗为代价来换取转速的降低的。但是由于这类系统结构最简单，所以在要求不高的小容量场合还有一定的应用。

（2）转差功率回馈型调速系统

在转差功率回馈型调速系统中，转差功率一小部分消耗掉，大部分则通过变流装置回馈给电网。转速越低，回馈的功率越多。绕线转子异步电动机串级调速和双馈调速属于这一类。显然这类调速系统效率最高。

（3）转差功率不变型调速系统

转差功率中转子铜损部分的消耗是不可避免的，但在这类系统中，无论转速高低，转差功率的消耗基本不变，因此效率很高。变频调速属于这一类。目前在交流调速系统中，变频调速应用最多、最广泛，可以构成高动态性能的交流调速系统，取代直流调速。变频调速技术及其装置仍是21世纪的主流技术和主流产品。

0.3 交流电动机的控制方法和应用领域

0.3.1 交流电动机的控制方法

1. 同步电动机的调速方法

由电机学可知，同步电动机的转速公式为

$$n = n_s = 60f_s/n_p \tag{0-1}$$

式中，f_s 为同步频率；n_s 为同步转速；n_p 为极对数。

现代同步电动机的调速方法有变频调速（如式（0-1））、最大转矩控制、100%功率因数控制等方法。

2. 异步电动机的调速方法

（1）变压变频调速

由电机学可知，异步电动机的调速公式为

$$n = \frac{60f_s}{n_p}(1-s) = \frac{60\omega_s}{2\pi n_p}(1-s) = n_s(1-s) \tag{0-2}$$

式中，s 为转差率；ω_s 为同步角速度。

由式（0-2）可知，异步电动机的调速方法是通过改变同步频率 f_s 或转差率 s 来实现转速调节与控制的。

（2）绕线转子异步电动机的双馈调速与串级调速

绕线转子异步电动机的双馈调速与串级调速是通过转差功率回馈（电网）方式实现转速调节与控制的。

0.3.2　交流电动机控制技术的应用领域

目前，交流拖动控制系统的应用领域主要有下述三个方面。

（1）一般性能的节能调速

例如，在过去大量的所谓“不变速交流拖动”中，风机、水泵等通用机械的容量几乎占工业电力拖动总容量的一半以上，只是因为过去的交流拖动本身不能调速，不得不依赖挡板或阀门来调节送风和供水的流量，因而把许多电能白白浪费了。采用了变频调速以后，每台风机、水泵平均都可以节约20%～30%以上的电能。大量的空调装置采用变频调速后不但实现了节能，还提高了风量（或温度）调节的灵敏度，从而提高了人的舒适度。以上系统对调速范围和动态性能的要求都不高，只要具备一般的调速性能就够了。

在我国，家用空调中正在使用“变频调速器＋无刷直流电动机”作为驱动装置，以提高空调的舒适度，并降低能耗；目前，家用冰箱、洗衣机等也正在采用变频调速技术，以节约电能。

（2）高性能的交流调速系统和交流伺服系统

许多要求调速精度高、动态响应好的场合，由于交流电动机比直流电动机结构简单、成本低廉、工作可靠、维护方便、惯量小、效率高，现在已逐步取代了直流调速和直流伺服系统。特别是一些高动态、高精度、宽调速范围的调速系统，采用永磁同步电动机控制系统已成为主流。

（3）直流调速难以实现的领域

如大容量、高转速的电动机拖动等领域，由于直流电动机的换向能力限制了它的容量和转速，而交流电动机没有换向问题，不受这种限制。因此，在以下领域交流调速系统大显身手：

- 特大容量的拖动设备，如厚板轧机、矿井卷扬机、电力机车、风力发电等；
- 极高转速的拖动，如高速磨头、离心机等；
- 对功率密度比/体积密度比的要求较高的系统，如电力机车、电动汽车、电动船舰等；
- 要求防火、防爆的场所。

第 1 章　基于稳态数学模型的异步电动机调压调速控制技术

1.1　异步电动机晶闸管调压调速控制原理

调压调速是异步电动机调速系统中比较简便的一种。由电机学原理可知，当转差率 s 基本不变时，电动机的电磁转矩与定子电压的二次方成正比，即 $T_{ei} \propto U_s^2$，因此，改变定子电压就可以得到不同的人为机械特性，从而达到调节电动机转速的目的。

交流调压调速的主电路已由晶闸管构成的交流调压器取代了传统的自耦变压器和带直流磁化绕组的饱和电抗器，装置的体积得到了减小，调速性能也得到了提高。晶闸管交流调压器的主电路接法有以下几种方式，如图 1-1 所示。

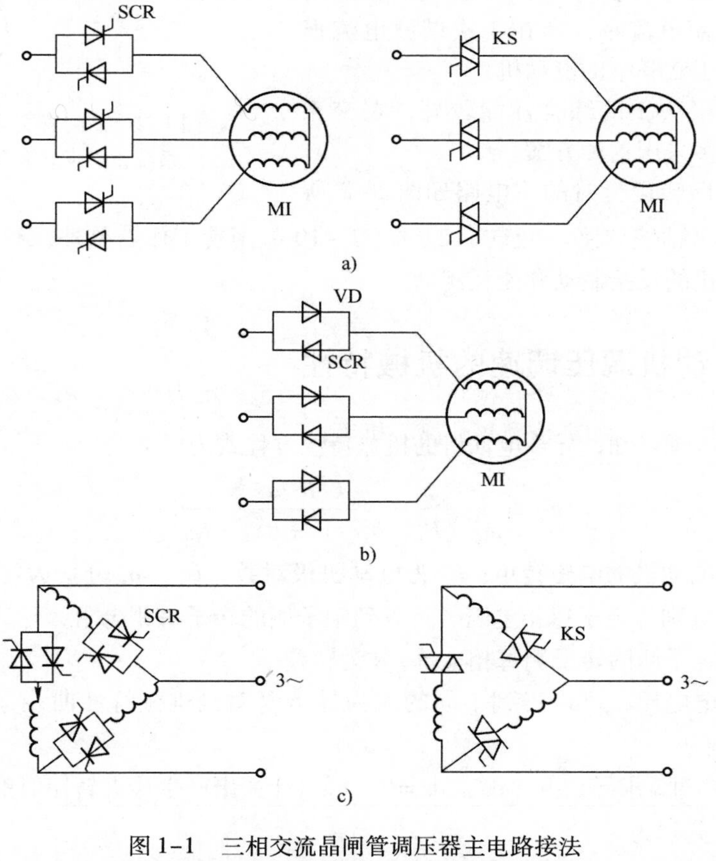

图 1-1　三相交流晶闸管调压器主电路接法

a）电动机绕组Y联结时的三相分支双向控制电路　b）电动机绕组Y联结时的三相分支单向控制电路

c）电动机绕组△联结时的三相△双向控制电路

① 电动机绕组Y联结时的三相分支双向控制电路，用三对晶闸管反并联或三个双向晶闸管分别串接在每相绕组上。调压时用相位控制，当负载电流流通时，至少要有一相的正向晶闸管和另一相的反向晶闸管同时导通，所以要求各晶闸管的触发脉冲宽度都大于60°，或者采用双脉冲触发。最大移相范围为150°。移相调压时，输出电压中含有奇次谐波，其中以3次谐波为主。如果电动机绕组不带零线，则3次谐波电动势虽然存在，却不会有3次谐波电流。由于电动机绕组属于感性负载，因此电流波形会比电压波形平滑些，但仍然含有谐波，从而产生脉动转矩和附加损耗等不良影响，这是晶闸管调压电路的缺点。

② 电动机绕组Y联结时的三相分支单向控制电路，每相只有一个晶闸管，反向由与它反并联的二极管构成通路。这种接法设备简单、成本低廉，但正、负半周电压、电流不对称，高次谐波中有奇次谐波电流，也有偶次谐波电流，产生与电磁转矩相反的转矩，使电动机输出转矩减小，效率降低，仅用于简单的小容量装置。

③ 电动机绕组△联结时三相△双向控制电路，晶闸管串接在相绕组回路中，同等容量下，晶闸管承受的电压高而电流小，存在3次谐波电流损耗。此种接法用于△联结的电动机。

比较而言，接法①的综合性能较好，在交流调压调速系统中多采用这种方案。

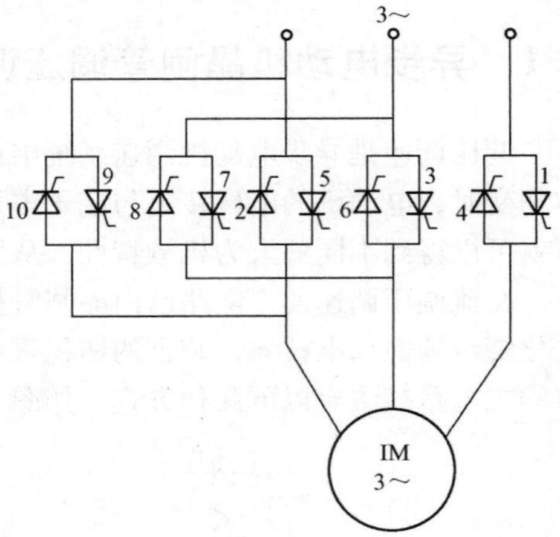

图1-2　晶闸管交流调压调速系统正、反转和制动电路

电动机正、反转运行时的主电路如图1-2所示，正转时1～6晶闸管工作；反转时1、4、7～10晶闸管工作。另外，利用图1-2的电路还可以实现电动机的反接制动和能耗制动。

1.2　异步电动机调压调速的机械特性

根据电机学原理可知，异步电动机的机械特性方程式为

$$T_{ei}=\frac{3n_p U_s^2 R_r/s}{\omega_s[(R_s+R_r/s)^2+(x_s+x_r)^2]} \tag{1-1}$$

式中，T_{ei}为异步电动机的电磁转矩；n_p为电动机极对数；U_s、ω_s分别为定子供电电压和供电频率；R_s、R_r分别为定子每相电阻、折算到定子侧的转子每相电阻；x_s、x_r分别为定子每相电抗、折算到定子侧的转子侧每相电抗；s为转差率。

改变定子供电电压，可以得到不同的人为异步电动机机械特性曲线，如图1-3所示。图中U_{sN}为额定电压。

将式（1-1）对s求导，并令$dT_{ei}/ds=0$，可以计算出产生最大转矩时的临界转差率s和最大转矩T_{eimax}，分别为

$$s_m=\frac{R_r}{\sqrt{R_s^2+(x_s+x_r)^2}} \tag{1-2}$$

$$T_{eimax} = \frac{3n_p U_s^2}{2\omega_s[R_s + \sqrt{R_s^2 + (x_s + x_r)^2}]} \tag{1-3}$$

普通笼型异步电动机机械特性工作段 s 很小，对于恒转矩负载而言调速范围很小。但对于风机、泵类机械，由于负载转矩与转速的二次方成正比，采用调压调速可以得到较宽的调速范围。对于恒转矩负载，要扩大调压调速范围，采用高阻转子电动机，可以使电动机机械特性变软，如图 1-4 所示为高阻转子异步电动机的调压调速机械特性。显然，即使在堵转转矩下工作，也不至于烧毁电动机，提高了调速范围。

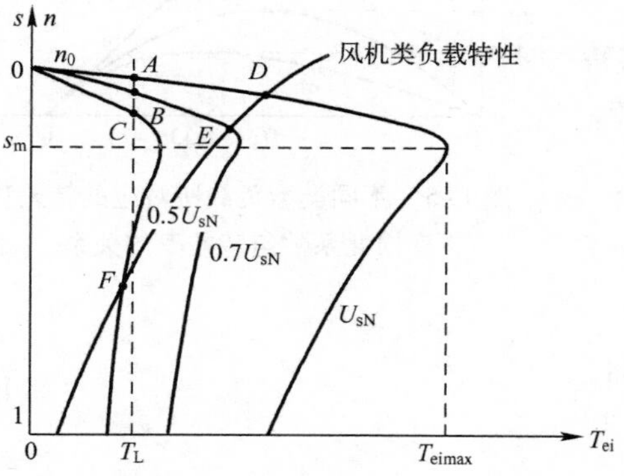

图 1-3　异步电动机在不同定子供电电压下的机械特性曲线

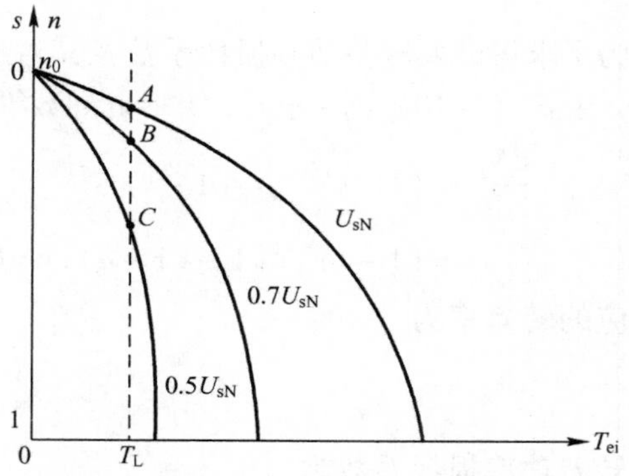

图 1-4　高阻转子异步电动机的调压调速机械特性

1.3　异步电动机调压调速的功率损耗

异步电动机调压调速属于转差功率消耗型的调速系统，调速过程中的转差功率消耗在转子电阻和其外接电阻上，消耗功率的多少与系统的调速范围和所带负载的性质有着密切的关系。

根据电机学原理，异步电动机的电磁功率为

$$P_m = T_{ei}\Omega_s = \frac{T_{ei}\omega_s}{n_p} = \frac{T_{ei}\omega}{n_p(1-s)} \tag{1-4}$$

电动机的转差功率为

$$P_s = sP_m \tag{1-5}$$

不同性质负载的转矩可用下式表示

$$T_L = C\omega^a \tag{1-6}$$

式中，C 为常数；$a=0$、1、2 分别代表恒转矩负载、与转速成比例的负载和与转速的二次方成比例的负载（风机、泵类等）。

当 $T_{ei} = T_L$ 时，转差功率为

$$P_s = sP_m = s\frac{C\omega^{a+1}}{n_p(1-s)} = \frac{C}{n_p}s(1-s)^a\omega_s^{a+1} \tag{1-7}$$

而输出的机械功率为

$$P_M \approx (1-s)P_m = \frac{C}{n_p}(1-s)^{a+1}\omega_s^{a+1} \tag{1-8}$$

当 $s=0$ 时，电动机的输出功率最大，为

$$P_{\mathrm{Mmax}} = \frac{C}{n_{\mathrm{p}}}\omega_{\mathrm{s}}^{a+1} \tag{1-9}$$

以 P_{Mmax} 为基准值，转差功率损耗系数 K_{s}^* 为

$$K_{\mathrm{s}}^* = \frac{P_{\mathrm{s}}}{P_{\mathrm{Mmax}}} = s(1-s)^a \tag{1-10}$$

按式（1-10）可以得到不同类型负载所对应的转差功率损耗系数与转差率的关系曲线，如图 1-5 所示。

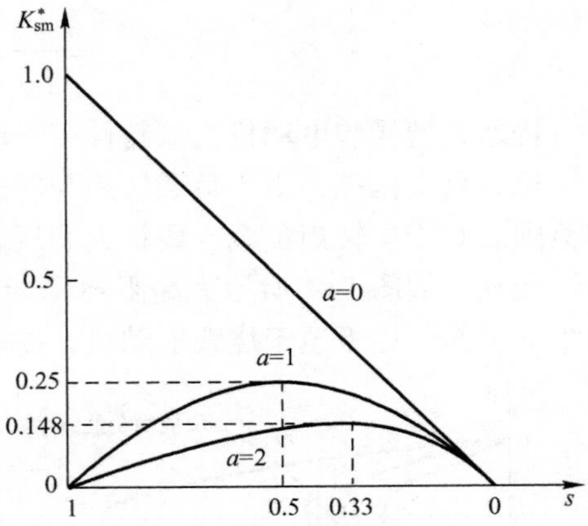

图 1-5　不同类型负载所对应的转差功率损耗系数与转差率的关系

为了求得最大转差功率损耗系数及其对应的转差率，由式（1-10）对 s 求导，并令此导数等于零。

$$\frac{\mathrm{d}K_{\mathrm{s}}^*}{\mathrm{d}s} = (1-s)^a - as(1-s)^{a-1}$$

$$= (1-s)^{a-1}[1-(1+a)s] = 0$$

则对应的转差率为

$$s_{\mathrm{m}}^* = \frac{1}{1+a} \tag{1-11}$$

最大转差功率损耗系数为

$$K_{\mathrm{sm}}^* = \frac{a^a}{(1+a)^{a+1}} \tag{1-12}$$

对于不同类型负载 $a=0$、1、2，代入式（1-11）和式（1-12），则有不同类型负载时 s_{m}^* 和 K_{sm}^* 的值，计算结果列于表 1-1。

表 1-1　不同类型负载时 s_{m}^* 和 K_{sm}^* 的值

a	0	1	2
s_{m}^*	1	0.5	0.33
K_{sm}^*	1	0.25	0.148

根据以上分析可知，对于风机、泵类负载，电动机的转差功率损耗系数最小，因此，调压调速对于风机、泵类负载比较合适；对于恒转矩负载，则不宜长期在低速下运行，以免电动机过热。

1.4　异步电动机 PWM 调压调速控制系统

根据采用的控制方式不同，交流－交流调压器可分为相控式和斩控式。传统方案多采用相控式，其结构简单，可以采用电源换相方式，即使是采用半控型器件也无须附加换相电路，但存在输出电压谐波含量大、深控时网侧功率因数低等缺点；相反，斩控式电路则没有上述缺点，因此传统的相控式 SCR 电路正逐渐被 PWM－IGBT 电路所取代，因为 PWM－SCR 电路无法采用电源换相，必须附加换相电路，此外，由于 SCR 的器件开关频率较低，对于 SCR 电路而言不宜采用 PWM 方式，为此本节介绍斩控式电路。

凡是能量能在交流电源和负载之间双向流动的电路称为双向交流变换电路；相反，能量

只能从电源向负载流动的电路则称为单向电路。由于双向电路具有更好的负载适应性，因此其具有更广的发展前景。

PWM 交流调压电路三相结构如图 1-6a 所示，它由三只串联开关 VG_A、VG_B和 VG_C以及

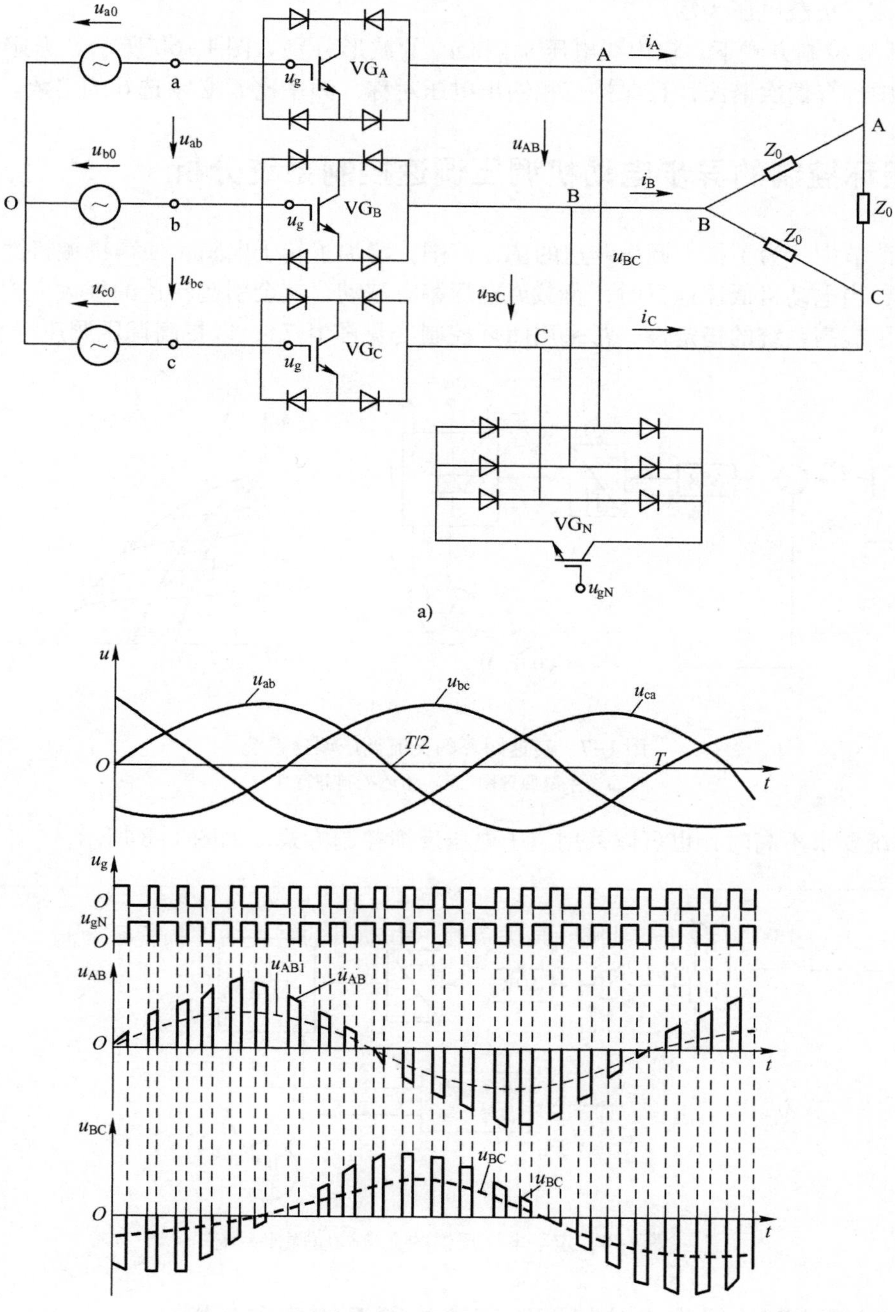

图 1-6　三相 IGBT－PWM 交流调压电路

a）主电路　b）电量波形

一只续流开关 VG_N 组成，串联开关共用一个控制信号 u_g，它与续流开关的控制信号 u_{gN} 在相位上互补，这样当 VG_A、VG_B 和 VG_C 导通时，VG_N 即关断；反之，当 VG_N 导通时，VG_A、VG_B 和 VG_C 均关断。当 VG_N 处于断态时，负载电压等于电源电压；当 VG_N 导通时，负载电流沿 VG_N 续流，负载电压为零。

在 PWM 控制方式下，输出线电压 u_{AB} 和 u_{BC} 的波形分别如图 1-6b 所示。为避免输出电压和电流中含有偶次谐波，且保持三相输出电压对称，频率比 K 必须选 6 的倍数。

1.5 闭环控制的异步电动机调压调速控制系统分析

在 1.2 节中，为了扩大调压调速的调速范围，增加了转子电阻，使得机械特性变软。这样的特性，当电动机低速运行时，负载或电压稍有波动，就会引起转速的很大变化，运行不稳定。为了提高系统的稳定性，常采用闭环控制（见图 1-7），以提高调压调速特性的硬度。

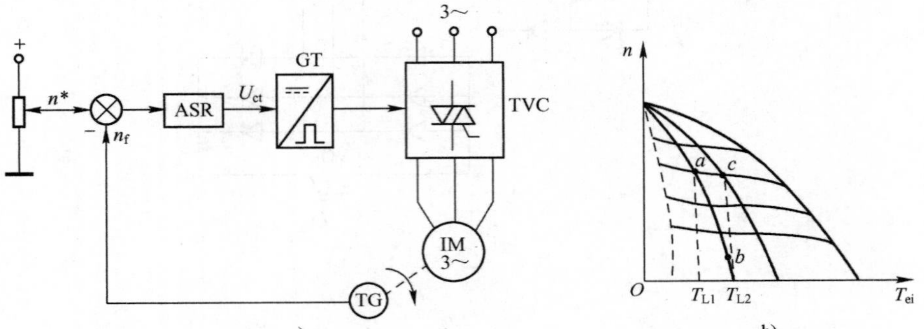

图 1-7　转速闭环的交流调压调速系统

a）系统原理图　b）闭环控制静特性

当系统要求不高时，也可以采用定子电压反馈控制方式，如图 1-8 所示。

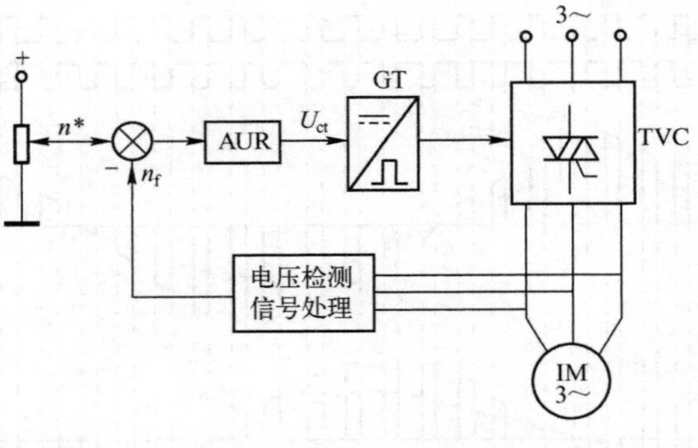

图 1-8　定子电压反馈的交流调压调速系统

1.5.1 闭环控制的异步电动机调压调速控制系统静态分析

由图 1-7b 可知，若系统原来工作于 a 点，负载由 T_{L1} 变到 T_{L2}，系统开环工作时，定子供电电压 U_s 不变，转速由 a 点沿同一机械特性变化到 b 点稳定工作，转速变化很大。采用闭环控制后，负载转矩的增加，使得转速下降，由于系统引入转速负反馈，输入偏差增大，使得输出到定子的电压升高，转速提高，由于负载转矩增大而引起的转速下降得到一定程度的补偿，系统稳定工作于 c 点。可见，由于负载变化引起的转速变化很小，于是调速范围得到了扩大。

由图 1-7a 可以得到系统的静态结构图，如图 1-9 所示。图中，$K_s = U_s/U_{ct}$ 为晶闸管交流调压器和触发装置的放大系数，$a = U_n/n$ 为转速反馈系数，ASR 为速度调节器，$n = f(U_s, T_{ei})$ 是式（1-1）表示的异步电动机机械特性方程式，是一个非线性函数。稳态时，$U_n^* = U_n = an$，$T_{ei} = T_L$。

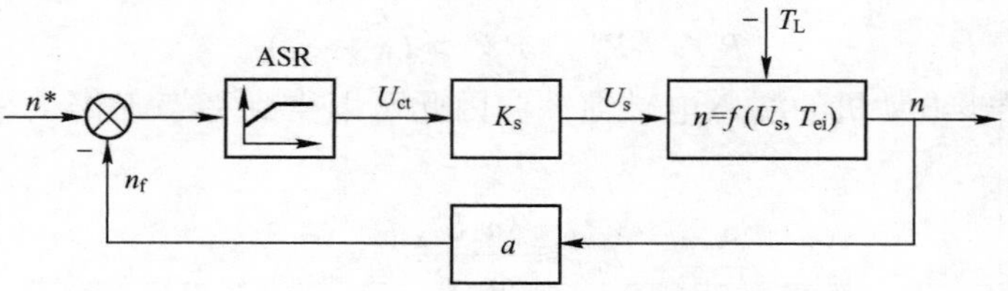

图 1-9　异步电动机调压调速系统静态结构图

1.5.2　闭环控制的异步电动机调压调速控制系统动态分析

为了对系统进行动态分析和设计，绘制系统的动态结构图是必需的。由图 1-9（异步电动机调压调速系统静态结构图）可以得到系统的动态结构框图，如图 1-10 所示。

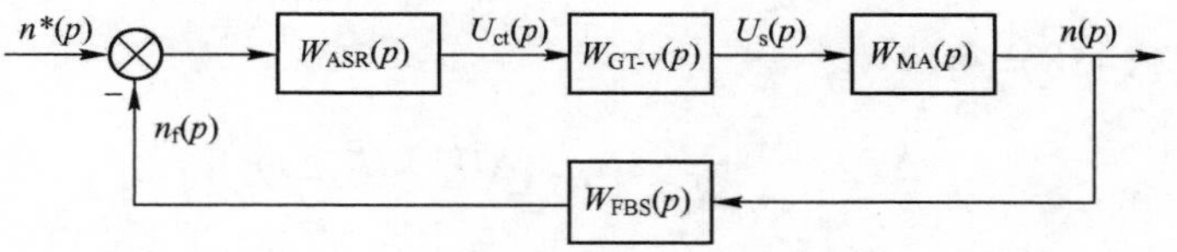

图 1-10　异步电动机调压调速系统动态结构图

图 1-10 中各个环节的传递函数如下。

（1）速度调节器 ASR

为消除静差，改善系统动态性能，通常采用 PI 调节器，其传递函数为

$$W_{ASR}(p) = K_n \frac{\tau_n p + 1}{\tau_n p} \tag{1-13}$$

（2）晶闸管交流调压器和触发装置

假设其输入、输出是线性的，其动态特性可近似看成一阶惯性环节，其传递函数为

$$W_{GT-V}(p) = \frac{K_s}{T_s p + 1} \tag{1-14}$$

（3）测速反馈环节

考虑到反馈的滤波作用，其传递函数为

$$W_{FBS}(p) = \frac{a}{T_{on} p + 1} \tag{1-15}$$

(4) 异步电动机环节

由于异步电动机是一个多输入、多输出的耦合非线性系统，用一个传递函数来准确描述异步电动机在整个调速范围内的输入 - 输出关系是不可能的，因此，可以采用在其稳定工作点附近微偏线性化的方法得到近似的传递函数。

异步电动机在其稳定工作点 A 点（见图 1-3）的机械特性方程为

$$T_{eiA}=\frac{3n_pU_{sA}^2R_r/s_A}{\omega_{sA}[(R_s+R_r/s_A)^2+(x_s+x_r)^2]} \tag{1-16}$$

式中，ω_{sA}为异步电动机在工作点 A 对应的同步旋转角速度。通常在异步电动机稳定工作点附近 s 值很小，可以认为

$$R_r/s \gg R_s,\quad R_r/s \gg (x_s+x_r)$$

后者相当于忽略异步电动机的漏感电磁惯性。因此可以得到稳态工作点 A 点近似的线性机械特性方程式

$$T_{eiA}\approx\frac{3n_pU_{sA}^2}{\omega_{sA}R_r}s_A \tag{1-17}$$

在 A 点附近有微小偏差时，$T_{ei}=T_{eiA}+\Delta T_{ei}$，$U_s=U_{sA}+\Delta U_s$，$s=s_A+\Delta s$，其中，$\Delta s=\frac{\Delta\omega}{\omega_{sA}}$。

$$T_{eiA}+\Delta T_{ei}\approx\frac{3n_p}{\omega_{sA}R_r}(U_{sA}+\Delta U_s)^2(s_A+\Delta s) \tag{1-18}$$

展开式（1-18），忽略两个以上微偏量乘积项得

$$T_{eiA}+\Delta T_{ei}\approx\frac{3n_p}{\omega_{sA}R_r}(U_{sA}^2s_A+2U_{sA}s_A\Delta U_s+U_{sA}^2\Delta s) \tag{1-19}$$

式（1-19）减式（1-18）得

$$\Delta T_{ei}\approx\frac{3n_p}{\omega_{sA}R_r}(2U_{sA}s_A\Delta U_s+U_{sA}^2\Delta s) \tag{1-20}$$

将 $\Delta s=\frac{\Delta\omega}{\omega_{sA}}$代入式（1-20）得

$$\Delta T_{ei}=\frac{3n_p}{\omega_{sA}R_r}\left(2U_{sA}s_A\Delta U_s+U_{sA}^2\frac{\Delta\omega}{\omega_{sA}}\right) \tag{1-21}$$

电力拖动系统的运动方程式为

$$T_{ei}-T_L=\frac{J}{n_p}\frac{d\omega}{dt} \tag{1-22}$$

在工作点 A 稳定运行时

$$T_{eiA}-T_{LA}=\frac{J}{n_p}\frac{d\omega_A}{dt}=0 \tag{1-23}$$

式中，ω_A为异步电动机在工作点 A 时的旋转速度。当在 A 点附近有微小偏差时

$$T_{eiA}+\Delta T_{ei}-(T_{LA}+\Delta T_L)=\frac{J}{n_p}\frac{d(\omega_A+\Delta\omega)}{dt} \tag{1-24}$$

式（1-24）减式（1-23）得

$$\Delta T_{ei}-\Delta T_L=\frac{J}{n_p}\frac{d(\Delta\omega)}{dt} \tag{1-25}$$

式（1-21）和式（1-25）表示了异步电动机微偏线性化的近似动态结构关系，动态结构图如图 1-11 所示。

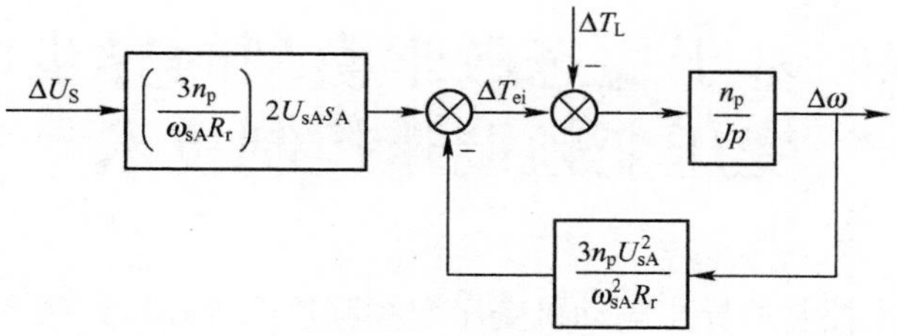

图 1-11 异步电动机微偏线性化的近似动态结构图

如果只考虑ΔU_s 与 $\Delta\omega$ 之间的传递函数，可令$\Delta T_L=0$，于是异步电动机的近似线性化传递函数为

$$W_{MA}(p)=\frac{\Delta\omega(p)}{\Delta U_s(p)}=\left(\frac{3n_p}{\omega_{sA}R_r}\right)2U_{sA}s_A\frac{\dfrac{n_p}{Jp}}{1+\dfrac{3n_pU_{sA}^2n_p}{\omega_{sA}^2R_r\,Jp}}$$

$$=\frac{2s_A\omega_{sA}}{U_{sA}}\frac{1}{\dfrac{J\omega_{sA}^2R_r}{3n_p^2U_{sA}^2}p+1}=\frac{K_{MA}}{T_mp+1} \tag{1-26}$$

式中，$K_{MA}=\dfrac{2s_A\omega_{sA}}{U_{sA}}$为异步电动机传递函数；$T_m=\dfrac{J\omega_{sA}^2R_r}{3n_p^2U_{sA}^2}$为异步电动机拖动系统的机电时间常数。由于忽略了电磁惯性，异步电动机便近似成了一个线性的一阶惯性环节。

需要说明的是，首先，由于异步电动机的传递函数采用的是微偏线性化模型，所以只适用于稳态工作点附近的动态分析，不能用于大范围起动、制动时动态响应指标的计算；其次，由于忽略了电动机的电磁惯性，所以分析和计算有很大的偏差。

第 2 章　基于稳态数学模型的异步电动机变压变频调速控制技术

本章介绍恒压频比控制的异步电动机变压变频调速系统和转差频率控制的异步电动机变压变频调速系统，主要讲述控制方式、机械特性、系统的基本组成以及系统分析。

2.1　基于异步电动机稳态数学模型的变压变频调速控制方式

由电机学可知，异步电动机转速公式为

$$n=\frac{60f_s}{n_p}(1-s)=\frac{60\omega_s}{2\pi n_p}(1-s)=n_s(1-s) \tag{2-1}$$

式中，f_s为电动机定子供电频率（Hz）；n_p为电动机极对数；$\omega_s=2\pi f_s$为定子供电角频率（角速度，rad/s）；$s=(n_s-n)/n_s=(\omega_s-\omega)/\omega_s=\omega_{sl}/\omega_s$为转差率，其中，$n_s=60f_s/n_p=60\omega_s/(2\pi n_p)$为同步转速（r/min），$\omega_{sl}=\omega_s-\omega$为转差角频率，$\omega$（或写成$\omega_r$）为异步电动机（转子）角频率（角速度）。

由式（2-1）可知，如果均匀地改变异步电动机的定子供电频率f_s，就可以平滑地调节电动机转速n。然而，在实际应用中，不仅要求调节转速，同时还要求调速系统具有优良的调速性能。

在额定转速以下调速时，保持电动机中每极磁通量为额定值，如果磁通减少，则异步电动机的电磁转矩T_{ei}（N·m）将减小，这样，在基速以下时，无疑会失去调速系统的恒转矩机械特性；反之，如果磁通增多，又会使电动机磁路饱和，励磁电流将迅速上升，导致电动机铁损大量增加，造成电动机铁心严重过热，不仅会使电动机输出效率大大降低，而且会造成电动机绕组绝缘降低，严重时有烧毁电动机的危险。可见，在调速过程中不仅要改变定子供电频率f_s，而且还要保持（控制）磁通恒定。

2.1.1　电压－频率协调控制方式

1. 恒压频比（$U_s/f_s=\text{Const}$）控制方式及其机械特性

（1）基频以下$U_s/f_s=\text{Const}$的电压、频率协调控制方式

由电机学可知，气隙磁通在定子每相绕组中感应电动势有效值E_s(V)为

$$E_s=4.44f_sN_sK_s\Phi_m,\quad 写成\ E_s/f_s=c_s\Phi_m \tag{2-2}$$

式中，N_s为定子每相绕组串联匝数；K_s为基波绕组系数；Φ_m为电动机气隙中每极合成磁通量（Wb）；$c_s=4.44N_sK_s$。

由式（2-2）可以看出，要保持$\Phi_m=\text{Const}$（通常为$\Phi_m=\Phi_{mN}=\text{Const}$，$\Phi_{mN}$为电动机气隙额定磁通量），则必须使$E_s/f_s=\text{Const}$，这就要求，当频率$f_s$从额定值$f_{sN}$（基频）降低时，$E_s$也必须同时按比例降低，则

$$E_s/f_s = c_s\Phi_m = \text{Const} \tag{2-3}$$

式（2-3）表示了感应电动势有效值 E_s 与频率 f_s 之比为常数的控制方式，通常称为恒压频比控制。可以看出，在这种控制方式下，当 f_s 由基频降至低频的变速过程中都能保持磁通 $\Phi_m = \text{Const}$，可以获得 $T_{ei} = T_{eimax} = \text{Const}$ 的控制效果。这是一种较为理想的控制方式，然而由于感应电动势 E_s 难以检测和控制，实际可以检测和控制的是定子电压，因此，基频以下调速时，往往采用变压变频控制方式。

稳态情况下，依据图 2-1 所示的异步电动机等效电路图，则异步电动机定子每相电压与每相感应电动势的关系为

$$\dot{U}_s = -\dot{E}_s + Z_s\dot{I}_s = 2\pi f_s L_m \dot{I}_m + (R_s\dot{I}_s + \text{j}2\pi f_s L_{s\sigma}\dot{I}_s) \tag{2-4}$$

式中，$\dot{E}_s = 2\pi f_s L_m \dot{I}_m$；$Z_s\dot{I}_s = R_s\dot{I}_s + \text{j}2\pi f_s L_{s\sigma}\dot{I}_s$；$\dot{U}_s$ 为定子相电压（V）；$\dot{I}_s$ 为定子相电流（A）；$\dot{I}_m$ 为励磁电流（A）；R_s 为定子每相绕组电阻（Ω）；L_m 为定、转子之间的互感（H）；$L_{s\sigma}$ 为定子绕组每相漏感（H）。

由式（2-4）可知，当定子频率 f_s 较高时，感应电动势的有效值 $\dot{E}_s$ 也较大，这时可以忽略定子绕组的阻抗压降（$Z_s\dot{I}_s$），可认为定子相电压有效值 $U_s \approx E_s$。为此，在实际工程中是以 U_s 代替 E_s 而获得电压与频率之比为常数的恒压频比控制方程式，即

$$U_s/f_s = c_s\Phi_m = \text{Const} \tag{2-5}$$

其控制特性如图 2-2 中曲线 I 所示。

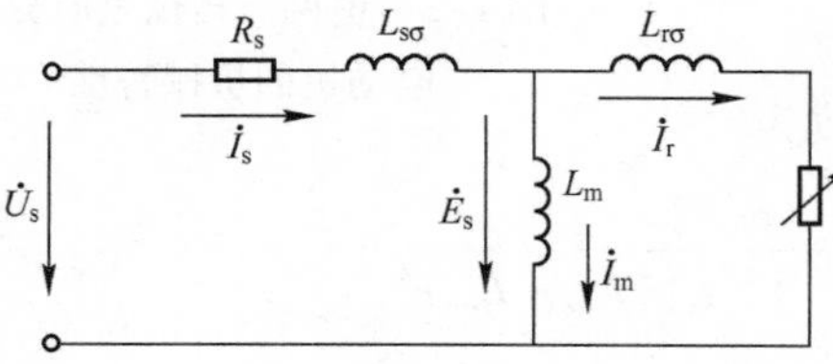

图 2-1　异步电动机的等效电路图

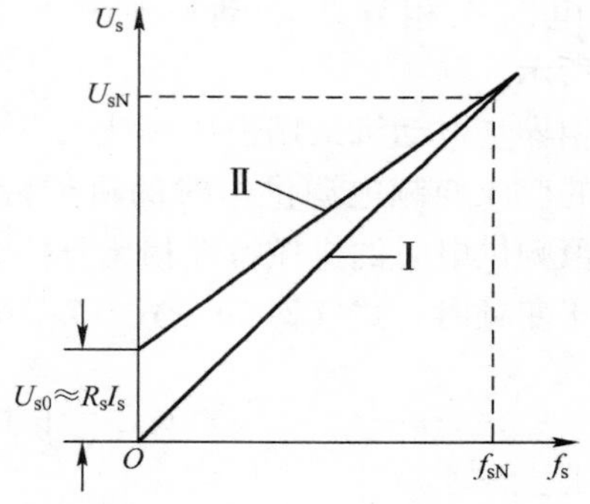

图 2-2　恒压频比控制特性

由于恒压频比控制方式成立的前提条件是忽略了定子阻抗压降，在 f_s 较低时，由式（2-4）可知，定子感应电动势 $\dot{E}_s$ 变小了，其中唯有 $R_s\dot{I}_s$ 项并未减小，与 $\dot{E}_s$ 相比，$Z_s\dot{I}_s$ 比重加大，$U_s \approx E_s$ 不再成立，也就是说，f_s 较低时定子阻抗压降不能再忽略了。

为了使 $U_s/f_s = \text{Const}$ 的控制方式在低频情况下也能适用，往往在实际工程中采用 R_sI_s 补偿措施，即在低频时把定子相电压有效值 U_s 适当抬高，以补偿定子阻抗压降的影响。补偿后的 U_s/f_s 的控制特性如图 2-2 中曲线 II 所示。

f_s 较低时，如果不进行 R_sI_s 补偿，$U_s/f_s = \text{Const}$ 的控制原则就会失效，异步电动机势必处于弱磁工作状态，异步电动机的最大转矩 T_{eimax} 必然严重降低，导致电动机的过载能力下降。当在 f_s 较低时采用 R_sI_s 补偿后，$U_s/f_s \approx \text{Const}$，表明了低频时仍能使气隙磁通 Φ_m 基本恒定，也就是说，在低频情况下通过 R_sI_s 补偿后，电动机的最大转矩 T_{eimax} 得到了提升。通常

也把 R_sI_s 补偿措施称为转矩提升（Torque Boost）方法。

（2）$U_s/f_s=\text{Const}$ 控制方式的机械特性

由电机学可知，三相异步电动机在工频供电时的机械特性方程式为

$$T_{ei}=\frac{3n_pU_s^2R_r/s}{\omega_s[(R_s+R_r/s)^2+\omega_s^2(L_{s\sigma}+L_{r\sigma})^2]} \tag{2-6}$$

式中，R_r 为折算到定子侧的转子每相电阻；$L_{r\sigma}$ 为折算到定子侧的转子每相漏感。将式（2-6）对 s 求导，并令 $dT_{ei}/ds=0$，可求出最大电磁转矩 T_{eimax} 和对应的转差率 s_m：

$$T_{eimax}=\frac{3n_pU_s^2}{2\omega_s[R_s+\sqrt{R_s^2+\omega_s^2(L_{s\sigma}+L_{r\sigma})^2}]} \tag{2-7}$$

$$s_m=\frac{R_r}{\sqrt{R_s^2+\omega_s^2(L_{s\sigma}+L_{r\sigma})^2}} \tag{2-8}$$

令式（2-6）中 $s=1(n=0)$，可求出初始起动转矩 T_{eist} 为

$$T_{eist}=\frac{3n_pU_s^2R_r}{\omega_s[(R_s+R_r)^2+\omega_s^2(L_{s\sigma}+L_{r\sigma})^2]} \tag{2-9}$$

三相异步电动机的同步转速 n_s 为

$$n_s=\frac{60f_s}{n_p}=\frac{60\omega_s}{2\pi n_p} \tag{2-10}$$

根据式（2-6）~式（2-10）可以绘出正弦波恒压恒频供电时三相异步电动机的机械特性曲线，如图 2-3 所示。

三相异步电动机采用恒压频比（$U_s/f_s=\text{Const}$）控制方式的变压变频电源供电时的机械特性与采用正弦波恒压恒频供电时的机械特性相比有什么特点呢？

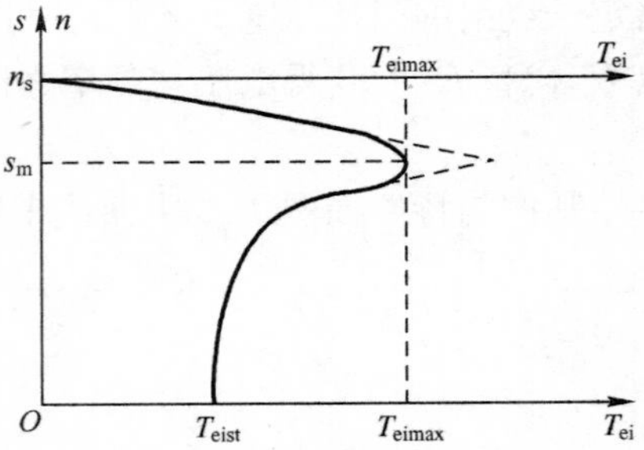

图 2-3　电网直接供电时异步电动机的机械特性

变压变频时，式（2-6）~式（2-10）可以改为

$$T_{ei}=3n_p\left(\frac{U_s}{\omega_s}\right)^2\frac{s\omega_sR_r}{(sR_s+R_r)^2+s^2\omega_s^2(L_{s\sigma}+L_{r\sigma})^2} \tag{2-11}$$

$$T_{eimax}=\frac{3}{2}n_p\left(\frac{U_s}{\omega_s}\right)^2\frac{1}{R_s/\omega_s+\sqrt{(R_s/\omega_s)^2+(L_{s\sigma}+L_{r\sigma})^2}} \tag{2-12}$$

$$s_m=\frac{R_r}{\sqrt{R_s^2+\omega_s^2(L_{s\sigma}+L_{r\sigma})^2}} \tag{2-13}$$

$$T_{eist}=3n_p\left(\frac{U_s}{\omega_s}\right)^2\frac{\omega_sR_r}{(R_s+R_r)^2+\omega_s^2(L_{s\sigma}+L_{r\sigma})^2} \tag{2-14}$$

$$n_s=\frac{60f_s}{n_p}=\frac{60\omega_s}{2\pi n_p} \tag{2-15}$$

式（2-11）~式（2-15）与式（2-6）~式（2-10）相比，二者只是形式的变化，并无实质性的改变，可想而知，变压变频情况下的机械特性曲线形状与正弦波恒压恒频供电时的机械特性曲线形状必定相似。其基本特点如下：

1）同步转速 $n_s=60\omega_s/(2\pi n_p)$ 随着频率（ω_s 或 f_s）的变化而改变。

2）对于同一转矩 T_{ei}（稳态情况下，$T_{ei}=T_L$，T_L 为负载转矩）而言，带载时的转速降落 Δn 随着频率的变化而基本不变。证明如下：

当 $0<s<s_m$ 时，由于 s 很小，可忽略式（2-11）分母中含有 s 的各项，经推导得

$$s\omega_s \approx \frac{R_r T_{ei}}{3n_p(U_s/\omega_s)^2} \tag{2-16}$$

由于 $U_s/\omega_s=\text{Const}$，因而对于同一转矩 T_{ei}，则有 $s\omega_s \approx \text{Const}$。又因为

$$\Delta n = sn_s = \frac{60}{2\pi n_p} s\omega_s = \text{Const} \tag{2-17}$$

所以对于同一转矩 $T_{ei}(T_{ei}=T_L)$ 而言，Δn 随着频率的改变而基本不变。这就清楚地说明了在恒压频比控制的条件下，当供电频率由基频向下降低时，其机械特性曲线基本上是平行下移的，如图 2-4 所示。

3）由式（2-12）可以看出，当 $U_s/f_s=\text{Const}$ 时，T_{eimax} 随着 ω_s 的降低而减小（如图 2-4 中实线所示），这将限制调速系统的带载能力。

对于上述 3）中的情况，如同前面所述，可采用定子阻抗压降补偿措施，即适当提高定子电压 U_s，以改善低频时的机械特性，如图 2-4 中虚线所示。

基频以下的恒压频比控制方式基本满足了气隙磁通 $\Phi_m=\text{Const}$ 的要求，可以实现恒转矩调速运行。

2. 基频以上恒压变频控制方式及其机械特性

（1）基频以上恒压变频控制方式

在基频以上调速时，定子供电频率 f_s 大于基频 f_{sN}。如果仍维持 $U_s/f_s=\text{Const}$ 是不允许的，因为定子电压超过额定值会损坏电动机的绝缘，所以，当 f_s 大于基频时，往往把电动机的定子电压限制为额定电压，并保持不变，其控制方程式为

$$U_s = U_{sN} = c_s \Phi_m f_s = \text{Const} \tag{2-18}$$

由式（2-18）可以看出，当 $U_s=U_{sN}=c_s\Phi_m f_s=\text{Const}$ 时将迫使磁通 Φ_m 与频率 f_s 成反比降低，即当 $U_s=U_{sN}$ 时，频率 f_s 以基频 f_{sN} 为起点上升（增大），磁通 Φ_m 以额定值 Φ_{mN} 为起点减小（下降）。把基频以下和基频以上两种情况结合起来，得到图 2-5 所示的异步电动机变频调速控制特性。

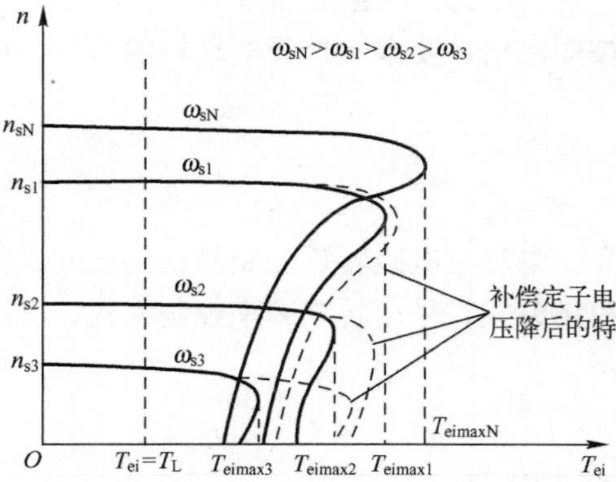

图 2-4　基频以下机械特性

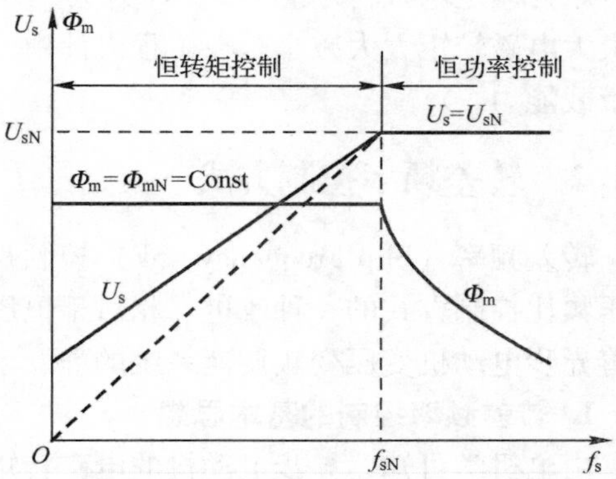

图 2-5　异步电动机变频调速控制特性

（2）基频以上恒压变频控制方式的机械特性

在基频 f_{sN} 以上变频调速时，由于电压 $U_s = U_{sN}$ 不变，式（2-6）的机械方程式可改写为

$$T_{ei} = 3n_p U_{sN}^2 \frac{sR_r}{\omega_s[(sR_s + R_r)^2 + s^2\omega_s^2(L_{s\sigma} + L_{r\sigma})^2]} \tag{2-19}$$

而式（2-7）的最大转矩表达式可改写为

$$T_{eimax} = \frac{3}{2} n_p U_{sN}^2 \frac{1}{\omega_s[R_s + \sqrt{R_s^2 + \omega_s^2(L_{s\sigma} + L_{r\sigma})^2}]} \tag{2-20}$$

同步转速的表达式仍和式（2-10）一样。可见，当供电角频率 ω_s 提高时，同步转速随之提高。由式（2-10）及式（2-20）可以看出，最大转矩减小，机械特性曲线平行上移，而形状基本不变，如图 2-6 所示。

由于频率提高而电压不变，气隙磁通势必减少，导致最大转矩的减小，但转速却提高了，可以认为输出功率基本不变，如图 2-6 所示，所以基频以上变频调速属于弱磁恒功率调速方式。

需要指出的是，以上所分析的机械特性都是在正弦波供电下的理想情况，然而变压变频调速时对于电动机定子为近似正弦波供电，因此其机械特性的形状与理想情况下相比有一定的区别。

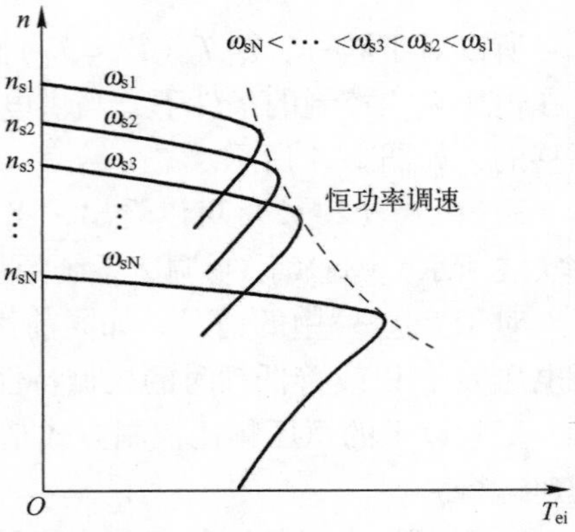

图 2-6　基频 f_{sN} 以上恒压变频调速的机械特性

3. 弱磁倍数

由异步电动机弱磁恒功率运行原理可知，其最大电磁转矩 T_{eimax} 随着频率的增加呈二次方减小，可用下式表示：

$$T_{eimax} = \frac{T_{eiNmax}}{(\omega_{smax}/\omega_{sN})^2}$$

式中，T_{eiNmax} 为额定频率时的最大电磁转矩；ω_{sN} 为定子额定角频率；ω_{smax} 为定子最高角频率。由上式可以看出，当弱磁倍数达到 $\omega_{smax}/\omega_{sN} = 3$，或 $\omega_{smax} = 3\omega_{sN}$ 时，异步电动机最大电磁转矩为额定电磁转矩的 1/9，即为 $T_{eimax} = 1/9T_{eiNmax}$。可见，弱磁范围较大时，异步电动机的最大电磁转矩大大减小。在工程设计中，通常按弱磁倍数要求来选择电动机的容量，以提高带载能力。

2.1.2　转差频率控制方式

转差频率（Slip Frequency，SF）控制是解决异步电动机电磁转矩控制的一种方式，是对恒压频比控制方式的一种改进。相对于恒压频比控制方式，采用转差频率控制方式，有助于改善异步电动机变压变频调速系统的静、动态性能。

1. 转差频率控制的基本思想

由电机学可知，异步电动机的电磁转矩也可以写成

$$T_{ei} = C_m \Phi_m I_r \cos\varphi_r \tag{2-21}$$

式中，C_m 为转矩系数；I_r 为折算到定子侧的转子每相电流的有效值；$\varphi_r = \arctan sX_{r\sigma}/R_r$ 为转

子功率因数角，其中 $X_{r\sigma}$ 为折算到定子侧的转子每相漏电抗。

从式（2-21）可以看出，气隙磁通、转子电流、转子功率因数都会影响电磁转矩。

根据异步电动机的等效电路图（见图 2-1），可以求出异步电动机转子电流有效值

$$I_r = \frac{sE_s}{\sqrt{R_r^2 + (sX_{r\sigma})^2}} \tag{2-22}$$

正常运行时，因 s 很小，所以可以将分母中的 $sX_{r\sigma}$ 忽略，则得到

$$\left.\begin{aligned} I_r &\approx \frac{sE_s}{R_r} = \frac{\omega_{sl}}{\omega_s}\frac{E_s}{R_r} \\ \cos\varphi_r &\approx 1 \end{aligned}\right\} \tag{2-23}$$

将式（2-23）代入式（2-21）中，得

$$T_{ei} \approx C_m \Phi_m \frac{\omega_{sl}}{\omega_s}\frac{E_s}{R_r} \tag{2-24}$$

将 $\omega_s = 2\pi f_s$、$E_s = 4.44 f_s N_s K_s \Phi_m$ 代入式（2-24）中，得

$$T_{ei} \approx K \Phi_m^2 \omega_{sl} \tag{2-25}$$

式中，$K = 4.44 N_s K_s C_m/(2\pi R_r)$。

由式（2-25）可知，当 $\Phi_m = \mathrm{Const}$ 时，异步电动机电磁转矩近似与转差角频率 ω_{sl} 成正比。通过控制转差角频率 ω_{sl} 实现控制电磁转矩的目的，这就是转差频率控制的基本思想。

2. 转差频率控制规律

上面粗略地分析了在恒磁通条件下，转矩与转差角频率近似于正比的关系，那么，是否转差角频率 ω_{sl} 越大，电磁转矩 T_{ei} 就越大呢？另外，如何维持磁通 Φ_m 恒定呢？

由电机学可知，异步电动机的电磁功率及同步机械角速度为

$$\left.\begin{aligned} P_m &= 3I_r^2\frac{R_r}{s} \\ \Omega &= \omega_s/n_p \end{aligned}\right\} \tag{2-26}$$

将式（2-22）代入式（2-26）中，得到

$$P_m = 3\frac{(sE_s)^2}{R_r^2 + (sX_{r\sigma})^2}\frac{R_r}{s} \tag{2-27}$$

则电磁转矩表达式可表示为

$$T_{ei} = \frac{P_m}{\Omega} = 3n_p \frac{(sE_s)^2}{R_r^2 + (sX_r)^2}\frac{R_r}{s}\frac{1}{\omega_s} \tag{2-28}$$

因为 $sX_{r\sigma} = \frac{\omega_{sl}}{\omega_s}\omega_s L_{r\sigma} = \omega_{sl} L_{r\sigma}$ 及 $E_s/f_s = c_s \Phi_m$

所以，式（2-28）可写为

$$T_{ei} = K_m \Phi_m^2 \frac{R_r \omega_{sl}}{R_r^2 + (\omega_{sl} L_{r\sigma})^2} = f(\omega_{sl}) \tag{2-29}$$

式中，$K_m = 3n_p c_s^2$。

假设磁通 $\Phi_m = \mathrm{Const}$，作出 $T_{ei} = f(\omega_{sl})$ 的曲线，如图 2-7 所示。由图可知，当 $\omega_{sl} < \omega_{slmax}$ 时，$T_{ei} \propto \omega_{sl}$；但是，当 $\omega_{sl} > \omega_{slmax}$ 后，电动机转矩反而下降（不稳定

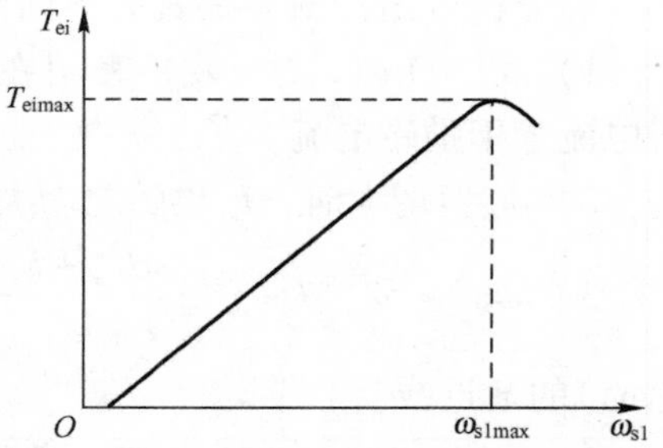

图 2-7　$T_{ei} = f(\omega_{sl})$ 曲线

运行区），所以在电动机工作过程中，应限制电动机的转差角频率（$\omega_{sl} < \omega_{slmax}$）。

对式（2-29）求导，令$\frac{dT_{ei}}{d\omega_{sl}}=0$，可求得最大转矩 T_{eimax}与最大转差角频率 ω_{slmax}：

$$T_{eimax}=K_m\Phi_m^2\frac{1}{2L_{r\sigma}} \tag{2-30}$$

$$\omega_{slmax}=\frac{R_r}{L_{r\sigma}} \tag{2-31}$$

式（2-30）和式（2-31）表明：

1）电动机参数不变，T_{eimax}仅由磁通 Φ_m决定。

2）ω_{slmax}与磁通 Φ_m无关。

由以上分析可以看出：只要能保持磁通 Φ_m恒定，就可用转差角频率 ω_{sl}来独立控制异步电动机的电磁转矩。由电机学可知，异步电动机中的气隙磁通 Φ_m 是由励磁电流 I_m 所决定的，当 I_m = Const 时，则 Φ_m = Const。然而 I_m 不是一个独立的变量，而是由下式决定的：

$$\dot{I}_s=\dot{I}_r+\dot{I}_m \tag{2-32}$$

也就是说，$\dot{I}_m$是定子电流$\dot{I}_s$的一部分。在笼型异步电动机中，$\dot{I}_r$是难以直接测量的，因此，只能研究$\dot{I}_m$与易于控制和检测的量的关系，在这里就是$\dot{I}_s$。根据异步电动机的等效电路，可得

$$\dot{I}_m=\frac{\dot{E}_s}{jX_m} \tag{2-33}$$

所以

$$\dot{E}_s=jX_m\dot{I}_m \tag{2-34}$$

根据图 2-1 和式（2-34）可得

$$\dot{I}_r=\frac{\dot{E}_s}{R_r/s+jX_{r\sigma}}=\frac{jX_m\dot{I}_m}{R_r/s+jX_{r\sigma}} \tag{2-35}$$

将式（2-35）代入式（2-32），求得

$$I_s=I_m\sqrt{\frac{R_r^2+[\omega_{sl}(L_m+L_{r\sigma})^2]^2}{R_r^2+(\omega_{sl}L_{r\sigma})^2}}=f(\omega_{sl}) \tag{2-36}$$

当$I_m(\Phi_m)$恒定不变时，I_s 与 ω_{sl}的函数关系绘制成曲线如图 2-8 所示。

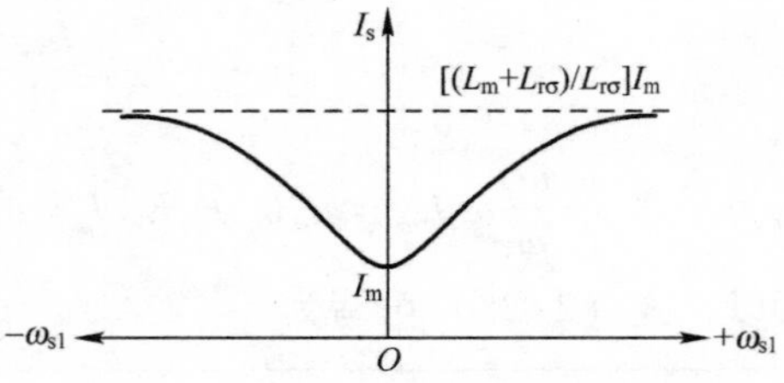

图 2-8　$I_s=f(\omega_{sl})$特性曲线

经分析可知，图 2-8 具有下列性质：

1）$\omega_{sl}=0$ 时，$I_s=I_m$，表明在理想空载时定子电流等于励磁电流。

2）ω_{sl}值增大时，I_s 也随之增大。

3）$\omega_{sl}\to\infty$，$I_s\to I_m\left(\frac{L_{r\sigma}+L_m}{L_{r\sigma}}\right)$，这是 $I_s=f(\omega_{sl})$的渐近线。

4）$\pm\omega_{sl}$都对应正的 I_s 值，说明 $I_s=f(\omega_{sl})$曲线左右对称。

以上分析归纳起来，得出转差频率控制规律如下：

1）$\omega_{sl} \leqslant \omega_{slmax}$，$T_{ei} \propto \omega_{sl}$，前提条件是维持 Φ_m 恒定不变。

2）按照式（2-36）或图 2-8 所示的 $I_s = f(\omega_{sl})$ 的函数关系来控制定子电流，就能维持 Φ_m 恒定不变。

2.2 电力电子变频调速装置及其电源特性

现代交流电动机变压变频调速系统主要由交流电动机和电力电子变频器两大部分组成，如图 2-9 所示。为交流电动机所配备的静止式电力电子变压变频（Variable Voltage Variable Frequency，VVVF）调速装置通常称为变频器（图中点画线所框部分），可分为主电路（也称作电力电子变换电路或电力电子变流电路）、控制器以及电量检测器三个主要部分。

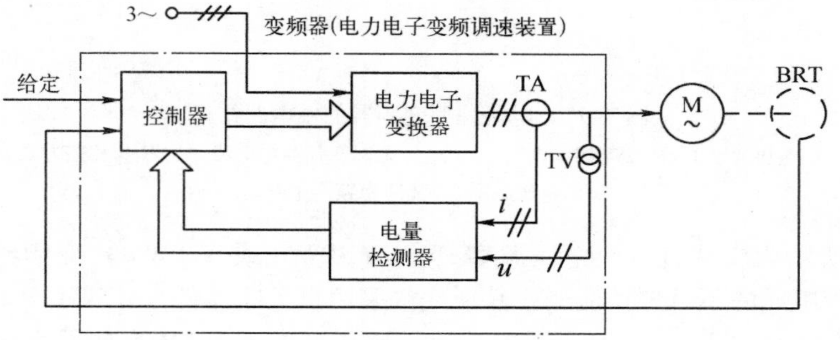

图 2-9　变频器及变频调速系统

电力电子变换电路（主电路）的拓扑结构分为两种：一种是交－直－交（AC－DC－AC）结构形式，也称间接变频，如图 2-10a 所示；另一种是交－交（AC－AC）结构形式，也称直接变频，如图 2-10b 所示。

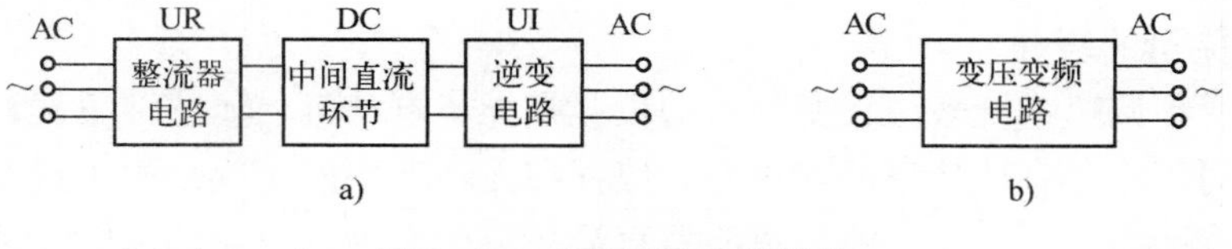

图 2-10　变频器主电路结构

a）交－直－交变压变频装置主电路结构　b）交－交变压变频装置主电路结构

对于主电路为交－直－交结构形式的变频器，因其整流电路输出的直流电压或直流电流中含有频率为电源频率 6 倍的电压或电流纹波，所以，必须对整流电路的输出进行滤波，以减少直流电压或电流的波动，为此在整流电路与逆变电路之间设置中间直流滤波环节。根据带有中间直流环节的直流电源性质不同，交－直－交型变频器可以分为电压源型和电流源型两类。两种类型的实际区别在于主电路中间直流环节所采用的滤波器不同。交－直－交型变频器中的整流电路和逆变电路一般接成两电平三相桥式电路。近几年来，为适应中压变频器的发展需要，交－直－交电压源型变频器中的整流电路和逆变电路接成了多电平电路和级联式单元串联式电路；交－直－交电流源型变频器中的整流器和逆变器多接成多重化的形式。

对于交－交结构形式的变频器，虽然没有中间直流环节，但是根据供电电源的性质不同也可以分为电压源型和电流源型两种类型。

1. 电压源型变频器

交－直－交电压源型变频器的主电路结构如图2-11所示。这类变频器主电路中的中间直流环节是采用大电容滤波，可以使直流电压波形比较平直，对于负载来说，是一个内阻抗为零的恒压源，所以，把这类变频器称作电压源型变频器。交－交变频装置虽然没有滤波电容器，但供电电源的低阻抗使其具有电压源的性质，因此也属于电压源型变频器。

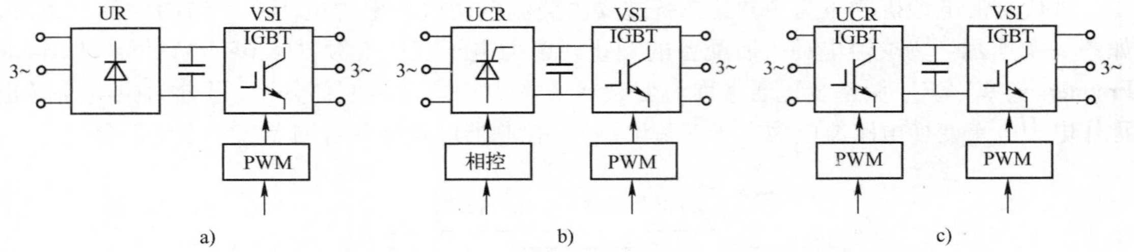

图2-11　电压源型变频器的主电路结构

a）电压源型PWM变频器主电路　b）电压源型变频器主电路（UCR为相控方式）

c）电压源型双PWM变频器主电路

图2-11a所示为交－直－交电压源型PWM（SPWM或SVPWM）变频器主电路，其整流侧采用二极管组成的不可控整流器；其逆变侧采用自关断器件（IGBT、IGCT或IEGT等）组成的PWM逆变器。图2-11b所示为交－直－交电压源型PWM变频器主电路，其整流器采用了相控方式，优点是输出直流电压可以控制，缺点是增加了系统的复杂性。图2-11c所示为交－直－交电压源型双PWM变频器主电路，其整流器采用了PWM控制方式，称为PWM整流器，这种具有PWM整流器、PWM逆变器的电力电子变频调速装置称作双PWM变频器。

电压源型变频器的特性如下：

（1）无功能量的缓冲

对于变压变频调速系统来说，变频器的负载是异步电动机，属感性负载，在中间直流环节与电动机之间，除了有功功率的传送外，还存在无功功率的交换。由于逆变器中的电力电子开关器件不能储能，所以无功能量只能靠直流环节中作为滤波器的储能元件来缓冲，使它不至于影响到交流电网。电压源型变频器的储能元件为大电容滤波器，用它来作为无功能量的缓冲。

（2）回馈制动

电压源型变频器的调速系统要实现回馈制动和四象限运行是比较困难的，因为其中间直流环节有大电容钳制着电压的极性，使其无法反向，因而电流也不能反向，所以无法实现回馈制动。需要制动时，对于小容量的变频器，采用在直流环节中并联电阻的能耗制动，如图2-12所示。对于中、大容量的变频器，可在整流器的输出端反并联另外一组有源逆变器，如图2-13所示，制动时使其工作在有源逆变状态，以通过反向的制动电流，实现回馈制动。

2. 电流源型变频器

交－直－交电流源型变频器的主电路结构如图2-14所示。这类变频器主电路中的中间直流环节采用大电感滤波，可以使直流电流波形比较平直，因而电源内阻抗很大，对负载来说基本上是一个恒流源，所以，把这类变频器称作电流源型变频器。有的交－交变频器的主电路中串入电抗器，使其具有电流源的性质，因此，这类交－交变频器属于电流源型变频器。

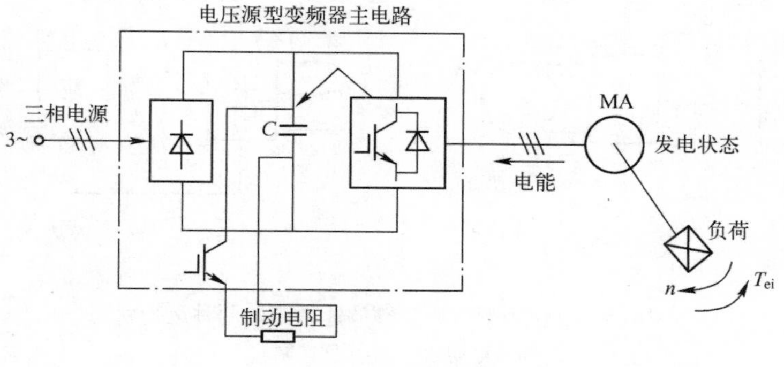

图 2-12　能耗制动

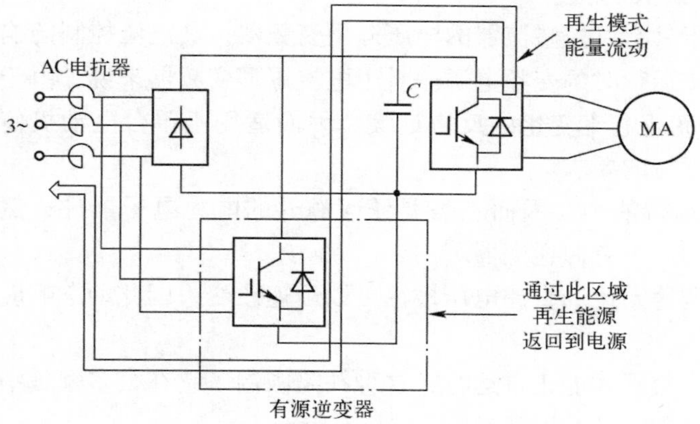

图 2-13　回馈制动

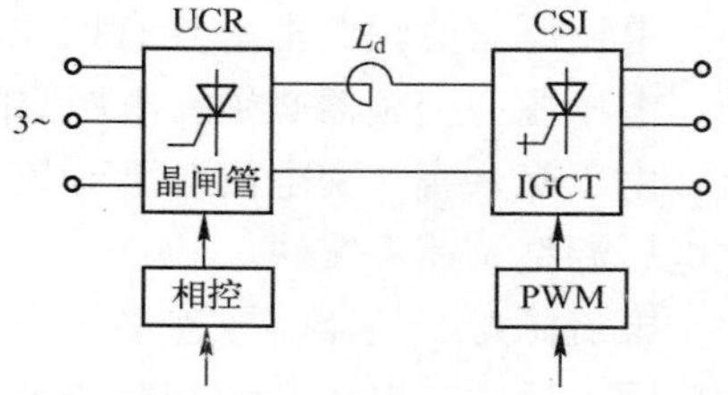

图 2-14　电流源型变频器的主电路结构

图 2-14 所示的交－直－交电流源型变频器的逆变电路也采用 PWM 控制方式，这对改善低频时的电流波形（使其接近于正弦波）有明显效果。

电流源型变频器的特性：

（1）无功能量的缓冲

电流源型变频器的储能元件为大电感滤波器，用它来作为无功能量缓冲。

（2）回馈制动

电流源型变频器的显著特点是容易实现回馈制动。图 2-15 给出了电流源型变压变频调速系统的电动运行和回馈制动两种运行状态。当可控整流器 UCR 工作在整流状态（$\alpha<90°$）、逆变器工作在逆变状态时，如图 2-15a 所示，直流回路电压 U_d 的极性为上正下负，电流由 U_d 的正端流入逆变器，电能由交流电网经主电路传送给电动机，变频器的输出频率 $\omega_s>\omega$，电动机处于电动状态。当电动机减速制动时 $\omega_s<\omega$，可控整流器的触发延迟角 α 大于 90°，异步电动机进入发电状态，直流回路电压 U_d 立即反向，但电流 I_d 方向不变（见图 2-15b），于是，逆变器变成整流器，可控整流器 UCR 转入有源逆变状态，电能由电动机回馈到交流电网。由此可见，虽然电力电子器件具有单向导电性，电流 I_d 不能反向，但是可

控整流器的输出电压 U_d是可以迅速反向的，因此，具有电流源型变频器的调速系统容易实现回馈制动。

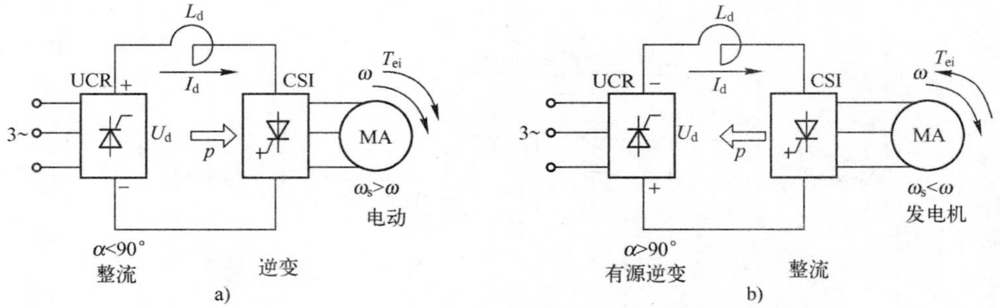

图 2-15　电流源型变压变频调速系统的两种运行状态
a）电动运行　b）回馈制动

3. 电压源型变频器和电流源型变频器的比较

电压源型变频器属于恒压源，对于具有可控整流器的电压源型变频器，其电压控制的响应较慢，所以适合作为多台电动机同步运行时的变频电源。对于电流源型变频器来说，由于电流源型变频器属于恒流源，系统对负载电流变化的反应迟缓，因而适用于单台电动机传动，可以满足快速起动、制动和可逆运行的要求。

电流源型变频器本身具有四象限运行能力，因而不需要任何额外的电力电子器件；然而，电压源型变频器必须在电网侧附加一个有源逆变器。

由于交 - 直 - 交电流源型变频器调速系统的直流电压极性可以迅速改变，因此动态响应比电压源型调速系统快。

电流源型变频器需要连接一个最小负载才能正常运行，这种缺陷限制了它在很多领域中的应用。反之，电压源型变频器很容易在空载情况下运行。

应用实践表明，从总的成本、效率和暂态响应上来看，电压源型 PWM 变频器更具有优势。目前工业生产中普遍应用的变频器是交 - 直 - 交电压源型 PWM（SPWM 或 SVPWM）变频器。其中整流器采用二极管组成的电压源型变频器应用最多、最广泛。由于电压源型变频器在多种场合下均可采用，通用性比较好，目前，电压等级在 690 V 以下的中小容量电压源型变频器称为通用变频器。20 世纪 90 年代末以来，变频器制造厂家对这类变频器增添了矢量控制功能，使恒压频比控制方式和矢量控制方式以软件形式集成于装置中，成为功能更多、更强的变频器，用户可根据生产工艺要求通过设置选择控制方式。

2.3　电压源型转速开环恒压频比控制的异步电动机变压变频调速控制系统

电压源型变频调速系统由于采用了 PWM 控制技术，可以使其输出电压波形接近正弦波形。逆变器输出的电流波形由输出电压和电动机反电动势之差形成，也接近正弦波。下面以一个来源于实际的电压源型变压变频调速系统为例来说明这类系统的基本组成及各控制单元的作用。

1. 系统的组成及工作简况分析

一种电压源型转速开环恒压频比控制的异步电动机变压变频调速系统如图 2-16 所示，其主电路由两个功率变换环节组成，即整流桥和逆变桥，整流桥是由二极管组成的三相桥式电路，其直流输出电压为 $U_d = 2.34U_X$（U_X 为电网的 X 相相电压有效值）。调压和调频控制通过逆变器来完成，其给定值来自于同一个给定环节。

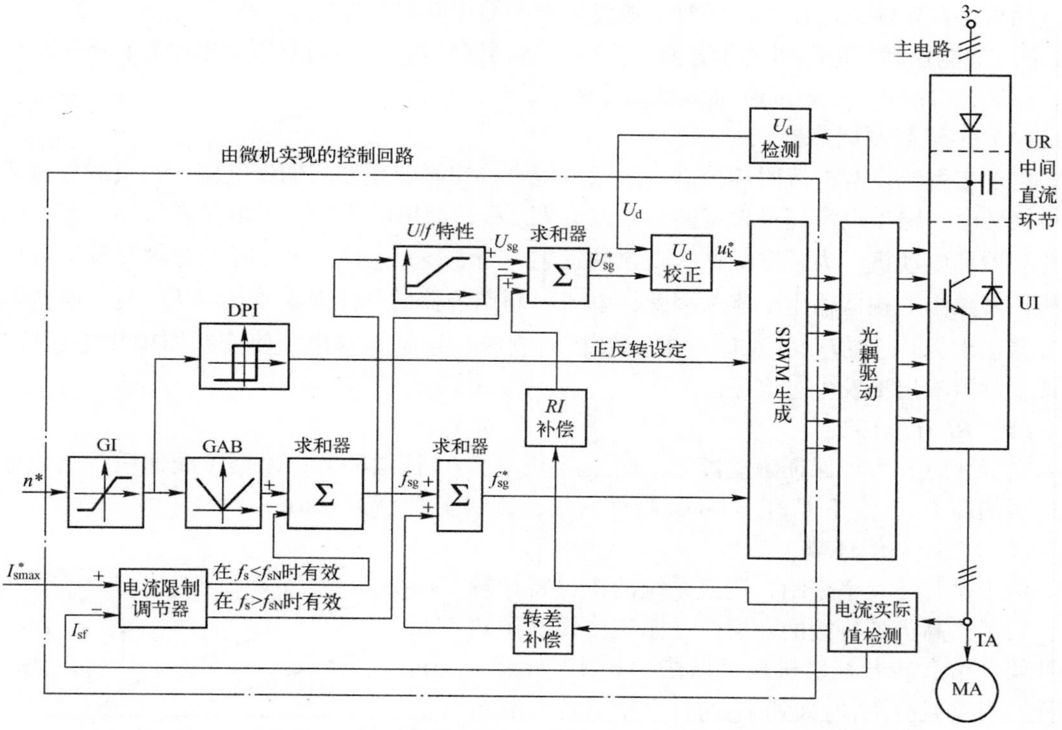

图 2-16　电压源型转速开环恒压频比控制的异步电动机变压变频调速系统

该系统采用电压正弦 PWM（SPWM）控制技术实现变压变频控制，通过改变 PWM 波形的占空比（脉冲宽度）来控制逆变器输出交流电压的大小，而输出频率通过控制逆变桥的工作周期就可以实现。由前述可知，为了使异步电动机能合理、正常、稳定地工作，必须使逆变器输出到异步电动机定子的电压 U_s 与频率 f_s 通过 SPWM 控制来保持严格的比例协调关系。下面介绍控制系统中主要控制单元的作用。

2. 控制单元说明

（1）转速给定积分环节（GI）

设置目的：将阶跃给定信号转变为斜坡信号，以消除阶跃给定对系统产生的过大冲击，使系统中的电压、电流、频率和电动机转速都能稳步上升或下降，以提高系统的可靠性及满足一些生产机械的工艺要求。

（2）绝对值器（GAB）

设置目的：将送来的正负变化的信号变为单一极性的信号，信号值大小不变。

（3）函数发生器（U/f 特性）

设置目的：实现 $U_s/f_s = \text{Const}$ 的控制方式。前面讨论过，在变压变频调速系统中，$U_s =$

$f(f_s)$，即电动机定子电压是定子频率的函数。函数发生器就是根据给定频率信号 f_{sg} 产生一个对应于定子电压的给定信号 U_{sg}，以实现电压、频率的协调控制。变频器中以下几项内容与函数发生器有关：

1）按照不同负载要求设定不同的 $U_s/f_s=\text{Const}$ 特性曲线。

2）当变频器高于基频工作时，采用恒功率调速方式，这就要求变频器输出电压不能高于电动机的额定输入电压，可通过函数发生器的输出限幅来保证。

3）节能控制。电动机处于轻载工作时，适当降低电压，可以使输出电流下降，减小损耗，可通过改变 $U_s/f_s=\text{Const}$ 曲线的斜率来实现。

（4）电流限制调节器

由于本系统没有电流闭环控制，所以不能直接控制变频器的输出电流。当负载加重或电动机堵转时，输出电流超过设定的最大电流 I_{smax}^* 后，如果电流进一步增大或长期工作，会损坏变频器和电动机。为了避免这一现象的发生，当 $I_{sf}>I_{smax}^*$ 时，通过降低变频器输出电压的方法，来减小变频器输出电流。因此，电流限制调节器的作用是，在 $I_{sf}<I_{smax}^*$ 时，电流限制调节器输出为0；在 $I_{sf}>I_{smax}^*$ 时，电流限制调节器有相应的输出，使变频器输出电压降低，保证变频器输出不发生过电流。

（5）*RI* 补偿环节

在低频时，为了保证磁通恒定，变频器引入了 *RI* 补偿环节，根据负载性质及负载电流值适当提高 U_{sg}，修正 $U_s/f_s=\text{Const}$ 特性曲线，达到使 $U_s/f_s=\text{Const}$。

（6）转差补偿环节

由于是开环频率控制，调速系统的机械特性较软，为了提高机械特性的硬度，在系统中设置了转差补偿环节，转差补偿机理可以按图 2-17 所示来解释。当负载由 T_{L1} 增大到 T_{L2} 时，电动机转速由 n_1 降到 n_2，转差由 Δn_1 增加到 Δn_2，其差值为 $\Delta n_2-\Delta n_1=\Delta n$。按 Δn 值相应提高同步转速 n_s（由 n_{s1} 提高到 n_{s2}），使其机械特性曲线 n_{s1} 平行上移，得到机械特性曲线 n_{s2}，与 n_1（直线）相交于 A_2 点，从而使 n_1 保持不变，达到补偿转差的目的，这样在电动机运行中，当负载增加时，也能做到维持转速基本不变。

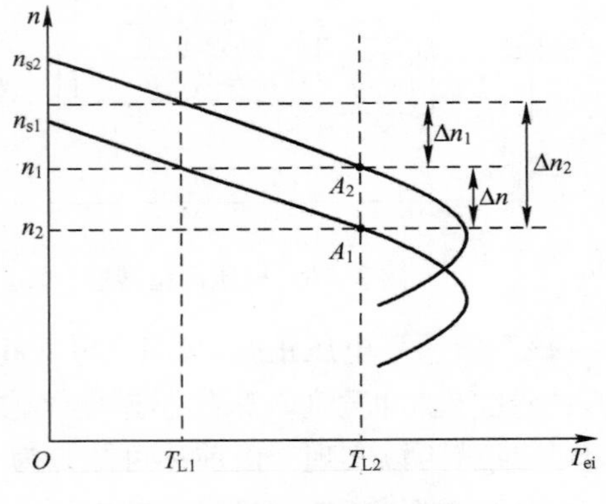

图 2-17　转差补偿图解

（7）U_d 校正环节

由图 2-16 可知，变频器没有输出电压反馈控制，当直流电压 U_d 发生波动时，将引起 $U_s/f_s=\text{Const}$ 关系失调。检测 U_d 变化，在 U_d 校正环节中，根据 U_d 的变化来修正电压控制信号 U_{sg}^*，再通过 SPWM 调整输出电压脉冲的宽度，以保证 $U_s/f_s=\text{Const}$ 的协调关系。

（8）SPWM 生成

SPWM 生成环节与光耦驱动电路框图如图 2-18 所示。

（9）极性鉴别器（DPI）

当 DPI 输入端得到一个信号后，经极性鉴别器判断信号的极性，根据信号的极性决定逆变桥开关器件的导通顺序，从而使电动机正转或反转。

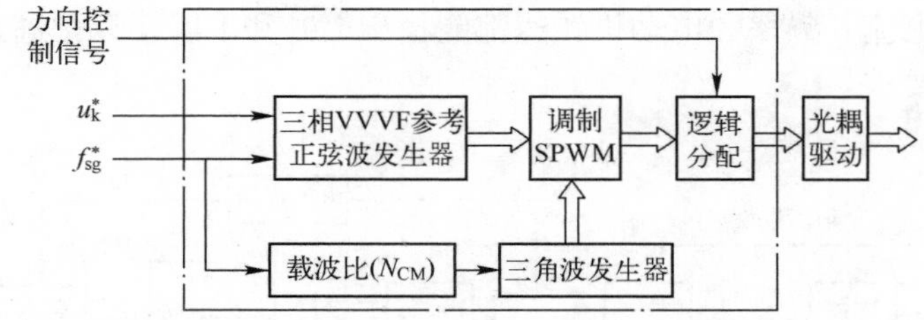

图 2-18　SPWM 生成环节及光耦驱动电路框图

（10）主电路

交－直－交电压源型 IGBT 功率变换器电路如图 2-19 所示。图中，整流桥 UR 是由二极管组成的三相桥式不控整流电路，逆变桥 UI 是由 IGBT（或 IGCT、IEGT）组成的三相桥式电路。

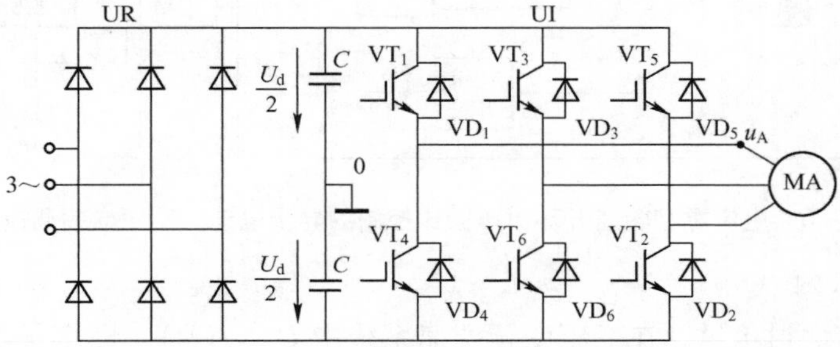

图 2-19　交－直－交电压源型 IGBT－SPWM 变频器主电路

（11）电流实际值检测

电流实际值检测主要用于输出电压的修正和过电流、过载保护。

通过检测变频器输出电流，进行过电流、过载计算，当判断为过电流、过载后，发出触发脉冲封锁信号封锁触发器，停止变频器运行，确保变频器和电动机的安全。

2.4　电流源型转速开环恒压频比控制的异步电动机变压变频调速控制系统

图 2-20 示出了一个典型的电流源型转速开环恒压频比控制的异步电动机变压变频调速系统。由图可知，变频器有两个功率变换环节，即整流桥与逆变桥，它们分别有相应的控制回路，为了操作方便，采用一个给定积分器来控制，并通过函数发生器，使两个回路协调地工作。在电流源型变频器转速开环调速系统中，除了设置电流调节环外，仍需设置电压闭环，以保证调压调频过程中对逆变器输出电压的稳定性要求，实现恒压频比的控制方式。

（1）电流源型变频器主电路

电流源型变频器主电路由两个功率变换环节构成，即三相桥式整流器和逆变器，中间环节采用电抗器滤波。整流器和逆变器分别有相应的控制回路，即电压控制回路及频率控制回路，分别进行调压与调频控制。

（2）给定积分器

设置目的：将阶跃给定信号转变为斜坡信号，以消除阶跃给定对系统产生的过大冲击，使系统中的电压、电流、频率和电动机转速都能稳步上升和下降，以提高系统的可靠性及满足一些生产机械的要求。

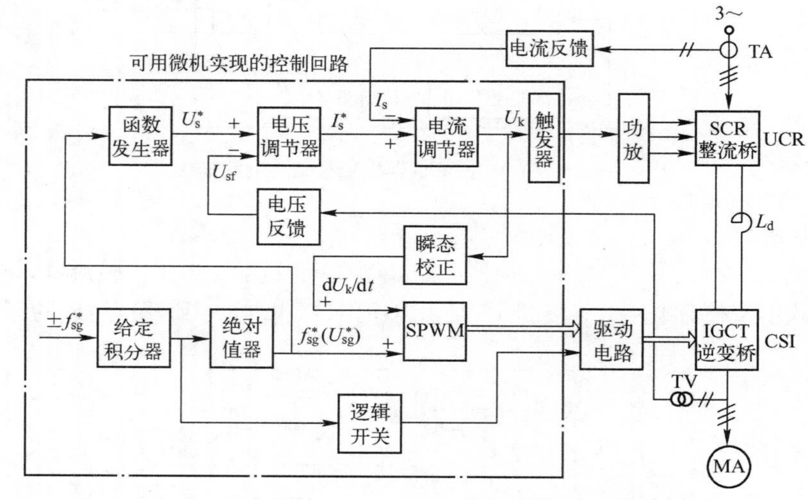

图 2-20　电流源型转速开环恒压频比控制的异步电动机变压变频调速系统

（3）函数发生器

设置目的：前面讨论过，在变压变频调速系统中 $U_s=f(f_s)$，即定子电压是定子频率的函数，函数发生器就是根据给定积分器输出的频率信号，产生一个对应于定子电压的给定值，实现 $U_s/f_s=\text{Const}$。

（4）电压调节器和电流调节器

电压调节器采用 PID 调节器，其输出作为电流调节器的给定值。

电流调节器也是采用 PID 调节器，根据电压调节器输出的电流给定值与实际电流信号值的偏差，实时调整触发延迟角，使实际电流跟随给定电流。

（5）瞬态校正环节

瞬态校正环节是一个微分环节，具有超前校正作用。设置的目的是为了在瞬态调节过程中仍使系统基本保持 $U_s/f_s=\text{Const}$ 的关系。

当电源电压波动引起逆变器输出电压发生变化时，电压闭环控制系统按电压给定值自动调节逆变器的输出电压。但是在电压调节过程中逆变器的输出频率并没有发生变化，因此 $U_s/f_s=\text{Const}$ 的关系在瞬态过程中不能得到维持。这将导致磁场过激或欠激不断交替的情况，使得电动机输出转矩大幅度波动，从而造成电动机转速波动。为了避免上述情况的发生，加入了瞬态校正环节。

瞬态校正环节的输入信号取自于电流调节器的输出信号。当电流调节器输出发生改变时，整流桥的触发延迟角 α 将改变，使整流电压改变，而逆变桥输出的三相交流电压 U_s 的大小又直接与整流电压的大小成比例，因此，电流调节器输出的改变量正比于逆变桥输出电压的改变量，取出这个信号，经微分运算后与频率给定信号 U_{sg} 相叠加，作为频率控制信号送到 SPWM 环节，从而使输出电压 U_s 瞬时改变时，频率 f_s 也随着做相应的改变，实现在瞬态过程中恒压频比的控制方式。当系统进入稳态后，微分校正环节不起作用。

需要指出的是，由于电流源输出的交流电流是矩形波或阶梯波，因而波形中含有大量谐波分量，由此带来了电动机内部损耗增大和转矩脉动影响等问题。近几年来，为提高电流源型变压变频调速系统的性能，对电流型逆变器的每一相输出电流也采用 SPWM 控制，以改善输出电流波形。还需要指出的是，实际应用中，电流源型变压变频调速系统多用转差频率控制方式。

2.5 异步电动机转速闭环转差频率控制的变压变频调速控制系统

由前述可知，转差频率控制方式就是通过控制异步电动机的转差频率来控制其电磁转矩的，从而有利于提高系统的动态性能。

2.5.1 电流源型转差频率控制的异步电动机变压变频调速控制系统

这里介绍一种比较典型的系统，其基本结构如图 2-21 所示。系统的工作原理叙述如下。

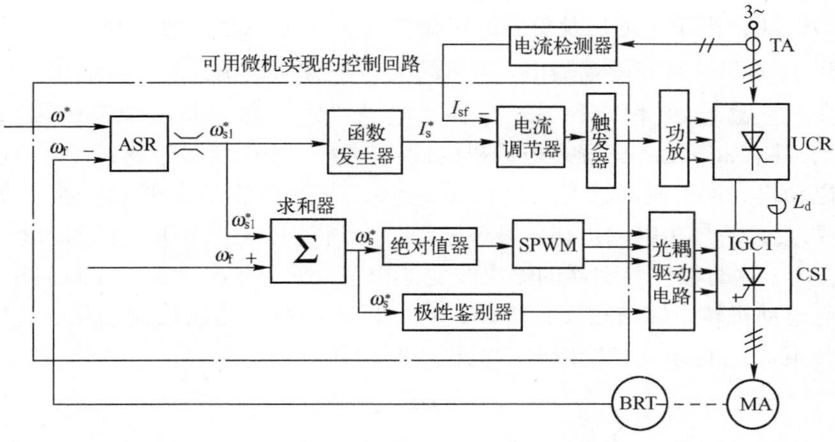

图 2-21　电流源型转差频率控制（SF）的异步电动机变压变频调速系统

1. 起动过程

对于转速闭环控制系统而言，速度调节器 ASR 的输出为电动机转矩的给定值（控制量）。

由转差频率控制原理可知，异步电动机的电磁转矩 T_{ei} 与转差角频率 ω_{sl} 成正比，因而 ASR 的输出就是转差角频率的给定值 ω_{sl}^*。

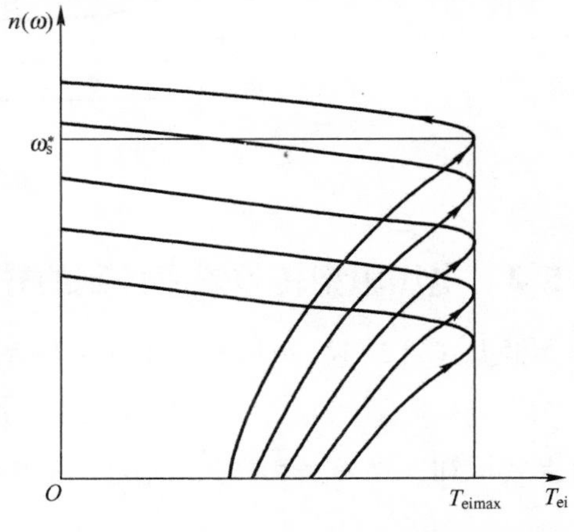

图 2-22　异步电动机转差频率控制起动特性

由于电动机的机械惯性影响，当设定一个转速给定值 ω^* 时，必然有一个起动过程。通常 ASR 都是采用 PI 调节器，这样在起动过程中 ASR 的输出一直为限幅值，这个限幅值就是最大转差角频率的给定值 ω_{slmax}^*，它对应电动机的最大电磁转矩 T_{eimax}。因此，转差频率控制方式的最大特点是在起动过程中能维持一个最大的起动转矩恒定不变，电动机起动过程是沿着 $T_{ei}=T_{eimax}$ 特性曲线的包络线（见图 2－22）升速，从而达到快速起动的要求。

在起动过程中，一方面是通过 $I_s=f(\omega_{sl})$ 函数发生器来保证在起动过程中使 $\Phi_m=\text{Const}$；另一方面是通过绝对值发生器获得同步角频率给定值 $|\omega_s^*|=|\omega_f+\omega_{slmax}^*|$。当 ω 上升到 $\omega_f\geqslant\omega^*$ 时，ASR 开始退出饱和，ω_{sl}^* 由 ω_{slmax}^* 下降到 $T_{ei}=T_L$ 的对应值上（$\omega_{sl}\neq0$），电动机稳定运行在对应 ω^* 的转速 ω 上。

2. 负载变化

设电动机在某一转速下运行，当突加负载 T_L 时，会引起电动机转速 ω 下降，使 $\omega_f<\omega^*$，转速调节器 ASR 输出开始上升，只要 $\omega_f<\omega^*$，则 ASR 一直正向积分，直到 $\omega_{sl}^*=\omega_{slmax}^*$，使 $T_{ei}=T_{eimax}$，致使电动机很快加速。同时，经函数发生器产生对应 ω_{sl}^* 的定子电流 I_s^*，使电动机磁通 Φ_m 保持不变。当转速恢复到 $\omega_f\geqslant\omega^*$ 时，速度调节器 ASR 开始反向积分，ω_{sl}^* 下降，最终达到 $\omega_f=\omega^*$，重新进入稳态，实现了转速无静差调节。

3. 再生制动

如果使 $\omega^*=0$，由于电动机及负载的机械惯性，转速不会突变，则 $\omega^*-\omega_f=-\omega_f$，速度调节器 ASR 反向积分直到限幅输出 $\omega=-\omega_{slmax}^*$。一方面，函数发生器输出一个对应 $\omega_{sl}^*=\omega_{slmax}^*$ 的 I_s^* 值，使磁通 Φ_m 恒定；另一方面，电动机定子频率将由原来的 ω_s 变到 ω_s'，如图 2-23 所示，并有 $\omega_s'<\omega$，即异步电动机的同步转速 ω_s 小于转子转速 ω（$s<0$）。由电机学可知，此时电动机为回馈制动状态，且只要 $\omega>0$，速度调节器 ASR 就一直为负限幅输出，对应 $T_{ei}=-T_{eimax}$，使异步电动机很快减速制动，直到 $\omega_s-\omega_{slmax}=0$。由于 ω 继续下降，$\omega<\omega_{slmax}$，则 $\omega_s<0$，这时极性鉴别器的输出改变了相序，使异步电动机定子旋转磁场开始反向旋转，此时与电动机转子转向相反，所以 $s>1$，即电动机变为反接制动状态，因 ASR 输出未变，对应转矩 T_{eimax} 也未变，所以电动机很快制动到 $\omega=0$。

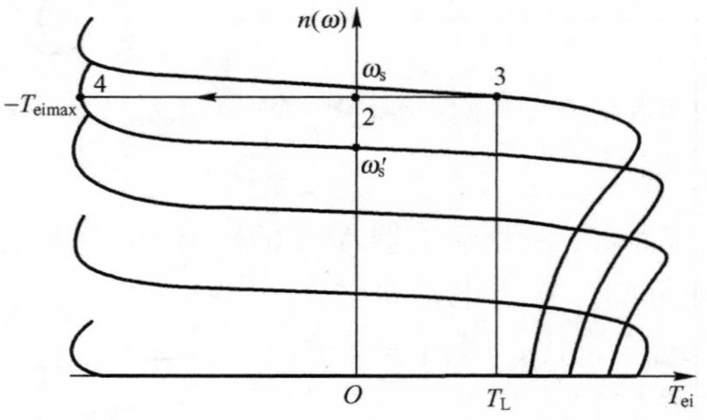

图 2-23 再生制动

2.5.2 电压源型转差频率控制的异步电动机变压变频调速控制系统

根据式（2-4）可以求出电压－频率特性方程式

$$U_s=(\sqrt{R_s^2+(\omega_sL_{s\sigma})^2})I_s+E_s$$

由上式可知，当 ω_s 较大时，$\omega_sL_{s\sigma}I_s$ 占主导地位，R_sI_s 可忽略，可得到

$$U_s=\omega_sL_{s\sigma}I_s+E_s=\omega_sL_{s\sigma}I_s+\left(\frac{E_s}{\omega_s}\right)\omega_s$$

已知 $E_s/\omega_s=\text{Const}=C_E$，则 $\Phi_m=\text{Const}$，因此得到简化的电压－频率特性方程式

$$U_s=\omega_s L_{s\sigma}I_s+C_E\omega_s=f(\omega_s,I_s)$$

$f(\omega_s,I_s)$特性如图 2-24a 所示，根据 $U_s=f(\omega_s,I_s)$可以构筑一个电压源型转差频率控制的异步电动机变压变频调速系统，如图 2-24b 所示。

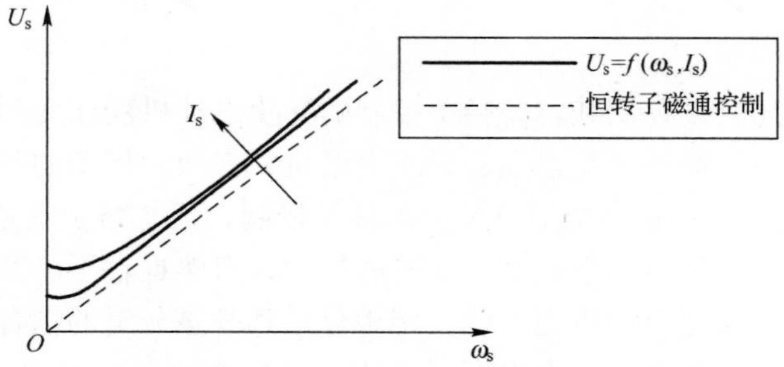

a)

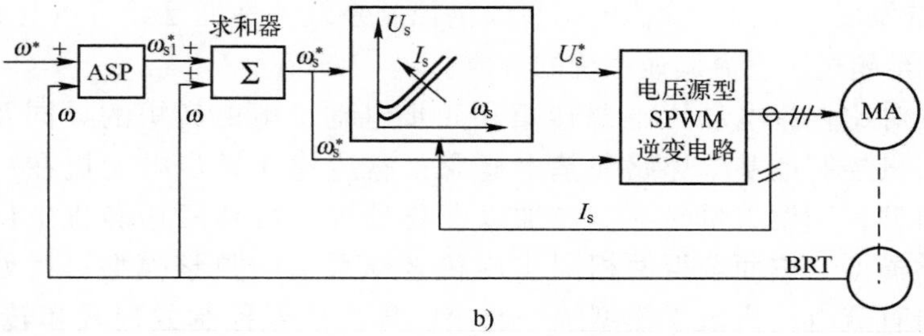

b)

图 2-24　电压源型转差频率控制（SF）的异步电动机变压变频调速系统及其电压－频率特性

a）不同定子电流时恒 U_s/ω_s控制的电压－频率特性

b）电压源型转差频率控制（SF）的异步电动机变压变频调速系统结构图

同前，转速调节器输出反映了转差角频率 $\omega_{sl}(\propto T_{ei})$，由于转速调节器的输出设有限幅器，可使系统在动态过程中的转差角频率不会超过 ω_{slmax}，因而能在最大允许转矩 T_{eimax}下加速、减速。对逆变桥的控制同前，只是整流桥的控制是根据 ω_{sl}^* 的变化经函数发生器按照 $U_s/f_s=\text{Const}$ 的关系，来控制电压 U_s，使气隙磁通 Φ_m保持不变的，从而保证了恒磁通下的恒转矩调速。

需要指出的是，系统的控制作用主要是由转差角频率 $\omega_{sl}=\omega_s-\omega$ 决定的，由于 ω_{sl}很小（一般 $\omega_{sl}<5\%\omega_{sN}$），因而电动机转速 ω 的很小的测量误差就可能导致 ω_{sl}^* 产生很大的误差，因此在转差频率控制方式中对测速精度的要求远远高于直流调速系统，解决办法是采用数字检测，可以大大提高检测精度。

虽然转差频率控制方式比恒压频比控制方式前进了一步，系统的动、静态特性都有一定的提高。但是，由于其基本关系式都是从稳态方程中导出的，没有考虑到电动机电磁惯性的影响及在动态中 Φ_m如何变化，所以，严格来说，动态转矩与磁通并未得到圆满的控制。

需要指出的是，由于这类系统存在的缺点及应用的局限性，进入 20 世纪末以来，转差频率控制方式已逐渐被转差型矢量控制方式所取代。

第3章　基于动态数学模型的异步电动机矢量控制技术

在第2章所讲述的恒压频比控制和转差频率控制的异步电动机变压变频调速系统，由于它们的基本控制关系及转矩控制原则是建立在异步电动机稳态数学模型的基础上，其被控制变量（定子电压、定子电流）都是在幅值意义上的标量控制，而忽略了辐角（相位）控制，因而异步电动机的电磁转矩未能得到精确的、实时的控制，自然也就不能获得优良的动态性能。矢量控制成功地解决了交流电动机定子电流转矩分量和励磁分量的耦合问题，从而实现了交流电动机电磁转矩的实时控制，大大提高了交流电动机变压变频调速系统的动态性能。经历了30多年的发展，至今，交流电动机矢量控制系统的性能已经可以与直流调速系统的性能相媲美，甚至超过了直流调速系统的性能。

本章首先从对比直流电动机电磁转矩和异步电动机电磁转矩的异同及内在联系作为切入点，给出矢量控制的基本思路和基本概念；然后建立异步电动机在三相静止坐标系上的动态数学模型，利用矢量坐标变换加以简化处理，得到两相静止坐标系和两相旋转坐标系上的数学模型，进而获得两相同步旋转坐标系上的数学模型；将处理后的异步电动机数学模型与直流电动机数学模型统一起来，导出矢量控制方程式和转子磁链方程式；根据矢量控制方程式及转子磁链方程式，按直流电动机转矩控制规律构造异步电动机矢量控制系统的结构及转子磁链观测器；最后介绍实际应用的几种典型异步电动机矢量控制变压变频调速系统。

3.1　矢量控制的基本概念

3.1.1　直流电动机和异步电动机的电磁转矩

任何调速系统的任务都是控制和调节电动机的转速，然而，转速是通过转矩来改变的，因此，这里首先从统一的电动机转矩方程式着手，揭示电动机控制的实质和关键。

下面通过分析和对比直流电动机和异步电动机的电磁转矩，弄清两种不同电动机电磁转矩的异同和内在联系，这样有助于理解如何在交流电动机上模拟直流电动机的转矩控制规律。

作为一种动力设备的电动机，其主要特性是它的转矩-转速特性，在加（减）速和速度调节过程中都服从于基本运动学

$$T_e - T_L = J\frac{dn}{dt} \tag{3-1}$$

式中，T_e 为电动机的电磁转矩；T_L 为负载转矩；$J = GD^2/375$ 为转动惯量；n 为电动机的转速。

由式（3-1）可知，对于恒转矩负载的起动、制动及调速，如果能控制电动机的电磁转

矩恒定，则就能获得恒定的加（减）速运动。当突加负载时，如果能把电动机的电磁转矩迅速地提高到允许的最大值（T_{eimax}），则就能获得最小的动态速降和最短的动态恢复时间。可见，任何电动机的动态特性，都取决于对电动机电磁转矩的控制效果。

由电机学可知，任何电动机产生电磁转矩的原理，在本质上都是电动机内部两个磁场相互作用的结果，因此各种电动机的电磁转矩具有统一的表达式，即

$$T_e = \frac{\pi}{2} n_p^2 \boldsymbol{\Phi}_m F_s \sin\theta_s = \frac{\pi}{2} n_p^2 \boldsymbol{\Phi}_m F_r \sin\theta_r \tag{3-2}$$

式中，n_p为电动机的极对数；F_s、F_r 为定、转子磁动势矢量的模值；$\boldsymbol{\Phi}_m$分为气隙主磁通矢量的模值；θ_s、θ_r 分别为定子磁动势空间矢量 F_s、转子磁动势空间矢量 F_r 与气隙合成磁动势空间矢量 F_Σ之间的夹角（见图 3-1），通常用电角度表示：$\theta_s = n_p\theta_{ms}$，$\theta_r = n_p\theta_{mr}$，其中 θ_{ms}、θ_{mr}为机械角，F_Σ为气隙合成磁动势空间矢量，当忽略铁损时其与磁通矢量 $\boldsymbol{\Phi}_m$ 同轴同向。

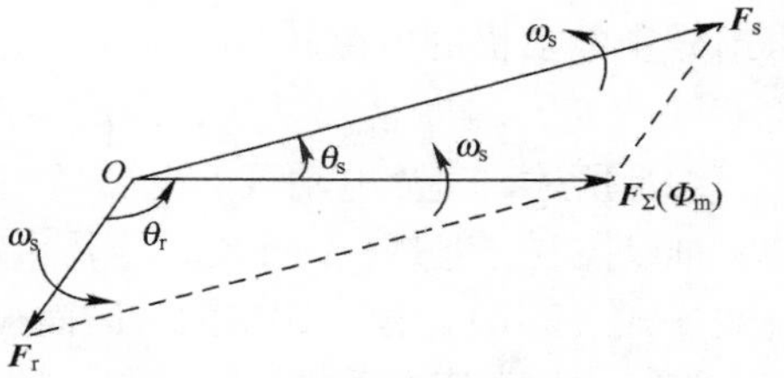

图 3-1　异步电动机的磁动势、磁通空间矢量图

在直流电动机中，主极磁场在空间固定不动；由于换向器的作用，电枢磁动势的轴线在空间也是固定的，如图 3-2a 所示。通常把主极的轴线称为直轴，即 d 轴（Direct Axis），与其垂直的轴称为交轴，即 q 轴（Quadrature Axis）。若电刷放在几何中性线上，则电枢磁动势的轴线与主极磁场轴线互相垂直，即与交轴重合。设气隙合成磁场与电枢磁动势的夹角为 θ_a，则从图 3-2b 可知，$\boldsymbol{\Phi}_m\sin\theta_a = \boldsymbol{\Phi}_m$ 为直轴每极下的磁通量。在主极磁场和电枢磁动势相互作用下，产生电磁转矩

$$T_{ed} = \frac{\pi}{2} n_p^2 \boldsymbol{\Phi}_d F_a \sin\theta_{a \cdot d}$$

式中，$F_a = I_a N_a / (\pi^2 n_p a)$，$\sin\theta_{ad} = 1$，所以上式成为

$$T_{ed} = \frac{n_p}{2\pi}\frac{N_a}{a}\boldsymbol{\Phi}_d I_a = C_{MD}\boldsymbol{\Phi}_d I_a \tag{3-3}$$

式中，$C_{MD} = n_p N_a / (2\pi a)$称为直流电动机转矩系数，其中，$N_a$ 为绕组匝数，a 为绕组并联支路数。

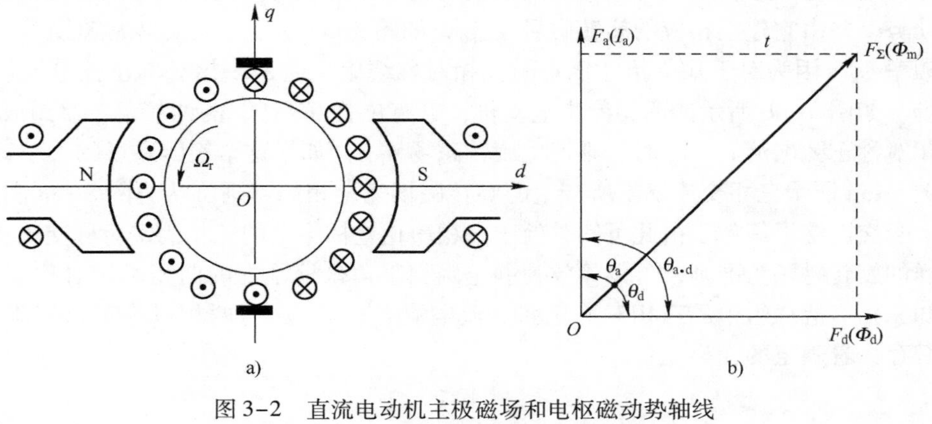

a)　　b)

图 3-2　直流电动机主极磁场和电枢磁动势轴线

a）直流电动机（二极）简图　b）空间矢量关系

由图 3-2a 可以看出，主极磁通 $\boldsymbol{\Phi}_d$ 和电枢电流方向（指该电流产生的磁动势方向）总是互相垂直的，二者各自独立，互不影响。此外，对于他励直流电动机而言，励磁和电枢是两个独立的回路，可以对电枢电流和励磁电流进行单独控制和调节，达到控制转矩的目的，实现转速调节。可见，直流电动机的电磁转矩具有控制容易而又灵活的特点。

需要进一步指出的是，由于电枢电流 I_a 和励磁电流 I_f（$\boldsymbol{\Phi}_d$ 正比于 I_f）都是只有大、小和正、负变化的直流标量，因此，把 I_a 和 I_f 作为控制变量的直流调速系统是标量控制系统，而标量控制简单，容易实现。

在异步电动机中，同样也是两个磁场相互作用产生电磁转矩。与直流电动机的两个磁场所不同的是，异步电动机定子磁动势 $\boldsymbol{F}_s$、转子磁动势 $\boldsymbol{F}_r$ 及二者合成产生的气隙磁动势 $\boldsymbol{F}_\Sigma$（$\boldsymbol{\Phi}_m$）均是以同步角速度 $\boldsymbol{\omega}_s$ 在空间旋转的矢量，三者的空间矢量关系如图 3-1 所示。由图 3-1 可知，定子磁动势和气隙磁动势之间的夹角 $\theta_s \neq 90°$；转子磁动势与气隙磁动势之间的夹角 θ_r 也不等于 90°。如果 $\boldsymbol{\Phi}_m$、$\boldsymbol{F}_r$ 的模值为已知，则只要知道它们空间矢量的夹角 θ_r，就可按式（3-2）求出异步电动机的电磁转矩。但是，如何确定 $\boldsymbol{\Phi}_m$、$\boldsymbol{F}_r$（或 $\boldsymbol{F}_s$）的模值及它们空间矢量的夹角 θ_r（或 θ_s）是非常困难的，因此，控制异步电动机的电磁转矩并非易事。

综上所述，直流电动机的电磁转矩关系简单，容易控制；交流电动机的电磁转矩关系复杂，难以控制。但是，由于交、直流电动机产生转矩的规律有着共同的基础，是基于同一转矩公式［式（3-2）］建立起来的，因而根据电机的统一性，通过等效变换，可以将交流电动机转矩控制化为直流电动机转矩控制的模式，从而控制交流电动机的困难问题也就迎刃而解了。

3.1.2 矢量控制的基本思想

由式（3-2）及图 3-1 所示的异步电动机磁动势、磁通空间矢量图可以看出，通过控制定子磁动势 $\boldsymbol{F}_s$的模值或控制转子磁动势 $\boldsymbol{F}_r$的模值及它们在空间的位置，就能达到控制电动机转矩的目的。控制 $\boldsymbol{F}_s$模值的大小或 $\boldsymbol{F}_r$模值的大小，可以通过控制各相电流的幅值大小来实现，而在空间上的位置角 θ_s、θ_r，可以通过控制各相电流的瞬时相位来实现。因此，只要能实现对异步电动机定子各相电流（i_A、i_B、i_C）的瞬时控制，就能实现对异步电动机转矩的有效控制。

采用矢量控制方式是如何实现对异步电动机定子电流转矩分量的瞬时控制呢？异步电动机三相对称定子绕组中，通入对称的三相正弦交流电流 i_A、i_B、i_C 时，则形成三相基波合成旋转磁动势，并由它建立相应的旋转磁场 $\boldsymbol{\Phi}_{ABC}$，如图 3-3a 所示，其旋转角速度等于定子电流的角频率 ω_s。因为对于除单相外任意的多相对称绕组，通入多相对称正弦电流均能产生旋转磁场。如图 3-3b 所示的两相异步电动机，具有位置互差 90°的两相定子绕组 α、β，当通入两相对称正弦电流 i_α、i_β 时，则产生旋转磁场 $\boldsymbol{\Phi}_{\alpha\beta}$，如果这个旋转磁场的大小、转速及转向与图 3-3a 所示三相交流绕组所产生的旋转磁场完全相同，则可认为图 3-3a 和图 3-3b 所示的两套交流绕组等效。由此可知，处于三相静止坐标系上的三相固定对称交流绕组，以产生同样的旋转磁场为准则，可以等效为静止两相直角坐标系上的两相固定对称交流绕组，并且可知三相交流绕组中的三相对称正弦交流电流 i_A、i_B、i_C 与两相对称正弦交流电流 i_α、i_β 之间必存在着确定的变换关系

$$\left.\begin{aligned} i_{\alpha\beta} &= A_1 i_{ABC} \\ i_{ABC} &= A_1^{-1} i_{\alpha\beta} \end{aligned}\right\} \tag{3-4}$$

式（3-4）表示一种变换关系方程，其中 A_1 为一种变换式。

从图 3-2 中所示的直流电动机结构可以看到，励磁绕组是在空间上固定的直流绕组，而电枢绕组是在空间中旋转的绕组。由图示可知，电枢绕组本身在旋转，电枢磁动势 F_a 在空间上却有固定的方向，通常称这种绕组为“伪静止绕组”（Pseudo - Stationary Coil）。这样从磁效应的意义上来说，可以把直流电动机的电枢绕组当成在空间上固定的直流绕组，从而直流电动机的励磁绕组和电枢绕组就可以用图 3-3c 所示的两个在位置上互差 90°的直流绕组 M 和 T 来等效，M 绕组是等效的励磁绕组，T 绕组是等效的电枢绕组，M 绕组中的直流电流 i_M 称为励磁电流分量，T 绕组中的直流电流 i_T 称为转矩电流分量。

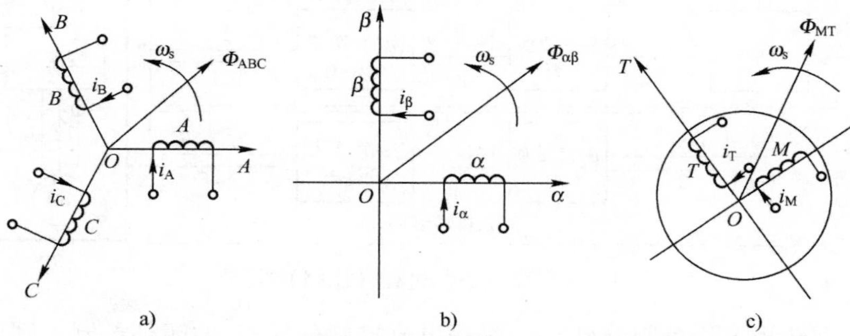

图 3-3　等效的交流电动机绕组和直流电动机绕组物理模型
a）三相交流绕组　b）两相交流绕组　c）旋转的直流绕组

设 Φ_{MT} 为 M 绕组和 T 绕组分别通入直流电流 i_M 和 i_T 时产生的合成磁通，且在空间固定不动。如果人为地使这两个绕组旋转起来，则 Φ_{MT} 也自然地随着旋转。若使 Φ_{MT} 的大小、转速和转向与图 3-3b 所示两相交流绕组所产生的旋转磁场 $\Phi_{\alpha\beta}$ 及图 3-3a 所示三相交流绕组产生的旋转磁场 Φ_{ABC} 相同，则 $M-T$ 直流绕组与 $\alpha-\beta$ 交流绕组及 $A-B-C$ 交流绕组等效。显而易见，使固定的 $M-T$ 绕组旋转起来，只不过是一种物理概念上的假设。在旋转磁场等效的原则下，$\alpha-\beta$ 交流绕组可以等效为旋转的 $M-T$ 直流绕组，这时 $\alpha-\beta$ 交流绕组中的交流电流 i_α、i_β 与 $M-T$ 直流绕组中的直流电流 i_M、i_T 之间必存在着确定的变换关系

$$\left.\begin{aligned} i_{MT} &= A_2 i_{\alpha\beta} \\ i_{\alpha\beta} &= A_2^{-1} i_{MT} \end{aligned}\right\} \tag{3-5}$$

式中，A_2 为另一种变换式。

式（3-5）的物理性质是表示一种旋转变换关系，或者说，对于相同的旋转磁场而言，如果 $\alpha-\beta$ 交流绕组中的电流 i_α、i_β 与旋转的 $M-T$ 直流绕组中的电流 i_M、i_T 存在着式（3-5）的变换关系，则 $\alpha-\beta$ 交流绕组与旋转的 $M-T$ 直流绕组完全等效。

由于 $\alpha-\beta$ 两相交流绕组又与 $A-B-C$ 三相交流绕组等效，所以，$M-T$ 直流绕组与 $A-B-C$ 交流绕组等效，即有

$$i_{MT} = A_2 i_{\alpha\beta} = A_2 A_1 i_{ABC} \tag{3-6}$$

由式（3-6）可知，旋转的 $M-T$ 直流绕组中的直流电流 i_M、i_T 与三相交流电流 i_A、i_B、i_C 之间必存在着确定关系，因此通过控制 i_M、i_T 就可以实现对 i_A、i_B、i_C 的瞬时控制。

在旋转磁场坐标系上，把 i_M（励磁电流分量）、i_T（转矩电流分量）作为控制量，记为 i_M^*、i_T^*，对 i_M^*、i_T^* 实施旋转变换就可以得到与旋转坐标系 $M-T$ 等效的 $\alpha-\beta$ 坐标系下两相

交流电流的控制量，记为 i_{α}^* 、i_{β}^* ，然后通过两相－三相变换得到三相交流电流的控制量，记为 i_A^* 、i_B^* 、i_C^* ，用来控制异步电动机的运行。

归纳以上所述，对交流电动机的控制可以通过某种等效变换与直流电动机的控制统一起来，从而对交流电动机的控制就可以按照直流电动机转矩、转速规律来实现，这就是矢量控制的基本思想（思路）。

矢量变换控制的基本思想和控制过程可用框图来表达，如图 3-4 所示。

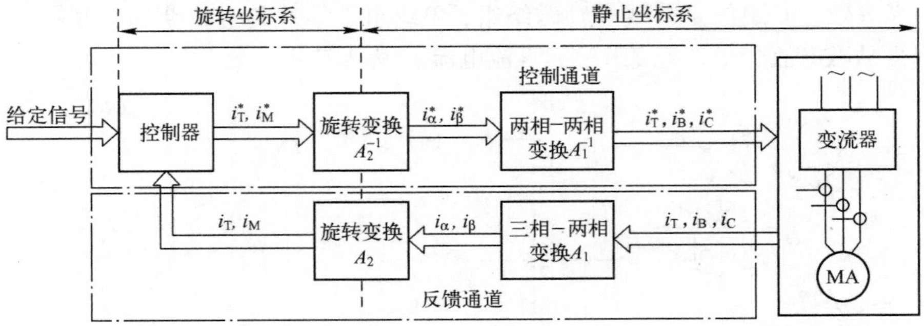

图 3-4　矢量变换控制过程（思路）框图

如果需要实现转矩电流控制分量 i_M^* 、励磁电流控制分量 i_T^* 的闭环控制，则要测量交流量，然后通过矢量坐标变换求出实际的 i_T 、i_M ，用来作为反馈量，其过程如图 3-4 所示的反馈通道。

因为用来进行坐标变换的物理量是空间矢量，所以将这种控制系统称为矢量变换控制系统（Transvector Control System），简称为矢量控制（Vector Control，VC）系统。

3.2　异步电动机在不同坐标系上的数学模型

考虑到一般情况，本节首先建立三相异步电动机在三相静止坐标系上的数学模型，然后通过三相－两相坐标变换将三相静止坐标系上的数学模型变换为两相静止坐标系上的数学模型，再通过旋转坐标变换，将两相静止坐标系上的数学模型变换为两相旋转坐标系上的数学模型，最终将两相旋转坐标系上的数学模型变换为两相同步旋转坐标系上的数学模型，以实现将非线性、强耦合的异步电动机数学模型简化成线性、解耦的数学模型。

由前述可知，矢量控制是通过坐标变换将异步电动机的转矩控制与直流电动机的转矩控制统一起来的，可见，坐标变换是实现矢量控制的关键，因此，在本节中将坐标变换的原理及实现方法也作为重点内容来讨论。

3.2.1　交流电动机的坐标系与空间矢量的概念

1. 交流电动机的坐标系

交流电动机的坐标系（也称作轴系）以任意转速旋转的坐标系为最一般的情况，其中，静止坐标系（旋转速度为零）、同步旋转坐标系（旋转速度为同步转速）是任意旋转坐标系的特例。这里，交流电动机的坐标系是按电动机实际情况来确定的，后面所讲述的坐标变换就是按这种实际情况进行的，这样做的目的是为了物理意义更实际、更清晰。

(1) 定子坐标系（$A-B-C$ 和 $\alpha-\beta$ 坐标系）

三相电动机定子中有三相绕组，其轴线分别为 A、B、C，彼此相差 120°，构成一个 $A-B-C$ 三相坐标系，如图 3-5 所示。某矢量 $\boldsymbol{X}$ 在三个坐标轴上的投影分别为 X_A、X_B、X_C，代表了该矢量在三个绕组中的分量，如果 $\boldsymbol{X}$ 是定子电流矢量，则 X_A、X_B、X_C 为三个绕组中的电流分量。

数学上，平面矢量可用两相直角坐标系来描述，所以在定子坐标系中又定义了一个两相直角坐标系——$\alpha-\beta$ 坐标系，它的 α 轴与 A 轴重合，β 轴超前 α 轴 90°，也绘于图 3-5 中，X_α、X_β 为矢量 $\boldsymbol{X}$ 在 $\alpha-\beta$ 坐标轴上的投影或分量。

由于 α 轴和 A 轴固定在定子绕组 A 相的轴线上，所以这两个坐标系在空间固定不动，称为静止坐标系。

(2) 转子坐标系（$a-b-c$）和旋转坐标系（$d-q$）

转子坐标系固定在转子上，其中平面直角坐标系的 d 轴位于转子轴线上，q 轴超前 d 轴 90°，如图 3-6 所示。对于异步电动机，可定义转子上任一轴线为 d 轴（不固定）；对于同步电动机，d 轴是转子磁极的轴线。从广义上来说，$d-q$ 坐标系通常称作旋转坐标系。

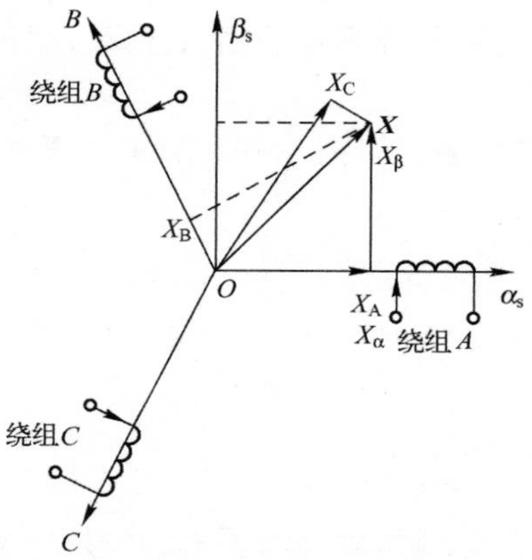

图 3-5 异步电动机定子坐标系

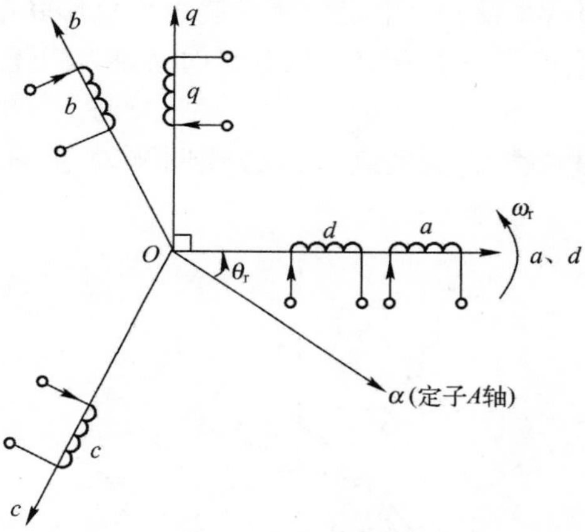

图 3-6 异步电动机转子坐标系

(3) 同步旋转坐标系（$M-T$ 坐标系）

同步旋转坐标系的 M（Magnetization）轴固定在磁链矢量上，T（Torque）轴超前 M 轴 90°，该坐标系和磁链矢量一起在空间以同步角速度 ω_s 旋转。各坐标轴之间的夹角如图 3-7 所示。图中，ω_s 为同步角速度；ω_r 为转子角速度；φ_s 为磁链（磁通）同步角，从定子轴 α 到磁链轴 M 的夹角；φ_L 为负载角，从转子轴 d 到磁链轴 M 的夹角；λ 为转子位置角。其中 $\varphi_s=\varphi_L+\lambda$。

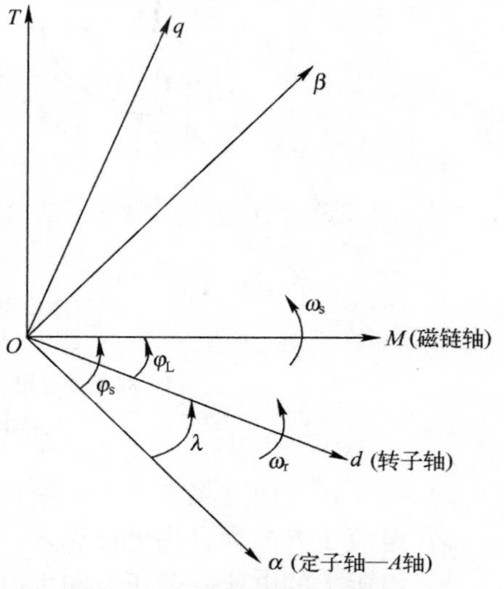

图 3-7 各坐标轴的位置图

2. 空间矢量的概念

三相异步电动机的定子有三个绕组 A、B、C，当分别通入正弦电流 i_A、i_B、i_C 时，就会在空间产生三个分磁动势矢量 $\boldsymbol{F}_A$、$\boldsymbol{F}_B$、$\boldsymbol{F}_C$，磁动势也叫作磁通势。三个分磁动势矢量之和为定子合成磁动势矢量，记为 $\boldsymbol{F}_s$，简称定子磁动势。由磁路欧姆定律可知，定子磁通矢量 $\boldsymbol{\Phi}_s = \boldsymbol{F}_s/R_m$，其中，$R_m$ 为磁阻。定子磁动势 $\boldsymbol{F}_s$ 和定子磁通 $\boldsymbol{\Phi}_s$ 是实际存在的空间矢量，且二者共轴线、共方向。同理，三相异步电动机转子实际存在的空间矢量有转子磁动势 $\boldsymbol{F}_r$、转子磁通 $\boldsymbol{\Phi}_r$。实际存在的空间矢量还有定、转子合成磁动势 $\boldsymbol{F}_\Sigma = \boldsymbol{F}_s + \boldsymbol{F}_r$ 及气隙合成磁通 $\boldsymbol{\Phi}_m$。

定子电流 i_s、转子电流 i_r、定子磁链 Ψ_s、转子磁链 Ψ_r 等是在空间不存在的物理量（是时间相量），由于它们的幅值正比于相应空间矢量的模值，而且 i_s、Ψ_s 的幅值是可以测量的，为此把这些物理量定义为矢量，记为 $\boldsymbol{i}_s$、$\boldsymbol{i}_r$、$\boldsymbol{\Psi}_s$、$\boldsymbol{\Psi}_r$，并用它们代表或代替实际存在的空间矢量，例如，用 $\boldsymbol{i}_s$ 代表 $\boldsymbol{F}_s$；用 $\boldsymbol{i}_r$ 代表 $\boldsymbol{F}_r$；用 $\boldsymbol{\Psi}_s$ 代表 $\boldsymbol{\Phi}_s$；用 $\boldsymbol{\Psi}_r$ 代表 $\boldsymbol{\Phi}_r$。

定子电压 u_s、定子电动势 e_s、转子电压 u_r、转子电动势 e_r 等也不是空间矢量，为了数学上的处理需要而把它们也定义为空间矢量，记为 $\boldsymbol{u}_s(\boldsymbol{U}_s)$、$\boldsymbol{u}_r(\boldsymbol{U}_r)$、$\boldsymbol{e}_s(\boldsymbol{E}_s)$、$\boldsymbol{e}_r(\boldsymbol{E}_r)$。

3.2.2 异步电动机在静止坐标系上的数学模型

1. 异步电动机在三相静止轴系上的电压方程式（电路数学模型）

图 3-8a 表示一个定、转子绕组为星形联结的三相对称异步电动机的物理模型，其中无论电动机转子是绕线型还是笼型均等效为绕线型转子，并折算到定子侧，折算后的每相匝数都相等。

在建立数学模型之前，必须明确对于正方向的规定，如图 3-8b 所示，正方向规定如下：

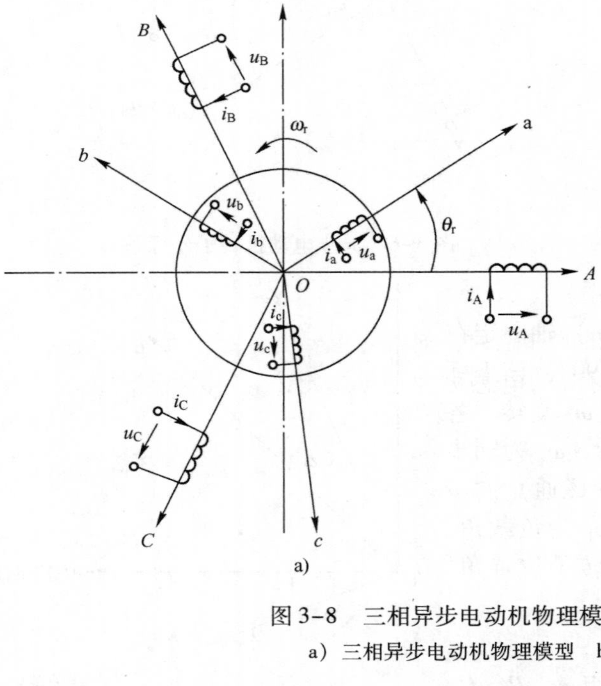

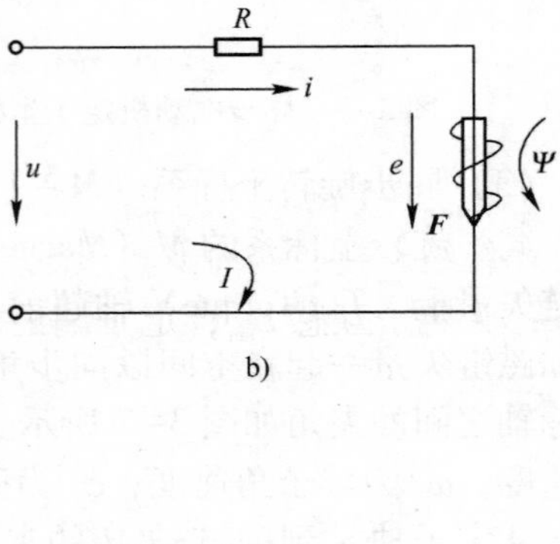

图 3-8　三相异步电动机物理模型和正方向规定

a）三相异步电动机物理模型　b）正方向规定

1）电压正方向（箭头方向，下同）为电压降低方向。

2）电流正方向为自高电位流入、低电位流出方向。

3）电阻上的电压降落正方向为电流箭头所指的方向。

4）磁动势和磁链的正方向与电流正方向符合右手螺旋定则，在不能区分线圈绕向的绕组中，电流正方向即代表磁动势和磁链的正方向。

5）电动势的正方向与电流正方向一致。

6）转子旋转的正方向定为逆时针方向。

根据正方向的规定，可以列出图 3-8 所示电动机的定、转子绕组的电压微分方程组

$$\left.\begin{aligned}
u_A &= R_A i_A + p(L_{AA}i_A) + p(L_{AB}i_B) + p(L_{AC}i_C) + p(L_{Aa}i_a) + p(L_{Ab}i_b) + p(L_{Ac}i_c)\\
u_B &= p(L_{BA}i_A) + R_B i_B + p(L_{BB}i_B) + p(L_{BC}i_C) + p(L_{Ba}i_a) + p(L_{Bb}i_b) + p(L_{Bc}i_c)\\
u_C &= p(L_{CA}i_A) + p(L_{CB}i_B) + R_C i_C + p(L_{CC}i_C) + p(L_{Ca}i_a) + p(L_{Cb}i_b) + p(L_{Cc}i_c)\\
u_a &= p(L_{aA}i_A) + p(L_{aB}i_B) + p(L_{aC}i_C) + R_a i_a + p(L_{aa}i_a) + p(L_{ab}i_b) + p(L_{ac}i_c)\\
u_b &= p(L_{bA}i_a) + p(L_{bB}i_B) + p(L_{bC}i_C) + p(L_{ba}i_a) + R_b i_b + p(L_{bb}i_b) + p(L_{bc}i_c)\\
u_c &= p(L_{cA}i_A) + p(L_{cB}i_B) + p(L_{cC}i_C) + p(L_{ca}i_a) + p(L_{cb}i_b) + R_c i_c + p(L_{cc}i_c)
\end{aligned}\right\} \tag{3-7}$$

式中，u_A、u_B、u_C，u_a、u_b、u_c 为定、转子相电压瞬时值；i_A、i_B、i_C，i_a、i_b、i_c 为定、转子相电流瞬时值；$p=\mathrm{d}/\mathrm{d}t$ 为微分算子。

为了简化方程，必须进一步弄清式（3-7）中各类电阻、电感的性质。

（1）电阻

由于电动机绕组的对称性，并假定电阻与频率及温度无关，可令

$$R_A = R_B = R_C = R_s = 常数$$

$$R_a = R_b = R_c = R_r = 常数$$

式中，R_s、R_r 为定、转子绕组每相电阻，R_r 已归算到定子侧。

（2）自感

由于三相电动机的气隙是均匀的，故各绕组的自感与转子位置（即与角 θ_r）无关；忽略磁路饱和效应，自感与电流无关；忽略趋肤效应，自感与频率无关，因此各自感均为常数。又因为绕组是对称的，可令：$L_{AA}=L_{BB}=L_{CC}=L_s$ 为定子每相绕组的自感，且为常数；$L_{aa}=L_{bb}=L_{cc}=L_r$ 为转子每相绕组的自感，已归算到定子侧，且为常数。

（3）互感

与电动机定子绕组交链的磁通主要有两类：一类是穿过气隙的相间互感磁通；另一类是只与该绕组本身交链而不和其他绕组交链的漏磁通，前者是主要的。定子互感磁通所对应的电感称为定子互感 L_{sm}；定子漏磁通所对应的电感称为定子漏感 $L_{s\sigma}$。由于定子绕组的对称性，各相定子互感和定子漏感值均相等；同样可以定义转子互感 L_{rm} 和转子漏感 $L_{r\sigma}$，各相转子互感和转子漏感值也均相等。由于经过折算后定、转子绕组匝数相等，并且各绕组产生的互感磁通都通过气隙，磁阻相同，故可以认为 $L_{sm}=L_{rm}=L_m$。根据以上分析可知 L_s、L_r、L_m、$L_{s\sigma}$、$L_{r\sigma}$ 之间具有以下关系：

$$\left.\begin{aligned}
L_s &= L_m + L_{s\sigma}\\
L_r &= L_m + L_{r\sigma}
\end{aligned}\right\} \tag{3-8}$$

1）定子三相绕组之间及转子三相绕组之间的互感。由于电动机气隙的均匀性和绕组的对称性，可令

$$\left.\begin{aligned}
L_{AB} = L_{AC} = L_{BA} = L_{BC} = L_{CA} = L_{CB} = L_{ss}\\
L_{ab} = L_{ac} = L_{ba} = L_{bc} = L_{ca} = L_{cb} = L_{rr}
\end{aligned}\right\} \tag{3-9}$$

式中，L_{ss}、L_{rr}分别为定子任意两相绕组和转子任意两相绕组之间的互感。

由于三相定（转）子绕组的轴线在空间上的相位差是 ±120°，在假定气隙磁场为正弦分布的条件下，定子绕组之间及转子绕组之间的互感值应为

$$\left.\begin{aligned} &L_{ss}=L_m\cos120^\circ=-\frac{1}{2}L_m \\ \text{同理}\quad &L_{rr}=L_m\cos120^\circ=-\frac{1}{2}L_m \end{aligned}\right\} \tag{3-10}$$

2）定子绕组与转子绕组之间的互感。如果忽略气隙磁场的空间高次谐波，则可以近似认为定、转子绕组之间的互感为 θ_r 角的余弦函数。当定、转子绕组恰处于同轴时，互感具有最大值 L_m，于是

$$\left.\begin{aligned} &L_{Aa}=L_{aA}=L_{Bb}=L_{bB}=L_{Cc}=L_{cC}=L_m\cos\theta_r \\ &L_{Ab}=L_{bA}=L_{Bc}=L_{cB}=L_{Ca}=L_{aC}=L_m\cos(\theta_r+2\pi/3) \\ &L_{Ac}=L_{cA}=L_{Ba}=L_{aB}=L_{Cb}=L_{bC}=L_m\cos(\theta_r-2\pi/3) \end{aligned}\right\} \tag{3-11}$$

将式（3-8）、式（3-10）、式（3-11）所表示的参数（电阻、自感、互感）都代入式（3-7）中，得到

$$\left.\begin{aligned} u_A=&(R_s+L_mp+L_{s\sigma}p)i_A-\frac{1}{2}L_mpi_B-\frac{1}{2}L_mpi_C+L_mp\cos\theta_r i_a \\ &+L_mp\cos\left(\theta_r+\frac{2\pi}{3}\right)i_b+L_mp\cos\left(\theta_r-\frac{2\pi}{3}\right)i_c \\ u_B=&-\frac{1}{2}L_mpi_A+(R_s+L_mp+L_{s\sigma}p)i_B-\frac{1}{2}L_mpi_C+L_mp\cos\left(\theta_r-\frac{2\pi}{3}\right)i_a \\ &+L_mp\cos\theta_r i_b+L_mp\cos\left(\theta_r+\frac{2\pi}{3}\right)i_c \\ u_C=&-\frac{1}{2}L_mpi_A-\frac{1}{2}L_mpi_B+(R_s+L_mp+L_{s\sigma}p)i_C+L_mp\cos\left(\theta_r+\frac{2\pi}{3}\right)i_a \\ &+L_mp\cos\left(\theta_r-\frac{2\pi}{3}\right)i_b+L_mp\cos\theta_r i_c \\ u_a=&L_mp\cos\theta_r i_A+L_mp\cos\left(\theta_r-\frac{2\pi}{3}\right)i_B+L_mp\cos\left(\theta_r+\frac{2\pi}{3}\right)i_C \\ &+(R_r+L_mp+L_{r\sigma}p)i_a-\frac{1}{2}L_mpi_b-\frac{1}{2}L_mpi_c \\ u_b=&L_mp\cos\left(\theta_r+\frac{2\pi}{3}\right)i_A+L_mp\cos\theta_r i_B+L_mp\cos\left(\theta_r-\frac{2\pi}{3}\right)i_C \\ &-\frac{1}{2}L_mpi_a+(R_r+L_mp+L_{r\sigma}p)i_b-\frac{1}{2}L_mpi_c \\ u_c=&L_mp\cos\left(\theta_r-\frac{2\pi}{3}\right)i_A+L_mp\cos\left(\theta_r+\frac{2\pi}{3}\right)i_B+L_mp\cos\theta_r i_C-\frac{1}{2}L_mpi_a \\ &-\frac{1}{2}L_mpi_b+(R_r+L_mp+L_{r\sigma}p)i_c \end{aligned}\right\} \tag{3-12}$$

将式（3-7）及式（3-12）所表示的电压方程写成矩阵形式

$$\boldsymbol{u}=\boldsymbol{Ri}+p(\boldsymbol{Li})=\boldsymbol{Zi}=\boldsymbol{Ri}+p\boldsymbol{\varPsi} \tag{3-13}$$

式中

$$\boldsymbol{u}^{\mathrm{T}}=[u_{\mathrm{A}}\quad u_{\mathrm{B}}\quad u_{\mathrm{C}}\quad u_{\mathrm{a}}\quad u_{\mathrm{b}}\quad u_{\mathrm{c}}]$$

$$\boldsymbol{i}^{\mathrm{T}}=[i_{\mathrm{A}}\quad i_{\mathrm{B}}\quad i_{\mathrm{C}}\quad i_{\mathrm{a}}\quad i_{\mathrm{b}}\quad i_{\mathrm{c}}]$$

$$\boldsymbol{Z}=\boldsymbol{R}+p\boldsymbol{L}$$

$$\boldsymbol{R}=\begin{pmatrix} R_{\mathrm{s}} & 0 & 0 & 0 & 0 & 0\\ 0 & R_{\mathrm{s}} & 0 & 0 & 0 & 0\\ 0 & 0 & R_{\mathrm{s}} & 0 & 0 & 0\\ 0 & 0 & 0 & R_{\mathrm{r}} & 0 & 0\\ 0 & 0 & 0 & 0 & R_{\mathrm{r}} & 0\\ 0 & 0 & 0 & 0 & 0 & R_{\mathrm{r}} \end{pmatrix} \tag{3-14}$$

$$\boldsymbol{L}=\left(\begin{array}{ccc:ccc} L_{\mathrm{AA}} & L_{\mathrm{AB}} & L_{\mathrm{AC}} & L_{\mathrm{Aa}} & L_{\mathrm{Ab}} & L_{\mathrm{Ac}}\\ L_{\mathrm{BA}} & L_{\mathrm{BB}} & L_{\mathrm{BC}} & L_{\mathrm{Ba}} & L_{\mathrm{Bb}} & L_{\mathrm{Bc}}\\ L_{\mathrm{CA}} & L_{\mathrm{CB}} & L_{\mathrm{CC}} & L_{\mathrm{Ca}} & L_{\mathrm{Cb}} & L_{\mathrm{Cc}}\\ \hdashline L_{\mathrm{aA}} & L_{\mathrm{aB}} & L_{\mathrm{aC}} & L_{\mathrm{aa}} & L_{\mathrm{ab}} & L_{\mathrm{ac}}\\ L_{\mathrm{bA}} & L_{\mathrm{bB}} & L_{\mathrm{bC}} & L_{\mathrm{ba}} & L_{\mathrm{bb}} & L_{\mathrm{bc}}\\ L_{\mathrm{cA}} & L_{\mathrm{cB}} & L_{\mathrm{cC}} & L_{\mathrm{ca}} & L_{\mathrm{cb}} & L_{\mathrm{cc}} \end{array}\right)$$

$$=\left(\begin{array}{ccc:ccc} L_{\mathrm{m}}+L_{\mathrm{s\sigma}} & -\frac{1}{2}L_{\mathrm{m}} & -\frac{1}{2}L_{\mathrm{m}} & L_{\mathrm{m}}\cos\theta_{\mathrm{r}} & L_{\mathrm{m}}\cos\left(\theta_{\mathrm{r}}+\frac{2\pi}{3}\right) & L_{\mathrm{m}}\cos\left(\theta_{\mathrm{r}}-\frac{2\pi}{3}\right)\\ -\frac{1}{2}L_{\mathrm{m}} & L_{\mathrm{m}}+L_{\mathrm{s\sigma}} & -\frac{1}{2}L_{\mathrm{m}} & L_{\mathrm{m}}\cos\left(\theta_{\mathrm{r}}-\frac{2\pi}{3}\right) & L_{\mathrm{m}}\cos\theta_{\mathrm{r}} & L_{\mathrm{m}}\cos\left(\theta_{\mathrm{r}}+\frac{2\pi}{3}\right)\\ -\frac{1}{2}L_{\mathrm{m}} & -\frac{1}{2}L_{\mathrm{m}} & L_{\mathrm{m}}+L_{\mathrm{s\sigma}} & L_{\mathrm{m}}\cos\left(\theta_{\mathrm{r}}+\frac{2\pi}{3}\right) & L_{\mathrm{m}}\cos\left(\theta_{\mathrm{r}}-\frac{2\pi}{3}\right) & L_{\mathrm{m}}\cos\theta_{\mathrm{r}}\\ \hdashline L_{\mathrm{m}}\cos\theta_{\mathrm{r}} & L_{\mathrm{m}}\cos\left(\theta_{\mathrm{r}}-\frac{2\pi}{3}\right) & L_{\mathrm{m}}\cos\left(\theta_{\mathrm{r}}+\frac{2\pi}{3}\right) & L_{\mathrm{m}}+L_{\mathrm{r\sigma}} & -\frac{1}{2}L_{\mathrm{m}} & -\frac{1}{2}L_{\mathrm{m}}\\ L_{\mathrm{m}}\cos\left(\theta_{\mathrm{r}}+\frac{2\pi}{3}\right) & L_{\mathrm{m}}\cos\theta_{\mathrm{r}} & L_{\mathrm{m}}\cos\left(\theta_{\mathrm{r}}-\frac{2\pi}{3}\right) & -\frac{1}{2}L_{\mathrm{m}} & L_{\mathrm{m}}+L_{\mathrm{r\sigma}} & -\frac{1}{2}L_{\mathrm{m}}\\ L_{\mathrm{m}}\cos\left(\theta_{\mathrm{r}}-\frac{2\pi}{3}\right) & L_{\mathrm{m}}\cos\left(\theta_{\mathrm{r}}+\frac{2\pi}{3}\right) & L_{\mathrm{m}}\cos\theta_{\mathrm{r}} & -\frac{1}{2}L_{\mathrm{m}} & -\frac{1}{2}L_{\mathrm{m}} & L_{\mathrm{m}}+L_{\mathrm{r\sigma}} \end{array}\right) \tag{3-15}$$

2. 磁链方程

式（3–13）中的磁链 $\boldsymbol{\Psi}$ 可写成

$$\boldsymbol{\Psi}=\begin{pmatrix}\Psi_{\mathrm{A}}\\ \Psi_{\mathrm{B}}\\ \Psi_{\mathrm{C}}\\ \Psi_{\mathrm{a}}\\ \Psi_{\mathrm{b}}\\ \Psi_{\mathrm{c}}\end{pmatrix}=\left(\begin{array}{ccc:ccc} L_{\mathrm{AA}} & L_{\mathrm{AB}} & L_{\mathrm{AC}} & L_{\mathrm{Aa}} & L_{\mathrm{Ab}} & L_{\mathrm{Ac}}\\ L_{\mathrm{BA}} & L_{\mathrm{BB}} & L_{\mathrm{BC}} & L_{\mathrm{Ba}} & L_{\mathrm{Bb}} & L_{\mathrm{Bc}}\\ L_{\mathrm{CA}} & L_{\mathrm{CB}} & L_{\mathrm{CC}} & L_{\mathrm{Ca}} & L_{\mathrm{Cb}} & L_{\mathrm{Cc}}\\ \hdashline L_{\mathrm{aA}} & L_{\mathrm{aB}} & L_{\mathrm{aC}} & L_{\mathrm{aa}} & L_{\mathrm{ab}} & L_{\mathrm{ac}}\\ L_{\mathrm{bA}} & L_{\mathrm{bB}} & L_{\mathrm{bC}} & L_{\mathrm{ba}} & L_{\mathrm{bb}} & L_{\mathrm{bc}}\\ L_{\mathrm{cA}} & L_{\mathrm{cB}} & L_{\mathrm{cC}} & L_{\mathrm{ca}} & L_{\mathrm{cb}} & L_{\mathrm{cc}} \end{array}\right)\begin{pmatrix}i_{\mathrm{A}}\\ i_{\mathrm{B}}\\ i_{\mathrm{C}}\\ i_{\mathrm{a}}\\ i_{\mathrm{b}}\\ i_{\mathrm{c}}\end{pmatrix} \tag{3-16}$$

式（3–16）称为磁链方程，显然这是一个十分庞大的矩阵方程，其中 $\boldsymbol{L}$ 矩阵是 6×6 的

电感矩阵。为了以后矩阵运算方便起见，将其写成分块矩阵形式

$$\boldsymbol{L}=\left(\begin{array}{c:c}[\boldsymbol{L}_{SS}] & [\boldsymbol{L}_{SR}]\\ \hdashline [\boldsymbol{L}_{RS}] & [\boldsymbol{L}_{RR}]\end{array}\right) \tag{3-17}$$

其中

$$\boldsymbol{L}_{SS}=\begin{pmatrix} L_m+L_{s\sigma} & -\frac{1}{2}L_m & -\frac{1}{2}L_m \\ -\frac{1}{2}L_m & L_m+L_{s\sigma} & -\frac{1}{2}L_m \\ -\frac{1}{2}L_m & -\frac{1}{2}L_m & L_m+L_{s\sigma} \end{pmatrix} \tag{3-18}$$

$$\boldsymbol{L}_{RR}=\begin{pmatrix} L_m+L_{r\sigma} & -\frac{1}{2}L_m & -\frac{1}{2}L_m \\ -\frac{1}{2}L_m & L_m+L_{r\sigma} & -\frac{1}{2}L_m \\ -\frac{1}{2}L_m & -\frac{1}{2}L_m & L_m+L_{r\sigma} \end{pmatrix} \tag{3-19}$$

$$\boldsymbol{L}_{SR}=\boldsymbol{L}_{RS}^{T}=L_m\begin{pmatrix} \cos\theta_r & \cos\left(\theta_r+\frac{2\pi}{3}\right) & \cos\left(\theta_r-\frac{2\pi}{3}\right) \\ \cos\left(\theta_r-\frac{2\pi}{3}\right) & \cos\theta_r & \cos\left(\theta_r+\frac{2\pi}{3}\right) \\ \cos\left(\theta_r+\frac{2\pi}{3}\right) & \cos\left(\theta_r-\frac{2\pi}{3}\right) & \cos\theta_r \end{pmatrix} \tag{3-20}$$

3. 运动方程

一般情况下，机电系统的基本运动方程式为

$$T_{ei}=T_L+\frac{J}{n_p}\frac{d\omega}{dt}+\frac{D}{n_p}\omega+\frac{K}{n_p}\theta_r \tag{3-21}$$

式中，T_L 为负载阻转矩；ω 为电动机角速度；J 为机电系统转动惯量；n_p为极对数；D 为与转速成正比的阻转矩阻尼系数；K 为扭转弹性转矩系数。对于刚性的恒转矩负载，$K=0$；若忽略传动机构的黏性摩擦，$D=0$，则有

$$T_{ei}=T_L+\frac{J}{n_p}\frac{d\omega_r}{dt} \tag{3-22}$$

4. 转矩方程

根据机电能量转换原理，可以求得异步电动机电磁转矩的一种表达式，即

$$\begin{aligned}T_{ei}=n_pL_m\Big[&(i_Ai_a+i_Bi_b+i_Ci_c)\sin\theta_r+(i_Ai_b+i_Bi_c+i_Ci_a)\sin\left(\theta_r+\frac{2\pi}{3}\right)\\&+(i_Ai_c+i_Bi_a+i_Ci_b)\sin\left(\theta_r-\frac{2\pi}{3}\right)\Big]=f(i_A,i_B,i_C,i_a,i_b,i_c)\end{aligned} \tag{3-23}$$

5. 异步电动机在静止轴系上的数学模型

式（3-13）还可以写成

$$\boldsymbol{u}=\boldsymbol{Ri}=\boldsymbol{L}\frac{d\boldsymbol{i}}{dt}+\frac{d\boldsymbol{L}}{dt}\boldsymbol{i}=\boldsymbol{Ri}+\boldsymbol{L}\frac{d\boldsymbol{i}}{dt}+\omega\frac{d\boldsymbol{L}}{d\theta_r}\boldsymbol{i} \tag{3-24}$$

式（3-16）、式（3-22）或式（3-23）、式（3-24）及 $\omega_r=d\theta_r/dt$ 归纳在一起便构成

了恒转矩负载下的异步电动机在静止轴系上的数学模型

$$\left.\begin{aligned}
&u = \boldsymbol{R}\boldsymbol{i} + \boldsymbol{L}\frac{\mathrm{d}\boldsymbol{i}}{\mathrm{d}t} + \omega\frac{\mathrm{d}\boldsymbol{L}}{\mathrm{d}\theta_{\mathrm{r}}}\boldsymbol{i}\\
&\boldsymbol{\Psi} = \boldsymbol{L}\boldsymbol{i}\\
&T_{\mathrm{ei}} = T_{\mathrm{L}} + \frac{J}{n_{\mathrm{p}}}\frac{\mathrm{d}\omega}{\mathrm{d}t}\\
&T_{\mathrm{ei}} = f(i_{\mathrm{A}}, i_{\mathrm{B}}, i_{\mathrm{C}}, i_{\mathrm{a}}, i_{\mathrm{b}}, i_{\mathrm{c}})\\
&\omega = \frac{\mathrm{d}\theta_{\mathrm{r}}}{\mathrm{d}t}
\end{aligned}\right\} \tag{3-25}$$

6. 异步电动机在三相静止轴系中的数学模型性质

由式（3-25）可以看出，异步电动机在静止轴系上的数学模型具有以下性质：

（1）异步电动机数学模型是一个多变量（多输入/多输出）系统

输入到电动机定子的是三相电压 u_{A}、u_{B}、u_{C}（或电流 i_{A}、i_{B}、i_{C}），这就是说至少有三个输入变量。输出变量中，除转速外，磁通也是一个独立的输出变量。可见异步电动机数学模型是一个多变量系统。

（2）异步电动机数学模型是一个高阶系统

异步电动机定子有三个绕组，转子可等效成三个绕组，每个绕组产生磁通时都有它的惯性，再加上机电系统惯性，则异步电动机的数学模型至少为七阶系统。

（3）异步电动机数学模型是一个非线性系统

由式（3-11）可知，定、转子之间的互感（L_{sr}、L_{rs}）为 θ_{r} 的余弦函数，是变参数，这是数学模型非线性的一个根源；由式（3-23）可知，式中有定、转子瞬时电流相乘的项，这是数学模型中又一个非线性根源。可见异步电动机的数学模型是一个非线性系统。

（4）异步电动机数学模型是一个强耦合系统

由式（3-23）和式（3-24）可以看出，异步电动机数学模型是一个变量间具有强耦合关系的系统。

综上所述，三相异步电动机在三相轴系上的数学模型是一个多变量、高阶、非线性、强耦合的复杂系统。

实际上，分析和求解这组方程是非常困难的，也难以用一个清晰的模型结构图来描绘。为了使异步电动机数学模型具有可控性、客观性，必须对其进行简化、解耦，使其成为一个线性、解耦的系统。由数学及物理学可知，简化、解耦的有效方法就是坐标变换。

3.2.3 坐标变换及变换矩阵

1. 变换矩阵及其确定原则

（1）变换矩阵的确定原则

坐标变换的数学表达式常用矩阵方程来表示

$$\boldsymbol{Y} = \boldsymbol{A}\boldsymbol{X} \tag{3-26}$$

式（3-26）说明的是将一组变量 $\boldsymbol{X}$ 变换为另一组变量 $\boldsymbol{Y}$，其中系数矩阵 $\boldsymbol{A}$ 称为变换矩阵，例如，设 $\boldsymbol{X}$ 是交流电动机三相轴系上的电流，经过矩阵 $\boldsymbol{A}$ 的变换得到 $\boldsymbol{Y}$，可以认为 $\boldsymbol{Y}$ 是另一轴系上的电流，这时，$\boldsymbol{A}$ 称为电流变换矩阵，类似的还有电压变换矩阵、阻抗变换矩阵等。根据什么原则正确地确定这些变换矩阵是进行坐标变换的前提条件，因此在确定这些变换矩阵之前，必须先明确应遵守的基本变换原则。

1）确定电流变换矩阵时，应遵守变换前后所产生的旋转磁场等效的原则。

电动机是机电能量转换装置，它的气隙磁场是机电能量转换的枢纽。气隙磁场是由电动机气隙合成磁动势决定的，而合成磁动势是由各绕组中的电流产生的，可见，只有遵守变换前后气隙中旋转磁场相同的原则，电流变换矩阵方程式才能成立，从而确定的电流变换矩阵才是正确的。

2）确定电压变换矩阵和阻抗变换矩阵时，应遵守变换前后电动机功率不变的原则。

在确定电压变换矩阵和阻抗变换矩阵时，只要遵守变换前后电动机的功率不变的原则，则电流变换矩阵与电压变换矩阵、阻抗变换矩阵之间必存在着确定的关系。这样就可以从已知的电流变换矩阵来确定电压变换矩阵或阻抗变换矩阵。

3）为了矩阵运算的简单、方便，要求电流变换矩阵应为正交矩阵。

（2）功率不变原则

功率不变原则是指变换前后功率不变。在满足功率不变原则时，电流变换矩阵与电压变换矩阵及阻抗变换矩阵的相互关系如何呢？

设电流变换矩阵方程为

$$\begin{pmatrix} i_1 \\ i_2 \\ i_3 \end{pmatrix} = \begin{pmatrix} C_{11} & C_{12} \\ C_{21} & C_{22} \\ C_{31} & C_{32} \end{pmatrix} \begin{pmatrix} i_1' \\ i_2' \end{pmatrix} \tag{3-27}$$

或写成

$$\boldsymbol{i} = \boldsymbol{C}\boldsymbol{i}' \tag{3-28}$$

式中，i_1'、i_2'规定为新变量；i_1、i_2、i_3 规定为原变量，且均为瞬时值；$\boldsymbol{C}$ 为电流变换矩阵。

式（3-27）和式（3-28）表示的是从新变量变换成原变量的电流变换。

设电压变换矩阵方程为

$$\boldsymbol{u}' = \boldsymbol{B}\boldsymbol{u} \tag{3-29}$$

式中，$\boldsymbol{B} = \begin{pmatrix} B_{11} & B_{12} & B_{13} \\ B_{21} & B_{22} & B_{23} \end{pmatrix}$为电压变换矩阵。

$\boldsymbol{u}'$规定为新变量，$\boldsymbol{u}$ 规定为原变量，且均为瞬时值，电压变换的矩阵方程是将原变量变换成新变量。

功率不变恒等式为

$$P = u_1 i_1 + u_2 i_2 + u_3 i_3 \equiv u_1' i_1' + u_2' i_2' \tag{3-30}$$

将式（3-27）和式（3-29）代入式（3-30）中，得

$$\begin{aligned} & C_{11} u_1 i_1' + C_{12} u_1 i_2' + C_{21} u_2 i_1' + C_{22} u_2 i_2' + C_{31} u_3 i_1' + C_{32} u_3 i_2' \equiv \\ & B_{11} u_1 i_1' + B_{12} u_2 i_1' + B_{13} u_3 i_1' + B_{21} u_1 i_2' + B_{22} u_2 i_2' + B_{23} u_3 i_2' \end{aligned} \tag{3-31}$$

对于所有 u_1、u_2、u_3；i_1'、i_2'的值，这个恒等式都应该成立，必有

$$\boldsymbol{B} = \boldsymbol{C}^{\mathrm{T}} \tag{3-32}$$

式中，$\boldsymbol{C}^{\mathrm{T}}$ 为矩阵 $\boldsymbol{C}$ 的转置矩阵，电压变换矩阵 $\boldsymbol{B}$ 即为 $\boldsymbol{C}^{\mathrm{T}}$，则

$$\boldsymbol{u}' = \boldsymbol{C}^{\mathrm{T}}\boldsymbol{u} \tag{3-33}$$

设变换前电动机的电压矩阵方程为

$$u = Zi \tag{3-34}$$

设变换后电动机的电压矩阵方程为

$$u' = Z'i' \tag{3-35}$$

式（3-34）、式（3-35）中的 Z、Z'分别为变换前后电动机的阻抗矩阵。将式（3-34）和式（3-28）代入式（3-33）中，得到

$$u' = C^{T}ZCi' \tag{3-36}$$

比较式（3-35）、式（3-36），可知阻抗变换矩阵为

$$Z' = C^{T}ZC \tag{3-37}$$

以上表明，当按照功率不变约束条件进行变换时，若已知电流变换矩阵，就可以确定电压变换矩阵和阻抗变换矩阵。余下的工作就是如何根据确定变换矩阵原则的第一条和第三条给出电流变换矩阵 C 了。

2. 坐标变换及其实现

由异步电动机的坐标系可以看到，主要有三种矢量坐标变换，即三相静止坐标系变换到两相静止坐标系，反之，由两相静止坐标系变换到三相静止坐标系；由两相静止坐标系变换到两相旋转坐标系，或者由两相旋转坐标系变换到两相静止坐标系；由直角坐标系变换到极坐标系。

（1）相变换及其实现

所谓相变换就是三相轴系到两相轴系或两相轴系到三相轴系的变换，简称 3/2 变换或 2/3 变换。

1）定子绕组轴系的变换（$A-B-C \Leftrightarrow \alpha-\beta$）。

图 3-9 表示三相异步电动机的定子三相绕组 A、B、C 和与之等效的两相异步电动机定子绕组 α、β 中各相磁动势矢量的空间位置。为了方便起见，令三相的 A 轴与两相的 α 轴重合。

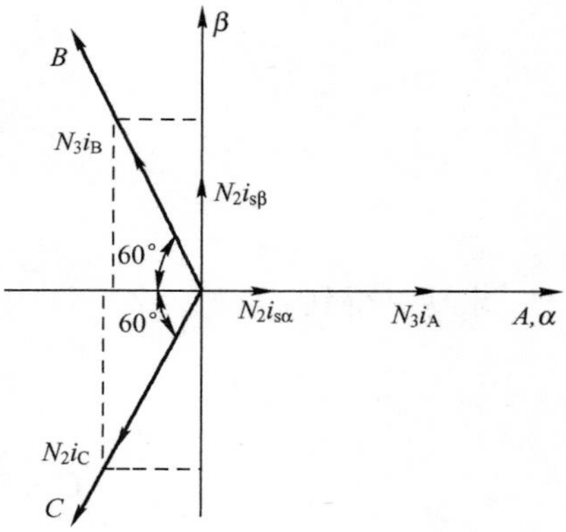

图 3-9　三相定子绕组和两相定子绕组中磁动势的空间矢量位置

假设磁动势波形是按正弦分布，或只计其基波分量，当二者的旋转磁场完全等效时，合成磁动势沿相同轴向的分量必定相等，即三相绕组和两相绕组的瞬时磁动势沿 α、β 轴的投影应该相等，即

$$\left.\begin{aligned} N_2 i_{s\alpha} &= N_3 i_A + N_3 i_B \cos\frac{2\pi}{3} + N_3 i_C \cos\frac{4\pi}{3} \\ N_2 i_{s\beta} &= 0 + N_3 i_B \sin\frac{2\pi}{3} + N_3 i_C \sin\frac{4\pi}{3} \end{aligned}\right\} \tag{3-38}$$

式中，N_3、N_2分别为三相电动机和两相电动机每相定子绕组的有效匝数。

经计算并整理之后可得

$$i_{s\alpha} = \frac{N_3}{N_2}\left(i_A - \frac{1}{2}i_B - \frac{1}{2}i_C\right) \tag{3-39}$$

$$i_{s\beta} = \frac{N_3}{N_2}\left(0 + \frac{\sqrt{3}}{2}i_B - \frac{\sqrt{3}}{2}i_C\right) \tag{3-40}$$

用矩阵表示为

$$\begin{pmatrix} i_{s\alpha} \\ i_{s\beta} \end{pmatrix} = \frac{N_3}{N_2}\begin{pmatrix} 1 & -\frac{1}{2} & -\frac{1}{2} \\ 0 & \frac{\sqrt{3}}{2} & -\frac{\sqrt{3}}{2} \end{pmatrix}\begin{pmatrix} i_A \\ i_B \\ i_C \end{pmatrix} \tag{3-41}$$

这里，如果规定三相电流为原电流 $\boldsymbol{i}$，两相电流为新电流 $\boldsymbol{i}'$，根据电流变换的定义，式（3-41）具有 $\boldsymbol{i}'=\boldsymbol{C}^{-1}\boldsymbol{i}$ 的形式，可见必须求得电流变换矩阵 $\boldsymbol{C}$ 的逆矩阵 $\boldsymbol{C}^{-1}$。但是，$\boldsymbol{C}^{-1}$ 是奇异矩阵，是不存在逆矩阵的。为了通过求逆得到 $\boldsymbol{C}$ 就要引进另一个独立于 $i_{s\alpha}$ 和 $i_{s\beta}$ 的新变量，记这个新变量为 i_o，称之为零序电流，并定义为

$$N_2 i_o = KN_3 i_A + KN_3 i_B + KN_3 i_C$$

由此求得

$$i_o = \frac{N_3}{N_2}(Ki_A + Ki_B + Ki_C) \tag{3-42}$$

式中，K 为待定系数。

对于两相系统来说，虽然零序电流是没有物理意义的，但是，这里为了纯数学上的求逆矩阵的需要，而补充定义这样一个其值为零的零序电流，补充 i_o 后，式（3-41）成为

$$\begin{pmatrix} i_{s\alpha} \\ i_{s\beta} \\ i_o \end{pmatrix} = \frac{N_3}{N_2}\begin{pmatrix} 1 & -\frac{1}{2} & -\frac{1}{2} \\ 0 & \frac{\sqrt{3}}{2} & \frac{\sqrt{3}}{2} \\ K & K & K \end{pmatrix}\begin{pmatrix} i_A \\ i_B \\ i_C \end{pmatrix} \tag{3-43}$$

则

$$\boldsymbol{C}^{-1} = \frac{N_3}{N_2}\begin{pmatrix} 1 & -\frac{1}{2} & -\frac{1}{2} \\ 0 & \frac{\sqrt{3}}{2} & -\frac{\sqrt{3}}{2} \\ K & K & K \end{pmatrix} \tag{3-44}$$

将 $\boldsymbol{C}^{-1}$ 求逆，得到

$$\boldsymbol{C} = \frac{2}{3}\cdot\frac{N_2}{N_3}\begin{pmatrix} 1 & 0 & \frac{1}{2K} \\ -\frac{1}{2} & \frac{\sqrt{3}}{2} & \frac{1}{2K} \\ -\frac{1}{2} & -\frac{\sqrt{3}}{2} & \frac{1}{2K} \end{pmatrix} \tag{3-45}$$

其转置矩阵为

$$\boldsymbol{C}^{T} = \frac{2}{3}\cdot\frac{N_2}{N_3}\begin{pmatrix} 1 & -\frac{1}{2} & -\frac{1}{2} \\ 0 & \frac{\sqrt{3}}{2} & -\frac{\sqrt{3}}{2} \\ \frac{1}{2K} & \frac{1}{2K} & \frac{1}{2K} \end{pmatrix} \tag{3-46}$$

根据确定变换矩阵的第三条原则，要求 $\boldsymbol{C}^{-1}=\boldsymbol{C}^{T}$，这样就有 $\frac{N_3}{N_2}=\frac{2}{3}\ \frac{N_2}{N_3}$ 及 $K=\frac{1}{2K}$，从而

可求得$\frac{N_2}{N_3}=\sqrt{\frac{3}{2}}$以及$K=\frac{1}{\sqrt{2}}$，代入上述各相应的变换矩阵式中，得到各变换矩阵如下：

两相－三相的变换矩阵

$$
\boldsymbol{C}=\sqrt{\frac{2}{3}}\begin{pmatrix} 1 & 0 & \frac{1}{\sqrt{2}} \\ -\frac{1}{2} & \frac{\sqrt{3}}{2} & \frac{1}{\sqrt{2}} \\ -\frac{1}{2} & -\frac{\sqrt{3}}{2} & \frac{1}{\sqrt{2}} \end{pmatrix}=\sqrt{\frac{2}{3}}\begin{pmatrix} \cos 0 & \sin 0 & \frac{1}{\sqrt{2}} \\ \cos\frac{2\pi}{3} & \sin\frac{2\pi}{3} & \frac{1}{\sqrt{2}} \\ \cos\frac{4\pi}{3} & \sin\frac{4\pi}{3} & \frac{1}{\sqrt{2}} \end{pmatrix} \tag{3-47}
$$

三相－两相的变换矩阵

$$
\boldsymbol{C}^{-1}=\boldsymbol{C}^{\mathrm{T}}=\sqrt{\frac{2}{3}}\begin{pmatrix} 1 & -\frac{1}{2} & -\frac{1}{2} \\ 0 & \frac{\sqrt{3}}{2} & -\frac{\sqrt{3}}{2} \\ \frac{1}{\sqrt{2}} & \frac{1}{\sqrt{2}} & \frac{1}{\sqrt{2}} \end{pmatrix}=\sqrt{\frac{2}{3}}\begin{pmatrix} \cos 0 & \cos\frac{2\pi}{3} & \cos\frac{4\pi}{3} \\ \sin 0 & \sin\frac{2\pi}{3} & \sin\frac{4\pi}{3} \\ \frac{1}{\sqrt{2}} & \frac{1}{\sqrt{2}} & \frac{1}{\sqrt{2}} \end{pmatrix} \tag{3-48}
$$

于是，三相－两相（3/2）的电流变换矩阵方程为

$$
\begin{pmatrix} i_{s\alpha} \\ i_{s\beta} \\ i_o \end{pmatrix}=\sqrt{\frac{2}{3}}\begin{pmatrix} 1 & -\frac{1}{2} & -\frac{1}{2} \\ 0 & \frac{\sqrt{3}}{2} & -\frac{\sqrt{3}}{2} \\ \frac{1}{\sqrt{2}} & \frac{1}{\sqrt{2}} & \frac{1}{\sqrt{2}} \end{pmatrix}\begin{pmatrix} i_A \\ i_B \\ i_C \end{pmatrix} \tag{3-49}
$$

两相－三相（2/3）的电流变换矩阵方程为

$$
\begin{pmatrix} i_A \\ i_B \\ i_C \end{pmatrix}=\sqrt{\frac{2}{3}}\begin{pmatrix} 1 & 0 & \frac{1}{\sqrt{2}} \\ -\frac{1}{2} & \frac{\sqrt{3}}{2} & \frac{1}{\sqrt{2}} \\ -\frac{1}{2} & -\frac{\sqrt{3}}{2} & \frac{1}{\sqrt{2}} \end{pmatrix}\begin{pmatrix} i_{s\alpha} \\ i_{s\beta} \\ i_o \end{pmatrix} \tag{3-50}
$$

对于三相Y形不带零线的接线方式有，$i_A+i_B+i_C=0$，则$i_C=-i_A-i_B$，从而式（3-41）可化简为

$$
\left.\begin{aligned} i_{s\alpha} &= \sqrt{\frac{3}{2}}i_A \\ i_{s\beta} &= \frac{\sqrt{2}}{2}(i_A+2i_B) \end{aligned}\right\} \tag{3-51}
$$

将式（3-51）写成矩阵形式

$$\begin{pmatrix} i_{s\alpha} \\ i_{s\beta} \end{pmatrix} = \begin{pmatrix} \sqrt{\dfrac{3}{2}} & 0 \\ \dfrac{\sqrt{2}}{2} & \sqrt{2} \end{pmatrix} \begin{pmatrix} i_A \\ i_B \end{pmatrix} \tag{3-52}$$

而两相－三相的变换为

$$\begin{pmatrix} i_A \\ i_B \end{pmatrix} = \begin{pmatrix} \sqrt{\dfrac{2}{3}} & 0 \\ -\dfrac{1}{\sqrt{6}} & \dfrac{1}{\sqrt{2}} \end{pmatrix} \begin{pmatrix} i_{s\alpha} \\ i_{s\beta} \end{pmatrix} \tag{3-53}$$

按式（3-52）和式（3-53）实现三相－两相和两相－三相的变换要简单得多。图 3-10 表示按式（3-52）构成的三相－两相（3/2）变换模型结构图。由此可知，在三相中，只需检测两相电流即可。

3/2 变换、2/3 变换在系统中的符号表示如图 3-11 所示。

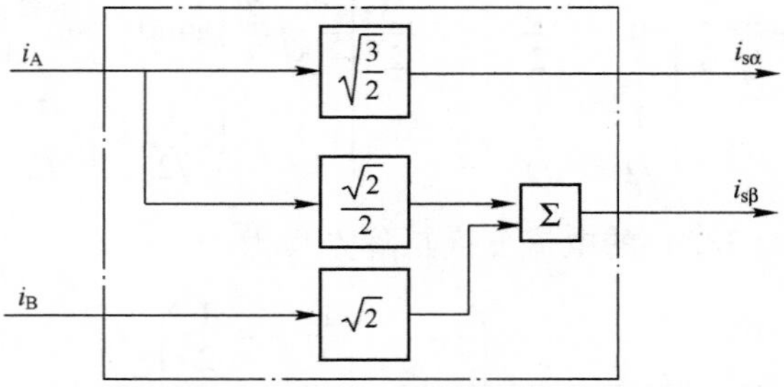

图 3-10　3/2 变换模型结构图

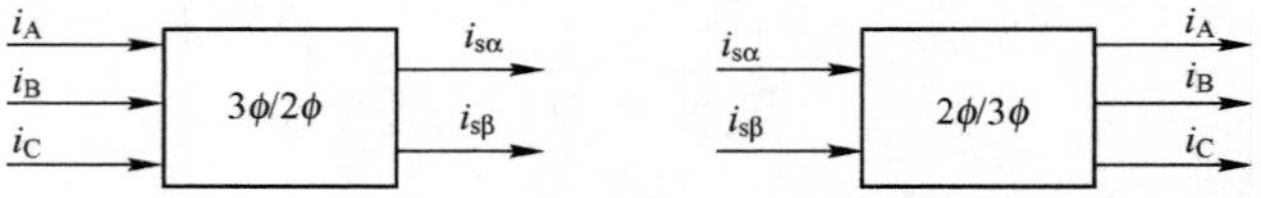

图 3-11　3/2 变换和 2/3 变换在系统中的符号表示

如前所述，根据变换前后功率不变的约束原则，电流变换矩阵也就是电压变换矩阵，还可以证明，它们也是磁链的变换矩阵。

2）转子绕组轴系的变换（$a-b-c \Leftrightarrow d-q$）。

图 3-12a 是一个对称的异步电动机三相转子绕组。图中 ω_{sl} 为转差角频率。不管是绕线型转子还是笼型转子，这个绕组都被看成是经频率和绕组归算后到定子侧的，即是将转子绕组的频率、相数、每相有效串联匝数及绕组系数都归算成和定子绕组一样，归算的原则是归算前后电动机内部的电磁效应和功率平衡关系保持不变。

在转子对称多相绕组中，通入对称多相交流正弦电流时，生成合成的转子磁动势 F_r，由电机学可知，转子磁动势与定子磁动势具有相同的转速、转向。

基于对转子绕组情况的认识和根据旋转磁场等效原则及功率不变约束条件，同定子绕组一样，可把转子三相轴系变换到两相轴系。具体做法是，把等效的两相电动机的两相转子绕组 d、q 相序和三相电动机的三相转子绕组 a、b、c 相序取为一致，且使 d 轴与 a 轴重合，如图 3-12b 所示。然后，直接使用定子三相轴系到两相轴系的变换矩阵式（3-48）。

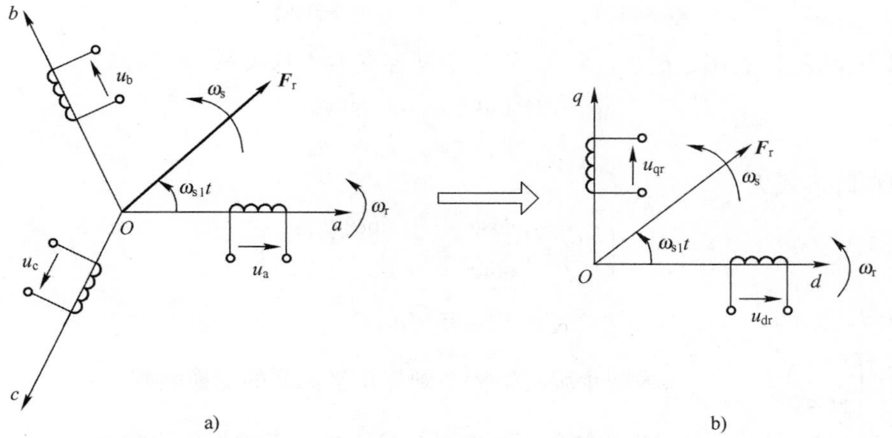

图 3-12　转子三相轴系到两相轴系的变换

a）转子三相轴系　b）转子两相轴系

需要指出的是，转子三相轴系和变换后所得到的两相轴系，相对于转子实体都是静止的，但是，相对于静止的定子三相轴系及两相轴系，却是以转子角频率 ω 旋转的。因此和定子部分的变换不同，这里是三相旋转轴系（$a-b-c$）变换到两相旋转轴系（$d-q$）。

（2）旋转变换（Vector Rotator，VR）

在两相静止坐标系上的两相交流绕组 α 和 β 和在同步旋转坐标系上的两个直流绕组 M 和 T 之间的变换属于矢量旋转变换。它是一种静止的直角坐标系与旋转的直角坐标系之间的变换，这种变换同样遵守确定变换矩阵的三条原则。

转子的两相旋转轴系 d、q，根据确定变换矩阵的三条原则，也可以把它变换到静止的 $\alpha-\beta$ 轴系上，这种变换也属于矢量旋转坐标变换。

1）定子轴系的旋转变换。

在图 3-13 中，$\boldsymbol{F}_s$ 是异步电动机定子磁动势，为空间矢量。通常以定子电流 i_s 代替它，这时定子电流被定义为空间矢量，记为 $\boldsymbol{i}_s$。图中 M、T 是任意同步旋转轴系，旋转角速度为同步角速度 ω_s。M 轴与 $\boldsymbol{i}_s$ 之间的夹角用 θ_s 表示。由于两相绕组 α 和 β 在空间上的位置是固定的，因而 M 轴和 α 轴的夹角 φ_s 随时间而变化，即 $\varphi_s=\omega_s t+\varphi_o$，其中 φ_o 为任意的初始角。在矢量控制系统中，φ_s 通常称为磁通的定向角，也叫磁场定向角。

以 M 轴为基准，把 $\boldsymbol{i}_s$ 分解为与 M 轴重合和正交的两个分量 i_{sM} 和 i_{sT}，它们相当于 $M-T$ 轴上两个直流绕组 M 和 T 中的电流（实际是磁动势），分别称为定子电流的励磁分量和转矩分量。

由于磁场定向角 φ_s 是随时间而变化的，因而 $\boldsymbol{i}_s$ 在 α 轴和 β 轴上的分量 $i_{s\alpha}$ 和 $i_{s\beta}$ 也是随时间而变化的，它们分别相当于 α 和 β 绕组磁动势的

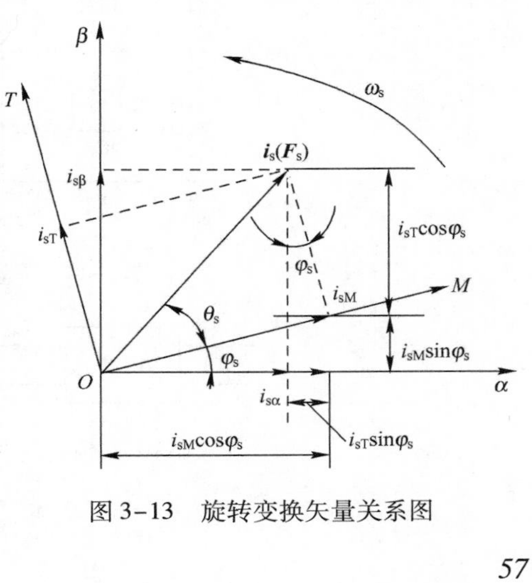

图 3-13　旋转变换矢量关系图

瞬时值。

由图 3-13 可以看出，$i_{s\alpha}$、$i_{s\beta}$和 i_{sM}和 i_{sT}之间存在着下列关系

$$i_{s\alpha} = i_{sM}\cos\varphi_s - i_{sT}\sin\varphi_s$$
$$i_{s\beta} = i_{sM}\sin\varphi_s + i_{sT}\cos\varphi_s$$

写成矩阵形式为

$$\begin{pmatrix} i_{s\alpha} \\ i_{s\beta} \end{pmatrix} = \begin{pmatrix} \cos\varphi_s & -\sin\varphi_s \\ \sin\varphi_s & \cos\varphi_s \end{pmatrix} \begin{pmatrix} i_{sM} \\ i_{sT} \end{pmatrix} \tag{3-54}$$

简写为

$$\boldsymbol{i}_{\alpha\beta} = \boldsymbol{C}\boldsymbol{i}_{MT}$$

式中，$\boldsymbol{C} = \begin{pmatrix} \cos\varphi_s & -\sin\varphi_s \\ \sin\varphi_s & \cos\varphi_s \end{pmatrix}$为同步旋转坐标系到静止坐标系的变换矩阵。

式（3-54）表示了由同步旋转坐标系变换到静止坐标系的矢量旋转变换。

变换矩阵 $\boldsymbol{C}$ 是正交矩阵，所以，$\boldsymbol{C}^{T} = \boldsymbol{C}^{-1}$。因此，由静止坐标系变换到同步旋转坐标系的矢量旋转变换方程式为

$$\begin{pmatrix} i_{sM} \\ i_{sT} \end{pmatrix} = \begin{pmatrix} \cos\varphi_s & -\sin\varphi_s \\ \sin\varphi_s & \cos\varphi_s \end{pmatrix}^{-1} \begin{pmatrix} i_{s\alpha} \\ i_{s\beta} \end{pmatrix} = \begin{pmatrix} \mathrm{cis}\varphi_s & \sin\varphi_s \\ -\sin\varphi_s & \cos\varphi_s \end{pmatrix} \begin{pmatrix} i_{s\alpha} \\ i_{s\beta} \end{pmatrix} \tag{3-55}$$

简写为

$$\boldsymbol{i}_{MT} = \boldsymbol{C}^{-1}\boldsymbol{i}_{\alpha\beta}$$

式中，$\boldsymbol{C}^{-1} = \begin{pmatrix} \cos\varphi_s & \sin\varphi_s \\ -\sin\varphi_s & \cos\varphi_s \end{pmatrix}$为静止坐标系到同步旋转坐标系的变换矩阵。

电压和磁链的旋转变换矩阵与电流的旋转变换矩阵相同。

根据式（3-54）和式（3-55）可以绘出矢量旋转变换器模型结构，如图 3-14 所示。在系统中用符号 VR、VR^{-1}表示，如图 3-15 所示。在德文中，矢量旋转变换叫作矢量回转变换，用符号 VD 表示。

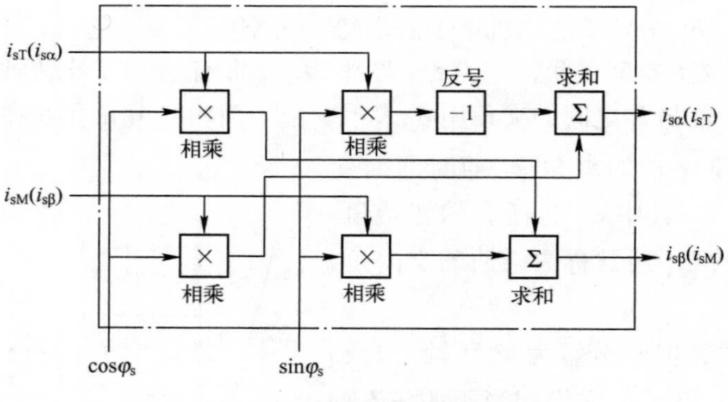

图 3-14　矢量旋转变换器模型结构图

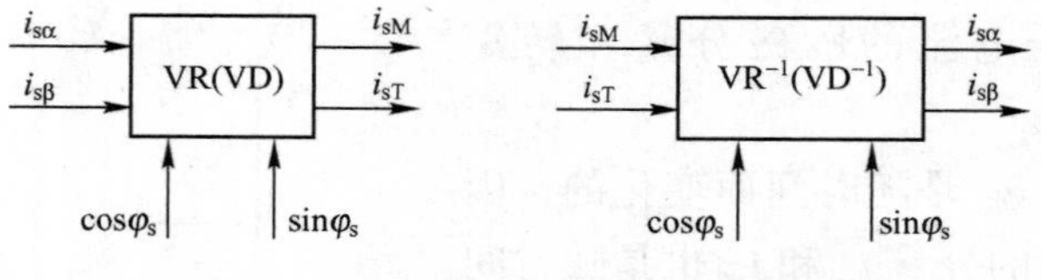

图 3-15　矢量旋转变换在系统中的符号表示

2）转子轴系的旋转变换。

转子 $d-q$ 轴系以 $\omega_r=\dfrac{d\theta_r}{dt}$ 角频率旋转，根据确定变换矩阵的三条原则，可以把它变换到静止不动的 $\alpha-\beta$ 轴系上，如图 3–16 所示。

转子三相旋转绕组（a、b、c）经三相到两相变换得到转子两相旋转绕组（d、q）。假设两相静止绕组 α_r、β_r 除不旋转之外，与 d、q 绕组完全相同。

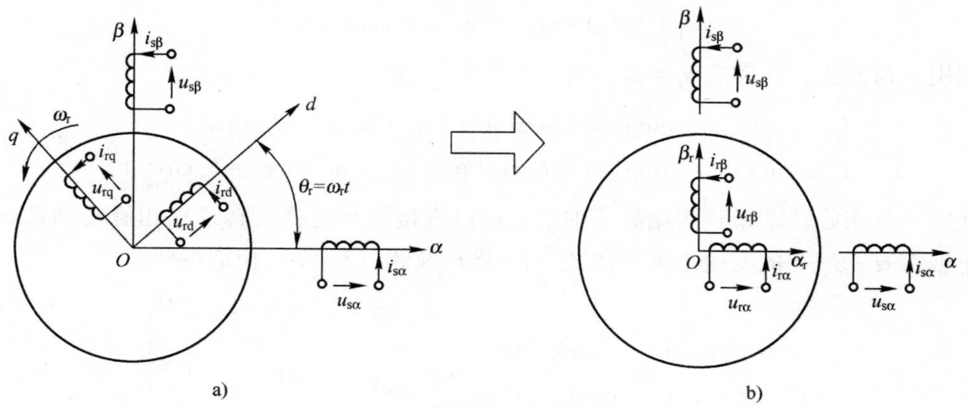

图 3–16　转子两相旋转轴系到静止轴系的变换

a）对称两相轴系电动机　b）静止轴系电动机

根据两个轴系形成的旋转磁场等效的原则，转子磁动势 F_r 沿 α 轴和 β 轴给出的分量等式，再除以每相有效匝数，可得

$$i_{r\alpha}=\cos\theta_r i_{rd}-\sin\theta_r i_{rq}$$
$$i_{r\beta}=\sin\theta_r i_{rd}+\cos\theta_r i_{rq}$$

写成矩阵形式

$$\begin{pmatrix} i_{r\alpha} \\ i_{r\beta} \end{pmatrix}=\begin{pmatrix} \cos\theta_r & -\sin\theta_r \\ \sin\theta_r & \cos\theta_r \end{pmatrix}\begin{pmatrix} i_{rd} \\ i_{rq} \end{pmatrix} \tag{3-56}$$

如果规定 i_{rd}、i_{rq} 为原电流，$i_{r\alpha}$、$i_{r\beta}$ 为新电流，则式中

$$\begin{pmatrix} \cos\theta_r & -\sin\theta_r \\ \sin\theta_r & \cos\theta_r \end{pmatrix}=\boldsymbol{C}^{-1} \tag{3-57}$$

$\boldsymbol{C}^{-1}$ 的逆矩阵为

$$\boldsymbol{C}=\begin{pmatrix} \cos\theta_r & \sin\theta_r \\ -\sin\theta_r & \cos\theta_r \end{pmatrix}$$

如果不存在零序电流，上述变换矩阵就可用了。若存在零序电流，由于零序电流不形成旋转磁场，不用转换，只需在主对角线上增加数 1，使矩阵增加一列一行即可

$$\boldsymbol{C}=\begin{pmatrix} \cos\theta_r & \sin\theta_r & 0 \\ -\sin\theta_r & \cos\theta_r & 0 \\ 0 & 0 & 1 \end{pmatrix} \tag{3-58}$$

需要指出的是，（见图 3–16）由于转子磁动势 F_r 和定子磁动势 F_s 同步，可使 α_r、β_r 与

α_s、β_s 同轴。但是，实际上转子绕组与 α、β 轴系有相对运动，所以 α_r 绕组和 β_r 绕组只能看作是伪静止绕组。

需要明确的是，在进行这个变换的前后，转子电流的频率是不同的。变换之前，转子电流 i_{rd}、i_{rq} 的频率是转差频率；而变换之后，转子电流 $i_{r\alpha}$、$i_{r\beta}$ 的频率是定子频率。证明如下：

$$\left.\begin{aligned} i_{rd} &= I_{rm}\sin\omega_{sl}t = I_{rm}\sin(\omega_s-\omega_r)t \\ i_{rq} &= -I_{rm}\cos\omega_{sl}t = -I_{rm}\cos(\omega_s-\omega_r)t \end{aligned}\right\} \tag{3-59}$$

利用三角公式，并考虑 $\theta_r=\omega t$，则有

$$\left.\begin{aligned} i_{r\alpha} &= \cos\theta_r i_{rd} - \sin\theta_r i_{rq} = I_{rm}\sin[\theta_r+(\omega_s-\omega_r)t] = I_{rm}\sin\omega_s t \\ i_{r\beta} &= \sin\theta_r i_{rd} + \cos\theta_r i_{rq} = -I_{rm}\cos[\theta_r+(\omega_s-\omega_r)t] = -I_{rm}\cos\omega_s t \end{aligned}\right\} \tag{3-60}$$

从转子三相旋转轴系到两相静止轴系也可以直接进行变换。转子三相旋转轴系 $a-b-c$ 到静止轴系 $\alpha-\beta-o$ 的变换矩阵可由式（3-48）及式（3-57）相乘得到

$$\boldsymbol{C}^{-1} = \begin{pmatrix} \cos\theta_r & -\sin\theta_r & 0 \\ \sin\theta_r & \cos\theta_r & 0 \\ 0 & 0 & 1 \end{pmatrix} \sqrt{\frac{2}{3}} \begin{pmatrix} \cos 0 & \cos\frac{2\pi}{3} & \cos\frac{4\pi}{3} \\ \sin 0 & \sin\frac{2\pi}{3} & \sin\frac{4\pi}{3} \\ \frac{1}{\sqrt{2}} & \frac{1}{\sqrt{2}} & \frac{1}{\sqrt{2}} \end{pmatrix}$$

$$= \sqrt{\frac{2}{3}} \begin{pmatrix} \cos\theta_r & \cos\left(\theta_r+\frac{2\pi}{3}\right) & \cos\left(\theta_r-\frac{2\pi}{3}\right) \\ \sin\theta_r & \sin\left(\theta_r+\frac{2\pi}{3}\right) & \sin\left(\theta_r-\frac{2\pi}{3}\right) \\ \frac{1}{\sqrt{2}} & \frac{1}{\sqrt{2}} & \frac{1}{\sqrt{2}} \end{pmatrix} \tag{3-61}$$

求 $\boldsymbol{C}^{-1}$ 的逆，得到

$$\boldsymbol{C} = \sqrt{\frac{2}{3}} \begin{pmatrix} \cos\theta_r & \sin\theta_r & \frac{1}{\sqrt{2}} \\ \cos\left(\theta_r+\frac{2\pi}{3}\right) & \sin\left(\theta_r+\frac{2\pi}{3}\right) & \frac{1}{\sqrt{2}} \\ \cos\left(\theta_r-\frac{2\pi}{3}\right) & \sin\left(\theta_r-\frac{2\pi}{3}\right) & \frac{1}{\sqrt{2}} \end{pmatrix} \tag{3-62}$$

$\boldsymbol{C}$ 是一个正交矩阵，当电动机为三相电动机时，可直接使用式（3-61）给出的变换矩阵进行转子三相旋转轴系（$a-b-c$）到两相静止轴系（$\alpha-\beta$）的变换，而不必从（$a-b-c$）到（$d-q-o$），再从（$d-q-o$）到（$\alpha-\beta-o$）那样分两步进行变换。

（3）直角坐标－极坐标变换（K/P）

在矢量控制系统中常用直角坐标－极坐标的变换。

直角坐标与极坐标之间的关系是

$$|\boldsymbol{i}_s| = \sqrt{i_{sM}^2 + i_{sT}^2} \tag{3-63}$$

所以
$$\begin{cases}\sin\theta_s = \dfrac{i_{sT}}{|i_s|} \\ \theta_s = \arcsin\dfrac{i_{sT}}{|i_s|}\end{cases} \quad 或 \quad \begin{cases}\cos\theta_s = \dfrac{i_{sM}}{|i_s|} \\ \theta_s = \arccos\dfrac{i_{M}}{|i_s|}\end{cases} \tag{3-64}$$

式中，θ_s 为 M 轴与定子电流矢量 $\boldsymbol{i}_s$ 之间的夹角，如图 3-13 所示。

根据式（3-63）和式（3-64）构成的直角坐标 - 极坐标变换的模型结构图（德语称为矢量分析器 Vector Analyzer，VA）如图 3-17 所示。在系统中的符号表示如图 3-18 所示。

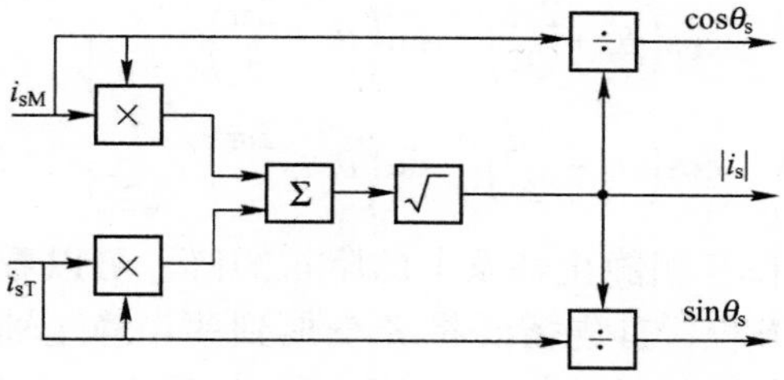

图 3-17　直角坐标 - 极坐标变换器模型结构图

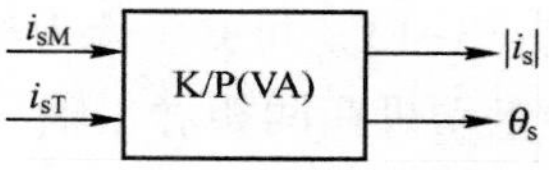

图 3-18　直角坐标 - 极坐标变换器在系统中的符号表示

3.2.4　异步电动机在两相静止坐标系上的数学模型

1. 异步电动机在两相静止坐标系上的电压方程（电路数学模型）

通过相变换可以将异步电动机在三相静止轴系上的电压方程变换到两相静止轴系上的电压方程，其目的是简化模型及获得常参数的电压方程。

定子部分用 $A-B-C\rightarrow\alpha_s-\beta_s$ 的变换矩阵，即式（3-48）；转子部分用 $a-b-c\rightarrow\alpha_r-\beta_r$ 的变换矩阵，即式（3-61）。总的电流变换矩阵为

$$\boldsymbol{C}^{-1} = \sqrt{\frac{2}{3}}\begin{pmatrix} \cos 0 & \cos\dfrac{2\pi}{2} & \cos\dfrac{4\pi}{3} & 0 & 0 & 0 \\ \sin 0 & \sin\dfrac{2\pi}{3} & \sin\dfrac{4\pi}{3} & 0 & 0 & 0 \\ \dfrac{1}{\sqrt{2}} & \dfrac{1}{\sqrt{2}} & \dfrac{1}{\sqrt{2}} & 0 & 0 & 0 \\ 0 & 0 & 0 & \cos\theta_r & \cos\left(\theta_r+\dfrac{2\pi}{3}\right) & \cos\left(\theta_r-\dfrac{2\pi}{3}\right) \\ 0 & 0 & 0 & \sin\theta_r & \sin\left(\theta_r+\dfrac{2\pi}{3}\right) & \sin\left(\theta_r-\dfrac{2\pi}{3}\right) \\ 0 & 0 & 0 & \dfrac{1}{\sqrt{2}} & \dfrac{1}{\sqrt{2}} & \dfrac{1}{\sqrt{2}} \end{pmatrix} \tag{3-65}$$

其逆矩阵为

$$
\boldsymbol{C}=\sqrt{\frac{2}{3}}\begin{pmatrix}
\cos 0 & \sin 0 & \frac{1}{\sqrt{2}} & 0 & 0 & 0 \\
\cos\frac{2\pi}{3} & \sin\frac{2\pi}{3} & \frac{1}{\sqrt{2}} & 0 & 0 & 0 \\
\cos\frac{4\pi}{3} & \sin\frac{4\pi}{3} & \frac{1}{\sqrt{2}} & 0 & 0 & 0 \\
0 & 0 & 0 & \cos\theta_r & \sin\theta_r & \frac{1}{\sqrt{2}} \\
0 & 0 & 0 & \cos\left(\theta_r+\frac{2\pi}{3}\right) & \sin\left(\theta_r+\frac{2\pi}{3}\right) & \frac{1}{\sqrt{2}} \\
0 & 0 & 0 & \cos\left(\theta_r-\frac{2\pi}{3}\right) & \sin\left(\theta_r-\frac{2\pi}{3}\right) & \frac{1}{\sqrt{2}}
\end{pmatrix} \tag{3-66}
$$

由式（3-13）可知，$\boldsymbol{Z}$ 为异步电动机在三相静止轴系上的阻抗矩阵。可以看出，为了获得异步电动机在两相静止轴系上的电压方程，首先需要将 $\boldsymbol{Z}$ 变换到两相静止轴系上，依据式（3-37）可求得 $\boldsymbol{Z}_{\alpha\beta}=\boldsymbol{C}^{\mathrm{T}}\boldsymbol{Z}\boldsymbol{C}$。由三相静止轴系上的电压方程还可以看出，$p$ 是作用在 $\boldsymbol{C}$ 和 $\boldsymbol{i}$ 的乘积上，因而可知 $\boldsymbol{Z}_{\alpha\beta}$ 中包含四项，即

$$
\boldsymbol{Z}_{\alpha\beta}=\boldsymbol{C}^{\mathrm{T}}\boldsymbol{R}\boldsymbol{C}+\boldsymbol{C}^{\mathrm{T}}(p\boldsymbol{L})\boldsymbol{C}+\boldsymbol{C}^{\mathrm{T}}\boldsymbol{L}(p\boldsymbol{C})+\boldsymbol{C}^{\mathrm{T}}\boldsymbol{L}\boldsymbol{C}p \tag{3-67}
$$

因为 $p\boldsymbol{L}=\frac{\mathrm{d}\boldsymbol{L}}{\mathrm{d}t}=\frac{\mathrm{d}\boldsymbol{L}}{\mathrm{d}\theta_r}\frac{\mathrm{d}\theta_r}{t}$，所以

$$
p\boldsymbol{L}=-L_m\omega\begin{pmatrix}
0 & 0 & 0 & \sin\theta_r & \sin\left(\theta_r+\frac{2\pi}{3}\right) & \sin\left(\theta_r-\frac{2\pi}{3}\right) \\
0 & 0 & 0 & \sin\left(\theta_r-\frac{2\pi}{3}\right) & \sin\theta_r & \sin\left(\theta_r+\frac{2\pi}{3}\right) \\
0 & 0 & 0 & \sin\left(\theta_r+\frac{2\pi}{3}\right) & \sin\left(\theta_r-\frac{2\pi}{3}\right) & \sin\theta_r \\
\sin\theta_r & \sin\left(\theta_r-\frac{2\pi}{3}\right) & \sin\left(\theta_r+\frac{2\pi}{3}\right) & 0 & 0 & 0 \\
\sin\left(\theta_r+\frac{2\pi}{3}\right) & \sin\theta_r & \sin\left(\theta_r-\frac{2\pi}{3}\right) & 0 & 0 & 0 \\
\sin\left(\theta_r-\frac{2\pi}{3}\right) & \sin\left(\theta_r+\frac{2\pi}{3}\right) & \sin\theta_r & 0 & 0 & 0
\end{pmatrix} \tag{3-68}
$$

因为 $p\boldsymbol{C}=\frac{\mathrm{d}\boldsymbol{C}}{\mathrm{d}\theta_r}\frac{\mathrm{d}\theta_r}{\mathrm{d}t}$，所以

$$
p\boldsymbol{C}=-\sqrt{\frac{2}{3}}\omega\begin{pmatrix}
0 & 0 & 0 & 0 & 0 & 0 \\
0 & 0 & 0 & 0 & 0 & 0 \\
0 & 0 & 0 & 0 & 0 & 0 \\
0 & 0 & 0 & \sin\theta_r & -\cos\theta_r & 0 \\
0 & 0 & 0 & \sin\left(\theta_r+\frac{2\pi}{3}\right) & -\cos\left(\theta_r+\frac{2\pi}{3}\right) & 0 \\
0 & 0 & 0 & \sin\left(\theta_r-\frac{2\pi}{3}\right) & -\cos\left(\theta_r-\frac{2\pi}{3}\right) & 0
\end{pmatrix} \tag{3-69}
$$

下面，利用 MATLAB 计算式（3-67）阻抗矩阵，进而求出两相静止坐标系上的异步电动机电压矩阵方程式。

1）将矩阵 $\boldsymbol{C}$、$\boldsymbol{L}$、$\boldsymbol{R}$ 赋初值。

2）求 $\boldsymbol{C}$ 的转置 $\boldsymbol{C}^{\mathrm{T}}$：Ct = C′；

$\boldsymbol{C}$ 的微分 $p\boldsymbol{C}$：pC = diff(C,'thr')；

$\boldsymbol{L}$ 的微分 $p\boldsymbol{L}$：pL = diff(L,'thr')；

3）计算：

① 计算 $\boldsymbol{C}^{\mathrm{T}}\boldsymbol{R}\boldsymbol{C}$：

```
cplc0 = symop(Ct,' * ',R,' * ',C);              % 矩阵相乘;
crc = simple(cplc0);                            %化简 cplc0,得式(3-70);
```

② 计算 $\boldsymbol{C}^{\mathrm{T}}(p\boldsymbol{L})\boldsymbol{C}$：

```
clpc0 = symop(Ct,' * ',pL,' * ',pC);            %矩阵相乘;
cplc = simple(clpc0);                           %化简 clpc0,得式(3-71);
```

③ 计算 $\boldsymbol{C}^{\mathrm{T}}\boldsymbol{L}(p\boldsymbol{C})$：

```
clcp0 = symop(Ct,' * ',L,' * ',pC);             %矩阵相乘;
clpc = simple(clcp0);                           %化简 clcp0,得式(3-72);
```

④ 计算 $\boldsymbol{C}^{\mathrm{T}}\boldsymbol{L}\boldsymbol{C}p$：

```
clcp0 = symop(p,' * ',Ct,' * ',L,' * ',pC);     %矩阵相乘;
clcp = simple(clcp0);                           %化简 clcp0,得式(3-73);
```

⑤ 以上 4 个计算结果相加得到最终结果

```
Z = symop(crc,' + ',cplc,' + ',clpc,' +'clcp);  %得式(3-74);
```

$$\boldsymbol{C}^{\mathrm{T}}\boldsymbol{R}\boldsymbol{C}=\begin{pmatrix} R_s & & & & & \\ & R_s & & & & \\ & & R_s & & & \\ & & & R_r & & \\ & & & & R_r & \\ & & & & & R_r \end{pmatrix} \tag{3-70}$$

$$\boldsymbol{C}^{\mathrm{T}}(p\boldsymbol{L})\boldsymbol{C}=\begin{pmatrix} 0 & 0 & 0 & 0 & -\frac{3}{2}L_m\dot{\theta}_r & 0 \\ 0 & 0 & 0 & \frac{3}{2}L_m\dot{\theta}_r & 0 & 0 \\ 0 & 0 & 0 & 0 & 0 & 0 \\ 0 & \frac{3}{2}L_m\dot{\theta}_r & 0 & 0 & 0 & 0 \\ -\frac{3}{2}L_m\dot{\theta}_r & 0 & 0 & 0 & 0 & 0 \\ 0 & 0 & 0 & 0 & 0 & 0 \end{pmatrix} \tag{3-71}$$

$$C^{\mathrm{T}}L(pC)=\begin{pmatrix}0&0&0&0&\frac{3}{2}L_{\mathrm{m}}\dot{\theta}_{\mathrm{r}}&0\\0&0&0&-\frac{3}{2}L_{\mathrm{m}}\dot{\theta}_{\mathrm{r}}&0&0\\0&0&0&0&0&0\\0&0&0&0&\left(\frac{3}{2}L_{\mathrm{m}}+L_{\mathrm{r}\sigma}\right)\dot{\theta}_{\mathrm{r}}&0\\0&0&0&-\left(\frac{3}{2}L_{\mathrm{m}}+L_{\mathrm{r}\sigma}\right)\dot{\theta}_{\mathrm{r}}&0&0\\0&0&0&0&0&0\end{pmatrix}\tag{3-72}$$

$$C^{\mathrm{T}}LCp=\begin{pmatrix}\left(\frac{3}{2}L_{\mathrm{m}}+L_{\mathrm{s}\sigma}\right)p&0&0&\frac{3}{2}L_{\mathrm{m}}p&0&0\\0&\left(\frac{3}{2}L_{\mathrm{m}}+L_{\mathrm{s}\sigma}\right)p&0&0&\frac{3}{2}L_{\mathrm{m}}p&0\\0&0&0&0&0&0\\\frac{3}{2}L_{\mathrm{m}}p&0&0&\left(\frac{3}{2}L_{\mathrm{m}}+L_{\mathrm{r}\sigma}\right)p&0&0\\0&\frac{3}{2}L_{\mathrm{m}}p&0&0&\left(\frac{3}{2}L_{\mathrm{m}}+L_{\mathrm{r}\sigma}\right)p&0\\0&0&0&0&0&0\end{pmatrix}\tag{3-73}$$

$$Z_{\alpha\beta}=\begin{pmatrix}R_{\mathrm{s}}+L_{\mathrm{sd}}p&0&0&L_{\mathrm{md}}p&0&0\\0&R_{\mathrm{s}}+L_{\mathrm{sd}}p&0&0&L_{\mathrm{md}}p&0\\0&0&R_{\mathrm{s}}&0&0&0\\L_{\mathrm{md}}p&L_{\mathrm{md}}\dot{\theta}_{\mathrm{r}}&0&R_{\mathrm{r}}+L_{\mathrm{rd}}p&L_{\mathrm{rd}}\dot{\theta}_{\mathrm{r}}&0\\-L_{\mathrm{md}}\dot{\theta}_{\mathrm{r}}&L_{\mathrm{md}}p&0&-L_{\mathrm{rd}}\dot{\theta}_{\mathrm{r}}&R_{\mathrm{r}}+L_{\mathrm{rd}}p&0\\0&0&0&0&0&R_{\mathrm{r}}\end{pmatrix}\tag{3-74}$$

式中，$L_{\mathrm{sd}}=3L_{\mathrm{m}}/2+L_{\mathrm{s}\sigma}$为定子一相绕组的等效自感；$L_{\mathrm{rd}}=3L_{\mathrm{m}}/2+L_{\mathrm{r}\sigma}$为转子一相绕组的等效自感；$L_{\mathrm{md}}=3L_{\mathrm{m}}/2$ 为定、转子一相绕组的等效互感。

若三相异步电动机没有零序电流，可将零轴取消，得到

$$Z_{\alpha\beta}=\begin{pmatrix}R_{\mathrm{s}}+I_{\mathrm{sd}}p&0&L_{\mathrm{md}}p&0\\0&R_{\mathrm{s}}+L_{\mathrm{sd}}p&0&L_{\mathrm{md}}p\\L_{\mathrm{md}}p&L_{\mathrm{md}}\dot{\theta}_{\mathrm{r}}&R_{\mathrm{r}}+L_{\mathrm{rd}}p&L_{\mathrm{rd}}\dot{\theta}_{\mathrm{r}}\\-L_{\mathrm{md}}\dot{\theta}_{\mathrm{r}}&L_{\mathrm{md}}p&-L_{\mathrm{rd}}\dot{\theta}_{\mathrm{r}}&R_{\mathrm{r}}+L_{\mathrm{rd}}p\end{pmatrix}\tag{3-75}$$

于是，三相静止轴系 $\alpha-\beta$ 中的对称三相异步电动机的电压矩阵方程式为

$$\begin{pmatrix}u_{\mathrm{s}\alpha}\\u_{\mathrm{s}\beta}\\u_{\mathrm{r}\alpha}\\u_{\mathrm{r}\beta}\end{pmatrix}=\begin{pmatrix}R_{\mathrm{s}}+L_{\mathrm{sd}}p&0&L_{\mathrm{md}}p&0\\0&R_{\mathrm{s}}+L_{\mathrm{sd}}p&0&L_{\mathrm{md}}p\\L_{\mathrm{md}}p&L_{\mathrm{md}}\dot{\theta}_{\mathrm{r}}&R_{\mathrm{r}}+L_{\mathrm{rd}}p&L_{\mathrm{rd}}\dot{\theta}_{\mathrm{r}}\\-L_{\mathrm{md}}\dot{\theta}_{\mathrm{r}}&L_{\mathrm{md}}p&-L_{\mathrm{rd}}\dot{\theta}_{\mathrm{r}}&R_{\mathrm{r}}+L_{\mathrm{rd}}p\end{pmatrix}\begin{pmatrix}i_{\mathrm{s}\alpha}\\i_{\mathrm{s}\beta}\\i_{\mathrm{r}\alpha}\\r_{\mathrm{r}\beta}\end{pmatrix}\tag{3-76}$$

笼型电动机的转子是短路的，对于绕线转子异步电动机来说，用在变频调速中，将其转子短路，因而 $u_{r\alpha}=u_{r\beta}=0$，这样，两相静止轴系上的异步电动机电压矩阵方程式为

$$\left.\begin{aligned}&\begin{pmatrix}u_{s\alpha}\\u_{s\beta}\\0\\0\end{pmatrix}=\begin{pmatrix}R_s+L_{sd}p & 0 & L_{md}p & 0\\0 & R_s+L_{sd}p & 0 & L_{md}p\\L_{md}p & L_{md}\dot{\theta}_r & R_r+L_{rd}p & L_{rd}\dot{\theta}_r\\-L_{md}\dot{\theta}_r & L_{md}p & -L_{rd}\dot{\theta}_r & R_r+L_{rd}p\end{pmatrix}\begin{pmatrix}i_{s\alpha}\\i_{s\beta}\\i_{r\alpha}\\i_{r\beta}\end{pmatrix}\\&\boldsymbol{u}_{\alpha\beta}=\boldsymbol{Z}_{\alpha\beta}\boldsymbol{i}_{\alpha\beta}\end{aligned}\right\}\tag{3-77}$$

2. 异步电动机在两相静止坐标系上的磁链方程

以同样的方法，通过坐标变换，还可以将式（3-16）所表达的三相静止坐标系上的磁链方程变换到两相静止坐标系上的磁链方程，即为

$$\left.\begin{aligned}&\begin{pmatrix}\Psi_{s\alpha}\\\Psi_{s\beta}\\\Psi_{r\alpha}\\\Psi_{r\beta}\end{pmatrix}=\begin{pmatrix}L_{sd} & 0 & L_{md} & 0\\0 & L_{sd} & 0 & L_{md}\\L_{md} & 0 & L_{rd} & 0\\0 & L_{md} & 0 & L_{rd}\end{pmatrix}\begin{pmatrix}i_{s\alpha}\\i_{s\beta}\\i_{r\alpha}\\i_{r\beta}\end{pmatrix}\\&\boldsymbol{\Psi}_{\alpha\beta}=\boldsymbol{L}\boldsymbol{i}_{\alpha\beta}\end{aligned}\right\}\tag{3-78}$$

由图 3-16b 可见，$\alpha-\beta$ 轴系上的定、转子等效绕组都落在互相垂直的两根轴上，因而，两相绕组之间没有磁的耦合，L_{sd}、L_{rd} 仅是一相绕组中的等效自感，L_{md} 仅是定、转子两相绕组同轴时的等效互感，因此式（3-77）变换矩阵中所有元素都为常系数，即各类电感均为常值，从而消除了异步电动机三相静止轴系数学模型中的一个非线性根源。另外还可以看出，式（3-77）变换矩阵维数为四维，比三相时降低了两维。

3. 三相异步电动机在两相静止坐标系上的电磁转矩方程

将式（3-77）写成

$$\begin{aligned}\boldsymbol{u}_{\alpha\beta}&=\boldsymbol{u}_{R\alpha\beta}+\boldsymbol{u}_{L\alpha\beta}+\boldsymbol{u}_{M\alpha\beta}+\boldsymbol{u}_{G\alpha\beta}\\&=\boldsymbol{R}\boldsymbol{i}_{\alpha\beta}+\boldsymbol{L}_1p\boldsymbol{i}_{\alpha\beta}+\boldsymbol{M}p\boldsymbol{i}_{\alpha\beta}+\boldsymbol{G}\dot{\theta}_r\boldsymbol{i}_{\alpha\beta}\end{aligned}\tag{3-79}$$

式中，电阻矩阵

$$\boldsymbol{R}=\begin{pmatrix}R_s & & & \\ & R_s & & \\ & & R_r & \\ & & & R_r\end{pmatrix}\tag{3-80}$$

自感矩阵

$$\boldsymbol{L}_1=\begin{pmatrix}L_{sd} & & & \\ & L_{sd} & & \\ & & L_{rd} & \\ & & & L_{rd}\end{pmatrix}\tag{3-81}$$

互感矩阵

$$\boldsymbol{M}=\begin{pmatrix}0 & 0 & L_{md} & 0\\0 & 0 & 0 & L_{md}\\L_{md} & 0 & 0 & 0\\0 & L_{md} & 0 & 0\end{pmatrix}\tag{3-82}$$

$\dot{\theta}_r$ 的系数矩阵
$$G=\begin{pmatrix}0&0&0&0\\0&0&0&0\\0&L_{md}&0&L_{rd}\\-L_{md}&0&-L_{rd}&0\end{pmatrix}\tag{3-83}$$

将式（3-79）两边各左乘 $\boldsymbol{i}_{\alpha\beta}^{T}$，则得功率方程为

$$\boldsymbol{i}_{\alpha\beta}^{T}\boldsymbol{u}_{\alpha\beta}=\boldsymbol{i}_{\alpha\beta}^{T}\boldsymbol{R}\boldsymbol{i}_{\alpha\beta}+\boldsymbol{i}_{\alpha\beta}^{T}\boldsymbol{L}p\boldsymbol{i}_{\alpha\beta}+\boldsymbol{i}_{\alpha\beta}^{T}\boldsymbol{M}p\boldsymbol{i}_{\alpha\beta}+\boldsymbol{i}_{\alpha\beta}^{T}\boldsymbol{G}\dot{\theta}_r\boldsymbol{i}_{\alpha\beta}\tag{3-84}$$

式中，$\boldsymbol{i}_{\alpha\beta}^{T}\boldsymbol{R}\boldsymbol{i}_{\alpha\beta}$ 为消耗在定子以及转子上总的热损耗功率；$\boldsymbol{i}_{\alpha\beta}^{T}\boldsymbol{L}p\boldsymbol{i}_{\alpha\beta}+\boldsymbol{i}_{\alpha\beta}^{T}\boldsymbol{M}p\boldsymbol{i}_{\alpha\beta}$ 为存储于电动机磁场中的功率；因而余下部分 $\boldsymbol{i}_{\alpha\beta}^{T}\boldsymbol{G}\dot{\theta}_r\boldsymbol{i}_{\alpha\beta}$ 必为机械输出功率。

电动机的电磁转矩应为机械输出功率除以转子机械角速度，即除以 $\dot{\theta}_r/n_p$（$\dot{\theta}_r$ 为转子电角速度），得到三相异步电动机在 $\alpha-\beta$ 轴系上的电磁转矩方程

$$T_{ei}=n_p\boldsymbol{i}_{\alpha\beta}^{T}\boldsymbol{G}\boldsymbol{i}_{\alpha\beta}=n_pL_{md}(i_{s\beta}i_{s\alpha}-i_{s\alpha}i_{r\beta})\tag{3-85}$$

4. 三相异步电动机在两相静止坐标系上的数学模型

将式（3-22）、式（3-77）、式（3-78）、式（3-85）及 $\omega_r=\mathrm{d}\theta_r/\mathrm{d}t$ 归纳在一起，便构成在恒转矩负载下三相异步电动机在两相静止坐标系（$\alpha-\beta$）上的数学模型，即

$$\left.\begin{aligned}&\boldsymbol{u}_{\alpha\beta}=\boldsymbol{Z}_{\alpha\beta}\boldsymbol{i}_{\alpha\beta}\\&\boldsymbol{\Psi}_{\alpha\beta}=\boldsymbol{L}\boldsymbol{i}_{\alpha\beta}\\&T_{ei}=T_L+\frac{J}{n_p}\frac{\mathrm{d}\omega}{\mathrm{d}t}\\&T_{ei}=n_pL_{md}(i_{s\beta}i_{r\alpha}-i_{s\alpha}i_{r\beta})\\&\omega_r=\frac{\mathrm{d}\theta_r}{\mathrm{d}t}\end{aligned}\right\}\tag{3-86}$$

两相静止坐标系 $\alpha-\beta$ 上的异步电动机数学模型也称作 Kron 异步电动机方程式或双轴原型电机（Two Axis Primitive Machine）方程。

3.2.5 异步电动机在任意两相旋转坐标系上的数学模型

式（3-86）给出的三相异步电动机在两相静止坐标系上的数学模型仍存在非线性因素和具有强耦合的性质。非线性因素主要存在于产生电磁转矩［见式（3-85）］环节上；强耦合关系同三相情况一样，仍未得到改善，为此还需要对式（3-86）进行简化处理。

1. 异步电动机在任意两相旋转坐标系上的电压方程

如图 3-19 所示，$d-q$ 坐标系为任意旋转坐标系，其旋转角速度为 ω_{dqs}，相对于转子的角速度为 ω_{dql}，d 轴与 α 轴的夹角为 $\varphi_d=\omega_{dqs}t+\varphi_{d0}$，$\varphi_{d0}$ 为任意的初始角。利用旋转变换可将 $\alpha-\beta$ 轴系上的各量变换到 $d-q$ 轴系上。

对于定子轴系有

$$\begin{pmatrix}u_{s\alpha}\\u_{s\beta}\end{pmatrix}=\begin{pmatrix}\cos\theta_s&-\sin\theta_s\\\sin\theta_s&\cos\theta_s\end{pmatrix}\begin{pmatrix}u_{sd}\\u_{sq}\end{pmatrix}\tag{3-87}$$

$$\begin{pmatrix}i_{s\alpha}\\i_{s\beta}\end{pmatrix}=\begin{pmatrix}\cos\theta_s&-\sin\theta_s\\\sin\theta_s&\cos\theta_s\end{pmatrix}\begin{pmatrix}i_{sd}\\i_{sq}\end{pmatrix}\tag{3-88}$$

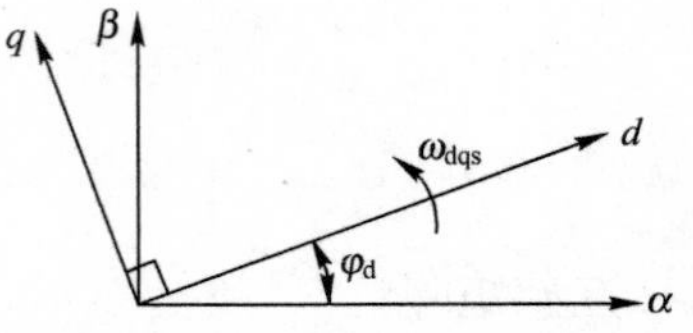

图 3-19 由 $\alpha-\beta$ 坐标到 $d-q$ 坐标的旋转变换

$$\begin{pmatrix}\Psi_{s\alpha}\\ \Psi_{s\beta}\end{pmatrix}=\begin{pmatrix}\cos\theta_s & -\sin\theta_s\\ \sin\theta_s & \cos\theta_s\end{pmatrix}\begin{pmatrix}\Psi_{sd}\\ \Psi_{sq}\end{pmatrix} \tag{3-89}$$

式（3-77）第一行的定子电压方程为

$$u_{s\alpha}=R_s i_{s\alpha}+p\Psi_{s\alpha} \tag{3-90}$$

把式（3-87）~式（3-89）三个变换式中相应变量$u_{s\alpha}$、$i_{s\alpha}$、$\Psi_{s\alpha}$代入式（3-90）中得

$$\begin{aligned}u_{sd}\cos\varphi_d-u_{sq}\sin\varphi_d &=R_s i_{sd}\cos\varphi_d-R_s i_{sq}\sin\varphi_d+p(\Psi_{sd}\cos\varphi_d-\Psi_{sq}\sin\varphi_d)\\ &=R_s i_{sd}\cos\varphi_d-R_s i_{sq}\sin\varphi_d+p\Psi_{sd}\cos\varphi_d-p\Psi_{sq}\sin\varphi_d\\ &\quad-\Psi_{sd}\sin\varphi_d(p\varphi_d)-\Psi_{sq}\cos\varphi_d(p\varphi_d)\\ &=\cos\varphi_d(R_s i_{sd}+p\Psi_{sd}-\omega_{dqs}\Psi_{sq})-\sin\varphi_d(R_s i_{sq}+p\Psi_{sq}+\omega_{dqs}\Psi_{sd})\end{aligned}$$

对于所有φ_d值，上式都应成立，可令$\cos\varphi_d$和$\sin\varphi_d$的对应系数相等，得到

$$u_{sd}=R_s i_{sd}+p\Psi_{sd}-\omega_{dqs}\Psi_{sq}$$
$$u_{sq}=R_s i_{sq}+p\Psi_{sq}+\omega_{dqs}\Psi_{sd}$$

将Ψ_{sd}、Ψ_{sq}的电流表达式（$\Psi_{sd}=L_{sd}i_{sd}+L_{md}i_{rd}$；$\Psi_{sq}=L_{sq}i_{sq}+L_{md}i_{rq}$）代入上式并整理后，得

$$\left.\begin{aligned}u_{sd}&=(R_s+L_{sd}p)i_{sd}-\omega_{dqs}i_{sq}+L_{md}pi_{rd}-\omega_{dqs}L_{md}i_{rq}\\ u_{sq}&=\omega_{dqs}L_{sd}i_{sd}+(R_s+L_{sd}p)i_{sq}+\omega_{dqs}L_{md}i_{rd}+L_{md}pi_{rq}\end{aligned}\right\} \tag{3-91}$$

同理，从式（3-77）第3行转子电路方程可以导出

$$\left.\begin{aligned}0&=L_{md}pi_{sd}-\omega_{dql}L_{md}i_{sq}+(R_r+L_{rd}p)i_{rd}-\omega_{dql}L_{rd}i_{rq}\\ 0&=\omega_{dql}L_{md}i_{sd}+L_{md}pi_{sq}+\omega_{dql}L_{rd}i_{rd}+(R_r+L_{rd}p)i_{rq}\end{aligned}\right\} \tag{3-92}$$

将式（3-91）和式（3-92）合并，并写成矩阵形式，得到三相异步电动机变换到$d-q$轴上的电压矩阵方程式

$$\begin{pmatrix}u_{sd}\\ u_{sq}\\ 0\\ 0\end{pmatrix}=\begin{pmatrix}R_s+L_{sd}p & -\omega_{dqs}L_{sd} & L_{md}p & -\omega_{dqs}L_{md}\\ \omega_{dqs}L_{sd} & R_s+L_{sd}p & \omega_{dqs}L_{md} & L_{md}p\\ L_{md}p & -\omega_{dql}L_{md} & R_r+L_{rd}p & -\omega_{dql}L_{rd}\\ \omega_{dql}L_{md} & L_{md}p & \omega_{dql}L_{rd} & R_r+L_{rd}p\end{pmatrix}\begin{pmatrix}i_{sd}\\ i_{sq}\\ i_{rd}\\ i_{rq}\end{pmatrix} \tag{3-93}$$

简写成

$$\boldsymbol{u}_{dq}=\boldsymbol{Z}_{dq}\boldsymbol{i}_{dq}$$

由式（3-93）可以看出，通过旋转坐标变换，可将两相静止坐标系上的交流绕组等效为两相旋转坐标系上的直流绕组。当$A-B-C$坐标系中的电压、电流为正弦函数时，在$d-q$坐标系中得到的电压、电流变量则是直流标量。但是式（3-93）的变换矩阵，即阻抗矩阵为4×4系数矩阵，矩阵中16个元素没有零元素，仍是一个复杂的变换矩阵。

由式（3-93）和式（3-77）可以看出，$d-q$轴系电压方程与$\alpha-\beta$轴系电压方程不同。其一，在$\alpha-\beta$轴系中，定子电压中没有旋转电压项，而变换到$d-q$轴系后，方程中出现了旋转电压项（分量为$\omega_{dqs}\Psi_{sd}$和$-\omega_{dqs}\Psi_{sq}$），这是因为$d-q$轴系是以任意角速度在旋转。其二，在$d-q$轴系上的转子电压方程中，也含有旋转电压项，但与$\alpha-\beta$方程中的旋转电压项不同，它不是转子角速度与磁链的乘积，而是转差角速度与磁链的乘积（分量为$\omega_{dql}\Psi_{rd}$和$\omega_{dql}\Psi_{rq}$），这是因为$d-q$轴系中的转子绕组是以转差角速度ω_{dqs}在旋转。

2. 异步电动机在任意两相旋转坐标系上的电磁转矩方程

根据式（3-85）可以求得三相异步电动机在$d-q$轴系上的电磁转矩方程，即有

$$T_{ei}=n_pL_{md}(i_{sq}i_{rd}-i_{sd}i_{rq}) \tag{3-94}$$

3. 异步电动机在任意两相旋转坐标系上的数学模型

把式（3-93）、式（3-94）、式（3-22）及 $\omega_r=\mathrm{d}\theta_r/\mathrm{d}t$ 归纳起来，就构成在恒转矩负载下异步电动机在任意两相旋转坐标系（$d-q$）上的数学模型

$$\left.\begin{aligned}&\boldsymbol{u}_{dq}=\boldsymbol{Z}_{dq}\boldsymbol{i}_{dq}\\&T_{ei}=n_pL_{md}(i_{sq}i_{rd}-i_{sd}i_{rq})\\&T_{ei}=T_L+\frac{J}{n_p}\frac{\mathrm{d}\omega}{\mathrm{d}t}\\&\omega=\frac{\mathrm{d}\theta_t}{\mathrm{d}t}\end{aligned}\right\} \tag{3-95}$$

3.2.6 异步电动机在两相同步旋转坐标系上的数学模型

同步旋转坐标系就是电动机的旋转磁场坐标系，通常用符号 $M-T$ 来表示。由于 $M-T$ 坐标系和 $d-q$ 坐标系二者的差别仅是旋转速度不同，所以可以把 $M-T$ 坐标系看成是 $d-q$ 坐标系的一个特例。因此，将式（3-93）及式（3-94）中的下脚标 d、q 改写成 M、T；ω_{dqs}改写成 ω_s（同步角速度）；ω_{dql}改写成 ω_{sl}（转差角速度），并有 $\omega_{sl}=\omega_s-\omega$，便可以得到异步电动机在同步旋转坐标系上的数学模型，即

电压方程

$$\begin{pmatrix}u_{sM}\\u_{sT}\\0\\0\end{pmatrix}=\begin{pmatrix}R_s+L_{sd}p & -\omega_sL_{sd} & L_{md}p & -\omega_sL_{md}\\ \omega_sL_{sd} & R_s+L_{sd}p & \omega_sL_{md} & L_{md}p\\ L_{md}p & -\omega_{sl}L_{md} & R_r+L_{rd}p & -\omega_{sl}L_{rd}\\ \omega_{sl}L_{md} & L_{md}p & \omega_{sl}L_{rd} & R_r+L_{rd}p\end{pmatrix}\begin{pmatrix}i_{sM}\\i_{sT}\\i_{rM}\\i_{rT}\end{pmatrix} \tag{3-96}$$

磁链方程

$$\begin{pmatrix}\Psi_{sM}\\\Psi_{sT}\\\Psi_{rM}\\\Psi_{rT}\end{pmatrix}=\begin{pmatrix}L_{sd} & 0 & L_{md} & 0\\0 & L_{sd} & 0 & L_{md}\\L_{md} & 0 & L_{rd} & 0\\0 & L_{md} & 0 & L_{rd}\end{pmatrix}\begin{pmatrix}i_{sM}\\i_{sT}\\i_{rM}\\i_{rT}\end{pmatrix} \tag{3-97}$$

转矩方程

$$T_{ei}=n_pL_{md}(i_{sT}i_{rM}-i_{sM}i_{rT}) \tag{3-98}$$

运动方程

$$T_{ei}=T_L+\frac{J}{n_p}\frac{\mathrm{d}\omega}{\mathrm{d}t} \tag{3-99}$$

将式（3-96）的 $M-T$ 轴系上的电压方程绘制成动态等效电路，如图 3-20 所示。图中箭头是按电压降的方向画出的。由图可以清楚地看出，M、T 轴之间依靠 4 个旋转电动势互相耦合。

3.2.7 异步电动机在两相坐标系上的状态方程

在两相坐标系上，异步电动机的数学模型除了可以采用矩阵方程的形式外，还可以采用状态方程的形式。在异步电动机的动态过程中，其数学模型是一组时变的非线性联立微分方

程组，为了采用标准的计算方法求该方程组的解，需要使用状态方程形式的数学模型。另外，在对交流电动机调速系统进行设计和分析时，常使用状态方程形式的数学模型。为此，本节专门介绍异步电动机在两相坐标系上的状态方程。

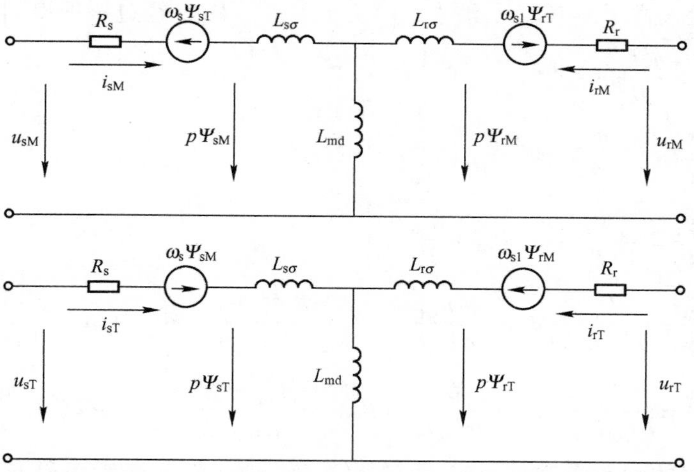

图 3-20　异步电动机在 $M-T$ 轴系上的动态等效电路

下面的状态方程是利用 3.2.6 节中介绍的两相同步旋转（$M-T$）坐标系上的数学模型得到的，对于在其他两相坐标系上的状态方程，稍加变换即可得到。

由式（3-96）和式（3-99）可知，异步电动机具有 4 阶电压方程和 1 阶运动方程，显然，其状态方程应该是 5 阶的，因此，需要选取 5 个状态变量。然而可供选择的变量共有 9 个，即转速 ω、4 个电流变量（i_{sM}、i_{sT}、i_{rM}、i_{rT}）和 4 个磁链变量（Ψ_{sM}、Ψ_{sT}、Ψ_{rM}、Ψ_{rT}）。由于 i_{rM} 和 i_{rT} 是不可测量的，不宜用来作为状态变量，因而，只能选择定子电流 i_{sM}、i_{sT}，以及定子磁链 Ψ_{sM}、Ψ_{sT}（或选择转子磁链 Ψ_{rM}、Ψ_{rT}）作为状态变量。

（1）状态变量为 $\boldsymbol{X}=[\omega \quad \Psi_{rM} \quad \Psi_{rT} \quad i_{sM} \quad i_{sT}]^{T}$ 时的状态方程

式（3-97）可以写成

$$\left.\begin{aligned}\Psi_{sM}&=L_{sd}i_{sM}+L_{md}i_{rM}\\\Psi_{sT}&=L_{sd}i_{sT}+L_{md}i_{rT}\\\Psi_{rM}&=L_{md}i_{sM}+L_{rd}i_{rM}\\\Psi_{rT}&=L_{md}i_{sT}+L_{rd}i_{rT}\end{aligned}\right\}\tag{3-100}$$

式（3-100）中第 3、4 两式可写成

$$\left.\begin{aligned}i_{rM}&=\frac{1}{L_{rd}}(\Psi_{rM}-L_{md}i_{sM})\\i_{rT}&=\frac{1}{L_{rd}}(\Psi_{rT}-L_{md}i_{sT})\end{aligned}\right\}\tag{3-101}$$

式（3-96）可以写成

$$\left.\begin{aligned}u_{sM}&=R_si_{sM}+p\Psi_{sM}-\omega_s\Psi_{sT}\\u_{sT}&=R_si_{sT}+p\Psi_{sT}+\omega_s\Psi_{sM}\\0&=R_ri_{rM}+p\Psi_{rM}-\omega_{sl}\Psi_{rT}\\0&=R_ri_{rT}+p\Psi_{rT}-\omega_{sl}\Psi_{rM}\end{aligned}\right\}\tag{3-102}$$

将式（3-101）代入式（3-98）中，得电磁转矩输出方程

$$T_{ei}=\frac{n_p L_{md}}{L_{rd}}(i_{sT}\Psi_{rM}-i_{sM}\Psi_{rT}) \tag{3-103}$$

将式（3-100）代入式（3-102），消去 i_{rM}、i_{rT}、Ψ_{sM}、Ψ_{sT}，经过整理得到状态方程

$$\left.\begin{aligned}
\frac{d\omega}{dt}&=\frac{n_p^2 L_{md}}{JL_r}(i_{sq}\Psi_{rM}-i_{sM}\Psi_{rT})-\frac{n_p}{J}T_L\\
\frac{d\Psi_{rM}}{dt}&=-\frac{\Psi_{rM}}{T_r}+\omega_{sl}\Psi_{rT}+\frac{L_{md}}{T_r}i_{sM}\\
\frac{d\Psi_{rT}}{dt}&=-\frac{\Psi_{rT}}{T_r}-\omega_{sl}\Psi_{rM}+\frac{L_{md}}{T_r}i_{sT}\\
\frac{di_{sM}}{dt}&=\frac{L_{md}}{\sigma L_{sd}L_{rd}T_r}\Psi_{rM}+\frac{L_{md}}{\sigma L_{sd}L_{rd}}\omega\Psi_{rT}-\frac{R_s L_{rd}^2+R_r L_{md}^2}{\sigma L_{sd}L_{rd}^2}i_{sM}+\omega_s i_{sT}+\frac{u_{sM}}{\sigma L_{sd}}\\
\frac{di_{sT}}{dt}&=\frac{L_{md}}{\sigma L_{sd}L_{rd}T_r}\Psi_{rT}-\frac{L_{md}}{\sigma L_{sd}L_{rd}}\omega\Psi_{rM}-\frac{R_s L_{rd}^2+R_r L_{md}^2}{\sigma L_{sd}L_{rd}^2}i_{sT}-\omega_s i_{sM}+\frac{u_{sT}}{\sigma L_{sd}}
\end{aligned}\right\} \tag{3-104}$$

式中，σ 为电动机的漏磁系数（$\sigma=1-L_{md}^2/(L_{sd}L_{rd})$）；$T_r$ 为转子电磁时间常数（$T_r=L_{rd}/R_r$），在式（3-104）状态方程中，输入变量为

$$\boldsymbol{U}=[u_{sM}\quad u_{sT}\quad \omega_s\quad T_L]^T \tag{3-105}$$

（2）状态变量为 $\boldsymbol{X}=[\omega\quad \Psi_{sM}\quad \Psi_{sT}\quad i_{sM}\quad i_{sT}]^T$ 时的状态方程

同理，把式（3-100）代入式（3-102），消去变量 i_{rM}、i_{rT}、Ψ_{rM}、Ψ_{rT}，整理后就得到另一种状态方程

$$\left.\begin{aligned}
\frac{d\omega}{dt}&=\frac{n_p^2}{J}(i_{sT}\Psi_{sM}-i_{sM}\Psi_{sT})-\frac{n_p}{J}T_L\\
\frac{d\Psi_{sM}}{dt}&=-R_s i_{sM}+\omega_s\Psi_{sT}+u_{sM}\\
\frac{d\Psi_{sT}}{dt}&=-R_s i_{sT}-\omega_s\Psi_{sM}+u_{sT}\\
\frac{di_{sM}}{dt}&=\frac{\Psi_{sM}}{\sigma L_{sd}T_r}+\frac{\omega\Psi_{sT}}{\sigma L_{sd}}-\frac{R_s L_{rd}+R_r L_{sd}}{\sigma L_{sd}L_{rd}}i_{sM}+\omega_{sl}i_{sT}+\frac{u_{sM}}{\sigma L_{sd}}\\
\frac{di_{sT}}{dt}&=\frac{\Psi_{sT}}{\sigma L_{sd}T_r}-\frac{\omega\Psi_{sM}}{\sigma L_{sd}}-\frac{R_s L_{rd}+R_r L_{sd}}{\sigma L_{sd}L_{rd}}i_{sT}-\omega_{sl}i_{sM}+\frac{u_{sT}}{\sigma L_{sd}}
\end{aligned}\right\} \tag{3-106}$$

在式（3-106）状态方程中，输入变量为

$$\boldsymbol{U}=[u_{sM}\quad u_{sT}\quad \omega_s\quad T_L]^T \tag{3-107}$$

3.3 磁场定向和矢量控制的基本控制结构

式（3-96）是任意 $M-T$ 轴系上的电压方程。如果对 $M-T$ 轴系的取向加以规定，使其成为特定的同步旋转坐标系，这对矢量控制系统的实现具有关键的作用。

选择特定的同步旋转坐标系，并确定 $M-T$ 轴系的取向，称为定向。如果选择电动机某一旋转磁场轴作为特定的同步旋转坐标轴，则称为磁场定向（Field Orientation）。顾名思义，

矢量控制系统也称为磁场定向控制（Field Orientation Control，FOC）系统。

对于异步电动机，矢量控制系统的磁场定向轴有三种选择方法，即转子磁场定向、气隙磁场定向和定子磁场定向。

3.3.1 转子磁场定向的异步电动机矢量控制系统

转子磁场定向即是按转子全磁链矢量 $\boldsymbol{\Psi}_r$ 方向进行定向，就是将 M 轴取向于 $\boldsymbol{\Psi}_r$ 轴，如图 3-21 所示。按转子全磁链（全磁通）定向的异步电动机矢量控制系统称为异步电动机按转子磁链（磁通）定向的矢量控制系统。

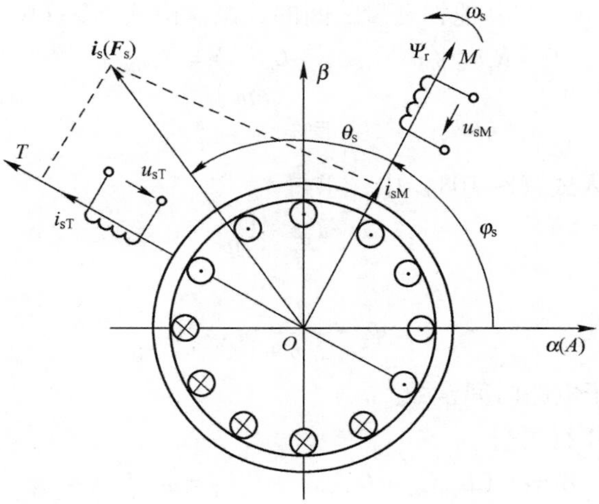

图 3-21 转子磁场定向

1. 按转子磁链（磁通）定向的三相异步电动机数学模型

（1）电压方程

从图 3-21 中可以看出，由于 M 轴取向于转子全磁链 $\boldsymbol{\Psi}_r$ 轴，T 轴垂直于 M 轴，因而使 $\boldsymbol{\Psi}_r$ 在 T 轴上的分量为零，表明了转子全磁链 $\boldsymbol{\Psi}_r$ 唯一由 M 轴绕组中电流所产生，可知定子电流矢量 $\boldsymbol{i}_s(\boldsymbol{F}_s)$ 在 M 轴上的分量 i_{sM} 是纯励磁电流分量；在 T 轴上的分量 i_{sT} 是纯转矩电流分量。$\boldsymbol{\Psi}_r$ 在 M、T 轴系上的分量可用方程表示为

$$\Psi_{rM}=\Psi_r=L_{md}i_{sM}+L_{rd}i_{rM} \tag{3-108}$$

$$\Psi_{rT}=0=L_{md}i_{sT}+L_{rd}i_{rT} \tag{3-109}$$

将式（3-109）代入式（3-96）中，则式（3-96）中的第 3、4 行的部分项变成零，则式（3-96）简化为

$$\begin{pmatrix}u_{sM}\\u_{sT}\\0\\0\end{pmatrix}=\begin{pmatrix}R_s+L_{sd}p & -\omega_s L_{sd} & L_{md}p & -\omega_s L_{md}\\ \omega_s L_{sd} & R_s+L_{sd}p & \omega_s L_{md} & L_{md}p\\ L_{md}p & 0 & R_r+L_{rd}p & 0\\ \omega_{sl}L_{md} & 0 & \omega_{sl}L_{rd} & R_r\end{pmatrix}\begin{pmatrix}i_{sM}\\i_{sT}\\i_{rM}\\i_{rT}\end{pmatrix} \tag{3-110}$$

式（3-110）是以转子全磁链轴线为定向轴的同步旋转坐标系上的电压方程式，也称作磁场定向方程式，其约束条件是 $\Psi_{rT}=0$。根据这一电压方程可以建立矢量控制系统所依据的控制方程式。

（2）转矩方程

将式（3-108）、式（3-109）代入式（3-98）中，得

$$T_{ei}=C_{IM}\Psi_r i_{sT} \tag{3-111}$$

式中，$C_{IM}=n_p L_{md}/L_{rd}$为转矩系数。

式（3-111）表明，在同步旋转坐标系上，如果按异步电动机转子磁链定向，则异步电动机的电磁转矩模型就与直流电动机的电磁转矩模型完全一样了。

2. 按转子磁链定向的异步电动机矢量控制系统的控制方程式

在矢量控制系统中，由于可测量的被控制变量是定子电流矢量 $\boldsymbol{i}_s$，因此必须从式（3-110）中找到定子电流矢量各分量与其他物理量之间的关系。由式（3-110）第 3 行可得到

$$0=R_r i_{rM}+p(L_{md}i_{sM}+L_{rd}i_{rM})=R_r i_{rM}+p\Psi_r \tag{3-112}$$

求出

$$i_{rM}=-\frac{p\Psi_r}{R_r} \tag{3-113}$$

将式（3-113）代入式（3-108）中，求得

$$i_{sM}=\frac{T_r p+1}{L_{md}}\Psi_r \tag{3-114}$$

或写成

$$\Psi_r=\frac{L_{md}}{T_r p+1}i_{sM} \tag{3-115}$$

式中，$T_r=L_{rd}/R_r$ 为转子电路时间常数。

由式（3-110）第 4 行可得

$$0=\omega_{sl}(L_{md}i_{sM}+L_{rd}i_{rM})+R_r i_{rT}=\omega_{sl}\Psi_r+R_r i_{rT}$$

求出

$$i_{rT}=-\frac{\omega_{sl}\Psi_r}{R_r} \tag{3-116}$$

将式（3-116）代入式（3-109）中，求得

$$i_{sT}=-\frac{L_{rd}}{L_{md}}i_{rT}=\frac{T_r\Psi_r}{L_{md}}\omega_{sl} \tag{3-117}$$

式（3-111）、式（3-115）、式（3-117）就是异步电动机矢量控制系统所依据的控制方程式。

式（3-115）所表明的物理意义是，转子磁链唯一由定子电流矢量的励磁电流分量 i_{sM} 产生，与定子电流矢量的转矩电流分量 i_{sT}无关，充分说明了异步电动机矢量控制系统按转子全磁链（或全磁通）定向可以实现定子电流的转矩分量和励磁分量的完全解耦；还表明了，Ψ_r 和 i_{sM}之间的传递函数是一个一阶惯性环节，当 i_{sM}为阶跃变化时，Ψ_r 按时间常数 T_r 呈指数规律变化，这和直流电动机励磁绕组的惯性作用是一致的。

式（3-117）所表明的物理意义是，当 Ψ_r 恒定时，无论是稳态还是动态过程，转差角频率 ω_{sl}都与异步电动机的转矩电流分量 i_{sT}成正比。

3. 转子磁链定向的三相异步电动机的等效直流电动机模型及矢量控制系统的基本结构

（1）三相异步电动机的等效直流电动机模型图

用矢量控制方程式描绘的同步旋转坐标系上三相异步电动机等效直流电动机模型结构图如图 3-22 所示。由图看出，等效直流电动机模型可分为转速（ω）子系统和磁链（Ψ_r）子系统。这里需要指出的是，按转子磁链定向的矢量控制系统虽然可以实现定子电流的转矩分

量和励磁分量的完全解耦，然而，从 ω、Ψ_r 两个子系统来看，T_{ei} 因同时受到 i_{sT} 和 Ψ_r 的影响，两个子系统在动态过程中仍然是耦合的。这是在设计矢量控制系统时应该考虑的问题。

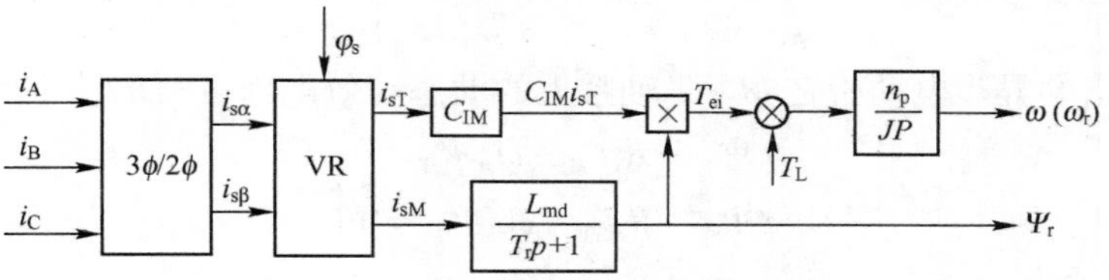

图 3-22　三相异步电动机等效直流电动机模型

（2）矢量控制的基本结构

通过坐标变换和按转子磁链定向，最终得到三相异步电动机在同步旋转坐标系上的等效直流电动机模型。余下的工作就是如何模仿直流电动机转速控制规律来构造三相异步电动机矢量控制系统的控制结构。

依据异步电动机的等效直流电动机模型，可设置转速调节器 ASR 和磁链调节器 AΨR，分别控制转速 ω 和磁链 Ψ_r，形成转速闭环系统和磁链闭环系统，如图 3-23 所示，图中 $\hat{\Psi}$、$\hat{\varphi}$ 表示模型计算值。

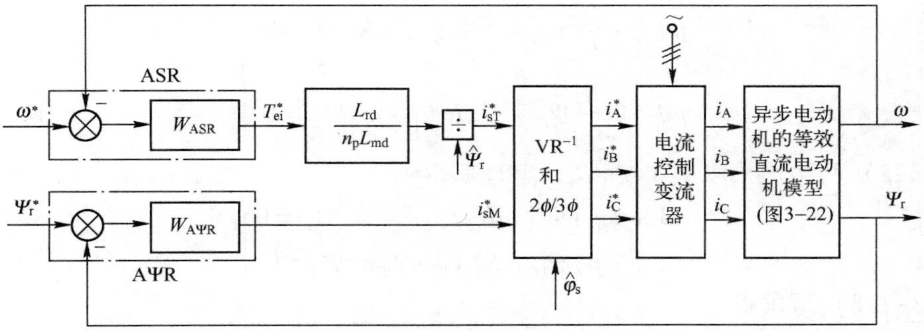

图 3-23　具有转速、磁链闭环控制的直接矢量控制系统结构

利用直角坐标 - 极坐标变换，按式（3-115）和式（3-117）可实现另一种矢量控制结构，即转差型矢量控制结构，如图 3-24 所示。图中 θ_s 为 $\boldsymbol{i}_s$ 矢量与 M 轴之间的夹角。

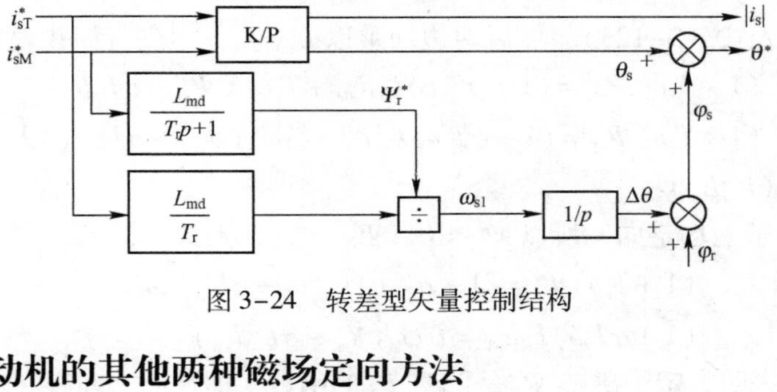

图 3-24　转差型矢量控制结构

3.3.2　异步电动机的其他两种磁场定向方法

1. 定子磁场定向

定子磁场定向是将 M 轴与定子磁链矢量 $\boldsymbol{\Psi}_s$ 重合。

（1）定子磁链 $\boldsymbol{\Psi}_s$ 是 i_{sM} 和 i_{sT} 的函数，彼此之间存在着耦合效应

定子磁链在 $M-T$ 轴系上可以表示为

$$\left.\begin{aligned}\Psi_{sM}&=L_{sd}i_{sM}+L_{md}i_{rM}\\\Psi_{sT}&=L_{sd}i_{sT}+L_{md}i_{rT}\end{aligned}\right\}\tag{3-118}$$

依据图 3-20 给出的异步电动机在 $M-T$ 轴系上的动态等效电路可写出转子回路方程

$$\left.\begin{aligned}p\Psi_{rM}+R_{r}i_{rM}-\omega_{sl}\Psi_{rT}=0\\p\Psi_{rT}+R_{r}i_{rT}+\omega_{sl}\Psi_{rM}=0\end{aligned}\right\}\tag{3-119}$$

转子磁链可以表示为

$$\left.\begin{aligned}\Psi_{rM}&=L_{rd}i_{rM}+L_{md}i_{sM}\\\Psi_{rT}&=L_{rd}i_{rT}+L_{md}i_{sT}\end{aligned}\right\}\tag{3-120}$$

将式（3-120）中的 i_{rM}、i_{rT}突显出来

$$\left.\begin{aligned}i_{rM}&=\frac{1}{L_{rd}}\Psi_{rM}-\frac{L_{md}}{L_{rd}}i_{sM}\\i_{rT}&=\frac{1}{L_{rd}}\Psi_{rT}-\frac{L_{md}}{L_{rd}}i_{sT}\end{aligned}\right\}\tag{3-121}$$

借助式（3-121）消掉式（3-119）中的转子电流项，可得

$$\left.\begin{aligned}p\Psi_{rM}+\frac{R_{r}}{L_{rd}}\Psi_{rM}-\frac{L_{md}}{L_{rd}}R_{r}i_{sM}-\omega_{sl}\Psi_{rT}=0\\p\Psi_{rT}+\frac{R_{r}}{L_{rd}}\Psi_{rT}-\frac{L_{md}}{L_{rd}}R_{r}i_{sT}+\omega_{sl}\Psi_{rM}=0\end{aligned}\right\}\tag{3-122}$$

将式（3-122）两边均乘以 $T_{r}=L_{rd}/R_{r}$，整理后得到

$$\left.\begin{aligned}(1+T_{r}p)\Psi_{rM}-L_{md}i_{sM}-T_{r}\omega_{sl}\Psi_{rm}=0\\(1+T_{r}p)\Psi_{rT}-L_{md}i_{sT}+T_{r}\omega_{sl}\Psi_{rT}=0\end{aligned}\right\}\tag{3-123}$$

依据式（3-118）可求得

$$\left.\begin{aligned}i_{rM}&=\frac{\Psi_{sM}}{L_{md}}-\frac{L_{sd}}{L_{md}}i_{sM}\\i_{rT}&=\frac{\Psi_{sT}}{L_{md}}-\frac{L_{sd}}{L_{md}}i_{sT}\end{aligned}\right\}\tag{3-124}$$

将式（3-124）代入式（3-123），然后两边均乘以 L_{md}/L_{r}，再进行简化整理，得

$$\left.\begin{aligned}(1+T_{r}p)\Psi_{sM}=(1+\sigma T_{r}p)L_{sd}i_{sM}+T_{r}\omega_{sl}(\Psi_{sT}-\sigma L_{sd}i_{sT})\\(1+T_{r}p)\Psi_{sT}=(1+\sigma T_{r}p)L_{sd}i_{sT}-T_{r}\omega_{sl}(\Psi_{sM}-\sigma L_{sd}i_{sM})\end{aligned}\right\}\tag{3-125}$$

式中，$\sigma=1-L_{md}^{2}/(L_{sd}L_{rd})$。

由于是按照定子磁场定向，所以 $\Psi_{sT}=0$，$\Psi_{sM}=\Psi_{s}$，则式（3-125）可以简化为

$$\left.\begin{aligned}(1+T_{r}p)\Psi_{s}=(1+\sigma T_{r}p)L_{sd}i_{sM}-\sigma L_{sd}T_{r}\omega_{sl}i_{sT}\\(1+\sigma T_{r}p)L_{sd}i_{sT}=T_{r}\omega_{sl}(\Psi_{s}-\sigma L_{sd}i_{sM})\end{aligned}\right\}\tag{3-126}$$

式（3-126）表明，定子磁链 Ψ_{s} 是 i_{sT}和 i_{sM}的函数，即彼此之间存在耦合现象，这意味着若用 i_{sT}去改变转矩，那么它也会影响磁链。

（2）按定子磁链定向的矢量控制系统的前馈解耦方法

如图 3-25 所示，解耦控制信号 i_{MT}被加到 AΨR 调节器的输出中，二者一起产生 i_{sM}^{*}指令

信号，即

$$i_{sM}^* = G(\Psi_s^* - \Psi_s) + i_{MT} \tag{3-127}$$

式中，$G = K_1 + K_2/s$。

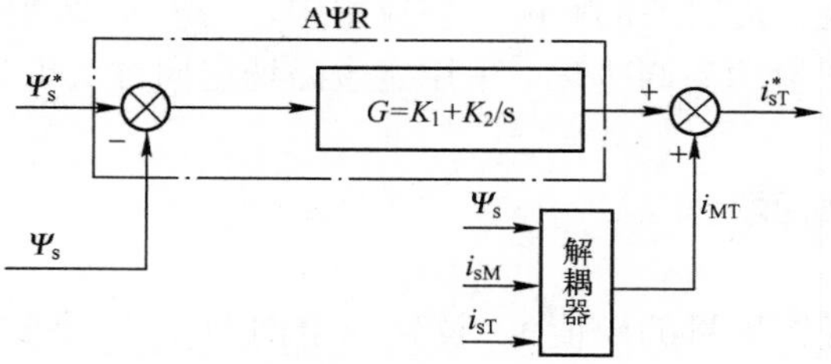

图 3-25　定子磁链定向矢量控制中的前馈解耦

将式（3-127）代入式（3-126）第 1 式中，可得

$$(1 + T_r p)\Psi_s = (1 + \sigma T_r p)L_{sd}G(\Psi_s^* - \Psi_s) + (1 + \sigma T_r p)L_{sd}i_{MT} - \sigma L_{sd}T_r\omega_{sl}i_{sT} \tag{3-128}$$

为了借助 i_{MT}实现解耦控制，必须使$(1 + \sigma T_r p)L_{sd}i_{MT} - \sigma L_{sd}T_r\omega_{sl}i_{sT} = 0$，则有

$$i_{MT} = \frac{\sigma L_{sd}T_r\omega_{sl}i_{sT}}{(1 + \sigma T_r p)L_{sd}} \tag{3-129}$$

根据式（3-126）第 2 式还可以求得 ω_{sl}，即有

$$\omega_{sl} = \frac{(1 + \sigma T_r p)L_{sd}i_{sT}}{T_r(\Psi_s - \sigma L_{sd}i_{sM})} \tag{3-130}$$

将式（3-130）代入式（3-129）有

$$i_{MT} = \frac{\sigma L_{sd}i_{sT}^2}{T_r(\Psi_s - \sigma L_{sd}i_{sM})} \tag{3-131}$$

式（3-131）说明，解耦电流 i_{MT}是 Ψ_s、i_{sT}和 i_{sM}的函数，图 3-25 中解耦器模块算法如式（3-131）所示。

按定子磁场定向的矢量控制系统，由于增设了解耦控制器使其控制结构复杂一些，然而它可以通过定子侧检测到的电压、电流直接计算定子磁链矢量 Ψ_s，同时避免了转子参数变化对磁场定向及检测精度的影响，这是定子磁链磁场定向的优点，至于定子电阻变化的影响很容易被补偿。

2. 气隙磁场定向

将同步旋转坐标系的 M 轴与气隙磁链矢量 Ψ_m 重合称为气隙磁场定向。气隙磁链在 M、T 轴上可表示为

$$\left.\begin{aligned}\Psi_{mM} &= L_{md}(i_{sM} + i_{rM})\\ \Psi_{mT} &= 0 = L_{md}(i_{sT} + i_{rT})\end{aligned}\right\} \tag{3-132}$$

通过使用前述类似的推导方法，可以求得

$$p\Psi_{mM} = \frac{\Psi_{mM}}{T_r} + \frac{L_{md}}{L_r}(R_r + T_r)i_{sM} - \omega_{sl}T_r\frac{L_{md}}{L_r i_{sT}} \tag{3-133}$$

由式（3-133）不难看出，磁链关系中存在耦合，由于电动机磁路的饱和程度与气隙磁通一致，因而基于气隙磁链的控制方式更适合处理饱和效应，但是需要增设解耦器。解耦器的设计类似于定子磁场定向解耦器的设计方法。

比较异步电动机三种磁场定向方法可以看出，按转子磁场定向是最佳的选择，可以实现励磁电流分量、转矩电流分量二者完全解耦，因此转子磁场定向是目前主要采用的方案。但是，转子磁场定向受转子参数变化的影响较大，一定程度上影响了系统的性能。气隙磁场定向、定子磁场定向很少受参数时变的影响，在应用中，当需要处理饱和效应时，采用气隙磁场定向较为合适；当需要恒功率调速时，采用定子磁场定向方法更为适宜。

3.4 转子磁链观测器

图 3-23 中，转子磁链矢量的模值 Ψ_r 及磁场定向角 φ_s 都是实际值，然而这两个量都是难以直接测量的，因而在矢量控制系统中只能采用观测值或模型计算值（记为$\hat{\Psi}_r$、$\hat{\varphi}_s$）。$\hat{\Psi}_r$ 是用来作为磁链闭环的反馈信号，$\hat{\varphi}_s$ 是用来确定 M 轴的位置，要求$\hat{\Psi}_r=\Psi_r$（实际值），$\hat{\varphi}_s=\varphi_s$（实际值），才能达到矢量控制的有效性。因此准确地获得转子磁链值$\hat{\Psi}_r$ 和它的空间位置角$\hat{\varphi}_s$ 是实现磁场定向控制的关键技术。

转子磁链矢量的检测和获取方法有：直接法——磁敏式检测法和探测线圈法；间接法——模型法。

直接法就是在电动机定子内表面装贴霍尔元件或者在电动机槽内埋设探测线圈直接检测转子磁链。此种方法检测精度较高。但是，由于在电动机内部装设元器件往往会遇到不少工艺和技术问题；特别是齿槽的影响，使检测信号中含有大量的脉动分量，为此，实际的矢量控制系统中不采用直接法，而是采用间接法，即检测交流电动机的定子电压、电流及转速等易得的物理量，利用转子磁链观测模型，实时计算转子磁链的模值和空间位置。由于计算模型中所采用的实测信号的不同，又可分为电流模型法和电压模型法。

3.4.1 计算转子磁链的电流模型法

1. 在两相静止坐标系上计算转子磁链的电流模型法

这种电流模型法是在 $\alpha-\beta$ 坐标系下根据定子电流观测转子磁链的方法。转子磁链在 $\alpha-\beta$ 轴上的分量为

$$\Psi_{ra}=L_{rd}i_{r\alpha}+L_{md}i_{s\alpha}$$

$$\Psi_{r\beta}=L_{rd}i_{r\beta}+L_{md}i_{s\beta}$$

由以上两式解出

$$\left.\begin{aligned}i_{r\alpha}&=\frac{1}{L_{rd}}(\Psi_{r\alpha}-L_{md}i_{s\alpha})\\i_{r\beta}&=\frac{1}{L_{rd}}(\Psi_{r\beta}-L_{md}i_{s\beta})\end{aligned}\right\}\tag{3-134}$$

依据 $\alpha-\beta$ 轴系上的异步电动机电压矩阵方程［式（3-77）］第 3 行求得

$$0=L_{md}pi_{s\alpha}+\dot{\theta}_rL_{md}i_{s\beta}+R_ri_{r\alpha}+L_{rd}pi_{r\alpha}+\dot{\theta}_rL_{rd}i_{r\beta}$$

$$0=(L_{md}pi_{s\alpha}+L_{rd}pi_{r\alpha})+(\dot{\theta}_rL_{md}i_{s\beta}+R_ri_{r\alpha}+\dot{\theta}_rL_{rd}i_{r\beta})$$

$$0=p\Psi_{r\alpha}+\dot{\theta}_r\Psi_{r\beta}+R_ri_{r\alpha}\tag{3-135}$$

同理由式（3-77）第4行得

$$0 = p\Psi_{r\beta} - \dot{\theta}_r \Psi_{r\alpha} + R_r i_{r\beta} \tag{3-136}$$

将式（3-134）的第1式代入式（3-135），式（3-134）的第2式代入式（3-136）中，经整理，得到

$$\left.\begin{aligned} \Psi_{r\alpha} &= \frac{1}{T_r p + 1}(L_{md} i_{s\alpha} - \dot{\theta}_r T_r \Psi_{r\beta}) \\ \Psi_{r\beta} &= \frac{1}{T_r p + 1}(L_{md} i_{s\beta} + \dot{\theta}_r T_r \Psi_{r\alpha}) \end{aligned}\right\} \tag{3-137}$$

根据式（3-137）构成的计算转子磁链的电流模型图如图3-26所示。

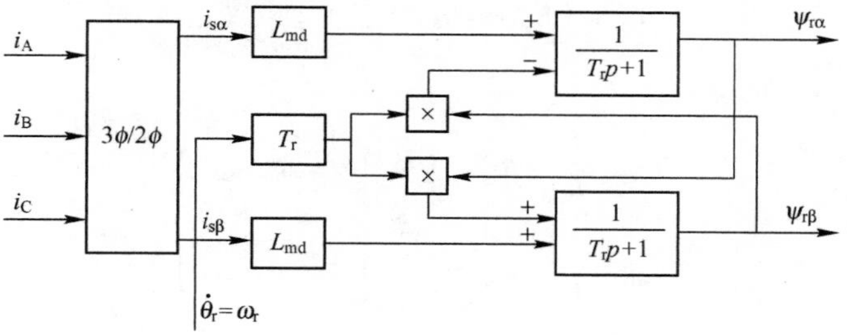

图3-26　$\alpha-\beta$坐标系上计算转子磁链的电流模型

2. 按转子磁链定向在两相旋转坐标系上的转子磁链观测模型

图3-27所示为按转子磁链定向在两相旋转坐标系上的转子磁链观测模型的运算图，模型建立原理如下：

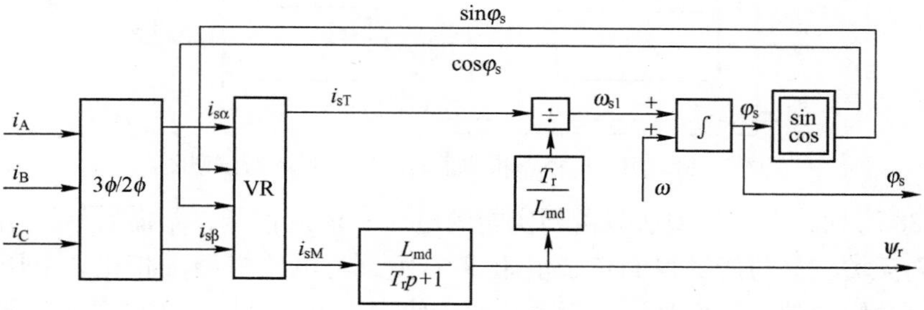

图3-27　$M-T$坐标系上的转子磁链观测模型

首先将三相定子电流i_A、i_B、i_C经3/2变换得到两相静止坐标系上的电流$i_{s\alpha}$、$i_{s\beta}$，按转子磁场定向，经过同步旋转坐标变换，可得到$M-T$旋转坐标系上的电流i_{sM}、i_{sT}。利用磁场定向方程式可获得转差角频率ω_{sl}和转子磁链值Ψ_r。把ω_{sl}和实测转速ω相加求得定子同步角频率ω_s，再将ω_s进行积分运算处理就得到转子磁链的瞬时方位信号φ_s，φ_s是按转子磁链定向的定向角。

需要指出的是，上述两种电流模型法均需要实测的电流和转速信号，对于转速高、低两种情况，电流模型法都能适用。然而，由于转子磁链观测模型依赖于电动机参数（T_r、L_{md}），因而转子磁链观测模型的准确性会受到参数变化的影响，这是电流模型法的主要缺点。如果要获得较高的估计精度和较快的收敛速度，则必须寻求更高级的磁链观测器。

3.4.2 计算转子磁链的电压模型法

电压模型法是在 $\alpha-\beta$ 坐标系下根据定子电压、电流观测转子磁链的方法。由式（3-77）第 1、2 行得到

$$u_{s\alpha}=(R_s+L_{sd}p)i_{s\alpha}+L_{md}pi_{r\alpha}$$

$$u_{s\beta}=(R_s+L_{sd}p)i_{s\beta}+L_{md}pi_{r\beta}$$

将式（3-134）第 1、2 式分别代入上述两式，消去 $i_{r\alpha}$、$i_{r\beta}$，求得

$$u_{s\alpha}=(R_s+\sigma L_{sd}p)i_{s\alpha}+\frac{L_{md}}{L_{rd}}P\Psi_{r\alpha}$$

$$u_{s\beta}=(R_s+\sigma L_{sd}p)i_{s\beta}+\frac{L_{md}}{L_{rd}}P\Psi_{r\beta}$$

整理后得

$$\left.\begin{aligned}\Psi_{r\alpha}&=\frac{L_{rd}}{L_{md}}[u_{s\alpha}-(R_s+\sigma L_{sd}p)i_{s\alpha}]\\\Psi_{r\beta}&=\frac{L_{rd}}{L_{md}}[u_{s\beta}-(R_s+\sigma L_{sd}p)i_{s\beta}]\end{aligned}\right\}\tag{3-138}$$

式中，$\sigma=1-L_{md}^2/(L_{sd}L_{rd})$。

按式（3-138）可绘制由电压模型构成的转子磁链观测器模型图，如图 3-28 所示。

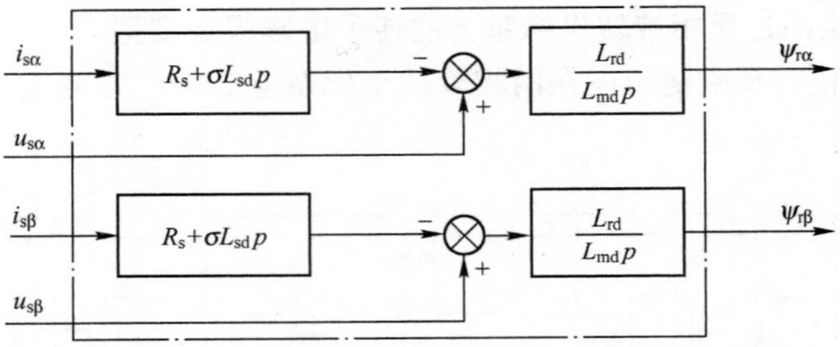

图 3-28 用电压模型构成的转子磁链观测器模型图

由图 3-28 可知，电压模型法只需要实测的电压和电流信号，不需要转速信号，且计算式与转子电阻无关，只与所测得的定子电阻 R_s 有关。与电流模型法相比，电压模型法受电动机参数变化的影响较小，而且计算简单，便于使用。由于电压模型中含有纯积分项，积分的初始值和累积误差都影响计算结果，在低速时，受定子电阻压降变化的影响也较大。

电流模型法与电压模型法相比，电流模型法适用于低速情况，电压模型法适用于中、高速情况。在实际系统中往往把两种模型结合起来，即低速（$n\leqslant5\%\,n_N$）时采用电流模型，在中、高速时采用电压模型，只要解决好二者的平滑切换问题，就可以提高全速范围内转子磁链的计算精度。

3.5 异步电动机矢量控制系统

实际应用的交流电动机矢量控制系统根据磁链是否为闭环控制可分为两种类型：一是直接矢量控制系统，这是一种转速、磁链闭环的矢量控制系统；二是间接矢量控制系统，这是一种磁链开环的矢量控制系统，通常称作转差型矢量控制系统，也称作磁链前馈矢量控制系统。

3.5.1 具有转矩内环的转速、磁链闭环异步电动机直接矢量控制系统

1. SPWM 型异步电动机直接矢量控制系统

图 3-29 示出了具有转矩内环的转速、磁链闭环异步电动机直接矢量控制系统的基本组成。图中，ASR 为速度调节器，AΨR 为磁链调节器，ATR 为转矩调节器，GF 为函数发生器，BRT 为测速传感器。本系统按转子磁场定向，分为转速控制子系统和磁链控制子系统，其中转速控制子系统的内环为转矩闭环。图中 VR^{-1}是逆向同步旋转变换环节，其作用是将 ATR 调节器输出的 i_{sT}^*和 AΨR 调节器输出的 I_{sM}^*从同步旋转坐标系（$M-T$）变换到两相静止坐标系（$\alpha-\beta$）上，得到 $i_{s\alpha}^*$、$i_{s\beta}^*$。2/3 变换器的作用是将两相静止轴系上的 $i_{s\alpha}^*$、$i_{s\beta}^*$变换到三相静止轴系上，得到 i_A^*、i_B^*、i_C^*。图中点画线框部分为电流控制 PWM 电压源型逆变器，逆变器所用功率器件为 IGBT 或 IGCT。由于电流控制环的高增益和逆变器具有的 PWM 控制模式，使电动机输出的三相电流（i_A、i_B、i_C）能够快速跟踪三相电流参考信号 i_A^*、i_B^*、i_C^*。这种具有强迫输入功能的快速电流控制模式是目前普遍采用的实用技术。

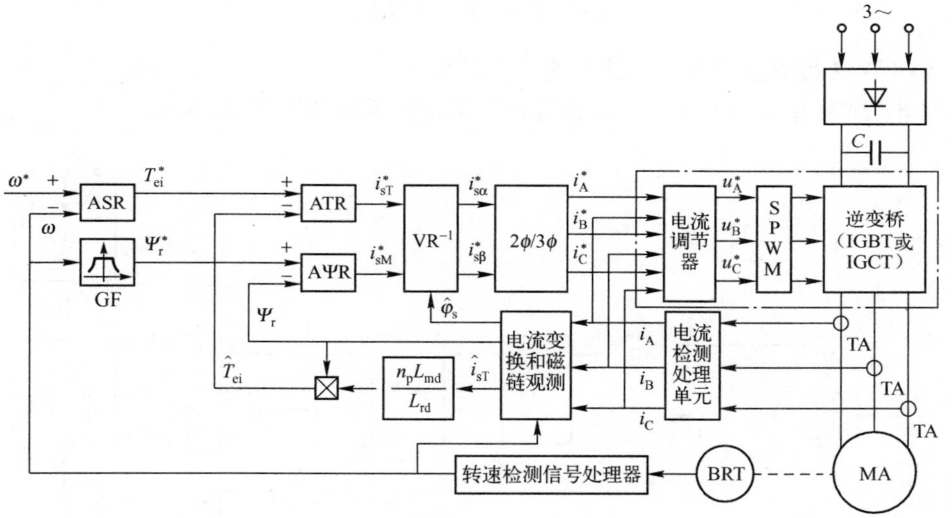

图 3-29 带转矩内环的转速、磁链闭环三相异步电动机矢量控制系统

转速调节器输出 T_{ei}^* 作为内环转矩调节器 ATR 的给定值，转矩反馈信号取自转子磁链观测器，其计算值为

$$\hat{T}_{ei}=n_p\frac{L_{md}}{L_{rd}}\hat{\Psi}_r\,\hat{i}_{sT}$$

设置转矩闭环的目的是，从闭环意义上来说，磁链一旦发生变化，相当于对转矩内环的一种扰动作用，必将受到转矩闭环的抑制，从而减少或避免磁链突变对转矩的影响，达到削弱两个通道之间的惯性耦合作用。

在磁链控制子系统中，设置了磁链调节器 AΨR，AΨR 的给定值 Ψ_r^* 由函数发生器 GF 给出，磁链反馈信号 $\hat{\Psi}_r$ 来自于转子磁链观测器。磁链闭环的作用是，当 $\omega\leqslant\omega_N$（额定角速度）时，控制 Ψ_r 使 $\Psi_r=\Psi_{rN}$（Ψ_{rN}为转子磁链的额定值），实现恒转矩调速方式，从而抑制

了磁链变化对转矩的影响，削弱了两个通道之间的耦合作用；当 $\omega > \omega_N$时，控制 Ψ_r 使其随着 ω 的增加而减小，实现恒功率（弱磁）调速方式。恒转矩调速方式和恒功率调速方式由函数发生器 GF 的输入 - 输出特性所决定。

上述分析表明，设置转矩调节器和磁链调节器都有削弱转速子系统和磁链子系统之间耦合作用（恒功率调速方式除外）的功能，两个子系统间的近似解耦情况如图 3-30 所示。

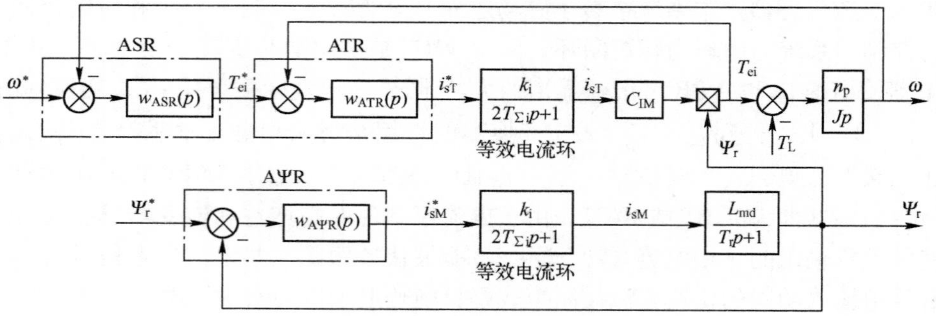

图 3-30　解耦动态结构图

2. SVPWM 型异步电动机直接矢量控制系统

具有 SVPWM 逆变器的异步电动机直接矢量控制系统如图 3-31 所示。

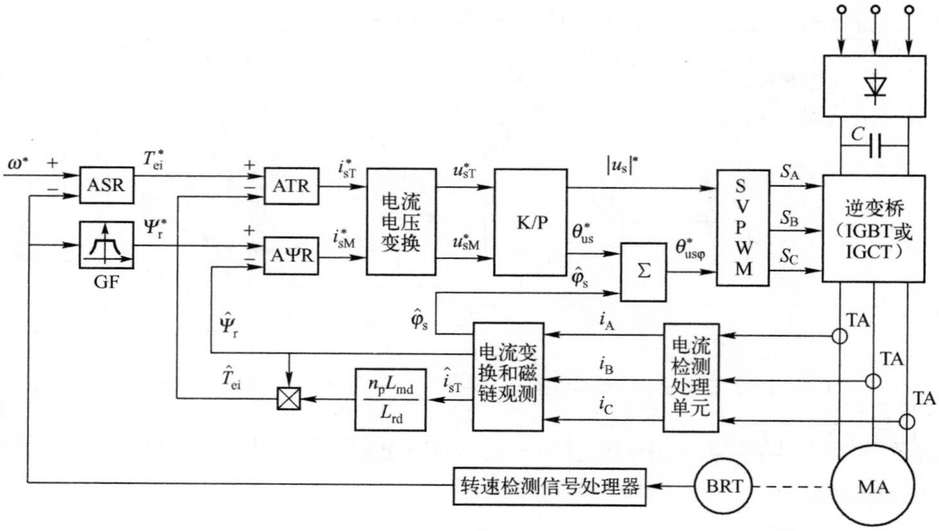

图 3-31　异步电动机 SVPWM 直接矢量控制变频调速系统原理框图

该系统把电流控制模式改为电压控制模式，为此系统中增设了电流 - 电压变换环节，变换运算模型推导如下：

由式（3-110）的第 1、2 行有

$$\left.\begin{aligned} u_{sM} &= (R_s + L_{sd}p)i_{sM} - \omega_s L_{sd} i_{sT} + L_{md} p i_{rM} - \omega_s L_{md} i_{rT} \\ u_{sT} &= \omega_s L_{sd} i_{sM} + (R_s + L_{sd}p) i_{sT} + \omega_s L_{md} i_{rM} + L_{md} p i_{rT} \end{aligned}\right\} \tag{3-139}$$

由式（3-100）的第 3 行和式（3-115）可得方程

$$\Psi_r = L_{md}i_{sM} + L_{rd}i_{rM} = \frac{L_{md}}{T_rp+1}i_{sM}$$

解得

$$i_{rM} = \frac{L_{md}}{L_{rd}}\left(\frac{1}{T_rp+1} - 1\right)i_{sM} \tag{3-140}$$

由式（3-109）得

$$i_{rT} = -\frac{L_{md}}{L_{rd}}i_{sT} \tag{3-141}$$

把式（3-115）代入式（3-117），求得 ω_{sl} 后代入 $\omega_s = \omega + \omega_{sl}$，可得

$$\omega_s = \omega + \frac{T_rp+1}{T_r}\frac{i_{sT}}{i_{sM}} \tag{3-142}$$

把式（3-140）~式（3-142）代入式（3-139），经整理后可得

$$\left.\begin{aligned} u_{sM} &= R_s\left(1 + T_sp\frac{\sigma T_rp+1}{T_rp+1}\right)i_{sM} - \sigma L_{sd}\left(\omega + \frac{T_rp+1}{T_r}\frac{i_{sT}}{i_{sM}}\right)i_{sT} \\ u_{sT} &= \left[R_s(\sigma T_sp+1) + \frac{L_{sd}}{T_r}(\sigma T_rp+1)\right]i_{sT} + \omega_{sd}\frac{\sigma T_rp+1}{T_rp+1}i_{sM} \end{aligned}\right\} \tag{3-143}$$

式中，$\sigma = 1 - L_{md}^2/(L_{sd}L_{rd})$；$T_s = L_{sd}/R_s$；$T_r = L_{rd}/R_r$，式（3-143）就是异步电动机在 $M-T$ 坐标下定子电流变换为定子电压的运算模型。

3.5.2 转差型异步电动机间接矢量控制系统

1. 电压源型转差型异步电动机矢量控制系统

图 3-32 示出了一种转差型异步电动机矢量控制系统的原理图。该系统的变流器为交-直-交电压源型，其控制结构的特点介绍如下。

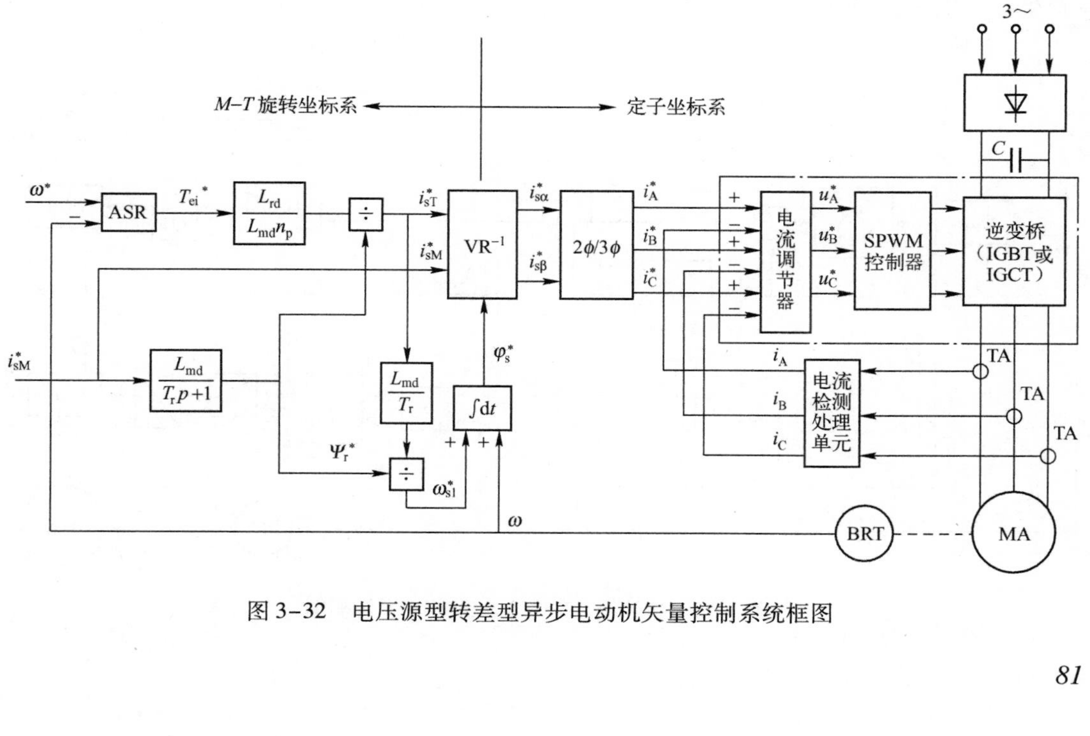

图 3-32　电压源型转差型异步电动机矢量控制系统框图

外环 - 转速闭环控制是建立在定向于转子磁链轴的同步旋转坐标系（$M-T$）上的，通过矢量旋转变换，将直流控制量 i_{sT}^*、i_{sM}^* 变换到定子静止坐标系（$\alpha-\beta$）上，得到定子两相交流控制量 $i_{s\alpha}^*$、$i_{s\beta}^*$，再经 2/3 变换获得定子三相交流控制量 i_A^*、i_B^*、i_C^*。这里需要明确的是，闭环电流调节器的作用是控制和调节定子相电流的瞬态变化，为瞬时值控制。

由于该系统的磁场定向角 φ_s 是通过对转差运算而求得的，因此，把这种系统称为转差型矢量控制系统，这种磁场定向角 φ_s 的获取方法通常称作转差频率法。φ_s 的计算过程如下：

速度调节器 ASR 的输出为定子电流的转矩分量（i_{sT}^*）；定子电流的励磁分量（i_{sM}^*）是由设定方式给出的。根据磁场定向方程式有

$$\Psi_r^* = \frac{L_{md}}{T_r p + 1} i_{sM}^*$$

$$i_{sT}^* = \frac{T_r \omega_{s1}^*}{L_{md}} \Psi_r^*$$

$$\omega_{s1}^* = \frac{i_{sT}^* L_{md}}{T_r \Psi_r^*}$$

$$\omega_{s1}^* + \omega = \omega_s^*$$

$$\int (\omega_{s1}^* + \omega)\mathrm{d}t = \int \omega_s \mathrm{d}t = \varphi_s^*$$

图 3-32 中点画线框部分为电流控制 PWM 逆变器，其作用同 3.5.1 节中所述。

2. 电流源型转差型异步电动机矢量控制系统

根据图 3-24 所示的矢量控制结构，还可以设计出一种电流源型异步电动机转差矢量控制系统，其原理图如图 3-33 所示。图中，ASR 为转速调节器，ACR 为电流调节器，K/P 为直角坐标 - 极坐标变换器。该系统的主要优点是可以实现四象限运行。

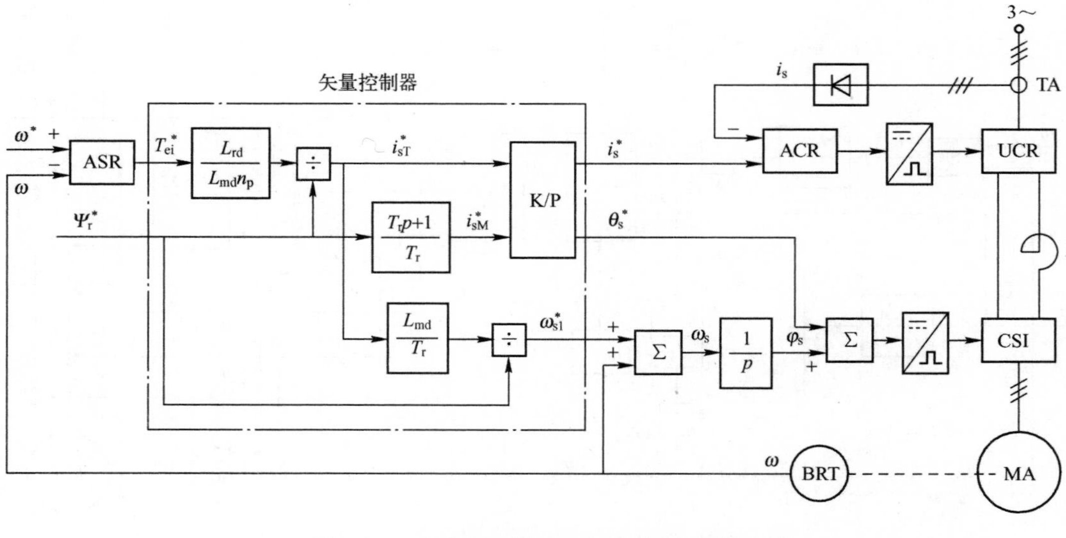

图 3-33　电流源型转差型矢量控制系统框图

需要指出的是，定子电流的幅值控制是通过整流桥完成的，而定子电流的相位控制却是通过逆变桥完成的，因此定子电流的相位是否得到及时控制对于动态转矩的形成非常重要。

上述两类转差型矢量控制系统的共同特点：

1）磁场定向由给定信号确定，靠矢量控制方程来保证，不需要实际计算转子磁链矢量幅值，省去了转子磁链观测器，因此系统结构简单，实现容易。

2）磁链控制采用了开环控制方式，有一定的优越性，即磁链控制过程不受电动机参数变化的影响。

3）由于运行中转子参数的变化及磁路饱和等因素的影响，会不可避免地造成实际定向轴偏离设定的定向轴，可见，转差型矢量控制系统的磁场定向仍然摆脱不了参数（T_r、L_{md}）变化对系统性能的影响。

3.5.3　无速度传感器矢量控制系统

为了达到高精度的转速闭环控制及磁场定向的需要，要在电动机轴上安装速度传感器。但是有许多场合不允许外装任何速度和位置检测元件，此外安装速度传感器一定程度上降低了调速系统的可靠性。随着交流调速系统的发展和实际应用的需要，国内外许多学者和科技人员展开了无速度传感器的交流调速系统研究，目前转速观测器的主要方案有：

- 转差频率计算法
- 串联双模型转速观测器
- 基于状态方程的直接综合法
- 模型参考自适应（MRAS）转速观测器
- 扩展卡尔曼滤波器速度观测方法。

下面对基本的转速估计方法进行较为详细的介绍。

1. 转差频率计算法

所谓无速度传感器调速系统就是取消图 3-29 中的速度检测装置 BRT，通过间接计算法求出电动机运行的实际转速值作为转速反馈信号。下面着重讨论间接计算转速实际值的基本方法。

在电动机定子侧装设电压传感器和电流传感器，取出三相电压 u_A、u_B、u_C 和三相电流 i_A、i_B、i_C。根据 3/2 变换求出静止轴系中的两相电压 $u_{s\alpha}$、$u_{s\beta}$ 及两相电流 $i_{s\alpha}$、$i_{s\beta}$。利用定子静止轴系（$\alpha-\beta$）中的两相电压、电流就可以推算出转子磁链，并估计电动机的实际转速。

在定子两相静止轴系（$\alpha-\beta$）中的磁链为

$$\left.\begin{aligned}\boldsymbol{\Psi}_{s\alpha}&=\int(u_{s\alpha}-R_s i_{s\alpha})\,\mathrm{d}t\\ \boldsymbol{\Psi}_{s\beta}&=\int(u_{s\beta}-R_s i_{s\beta})\,\mathrm{d}t\end{aligned}\right\}\tag{3-144}$$

磁链的幅值及相位角为

$$\left.\begin{aligned}&|\boldsymbol{\Psi}_s|=\sqrt{\boldsymbol{\Psi}_{s\alpha}^2+\boldsymbol{\Psi}_{s\beta}^2}\\ &\cos\varphi_s=\frac{\boldsymbol{\Psi}_{s\alpha}}{|\boldsymbol{\Psi}_s|},\sin\varphi_s=\frac{\boldsymbol{\Psi}_{s\beta}}{|\boldsymbol{\Psi}_s|}\\ &\varphi_s=\arctan\frac{\boldsymbol{\Psi}_{s\beta}}{\boldsymbol{\Psi}_{s\alpha}}\end{aligned}\right\}\tag{3-145}$$

由式（3-145）中的第 3 式可求出同步角速度

$$\omega_s=\frac{\mathrm{d}\varphi_s}{\mathrm{d}t}=\frac{\mathrm{d}}{\mathrm{d}t}\left(\arctan\frac{\Psi_{s\beta}}{\Psi_{s\alpha}}\right)=\frac{(u_{s\beta}-R_s i_{s\beta})\Psi_{s\alpha}-(u_{s\alpha}-R_s i_{s\alpha})\Psi_{s\beta}}{\Psi_s^2} \tag{3-146}$$

由矢量控制方程式可求得转差角频率 ω_{s1}，即

$$\omega_{s1}=\frac{L_{md}}{T_r}\frac{i_{sT}}{\Psi_r} \tag{3-147}$$

根据式（3-144）~式（3-147）可得到转速推算器的基本结构，如图 3-34 所示。

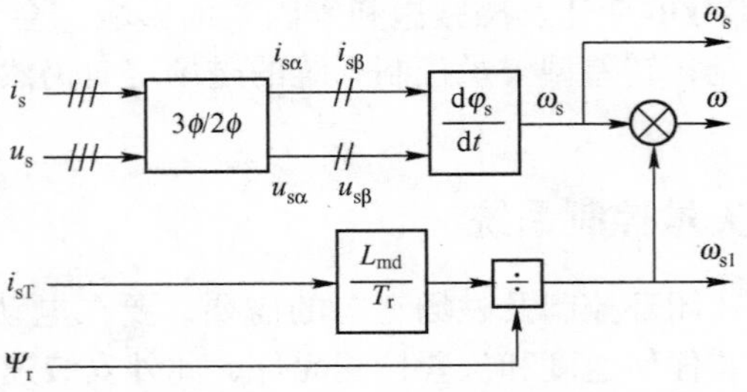

图 3-34　转速推算器结构图

无速度传感器的转差型异步电动机矢量控制变频调速系统如图 3-35 所示。由图 3-34 可知，转速推算器受转子参数变化影响。此外，转速推算器的实用性还取决于推算的精度和计算的快速性。因此，基于转子磁链定向的转速推算器还需要考虑转子参数的自适应控制技术。

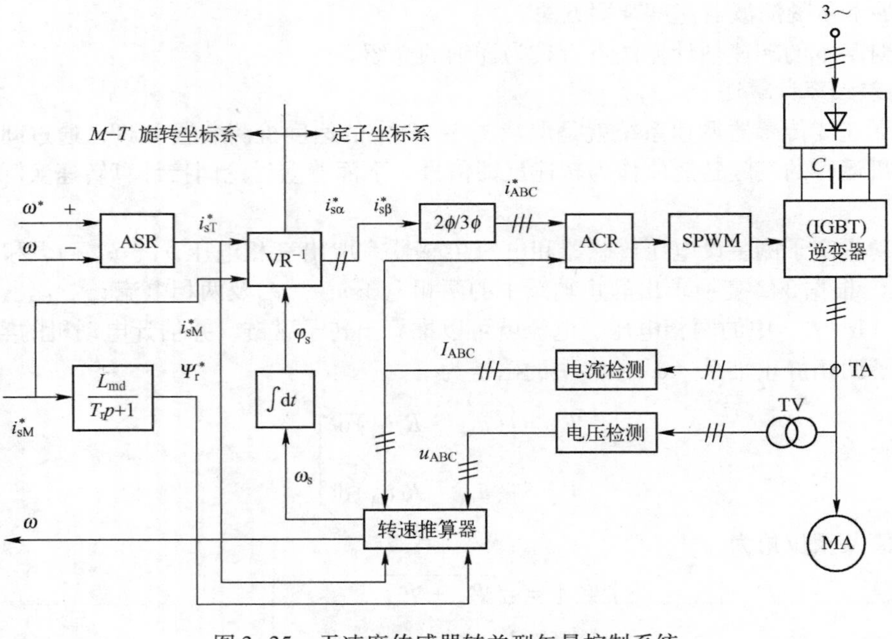

图 3-35　无速度传感器转差型矢量控制系统

除此之外，要使速度推算器的推算精度和计算的快速性达到应用水平，必须采用高速微处理器才能实现。本节的目的是指出无速度传感器的一种基本实现方法。无速度传感器的交

流调速系统已经在实际中应用了，但是，实时性好的高精度无速度传感器交流调速系统仍处于继续研究和开发阶段。近年来又提出了许多无速度传感器矢量控制方案，下面介绍一种串联双模型观测器，该观测器可以实现转速、转子磁链的同时观测，并且具有较高的观测精度和动态性能。

2. 串联双模型观测器

重写式（3-137）如下：

$$\left.\begin{aligned}\Psi_{\mathrm{r}\alpha}&=\frac{1}{T_{\mathrm{r}}p+1}(L_{\mathrm{md}}i_{\mathrm{s}\alpha}-\omega T_{\mathrm{r}}\Psi_{\mathrm{r}\beta})\\\Psi_{\mathrm{r}\beta}&=\frac{1}{T_{\mathrm{r}}p+1}(L_{\mathrm{md}}i_{\mathrm{s}\beta}+\omega T_{\mathrm{r}}\Psi_{\mathrm{r}\alpha})\end{aligned}\right\}\tag{3-148}$$

从式（3-148）可以看出，根据定子电流矢量 $\boldsymbol{i}_{\mathrm{s}}$ 和转速 ω 可以计算出转子磁链矢量 $\boldsymbol{\Psi}_{\mathrm{r}}$，此模型被称为转子磁链的电流模型。

将式（3-77）中的第1、2行展开，有

$$\left.\begin{aligned}u_{\mathrm{s}\alpha}&=(R_{\mathrm{s}}+L_{\mathrm{sd}}p)i_{\mathrm{s}\alpha}+L_{\mathrm{md}}pi_{\mathrm{r}\alpha}\\u_{\mathrm{s}\beta}&=(R_{\mathrm{s}}+L_{\mathrm{sd}}p)i_{\mathrm{s}\beta}+L_{\mathrm{md}}pi_{\mathrm{r}\beta}\end{aligned}\right\}\tag{3-149}$$

重写式（3-134）如下：

$$\left.\begin{aligned}i_{\mathrm{r}\alpha}&=\frac{1}{L_{\mathrm{rd}}}(\Psi_{\mathrm{r}\alpha}-L_{\mathrm{md}}i_{\mathrm{s}\alpha})\\i_{\mathrm{r}\beta}&=\frac{1}{L_{\mathrm{rd}}}(\Psi_{\mathrm{r}\beta}-L_{\mathrm{md}}i_{\mathrm{s}\beta})\end{aligned}\right\}\tag{3-150}$$

将式（3-150）代入式（3-149）中，经整理有

$$\left.\begin{aligned}p\Psi_{\mathrm{r}\alpha}&=\frac{L_{\mathrm{rd}}}{L_{\mathrm{md}}}(u_{\mathrm{s}\alpha}-R_{\mathrm{s}}i_{\mathrm{s}\alpha})+\left(L_{\mathrm{md}}-\frac{L_{\mathrm{rd}}L_{\mathrm{sd}}}{L_{\mathrm{md}}}\right)pi_{\mathrm{s}\alpha}\\p\Psi_{\mathrm{r}\beta}&=\frac{L_{\mathrm{rd}}}{L_{\mathrm{md}}}(u_{\mathrm{s}\beta}-R_{\mathrm{sis\beta}})+\left(L_{\mathrm{md}}-\frac{L_{\mathrm{rd}}L_{\mathrm{sd}}}{L_{\mathrm{md}}}\right)pi_{\mathrm{s}\beta}\end{aligned}\right\}\tag{3-151}$$

式（3-151）表示，根据定子电压矢量 $\boldsymbol{u}_{\mathrm{s}}$ 和定子电流矢量 $\boldsymbol{i}_{\mathrm{s}}$ 可以计算出转子磁链矢量 $\boldsymbol{\Psi}_{\mathrm{r}}$，此模型被称为转子磁链的电压模型。

根据上述电流模型和电压模型构成的转速和转子磁链的观测器如图3-36所示。在观测器中的电压模型，不是根据转子磁链的电压模型来计算转子磁链矢量 $\boldsymbol{\Psi}_{\mathrm{r}}$，而是反过来应用电压模型，即根据定子电流矢量 $\boldsymbol{i}_{\mathrm{s}}$、转子磁链矢量的估计值来估计定子电压矢量 $\hat{\boldsymbol{u}}_{\mathrm{s}}$，为此，将这个计算定子电压的数学模型称为逆电压模型。图示观测器是电流模型在前，逆电压模型在后，两者成串联形式，因而称为转子磁链串联双模型观测器。

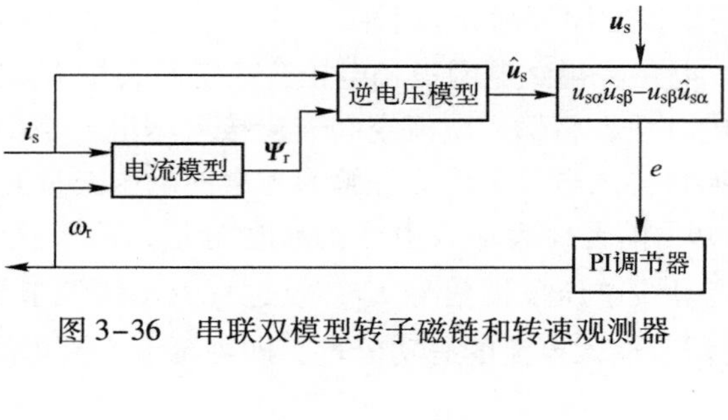

图3-36 串联双模型转子磁链和转速观测器

该观测器包含一个 PI 调节器，对转速估计值进行无静差调整。图中，定子电压矢量 $\boldsymbol{u}_s$ 可以通过检测三相电压瞬时值而求得；e 表示定子电压矢量的估计误差，取

$$e = u_{s\alpha}\hat{u}_{s\beta} - u_{s\beta}\hat{u}_{s\alpha} \tag{3-152}$$

基于串联双模型观测器，可以构成转子磁链闭环的异步电动机无速度传感器矢量控制系统，如图 3-37 所示。

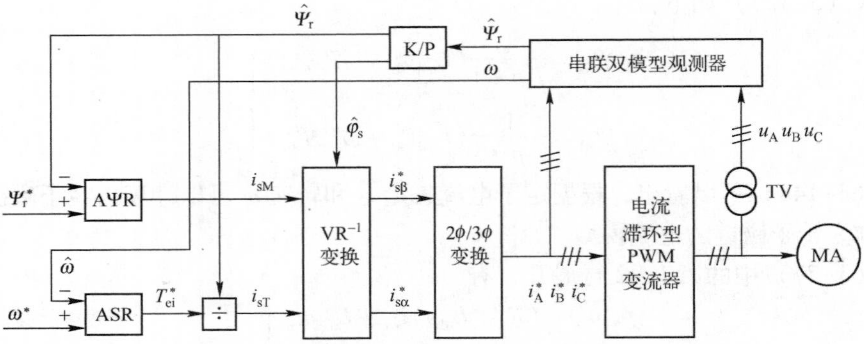

图 3-37　基于串联双模型观测器的异步电动机无速度传感器矢量控制系统框图

无速度传感器矢量控制系统在实际中已有许多应用，调速范围达到 1∶200，稳速精度达到 1% ~3%。带速度传感器的矢量控制系统调速范围达到 1∶1000，稳速精度 <0.1%。二者相比，无速度传感器矢量控制系统在性能上还有一定的差距，其中主要问题是转速辨识（转速推算）精度受到电动机模型中各种参数变动的影响，以及算法（积分运算）产生的误差。在实际应用中提高转速估算精度是努力方向之一。

这里还必须指出，各种转速观测器对于处于低速运行的调速系统而言，其转速观测精度较差，至今仍然是一个还没有彻底解决的问题。

3.6　具有双 PWM 变换器的矢量控制系统

如果整流部分也采用由全控型电力电子器件（IGBT 或 IGCT）构成 PWM 整流器，并对其采用矢量控制，则就能得到图 3-38 所示的具有双 PWM 变换器的矢量控制系统。

图中，PWM 整流器、PWM 逆变器采用了三电平拓扑结构，并且整流器、逆变器都为 SVPWM 方式。顺便指出，这种结构的变流器适用于中压大容量、高性能的变频调速场合。

PWM 整流器的功能是，输出直流电压可调；输入电流谐波失真低，输入电流波形接近正弦波；输入功率因数可调（可等于 1）；且能量可双向流动。

网侧 PWM 整流器矢量控制原理简介如下：

通过锁相环（PLL）电路，得到电网三相电压合成空间矢量 $\boldsymbol{U}_s$ 的位置角信号 θ，采用类似矢量控制中磁场定向的办法，将输入电流空间矢量按电网电压空间矢量位置（参考坐标）进行定向，通过坐标变换将输入电流矢量 $\boldsymbol{I}_s$ 分解为与电网电压矢量同向和与之垂直的两个分量：$I_p = I_s\cos\theta$、$I_q = I_s\sin\theta$；前者代表输入电流的有功分量，后者代表无功分量。直流母线电压给定信号 E_d^* 与直流母线电压反馈信号 E_d，经过直流母线调节器 AVR，输出电流有功分量的给定值 I_p^*（通过调节输入电流的有功分量，即可调节直流母线的电压），该给定值与

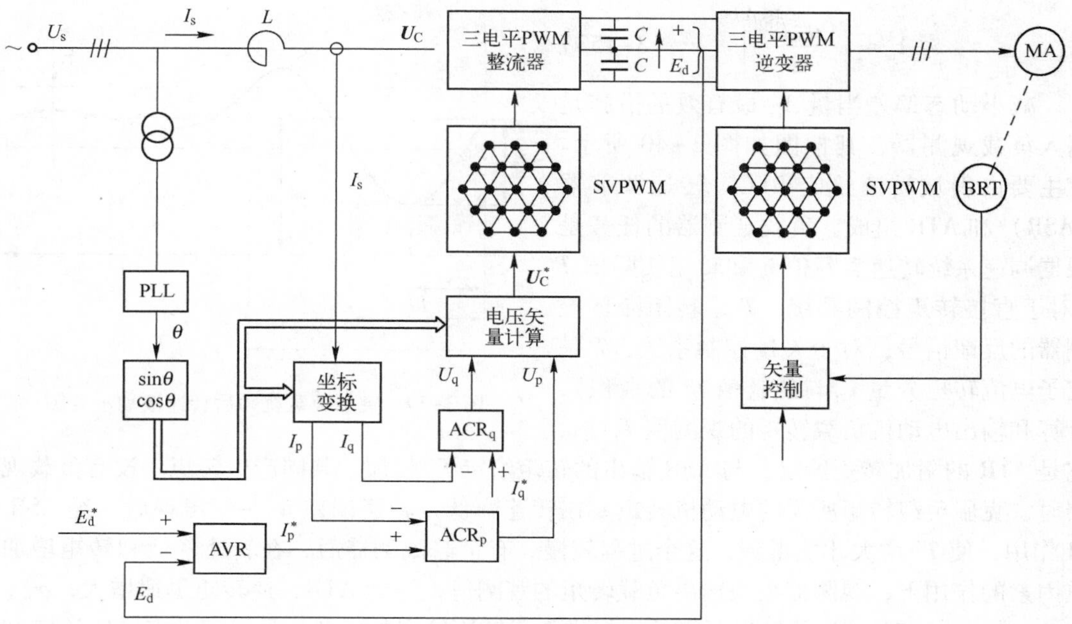

图 3-38　具有双 PWM 变换器的矢量控制系统框图

经坐标变换得到的实际电流有功分量反馈值 I_p 进行比较，经过电流调节器 ACR_p 输出 U_p。电流的无功分量的给定值 I_q^* 与根据实际检测电流经坐标变换得到的电流无功分量 I_q 进行比较，经电流调节器 ACR_q 得到 U_q。U_p 和 U_q 经过电压矢量计算，得到整流器输入空间电压矢量 $\boldsymbol{U}_C$ 的控制矢量 $\boldsymbol{U}_C^*$，用其来控制整流器功率开关的动作。

当 $I_q^*=0$ 时，系统处于输入功率因数为 1 的控制模式；当 I_q^* 为恒定值时，为恒无功功率控制模式；当 I_q^* 随 I_p^* 正比变化，其比值保持恒定时，为恒功率因数控制模式。

需要指出的是，具有双 PWM 变换器的矢量控制系统也可以推广到同步电动机调速系统中。

3.7　抗负载扰动调速控制系统

在工程应用中，负载扰动是调速系统中最大的扰动，因而对调速系统的影响也最严重。本节讨论如何抗负载扰动。

抗负载扰动系统要求抗负载扰动性能好。抗负载扰动系统的典型应用是连续轧钢机主传动。工作时，钢材在几个机架中同时被轧制，各机架主传动的转速按秒流量原则设定，使得在正常轧制时各机架间的钢材既不受拉，也不堆积。问题出在咬钢期间，例如，某一时刻第 N 机架咬入钢材，受突加负载影响，该机架转速要先下降一下，再逐渐恢复，这时前一架的转速已恢复，仍按照原来设定的速度运行，导致在第 N 机架和 $N-1$ 机架之间的钢材堆积，堆积量的大小正比于调速系统动态指标中的动态偏差当量 A_m，即受突加负载扰动后在恢复时间 t_v 内转速与给定值差的积分——偏差面积。受突加负载扰动后的转速波动示意图如图 3-39 所示，图中 σ_m（%）是动态波动量相对值（基值是 n_{max}^*），t_v 是恢复时间。动态偏差当量为

$$A_m \approx \left| \frac{(\sigma_m t_v)}{2} \right| \quad (3-153)$$

减小动态偏差当量 A_m 最有效的措施是引入负载观测器，其框图如图 3-40 所示。它主要由斜坡转速给定 RFG、转速调节器（ASR）和 ATR 组成。负载观测器的任务是根据调速系统转速实际值 n 和转矩实际值 T（对于直接转矩控制系统，T 是转矩滞环控制器的反馈信号；对于矢量控制系统，T 是定子电流转矩分量 i_{sT} 与磁链值 Ψ 的乘积），计算和输出电动机负载转矩的观测值 $T_{L.ob.I}$，

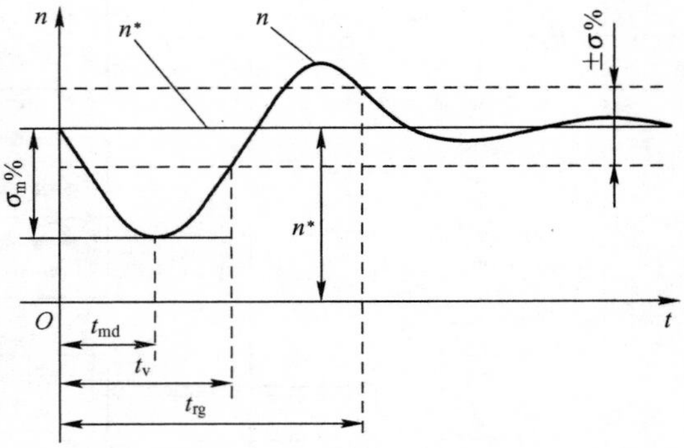

图 3-39　突加负载扰动后转速波动示意图

它是 ATR 的附加转矩给定，与 ASR 输出的转矩给定 T^* 相加，共同产生转矩。没有负载观测器时，克服负载转矩所需的电动机转矩要在转速降低，转速偏差 $n^* - n$ 出现后，经 ASR 的 PI 作用，使 T^* 增大才能得到，这个过程较慢。有负载观测器后，在转速降低和转矩增加双重因素的作用下，观测器很快输出负载转矩的观测值，送到 ATR，使转矩迅速增大，σ_m、t_v 和 A_m 减小。这时 ASR 的输出不再承担提供负载转矩给定的任务，只承担动态转矩给定和补偿负载观测误差的任务，变化范围大大减小，稳态时 $T^* \approx 0$。

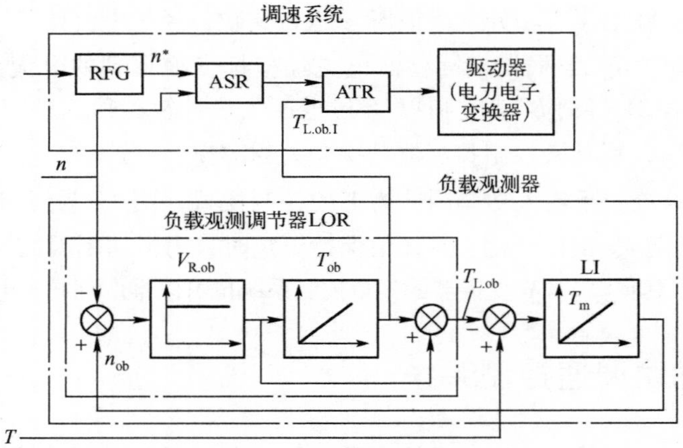

图 3-40　负载观测器框图

负载观测器由负载观测调节器 LOR（比例 P 和积分 I 分离的 PI 调节器）和模拟电动机的积分器（LI）组成，LI 的积分时间常数等于电动机和机械的机电时间常数 T_m。在负载观测器里，转速观测值为

$$n_{ob} = \frac{1}{T_m s}(T - T_{L.ob}) \quad (3-154)$$

在实际的电动机里，转速为

$$n = \frac{1}{T_m s}(T - T_L) \quad (3-155)$$

负载观测调节器（LOR）是 PI 调节器，在观测器内小闭环调节结束后，LOR 的输入

$n_{ob} - n = 0$，则

$$T_{L.ob} = T_L \tag{3-156}$$

由式（3-156）可知，在观测器内小闭环的调节过程结束后，LOR 的输出 $T_{L.ob}$ 等于电动机负载转矩 T_L，条件是调速系统转矩 T 计算准确和 LI 积分时间常数确实等于电动机和机械的机电时间常数（T_m 测量准确）。

通常 LOR 的比例系数 $V_{R.ob}$ 很大，积分时间常数 T_{ob} 较小，输出信号 $T_{L.ob}$ 中容易含有较大噪声，若把它作为附加转矩给定信号送到 ATR，会给调速系统带来干扰。用 LOR 中的 I 输出（积分输出）$T_{L.ob.I}$ 代替 PI 总输出 $T_{L.ob}$ 作为附加转矩给定信号（参见图 3-40），能解决噪声问题。在观测器内小闭环调节结束 $n_{ob} - n = 0$ 时，PI 调节器的总输出等于其 I 输出，所以 $T_{L.ob.I}$ 和 $T_{L.ob}$ 一样，也等于电动机负载转矩。$T_{L.ob.I}$ 是积分器的输出，波形平滑，噪声小。

观测器内小闭环的动态结构框图如图 3-41 所示。数字控制的采样开关通常用零阶保持器来描述，在用频率法分析系统时，可以用一个时间常数为 $\sigma_{sam} = T_{sam}/2$（T_{sam}——调速系统转速环采样周期）的小惯性环节来近似。小闭环内除调节器（LOR）外，还有一个积分环节（LI）和一个小惯性环节（采样），根据调节器的工程设计方法，调节器宜采用 PI 调节器，可以按典型Ⅱ型系统来设计调节器参数。取 $h = 5$，则

$$\begin{aligned} T_{ob} &= h\sigma_{sam} = 5\sigma_{sam} \\ V_{R.ob} &= 0.6\frac{T_m}{\sigma_{sam}} \end{aligned} \tag{3-157}$$

注意，在计算调节器参数时，小时间常数 σ_{sam} 中，除 $T_{sam}/2$ 外，还应包括环内所有滤波环节的时间常数。

调试时，有时按式（3-157）算出的 $V_{R.ob}$ 较大，噪声大，影响系统工作情况，这时需适当减小 $V_{R.ob}$，加大 T_{ob}。

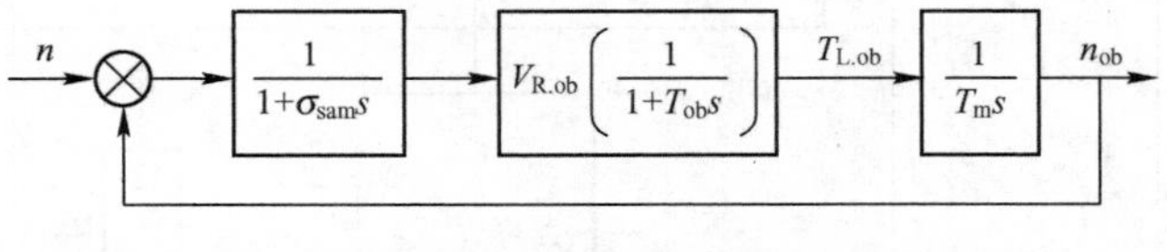

图 3-41　观测器内小闭环的动态结构框图

3.8　交流电动机矢量控制系统仿真研究方法

在 MATLAB6.5 的 Simulink 环境下，利用 Sim Power System Toolbox2.3 丰富的模块库，在分析三相感应电动机数学模型的基础上，建立了基于转子磁场定向矢量控制系统的仿真模型。系统采用双闭环结构：转速环采用 PI 调节器，电流环采用电流滞环调节。根据模块化建模的思想，将控制系统分割为各个功能独立的子模块，其中主要包括：三相感应电动机本体模块、速度调节模块、3/2 变换模块、2/3 变换模块、电流滞环调节模块、转矩计算模块、逆变器模块和电模块机参数测量模块等。通过这些功能模块的有机结合，就可在 MATLAB/Simulink 中搭建出感应电动机矢量控制系统的仿真模型，整体设计框图如图 3-42 所示。

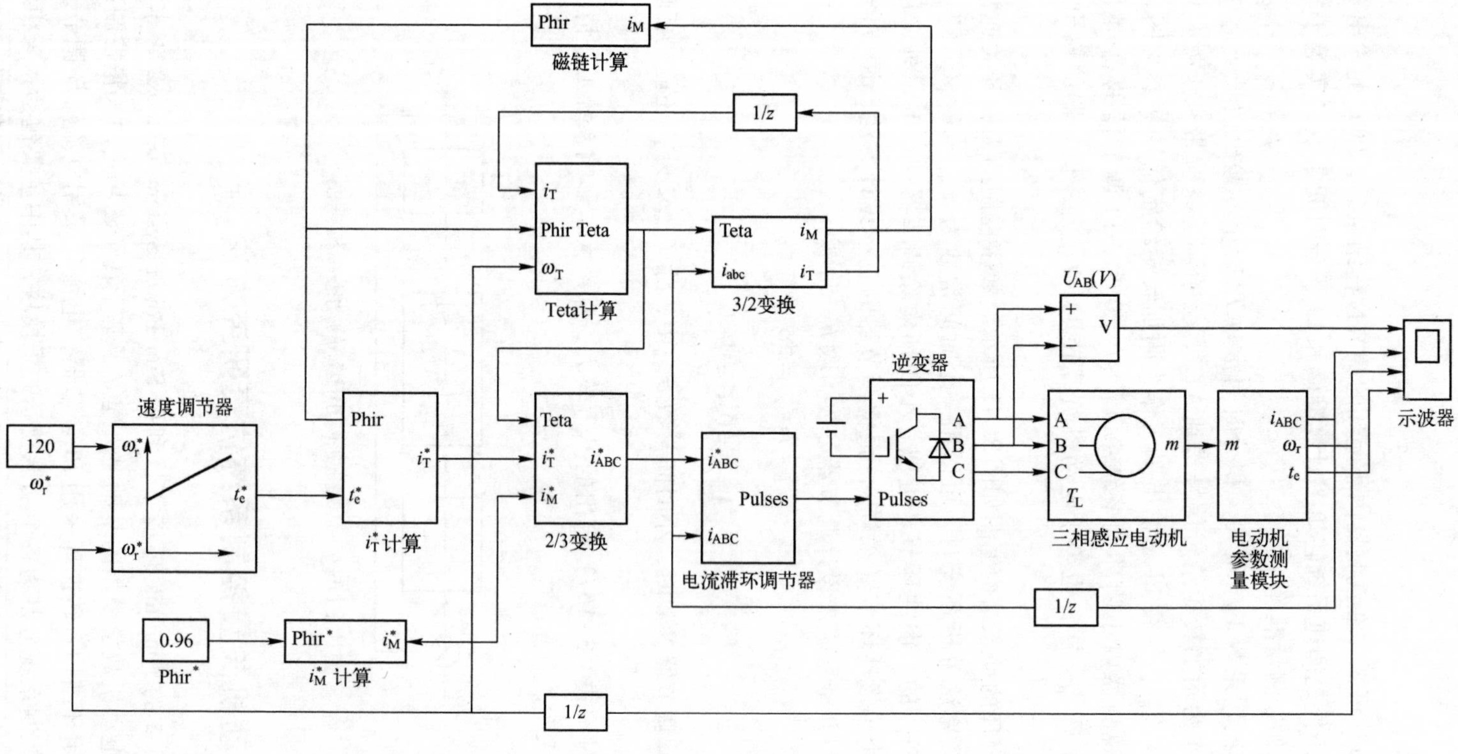

图3−42　基于Simulink的感应电动机矢量控制系统仿真模型的整体设计框图

三相静止 ABC 轴系到同步旋转 MT 轴系的 3/2 变换模块的结构框图如图 3-43 所示。

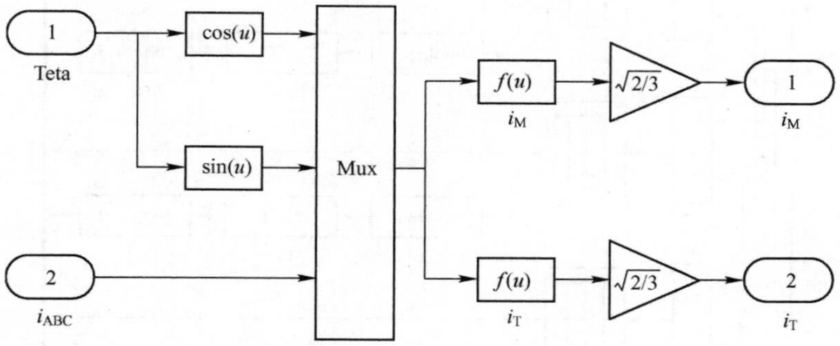

图 3-43　3/2 变换模块的结构框图

2/3 变换模块实现的是参考相电流的 MT/ABC 变换，即 MT 旋转轴系下两相参考相电流到 abc 静止轴系下三相参考相电流的 2/3 变换，模块的结构框图如图 3-44 所示，模块输入为位置信号 Teta 和 MT 两相参考电流 i_M^* 和 i_T^*，模块输出为 ABC 三相参考电流 i_A^*、i_B^*、i_C^*。

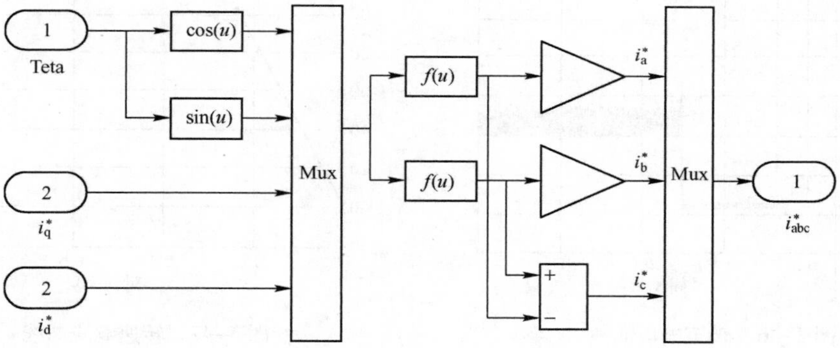

图 3-44　2/3 变换模块的结构框图

电流滞环调节模块的作用是实现滞环电流调节，输入为三相参考电流 i_A^*、i_B^*、i_C^* 和三相实际电流 i_A、i_B、i_C，输出为逆变器控制信号，模块的结构框图如图 3-45 所示。当实际电流低于参考电流且偏差大于滞环比较器的环宽时，对应项正向导通，负向关断；当实际电流超过参考电流且偏差大于滞环比较器的环宽时，对应项正向关断，负向导通。选择适当的滞环环宽，即可使实际电流不断跟踪参考电流的波形，实现电流闭环控制。

三相感应电动机的参数如下：功率 $P_n = 3.7\ \text{kW}$，线电压 $U_{AB} = 410\ \text{V}$，定子相绕组电阻 $R_s = 0.087\ \Omega$，转子相绕组电阻 $R_r = 0.228\ \Omega$，定子绕组自感 $L_s = 0.8\ \text{mH}$，转子绕组自感 $L_r = 0.8\ \text{mH}$，定、转子之间的互感 $L_m = 0.76\ \text{mH}$，转动惯量 $J = 0.662\ \text{kg}\cdot\text{m}^2$，额定转速 $\omega_n = 120\ \text{rad/s}$，极对数 $p = 2$。转子磁链给定为 0.96 Wb，速度调节器参数为 $K_p = 900$，$K_I = 6$，电流滞环宽度为 10。系统空载起动，待进入稳态后，在 $t = 0.5\ \text{s}$ 时突加负载 $T_L = 100\ \text{N}\cdot\text{m}$，可得系统转矩 T_e、转速 ω_r 和定子三相电流 i_A、i_B、i_C 电流，以及线电压 U_{AB} 的仿真曲线，如图 3-46 ~ 图 3-49 所示。

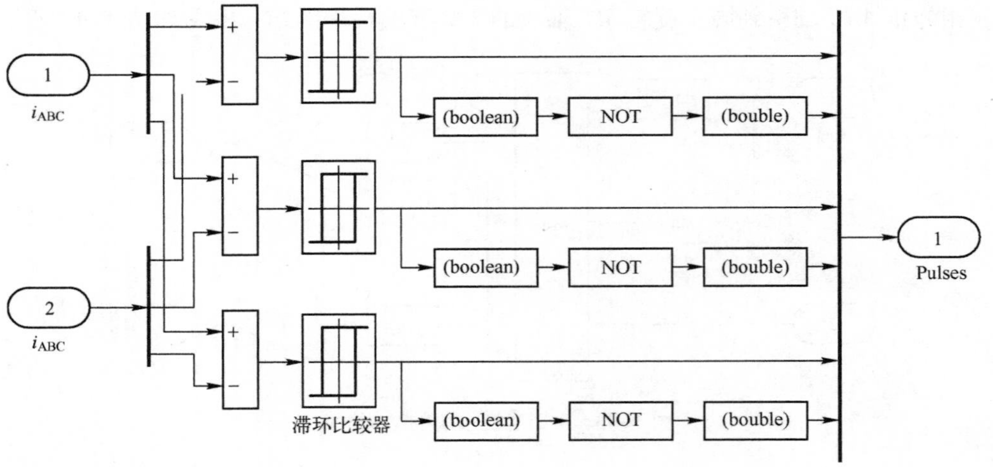

图 3-45　电流滞环调节模块的结构框图

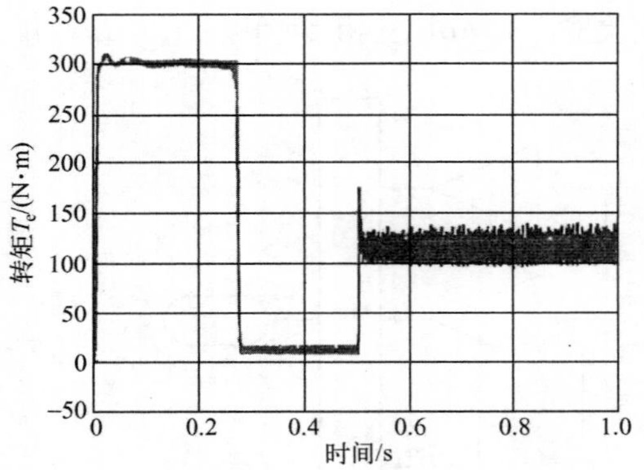

图 3-46　转矩响应曲线

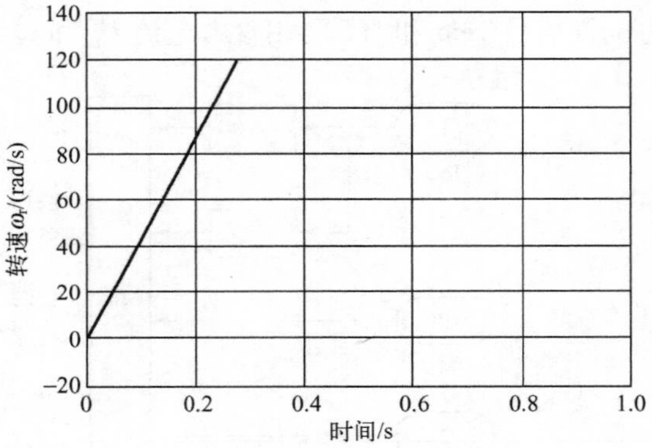

图 3-47　转速响应曲线

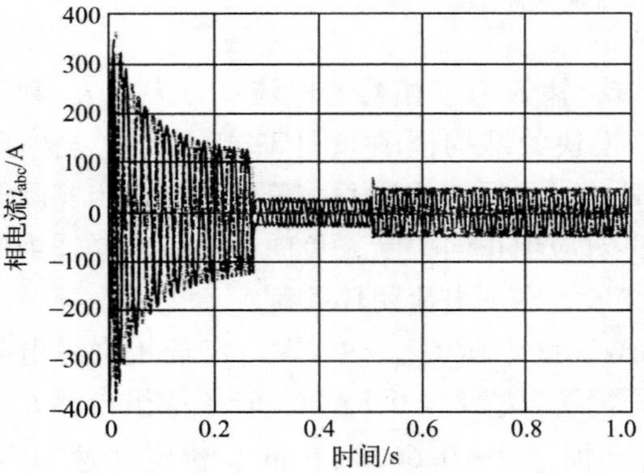

图 3-48　相电流曲线

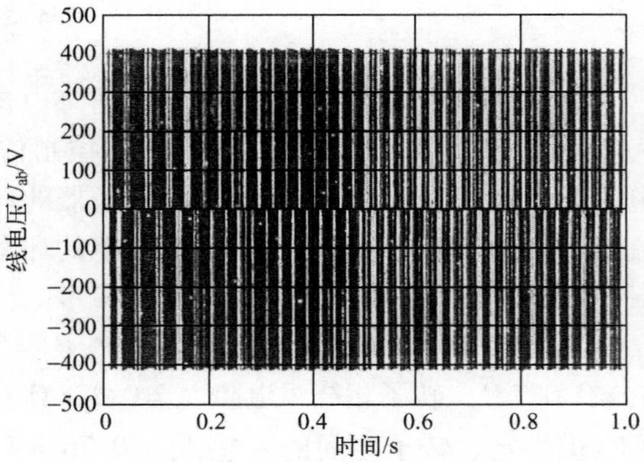

图 3-49　线电压曲线

由仿真波形可以看出，在 $\omega_r = 120$ rad/s 的参考转速下，系统响应快速且平稳；在 $t = 0.5$ s 时突加负载，转速发生突降，但又能迅速恢复到平衡状态，稳态运行时无静差。

第4章　异步电动机直接转矩控制技术

本章介绍两类异步电动机直接转矩控制系统：①异步电动机 DSC 直接转矩控制系统的组成、特点、工作原理分析、低速范围内 DSC 系统特点、弱磁范围内 DSC 系统特点及恒功率控制方法；②异步电动机 DTC 直接转矩控制系统的组成、特点及工作原理分析。本章还介绍了无速度传感器直接转矩控制系统，以及直接转矩控制系统存在的问题及改进方法。

4.1　异步电动机直接转矩控制原理

4.1.1　异步电动机定子轴系的数学模型

异步电动机直接转矩控制系统是依据异步电动机定子轴系的数学模型而建立起来的，因此掌握异步电动机定子轴系的数学模型对分析和设计直接转矩控制系统是非常必要的。

1. 异步电动机定子轴系的数学模型

定子轴系的电压矢量可表示为

$$u_s = \sqrt{2/3}\,(u_{sa} + u_{sb}e^{j2\pi/3} + u_{sc}e^{j4\pi/3}) = u_{s\alpha} + ju_{s\beta} \tag{4-1}$$

式中

$$u_{s\alpha} = \sqrt{\frac{2}{3}}\left(u_{sa} - \frac{1}{2}u_{sb} - \frac{1}{2}u_{sc}\right)$$

$$u_{s\beta} = \frac{\sqrt{2}}{2}(u_{sb} - u_{sc})$$

异步电动机的动态特性可由下述方程描述：

$$\begin{pmatrix} \boldsymbol{u}_s \\ 0 \end{pmatrix} = \begin{pmatrix} R_s + pL_s & L_m p \\ (p - j\omega)L_m & R_r + (p - j\omega)L_r \end{pmatrix}\begin{pmatrix} \boldsymbol{i}_s \\ \boldsymbol{i}_r \end{pmatrix} \tag{4-2}$$

$$\left.\begin{aligned} \boldsymbol{\Psi}_s &= L_s\boldsymbol{i}_s + L_m\boldsymbol{i}_r \\ \boldsymbol{\Psi}_r &= L_m\boldsymbol{i}_s + L_r\boldsymbol{i}_r \end{aligned}\right\} \tag{4-3}$$

将实部和虚部分离可得

$$\left.\begin{aligned} u_{s\alpha} &= R_s i_{s\alpha} + p\Psi_{s\alpha} \\ u_{s\beta} &= R_s i_{s\beta} + p\Psi_{s\beta} \\ 0 &= R_r i_{r\alpha} + p\Psi_{r\alpha} + \omega\Psi_{r\beta} \\ 0 &= R_r i_{r\beta} + p\Psi_{r\beta} - \omega\Psi_{r\alpha} \end{aligned}\right\} \tag{4-4}$$

依据式（4-4），定子磁链可确定为

$$
\left.\begin{aligned}
\Psi_{s\alpha} &= \int (u_{s\alpha} - R_s i_{s\alpha})\,dt \\
\Psi_{s\beta} &= \int (u_{s\beta} - R_s i_{s\beta})\,dt \\
\boldsymbol{\Psi}_s &= \int (\boldsymbol{u}_s - R_s \boldsymbol{i}_s)\,dt
\end{aligned}\right\} \tag{4-5}
$$

忽略定子电阻压降 $R_s\boldsymbol{i}$，有

$$
\boldsymbol{\Psi}_s \approx \int \boldsymbol{u}_s\,dt \tag{4-6}
$$

转矩方程为

$$
T_{ei} = n_p L_m (i_{s\beta} i_{r\alpha} - i_{r\beta} i_{s\alpha})
$$

$$
\begin{aligned}
T_{ei} &= n_p L_m (i_{s\beta} i_{r\alpha} - i_{r\beta} i_{s\alpha}) \\
&= n_p (i_{s\beta} \Psi_{s\alpha} - i_{s\alpha} \Psi_{s\beta}) = n_p (\boldsymbol{\Psi}_s \otimes \boldsymbol{i}_s) \\
&= n_p \frac{L_m}{L_s L_r} \Psi_s \Psi_r \sin\theta_{sr}
\end{aligned} \tag{4-7}
$$

以上式中，黑体字（$\boldsymbol{u}$、$\boldsymbol{i}$；$\boldsymbol{\Psi}_s$、$\boldsymbol{\Psi}_r$）表示矢量；Ψ_s、Ψ_r 分别表示定、转子磁链矢量的幅值；θ_{sr}称为转矩角，是矢量 $\boldsymbol{\Psi}_s$、$\boldsymbol{\Psi}_r$ 之间的夹角，如图 4-1 所示。

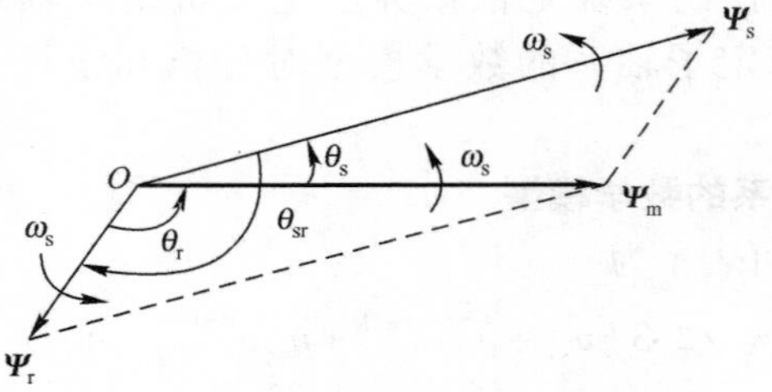

图 4-1　异步电动机的磁链空间矢量

2. 由定子轴系的数学模型分析直接转矩控制的基本思想（思路）

若 $\Psi_s = \text{Const}$、$\Psi_r = \text{Const}$，由式（4-7）可以看出，θ_{sr}对转矩的调节和控制作用是明显的。由于 $\boldsymbol{\Psi}_r$ 的变化总是滞后于 $\boldsymbol{\Psi}_s$ 的变化，因此在短暂的动态过程中，就可以认为 $|\boldsymbol{\Psi}_r|$ 不变。可见只要通过控制保持 $\boldsymbol{\Psi}_s$ 的幅值不变，就可以通过调节 θ_{sr}来改变和控制电磁转矩，这是直接转矩控制的实质。按式（4-7）来控制转矩时要做的工作有以下两项：

① 将定子磁链的幅值 Ψ_s 控制为一定。这一策略还可以保证电动机工作在设计的额定励磁值附近。

② 通过控制定子磁链角度 θ_s 来控制 θ_{sr}，也就控制了电磁转矩 T_{ei}。实际上，如果控制转子磁链幅值 Ψ_r 为常值，在电角度 $-4/\pi \leqslant \theta_{sr} \leqslant \pi/4$ 范围内电磁转矩与角度 θ_{sr}成单增函数关系。

需要注意的是，上述两项控制之间是耦合的，因此采用线性控制律难以得到满意的控制结果。

通常，调节 $\boldsymbol{u}_s$的幅值和频率需要用 PWM 电压型逆变器来实现，可知，该电压的本质是离散的，所以式（4-6）中的磁链矢量方程改为开关频率为 $1/T_{sm}$的离散系统表达式

$$\boldsymbol{\Psi}_s(t_{K+1}) \approx \boldsymbol{\Psi}_s(t_K) + \boldsymbol{U}_s(t_K)T_{sm} \tag{4-8}$$

式中，$\boldsymbol{U}_s(t_K)$是 t_K 时刻电压型逆变器施加于电动机端子上的电压矢量。式（4-8）说明，可以用逆变器输出的离散电压直接控制定子磁链的幅值和幅角，也就是控制定子磁链的幅值和输出转矩。所以对定子磁链的控制本质上是对空间电压矢量的控制。

4.1.2 异步电动机定子磁链和电磁转矩控制原理

本节具体阐述如何利用逆变器输出的离散电压直接控制定子磁链幅值和辐角，从而实现异步电动机直接转矩控制。

1. 逆变器的开关状态和逆变器输出的电压状态

两电平电压型逆变器（见图 4-2）由三组、6 个开关（S_A、$\overline{S}_A$、S_B、$\overline{S}_B$、S_C、$\overline{S}_C$）组成。由于 S_A 与$\overline{S}_A$、S_B 与$\overline{S}_B$、S_C 与$\overline{S}_C$ 之间互为反向，即一个接通，另一个断开，所以三组开关有 $2^3=8$ 种可能的开关组合。把开关 S_A、$\overline{S}_A$ 称为 A 相开关，用 S_A 表示；把 S_B、$\overline{S}_B$ 称为 B 相开关，用 S_B 表示；把 S_C、$\overline{S}_C$ 称为 C 相开关，用 S_C 表示。也可用 S_{ABC} 表示三相开关 S_A、S_B 和 S_C。若规定 A、B、C 三相负载的某一相与“+”极接通时，该相的开关状态为“1”态；反之，与“-”极接通时，为“0”态。则 8 种可能的开关组合状态见表 4-1。

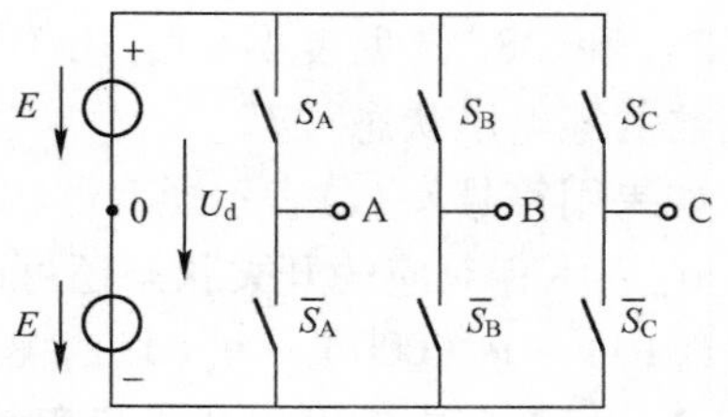

图 4-2　电压型理想逆变器

8 种可能的开关状态可以分成两类：一类是 6 种所谓的工作状态，即表 4-1 中的“1” ~ “6”，它们的特点是三相负载并不都接到相同的电位上；另一类开关状态是零开关状态，如表 4-1 中的状态“0”和状态“7”，它们的特点是三相负载都被接到相同的电位上。当三相负载都与“+”极接通时，得到的状态是“111”，三相都有相同的正电位，所得到的负载电压为零。当三相负载都与“-”极接通时，得到的状态是“000”，负载电压也是零。

表 4-1　逆变器的 8 种开关状态组合

状　态	0	1	2	3	4	5	6	7
S_A	0	1	0	1	0	1	0	1
S_B	0	0	1	1	0	0	1	1
S_C	0	0	0	0	1	1	1	1

表 4-1 中的开关顺序与编号只是一种数学上的排列顺序，它与直接转矩控制系统工作时逆变器的实际开关状态的顺序并不相符。现将实际工作的开关顺序列于表 4-2 中，并按照本书分析方便的原则重新编号。在以后的分析过程中可以看到，这样的编排正符合直接转矩控制的工作情况。在以后的分析中，将采用表 4-2 的编号次序。

表 4-2　逆变器的开关状态

状　态		工作状态						零状态	
		1	2	3	4	5	6	7	8
开关组	S_A	0	0	1	1	1	0	0	1
	S_B	1	0	0	0	1	1	0	1
	S_C	1	1	1	0	0	0	0	1

下面分析逆变器的电压状态。

对应于逆变器的 8 种开关状态，对外部负载来说，逆变器输出 7 种不同的电压状态。这 7 种不同的电压状态也分成两类：一类是 6 种工作电压状态，它对应于开关状态“1” ~ “6”，分别称为逆变器的电压状态“1” ~ “6”；另一类是零电压状态，它对应于零开关状态“7”和“8”（见表 4-2），由于对外部来说这两种状态输出的电压都为零，因此统称为逆变器的零电压状态“7”。

如果用符号 $\boldsymbol{u}_s(t)$ 表示逆变器输出电压状态的空间矢量，那么逆变器的电压状态可以用 $\boldsymbol{u}_{s1} \sim \boldsymbol{u}_{s7}$ 表示；对应的开关状态还可以用 $\boldsymbol{u}_s(011) - \boldsymbol{u}_s(001) - \boldsymbol{u}_s(101) - \boldsymbol{u}_s(100) - \boldsymbol{u}_s(110) - \boldsymbol{u}_s(010) - \boldsymbol{u}_s(000) - \boldsymbol{u}_s(111)$ 表示。逆变器的电压状态的表示与开关的对照关系见表 4-3。表 4-3 中的 S_{ABC} 开关状态对应于表 4-2 中 S_A、S_B 和 S_C 的开关状态。例如，表 4-3 中的 $S_{ABC}=011$，对应于表 4-2 中 $S_A=0$、$S_B=1$、$S_C=1$。

表 4-3　逆变器的电压状态与开关状态的对照关系

状　态		工作状态						零状态	
		1	2	3	4	5	6	7	8
S_{ABC} 开关状态		011	001	101	100	110	010	000	111
电压状态	表示一	$\boldsymbol{u}_s(011)$	$\boldsymbol{u}_s(001)$	$\boldsymbol{u}_s(101)$	$\boldsymbol{u}_s(100)$	$\boldsymbol{u}_s(110)$	$\boldsymbol{u}_s(010)$	$\boldsymbol{u}_s(000)$	$\boldsymbol{u}_s(111)$
	表示二	$\boldsymbol{u}_{s1}$	$\boldsymbol{u}_{s2}$	$\boldsymbol{u}_{s3}$	$\boldsymbol{u}_{s4}$	$\boldsymbol{u}_{s5}$	$\boldsymbol{u}_{s6}$	$\boldsymbol{u}_{s7}$	
	表示三	1	2	3	4	5	6	7	

电压型逆变器在不输出零状态电压的情况下，根据逆变器的基本理论，其输出的 6 种工作电压状态的电压波形如图 4-3 所示。图 4-3 表示逆变器的相电压波形、幅值及开关状态和电压状态的对应关系。

由图 4-3 可知：①相电压波形的极性和逆变器的开关状态的关系符合本节开始时做出的规定，即某相负载与“+”极接通时（对照图 4-2），该相逆变器的开关状态为“1”态，反之为“0”态，因此由相电压 u_A、u_B、u_C 的波形图可直接得到逆变器的各开关状态；②由相电压波形得到的开关状态顺序与表 4-2 中所规定的顺序完全一致；③电压状态和开关状态都是 6 个状态为一个周期，从状态“1” ~ “6”，然后再循环；④相电压波形的幅值是 $\pm 2U_d/3 = \pm 4E/3$。

以上分析了逆变器的电压状态及其相电压波形。如果把逆变器的输出电压用电压空间矢量来表示，则逆变器的各种电压状态和次序就有了空间的概念，理解起来一目了然。下面直接给出了电压空间矢量的空间顺序，如图 4-4 所示。

由图 4-4 可见，逆变器的 7 个电压状态，若用电压空间矢量 $\boldsymbol{u}_s(t)$ 来表示，则形成了 7

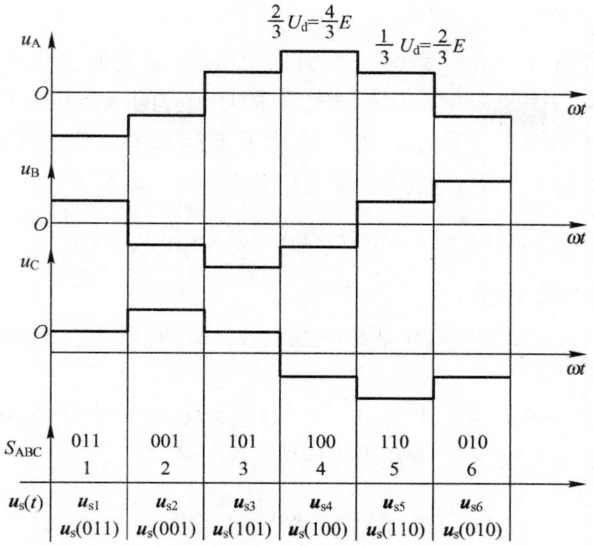

图 4-3　无零状态输出时相电压波形及所对应的开关状态和电压状态

个离散的电压空间矢量。每两个工作电压空间矢量在空间的位置相隔 60°，6 个工作电压空间矢量的顶点构成正六边形的 6 个顶点。矢量的顺序正是从状态“1”到状态“6”逆时针旋转。所对应的开关状态是 011 - 001 - 101 - 100 - 110 - 010，所对应的逆变器输出电压（或称电压空间矢量）是 $\boldsymbol{u}_{s1}-\boldsymbol{u}_{s2}-\boldsymbol{u}_{s3}-\boldsymbol{u}_{s4}-\boldsymbol{u}_{s5}-\boldsymbol{u}_{s6}$，或者表示成 $\boldsymbol{u}_s(011)-\boldsymbol{u}_s(001)-\boldsymbol{u}_s(101)-\boldsymbol{u}_s(100)-\boldsymbol{u}_s(110)-\boldsymbol{u}_s(010)-\boldsymbol{u}_s(000)-\boldsymbol{u}_s(111)$。零电压矢量 7 则位于六边形的中心点。

由上述可知，用电压空间矢量进行分析形象而又简明，这是分析直接转矩控制系统的基本方法。那么，逆变器的三相输出电压怎样能表示成一个电压空间矢量？它们在空间的位置以及顺序为什么是图 4-4 所示的状况？这些问题，将在下面说明，也就是说要引入电压空间矢量的概念。

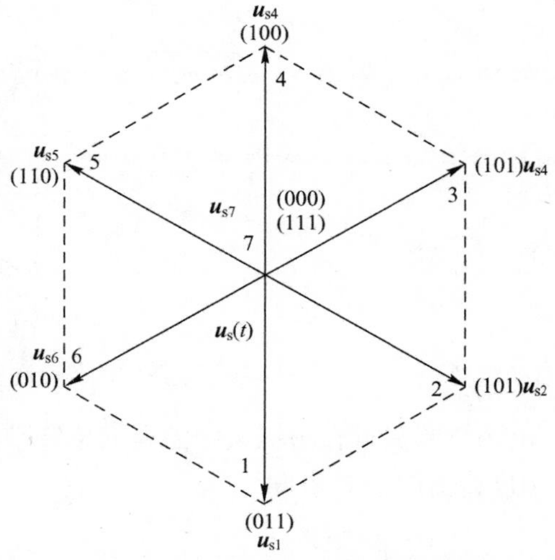

图 4-4　用电压空间矢量表示的 7 个离散的电压状态

2. 电压空间矢量

在对异步电动机进行分析和控制时，若引入 Park 矢量变换会带来很多的方便。Park 矢量变换将三个标量变换为一个矢量，这种表达关系对于时间函数也适用。如果三相异步电动机中对称的三相物理量如图 4-5 所示，选三相定子坐标系的 A 轴与 Park 矢量复平面的实轴 α 重合，则其三相物理量 $X_A(t)$、$X_B(t)$、$X_C(t)$ 的 Park 矢量 $\boldsymbol{X}(t)$ 为

$$\boldsymbol{X}(t)=\frac{2}{3}[X_A(t)+\rho X_B(t)+\rho^2 X_C(t)]$$

式中，ρ 为复系数，称为旋转因子，$\rho=\mathrm{e}^{\mathrm{j}2\pi/3}$。

旋转空间矢量 $\boldsymbol{X}(t)$ 的某个时刻在某相轴线（A、B、C 轴上）的投影就是该时刻该相物理量的瞬时值。

就图 4-2 所示的逆变器来说，若其 A、B、C 三相负载的定子绕组接成星形，其输出电压的空间矢量 $\boldsymbol{u}_s(t)$ 的 Park 矢量变换表达式应为

$$\boldsymbol{u}_s(t)=\frac{2}{3}(u_A+u_B\mathrm{e}^{\mathrm{j}2\pi/3}+u_C\mathrm{e}^{\mathrm{j}4\pi/3}) \tag{4-9}$$

式中，u_A、u_B、u_C 分别是 A、B、C 三相定子绕组的相电压。在逆变器无零状态输出的情况下，其波形、幅值及与逆变器开关状态的对应情况如图 4-3 所示，这在上面已分析过，这样就可以用电压空间矢量 $\boldsymbol{u}_s(t)$ 来表示逆变器的三相输出电压的各种状态。

对于式（4-9）的电压空间矢量 $\boldsymbol{u}_s(t)$ 的理解可以举例说明。为此把图 4-5 与图 4-4 合并在一张图上，构成图 4-6，以便描述电压空间矢量 $\boldsymbol{u}_s(t)$ 在 $\alpha-\beta$ 坐标系和定子三相坐标系（$A-B-C$ 坐标系）上的相对位置。图 4-6 中，三相坐标系中的 A 轴与复平面正交的 $\alpha-\beta$ 坐标系的实轴 α 轴重合。各电压状态空间矢量的离散位置如图 4-6 所示。

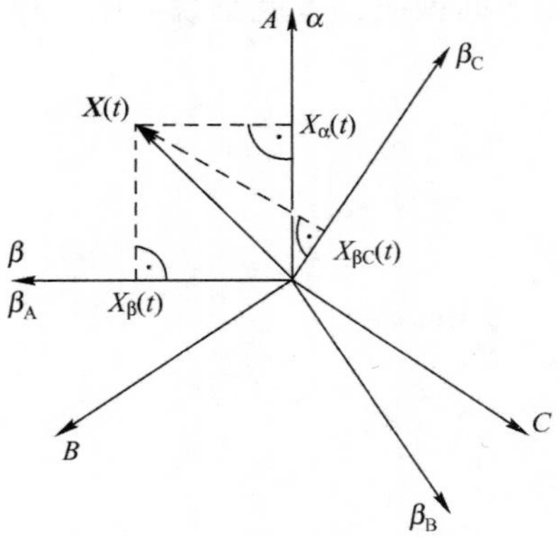

图 4-5　空间矢量分量的定义

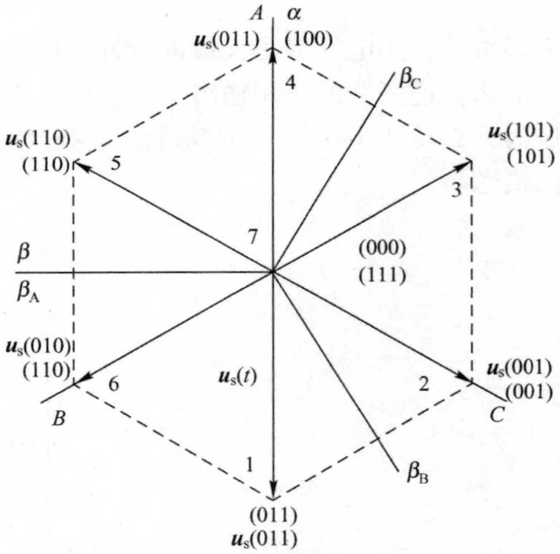

图 4-6　电压空间矢量在坐标系中的离散位置

下面根据式（4-9）对电压空间矢量在坐标系中的离散位置举例说明如下：

对于状态“1”，$S_{ABC}=011$，由图 4-3 可知

$$u_A=-2u_d/3=-4E/3$$

$$u_B=u_C=u_d/3=2E/3$$

将 u_A、u_B、u_C 代入式（4-9）得

$$\begin{aligned}\boldsymbol{u}_s(011) &= \frac{2}{3}\left[\left(-\frac{4}{3}E\right)+\frac{2}{3}E\mathrm{e}^{\mathrm{j}2\pi/3}+\frac{2}{3}E\mathrm{e}^{\mathrm{j}2\pi/3}\right]\\ &=\frac{2}{3}\left[\left(-\frac{4}{3}E\right)+\frac{2}{3}E\left(-\frac{1}{2}+\mathrm{j}\frac{\sqrt{3}}{2}\right)+\frac{2}{3}E\left(-\frac{1}{2}-\mathrm{j}\frac{\sqrt{3}}{2}\right)\right]\\ &=\frac{2}{3}\left[\left(-\frac{4}{3}E\right)+\left(-\frac{2}{3}E\right)\right]\\ &=-\frac{4}{3}E=\frac{4}{3}E\mathrm{e}^{\mathrm{j}\pi}\end{aligned}$$

对照图4-6可知，$\boldsymbol{u}_s(011)$位于 α 轴的负方向上。

对于下一个状态“2”，$S_{ABC}=001$ 时

$$u_A=u_B=-\frac{2}{3}E$$

$$u_C=\frac{4}{3}E$$

将 u_A、u_B、u_C 代入式（4-9）得

$$\begin{aligned}\boldsymbol{u}_s(001) &= \frac{2}{3}\left[\left(-\frac{2}{3}E\right)+\left(-\frac{2}{3}E\right)\mathrm{e}^{\mathrm{j}2\pi/3}+\frac{4}{3}E\mathrm{e}^{\mathrm{j}4\pi/3}\right]\\ &=\frac{2}{3}\left[\left(-\frac{2}{3}E\right)+\left(-\frac{2}{3}E\right)\left(-\frac{1}{2}+\mathrm{j}\frac{\sqrt{3}}{2}\right)+\frac{4}{3}E\left(-\frac{1}{2}-\mathrm{j}\frac{\sqrt{3}}{2}\right)\right]\\ &=\frac{2}{3}\left[(-E)+(-\mathrm{j}\sqrt{3}E)\right]\\ &=\frac{4}{3}E\left(-\frac{1}{2}-\mathrm{j}\frac{\sqrt{3}}{2}\right)=\frac{4}{3}E\mathrm{e}^{\mathrm{j}4\pi/3}\end{aligned}$$

再计算一个 $\mathrm{e}^{\mathrm{j}0}$的矢量，即状态“4”，$S_{ABC}=100$ 时

$$u_A=\frac{4}{3}E$$

$$u_B=u_C=-\frac{2}{3}E$$

将上列值代入式（4-9）得

$$\begin{aligned}\boldsymbol{u}_s(100) &= \frac{2}{3}\left[\frac{4}{3}E+\left(-\frac{2}{3}E\right)\mathrm{e}^{\mathrm{j}2\pi/3}+\left(-\frac{2}{3}E\right)\mathrm{e}^{\mathrm{j}4\pi/3}\right]\\ &=\frac{2}{3}\left[\frac{4}{3}E+\left(-\frac{2}{3}E\right)\left(-\frac{1}{2}+\mathrm{j}\frac{\sqrt{3}}{2}\right)+\left(-\frac{2}{3}E\right)\left(-\frac{1}{2}-\mathrm{j}\frac{\sqrt{3}}{2}\right)\right]\\ &=\frac{4}{3}E\mathrm{e}^{\mathrm{j}0}\end{aligned}$$

依次计算各开关状态的电压空间矢量，可以得到本节所直接给出的有关电压空间矢量的结论：

1）逆变器6个工作电压状态给出了6个不同方向的电压空间矢量。它们周期性地顺序出现，相邻两个矢量之间相差60°。

2）电压空间矢量的幅值不变，都等于 $4E/3$。因此6个电压空间矢量的顶点构成了正六

边形的6个顶点。

3）六个电压空间矢量的顺序是 $\boldsymbol{u}_s(011)-\boldsymbol{u}_s(001)-\boldsymbol{u}_s(101)-\boldsymbol{u}_s(100)-\boldsymbol{u}_s(110)-\boldsymbol{u}_s(010)$。它们依次沿逆时针方向旋转。

4）零电压状态“7”位于正六边形的中心。

3. 电压空间矢量对定子磁链的控制作用

这里引出六边形磁链的概念。逆变器的输出电压 $\boldsymbol{u}_s(t)$ 直接加到异步电动机的定子上，则定子电压也为 $\boldsymbol{u}_s(t)$。定子磁链 $\boldsymbol{\Psi}_s(t)$ 与定子电压 $\boldsymbol{u}_s(t)$ 之间的关系为

$$\boldsymbol{\Psi}_s(t)=\int(\boldsymbol{u}_s(t)-\boldsymbol{i}_s(t)R_s)\mathrm{d}t \tag{4-10}$$

若忽略定子电阻压降的影响，则

$$\boldsymbol{\Psi}_s\approx\int\boldsymbol{u}_s(t)\mathrm{d}t \tag{4-11}$$

式（4-11）表示定子磁链空间矢量与定子电压空间矢量之间为积分关系。该关系如图4-7所示。

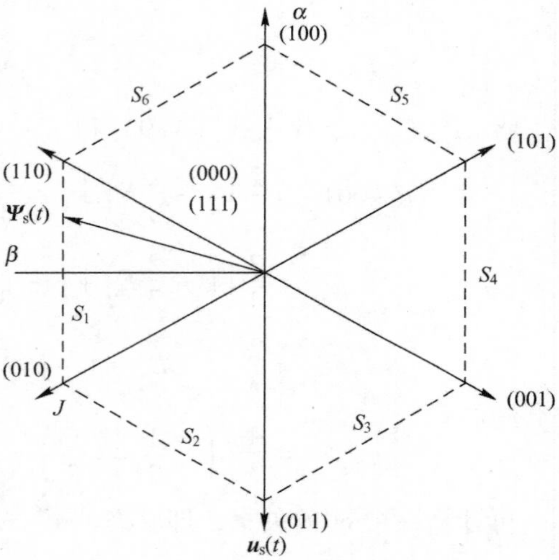

图4-7　电压空间矢量与磁链空间矢量的关系

图4-7中，$\boldsymbol{u}_s(t)$ 表示电压空间矢量，$\boldsymbol{\Psi}_s$ 表示磁链空间矢量，S_1、S_2、S_3、S_4、S_5、S_6 是正六边形的6条边。当磁链空间矢量 $\boldsymbol{\Psi}_s(t)$ 在图4-7所示位置时（其顶点在边 S_1 上），如果逆变器加到定子上的电压空间矢量 $\boldsymbol{u}_s(t)$ 为 $\boldsymbol{u}_s(011)$（如图4-7所示，在 $-\alpha$ 轴方向），则根据式（4-11），定子磁链空间矢量的顶点沿着 S_1 边的轨迹，朝着电压空间矢量 $\boldsymbol{u}_s(011)$ 所作用的方向运动。当 $\boldsymbol{\Psi}_s(t)$ 沿着边 S_1 运动到 S_1 与 S_2 的交点 J 时，如果给出电压空间矢量 $\boldsymbol{u}_s(001)$（它与电压空间矢量 $\boldsymbol{u}_s(011)$ 成60°夹角），则磁链空间矢量 $\boldsymbol{\Psi}_s(t)$ 的顶点会按照与 $\boldsymbol{u}_s(001)$ 相平行的方向，沿着边 S_2 的轨迹运动。若在 S_2 与 S_3 的交点给出电压 $\boldsymbol{u}_s(101)$，则 $\boldsymbol{\Psi}_s(t)$ 的顶点将沿着边 S_3 的轨迹运动。同样的方法依次给出 $\boldsymbol{u}_s(100)$、$\boldsymbol{u}_s(110)$、$\boldsymbol{u}_s(010)$，则 $\boldsymbol{\Psi}_s(t)$ 的顶点依次沿着边 S_4、S_5、S_6 的轨迹运动。至此可以得到以下结论：

1）定子磁链空间矢量顶点的运动方向和轨迹（以后简称为定子磁链的运动方向和轨迹，或 $\boldsymbol{\Psi}_s(t)$ 的运动方向和轨迹），对应于相应的电压空间矢量的作用方向，$\boldsymbol{\Psi}_s(t)$ 的运动轨迹平行于 $\boldsymbol{u}_s(t)$ 指示的方向。只要定子电阻压降 $|\boldsymbol{i}_s(t)|R_s$ 比 $|\boldsymbol{u}_s(t)|$ 足够小，那么这种平行就能得到很好的近似。

2）在适当的时刻依次给出定子电压空间矢量 $\boldsymbol{u}_{s1}-\boldsymbol{u}_{s2}-\boldsymbol{u}_{s3}-\boldsymbol{u}_{s4}-\boldsymbol{u}_{s5}-\boldsymbol{u}_{s6}$，则得到定子磁链的运动轨迹依次沿边 $S_1-S_2-S_3-S_4-S_5-S_6$ 运动，形成了正六边形磁链。

3）正六边形的6条边代表着磁链空间矢量 $\boldsymbol{\Psi}_s(t)$ 一个周期的运动轨迹。每条边代表一个周期磁链轨迹的1/6，称为一个区段。6条边分别称为磁链轨迹的区段 S_1、区段 S_2、…、区段 S_6。区段的名称在以后的分析中经常要用到。

直接利用逆变器的6种工作开关状态，简单地得到六边形的磁链轨迹以控制电动机，这种方法是直接转矩控制的基本思路。

4. 电压空间矢量对电动机转矩的控制作用

在直接转矩控制技术中，其控制机理是通过电压空间矢量 $\boldsymbol{u}_s(t)$ 来控制定子磁链的旋转速度，实现改变定、转子磁链矢量之间的夹角，达到控制电动机转矩的目的。为了便于弄清电压空间矢量 $\boldsymbol{u}_s(t)$ 与异步电动机电磁转矩之间的关系，明确电压空间矢量 $\boldsymbol{u}_s(t)$ 对电动机转矩的控制作用，用定、转子磁链矢量的矢量积来表达异步电动机的电磁转矩，即

$$\begin{aligned}T_{ei} &= K_m[\boldsymbol{\Psi}_s(t)\times\boldsymbol{\Psi}_r(t)]\\ &= K_m\Psi_s\Psi_r\sin\angle[\boldsymbol{\Psi}_s(t),\boldsymbol{\Psi}_r(t)]\\ &= K_m\Psi_s\Psi_r\sin\theta_{sr}\end{aligned} \tag{4-12}$$

式中，Ψ_s、Ψ_r 分别为定、转子磁链矢量 $\boldsymbol{\Psi}_s$、$\boldsymbol{\Psi}_r(t)$ 的模值；θ_{sr} 为 $\boldsymbol{\Psi}_s(t)$ 与 $\boldsymbol{\Psi}_r(t)$ 之间的夹角，称为转矩角。

在实际运行中，保持定子磁链矢量的幅值为额定值，以充分利用电动机铁心；转子磁链矢量的幅值由负载决定。要改变电动机转矩的大小，可以通过改变转矩角 $\theta_{sr}(t)$ 的大小来实现。t_1 时刻的定子磁链 $\boldsymbol{\Psi}_s(t_1)$ 和转子磁链 $\boldsymbol{\Psi}_r(t_1)$ 及转矩角 $\theta_{sr}(t_1)$ 的位置如图4-8所示。从 t_1 时刻考查到 t_2 时刻，若此时给出的定子电压空间矢量 $\boldsymbol{u}_s(t)=\boldsymbol{u}_s(110)$，则定子磁链矢量由 $\boldsymbol{\Psi}_s(t_1)$ 的位置旋转到 $\boldsymbol{\Psi}_s(t_2)$ 的位置，其运动轨迹 $\Delta\boldsymbol{\Psi}_s$ 如图4-8所示，沿着区段 S_5，与 $\boldsymbol{u}_s(110)$ 的指向平行。这期间转子磁链的旋转情况，受该期间定子频率的平均值 $\overline{\omega}_s$ 的影响。因此在时刻 t_1 到时刻 t_2 这段时间里，定子磁链旋转速度大于转子磁链旋转速度，转矩角 $\theta_{sr}(t)$ 加大，由 $\theta_{sr}(t_1)$ 变为 $\theta_{sr}(t_2)$，相应转矩增大。

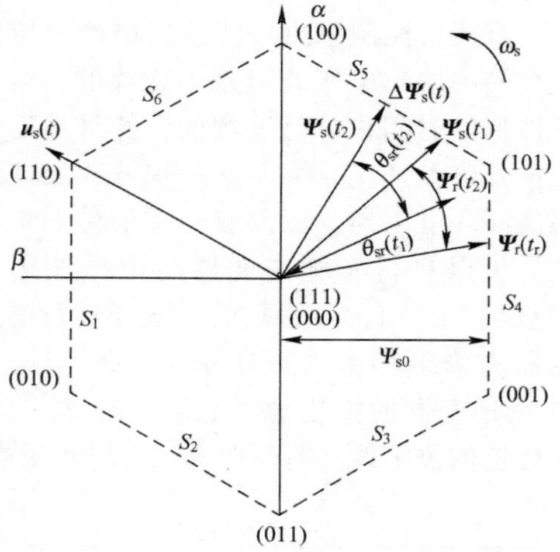

图4-8 电压空间矢量对电动机转矩的控制作用

如果在 t_2 时刻，给出零电压空间矢量，则定子磁链空间矢量 $\boldsymbol{\Psi}_s(t_2)$ 保持在 t_2 时刻的位置静止不动，而转子磁链空间矢量却继续以 $\overline{\omega}_s$ 的速度旋转，则转矩角减小，从而使转矩减小。通过转矩两点式调节来控制电压空间矢量的工作状态和零状态的交替出现，就能控制定子磁链空间矢量的平均角速度 $\overline{\omega}_s$ 的大小，通过这样的瞬态调节就能获得高动态响应的转矩特性。

以上分析了直接转矩控制的基本原理，但是，必须注意实际应用的直接转矩控制系统由于磁链控制方式不同，异步电动机直接转矩控制系统分为磁链直接自控制直接转矩控制系统DSC（Direct Self Control，直接自控制。定子磁链为六边形是DSC系统的基本特征）和直接转矩控制系统DTC（Direct Torque Control，直接转矩控制。定子磁链为圆形是DTC系统的基本特征）。至今，许多书籍、刊物及论文中经常把DSC系统误认为是DTC系统，造成概念上的混淆。实际上DSC系统与DTC系统是有些区别的，为此，本书分别介绍DSC系统和

DTC 系统。为了以后讲述方便，将两类直接转矩控制系统分别称为 DSC 直接转矩控制系统和 DTC 直接转矩控制系统。

4.2 异步电动机磁链直接自控制直接转矩控制（DSC）系统

4.2.1 异步电动机直接自控制直接转矩控制（DSC）系统的基本结构

1. 直接自控制的概念

当初直接自控制（DSC）系统是为具有电压源逆变器的大功率变频调速系统而提出的。在这样的逆变器中，使磁链矢量沿六边形磁链轨迹运动，一般要求低开关频率。因此，在 DSC 中，逆变器运行在类似于矩形波逆变器模式，如图 4-9 所示。

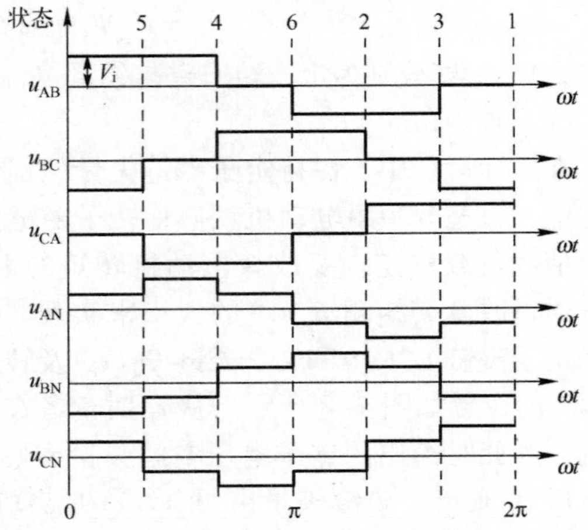

图 4-9 矩形波模式电压源逆变器输出电压波形

直接自控制思想：注意到虽然电压源逆变器中输出电压波形是不连续的，但这些波形的时间积分是连续的，并且接近正弦波。可以证明，采用这种积分和反馈方案的滞环继电器，在没有外部信号的情况下，可以自行实施逆变器的矩形波运行（这就有了“自”的概念）。这样运行的逆变器的输出频率 f_s 正比于 U_d/Ψ_s，这里，U_d 为逆变器的直流输入电压，而 Ψ_s 为定子磁链的设定值。明确地说，当用逆变器的输出线电压时间积分计算定子磁链时，有

$$f_s=\frac{1}{4\sqrt{3}}\frac{U_d}{\Psi_s} \tag{4-13}$$

且当积分相电压时有

$$f_s=\frac{1}{6}\frac{U_d}{\Psi_s} \tag{4-14}$$

自控制方案如图 4-10 所示，而滞环继电器特性如图 4-11 所示。

2. 异步电动机 DSC 直接转矩控制系统的基本结构

前面阐述了直接转矩控制系统的基本概念、基本控制原理。所谓“直接转矩控制”，其本质是：在异步电动机定子坐标系中，采用空间矢量分析方法，直接计算和控制电动机的电磁转矩。一台电压型逆变器处于某一工作状态时，定子磁链轨迹沿着该状态所对应的定子电压矢量方向运动，速度正比于电压矢量的幅值 $4E/3$。利用磁链的 Bang - Bang 控制切换电压矢量的工作状态，可使磁链轨迹按六边形（或近似圆形）运动。如果要改变定子磁链矢量 $\boldsymbol{\Psi}_s(t)$ 的旋转速度，引入零电压矢量，在零状态下，电压矢量等于零，磁链停止旋转不动。利用转矩的 Bang - Bang 控制交替使用工作状态和零状态，使磁链走走停停，从而改变了磁链平均旋转速度 $\overline{\omega}_s$ 的大小，也就改变了转矩角 $\theta_{sr}(t)$ 的大小，达到控制电动机转矩的目的。转矩、磁链闭环控制所需要的反馈控制量由电动机定子侧转矩、磁链观测模型计算给出。根

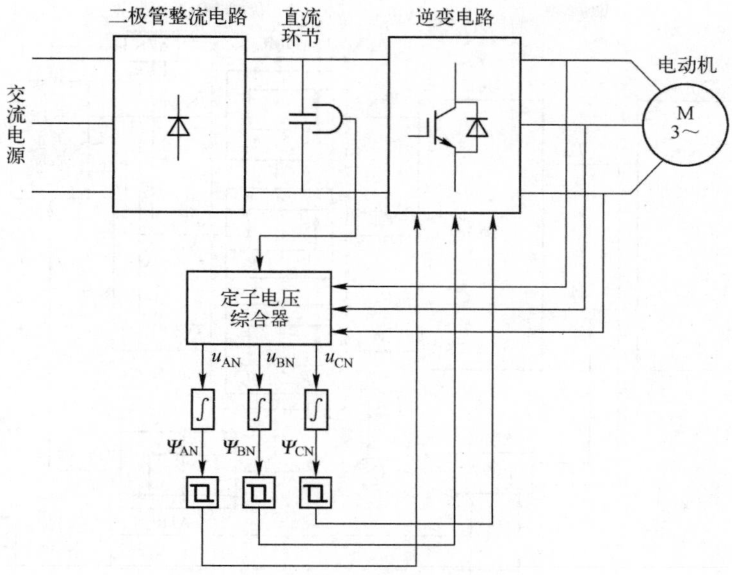

图 4-10　逆变器的磁链自控制方案

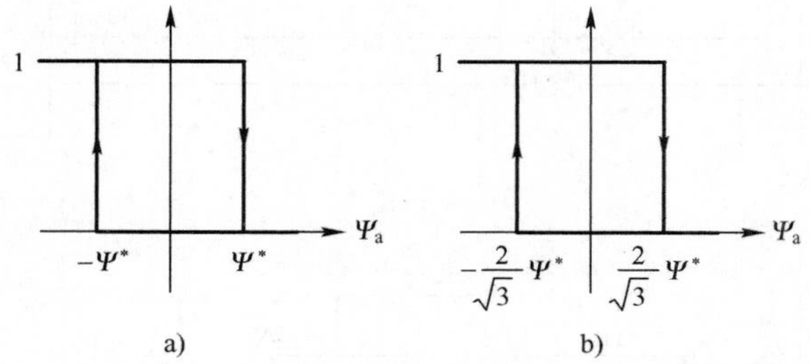

图 4-11　逆变器自控制方案中滞环继电器的特性

据以上所述内容，可以构成 DSC 直接转矩控制系统的基本结构图，如图 4-12a 所示。

如图所示，“磁链自控制”单元 DMC 的输入量是定子磁链在 β 三相坐标系上的三相分量 $\Psi_{\beta A}$、$\Psi_{\beta B}$、$\Psi_{\beta C}$。DMC 的参考比较信号是磁链设定值 Ψ_{sg}，通过 DMC 内的三个施密特触发器分别把三个磁链分量与 Ψ_{sg} 相比较，在 DMC 输出端得到三个磁链开关信号 $\overline{S\Psi_A}$、$\overline{S\Psi_B}$、$\overline{S\Psi_C}$。三相磁链开关信号通过开关 S 换向，得到三相电压开关信号 $\overline{SU_A}$、$\overline{SU_B}$、$\overline{SU_C}$。其中开关 S 的换向原则就是 4.1.2 节中介绍过的原则：$\overline{S\Psi_A}=\overline{SU_C}$、$\overline{S\Psi_B}=\overline{SU_A}$、$\overline{S\Psi_C}=\overline{SU_B}$。图 4-12a 中的电压开关信号 $\overline{SU_A}$、$\overline{SU_B}$、$\overline{SU_C}$，经反相后变成电压状态信号 SU_A、SU_B、SU_C（图中未画出），就可直接去控制逆变器 UI，输出相应的电压空间矢量，去控制产生所需的六边形磁链。

β 磁链分量 $\Psi_{\beta A}$、$\Psi_{\beta B}$、$\Psi_{\beta C}$ 可通过坐标变换单元 UCT 的坐标变换得到，UCT 的输入量是定子磁链在 $\alpha-\beta$ 坐标系上的分量 $\Psi_{s\alpha}$ 和 $\Psi_{s\beta}$，UCT 的输出量是 3 个 β 磁链分量。定子磁链在 $\alpha-\beta$ 坐标系上的分量 $\Psi_{s\alpha}$、$\Psi_{s\beta}$ 可以由磁链模型单元 AMM 得到。

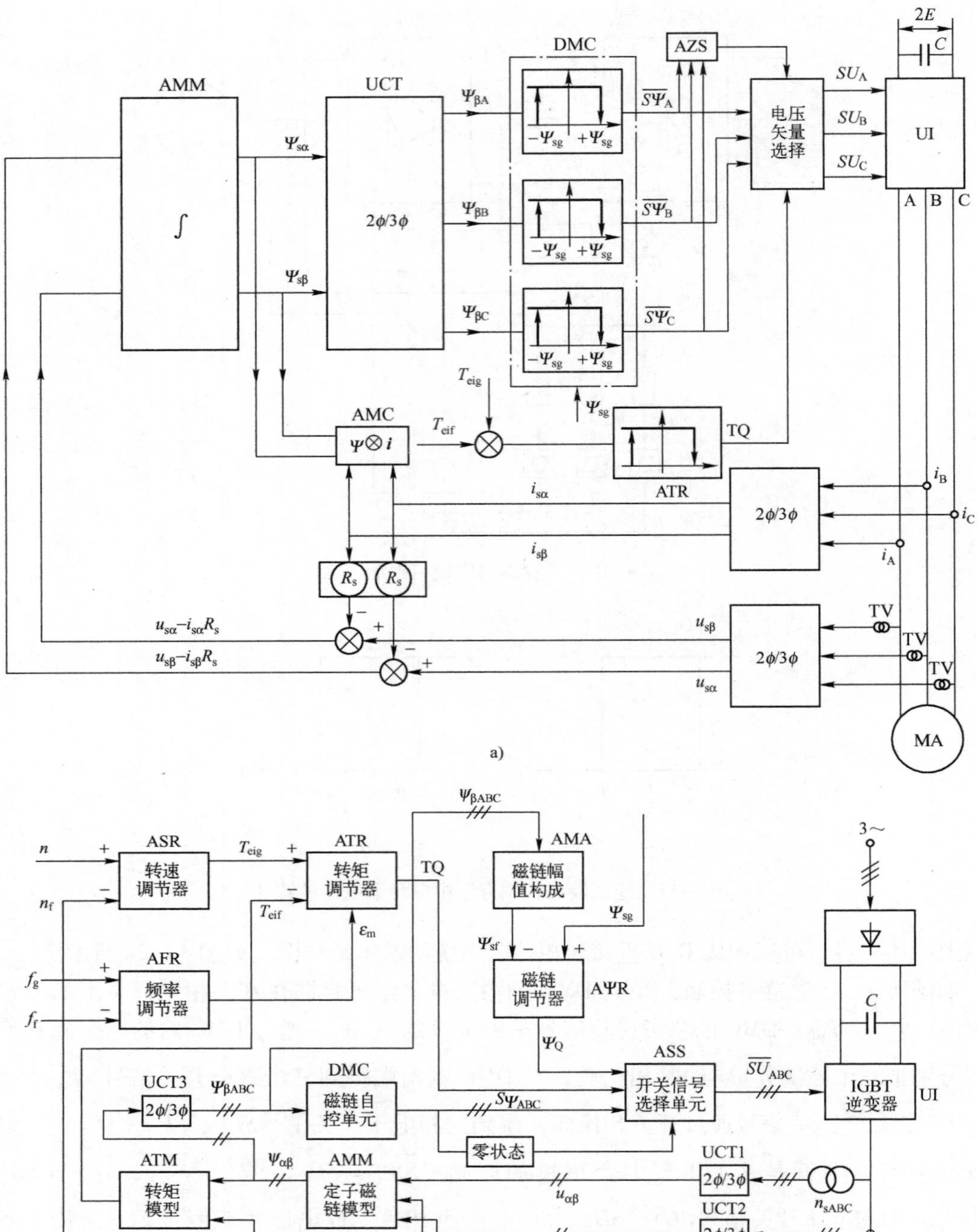

图 4-12 DSC 直接转矩控制系统

a）DSC 直接转矩控制系统的基本结构图 b）异步电动机 DSC 直接转矩控制系统组成图

下面再来分析转矩调节部分。4.1.2 节中已经介绍过，转矩的大小通过改变定子磁链运动轨迹的平均速度来控制。要改变定子磁链沿轨迹运动的平均速度，就要引入零电压空间矢量来进行控制，零状态选择单元（AZS）提供零状态电压信号，它的给出时间由开关 S 来控制。开关 S 又由转矩调节器（ATR）的输出信号“TQ”来控制，转矩调节器的输入信号是转矩给定值 T_{eig} 和转矩反馈值 T_{eif} 的差值，如图 4-12b 所示。ATR 是与磁链比较器一样的施密特触发器，它的容差是 $\pm\varepsilon_m$。它对转矩实行离散式的两点式调节（或称为双位式调节）：当转矩实际值和转矩给定值的差值小于 $-\varepsilon_m$ 时，即 $(T_{eif}-T_{eig})<-\varepsilon_m$ 时，ATR 的输出信号“TQ”变为“1”态，控制开关 S 接通“磁链自控制”单元 DMC 输出的磁链开关信号 $\overline{S\boldsymbol{\Psi}}_{ABC}$，把工作电压空间矢量加到电动机上，使定子磁链旋转，转矩角 θ_{sr} 加大，转矩加大；当转矩实际值和转矩给定值的差值大于 $+\varepsilon_m$ 时，即 $(T_{eif}-T_{eig})>\varepsilon_m$ 时，ATR 的输出信号“TQ”变为“0”态，控制开关 S 接通零状态选择单元 AZS 提供的零电压信号，把零电压加到电动机上，使定子磁链停止不动，磁通角 θ_{sr} 减小，转矩减小，该过程即是所谓的“转矩直接自调节”过程。通过直接自调节作用，使电压空间矢量的工作状态与零状态交替接通，控制定子磁链走走停停，从而使转矩动态平衡保持在给定值的 $+\varepsilon_m$（容差）的范围内，如此就控制了转矩。

“转矩调节器”又称为“转矩两点式调节器”或“转矩双位式调节器”。转矩实际值 T_{eif} 由转矩计算单元 AMC 根据式（4-7）计算得到。AMC 的输入量是 AMM 的输出量 $\boldsymbol{\Psi}_{s\alpha}$ 和 $\boldsymbol{\Psi}_{s\beta}$ 以及被测量 $i_{s\alpha}$ 和 $i_{s\beta}$。

磁链模型单元 AMM 和转矩计算单元 AMC 都是通过异步电动机定子轴系数学模型得到的。

3. 转矩计算单元（转矩观测模型）和定子磁链模型单元（定子磁链观测模型）

（1）转矩计算单元

根据式（4-7）可构成转矩观测模型（转矩计算单元），如图 4-13 所示。

（2）磁链的电压模型法（定子磁链观测模型）

用式（4-5）来确定异步电动机定子磁链的方法有一个优点，就是在计算过程中唯一需要了解的电动机参数是易于确定的定子电阻。式中的定子电压 $\boldsymbol{u}_s$ 和定子电流 $\boldsymbol{i}_s$ 同样也是易于确定的物理量，它们能以足够的精度被检测出来。计算出定子磁链后，再把定子磁链和测量所得的定子电流代入式（4-7），就可以计算出电动机的转矩。

用定子电压与定子电流来确定定子磁链的方法叫作电动机的磁链电压模型法，简称为 $u-i$ 模型，其结构如图 4-14 所示。磁链电压模型法的主要优点是运算量小，容易实现，因此应用较多。

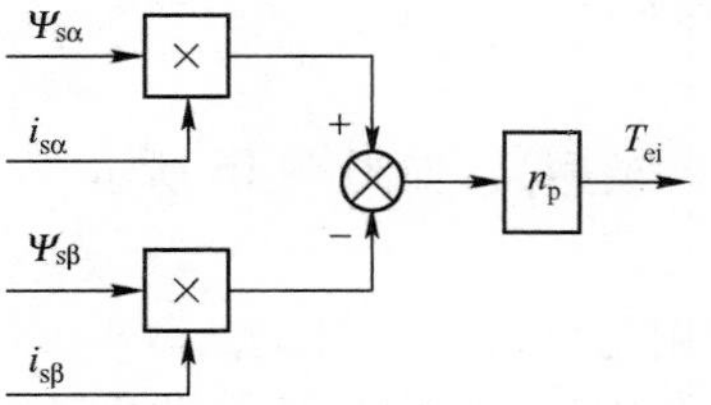

图 4-13　异步电动机转矩观测模型框图

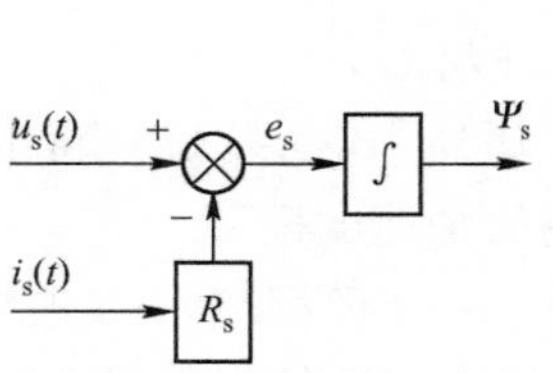

图 4-14　定子磁链的 $u-i$ 模型

但是，由式（4-5）可知，用积分器便可计算电动机磁链，但实现起来存在下列问题：

1）在运算过程中，需要使用纯积分环节，造成电压模型法运算精度受电压和电流信号中的直流分量和初始误差的影响较大，特别在低频时，这种影响更严重。

2）随着电动机转速和频率的降低和 $\boldsymbol{u}_s$ 的模值减小，由 $i_s R_s$ 项补偿不准确带来的误差就越大。

3）电动机不转时 $e_s=0$，无法按式（4–5）计算磁链，也无法建立初始磁链。

针对磁链电压模型法存在的问题，在实际工程应用中做了必要的改进，例如低通滤波器法、交叉校正法、级联低通滤波器法等。

（3）磁链的电流模型法

电动机的电流模型（简称 $i-n$ 模型）可以解决上述问题，电流模型用定子电流计算磁链，其精度与转速有关，也受电动机参数特别是转子时间常数的影响，在高速时不如电压模型，但低速时比电压模型准确，因此两模型必须配合使用，高速时用电压模型，低速时用电流模型。如何实现两模型的过渡呢？简单地切换不行，由于两模型计算结果不可能一样，简单切换又会在切换点附近造成冲击和振荡。采用图 4–15 所示的模型既解决了两模型的过渡，又解决了电压模型积分器漂移的问题。

电流模型算出的磁链值为 $\boldsymbol{\Psi}'_s$，电压模型算出的磁链值为 $\boldsymbol{\Psi}_s$。若两模型均准确，则两磁链值相等，$\Delta\boldsymbol{\Psi}_s=\boldsymbol{\Psi}'_s-\boldsymbol{\Psi}_s$ 为零，积分器反馈通道不起作用，无积分误差；但当积分器漂移时，$\boldsymbol{\Psi}'_s$ 中无信号抵消它，反馈通道起作用，抑制漂移。实际上，两模型计算结果不可能完全相等，即 $\Delta\boldsymbol{\Psi}_s\neq0$，反馈通道对积分仍有一些影响，但比无电流模型小得多，图 4–15 所示框图可表示为

$$\boldsymbol{\Psi}_s=\frac{\alpha}{1+\alpha p}\left(e_s+\frac{1}{\alpha}\boldsymbol{\Psi}'_s\right) \tag{4–15}$$

式中，$\boldsymbol{\Psi}'_s$ 的大小与转速有关；e_s 与转速呈比例，低速时 $e_s<0.5\boldsymbol{\Psi}'_s$，以电流模型为主，高速时 $e_s>0.5\boldsymbol{\Psi}'_s$，以电压模型为主；$\alpha$ 值决定过渡点，通常 $\alpha=10$，以 10% 的额定速度过渡。

电动机的电流模型表示为

$$\left.\begin{aligned} T_r\frac{\mathrm{d}\boldsymbol{\Psi}_{r\alpha}}{\mathrm{d}t}+\boldsymbol{\Psi}_{r\alpha}&=L_{md}i'_{s\alpha}+T_r\omega_r\boldsymbol{\Psi}_{r\beta}\\ T_r\frac{\mathrm{d}\boldsymbol{\Psi}_{r\beta}}{\mathrm{d}t}+\boldsymbol{\Psi}_{r\beta}&=L_{md}i'_{s\beta}-T_r\omega_r\boldsymbol{\Psi}_{r\alpha}\end{aligned}\right\} \tag{4–16}$$

式中，$T_r=L_{rd}/R_r$ 为转子时间常数；ω_r 为转子角速度；$\boldsymbol{\Psi}_{r\alpha}$、$\boldsymbol{\Psi}_{r\beta}$ 可表示为

$$\left.\begin{aligned}\boldsymbol{\Psi}_{s\alpha}&\approx\boldsymbol{\Psi}_{r\alpha}+L_\sigma i'_{s\alpha}\\ \boldsymbol{\Psi}_{s\beta}&\approx\boldsymbol{\Psi}_{r\beta}+L_\sigma i'_{s\beta}\end{aligned}\right\} \tag{4–17}$$

式中，$L_\sigma=L_{r\sigma}+L_{s\sigma}$。

由式（4–16）、式（4–17）得电流模型（$i-n$ 模型），如图 4–16 所示。

（4）磁链的全速度模型

实验证明，$u-i$ 模型与 $i-n$ 模型相互切换使用是可行的。但是，由于 $u-i$ 模型向 $i-n$ 模型进行快速平滑切换的困难仍未得到解决，而且实际上两模型计算结果不可能完全相等，所以当 $\Delta\boldsymbol{\Psi}_s\neq0$ 时，反馈通道对积分仍有一些影响，磁链计算结果仍存在一定的误差，只不过比无电流模型时小得多而已。取而代之的是在全速范围内都使用的高精度磁链模型，称为 $u-n$ 模型，也叫电动机模型。

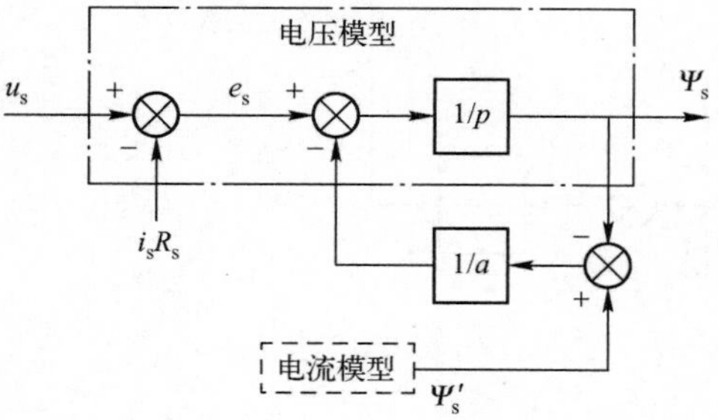

图 4-15　两模型的切换

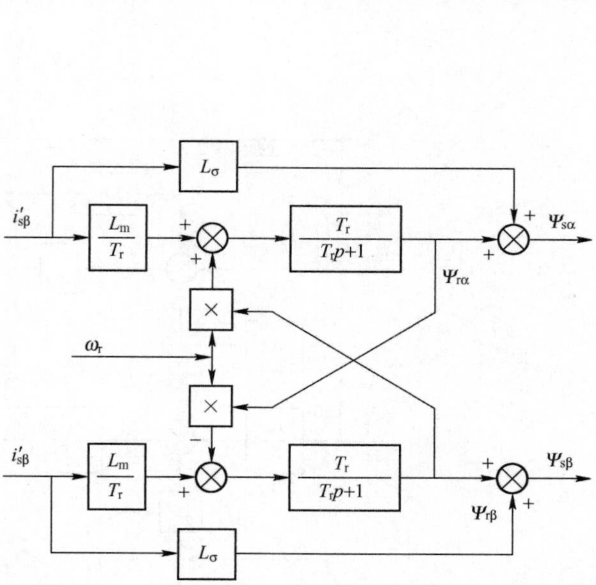

图 4-16　$i-n$ 模型框图

$u-n$ 模型由定子电压和转速来获得定子磁链，它综合了 $u-i$ 模型和 $i-n$ 模型的特点。为表达清楚，重列 $u-n$ 模型所用到的数学方程式如下：

$$\left.\begin{aligned} T_r\frac{d\Psi_{r\alpha}}{dt}+\Psi_{r\alpha}=L_{md}i_{s\alpha}+T_r\omega_r\Psi_{r\beta}\\ T_r\frac{d\Psi_{r\beta}}{dt}+\Psi_{r\beta}=L_{md}i_{s\beta}-T_r\omega_r\Psi_{r\alpha}\end{aligned}\right\}\tag{4-18}$$

$$\left.\begin{aligned} \Psi_{s\alpha}=\int(u_{s\alpha}-R_si_{s\alpha})dt\\ \Psi_{s\beta}=\int(u_{s\beta}-R_si_{s\beta})dt\end{aligned}\right\}\tag{4-19}$$

$$\left.\begin{aligned} \Psi_{s\alpha}\approx\Psi_{r\alpha}+L_\sigma i'_{s\alpha}\\ \Psi_{s\beta}\approx\Psi_{r\beta}+L_\sigma i'_{s\beta}\end{aligned}\right\}\tag{4-20}$$

根据上面三组方程构成的 $u-n$ 模型如图 4-17 所示。

图 4-17 同图 4-16 一样，分为两个通道（α 通道和 β 通道），以分别获得磁链的两个分量 $\Psi_{s\alpha}$、$\Psi_{s\beta}$。

下面以 α 通道为例来进行说明。

根据式（4-18）得到转子磁链 $\Psi_{r\alpha}$ 信号；根据式（4-19）得到定子磁链 $\Psi_{s\alpha}$ 信号；根据式（4-20）得到定子电流 $i'_{s\alpha}$ 信号。由此可见，$u-n$ 模型的输入量是定子电压和转速信号，以此可以获得电动机的其他各量，如果再计及式（4-7），则还能获得电动机的转矩，因此 $u-n$ 模型也可称为电动机模型，它很好地模拟了异步电动机的各个物理量。

图 4-17 中点画线框内的单元是电流调节器（PI），它的作用是强迫电动机模型电流和实际的电动机电流相等。如果电动机模型得到的电流 $i'_{s\alpha}$ 与实际测量到的电动机电流 $i_{s\alpha}$ 不相等，就会产生一个差值 $\Delta i=i_{s\alpha}-i'_{s\alpha}$ 送入到电流调节器的输入端。电流调节器就会输出补偿信号加到积分单元的输入端，以修正 $\Psi_{s\alpha}$ 和电流值，直到 $i'_{s\alpha}$ 完全等于 $i_{s\alpha}$ 为止，Δi 才为零，电流调节器才停止调节。由此可见，由于引入了电流调节器，电动机模型的仿真精度大大提高了。

电动机模型综合了 $u-i$ 模型和 $i-n$ 模型的优点，又很自然地解决了切换问题。高速

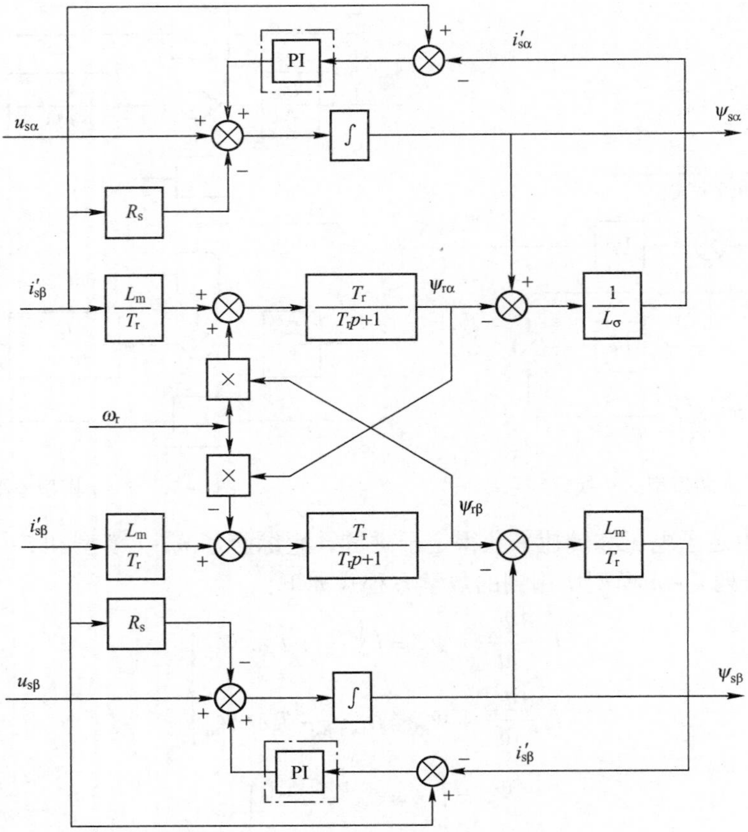

图 4-17　定子磁链的 $u-n$ 动态模型（电动机模型）

时，电动机模型实际工作在 $u-i$ 模型下，磁链实际上只是由定子电压和定子电流计算得到。由定子电阻误差、转速测量误差及电动机参数误差引起的磁链误差在这个工作范围内将不再有意义。低速时，电动机模型实际工作在 $i-n$ 模型下。

须知，上述转矩观测模型和定子磁链观测模型也完全可以用在 DTC 系统中。

4. 电压空间矢量选择（单元）

正确选择电压空间矢量，可以形成六边形磁链。所谓正确选择，包括两个含义：一是电压空间矢量顺序的选择；二是各电压空间矢量给出时刻的选择。

在控制时，将电动机内的电角度空间均匀分为 6 个扇区，每个扇区 60°。控制 $\boldsymbol{\Psi}_s$ 的幅值和转矩 T_s 都由空间电压矢量来完成。但优选空间电压矢量时，和 t 时刻的 $\boldsymbol{\Psi}_s$ 在哪一个扇区和转向有关。因此，必须确定 $\boldsymbol{\Psi}_s$ 所在的扇区。同一个扇区内，在直接转矩控制中，对空间电压矢量的最优选择都是一样的。

由扇区 $\theta(N)$、$\boldsymbol{\Psi}_s$ 和 T_{ei} 三个信息，综合选择最优空间电压矢量，这步综合优选工作离线进行。优选好最优空间电压矢量后，将它们制成表格，存储在计算机中，实时控制时，只要查表执行即可。

定子磁链空间矢量的运动轨迹取决于定子电压空间矢量。反过来，定子电压空间矢量的选择又取决于定子磁链空间矢量的运动轨迹。要想得到六边形磁链，就要对六边形磁链进行分析，为此观察六边形轨迹的定子旋转磁链空间矢量在 β 三相坐标系 β_A、β_B 和 β_C 轴上的投影（β 坐标系如图 4-18 所示），则可以得到三个相差 120°相位的梯形波，它们分别被称为定子磁链的 $\Psi_{\beta A}$、$\Psi_{\beta B}$ 和 $\Psi_{\beta C}$ 分量。图 4-19a 是这三个定子磁链分量的时序图，为便于理解，现举例说明：

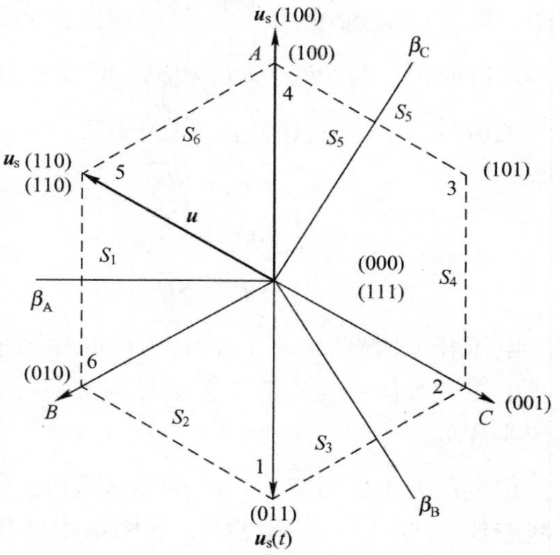

图 4-18　六边形磁链及 β 三相坐标系 β_A、β_B 和 β_C 轴

图 4-18 的区段 S_1 分别向 β_A 轴、β_B 轴、β_C 轴投影，得到该区段内的三个磁链分量，见图 4-19a 中区段 S_1 的磁链波形 $\Psi_{\beta A}$、$\Psi_{\beta B}$ 和 $\Psi_{\beta C}$。其中，在 S_1 的整个区段内，$\Psi_{\beta A}$ 保持正的最大值，$\Psi_{\beta B}$ 从负的最大值变到零，$\Psi_{\beta C}$ 从零变到负的最大值。接着投影区段 S_2，得 $\Psi_{\beta A}$ 分量从正的最大值变为零，$\Psi_{\beta B}$ 分量从零变为正的最大值，$\Psi_{\beta C}$ 分量保持负的最大值不变。同样，投影区段 S_3、S_4、S_5、S_6 得磁链分量 $\Psi_{\beta A}$、$\Psi_{\beta B}$ 和 $\Psi_{\beta C}$ 的波形，如图 4-19a 所示。从区段 S_1 到 S_6 完成了一个周期之后，又重复出现已有的波形。

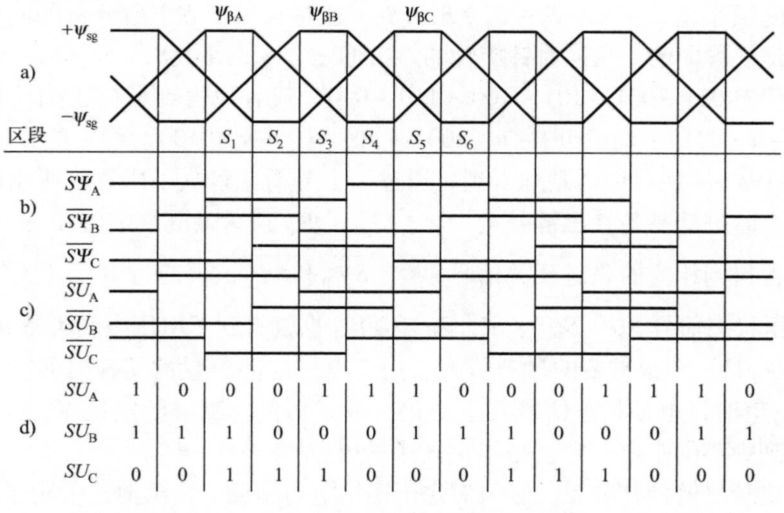

图 4-19　直接转矩控制开关信号及电压空间矢量的正确选择

a）定子磁链的三个 β 分量　b）磁链开关信号　c）电压开关信号　d）电压状态信号

如图 4-20 所示，施密特触发器的容差是 $\pm\Psi_{sg}$。$\pm\Psi_{sg}$ 作为磁链给定值，它等于图 4-8 中的 Ψ_{s0}。通过三个施密特触发器，用磁链给定值 $\pm\Psi_{sg}$，分别与三个磁链分量 $\Psi_{\beta A}$、$\Psi_{\beta B}$、$\Psi_{\beta C}$ 进行比较，得到图 4-19b 所示的磁链开关信号 $\overline{S\Psi_A}$、$\overline{S\Psi_B}$ 和 $\overline{S\Psi_C}$。对照图 4-19a 和 b 可见，当 $\Psi_{\beta A}$ 上升达到正的磁链给定值 Ψ_{sg} 时，施密特触发器输出低电平信号，$\overline{S\Psi_A}$ 为低电平；当 $\Psi_{\beta A}$ 下降达到负的磁链给定值 $-\Psi_{sg}$ 时，$\overline{S\Psi_A}$ 为高电平。由此得到磁链开关信号 $\overline{S\Psi_A}$ 的时

序图，同理可得到$\overline{S\Psi_B}$和$\overline{S\Psi_C}$的时序图，如图 4-19b 所示。

磁链开关信号$\overline{S\Psi_A}$、$\overline{S\Psi_B}$和$\overline{S\Psi_C}$可以很方便地构成电压开关信号$\overline{SU_A}$、$\overline{SU_B}$和$\overline{SU_C}$。其关系是

$$\overline{S\Psi_A} = \overline{SU_C}$$

$$\overline{S\Psi_B} = \overline{SU_A}$$

$$\overline{S\Psi_C} = \overline{SU_B}$$

电压开关信号$\overline{SU_A}$、$\overline{SU_B}$和$\overline{SU_C}$的时序图如图 4-19c 所示。电压开关信号与磁链开关信号的关系可对比图 4-19b 和图 4-19c。

把电压开关信号$\overline{SU_A}$、$\overline{SU_B}$和$\overline{SU_C}$反相，便直接得到电压状态信号 SU_A、SU_B 和 SU_C，如图 4-19d 所示。

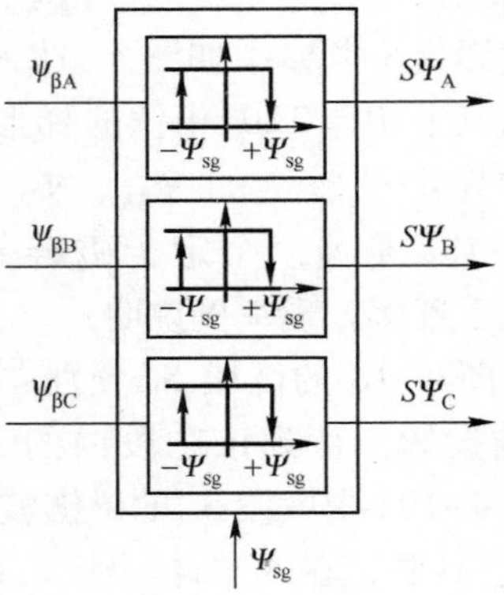

图 4-20　用作磁链比较器的施密特触发器

对比图 4-19a 和 d 可以清楚地看到，由以上分析已经得到了电压开关状态顺序的正确选择。所得到的电压开关状态的顺序是 011－001－101－100－110－010，正好对应于六边形磁链的六个区段：$S_1-S_2-S_3-S_4-S_5-S_6$，这个顺序与 4.1.2 节中分析的顺序是一致的。按顺序依次给出电压空间矢量 $\boldsymbol{u}_s(011)-\boldsymbol{u}_s(001)-\boldsymbol{u}_s(101)-\boldsymbol{u}_s(100)-\boldsymbol{u}_s(110)-\boldsymbol{u}_s(010)$，就可以得到按逆时针方向旋转的正六边形磁链轨迹，其相对应的顺序是 $S_1-S_2-S_3-S_4-S_5-S_6$，这是 4.1.2 节中所分析的问题。现在所分析的问题正好是逆方向的，从逆时针旋转的六边形磁链 $S_1-S_2-S_3-S_4-S_5-S_6$ 得到了应正确选择的电压状态 011－001－101－100－110－010，或者说得到了应正确选择的电压空间矢量 $\boldsymbol{u}_s(011)-\boldsymbol{u}_s(001)-\boldsymbol{u}_s(101)-\boldsymbol{u}_s(100)-\boldsymbol{u}_s(110)-\boldsymbol{u}_s(010)$。两者的分析完全一致。

对比图 4-19a～d 还可以清楚地看到：通过以上分析，解决了所选电压空间矢量的给出时刻问题，这个时刻就是各 β 磁链分量 $\boldsymbol{\Psi}_{\beta A}$、$\boldsymbol{\Psi}_{\beta B}$、$\boldsymbol{\Psi}_{\beta C}$到达磁链给定值 $\boldsymbol{\Psi}_{sg}$的时刻。通过磁链给定值比较器得到相应的磁链开关信号$\overline{S\Psi_A}$、$\overline{S\Psi_B}$和$\overline{S\Psi_C}$，再通过电压开关信号$\overline{SU_A}$、$\overline{SU_B}$和$\overline{SU_C}$ 得到电压状态信号 SU（SU_A、SU_B 和 SU_C），也就得到了电压空间矢量 $\boldsymbol{u}_s(t)$。在这里磁链给定值 $\pm\boldsymbol{\Psi}_{sg}$是一个很重要的参考值，它决定电压空间矢量的切换时间。当磁链的 β 分量变化达到 $\boldsymbol{\Psi}_{sg}$值时，电压状态信号发生变化，进行切换。磁链给定值 $\boldsymbol{\Psi}_{sg}$的几何概念是六边形磁链的边到中心的距离，它就是图 4-8 中的 $\boldsymbol{\Psi}_{s0}$。

为了获得定子磁链的 β 分量，必须对定子磁链进行检测。由检测出的定子磁链，向 β 三相坐标系投影得到磁链的 β 分量，通过施密特触发器与磁链给定值比较，得到正确的电压状态信号，以控制逆变器的输出电压，并产生所期望的六边形磁链。

根据 4.2.1 节提出的直接转矩控制的基本结构（见图 4-12a），经过扩充和完善，可以得到一个比较完整的异步电动机 DSC 直接转矩控制系统，如图 4-12b 所示。

4.2.2　在低速范围内 DSC 系统的转矩控制与调节方法

1. 在低速范围内直接转矩控制系统的结构特点

根据直接转矩控制系统工作特点的不同，转速分为 3 个区域：低速范围、高速范围、弱

磁范围。按照不同的转速范围划分工作区域，确定相应的控制与调节方法，这对于将直接转矩控制系统应用于实际工业生产中是很重要的。高速范围是指 30% ~100% 额定转速之间的转速范围。

低速范围内，由于转速低（包括零转速）、定子电阻压降影响大等特点，会产生一些需要解决的问题，如消除磁链波形畸变、在低定子频率及至零频时保持转矩和磁链基本不变等。为此要求在控制方法上做相应的考虑。

低速范围的调节方案有如下特点：

1）用电动机模型检测计算电动机磁链和转矩。在 4.2.1 节已经分析过，电动机模型适用于整个转速范围。

2）为了改善转矩动态性能，对定子磁链空间矢量要实现正反向变化控制。

3）转矩调节器和磁链调节器的多功能协调工作。

4）用符号比较器确定区段。

5）调节每个区段的磁链量。

6）六边形磁链轨迹：六边形磁链轨迹用于（15% ~30%）n_{sN}范围。

7）每个区段上有 4 个工作电压状态和 2 个零电压状态的使用与选择。内容包括：区段电压状态的选择、转矩调节器和磁链控制在低速范围内的协调、-120°电压的应用。

2. 区段的电压状态选择

下面进一步分析各种电压状态所能起到的更多的作用。

图 4-2 所示的逆变器的 6 个可能的工作电压状态输出 6 个工作电压空间矢量，由于定子磁链空间矢量的运动方向由电压空间矢量的方向确定，所以磁链只能在这 6 个方向上运行，磁链的任何其他方向的运行都只能通过多个电压空间矢量的组合来实现。

六边形磁链轨迹的调节方案使得调节结构很简单，在每个区段只需要两种电压状态：区段的工作电压状态和零电压状态。用一个双值输出的调节器分别控制，接通“工作电压”或“零电压”就够了。在 DSC 控制中，这种控制信号由转矩两点式调节器提供。如果要在区段内改变定子磁链的方向，则必须增加区段内所需的电压状态的数目，配合以转矩调节器、磁链调节器、P/N 调节器、磁链自控制单元等，提供以相应的电压开关信号，通过电压空间矢量的不同组合方式，实现不同的调节目的。用多个电压空间矢量组合的办法，还能实现近似圆形磁链轨迹的运行方式，只要每个区段中的电压状态的数目足够多，圆形磁链轨迹就能得到很好的近似，当然，此时调节器的输出状态也将增加。

图 4-1 所示的逆变器中，对定子磁链运动轨迹的每个区段，可以利用的电压空间矢量有 4 个，代表着定子磁链 4 个有意义的方向。这里进一步分析这 4 个电压状态的特点和作用，以便在 DSC 控制中更好地利用这 4 个电压状态。图 4-21 画出了区段 S_4 中定子磁链的 4 个有意义的变化方向和电压状态。

图 4-21 中，定于磁链空间矢量 $\boldsymbol{\Psi}_s$ 的顶点位于区段 S_4，4 个虚线的箭头代表着 $\boldsymbol{\Psi}_s$ 运行的 4 个方向：方向①、方向②、方向③和方向④。方向①沿着区段 S_4 的边，向着磁链旋转的正向，因此称为 0°方向。方向②比方向①超前 60°，称为 +60°方向。方向③比方向①落后 60°，称为 -60°方向。方向④比方向①落后 120°，称为 -120°方向。

使定子磁链空间矢量向着 0°方向运动的电压空间矢量，称为 0°电压，对于图 4-21 所示的区段 S_4，0°电压是对应于开关状态 $S_{ABC}=100$ 的电压空间矢量 $\boldsymbol{u}_s(100)(\boldsymbol{u}_{s4})$。同样，使定子磁链空间矢量向着 +60°方向运动的电压空间矢量称为 +60°电压。使定子磁链空间矢量向着 −60°方向和 −120°方向运动的电压空间矢量，分别称为 −60°电压和 −120°电压。对于图 4-21 所示的区段 S_4，+60°电压是对应于开关状态 $S_{ABC}=110$ 的电压空间矢量 $\boldsymbol{u}_s(110)$ ($\boldsymbol{u}_{s5}$)。−60°电压是电压空间矢量 $\boldsymbol{u}_s(101)$ ($\boldsymbol{u}_{s3}$)，−120°电压是电压空间矢量 $\boldsymbol{u}_s(001)$ ($\boldsymbol{u}_{s2}$)。

图 4-22 表示在六边形磁链轨迹情况下，4 种电压空间矢量如何影响定子磁链的大小、方向和角度。在图 4-22 中，除了画出理想的磁链轨迹外，还画出了磁链的两条容差线。

（1）0°电压 $\boldsymbol{u}_{s4}$（$S_{ABC}=100$）的作用

对于六边形磁链轨迹，当 $\boldsymbol{u}_{s4}$ 接通时定子磁链空间矢量的顶点沿六边形区段 S_4 朝正向运行。该电压在整个区段上使磁通角加大，从而使转矩增加。$\boldsymbol{u}_{s4}$ 在区段 S_4 不改变磁链量的大小，也不改变六边形磁链的运动方向，只是增加转矩，如图 4-22 所示。

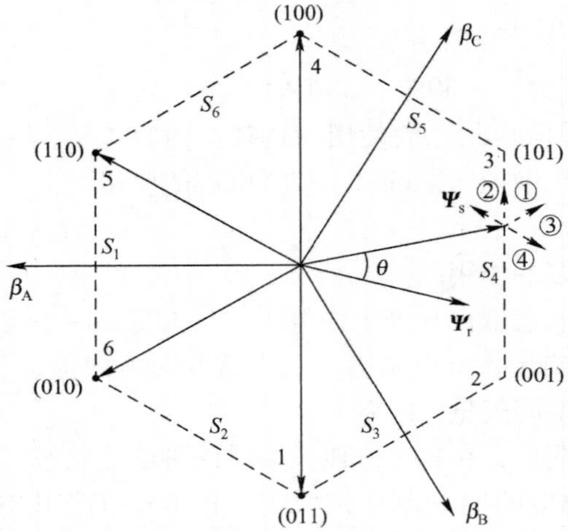

图 4-21　一个区段内的 4 种电压状态

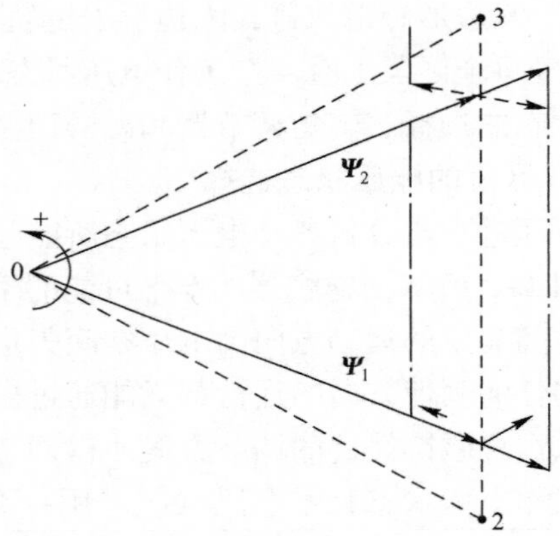

图 4-22　六边形磁链轨迹中电压状态的作用

（2）−60°电压 $\boldsymbol{u}_{s3}$（$S_{ABC}=101$）的作用

对于六边形磁链轨迹，电压 $\boldsymbol{u}_{s3}$ 既影响磁链，又影响转矩，影响的大小与定子磁链空间矢量在区段内的位置有关。对于转矩来说，在区段的开始，磁通角增加较多，形成的转矩较大；在区段的起始边界，磁通角和转矩增加最大；而在区段的末尾，磁通角和转矩增加较弱；在区段末尾的边界，磁通角改变为零，转矩不增加。对磁链量来说则相反，在区段的开始，磁链量增加较小；在区段的末尾，增加较大；在区段末尾的边界，增加最大。

（3）+60°电压 $\boldsymbol{u}_{s5}$（$S_{ABC}=110$）的作用

对于六边形磁链轨迹，电压 $\boldsymbol{u}_{s5}$ 的作用是增加转矩和减小磁链量，对转矩和磁链量的影响与定子磁链空间矢量在区段内的位置有关。对于转矩的增加来说，在区段的开始最小，在区段的末尾最大。对于磁链量的减小来说，在区段的开始最大，在区段的末尾最小。

（4）−120°电压 $\boldsymbol{u}_{s2}$（$S_{ABC}=001$）的作用

电压 $\boldsymbol{u}_{s2}$ 的作用是增加磁链量和减小转矩，关于它对磁链量的作用可与 −60°电压相比较。与 −60°电压的作用相反，−120°电压在区段的开始时磁链量增加的作用最大，在区段的末尾，相对较小。

-120°电压是4个电压中唯一一个能使定子磁链反转的电压，因而是使转矩减小的电压。在利用零电压减小转矩还嫌不够快的场合，可用-120°电压来加速转矩的减小，加快转矩的调节过程，同时增加磁链量，特别是利用-120°电压能使定子磁链量增加的同时，又能使定子磁链反转的特点，可以实现定子磁链平均频率为零时的工作状态。用其他3个电压是不能实现定子平均频率为零的工作状态的，因为这3个电压都使定子磁链向正方向旋转。交替使用这3个电压与-120°电压，可以使得定子磁链的平均频率达到任意值，实现各种工作状态。

上面以区段 S_4 为例，分析了0°电压、+60°电压、-60°电压、-120°电压的作用。对于其他的区段，都有自己的0°电压、+60°电压、-60°电压、-120°电压。它们之间的顺序关系列于表4-4。表4-5列出了定子磁链反转时所对应的这4种电压的顺序关系。

表4-4　区段电压状态顺序表（正转）

电压 / 状态区段	0°电压	+60°电压	-60°电压	-120°电压
S_1	1	2	6	5
S_2	2	3	1	6
S_3	3	4	2	1
S_4	4	5	3	2
S_5	5	6	4	3
S_6	6	1	5	4

注：表中1~6分别代表 $\boldsymbol{u}_{s1}$ ~ $\boldsymbol{u}_{s6}$。

表4-5　区段电压状态顺序表（反转）

电压 / 状态区段	0°电压	+60°电压	-60°电压	-120°电压
S_1	4	3	5	6
S_2	5	4	6	1
S_3	6	5	1	2
S_4	1	6	2	3
S_5	2	1	3	4
S_6	3	2	4	5

注：表中1~6分别代表 $\boldsymbol{u}_{s1}$ ~ $\boldsymbol{u}_{s6}$。

3. 低速范围内转矩与磁链调节的协调

在转速很低时，由于六边形磁链畸变得比较厉害，因此采用圆形磁链轨迹的控制方案。此外，在转矩调节器与磁链调节器的协调方式上也有所不同。下面分析这种情况。

转矩调节器包括转矩调节器和P/N调节器两部分。磁链调节器却不一样，其结构如图4-23所示。

图4-23带有六边形磁链和圆形磁链切换功能。当开关S在位置2时，执行六边形磁链调节方案，此时磁链给定值 Ψ_{sg} 与六边形磁链的模 $|\boldsymbol{\Psi}_s| = (\Psi_{\beta A} + \Psi_{\beta B} + \Psi_{\beta C})/2$ 相比较。当开关S在位置1时，执行圆形磁链调节方案，此时磁链给定值二次方的 k 倍 $k\Psi_{sg}^2$ 与圆形磁链模的二次方 $|\boldsymbol{\Psi}_s|^2 = (\Psi_{s\alpha}^2 + \Psi_{s\beta}^2)$ 相比较，系数 k 的值为

$$k=\left(\frac{6\sqrt{3}}{\pi^2}\right)^2=1.10873 \tag{4-21}$$

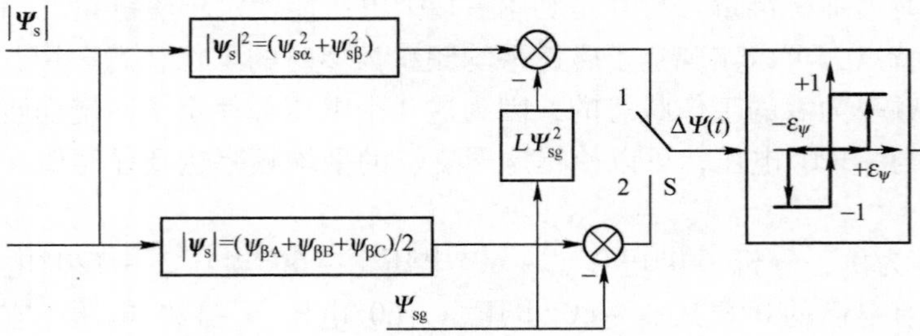

图 4-23　带有计算切换的三点式磁链调节器

开关 S 的切换值为 15% n_{sN}，即小于 15% n_{sN}时执行圆形磁链轨迹调节；大于 15% n_{sN}时执行六边形磁链轨迹调节。磁链调节器为三点式调节器，这与 4.1.2 节介绍的基本方案中的磁链调节器不同。调节器的输出是磁链量开关信号 ΨQ，ΨQ 有 3 个值：+1、−1 和 0。当 $\Delta\Psi(t)\geqslant+\varepsilon_\Psi$ 时，也就是磁链实际值比给定值大 ε_Ψ 时，$\Psi Q=1$；当 $\Delta\Psi(t)=0$ 时，也就是磁链实际值回到给定值时，$\Psi Q=0$；当 $\Delta\Psi(t)\leqslant+\varepsilon_\Psi$ 时，即磁链实际值比给定值小 ε_Ψ 时，$\Psi Q=-1$；当磁链实际值再次回到给定值时，ΨQ 又为零。

磁链开关信号 ΨQ 与所需的电压状态的关系如下：

$\Psi Q=-1$ 时，接通 −60°电压；

$\Psi Q=1$ 时，接通 +60°电压；

$\Psi Q=0$ 时，不需要电压。

转矩调节器和磁链调节器的协调控制关系如下：由转矩调节器决定应接通的是工作电压还是零状态电压，在应接通工作电压的时间内，再来选择应接通 0°电压，或 −60°电压，或 +60°电压。

图 4-24 表示以 −60°电压和 −60°电压的配合为例的调节过程。在 t_1 时刻，由于转矩实际值减小到转矩容差的下限，因此转矩调节器改变输出状态，TQ 变为“1”态，要求接通工作电压。这时应该接通哪一个工作电压，有 3 种可能的选择，如果这时磁链调节器没有电压要求，即 $\Psi Q=0$，则接通相应区段的 0°电压来增加转矩，这种情况与以前所分析过的相同，图中未画出这种情况的转矩波形。如果这时磁链调节器有电压要求，输出“±1”信号，那么就应该考虑接通 ±60°电压，这里还涉及 0°电压和 ±60°电压的顺序问题，需要进一步选择。

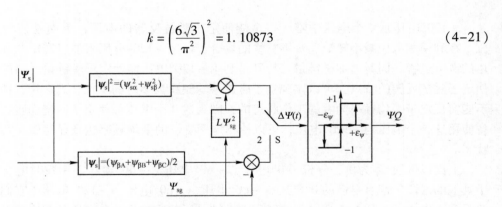

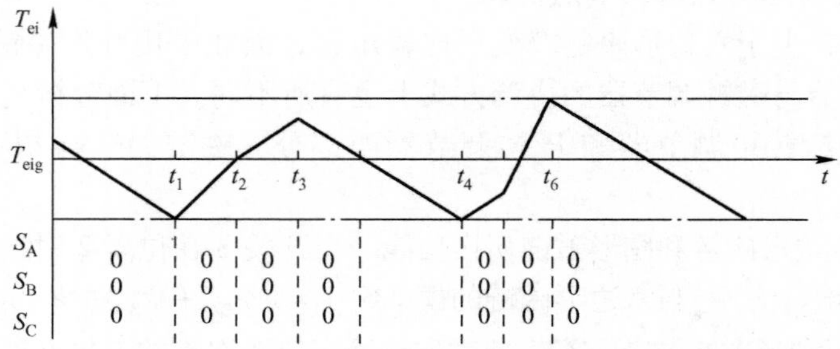

图 4-24　转矩调节过程

图 4-24 指出了两种顺序方案，分别表示在 t_1 时刻和 t_4 时刻。先看 t_1 时刻，设定子磁链位于区段 S_4，如果这时 $\Psi Q=-1$，那么面临 0°电压和 -60°电压的选择。首先采取先 0°电压后 -60°电压的顺序，在 t_1 时刻接通 0°电压（对应 $S_{ABC}=100$），转矩在 0°电压的作用下很快上升，当转矩上升到转矩给定值时，如 t_2 时刻，接通 -60°电压，转矩继续上升。到 t_3 时刻，磁链已增长到给定值，且 $\Psi Q=0$，不要求接通电压，零电压状态（$S_{ABC}=111$）被接通，转矩减小，到了 t_4 时刻，转矩又下降到容差的下限，情况又与 t_1 时刻相同，应该改变状态。接下来选择的顺序与 t_1 时相反，采取 -60°电压在前、0°电压在后的顺序。t_4 时刻接通 -60°电压，转矩和磁链同时上升，当磁链上升到给定值时，即 t_5 时刻，$\Psi Q=0$，接通 0°电压，转矩迅速上升，直至达到转矩容差的上限，即达到 t_6 时刻，TQ 变为“0”态，接通零电压（$S_{ABC}=000$），转矩又下降。

总结以上转矩调节器和磁链调节器协调控制的过程，两种控制顺序有着以下特点：

（1）0°电压位于 -60°电压之前时

首先接通 0°电压，当转矩调节偏差 $\Delta T_{ei}(t)$ 为零时，0°电压结束，-60°电压接通。当磁链调节偏差 $\Delta\Psi(t)$ 过零或转矩调节偏差 $\Delta T_{ei}(t)$ 达到转矩容差的上限时，-60°电压结束。

（2）0°电压位于 -60°电压之后时

-60°电压首先接通，当 $\Delta\Psi(t)$ 过零时，如果这时转矩还没有达到容差的上限，则结束 -60°电压，接通 0°电压，直到转矩达到容差上限，0°电压结束。如果接通 -60°电压就能使转矩达到容差的上限，则不必再接通 0°电压。

两种情况都在工作电压结束时接通零状态电压，但两次接通的零状态电压不一样。t_3 时刻是从状态 $S_{ABC}=101$ 切换到零状态 $S_{ABC}=111$，t_6 时刻是从状态 $S_{ABC}=100$ 接通零状态 $S_{ABC}=000$。两者都是在满足最小开关持续时间的条件下，实行了逆变器开关次数最小的原则（每次变为零状态只有一个开关状态变化）。

上面是以 0°电压和 -60°电压的配合为例来说明转矩调节器与磁链调节器的协调工作的。同样，协调工作也适用于 0°电压和 +60°电压的配合。由于 +60°电压使磁链量减小，所以这时当 $\Delta\Psi(t)$ 反向过零时，60°电压结束。

用转矩两点式调节器和磁链三点式调节器能够很好地实现协调控制，并适应各种要求。但是，当定子频率（即定子磁链平均旋转频率）接近或等于零时，仍要保持磁链量就会存在问题。因为 0°电压、-60°电压、+60°电压都只能使定子磁链空间矢量正转，不能解决零频和低频下的磁链调节任务。只有 -120°电压才能使定子磁链空间矢量反转，在增磁调磁的同时，使定子磁链平均旋转频率为零或保持低频。为此，引入 -120°电压的使用。

4. 使用 -120°电压的磁链调节

-120°电压具有减小转矩、增加磁链的作用，用这个电压能在定子频率为零或低频时形成定子磁链空间矢量。

带有 -120°电压磁链调节的调节器结构如图 4-25 所示。图 4-25 是在图 4-23 磁链调节器的基础上扩展了一级容差限。在容差

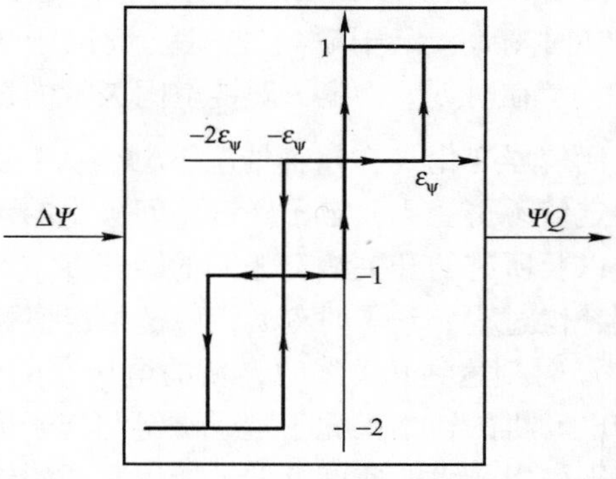

图 4-25　扩展的磁链调节器

$-\varepsilon_m$ 的基础上再设置一级容差，即为 $-2\varepsilon_\Psi$。当调节偏差 $\Delta\Psi(t)$ 小于容差限 $-2\varepsilon_\Psi$ 时，磁链调节器的输出 $\Psi Q=-2$。

在转矩开关信号 $TQ=0$ 的前提下，若磁链开关信号 $\Psi Q=-2$，则在 $-120°$ 电压作用下，磁链反转，转矩迅速减小，磁链量加大，直到磁链调节偏差 $\Delta\Psi(t)$ 达到磁链容差 $-\varepsilon_\Psi$ 为止，自动结束。

当定子频率升高时，由于零电压起作用的时间变短（即 $TQ=0$ 的时间变短），磁链不会减小到容差（$-2\varepsilon_\Psi$）处，则 $-120°$ 电压自动退出调节。

$-120°$ 电压能使磁链反向旋转。注意磁链反向有两种情况：稳态反向意味着平均定子频率变负；而动态反向是指定子磁链运动方向瞬时变负，这种反向只是为了改变动态转矩，加快调节特性而进行的。

4.2.3 在弱磁范围内 DSC 系统的转矩控制及恒功率调节

1. 弱磁范围内直接转矩控制系统的结构特点

异步电动机 DSC 变频调速系统在弱磁范围内的工作情况与基速以下时有许多不同之处。由于电动机工作在基速以上，因此在弱磁范围内所进行的是恒功率调节（基速以下为恒转矩调节），这时电动机定子电压为额定值，并在弱磁范围内不变，因而没有零状态电压工作时间，转矩的调节方法不能再靠工作电压与零电压状态交替工作的方式来实现。

在弱磁范围内直接转矩控制系统的特点可归纳如下：

1）通过改变磁链给定值实现平均转矩的动态调节，本节中通过六边形磁链给定值动态变化调节的方法实现平均转矩的动态调节。

2）在每个区段上只用一个工作电压状态。

3）系统中设置功率调节器，以实现恒功率调节。在弱磁范围内，转速调节器的输出由转矩给定值变为功率给定值，借以控制功率调节器进行弱磁范围内的功率调节。

2. 弱磁范围内的转矩控制与调节

当异步电动机在额定磁链和额定转速下工作时，如果减小磁链给定值，则可以加大定子频率，提高电动机转速。由于定子磁链空间矢量顶点的轨迹速度是由中间直流电压确定的，从六边形磁链的区段的边到其中心的距离等于磁链给定值比较器设定的磁链给定值 Ψ_{s0}。

图 4-26 表示改变磁链给定值时，定子磁链空间矢量运动轨迹的变化过程。

在时刻 t_1，定子磁链空间矢量位于 $\boldsymbol{\Psi}_s(t_1)$ 位置，这时磁链给定值由 $\Psi_{sg}(t_1)$ 降到 $\Psi_{sg}(t_2)$。在时刻 t_2，定子磁链空间矢量的顶点到达由 $\Psi_{sg}(t_2)$ 新确定的开关线。这时磁链给定值比较器变化（在这种情况下 $\overline{S\Psi_C}$ 从 1 变到 0），新的电压开关信号从 100 变化到 110。磁链给定值不再变化，定子磁链空间矢量的顶点保持在新的较小的六边形上，因为在下一个开关线以及所有的开关线有相同的距离 $\Psi_{sg}(t_2)$。这个新六边形总是和原六边形同心，因此避免了补偿过程。到了时刻 t_3，磁链给定值又到原来的值 $\Psi_{sg}(t_1)$，当定子磁链空间矢量的顶点在 t_4 时刻达到开关线时，新的电压空间矢量才接通，这样又得到了同心的原六边形。而异步电动机的转矩正比于定子磁链与转子磁链之间夹角的正弦值，且定子磁链空间矢量在弱磁范围内以最大的速度旋转，所以定子磁链和转子磁链之间的角度 θ 的改变是通过至少一个区段内定子磁链的减小来实现的，如图 4-27 所示。

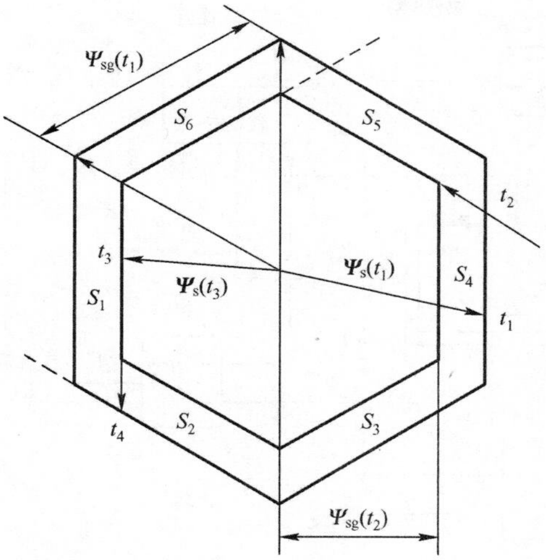

图 4-26　磁链给定值变化时，定子磁链空间矢量顶点的轨迹变化曲线

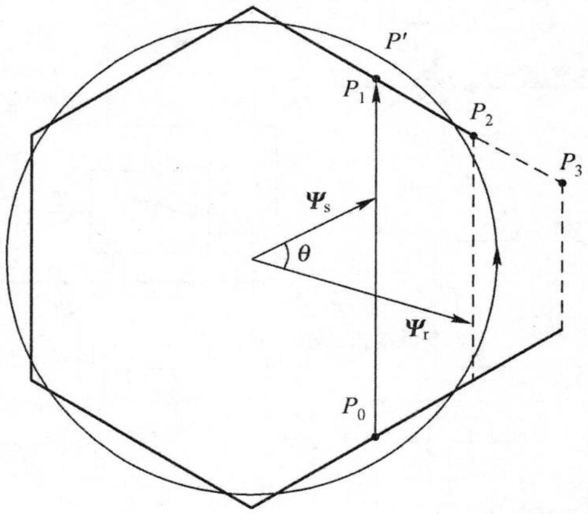

图 4-27　转矩随磁链给定值的变化情况

如图 4-27 所示，定子磁链沿 P_0 到 P_1 直线运行需要较短的时间到达原六边形轨迹。而沿着图示圆形轨迹运行的转子磁链以原有的平均轨迹速度到达 P_1'，所需时间较长。因此 θ 角加大，转矩增加。如果要减小转矩，则必须加大磁链给定值。定子磁链这时沿图 4-27 虚线所示运行，轨迹加长，定子磁链空间矢量到达原六边形 P_2 点时，θ 角减小较多。

当磁链给定值稳定变化时，所设定的转矩也保持稳定，通过转矩给定值和实际值不断地比较，以及 PI 调节器不断地调节给出磁链给定值，该调节适合于转矩变化的情况，因而更能避免逆变器的过载，而不需要限制转矩给定值。

综上所述，在弱磁范围内，由于定子磁链空间矢量在全电压控制时是以最大的轨迹速度旋转的，所以改变磁链给定值的大小（至少在一个区段内），也就改变了路径的长短，从而达到改变 θ 角的大小而调节转矩的目的。当磁链给定值保持不变时，转矩也保持稳定。通过 PI 调节器输出控制信号不断地调节磁链给定值的大小，使其变化满足转矩平均值的要求，完成转矩的动态调节任务。可见，弱磁范围内的转矩调节是通过改变磁链给定值的方法来实现的，这与基速范围内通过工作电压与零状态电压交替工作来控制和调节转矩的方法完全不同。

3. 弱磁范围内的功率调节

转速调节器输出的转矩给定值在弱磁范围内作为功率给定值来工作。图 4-28 所示为弱磁范围内功率调节的原理框图。

由测得的转速实际值 n_f 和电动机模型计算得到的转矩实际值 T_{eif}，可以计算出功率实际值。功率给定值和实际值 P_{mf}进行比较后，输入到功率调节器 APR。当转速在基速以上的弱磁范围内升速时，功率调节器开始进行自动调节，改变磁链给定值的大小，使得在稳态工作点下转矩减小到 $1/n$，以保持功率恒定。

在异步电动机的整个转速范围内可分为 3 个区域，如图 4-29 所示。

（1）区域Ⅰ：基本转速范围（基速 n_N以下范围）

1）P_m/n = 常数，即功率 P_m 与转速 n 成正比。

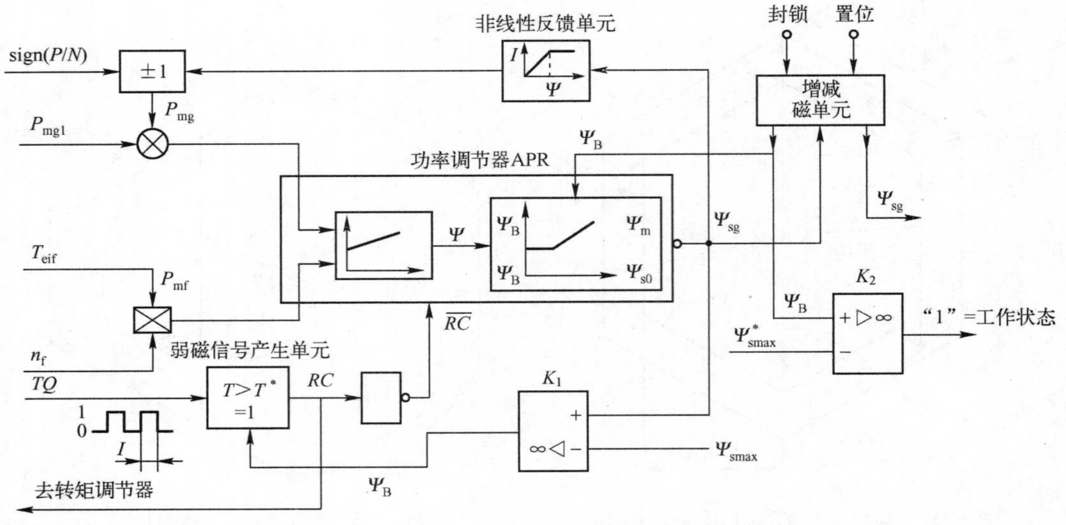

图 4-28　弱磁范围内功率调节的原理框图

2）T_{ei} = 常数 < T_{eimax}。电动机转矩即为负载转矩 T_L，且为常数，小于电动机最大转矩 T_{eimax}，约为图 4-29 所示 T_{eimax} 的 1/2。$\Psi_{s0} = \Psi_{sg}$ = 常数，定子磁链为常数，等于给定值。

3）功率值为

$$P_m = T_{ei}\omega \tag{4-22}$$

（2）区域Ⅱ：弱磁范围Ⅰ（$n_N < n < n'$范围）

1）P_m = 常数，功率 P_m 在整个范围内保持恒定。

2）$T_{ei} \propto 1/n$，实际转矩与转速成反比。

3）$T_{eimax} \propto 1/n$，电动机的最大转矩也与转速成反比。

4）$\Psi \propto 1/n$，定子磁链也与转速成反比。

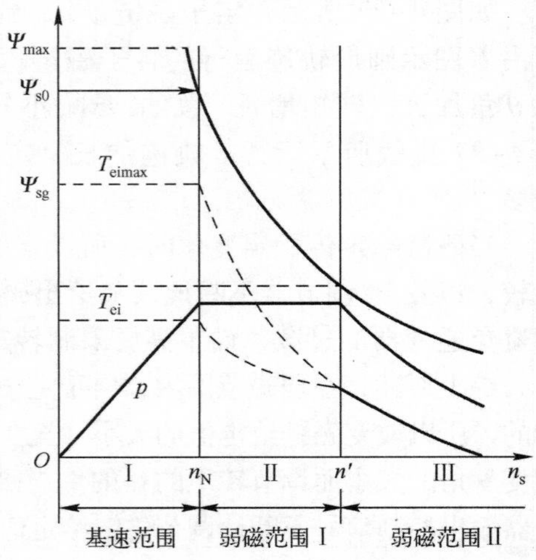

图 4-29　在全速范围内转矩与功率特性

（3）区域Ⅲ：弱磁范围Ⅱ（$n' < n$ 范围）

1）$P_m n$ = 常数。由于受电动机机械条件的限制，在 $n' < n$ 的范围内，功率不能再保持恒定，功率 P_m 只能随转速的升高而下降，P_m 与 n 成反比。

2）$T_{ei} = T_{eimax}$。

3）$\Psi = 1/n_{sN}$，n_{sN} 是额定的理想空载转速。转速在 n_{sN} 以下的范围叫作基速范围，它包括前面分析过的低转速范围和高转速范围。转速在 n_{sN} 以上的范围叫作弱磁范围，弱磁范围又分弱磁范围Ⅰ和弱磁范围Ⅱ。在整个弱磁范围内，Ψ_{sg} 都与转速成反比，所不同的是：在弱磁范围Ⅰ，功率 P_m 恒定，转矩 T_{ei} 与转速 n 成正比；而在弱磁范围Ⅱ，P_m 与 n 成反比，$T_{ei} = T_{eimax}$ 与 n^2 成反比。

在区域Ⅱ（弱磁范围Ⅰ），通过功率调节器的调节，使得磁链幅值与转速成反比地减小。在稳态情况下，转矩也随着转速的升高成反比地减小，可表示为

$$P_{mf} = P_{mg,max} \tag{4-23}$$

$$T_{ei} = T_{eif} = \frac{P_{mg,max}}{\omega} \tag{4-24}$$

在区域Ⅲ（弱磁范围Ⅱ），即 $n' < n$ 时，功率给定值应随着转速的升高而减小。换言之，功率给定值应随着磁链的减小而减小。因此特设非线性反馈单元（见图4-28），使 P_{mgl} 与 Ψ_{sg} 相乘，达到在弱磁范围Ⅱ内 P_{mg} 与 n 成反比的目的。在这个区域内，转矩 T_{ei} 与最大转矩 T_{eimax} 相等，受 T_{eimax} 的约束限制。

（4）基速范围和弱磁范围之间的切换问题

基速范围向弱磁范围切换的信号是转矩开关信号 TQ。当 TQ 信号长时间为“1”态时，表明 θ 角太小，应进行弱磁控制，于是弱磁信号产生单元输出的弱磁信号 RC 为“1”态，表示需要弱磁（见图4-28），此时功率调节器就会进行弱磁调节。如果是在基速范围内，则弱磁信号产生单元输出的信号 RC 为“0”态，表明不需要进行弱磁，则功率调节器输出额定磁链给定值。在弱磁控制时，为了避免转矩调节器在弱磁范围内给出零状态指令，必须进行自锁控制，这通过 $RC=1$ 信号送往转矩调节器，使转矩调节器的输出 $TQ=1$，$TQ=1$ 又返回到弱磁信号产生单元，使其输出信号 $RC=1$，这样就完成了弱磁时的自锁任务，如图4-28所示。

从弱磁范围向基速范围的切换信号，可以通过功率调节器的磁链给定值来识别。把磁链给定值 Ψ_{sg} 送到 K_1 单元，与磁链最大值 Ψ_{smax} 进行比较。如果转速要下降，退出弱磁范围，则功率调节器加大磁链给定值，以使定子磁链空间矢量的角速度下降。当 Ψ_{sg} 大于 Ψ_{smax}，即 $\Psi_{sg} - \Psi_{smax} = 1.1\Psi_{s0}$（见图4-29）时，$K_1$ 单元输出信号控制弱磁信号产生单元，使信号 $RC=0$，功率调节器输出额定磁链给定值，工作状态回到基速范围内，即 $\Psi_{sg} = \Psi_{s0}$，转矩调节器恢复两点式调节。

为了使基速范围到弱磁范围能实现平滑转换，还应注意到给定值的切换条件。由于转矩给定值和功率给定值都是来自转速调节器的输出，因此必须考虑在转矩给定值和功率给定值的转换过程中，转换点应有相同的电压值，也就是说必须符合下式：

$$K_p P_{mg} = K_T T_{eig} \tag{4-25}$$

$$P_{mg} = T_{eig} n_0 \tag{4-26}$$

式中，K_p 为功率系数；K_T 为转矩系数。

在满足上面两式的情况下，转换点处的功率实际值与功率给定值之差为0，从而使功率调节器投入工作的瞬间无输出扰动，得到转换过程的平滑过渡。

图4-28中还有两个单元：增减磁单元和 K_2 单元。它们的作用是控制励磁、去磁以及工作状态的联锁。增减磁单元的控制信号是“封锁”和“置位”两个信号的组合。增减磁单元的输出信号 Ψ_B 一方面去控制功率调节器的磁链给定限幅值，另一方面去控制 K_2 单元，以决定系统的工作状态。

如果DSC控制系统为“断开”状态，则“封锁”信号为“1”态，“置位”信号为“1”态，增减磁单元的输出 Ψ_B 为起始磁链给定初始值，控制功率调节器的磁链给定初始值为 Ψ_B（见调节器中的 Ψ_B），同时，K_2 单元输出为“封锁”状态。

如果DSC为“工作”状态，则“封锁”=0，“置位”=0，Ψ_B 为最大磁链值 Ψ_{smax}，一方面使功率调节器的磁链限幅值为 Ψ_{smax}，另一方面与 Ψ^*_{smax} 在 K_2 单元进行比较。Ψ_{smax} 选择得要比磁链给定值的最大值 Ψ^*_{smax} 更大一些，通过比较，K_2 单元输出“1”态，即为工作状态，则系统进入工作状态，电动机增加转矩。

如果电动机处于停止工作状态，则“封锁”=1，“置位”=0，Ψ_B 低于 Ψ_{smax}^*时，K_2 单元立刻输出“非工作状态”信号，转矩给定值和实际平均值为零，电动机去磁。当定子磁链幅值降到它的额定值 Ψ_{s0}的 10% 以下时，“置位”=1，DSC 又处于“断开”状态（“封锁”=1，“置位”=1）。

4.3 异步电动机磁链闭环直接转矩控制（DTC）系统

DTC 直接转矩控制系统类似于 DSC 系统，但又不同于 DSC 系统。DTC 系统的工作原理阐述如下。

1. DTC 的磁链控制

由于电动机转矩与磁链大小有关，为了精确控制转矩，必须同时控制磁链，使其在转矩调节期间幅值不变或变化不大。

DTC 的磁链控制通过磁链滞环 Bang－Bang 控制器实现，它的输入是定子磁链幅值给定值 Ψ_s^* 及来自电动机模型的定子磁链幅值实际值 Ψ_s，滞环宽度为 $2\varepsilon_\Psi$。

可知，二电平三相逆变器的三组开关有 8 种可能的工作状态，产生 6 个有效基本电压空间矢量（$\boldsymbol{u}_1$，$\cdots,\boldsymbol{u}_6$）及两个零基本电压空间矢量（$\boldsymbol{u}_0$、$\boldsymbol{u}_7$）。6 个有效基本电压空间矢量如图 4-30 所示，在图中还绘出两个幅值为（$\Psi_s^*+\varepsilon_\Psi$）和（$\Psi_s^*-\varepsilon_\Psi$）的圆，它们是磁链滞环控制器（AΨR）的动作值。整个图分成6 个扇区Ⅰ，…，Ⅵ，在每个扇区中有一个有效基本电压空间矢量（注意：这个扇区按电压矢量位于扇区中央来划分）。

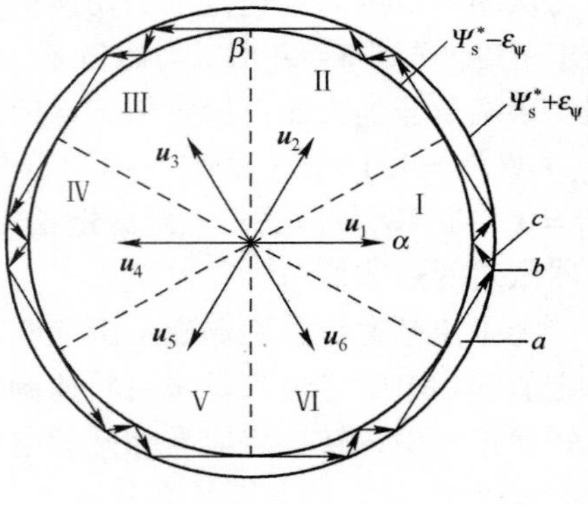

图 4-30　电压空间矢量及扇区

由式（4-5）知，在忽略定子电阻压降后，定子磁链矢量为

$$\boldsymbol{\Psi}_s \approx \int \boldsymbol{u}_s \mathrm{d}t \tag{4-27}$$

该式表明，在施加某一个有效的基本电压空间矢量后，定子磁链矢量 $\boldsymbol{\Psi}_s$ 将从起始点沿该电压矢量方向直线运动。改用另一个电压矢量后，$\boldsymbol{\Psi}_s$ 将从改变时刻的位置沿新基本电压矢量的方向运动。

假设某一时刻来自电动机模型的矢量 $\boldsymbol{\Psi}_s$ 位于扇区Ⅰ的 a 点，选用电压矢量 $\boldsymbol{u}_2$，磁链矢量 $\boldsymbol{\Psi}_s$ 沿 $\boldsymbol{u}_2$方向运动，幅值 Ψ_s 逐渐加大。当矢量 $\boldsymbol{\Psi}_s$ 移动到 b 点时，幅值 $\Psi_s=\Psi_s^*+\varepsilon_\Psi$，AΨR 动作，改用电压矢量 $\boldsymbol{u}_3$，随后矢量 $\boldsymbol{\Psi}_s$ 沿 $\boldsymbol{u}_3$方向运动，幅值 Ψ_s 逐渐减小。当矢量 $\boldsymbol{\Psi}_s$ 移动到 c 点时，幅值 $\Psi_s=\Psi_s^*-\varepsilon_\Psi$，AΨR 翻转回原状态，再次用电压矢量 $\boldsymbol{u}_2$，幅值 $\boldsymbol{\Psi}_s$ 再加大。如此交替使用电压矢量 $\boldsymbol{u}_2$和 $\boldsymbol{u}_3$，磁链矢量 $\boldsymbol{\Psi}_s$ 将近似沿圆弧轨迹运动至该扇区结束。在进入扇区Ⅱ后，改为交替使用电压矢量 $\boldsymbol{u}_3$和 $\boldsymbol{u}_4$，在 AΨR 的控制下，$\boldsymbol{\Psi}_s$ 将继续沿圆弧轨迹运动至该扇区结束。如此每换一个扇区就更换一次交替工作的电压矢量，便可控制磁链矢量不停地近似沿圆弧轨迹旋转，保持幅值 $\Psi_s \approx \Psi_s^*$。

由式（4-27）可知，磁链矢量移动的线速度正比于有效基本电压空间矢量的幅值，在逆变器直流母线电压不变时，它是一个固定值。磁链幅值给定越小，圆轨迹的半径越小，磁链矢量旋转的角速度 ω_s 越高，$\omega_s \propto 1/\Psi_s^*$，它与电动机的恒功率调速（弱磁调速）要求相符。

由于有效基本电压空间矢量的幅值是逆变器输出的最高电压，所以上述全部用有效电压矢量构造的旋转磁场是它转得最快的情况，即这时逆变器输出的频率是其最高频率（对应于给定的 Ψ_s^*）。为获得从零到最高频率之间的中间频率，必须在磁链矢量运动过程中不断插入零基本电压矢量。插入零矢量期间，由于它的电压值 =0，磁链矢量停止运动，从而降低 $\boldsymbol{\Psi}_s$ 运动的平均速度，获得了较低的输出频率，零矢量时间占的比例越大，输出频率越低。零矢量插入的时刻及时间长短由转矩滞环控制器（ATR）决定。

2. DTC 的转矩控制

DTC 的转矩控制通过转矩滞环 Bang - Bang 控制器实现，它的输入是转速调节器（ASR）输出的转矩给定 T_{ei}^* 及来自转矩观测器的转矩实际值 T_{ei}，滞环宽度为 $2\delta_T$。

从统一的电动机转矩公式和异步电动机矢量图 4-1 可知，异步电动机转矩与由矢量 $L_s\boldsymbol{i}_s$、$L_m\boldsymbol{i}_r$ 和 $\boldsymbol{\Psi}_s$ 构成的平行四边形面积成比例

$$T_d = K_{mi}\Psi_s i_s \sin\theta_{\Psi i} \tag{4-28}$$

式中，K_{mi}为比例系数；$\theta_{\Psi i}$为从矢量 $\boldsymbol{\Psi}_s$ 到矢量 $\boldsymbol{i}_s$ 的夹角，如图 4-31 所示；i_s 为矢量 $\boldsymbol{i}_s$ 的幅值。

由图 4-31 可知

$$\theta_{\Psi i} = \theta_{\alpha i} - \theta_{\alpha\Psi}$$

$$\sin\theta_{\Psi i} = \sin\theta_{\alpha i}\cos\theta_{\alpha\Psi} - \cos\theta_{\alpha i}\sin\theta_{\alpha\Psi}$$

代入式（4-28），得转矩公式为

$$T_{ei} = K_{mi}(\Psi_{s\alpha}i_{s\beta} - \Psi_{s\beta}i_{s\alpha}) \tag{4-29}$$

把式（4-29）中的 $\Psi_{s\alpha}$和 $\Psi_{s\beta}$用电动机模型输出的 $\Psi_{s\alpha,CM}$和 $\Psi_{s\beta,CM}$代替，得转矩观测器计算公式为

$$T_{ei.ob} = K_{mi}(\Psi_{s\alpha,CM}i_{s\beta} - \Psi_{s\beta,CM}i_{s\alpha}) \tag{4-30}$$

转矩响应波形如图 4-32 所示。假设某一时刻系统工作于 a 点，来自转矩观测器的转矩实际值信号 $T_{ei,ob}$等于转矩滞环控制器（ATR）的上限动作值 $T_{ei}^* + \varepsilon_T$（$T_{ei,ob} = T_{ei}^* + \varepsilon_T$），ATR 输出翻转，电压空间矢量从有效矢量改为零矢量，定子磁链矢量 $\boldsymbol{\Psi}_s$ 停止转动（$\omega_{s,ins} = 0$，$\omega_{s,ins}$——$\boldsymbol{\Psi}_s$ 转动的瞬时角速度），这时电动机转子在转，$\omega_{s,ins} < \omega_r$，转子电动势矢量反方向，使转子电流及转矩减小，$T_{ei,ob}$逐渐下降。到 b 点，$T_{ei,ob}$等于 ATR 的下限动作值 $T_{ei}^* - \varepsilon_T$

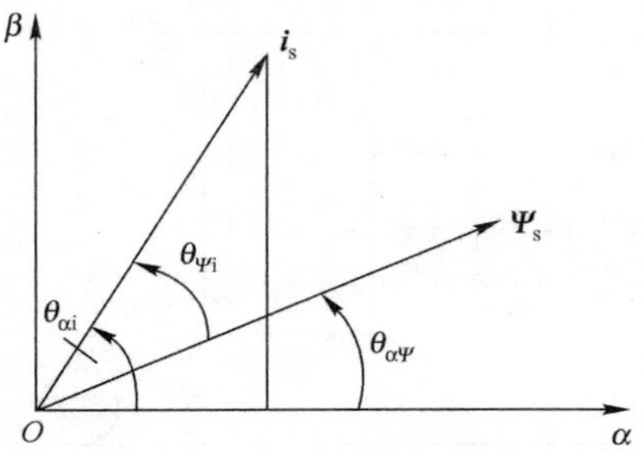

图 4-31　矢量 $\boldsymbol{\Psi}_s$ 和 $\boldsymbol{i}_s$

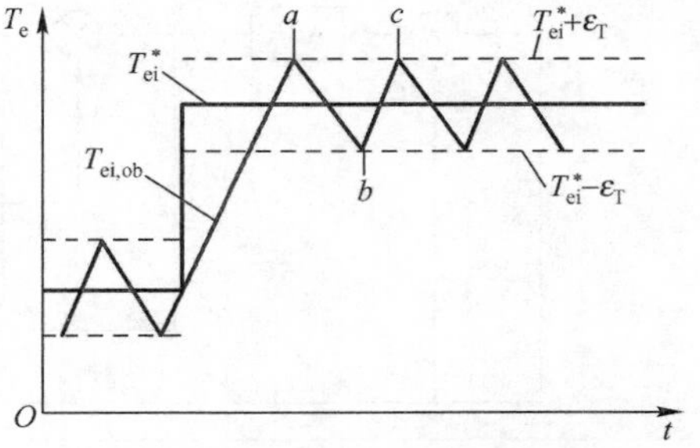

图 4-32　转矩响应波形

($T_{ei,ob}=T_{ei}^*-\varepsilon_T$)，ATR 输出转回原状态，电压矢量从零矢量改回有效矢量，矢量 $\boldsymbol{\Psi}_s$ 以最高角速度旋转，$\omega_{s,ins}>\omega_r$，转子电动势矢量转回原方向，使转子电流及转矩加大，$T_{ei,ob}$逐渐上升。到 c 点，再次达到 $T_{ei,ob}=T_{ei}^*+\varepsilon_T$，ATR 又翻转，$T_{ei,ob}$又下降。如此反复，$T_{ei,ob}$始终在转矩给定 T_{ei}^* 两边摆动，使它的一个开关周期平均值 $T_{ei,ob,av}=T_{ei}^*$。在 T_{ei}^* 变化时，$T_{ei,ob}$紧随其变化，转矩响应时间为一个开关周期（T_{ei}^* 变化时的开关周期与稳态时的开关周期不同）。

注意，零矢量有两个，分别是 $\boldsymbol{u}_0(000)$ 和 $\boldsymbol{u}_7(111)$，为减少功率开关动作次数，零矢量按下述原则选用：若插入零矢量前，有效电压矢量为 $\boldsymbol{u}_1$ 或 $\boldsymbol{u}_3$ 或 $\boldsymbol{u}_5$，则选 $\boldsymbol{u}_0$；若插入零矢量前，有效电压矢量为 $\boldsymbol{u}_2$ 或 $\boldsymbol{u}_4$ 或 $\boldsymbol{u}_6$，则选 $\boldsymbol{u}_7$。按此原则插入零矢量，只需改变一组开关的状态，开关损耗最小。

从上述工作原理知，ATR 不仅控制了零矢量的插入时刻及其持续时间，实现了对逆变器输出角频率 ω_s 的控制，还完成了产生 PWM 信号的任务，简化了系统。这种工作模式给系统调试带来了不便，因为转矩不闭环就没有 PWM，可人们又不敢在没确认控制器、信号检测环节及电动机模型均正常前就贸然进行转矩闭环控制，特别是在大、中功率场合。因此在实际装置中，PWM 信号产生环节不能轻易省掉，调试时先用它对系统进行自检，一切正常后再转入 DTC 控制。

DTC 控制的另一个特点是开关频率会因电动机转速不同而变化。转矩 $T_{ei,ob}$上升、下降的斜率与转子角速度 ω_r 有关：高速时 ω_r 与 $\boldsymbol{\Psi}_s$ 的最高旋转角速度之差小，$T_{ei,ob}$上升慢、下降快；低速时 ω_r 与 $\boldsymbol{\Psi}_s$ 的最高旋转角速度之差最大，但与零接近，$T_{ei,ob}$上升快、下降慢，这两种情况都使开关频率降低；中速时开关频率最高。ABB 公司的中、小功率 DTC 变频器的开关频率变化范围为 0.5 ~6 kHz。开关频率的变化导致 EMC 噪声频带加宽，谐波加大。

3. DTC 系统

前面介绍了 DTC 的磁链控制和转矩控制组合在一起，构造一个完整的 DTC 系统，如图 4-33 所示。图中 AΨR 和 ATR 分别为定子磁链调节器和转矩调节器，两者均采用带有滞环的双位式控制器，它们的输出分别为定子磁链幅值偏差 $\Delta\Psi_s$ 的符号函数 $\mathrm{sgn}(\Delta\Psi_s)$ 和电磁转矩偏差 ΔT_{ei}的符号函数 $\mathrm{sgn}(\Delta T_{ei})$，如图 4-34 所示。图中，定子磁链给定 Ψ_s^* 随实际转速 ω 的增加而减小。P/N 为给定转矩极性鉴别器，当期望的电磁转矩为正时，$P/N=1$；当期望的电磁转矩为负时，$P/N=0$。对于不同的电磁转矩期望值，同样符号函数 $\mathrm{sgn}(\Delta T_{ei})$ 的控

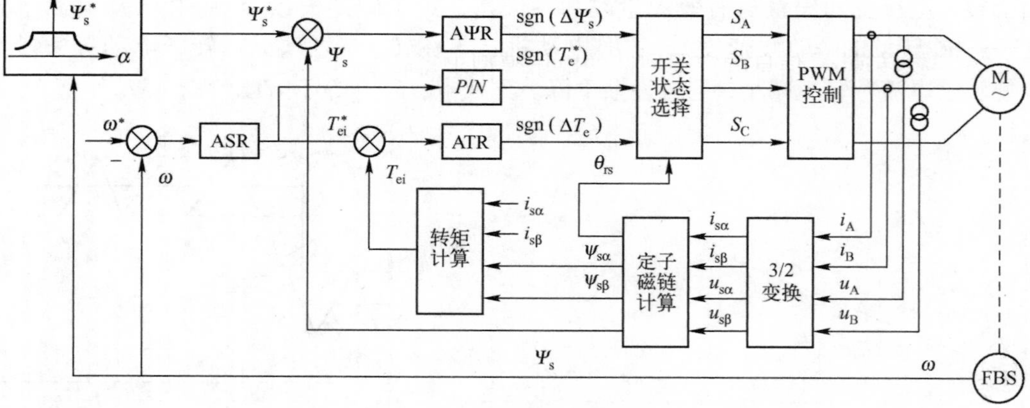

图 4-33　DTC 系统原理结构图

制效果是不同的。

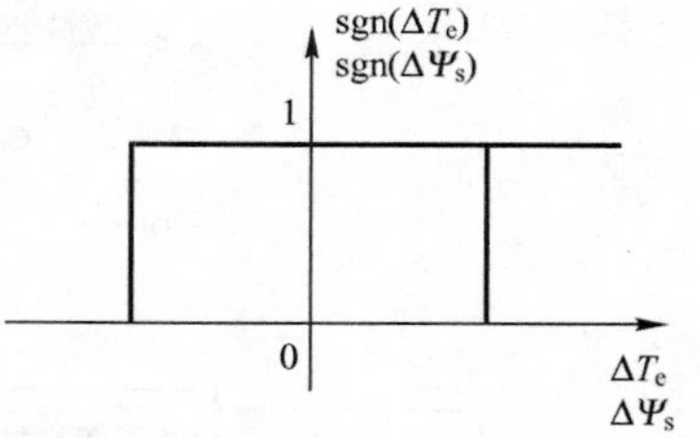

图 4-34　带有滞环的双位式控制器

当期望的电磁转矩为正，即 $P/N=1$ 时，若电磁转矩偏差 $\Delta T_{ei}=T_{ei}^{*}-T_{ei}>0$，其符号函数 $\mathrm{sgn}(\Delta T_{ei})=1$，应使定子磁场正向旋转，使实际转矩 T_{ei} 加大；若电磁转矩偏差 $\Delta T_{ei}=T_{ei}^{*}-T_{ei}<0$，$\mathrm{sgn}(\Delta T_{ei})=0$，一般采用使定子磁场停止转动的方法，使电磁转矩减小。当期望的电磁转矩为负，即 $P/N=0$ 时，若电磁转矩偏差 $\Delta T_{ei}=T_{ei}^{*}-T_{ei}<0$，其符号函数 $\mathrm{sgn}(\Delta T_{ei})=0$，应使定子磁场反向旋转，使实际电磁转矩 T_{ei} 反向增大；若电磁转矩偏差 $\Delta T_{ei}=T_{ei}^{*}-T_{ei}>0$，$\mathrm{sgn}(\Delta T_{ei})=1$，一般采用使定子磁场停止转动的方法，使电磁转矩反向减小。

将上述控制法则整理成表 4-6，当定子磁链矢量位于第Ⅰ扇区中的不同位置时，可按控制器输出的 P/N、$\mathrm{sgn}(\Delta\Psi_s)$ 和 $\mathrm{sgn}(\Delta T_{ei})$ 值用查表法选取电压空间矢量，零矢量可按开关损耗最小的原则选取。其扇区磁链的电压空间矢量选择可依次类推。

表 4-6　电压空间矢量选择表

P/N	$\mathrm{sgn}(\Delta\Psi_s)$	$\mathrm{sgn}(\Delta T_{ei})$	0	$0\sim\frac{\pi}{6}$	$\frac{\pi}{6}$	$\frac{\pi}{6}\sim\frac{\pi}{3}$	$\frac{\pi}{3}$
1	1	1	$\boldsymbol{u}_2$	$\boldsymbol{u}_2$	$\boldsymbol{u}_3$	$\boldsymbol{u}_3$	$\boldsymbol{u}_3$
		0	$\boldsymbol{u}_1$	$\boldsymbol{u}_0,\boldsymbol{u}_7$	$\boldsymbol{u}_0,\boldsymbol{u}_7$	$\boldsymbol{u}_0,\boldsymbol{u}_7$	$\boldsymbol{u}_0,\boldsymbol{u}_7$
	0	1	$\boldsymbol{u}_3$	$\boldsymbol{u}_3$	$\boldsymbol{u}_4$	$\boldsymbol{u}_4$	$\boldsymbol{u}_4$
		0	$\boldsymbol{u}_4$	$\boldsymbol{u}_0,\boldsymbol{u}_7$	$\boldsymbol{u}_0,\boldsymbol{u}_7$	$\boldsymbol{u}_0,\boldsymbol{u}_7$	$\boldsymbol{u}_0,\boldsymbol{u}_7$
0	1	1	$\boldsymbol{u}_1$	$\boldsymbol{u}_0,\boldsymbol{u}_7$	$\boldsymbol{u}_0,\boldsymbol{u}_7$	$\boldsymbol{u}_0,\boldsymbol{u}_7$	$\boldsymbol{u}_0,\boldsymbol{u}_7$
		0	$\boldsymbol{u}_6$	$\boldsymbol{u}_6$	$\boldsymbol{u}_6$	$\boldsymbol{u}_1$	$\boldsymbol{u}_1$
	0	1	$\boldsymbol{u}_4$	$\boldsymbol{u}_0,\boldsymbol{u}_7$	$\boldsymbol{u}_0,\boldsymbol{u}_7$	$\boldsymbol{u}_0,\boldsymbol{u}_7$	$\boldsymbol{u}_0,\boldsymbol{u}_7$
		0	$\boldsymbol{u}_5$	$\boldsymbol{u}_5$	$\boldsymbol{u}_5$	$\boldsymbol{u}_6$	$\boldsymbol{u}_6$

4.4　无速度传感器直接转矩控制系统

无速度传感器直接转矩控制系统如图 4-35 所示，其结构在前面已详细介绍过，此处不再叙述。下面详细介绍两种速度推算器的构成方法。

1. 方法一：常规方法

由不需要转速 ω_r 信息的定子回路的电压模型求得转子磁链。

$$\left.\begin{aligned}\Psi_{r\alpha}&=\frac{L_{rd}}{L_{md}}\left[\int(u_{s\alpha}-R_s i_{s\alpha})\mathrm{d}t-\sigma L_{sd}i_{s\alpha}\right]\\ \Psi_{r\beta}&=\frac{L_{rd}}{L_{md}}\left[\int(u_{s\beta}-R_s i_{s\beta})\mathrm{d}t-\sigma L_{sd}i_{s\beta}\right]\end{aligned}\right\}\tag{4-31}$$

式中，$\sigma=1-L_{md}^2/(L_{sd}L_{rd})$ 为漏磁系数。

但是在实际使用时，式（4-31）的转子磁链运算存在下列问题：

1）由于需要积分运算，在低速时会出现积分漂移和初始值的误差，运行将不稳定。

2）在低速时，电动机端电压很小，R_s 的误差会影响磁链运算的精度，在低速运行会不稳定。

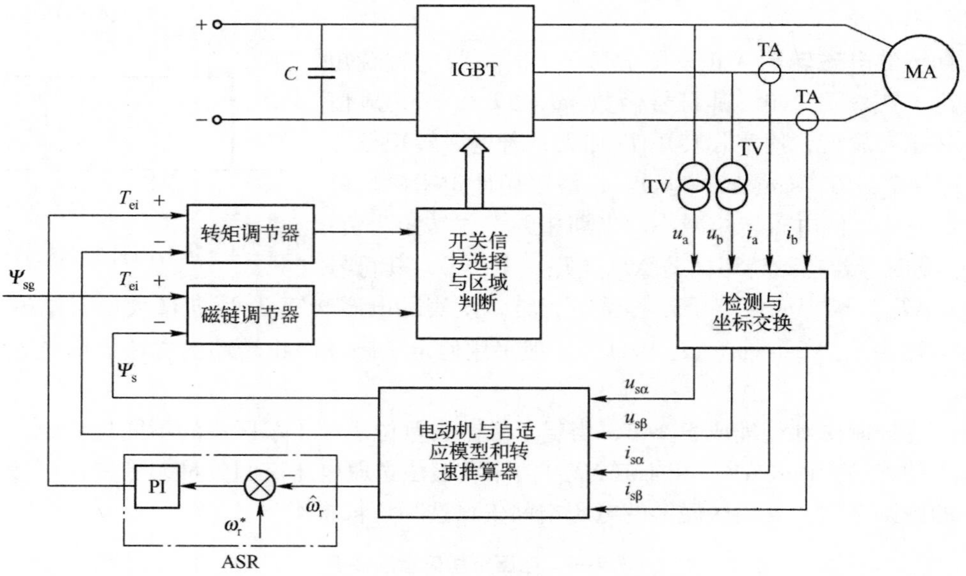

图 4-35　无速度传感器直接转矩控制系统框图

针对以上问题的解决办法如下：

1）方法一是把电压模型的转子磁链 $\Psi_{r\alpha}$、$\Psi_{r\beta}$ 与电流模型的转子磁链 $\Psi_{r\alpha i}$、$\Psi_{r\beta i}$ 的误差作为反馈量加到式（4-31）中，按下列式子来推算转子磁链。

$$\left.\begin{aligned}\Psi_{r\alpha}&=\frac{L_{rd}}{L_{md}}\left\{\int[u_{s\alpha}-R_s i_{s\alpha}-K(\Psi_{r\alpha}-\Psi_{r\alpha i})]\mathrm{d}t-\sigma L_{sd}i_{s\alpha}\right\}\\\Psi_{r\beta}&=\frac{L_{rd}}{L_{md}}\left\{\int[u_{s\beta}-R_s i_{s\beta}-K(\Psi_{r\beta}-\Psi_{r\beta i})]\mathrm{d}t-\sigma L_{sd}i_{s\beta}\right\}\end{aligned}\right\}\tag{4-32}$$

式中，K 为增益系数。

而电流模型的转子磁链 $\Psi_{r\alpha i}$、$\Psi_{r\beta i}$ 可写成

$$\Psi_{ri}=\int\left[\left(\frac{L_{md}}{L_{rd}}\right)R_r i_{s\alpha}-\left(\frac{R_r}{L_{rd}}\right)\Psi_{ri}+\hat{\omega}_r\boldsymbol{J}\Psi_{ri}\right]\mathrm{d}t\tag{4-33}$$

式中，$\boldsymbol{J}=\begin{pmatrix}0&-1\\1&0\end{pmatrix}$；$\hat{\omega}_r$ 为速度推算值。

速度推算值 $\hat{\omega}_r$ 由转子磁链 Ψ_r 的相位角 θ 的微分值 $\omega_s=p\theta_s$ 与转差频率运算值 $\hat{\omega}_{s1}$ 相减而得，即

$$\hat{\omega}_r=\omega_s-\hat{\omega}_{s1}\tag{4-34}$$

$$\omega_s=\frac{\mathrm{d}}{\mathrm{d}t}\arctan\left(\frac{\Psi_{r\beta}}{\Psi_{r\alpha}}\right)\tag{4-35}$$

$$\hat{\omega}_{s1}=R_r\left(\frac{L_{md}}{L_{rd}}\right)\frac{\Psi_{r\alpha}i_{s\beta}-\Psi_{r\beta}i_{s\alpha}}{\Psi_{r\alpha}^2+\Psi_{r\beta}^2}\tag{4-36}$$

2）方法二是转差频率推算值按下式运算：

$$\hat{\omega}_{s1}=\hat{\omega}_{s1}+\int(\hat{\omega}'_{s1}-\hat{\omega}_{s1})\mathrm{d}t\tag{4-37}$$

$$\hat{\omega}'_{s1}=\frac{R_r(L_{md}/L_{rd})(\Psi_{r\alpha}i_{s\beta}-\Psi_{r\beta}i_{s\alpha})}{L_{md}(\Psi_{r\alpha}i_{s\alpha}+\Psi_{r\beta}i_{s\beta})} \tag{4-38}$$

式（4-38）表明，在稳态时转差频率$\hat{\omega}'_{s1}$对定子电阻误差的敏感度为最低，也就是说，在动态时使用式（4-36）的$\hat{\omega}_{s1}$，而在稳态时使用式（4-38）的$\hat{\omega}'_{s1}$，以达到对定子电阻变化的低敏感度。速度推算器的结构如图 4-36 所示。

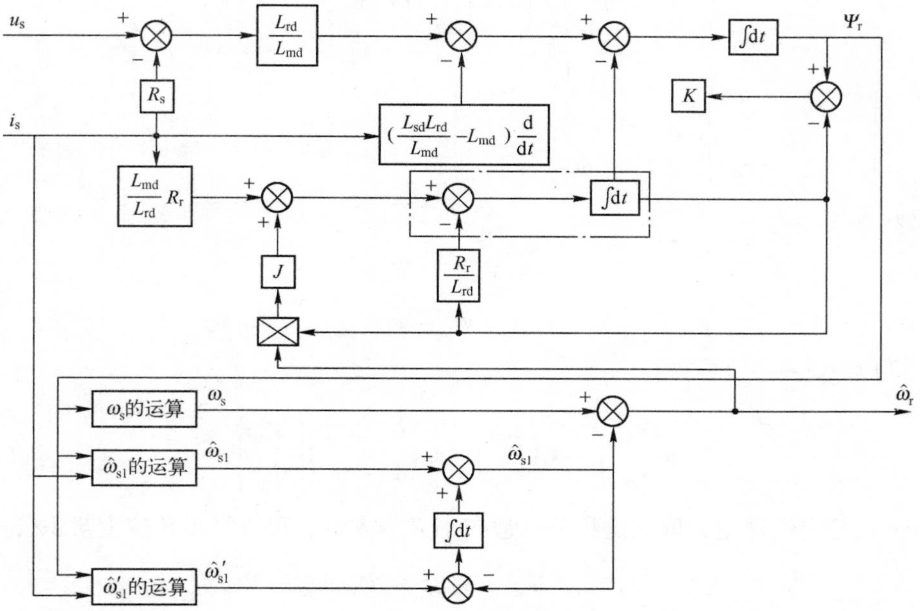

图 4-36　转子磁链和速度的运算结构图

2. 方法二：模型参考自适应法

模型参考自适应法（Model Reference Adaptive System，MRAS）辨识参数的主要思想是将不含未知参数的方程作为参考模型，而将含有待估计参数的方程作为可调模型，两个模型具有相同物理意义的输出量，利用两个模型输出量的误差构成合适的自适应率来实时调节可调模型的参数，以达到控制对象的输出跟踪参考模型的目的。

C. Schauder 首次将模型参考自适应法引入异步电动机转速辨识中，这也是首次基于稳定性理论设计异步电动机转速的辨识方法，其推导如下：

静止参考坐标系下的转子磁链方程为

$$p\begin{pmatrix}\Psi_{r\alpha}\\ \Psi_{r\beta}\end{pmatrix}=\begin{pmatrix}-\frac{1}{T} & -\omega_r\\ \omega_r & -\frac{1}{T}\end{pmatrix}\begin{pmatrix}\Psi_{r\alpha}\\ \Psi_{r\beta}\end{pmatrix}+\frac{L_{md}}{T_r}\begin{pmatrix}i_{r\alpha}\\ i_{r\beta}\end{pmatrix} \tag{4-39}$$

据此构造参数可调的转子磁链估计模型为

$$p\begin{pmatrix}\hat{\Psi}_{r\alpha}\\ \hat{\Psi}_{r\beta}\end{pmatrix}=\begin{pmatrix}-\frac{1}{T} & -\hat{\omega}_r\\ \hat{\omega}_r & -\frac{1}{T}\end{pmatrix}\begin{pmatrix}\hat{\Psi}_{r\alpha}\\ \hat{\Psi}_{r\beta}\end{pmatrix}+\frac{L_{md}}{T_r}\begin{pmatrix}i_{r\alpha}\\ i_{r\beta}\end{pmatrix} \tag{4-40}$$

认为估计模型中 ω_r 是需要辨识的量，而认为其他参数不变化。式（4-39）和式（4-40）可简写为

$$p\begin{pmatrix}\Psi_{r\alpha}\\ \Psi_{r\beta}\end{pmatrix}=\boldsymbol{A}_r\begin{pmatrix}\Psi_{r\alpha}\\ \Psi_{r\beta}\end{pmatrix}+b\begin{pmatrix}i_{r\alpha}\\ i_{r\beta}\end{pmatrix} \tag{4-41}$$

$$p\begin{pmatrix}\hat{\Psi}_{r\alpha}\\ \hat{\Psi}_{r\beta}\end{pmatrix}=\hat{\boldsymbol{A}}_r\begin{pmatrix}\hat{\Psi}_{r\alpha}\\ \hat{\Psi}_{r\beta}\end{pmatrix}+b\begin{pmatrix}i_{r\alpha}\\ i_{r\beta}\end{pmatrix} \tag{4-42}$$

式中，$\boldsymbol{A}_r=\begin{pmatrix}-\dfrac{1}{T} & -\omega_r\\ -\omega_r & -\dfrac{1}{T}\end{pmatrix}$，$\hat{\boldsymbol{A}}_r=\begin{pmatrix}-\dfrac{1}{T} & -\hat{\omega}_r\\ \hat{\omega}_r & -\dfrac{1}{T}\end{pmatrix}$。

定义状态误差为

$$e_{\Psi\alpha}=\hat{\Psi}_{r\alpha}-\Psi_{r\alpha}$$

$$e_{\Psi\beta}=\hat{\Psi}_{r\beta}-\Psi_{r\beta}$$

则式(4-42)减式(4-41)可得

$$p\begin{pmatrix}e_{\Psi\alpha}\\ e_{\Psi\beta}\end{pmatrix}=\boldsymbol{A}_r\begin{pmatrix}e_{\Psi\alpha}\\ e_{\Psi\beta}\end{pmatrix}+e_\omega\begin{pmatrix}0 & -1\\ 1 & 0\end{pmatrix}\begin{pmatrix}\hat{\Psi}_{r\alpha}\\ \hat{\Psi}_{r\beta}\end{pmatrix} \tag{4-43}$$

根据 Popov 超稳定性理论，取比例积分自适应率 $K_p=K_i/s$，可以推得角速度辨识公式为

$$\begin{aligned}\hat{\omega}_r&=\left(K_p+\frac{K_i}{s}\right)[\hat{\Psi}_{r\beta}(\hat{\Psi}_{r\alpha}-\Psi_{r\alpha})-\hat{\Psi}_{r\alpha}(\hat{\Psi}_{r\beta}-\Psi_{r\beta})]\\&=K_p(\Psi_{r\beta}\hat{\Psi}_{r\alpha}-\Psi_{r\alpha}\hat{\Psi}_{r\beta})+K_i\int_0^T(\Psi_{r\beta}\hat{\Psi}_{r\alpha}-\Psi_{r\alpha}\hat{\Psi}_{r\beta})\,dt\end{aligned} \tag{4-44}$$

式中，$\hat{\Psi}_{r\alpha}$、$\hat{\Psi}_{r\beta}$ 由转子磁链的电流模型即式（4-40）获得，而 $\Psi_{r\alpha}$、$\Psi_{r\beta}$ 由转子磁链的电压模型即式（4-45）、式（4-46）获得。

$$\Psi_{r\alpha}=\frac{L_{rd}}{L_{md}}\left[\int(u_{s\alpha}-R_s i_{s\alpha})\,dt-\sigma L_{sd}i_{s\alpha}\right] \tag{4-45}$$

$$\Psi_{r\beta}=\frac{L_{rd}}{L_{md}}\left[\int(u_{s\beta}-R_s i_s)\,dt-\sigma L_{sd}i_{s\beta}\right] \tag{4-46}$$

辨识算法框图如图 4-37 所示。正如在介绍磁通观测方法时所提到的，这种方法在辨识角速度的同时，也可以提供转子磁链的信息。

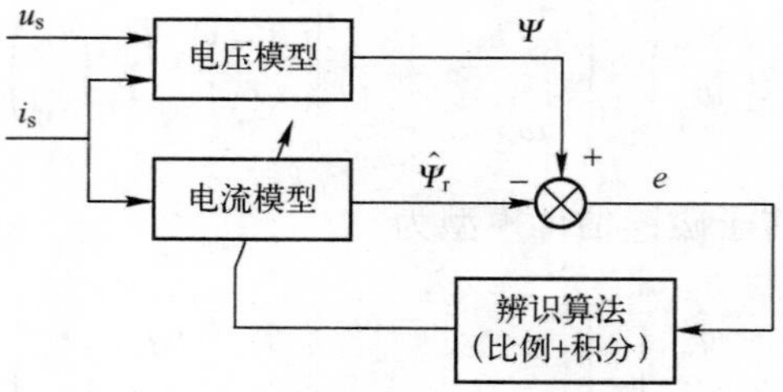

图 4-37　模型参考自适应角速度辨识算法框图

由于 C. Schauder 仍然采用电压模型法转子磁链观测器来作为参考模型，因此电压模型的一些固有缺点在这一辨识算法中仍然存在。为了削弱电压模型中纯积分的影响，Y. Hori 引入了输出滤波环节，改善了估计性能，但同时带来了磁链估计的相移偏差，为了平衡这一偏差，同样在可调模型中引入相同的滤波环节，算法如图 4-38 所示。

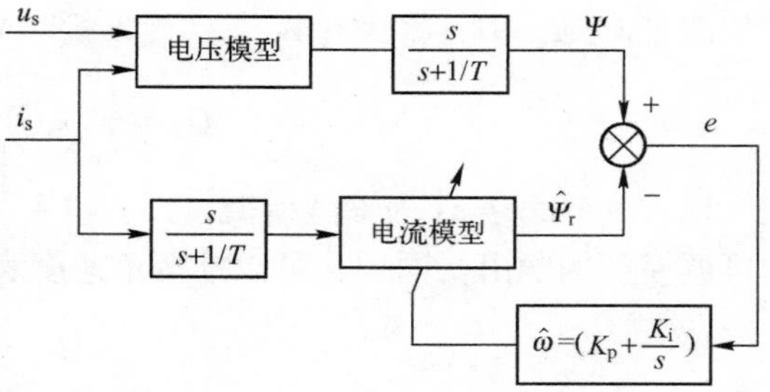

图 4-38　带滤波环节的 MRAS 角速度辨识算法

经过改进后的算法在一定程度上改善了纯积分环节带来的影响，但仍没能很好地解决电压模型中另一个问题，即定子电阻的影响，低速的辨识精度仍不理想，这也就限制了控制系统调速范围的进一步扩大。

前两种方法是用角速度的估算值重构转子磁链作为模型输出的比较量，也可以采用其他量，如反电动势。由于转速的变化在一个采样周期内可以忽略不计，即认为角速度不变，对式（4-39）两边微分，可得反电动势的近似模型为

$$p\begin{pmatrix} e_{m\alpha} \\ e_{m\beta} \end{pmatrix} = \begin{pmatrix} -\dfrac{1}{T} & -\omega_r \\ \omega_r & -\dfrac{1}{T} \end{pmatrix}\begin{pmatrix} e_{m\alpha} \\ e_{m\beta} \end{pmatrix} + \frac{L_{md}p}{T_r}\begin{pmatrix} i_{s\alpha} \\ i_{s\beta} \end{pmatrix} \tag{4-47}$$

经与磁链模型类似的推导，可得角速度辨识公式为

$$\hat{\omega}_r = \left(K_p + \frac{K_i}{s}\right)(\hat{e}_{m\alpha}e_{m\beta} - \hat{e}_{m\beta}e_{m\alpha}) \tag{4-48}$$

式中，$\hat{e}_{m\alpha}$、$\hat{e}_{m\beta}$ 由式（4-47）估计获得，而 $e_{m\alpha}$、$e_{m\beta}$ 由参考模型即式（4-49）和式（4-50）获得。

$$e_{m\alpha} = p\Psi_{r\alpha} = \frac{L_{rd}}{L_{md}}(u_{s\alpha} - R_s i_{s\alpha} - \sigma L_{sd} p i_{s\alpha}) \tag{4-49}$$

$$e_{m\beta} = p\Psi_{r\beta} = \frac{L_{rd}}{L_{md}}(u_{s\beta} - R_s i_{s\beta} - \sigma L_{sd} p i_{s\beta}) \tag{4-50}$$

用反电动势信号取代磁链信号的方法去掉了参考模型中的纯积分环节，改善了估计性能，但式（4-47）的获得是以角速度恒定为前提的，这在动态过程中会产生一定的误差，而且参考模型中定子电阻的影响依然存在。

由于定子电阻的存在，辨识性能在低速下没有得到较大的改进。解决的办法，一是实时辨识定子电阻，但无疑会增加系统的复杂性；二是可以从参考模型中去掉定子电阻，采用无功功率模型，正是基于这一考虑，令

$$\boldsymbol{e}_m = e_{m\alpha} + \mathrm{j}e_{m\beta}$$

$$\boldsymbol{i}_m = i_{m\alpha} + \mathrm{j}i_{m\beta}$$

无功功率可表示为

$$\boldsymbol{Q}_m = \boldsymbol{i}_s \otimes \boldsymbol{e}_m \tag{4-51}$$

式中，⊗表示叉积。

将式（4-49）和式（4-51）写成复数分量形式为

$$\boldsymbol{e}_m = \frac{L_{rd}}{L_{md}}(\boldsymbol{u}_s - R_s\boldsymbol{i}_s - \sigma L_{sd}p\boldsymbol{i}_s) \tag{4-52}$$

由于 $\boldsymbol{i}_{\mathrm{s}} \otimes \boldsymbol{i}_{\mathrm{s}}=0$，将式（4-52）代入式（4-51）得

$$\boldsymbol{Q}_{\mathrm{m}}=\frac{L_{\mathrm{rd}}}{L_{\mathrm{md}}} \boldsymbol{i}_{\mathrm{s}} \otimes\left(\boldsymbol{u}_{\mathrm{s}}-\sigma L_{\mathrm{sd}} p \boldsymbol{i}_{\mathrm{s}}\right) \tag{4-53}$$

以式（4-53）作为参考模型，以式（4-47）求得的 $\hat{\boldsymbol{e}}_{\mathrm{m}}$ 与 $\boldsymbol{i}_{\mathrm{s}}$ 叉积的结果式（4-54）作为可调模型的输出，同样，可以推得角速度表达式为

$$\hat{\boldsymbol{Q}}_{\mathrm{m}}=\boldsymbol{i}_{\mathrm{s}} \otimes \hat{\boldsymbol{e}}_{\mathrm{m}} \tag{4-54}$$

$$\hat{\omega}_{\mathrm{r}}=\left(K_{\mathrm{p}}+\frac{K_{\mathrm{i}}}{s}\right)\left(\hat{\boldsymbol{Q}}_{\mathrm{m}}-\boldsymbol{Q}_{\mathrm{m}}\right) \tag{4-55}$$

显然，这种方法的最大优点是消除了定子电阻的影响，为拓宽调速范围提供了新途径。另外一种以无功形式表示的参考模型为

$$\boldsymbol{Q}_{\mathrm{m}}=u_{\mathrm{s\beta}} i_{\mathrm{s\alpha}}-u_{\mathrm{s\alpha}} i_{\mathrm{s\beta}} \tag{4-56}$$

该式可直接根据实测电压、电流计算得出，与任何电动机参数都无关。假设转子磁链变化十分缓慢，可以忽略不计，则认为磁通幅值为恒定，可以近似得到反电动势表达式为

$$e_{\mathrm{m}}=p \boldsymbol{\Psi}_{\mathrm{r}} \approx \mathrm{j} \omega_{\mathrm{s}} \boldsymbol{\Psi}_{\mathrm{r}}$$

进而得到定子电压方程式为

$$\boldsymbol{u}_{\mathrm{s}}=\boldsymbol{e}_{\mathrm{m}}+R_{\mathrm{s}} \boldsymbol{i}_{\mathrm{s}}+\sigma L_{\mathrm{sd}} p \boldsymbol{i}_{\mathrm{s}}=\mathrm{j} \omega_{\mathrm{s}} \boldsymbol{\Psi}_{\mathrm{r}}+R_{\mathrm{s}} \boldsymbol{i}_{\mathrm{s}}+\sigma L_{\mathrm{sd}} p \boldsymbol{i}_{\mathrm{s}}$$

可调模型可表示为

$$\hat{\boldsymbol{Q}}_{\mathrm{s}}=\boldsymbol{i}_{\mathrm{s}} \otimes\left(\mathrm{j} \omega_{\mathrm{s}} \boldsymbol{\Psi}_{\mathrm{r}}+\sigma L_{\mathrm{sd}} p \boldsymbol{i}_{\mathrm{s}}\right) \tag{4-57}$$

由 Popov 超稳定性理论，可推出定子角速度表达式为

$$\hat{\omega}_{\mathrm{s}}=\left(K_{\mathrm{p}}+\frac{K_{\mathrm{i}}}{s}\right)\left(\hat{\boldsymbol{Q}}_{\mathrm{m}}-\boldsymbol{Q}_{\mathrm{m}}\right) \tag{4-58}$$

将其减去转差角速度 ω_{sl}，得角速度推算表达式为

$$\hat{\omega}_{\mathrm{r}}=\hat{\omega}_{\mathrm{s}}-\omega_{\mathrm{sl}} \tag{4-59}$$

这种方法也同样消去了定子电阻的影响，有较好的低速性能和较宽的调速范围，然而这种方法是基于转子磁链幅值恒定的假设的，因而辨识性能受磁链控制好坏的影响。总的说来，MRAS 是基于稳定性设计的参数辨识方法，它保证了参数估计的渐进收敛性。但是由于 MRAS 的速度观测是以保证参考模型准确为基础的，参考模型本身的参数准确程度就直接影响到速度辨识和控制系统工作的成效，解决的方法应着眼于：①选取合理的参考模型和可调模型，力求减少变化参数的个数；②解决多参数辨识问题，同时辨识转速和电动机参数；③选择更合理有效的自适应率，替代目前广泛使用的 PI 自适应率，努力的主要目标仍是在提高收敛速度的同时保证系统的稳定性和对参数的鲁棒性。

4.5 直接转矩控制仿真研究

基于三相异步电动机直接转矩控制系统的原理，在 MATLAB6.5 环境下，利用 Simulink 仿真工具，建立三相异步电动机直接转矩控制系统的仿真模型，整体设计框图如图 4-39 所示。根据模块化建模思想，系统主要包括的功能子模块有电动机模块、逆变器模块、电压测

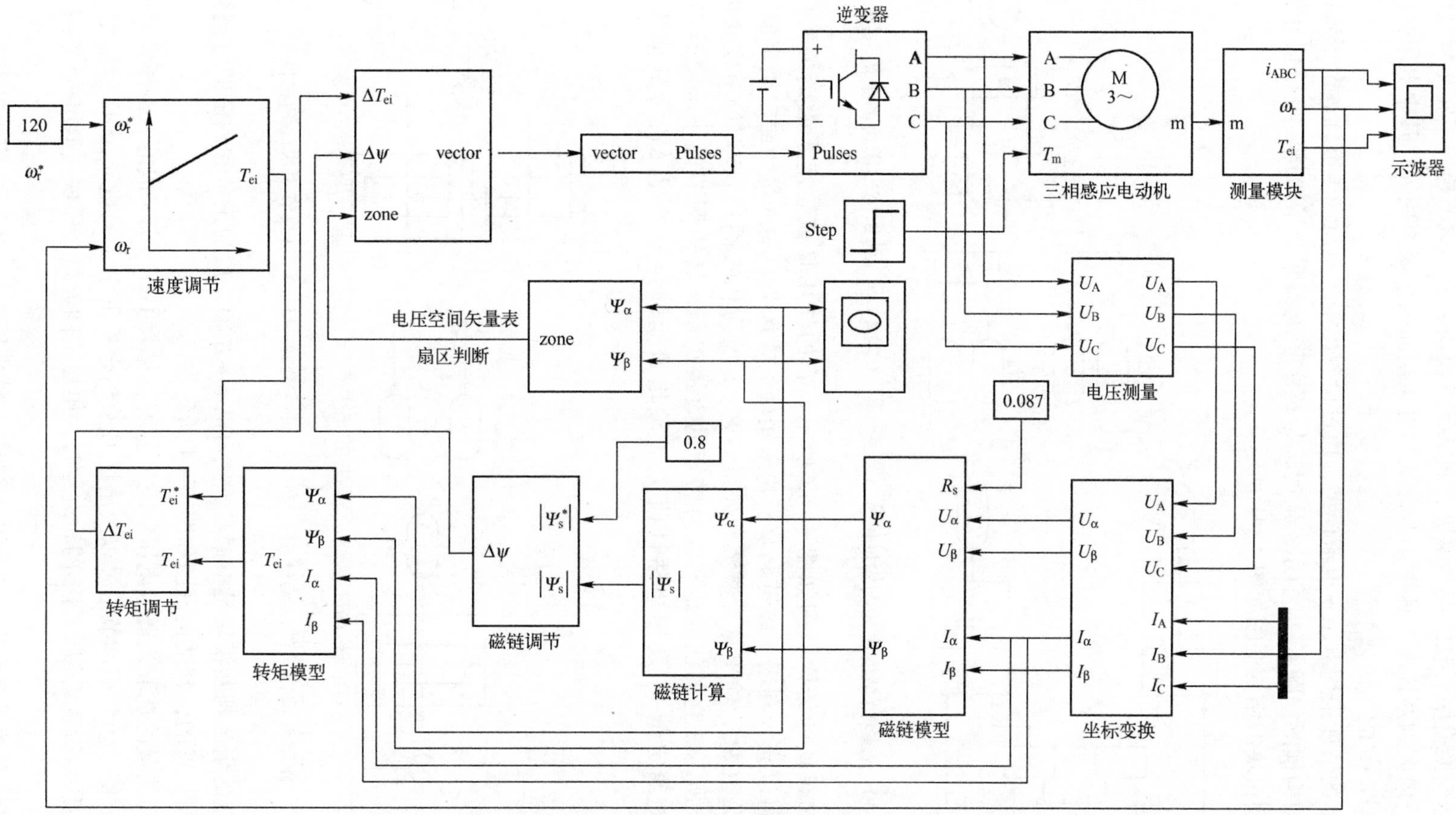

图4-39　基于Simulink的三相异步电动机直接转矩控制系统的仿真模型的整体设计框图

量模块、坐标变换模块、磁链模型模块、磁链计算模块、磁链调节模块、转矩模型模块、转矩调节模块、扇区判断模块、速度调节模块和电压空间矢量表模块等，其中电压空间矢量表模块采用 MATLAB 的 S 函数编写。

定子磁链的估计采用电压－电流模型，通过检测出定子电压和电流计算定子磁链，磁链模型模块的结构框图如图 4-40 所示。同时，根据定子电流和定子磁链，可以估计出电磁转矩，转矩模型模块的结构框图如图 4-41 所示。

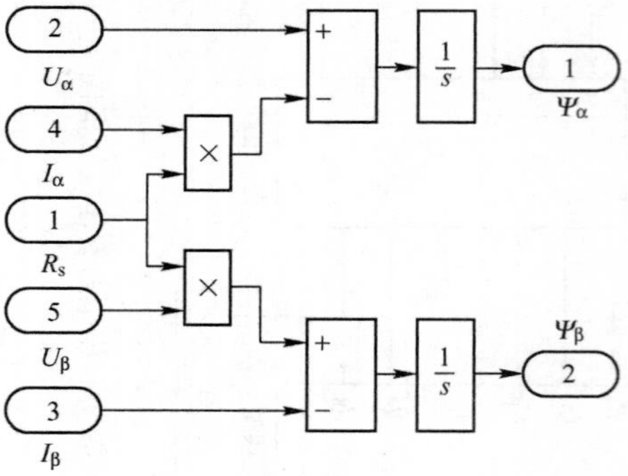

图 4-40　磁链模型模块的结构框图

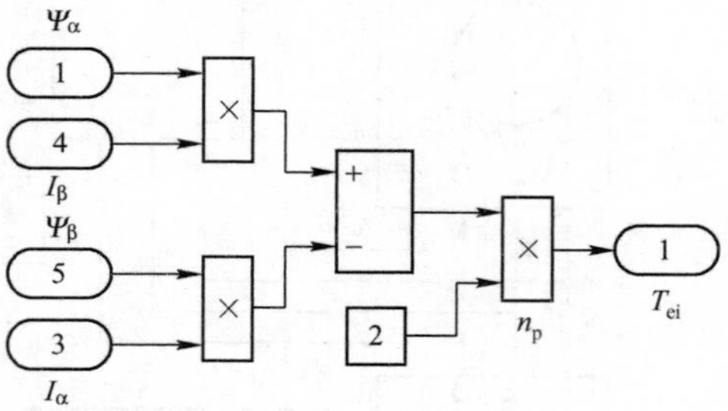

图 4-41　转矩模型模块的结构框图

磁链调节模块的结构框图如图 4-42 所示，它的作用是控制定子磁链的幅值，以使电动机容量得以充分利用。磁链调节模块采用两点式调节，输入量为磁链给定值 $\boldsymbol{\Psi}_s^*$ 及磁链幅值的观测值 $\boldsymbol{\Psi}_s$，输出量为磁链开关量 $\Delta\boldsymbol{\Psi}$，其值为 0 或者 1。转矩调节模块的结构框图如图 4-43 所示，它的任务是实现对转矩的直接控制，转矩调节模块采用三点式调节，输入量为转矩给定量 T_{ei}^* 及转矩估计值 T_{ei}，输出量为转矩开关量 ΔT_{ei}，其值为 0、1 或 －1。

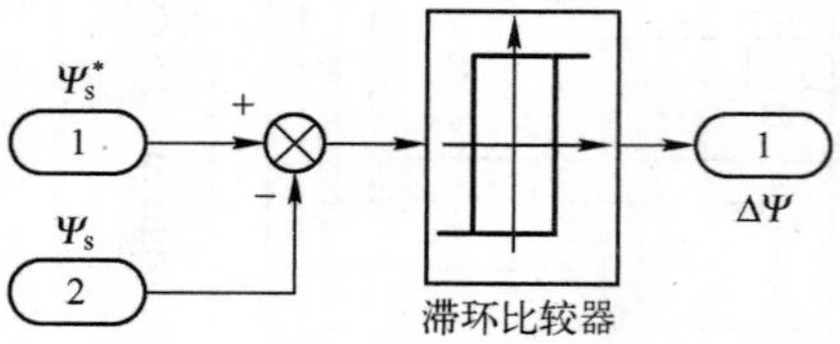

图 4-42　磁链调节模块的结构框图

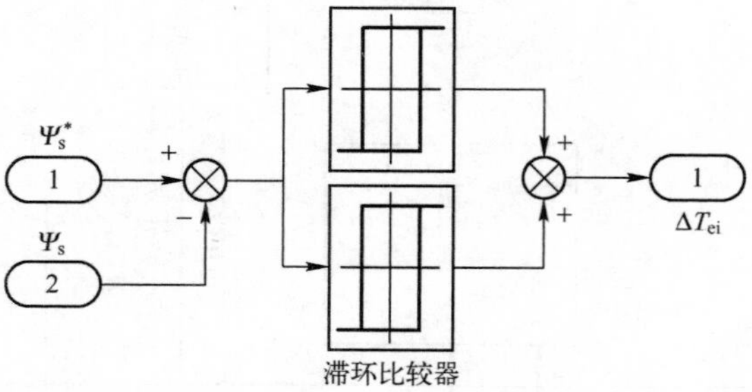

图 4-43　转矩调节模块的结构框图

定子磁链的扇区判断模块是根据定子磁链的 $\alpha-\beta$ 轴分量的正负和磁链的空间角度来判断磁链的空间位置的，其结构框图如图 4-44 所示。

电压空间矢量的选取是通过电压空间矢量表（见表 4-6）来完成的，电压空间矢量表是根据磁链调节信号、转矩调节信号以及扇区号给出合适的电压矢量 $\boldsymbol{u}_{sk}$，以保证定子磁链空间矢量 $\boldsymbol{\Psi}_s$ 的顶点沿着近似于圆形的轨迹运行。电压空间矢量表模块（Table）采用 S 函数编程来实现。

三相异步电动机的参数为：功率 $P_e = 38\,\mathrm{kW}$，线电压 $U_{AB} = 460\,\mathrm{V}$，定子电阻 $R_s = 0.087\,\Omega$，

定子电感 $L_s=0.8\,\text{mH}$，转子电阻 $R_r=0.228\,\Omega$，转子电感 $L_r=0.8\,\text{mH}$，互感 $L_m=0.74\,\text{mH}$，转动惯量 $J=0.662\,\text{kg}\cdot\text{m}^2$，黏滞摩擦系数 $B=0.1\,\text{N}\cdot\text{m}\cdot\text{s}$，极对数 $n_p=2$。

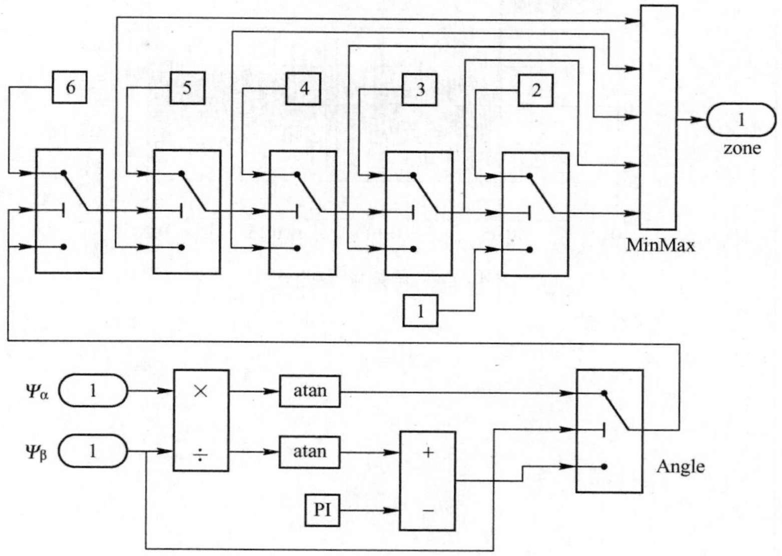

图 4-44　定子磁链扇区判断模块的结构框图

控制器：$\Psi_s^*=0.8\,\text{Wb}\cdot$匝，$\omega_r^*=80\,\text{rad/s}$。把磁链滞环范围设为[-0.001,0.001]，转矩滞环范围设为[-0.1,0.1]。三相异步电动机的定子磁链轨迹、转速和转矩仿真曲线分别如图 4-45 ~ 图 4-47 所示。

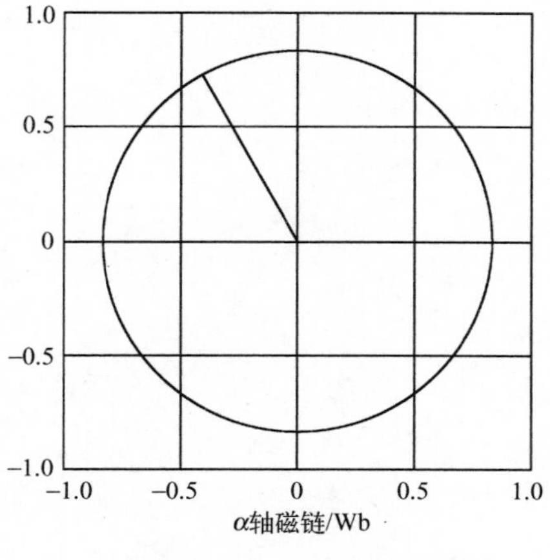

图 4-45　定子磁链轨迹曲线

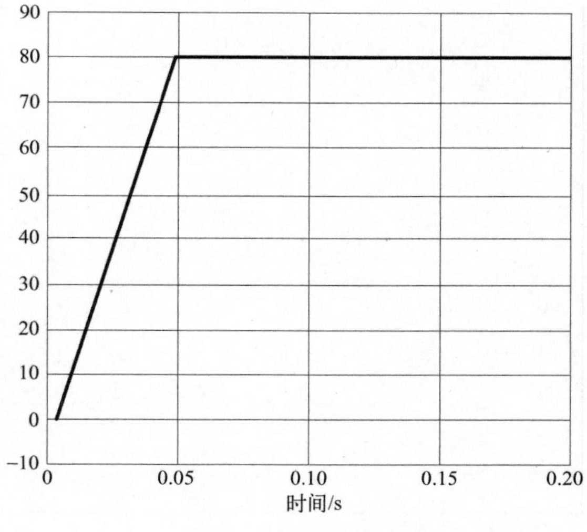

图 4-46　转速响应曲线

由仿真曲线可知，磁链轨迹比较接近圆形，磁链的幅值也很稳定，转矩脉动较大，转速响应速度较快，仿真证实了直接转矩控制的基本理论及其主要特点。

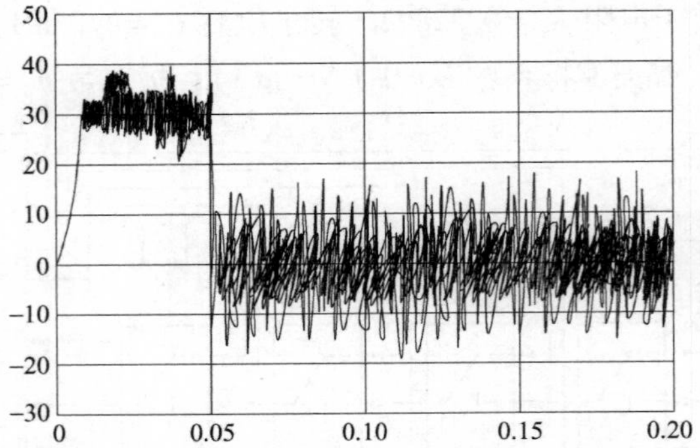

图 4-47　转矩响应曲线

第 5 章　异步电动机定子磁链轨迹控制技术

随着高压大功率开关器件的应用，逆变器开关频率从几千赫兹降至几百赫兹，出现了谐波大、响应慢和不解耦等一系列用常规方法不能解决的问题。德国 J. Holtz 教授针对三电平中压逆变器提出了一种既不同于常规矢量控制又不同于直接转矩控制的新控制方法——定子磁链轨迹控制，这种控制方法能很好地解决这些难题，并已成功用于兆瓦级的系列工业产品中，因此本章内容完全取材于工程实际。本章主要内容：详细介绍了同步对称优化 PWM 的应用；定子磁链轨迹控制原理及定子磁链计算；结合工程实际介绍了 SFTC 闭环调速系统；最后介绍了 SFTC 与常规矢量控制及直接转矩控制的比较。

“定子磁链轨迹控制”的英文名称是“Stator Flux Trajectory Control”，在本章中用这 4 个单词的第一个字母“SFTC”代替其全称。

5.1　异步电动机定子磁链轨迹控制方法提出的背景

应用高压大功率器件（3. 3 kV、4. 5 kV 及 6. 5 kV 的 IGBT 和 IGCT）的中压大功率二电平和三电平变频器（PWM 整流器和逆变器）已在金属轧制、矿井提升、船舶推进、机车牵引等领域得到广泛应用。随着器件电压升高、功率加大，开关损耗也随之加大，为提高变频器的输出功率，要求降低 PWM 的开关频率。图 5-1 所示为采用 EUPEC 6. 5 kV 600A IGBT 的逆变器最大输出电流有效值 $I_{rms.max}$ 与开关频率 f_t 的关系曲线，从图中可以看出，在输出基波频率 $f_{1s}=5$ Hz 时，开关频率 f_t 从 800 Hz 降至 200 Hz，输出电流大约增大一倍。

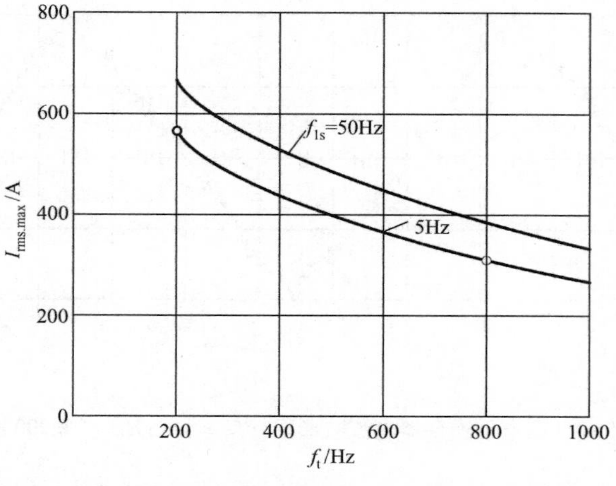

图 5-1　输出电流与开关频率 f_t 的关系（EUPEC 6. 5kV 600A IGBT）

随着开关频率 f_t 的降低，每个输出基波周期（$1/f_{1s}$）中的 PWM 方波数（频率比 FR =

f_t/f_{1s}）减少，以输出基波频率$f_{1s}=50\text{Hz}$为例，若$f_t=200\text{Hz}$，则$FR=4$，每个输出基波只有4个方波（三电平变换器为8个方波），再采用常规的固定周期三角载波法（SPWM）或电压空间矢量法（SVPWM）产生PWM信号，会使输出波形中谐波太大，无法正常工作。

要想减小谐波，应该采用同步且对称的优化PWM策略。同步指每个基波周期中的PWM方波个数为整数。对称指方波波形在基波的1/4周期中左右对称（1/4对称）及在基波的1/2周期中正负半周对称（1/2对称）。常规的SPWM或SVPWM周期固定，不随基波周期和相位变化而变化，它们是异步且不对称的PWM。常用的同步且对称优化PWM策略有两种：指定谐波消除法（SHE－PWM）和电流谐波最小法（CHM－PWM）。采用同步且对称的调制策略后，在PWM输出波形中将只含5、7、11、13、17…次特征谐波。若在1/4输出基波周期中有N次开通和关断的过程，采用SHE－PWM法后将消除$N-1$个特征谐波，例如$N=5$，则第5、7、11、13次4个谐波将被消除，第一个未消除的谐波是第17次，但幅值被放大，原因是被消除的谐波的能量被转移到未消除的谐波中。CHM－PWM的目标不是消除某些谐波，而是追求电流所有谐波的总畸变率THD（%）最小。图5-2所示为在开关频率为200 Hz时按常规SVPWM和按CHM－PWM得到的三电平逆变器电流波形图。从图中可以看出，在低开关频率时，优化PWM效果明显。

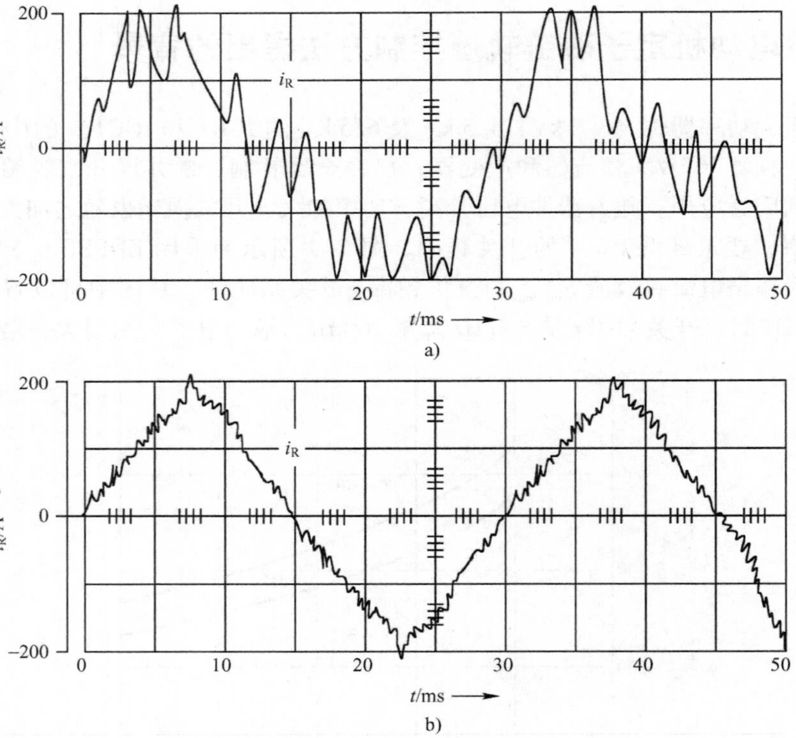

图5-2　三电平逆变器电流波形图（$f_{1s}=33.5\text{Hz}$，$f_t=200\text{Hz}$）

同步对称的PWM策略通常只适合V/f调速系统，因为它可以一个基波周期更换一次频率，且每周期的基波初始相位不变。采用这种策略是把一个基波周期中的开关角离线算好并存在控制器中，工作时调用，一个基波周期更换一次调用的角度。对于高性能系统，例如矢量控制系统，它的基波频率、幅值和相位随时都可能变化，要想实现同步且对称很困难，因为中途随时更换所调用的角度值会引起 PWM 波形紊乱，导致过电流故障。图 5-3 所示为中途更换调用开关角时定子电流矢量 $\boldsymbol{i}_s$ 在静止坐标系的轨迹图，从图中可以清楚地看见更换调用开关角引起的过电流。如何能既采用同步对称优化 PWM 策略，在低开关频率下获得较小谐波，又能使系统具有快速响应能力，是高性能的中压大功率变频器研发的一大难题。

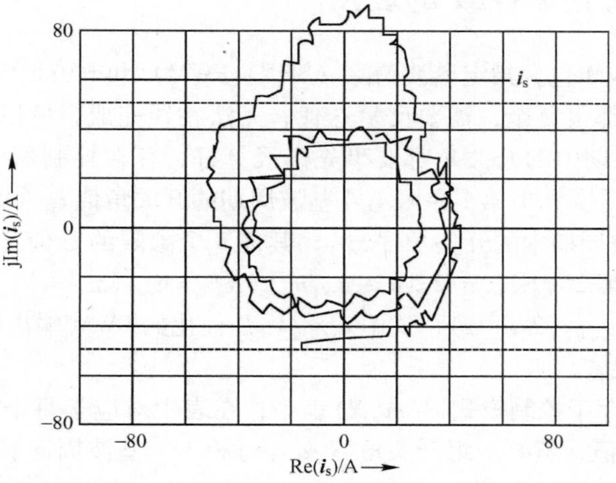

图 5-3　定子电流矢量 $\boldsymbol{i}_s$ 在静止坐标系的轨迹图（Re—实轴，jIm—虚轴）

高性能调速系统大多采用矢量控制方式，它把定子电流分解为磁化分量 i_{sM} 和转矩分量 i_{sT}，经两个直流电流 PI 调节器实现解耦。开关频率降低导致 PWM 响应滞后，会破坏动态解耦效果，使 i_{sM} 和 i_{sT} 出现交叉耦合。图 5-4 所示为 i_{sT} 阶跃响应波形图，图 5-4a 所示为只有 PI 调节器的情况，在 i_{sT} 增加期间，i_{sM} 减小，存在严重的交叉耦合。在设计调节器时，常引入电流预控环节（CPC）来消除电流环控制对象中存在的耦合，但这种解耦方法要求 PWM 滞后时间很短，这时耦合情况虽有所改善，但仍然严重。

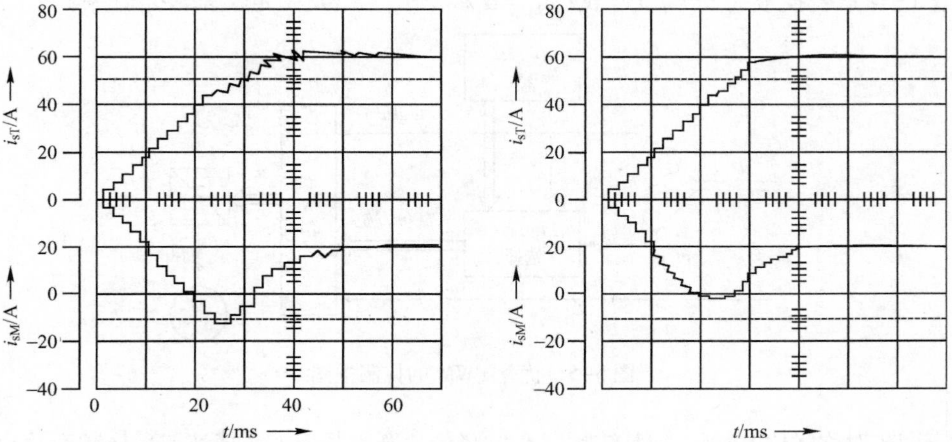

图 5-4　i_{sT} 阶跃响应

常规矢量控制系统通过用电流调节器改变 PWM 占空比来实现转矩调节，响应时间需多个开关周期。低压 IGBT 的开关频率为几千赫兹，逆变器转矩响应时间约为 5 ms，改用高压器件后开关频率降至几百赫兹，相应转矩响应时间将增至几十毫秒，难以满足高性能调速要求。从图 5-4 中可看出，当三电平逆变器的开关频率等于 200 Hz 时，仅用 PI 调节的转矩电流 i_{sT}响应时间约为 40 ms，加入电流预控环节（CPC）后，响应时间减至 25 ms，但是数值仍然很大。

5.2 同步对称优化 PWM 的应用

同步对称优化 PWM 包含指定谐波消除（SHE - PWM）和电流谐波最小（CHM - PWM）两种方法。这些算法都很复杂，需要反复迭代，无法在线完成，所以在应用同步对称优化 PWM 时，一个基波周期中的开关角都要事先离线算好，存在控制器中，以便工作时调用。由于同步且对称，只需要算出第 1 象限 1/4 基波周期的开关角值 α_j（$0 \leqslant \alpha_j \leqslant \pi/2$，$j=1$，2，…，$N$。$N$ 为 1/4 基波周期中的开关角序号），其他 3 个象限的 α 值都可以根据对称要求由第 1 象限值算出。在第 2 象限，$\pi/2 \leqslant \alpha \leqslant \pi$，$u_{ss.2}(\alpha) = u_{ss.1}(\pi-\alpha)$；在第 3、4 象限，$\pi \leqslant \alpha \leqslant 2\pi$，$u_{ss.3.4}(\alpha) = u_{ss.1.2}(2\pi-\alpha)$，式中 $u_{ss.1.2.3.4}$是优化的 PWM 输出电压（稳态电压），下标 1，…，4 表示象限。

事先计算的结果存于控制模式 $P(m,N)$ 表中，在表中对应于每个不同的调制系数 m 值和不同的开关次数 N 值，就有一组开关角值 α_i（每相 1/4 基波周期有 N 个值，一个基波周期有 $4N$ 个值，三相共 $12N$ 个值，$i=1$，2，…，$12N$ 是一个基波周期中的开关角序号）。PWM 的输入是电压给定矢量 $\boldsymbol{u}^*$，它就是逆变器输出的定子电压的给定矢量 $\boldsymbol{u}_s^*$，调制系数 $m=|\boldsymbol{u}^*|/\boldsymbol{u}_d$（$|\boldsymbol{u}^*|$——矢量 $\boldsymbol{u}^*$ 的幅值，u_d——直流母线电压），这样安排后，逆变器输出的基波电压矢量 $\boldsymbol{u}_{1s}$将等于给定矢量 $\boldsymbol{u}^*$，它也是施加到电动机上的定子电压矢量。

$$\boldsymbol{u}_{1s} = \boldsymbol{u}^* \tag{5-1}$$

工作时，根据给定矢量 $\boldsymbol{u}^*$ 的幅值$|\boldsymbol{u}^*|$来决定调用 $P(m,N)$ 表中哪组 α_i 值，通过比较矢量 $\boldsymbol{u}^*$ 的相位角 $\arg(\boldsymbol{u}^*)$（矢量 $\boldsymbol{u}^*$ 与 α 轴的夹角 $\theta_{\alpha u}$）与 $P(m,N)$ 表中所调用角度值 α_i 来决定什么时间发送开或关指令。优化 PWM 的控制框图如图 5-5 所示，图中 f_{1s} 是基波频率信号，用于把 α_i 角变换成时间 t_i，$t_i=\alpha_i/\omega_{1s}=\alpha_i/(2\pi f_{1s})$（$\omega_{1s}$是定子基波角频率）。

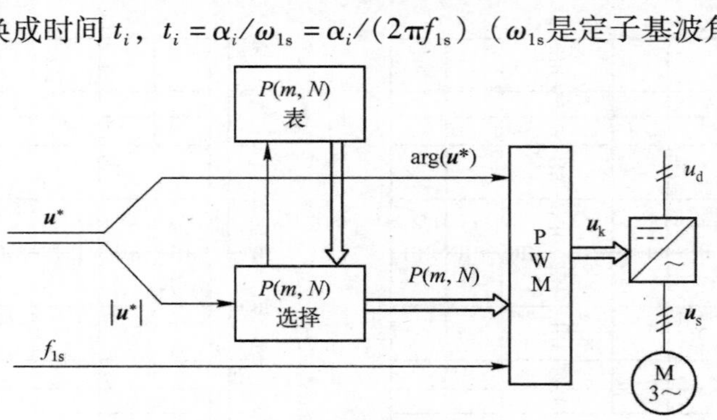

图 5-5　优化 PWM 的控制框图

对于同步对称优化 PWM，随基波频率 f_{1s} 的降低，开关频率 f_t（载波或采样频率）也随之降低，为了不使 f_t 过低，在 f_t 降至一定值后就要增大一个基波周期中开关周期的个数（*FR*

值）——分段同步。随着调制系统 m 的减小和 FR 的加大，同步优化 PWM 和异步 PWM 的谐波总畸变率之间的差别会减小，为简化系统，在 $m<0.3$ 后，从同步优化 PWM 改为异步 PWM。

图 5-5 所示控制框图只适用于 V/f 调速系统稳态运行工况。对于高性能系统，在任意时刻更换 $P(m,N)$ 表中的数据会给系统带来冲击。假设系统原来工作于稳态工况 1，调用 $P(m,N)$ 表中 P_1 组角度值，对应的 PWM 输出电压矢量为 $\boldsymbol{u}_{\mathrm{ss1}}$，定子磁链矢量沿稳态优化轨迹 1 运动，为

$$\boldsymbol{\Psi}_{\mathrm{ss1}}(t)=\int_{t_1}^{t}\boldsymbol{u}_{\mathrm{ss1}}\mathrm{d}t+\boldsymbol{\Psi}_{\mathrm{ss1}}(t_1) \tag{5-2}$$

式中，$\boldsymbol{\Psi}_{\mathrm{ss1}}(t)$是工况 1 的定子磁链矢量；$\boldsymbol{\Psi}_{\mathrm{ss1}}(t_1)$是初始值；$t_1$ 是 P_1 开始调用的时刻。

由于优化 PWM 在 $m>0.3$ 时才使用，大容量电动机定子绕组电阻压降对磁链的影响可以忽略。

若在 $t=t_2$ 时要求改调用 $P(m,N)$ 表中 P_2 组角度值，对应的 PWM 输出电压矢量为 $\boldsymbol{u}_{\mathrm{ss2}}$，定子磁链矢量为

$$\boldsymbol{\Psi}_{\mathrm{s2}}(t)=\int_{t_2}^{t}\boldsymbol{u}_{\mathrm{ss2}}\mathrm{d}t+\boldsymbol{\Psi}_{\mathrm{ss1}}(t_2) \tag{5-3}$$

式中，$\boldsymbol{\Psi}_{\mathrm{ss1}}(t_2)$是 $\boldsymbol{\Psi}_{\mathrm{ss1}}(t)$在 $t=t_2$ 时的状态，它也是用来计算 $\boldsymbol{\Psi}_{\mathrm{s2}}(t)$轨迹的初始值。按 P_2 组角度值工作的稳态优化磁链轨迹 2 为

$$\boldsymbol{\Psi}_{\mathrm{ss2}}(t)=\int_{t_2}^{t}\boldsymbol{u}_{\mathrm{ss2}}\mathrm{d}t+\boldsymbol{\Psi}_{\mathrm{ss2}}(t_2) \tag{5-4}$$

式中，$\boldsymbol{\Psi}_{\mathrm{ss2}}(t_2)$是优化磁链轨迹 2 在 $t=t_2$ 时的值。

由于 $\boldsymbol{\Psi}_{\mathrm{ss1}}(t_2)\neq\boldsymbol{\Psi}_{\mathrm{ss2}}(t_2)$，所以 $\boldsymbol{\Psi}_{\mathrm{s2}}(t)\neq\boldsymbol{\Psi}_{\mathrm{ss2}}(t)$，在 $t>t_2$ 时，实际的定子磁链轨迹偏离优化轨迹，产生动态调制误差矢量 $\boldsymbol{d}$，给系统带来冲击。

$$\boldsymbol{d}=\boldsymbol{\Psi}_{\mathrm{ss2}}(t)-\boldsymbol{\Psi}_{\mathrm{s2}}(t) \tag{5-5}$$

动态调制误差 $\boldsymbol{d}$ 会按电动机暂态时间常数衰减（参见图 5-6）。在动态时，由于不断地更改 $P(m,N)$ 调用值，因此在上一个动态调制误差还没衰减完时又产生新误差，误差积累将导致系统出现过电流故障。

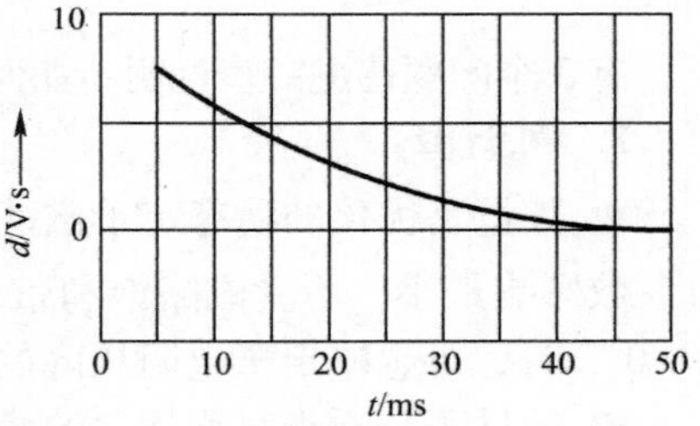

图 5-6　误差 $\boldsymbol{d}$ 衰减图

5.3　定子磁链轨迹控制原理

定子磁链轨迹控制（SFTC）用来解决在高性能控制系统中由于采用同步对称优化 PWM 策略而出现的问题，使得在低开关频率时谐波小，系统响应快。它的特点是在暂态下根据期望的定子磁链矢量 $\boldsymbol{\Psi}_{\mathrm{ss}}$ 与实际的定子磁链矢量 $\boldsymbol{\Psi}_{\mathrm{s.M}}$（观测矢量——电动机模型输出，用下标 M 表示）之差 $\boldsymbol{d}(t)$ 修正 $P(m,N)$ 表中的开关角，以避免冲突。

SFTC 框图如图 5-7 所示，图中上半部分是基于查表的同步对称优化 PWM 框图（同图 5-5），下半部分是开关角修正部分框图。根据 $P(m,N)$ 表中储存的开关角信号，在静止变换环节中算出期望的 PWM 输出电压矢量 $\boldsymbol{u}_{\mathrm{ss}}$，再经积分得到期望的定子磁链矢量 $\boldsymbol{\Psi}_{\mathrm{ss}}$。实测的定子电流经电动机模型得实际定子磁链矢量（观测矢量）$\boldsymbol{\Psi}_{\mathrm{s.M}}$。两个磁链矢量之差 $\boldsymbol{d}(t)=\boldsymbol{\Psi}_{\mathrm{ss}}-\boldsymbol{\Psi}_{\mathrm{s.M}}$ 通过轨迹控制环节产生三相角度修正信号 ΔP。开关角度的变化带来 PWM 脉

冲宽度变化，导致变换器输出电压波形伏－秒面积变化，电压伏－秒面积对应于磁链，所以可以通过修正开关角来修正定子磁链轨迹，使其实际矢量跟随期望矢量运动，从而避免冲击。

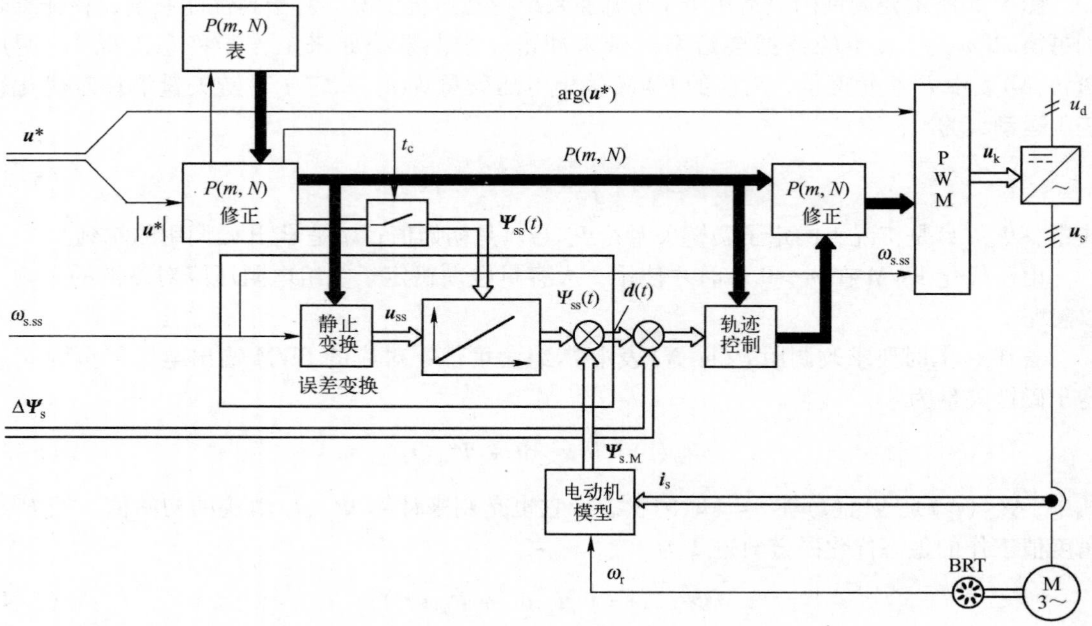

图 5-7　SFTC 框图

有 3 个问题待进一步说明：如何计算 $\boldsymbol{\Psi}_{ss}$；如何得到 $\boldsymbol{\Psi}_{s.M}$；如何计算 ΔP 及开关角修正量。

1. $\boldsymbol{\Psi}_{ss}$计算

$\boldsymbol{\Psi}_{ss}$矢量是优化的稳态定子磁链矢量，选择定子磁链作为校正目标的原因是：它受电动机参数影响最小，不受磁路饱和带来的电感值变化的影响；定子磁链与负载电流无关（在 $m>0.3$ 时，可忽略定子电阻压降的影响）。

$\boldsymbol{\Psi}_{ss}$通过积分同步对称优化的稳态 PWM 电压矢量 $\boldsymbol{u}_{ss}$ 得到，假设 $t=t_c$时刻，一组新的开关角被调用，共有 $12N$ 个角度值，它们的序号是 $i=1$，…，$12N$。

$$\boldsymbol{\Psi}_{ss}(t)=\int_{t_c}^{t}\boldsymbol{u}_{ss}\mathrm{d}t+\boldsymbol{\Psi}_{ss}(t_c) \tag{5-6}$$

式中，$\boldsymbol{\Psi}_{ss}(t_c)$是积分初始值。

$$\begin{aligned}\boldsymbol{\Psi}_{ss}(t_c)&=\int_{t_i}^{t_c}\boldsymbol{u}_{ss}\mathrm{d}t+\boldsymbol{\Psi}_{ss}(t_i)\\ \boldsymbol{\Psi}_{ss}(t_i)&=\boldsymbol{\Psi}_{ss}(\alpha_i)\end{aligned} \tag{5-7}$$

式中，$t_i=\alpha_i/\omega_s$ 是领先 t_c的第 i 个开关角 α_i 对应的时刻；$\boldsymbol{\Psi}_{ss}(t_i)$是 t_i时刻的 $\boldsymbol{\Psi}_{ss}$；$\boldsymbol{\Psi}_{ss}(\alpha_i)$是 α_i 角对应的 $\boldsymbol{\Psi}_{ss}$，它也需要事先离线计算并和 α_i 一起存在 $P(m,N)$表中；ω_s 是同步角速度相对值。

$$\begin{aligned}\boldsymbol{\Psi}_{ss}(\alpha_i)&=\int_0^{\alpha_i}\boldsymbol{u}_{ss}\mathrm{d}\alpha-\boldsymbol{\Psi}_{ss}(\alpha=0)\\ \boldsymbol{\Psi}_{ss}(\alpha=0)&=\int_0^{2\pi}\left(\int_0^{\alpha}\boldsymbol{u}_{ss}(\alpha)\mathrm{d}\alpha\right)\mathrm{d}\alpha\end{aligned} \tag{5-8}$$

由于时间差 $t_c - t_i$ 很短，按式（5-6）和式（5-7）计算简化了 $\boldsymbol{\Psi}_{ss}$ 数字计算，也避免了长时间积分带来的累积误差。

2. $\boldsymbol{\Psi}_{s.M}$ 计算

$\boldsymbol{\Psi}_{s.M}$ 来自异步电动机模型，Holtz 教授提出的 SFTC 系统采用电流模型，如图 5-8 所示。图中，反映信号流向的双实线表示该信号是矢量的两个分量；变量的下标 M 表示该变量是模型观测值。这个电流模型由两个部分构成：转差频率和从转子磁链矢量到定子磁链矢量的变换。

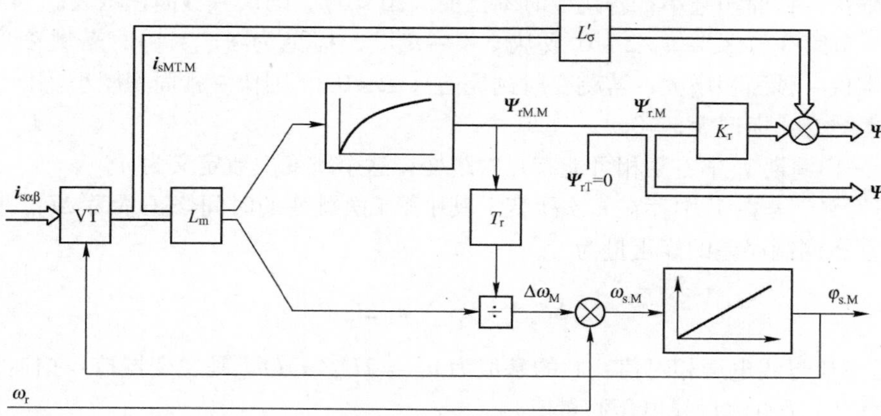

图 5-8　异步电动机的电流模型

测得的交流电流 $\boldsymbol{i}_{s\alpha\beta}$ 经矢量回转器（VT）变换成它在 M 和 T 轴分量的观测值 $i_{sM.M}$ 和 $i_{sT.M}$。因 M 轴与转子磁链矢量 $\boldsymbol{\Psi}_{r.M}$ 同向，转子磁链幅值 $|\boldsymbol{\Psi}_{r.M}| = |\boldsymbol{\Psi}_{rM.M}|$，$\boldsymbol{\Psi}_{sT.M} = 0$。

$$|\boldsymbol{\Psi}_{rM.M}| = \frac{L_m}{1+T_r s} i_{sM.M} \tag{5-9}$$

式中，L_m 为互感；T_r 为转子时间常数。

转子磁链矢量（观测值）$\boldsymbol{\Psi}_{r.M} = \Psi_{rM.M} + j\Psi_{rT.M} = \Psi_{rM.M} + j0$

定子磁链矢量（观测值）　　　$\boldsymbol{\Psi}_{s.M} = K_r \boldsymbol{\Psi}_{r.M} + L'_\sigma i_s$　　　（5-10）

式中，$K_r = L_m/L_r$ 是转子耦合系数；$L'_\sigma = K_r L_\sigma = (L_m/L_r)(L_{s\sigma} + L_{r\sigma})$。

实际的定子磁链计算方法与图 5-8 所示略有区别，借助另一个矢量回转器（VT）把转子磁链矢量 $K_r\boldsymbol{\Psi}_{r.M}$ 变回静止坐标系，在定子（静止）坐标系中与电流矢量 $L'_\sigma \boldsymbol{i}_s$ 相加，得定子磁链矢量 $\boldsymbol{\Psi}_{s.M}$（参见图 5-10）。将 $\boldsymbol{\Psi}_{s.M}$ 送至 SFTC（参见图 5-7），与期望矢量 $\boldsymbol{\Psi}_{ss}$ 比较，产生动态调制误差矢量 $\boldsymbol{d}(t)$。

两个矢量回转器（VT）所需的转子磁链位置角（观测值）$\varphi_{s.M}$ 信号来自同步旋转角速度（观测值）$\omega_{s.M}$ 的积分

$$\begin{aligned} \varphi_{s.M} &= \int \omega_{s.M} \mathrm{d}t = \int (\omega_r + \Delta\omega_m)\mathrm{d}t \\ \Delta\omega_m &= \frac{L_m}{T_r}\frac{1}{\boldsymbol{\Psi}_{rM.M}} i_{sT.M} \end{aligned} \tag{5-11}$$

式中，ω_r 是转子角速度信号；$\Delta\omega_m$ 是转差角速度（观测值）。

3. ΔP 的计算及开关角修正

动态调制误差 $\boldsymbol{d}(t)$ 用以修正来自 $P(m,N)$ 表中的角度值，使 $\boldsymbol{d}(t)$ 趋于最小，$\boldsymbol{d}(t)$ 经轨

迹控制环节产生三相角度修正信号 $\boldsymbol{\Delta P}$（参见图 5-7）。

定子磁链的动态误差是 PWM 波形的伏 - 秒面积误差，可以通过改变 PWM 开关时刻来修正。在系统中，$\boldsymbol{d}(t)$的采样和修正周期为 $T_k = 0.5\,\text{ms}$（小于 PWM 开关周期），在周期 T_k 中，若某相存在 PWM 跳变，则修正它的跳变时刻，若无跳变则不修正。修正的原理（三电平逆变器）如下：

1）对于正跳变（从 $-u_d/2 \sim 0$ 或从 $0 \sim +u_d/2$，标记为 $s = +1$），若跳变时刻推后（$\Delta t > 0$），则伏 - 秒面积减小；若跳变时刻提前（$\Delta t < 0$），则伏 - 秒面积增大。

2）对于负跳变（从 $+u_d/2 \sim 0$ 或从 $0 \sim -u_d/2$，标记为 $s = -1$），若跳变时刻推后（$\Delta t > 0$），则伏 - 秒面积增大；若跳变时刻提前（$\Delta t < 0$），则伏 - 秒面积减小。

3）若无跳变，标记为 $s = 0$。

在一个采样周期 T_k 中，某相可能有几次跳变，这个跳变次数定义为 n。

以 a 相为例，若在 T_k 中存在 n 次跳变，其中第 i 次跳变的时间修正量为 Δt_{ai}，则在这个 T_k 中，a 相动态调制误差的修正量为

$$\Delta d_a = -\frac{u_d}{3}\sum_{i=1}^{n} s_{ai}\Delta t_{ai} \tag{5-12}$$

式中，u_d 是直流母线电压相对值，它的基值为 $u_{1m} = 2U_d/\pi$（u_{1m}是逆变器按 6 拍运行时的基波电压幅值；U_d 是直流母线电压测量值）。

令 $d_a(k)$表示在 k 周期之初采样到的误差值，$\Delta d_a(k-1)$表示在前一周期（第 $k-1$ 周期）计算但还没执行完的误差修正值，则在第 k 周期应执行的修正量为

$$\Delta d_a(k) = -[d_a(k) - \Delta d_a(k-1)] \tag{5-13}$$

式中，括号前的负号表示修正量应与误差量符号相反。

由式（5-12）和式（5-13），得到 a 相第 i 次跳变的时间修正量为

$$\Delta t_{ai} = \frac{3}{u_d}\frac{1}{s_{ai}}[\boldsymbol{d}(k) - \Delta\boldsymbol{d}(k-1)]\cdot\boldsymbol{1} \tag{5-14}$$

同理得到 b 相和 c 相第 i 次跳变的时间修正量为

$$\left.\begin{aligned}\Delta t_{bi} &= \frac{3}{u_d}\frac{1}{s_{bi}}[\boldsymbol{d}(k) - \Delta\boldsymbol{d}(k-1)]\cdot\boldsymbol{a}\\ \Delta t_{ci} &= \frac{3}{u_d}\frac{1}{s_{ci}}[\boldsymbol{d}(k) - \Delta\boldsymbol{d}(k-1)]\cdot\boldsymbol{a}^2\end{aligned}\right\} \tag{5-15}$$

式中，$\boldsymbol{1} = e^{j0}$、$\boldsymbol{a} = e^{j2\pi/3}$、$\boldsymbol{a}^2 = e^{-j2\pi/3}$是三相单位矢量（参见图 5-9b），“·”是矢量点积运算符号（注：相 a、b、c 即逆变器三相输出 R、S、T）。

图 5-9a 所示为三相开关角修正图，图中虚线为未修正的波形，实线为修正后的波形，阴影区为修正的伏 - 秒面积。图 5-9b 是与图 5-9a 对应的误差矢量 $\boldsymbol{d}(t)$的修正轨迹图。图 5-9c 是有修正的 $\boldsymbol{d}(t)$波形图（与图 5-6 情况相同），经两个采样周期（1 ms）它被修正为零，不到图 5-6 所示的衰减时间的 1/40。图 5-9d 是有修正的定子电流矢量在静止坐标系的轨迹图（与图 5-3 情况相同），与图 5-3 相比电流冲击很小。

受最窄 PWM 脉冲及采样周期长度 T_k等的限制，按式（5-14）和式（5-15）算出的时间修正量有时不能完全执行，若某相在 T_k 中没有跳变，也无法修正该相误差，则所有剩余误差都要留到后序采样周期执行。

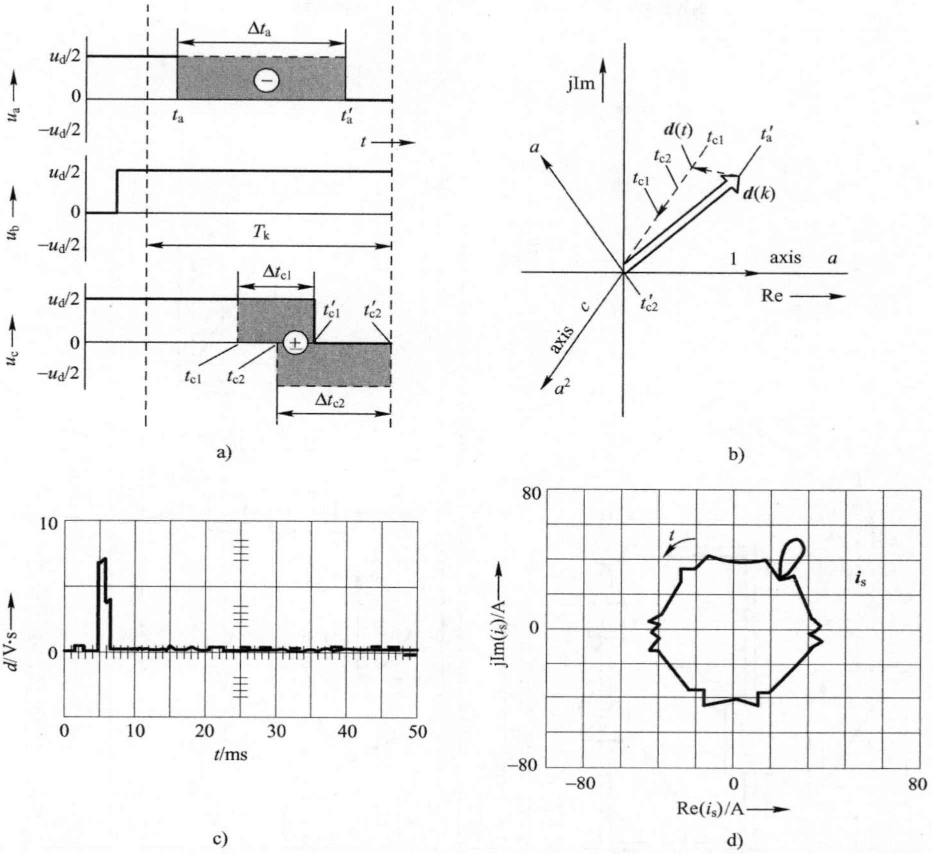

图 5-9　开关角修正、$\boldsymbol{d}(t)$轨迹和修正效果图

a）开关角修正　b）$\boldsymbol{d}(t)$轨迹修正　c）有修正的$\boldsymbol{d}(t)$波形　d）有修正的定子电流矢量轨迹图

5.4　SFTC 的闭环调速系统

1. 自控电动机

在矢量控制系统中，PWM 的输入电压矢量$\boldsymbol{u}^*$来自电流调节器输出，含有噪声，把它送至优化 PWM，将导致$P(m,N)$表的错误调用和修正，使系统紊乱。解决的方法是借助电动机模型（观测器）建立一个能输出干净$\boldsymbol{u}^*$的“自控电动机”。观测器输入电压信号$\boldsymbol{u}^*$不是来自电动机或电流调节器输出，而是来自优化 PWM 输入（它与 PWM 输出电压基波成比例，无 PWM 谐波），观测器输出一个干净的$\boldsymbol{u}^{*\prime}$信号，又送回 PWM 输入，这是一个自我封闭的稳态工作系统，所有输出都是干净的基波值，仅在接收到输入扰动信号$\Delta\boldsymbol{\Psi}_s$后才改变工作状态（参见图 5-11）。优化 PWM 需要的干净的频率信号$\omega_{s.ss}$也来自“自控电动机”。

常用的异步电动机观测器有 3 种：一是静止坐标观测器，受电动机参数影响较大；二是全阶观测器，动态响应较慢；三是混合观测器，性能较好，Holtz 教授的 SFTC 系统就是采用这种模型。

混合观测器主要由定子模型和转子模型两部分组成，如图 5-10 所示。转子模型是图 5-8 所示的异步电动机电流模型，定子模型是降阶观测器。

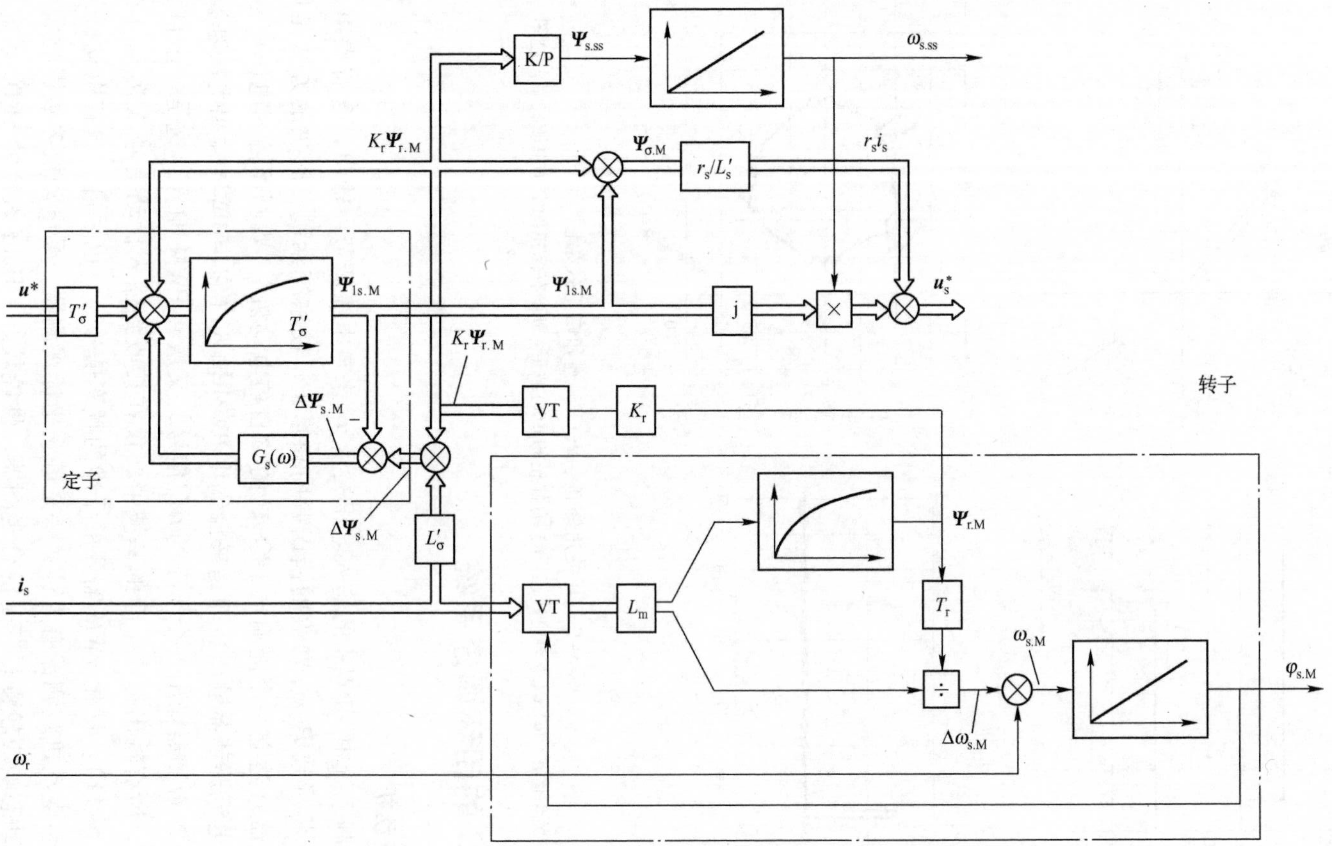

图5-10　异步电动机混合观测器结构框图

定子磁链矢量与定子电压、电流基波矢量间的关系式为

$$\frac{\mathrm{d}\boldsymbol{\Psi}_{1\mathrm{s}}}{\mathrm{d}t}=\boldsymbol{u}_{1\mathrm{s}}-r_{\mathrm{s}}\boldsymbol{i}_{1\mathrm{s}} \tag{5-16}$$

式中，电压、电流和磁链的下标 1 表示基波；r_{s} 是定子电阻。

由式（5-10）得

$$\boldsymbol{i}_{1\mathrm{s}}=\frac{\boldsymbol{\Psi}_{1\mathrm{s}}-K_{\mathrm{r}}\boldsymbol{\Psi}_{\mathrm{r}}}{L'_{\sigma}}$$

则

$$L'_{\sigma}\frac{\mathrm{d}\boldsymbol{\Psi}_{1\mathrm{s}}}{\mathrm{d}t}+\boldsymbol{\Psi}_{1\mathrm{s}}=T'_{\sigma}\boldsymbol{u}_{1\mathrm{s}}+K_{\mathrm{r}}\boldsymbol{\Psi}_{\mathrm{r}} \tag{5-17}$$

式中，$T'_{\sigma}=L'_{\sigma}/r_{\mathrm{s}}$ 为漏感时间常数；$L'_{\sigma}=K_{\mathrm{r}}L_{\sigma}=K_{\mathrm{r}}(L_{\mathrm{s}\sigma}+L_{\mathrm{r}\sigma})$。

按式（5-17）构建定子模型，并以下标 M 表示模型输出。

$$\boldsymbol{\Psi}_{1\mathrm{s.M}}=\frac{1}{T'_{\sigma}s+1}[T'_{\sigma}\boldsymbol{u}^{*}+K_{\mathrm{r}}\boldsymbol{\Psi}_{\mathrm{r.M}}+G_{\mathrm{s}}(\omega)(\boldsymbol{\Psi}_{1\mathrm{s.M}}-\boldsymbol{\Psi}_{\mathrm{s.M}})] \tag{5-18}$$

式中，$\boldsymbol{\Psi}_{1\mathrm{s.M}}$是定子磁链基波矢量，它是降阶观测器输出；$K_{\mathrm{r}}\boldsymbol{\Psi}_{\mathrm{r.M}}$来自转子模型；$\boldsymbol{\Psi}_{\mathrm{s.M}}=K_{\mathrm{r}}\boldsymbol{\Psi}_{\mathrm{r.M}}+T'_{\sigma}\boldsymbol{i}_{\mathrm{s}}$（$\boldsymbol{\Psi}_{\mathrm{s.M}}$还被送去与 $\boldsymbol{\Psi}_{\mathrm{ss}}$ 比较，产生动态调制误差矢量 $\boldsymbol{d}(t)$，参见图 5-7）；$G_{\mathrm{s}}(\omega)(\boldsymbol{\Psi}_{1\mathrm{s.M}}-\boldsymbol{\Psi}_{\mathrm{s.M}})$ 反馈用于减小电动机参数偏差的影响，$G_{\mathrm{s}}(\omega)$是校正增益。

混合观测器的输出 $\boldsymbol{u}^{*\prime}$由 $\boldsymbol{\Psi}_{1\mathrm{s.M}}$和 $K_{\mathrm{r}}\boldsymbol{\Psi}_{\mathrm{r.M}}$算出，它们都是干净信号（由于转子时间常数 T_{r}大，所以 $K_{\mathrm{r}}\boldsymbol{\Psi}_{\mathrm{r.M}}$是干净信号）。

$$\boldsymbol{u}^{*\prime}=\mathrm{j}\omega_{\mathrm{s.ss}}\boldsymbol{\Psi}_{1\mathrm{s.M}}+\left(\frac{r_{\mathrm{s}}}{L'_{\sigma}}\right)(\boldsymbol{\Psi}_{1\mathrm{s.M}}-K_{\mathrm{r}}\boldsymbol{\Psi}_{\mathrm{r.M}}) \tag{5-19}$$

式中，$\omega_{\mathrm{s.ss}}$是稳态定子角频率，它是来自磁链 $K_{\mathrm{r}}\boldsymbol{\Psi}_{\mathrm{r.M}}$位置角的微分，也是优化 PWM 所需频率信号的来源。

2. SFTC 的闭环调速系统

引入“自控电动机”后系统不能调速，必须通过外环加入扰动矢量 $\Delta\boldsymbol{\Psi}_{\mathrm{s}}$ 才能改变原来的稳态工作状态。一种基于 SFTC 的闭环调速系统如图 5-11 所示。外环由磁链调节器（AΨR）和转速调节器（ASR，采用两个 PI 调节器）组成，没有电流调节器。

磁链调节器（AΨR）的反馈信号来自混合观测器的转子磁链实际值 $\Psi_{\mathrm{rM.M}}$（由于定向于转子磁链矢量 $\boldsymbol{\Psi}_{\mathrm{r}}$，$\Psi_{\mathrm{rT}}=0$，所以 $\Psi_{\mathrm{rM}}=\Psi_{\mathrm{r}}$，$\Psi_{\mathrm{rM.M}}$是 Ψ_{r} 的观测值），输出是定子磁链 M 轴分量给定 Ψ_{sM}^{*}。

因为

$$\Psi_{\mathrm{sM}}=K_{\mathrm{r}}\Psi_{\mathrm{rM}}+L'_{\sigma}i_{\mathrm{sM}}$$

考虑到在 Ψ_{r} 恒定的条件下，$\Psi_{\mathrm{rM}}=L_{\mathrm{m}}i_{\mathrm{sM}}$及异步电动机转子磁链公式（5-19），则

$$T_{\mathrm{r}}\frac{\mathrm{d}\Psi_{\mathrm{rM}}}{\mathrm{d}t}+\Psi_{\mathrm{rM}}=K_{\mathrm{s}}\Psi_{\mathrm{sM}} \tag{5-20}$$

式中，K_{s} 为比例系数。

由式（5-20）可知，转子磁链幅值 Ψ_{r} 只与 Ψ_{sM}有关，不与 T 轴耦合，可以通过控制 Ψ_{sM} 来控制 Ψ_{r}。

转速调节器（ASR）的反馈信号是来自编码器的转速实际值 ω_{r}，输出是定子磁链 T 轴分量给定 Ψ_{sT}^{*}，因为

$$\Psi_{\mathrm{sT}}=K_{\mathrm{r}}\Psi_{\mathrm{rT}}+L'_{\sigma}i_{\mathrm{sT}}=L'_{\sigma}i_{\mathrm{sT}}$$

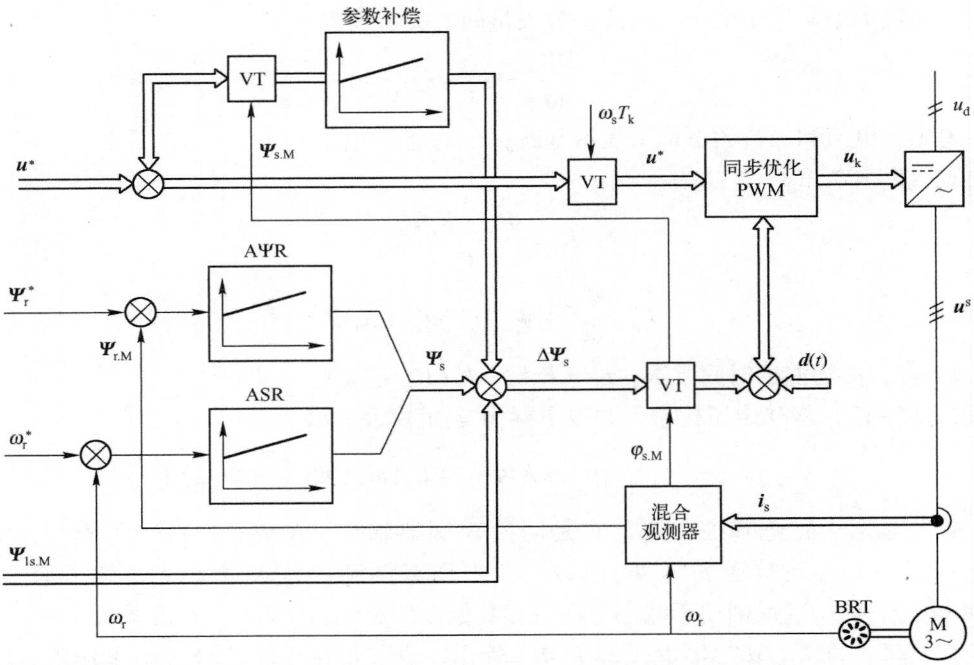

图 5-11　基于 SFTC 的闭环调速系统

考虑到电动机转矩 $T_d=K_{mi}\Psi_r i_{sT}$ 及 $\Psi_{rT}=0$，所以

$$T_d=\frac{K_{mi}}{L'_\sigma}\Psi_r\Psi_{sT} \tag{5-21}$$

在 Ψ_r 恒定的条件下，转矩只与 Ψ_{sT} 有关，不与 M 轴耦合，可以通过控制 Ψ_{sT} 来控制转矩，从而控制转速。转矩和电流的限制由该调节器限幅实现。

Ψ_{sM}^* 和 Ψ_{sT}^* 合成的定子磁链给定矢量 $\boldsymbol{\Psi}_s^*$ 与来自混合观测器的定子磁链实际基波矢量 $\boldsymbol{\Psi}_{1s.M}$ 比较后得“自控电动机”的扰动矢量信号 $\Delta\boldsymbol{\Psi}_s$，它与动态调制误差 $\boldsymbol{d}(t)$ 相加，作为总的磁链修正信号。由于 SFTC 的磁链跟踪性能好，能很快消除磁链误差 $\Delta\boldsymbol{\Psi}_s$，使 $\Psi_{1s.M}=\Psi_s^*$，从而消除交叉耦合，实现磁链与转矩的分别控制。例如在需要调速时，转速给定 ω^* 的变化引起 Ψ_{sT}^* 变化，$\Delta\Psi_s\neq0$，“自控电动机”受扰动而改变原有稳定工作状态，SFTC 起作用来消除 $\Delta\boldsymbol{\Psi}_s$，使实际的 Ψ_{sT} 等于新的给定值，导致电动机转矩和转速变化，奔向新工作点。

为消除电动机参数变化对系统的影响，在系统中引入两个参数补偿 PI 调节器，它们的输入是 $\Delta\boldsymbol{\Psi}_s$，输出与 $\boldsymbol{u}^{*\prime}$ 信号（“自控电动机”输出）叠加，修改 PWM 输入矢量 $\boldsymbol{u}^*$。由于电动机参数变化缓慢，这两个 PI 调节的比例系数很小，时间常数大。

为补偿“自控电动机”数字离散计算带来的一个采样周期滞后，在图 5-11 所示的系统从 $\boldsymbol{u}^{*\prime}$ 到 $\boldsymbol{u}^*$ 的通道中插入一个矢量回转器 VT，它的回转角度为 $\omega_s T_k$（T_k——开关角采样和修正周期）。加入该 VT 后，矢量 $\boldsymbol{u}^*$ 向前转 $\omega_s T_k$ 角。

3. 实验结果

基于定子 SFTC 的闭环调速系统已在 30kW 样机和 2MW 系列工业产品中得到验证。

图 5-12 所示是磁链跟踪性能图，磁链偏差经 3 个采样周期（1.5 ms）被纠正到零，与图 5-6 所示的磁链偏差自然衰减相比，时间缩短到 1/27。

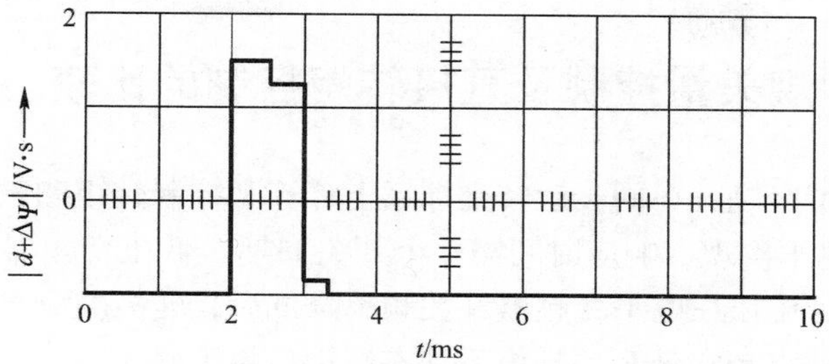

图 5-12　磁链跟踪性能

图 5-13 所示是突加 i_{sT}^* 的响应图，从图中可以看出，虽然开关频率只有 200 Hz，但基波转矩电流 $i_{1s.T}$ 经 3 个采样周期（1.5 ms，小于一个开关周期）达到新稳态值，期间磁化电流 $i_{1s.M}$ 只有微小变化，说明解耦性能良好，与图 5-4 相比响应时间和解耦性能都有质的改进。

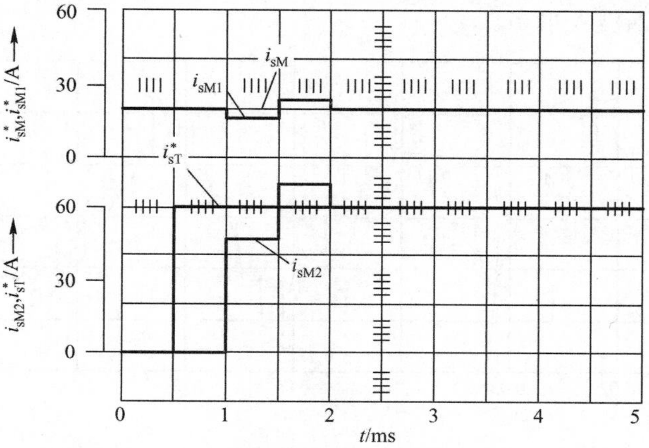

图 5-13　突加 i_{sT}^* 的响应

图 5-14 所示是突加转速给定响应图，经 0.5 s 转速从 0 r/min 加速到 1500 r/min，超调很小，加速期间转矩和转矩电流的限制性能良好。

图 5-15 所示是电动机从空载到额定负载的电流轨迹图，响应快，超调小。

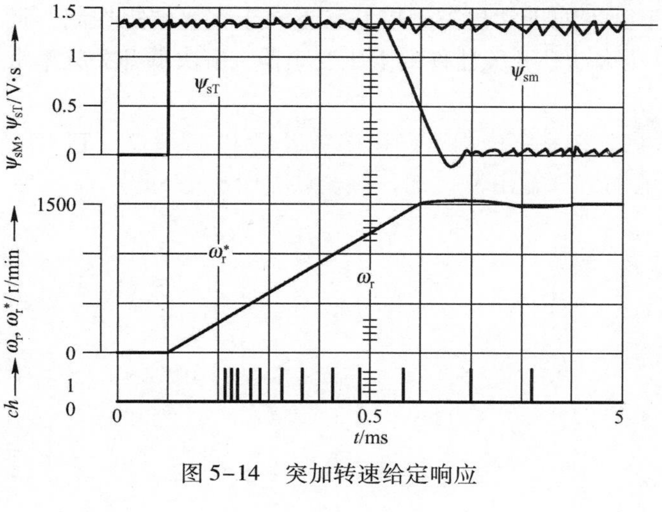

图 5-14　突加转速给定响应

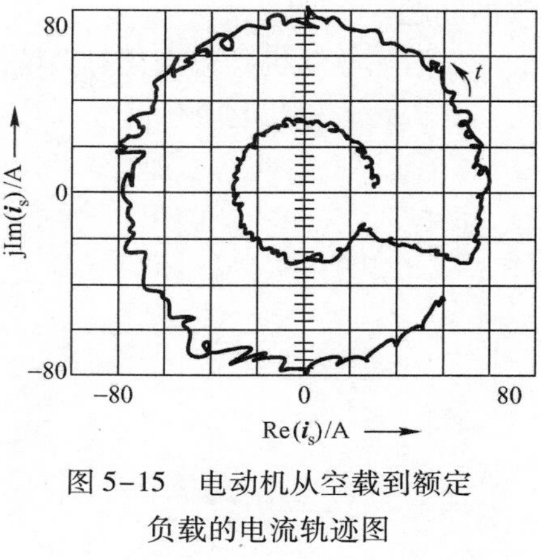

图 5-15　电动机从空载到额定负载的电流轨迹图

5.5 SFTC 与常规矢量控制及直接转矩控制的比较

常规矢量控制的特征是：在同步旋转坐标系上计算和控制转矩和磁链，办法是用电流调节器改变 PWM 占空比来实现，响应时间需多个开关周期。低压变频器常规矢量控制的转矩响应时间为 5～10 ms，中压三电平变频器开关频率降低后，转矩响应时间增至几十毫秒。常规矢量控制的另一个缺点是在低开关频率下动态解耦效果不好。

直接转矩控制的特征是：在静止坐标系上计算和控制转矩和磁链，办法是用滞环 Bang－Bang 控制器来实现，它不介意控制对象是否解耦，且转矩响应快（1～5 ms）。直接转矩控制的主要缺点是开关频率变化，谐波及转矩脉动大，图 5-16 所示是开关频率约为 350 Hz 的直接转矩控制三电平逆变器电压、电流波形，比图 5-2b 所示的 SFTC 系统（开关频率为 200 Hz）的电流波形谐波大很多。

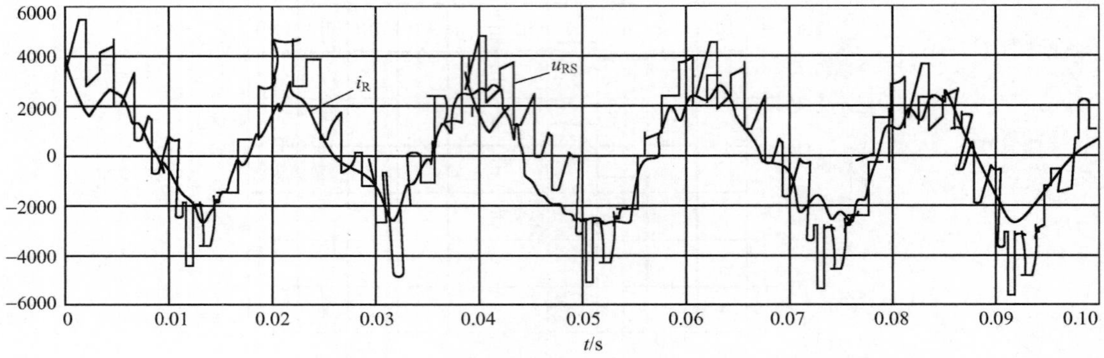

图 5-16　直接转矩控制三电平逆变器电压、电流波形（开关频率约为 350 Hz）

SFTC 系统在同步旋转坐标系上计算转矩和磁链，在静止坐标系上通过修正 PWM 波形前后沿角度来实现，没有电流调节器或滞环 Bang－Bang 控制器，响应过程能在一个开关周期内完成（图 5-13 所示实例为 1.5 ms），且动态解耦效果好。

从上述比较可以知道，SFTC 是一个既不同于常规矢量控制又不同于直接转矩控制，且性能优于两者的新系统。它用于采用高压大功率开关器件的中压变频器，解决低开关频率带来的问题。

第 6 章　绕线转子异步电动机的串级调速和双馈调速控制技术

绕线转子异步电动机在工业中应用较多，它的传统调速方法是在转子回路串电阻调速。这种调速方式的本质是利用改变消耗转子外串电阻中的转差功率来改变转差率，从而达到调速的目的，因此，这种调速方式是转差功率消耗型调速。这种调速方式虽然结构简单，维护方便，但是调速是有级的，而且耗能多，效率低，使得调速性能和经济性都很差。目前，这种调速方式正在逐渐被淘汰。

随着电力电子技术和控制技术的发展，现代绕线转子异步电动机一般都采用串级调速方式或双馈调速方式。二者共同的特点是在调速时可将转差功率回收利用，或者变为机械功率回馈到电动机轴上，或者回馈电网，调速系统的效率很高，属于转差功率回馈型调速方式，目前已获得了广泛的应用。

本章将就绕线转子异步电动机的串级调速和双馈调速系统进行详细分析。

6.1　串级调速和双馈调速的基本原理

6.1.1　绕线转子异步电动机双馈调速的基本原理

1. 双馈调速的基本概念

所谓双馈调速，是指将电能分别馈入异步电动机的定子绕组和转子绕组。通常将定子绕组接入工频电源，将转子绕组接到频率、幅值、相位和相序都可以调节的独立的交流电源。如果改变转子绕组电源的频率、幅值、相位和相序，就可以调节异步电动机的转矩、转速和电动机定子侧的无功功率。这种双馈调速的异步电动机可以超同步和亚同步运行，不但可以工作在电动状态，而且可以工作在发电状态。

交－交变频器最适合于作为转子绕组的变频电源，这是因为交－交变频器采用晶闸管自然换流方式，结构简单，可靠性高；而且交－交变频器能够直接进行能量转换、效率较高。交－交变频器的最高输出频率是电网输入频率的 1/3 ~ 1/2，虽然这种输出频率限制了调速范围，但对于异步电动机来说，调速时超过同步转速过高，将会使转子绕组的机械强度受到损害。因此，在双馈调速方式中采用交－交变频器作为转子绕组的变频电源是比较适宜的。

2. 绕线转子异步电动机转子串附加电动势时的工作情况

由于异步电动机转子感应电动势的频率随转速改变而改变，是转差率的函数，为保证电动机的稳定运行，就要求附加电动势的频率也要相应变化，并在稳态时与电动机转子感应电动势频率严格一致。传入的附加电动势对电动机工作的影响，将主要取决于附加电动势的幅值和相位。

异步电动机转子绕组串入附加电动势后的等效电路如图 6-1 所示。

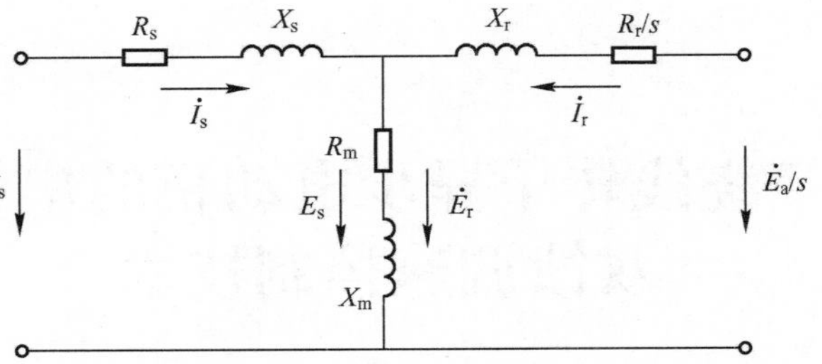

图 6-1 绕线转子异步电动机转子绕组串入附加电动势后的等效电路图

串入附加电动势$\dot{E}_a$后，电动机转子电流为

$$\dot{I}_r=\frac{\dot{E}_r \pm \dot{E}_a/s}{R_r/s+jX_r}=\frac{s\dot{E}_r \pm \dot{E}_a}{R_r/s+jsX_r}=\frac{\sum \dot{E}_r}{R_r+jsX_r} \tag{6-1}$$

式中，$\dot{E}_r$ 为转子不转时的开路相电动势；$\dot{E}_a/s$ 为转子回路串入的附加电动势；R_r 为转子一相电阻；X_r 为转子一相在转差频率时的漏电抗；s 为转差率；$\sum \dot{E}_r$为串入附加电动势后的合成电动势，$\sum \dot{E}_r=s\dot{E}_r \pm \dot{E}_a$。

本章在没有特别说明时，电动机转子参数均是指折算到定子侧后的参数。

现在分析转子串入 $\dot{E}_a$ 之后对电动机运行的影响。由于电动机运行时，s 一般都比较小，在进行原理性分析时可暂时忽略 sX_r 的影响，这样可以突出主要概念。

忽略 sX_r，则式（6-1）变为

$$\dot{I}_r=\frac{\sum \dot{E}_r}{R_r} \tag{6-2}$$

并可求出转子电流的有功分量为

$$I_{rp}=\frac{\mathrm{Re}\{\sum \dot{E}_r\}}{R_r} \tag{6-3}$$

当电动机定子电源电压和负载转矩保持不变时，I_{rp}应保持为常数，即 $\mathrm{Re}\{\sum \dot{E}_r\}$ 不变，从这一点出发，可以分析电动机转子绕组串入 $\dot{E}_a$ 之后电动机的工作情况。

（1）$\dot{E}_a$ 与 $s\dot{E}_r$反相

相量图如图 6-2a 所示。串入 $\dot{E}_a$ 瞬间，$\mathrm{Re}\{\sum \dot{E}_r\}=sE_r-E_a$（此处以 $s\dot{E}_r$为参考相量，即复坐标系的实轴与 $s\dot{E}_r$重合。在本章的分析中未特别说明时均以 $s\dot{E}_r$为参考相量），即合成电动势减小，使 I_{rp}减小，电磁转矩也随之降低，因负载转矩不变，电动机降速，转差率随之增大，转子回路感应电动势也增加。当转差功率增大至 s'时，满足 $s'E_r-E_a=sE_r$ 即可以保持 I_{rp}不变，此为转子串入 $\dot{E}_a$ 之前的数值，电磁转矩与负载转矩达到新的平衡。此时电动机的实际转差率 $s'>s$，转速降低了。由于 $s'E_r-E_a$ 为常数，因此串入的 $\dot{E}_a$ 幅值越大，电动机转差率 s'越大，转速越低。显然 s'可以等于 1 或者大于 1 运行。

（2）$\dot{E}_a$ 与 $s\dot{E}_r$同相

相量图如图 6-2b 所示。串入$\dot{E}_a$ 瞬间，$\mathrm{Re}\{\sum \dot{E}_r\}=sE_r+E_a$，即合成电动势增大，电磁转矩增大，转子加速。直到转速升到某个值时（此时转差率为 s'），满足 $s'E_r+E_a=sE_r$，就可以使电磁转矩与负载转矩达到新的平衡。此时电动机的实际转差率 $s'<s$，转速升高了。串入$\dot{E}_a$ 的幅值越大，电动机转速越高。显然，当 $E_a=sE_r$ 时，$s'=0$，此时电动机可以达到同步转速；当 $E_a>sE_r$ 时，$s'<0$，电动机的转速已经超过同步转速了。图 6-2b 所示的相量图就是 $E_a>sE_r$ 时电动机转速超过同步转速（$s'<0$）的情况。

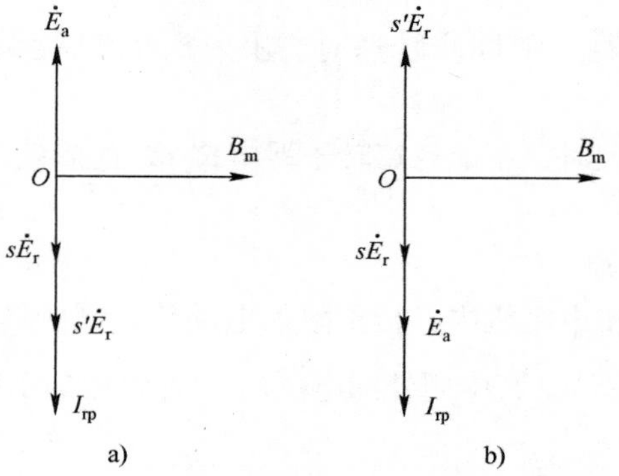

图 6-2　电动机转子串入附加电动势后对电动机转速的影响

a）$\dot{E}_a$ 与 $s\dot{E}_r$ 反相　b）$\dot{E}_a$ 与 $s\dot{E}_r$ 同相

（3）$\dot{E}_a$ 与 $s\dot{E}_r$ 相位差 90°

先考虑$\dot{E}_a$ 领先 $s\dot{E}_r$ 90°的情况。转子未串入$\dot{E}_a$ 的情况如图 6-3a 所示。串入$\dot{E}_a$ 之后，合成电动势$\sum\dot{E}_r$ 与产生的转子电流同相（仅考虑 R_r 的作用时），其中有功电流为 I_{rp}，无功电流为 I_{rq}，如图 6-3b 所示。由于无功电流 I_{rq}与气隙磁密 B_m 同相，起了励磁电流的作用，从而由定子侧吸收的无功电流减小，改善了定子侧的功率因数（在图 6-3 中，忽略了定子侧的漏阻抗压降，假设$\dot{U}_s=\dot{E}_s$）。由图可见，电动机定子侧功率因数得到显著改善。进一步增加$\dot{E}_a$ 幅值，可使 $\varphi<0$，从而使电动机定子侧可以发出无功功率。

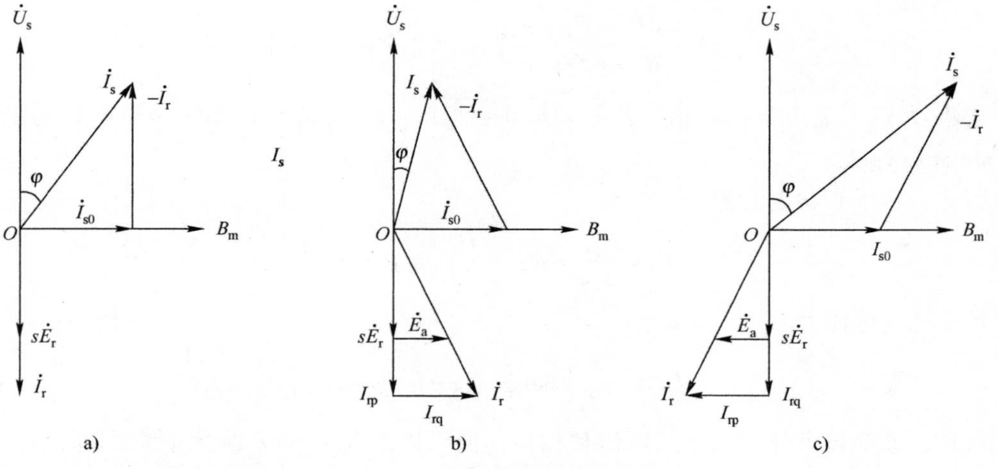

图 6-3　$\dot{E}_a$ 对电动机功率因数的影响

a）未串$\dot{E}_a$　b）$\dot{E}_a$ 超前 $s\dot{E}_r$ 90°　c）$\dot{E}_a$ 滞后 $s\dot{E}_r$ 90°

如果使$\dot{E}_a$滞后$s\dot{E}_r$ 90°，会使定子侧功率因数降低，如图6-3c所示，这种情况是不可取的。

（4）$\dot{E}_a$与$s\dot{E}_r$的相位差为任一角度（$\pi-\beta$）

如图6-4所示，此时可将$\dot{E}_a$分解为两个分量：$E_a\cos\beta$、$E_a\sin\beta$，然后分别按上述情况考虑。图中所示为电动机运行于亚同步转速时，串入$\dot{E}_a$后既能调速，又能改善定子侧功率因数。

当电动机调速范围较大时，不能忽略转子漏电抗sX_r的影响，因为它对转子电流的幅值和相位都有影响。

3. 双馈调速系统的特点

在采用双馈调速的异步电动机中，转子附加电动势表现为转子绕组的外加电压，为此，重画图6-1如下（见图6-5），其中用外加电压$\dot{U}_r$代替附加电动势$\dot{E}_a$。

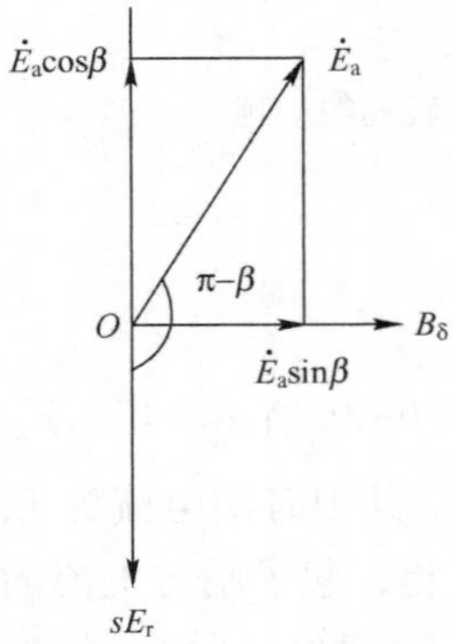

图6-4　$\dot{E}_a$对电动机运行的影响

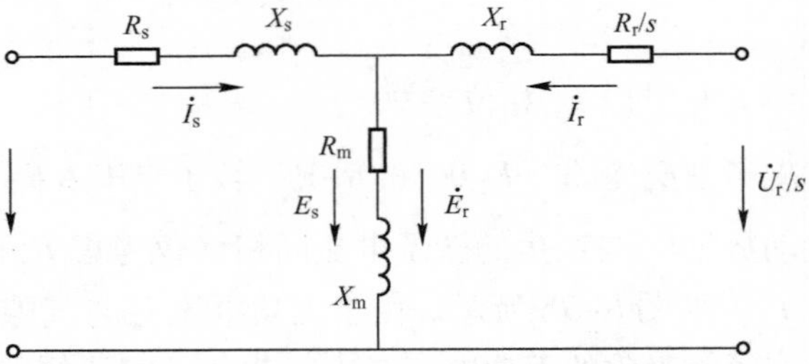

图6-5　双馈调速的异步电动机等效电路

令$s\dot{E}_r=sE_r e^{j0°}$，$\dot{U}_r=U_r e^{j(\pi-\beta)}$，考虑转子漏阻抗时，转子电流$\dot{I}_r$为

$$\dot{I}_r=\frac{s\dot{E}_r\pm\dot{U}_r}{R_r+jsX_r}=\frac{E_r}{Z_r}\left[se^{-j\varphi_r}\mp\frac{U_r}{E_r}e^{-j(\beta+\varphi_r)}\right] \tag{6-4}$$

式中，Z_r为转子漏阻抗的幅值，$Z_r=\sqrt{R_r^2+(sX_r)^2}$；$\varphi_r$为转差频率时转子电路的阻抗角，$\varphi_r=\arctan(sX_r/R_r)$。

因此，转子有功电流为

$$I_{rp}=\frac{E_r}{Z_r}\left[s\cos\varphi_r-\frac{U_r}{E_r}\cos(\beta+\varphi_r)\right] \tag{6-5}$$

转子无功电流为

$$I_{rq}=-\frac{E_r}{Z_r}\left[s\sin\varphi_r-\frac{U_r}{E_r}\sin(\beta+\varphi_r)\right] \tag{6-6}$$

可见，改变转子外加电压的幅值和相位，便可以改变I_{rp}和I_{rq}。由电机学理论可知，电动机的转矩和I_{rp}成正比，所以通过改变$\dot{U}_r$来调速。而调节I_{rq}便可调节异步电动机的无功功率，使有功功率和无功功率保持一定的关系或者改善电动机定子侧功率因数。因此独立地调节$\dot{U}_r$的幅值和相位，可以方便地控制电动机的转速和功率因数。

此外，由式（6-5）可以看出，电动机的理想空载转速也和$\dot{U}_r$有关。令$I_{rp}=0$，即电磁转矩为零，则得到理想空载转差率s_0'为

$$s_0'=\frac{U_r}{E_r}\frac{\cos(\beta+\varphi_r)}{\cos\varphi_r}=\frac{U_r}{E_r}(\cos\beta-\sin\beta\tan\varphi_r) \tag{6-7}$$

可见，改变$\dot{U}_r$的大小和相位，就能改变s_0'。

此处必须强调指出，与电动机的变频调速不同，双馈调速时异步电动机在转子串入外加电压后可以改变电动机的理想空载转速，但电动机的同步转速并没有变化。本章中所采用的转差率都是相对于电动机固有的同步转速而言的。在这种情况下，转子接入外加电压后电动机理想空载转差率不等于零，属于改变理想空载转速进行调速，可以等效地看成是“变同步转速”的调速，但其中的关系必须看清楚。

4. 双馈调速的异步电动机的运行状态和功率流动关系

为简单起见，忽略电动机的各种损耗，只研究它的电磁功率P_m、机械功率$P_M=(1-s)P_m$和转差功率$P_s=sP_m$的流动方向，以确定其运行状态。同时为了便于原理分析，假设外加电压$\dot{U}_r$与转子感应电动势$s\dot{E}_r$只存在同相或反相的关系，在分析功率流动时只考虑有功功率，由前面的分析可知，这样做并不会失去一般性，反而会使分析变得简单明了。

（1）亚同步电动运行状态（$0<s<1$）

如图6-6所示，$\dot{U}_r$为转子外加电压；$s\dot{E}_r$为转子外加电压后转子绕组的感应电动势；$\sum\dot{E}_r$为转子外加电压后转子回路的合成电动势，$\sum\dot{E}_r=s\dot{E}_r+\dot{U}_r$。由此可以得出电动机的功率流动关系。其中：

电磁功率$P_m=3U_sI_s\cos\varphi>0$

机械功率$P_M=(1-s)P_m>0$

转差功率$P_s=sP_m>0$

因此，在亚同步电动状态时，输入到电动机定子侧的电磁功率P_m一部分变为机械功率P_M由电动机轴上输出给负载，另一部分则变为转差功率P_s通过交-交变频器回馈电网，因此调速系统的效率很高。此时电磁转矩为拖动转矩。

由前面分析可知，当电动机定子电压和负载转矩保持不变时，应保持$\sum\dot{E}_r$不变，由图6-6中可以看出，在亚同步电动运行状态时，$\dot{U}_r$与$s\dot{E}_r$相位相反。$\dot{U}_r$幅值越大，$s\dot{E}_r$的幅值也越大，电动机的转速越低。

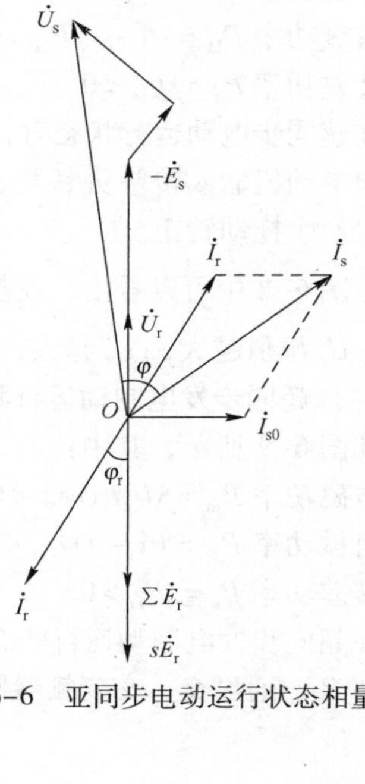

图6-6　亚同步电动运行状态相量图

（2）亚同步发电制动运行状态（$0<s<1$）

如图6-7所示，其中：

电磁功率$P_m=3U_sI_s\cos\varphi<0$

机械功率$P_M=(1-s)P_m<0$

转差功率$P_s=sP_m<0$

在亚同步发电制动运行状态时，电动机轴上的机械功率 P_M 和转子输入的转差功率 P_s 都以电磁功率 P_m 的形式送到定子侧，再回馈电网。此时电动机产生制动转矩。

由图 6-7 中还可以看出，在亚同步发电制动状态时，$\dot{U}_r$ 与 $s\dot{E}_r$ 相位相反。$\dot{U}_r$ 幅值越大，电动机转速越低。

(3) 超同步电动运行状态（$s<0$）

如图 6-8 所示，其中：

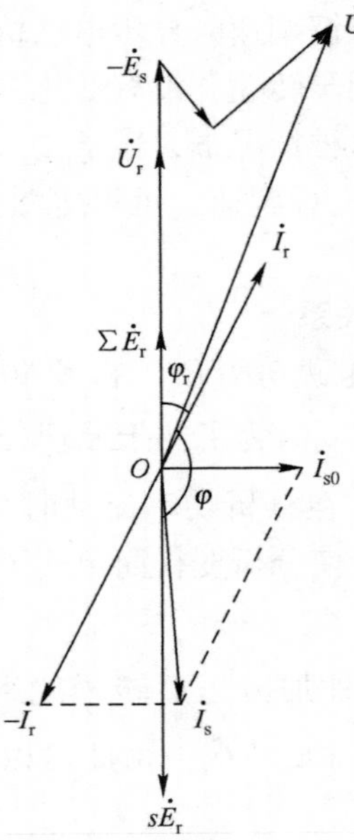

图 6-7　亚同步发电制动运行状态相量图

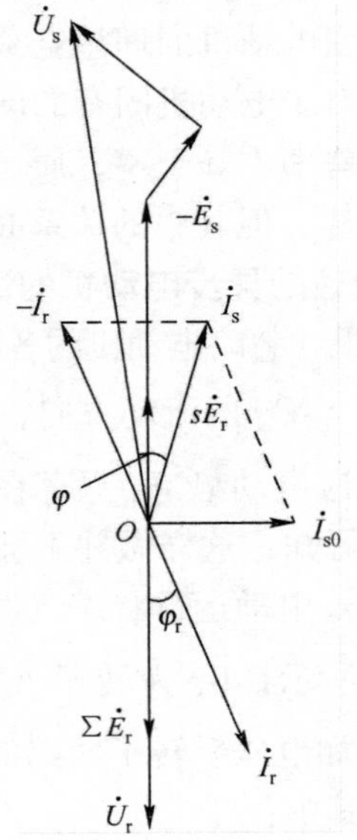

图 6-8　超同步电动运行状态相量图

电磁功率 $P_m=3U_sI_s\cos\varphi>0$

机械功率 $P_M=(1-s)P_m>0$

转差功率 $P_s=sP_m<0$

在超同步电动运行状态时，电网通过定子向电动机输入电磁功率 P_m，还通过交-交变频器向电动机输入转差功率 P_s，然后都以机械功率 P_M 的形式由电动机轴输出给负载。此时电动机产生拖动转矩。

由图 6-8 中可以看出，在超同步电动运行状态时，$\dot{U}_r$ 与 $s\dot{E}_r$ 相位相反，但这次 s 变成了负值。$\dot{U}_r$ 幅值越大，$|s|$ 越大，电动机转速越高。

(4) 超同步发电制动运行状态（$s<0$）

如图 6-9 所示，其中：

电磁功率 $P_m=3U_sI_s\cos\varphi<0$

机械功率 $P_M=(1-s)P_m<0$

转差功率 $P_s=sP_m>0$

在超同步发电制动运行状态时，由原动机输入电动机的机械功率 P_M，一部分转化为转差功率 P_s，通过交-交变频器回馈电网；另一部分转化为电磁功率 P_m，由定子侧回馈电网。

此时电动机产生的转矩为制动转矩。

由图6-9中可以看出，与超同步电动运行相似，超同步发电制动运行状态时$\dot{U}_r$与$s\dot{E}_r$相位相反，且$s<0$，$\dot{U}_r$幅值越大，电动机转速越高。

（5）倒拉反接制动运行状态（$s>1$）

如图6-10所示，这种情况与图6-6类似，只是$\dot{U}_r$的幅值要大得多，其中：

电磁功率 $P_m=3U_sI_s\cos\varphi>0$

机械功率 $P_M=(1-s)P_m<0$

转差功率 $P_s=sP_m>0$

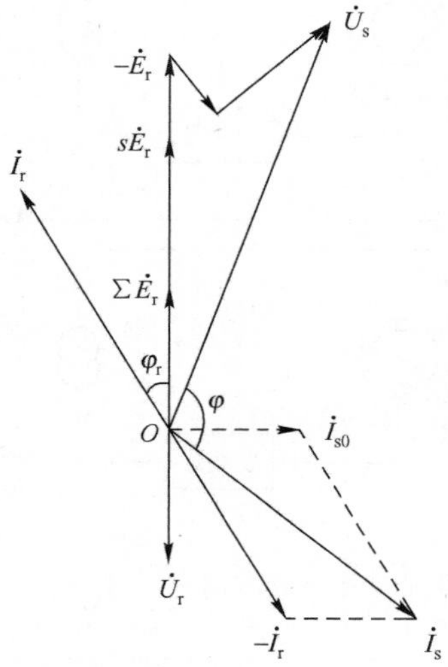

图6-9　超同步发电制动运行状态相量图

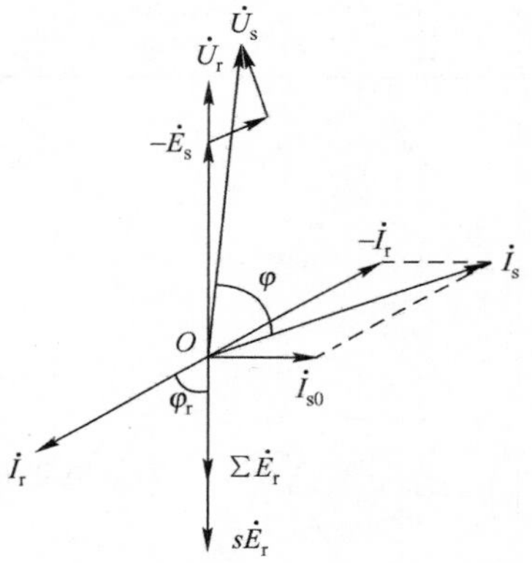

图6-10　倒拉反接制动运行状态相量图

在倒拉反接制动运行状态时，由电网输入到电动机定子侧的电磁功率P_m和原动机输入给电动机的机械功率P_M都以转差功率P_s的形式通过交-交变频器回馈电网。此时电动机产生的转矩为制动转矩。

由图6-10中可以看出，在倒拉反接制动运行状态时，增大$\dot{U}_r$的幅值，则s增大（$s>1$），电动机的反转转速增高。

由上面的分析可以画出双馈调速的异步电动机在5种运行状态时的功率流动图（见图6-11）。

对于许多生产机械，亚同步发电制动状态和超同步电动状态都是必不可少的，双馈调速的异步电动机的优点之一就在于很容易实现这些状态。因此，双馈调速有很广阔的发展前景。

5. 双馈调速系统的分类

双馈调速的异步电动机的转子绕组一般采用交-交变频器作为变频电源。为使电动机稳定运行，要求在任何转速下，交-交变频器输出的电压与转子电动势同频率。根据交-交变频器的频率控制方法不同，双馈调速可以分为他控式和自控式两种控制方式。

（1）他控工作方式

他控工作方式又称同步工作方式。我们知道，任何异步电动机在稳定运行时，必须满足

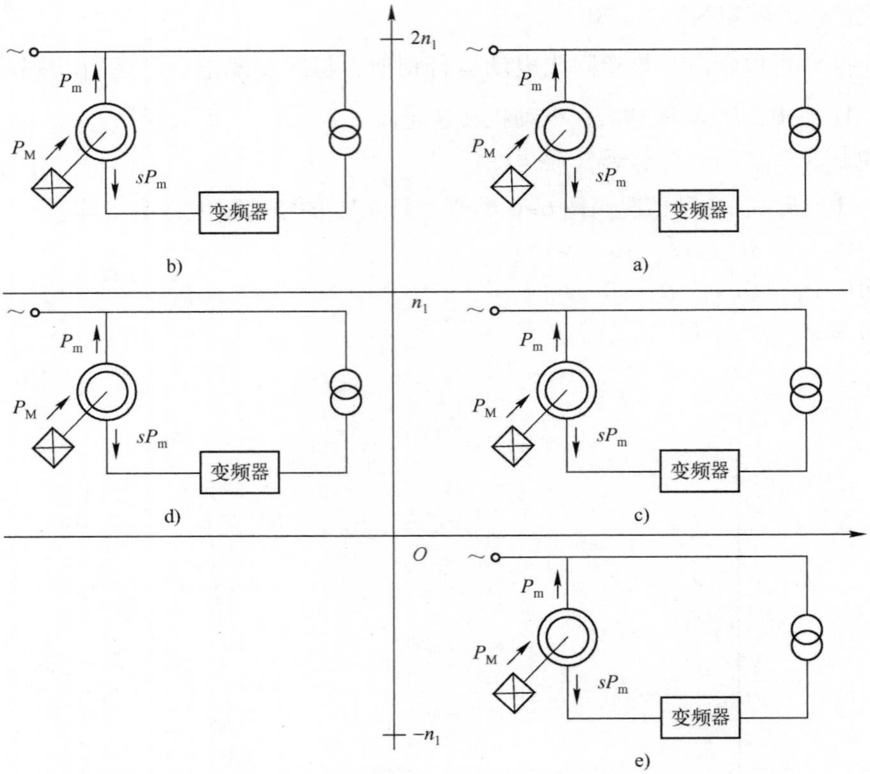

图 6-11　双馈电动机 5 种运行状态下的功率流动方向

下式：

$$\Delta\omega = \omega_s - \omega_r \tag{6-8}$$

式中，ω_s 为定子绕组的电压角频率；ω_r 为转子旋转角频率；$\Delta\omega$ 为转子绕组的电压角频率，即转差频率。

设 ω_s 为常数（即定子电压频率恒定），则使式（6-8）成立的方式之一是实现下述规律的控制：

$$\omega_r = f(\Delta\omega) \tag{6-9}$$

即转子绕组中的电压频率被强制改变时，转子转速才会发生变化，这种控制方式即为他控工作方式。此时，电动机的工作相当于转子加交流励磁的同步电动机运行，电动机转速与负载无关，具有同步电动机的特点，但与同步电动机不同的是电动机转速可以调节。他控式双馈调速的异步电动机在突加负载或转速快调节的情况下，系统比较容易产生振荡。因此实际应用比较少，主要见于风机泵类等负载平稳及对调速的快速性要求不高的场合。

（2）自控工作方式

采用自控工作方式的绕线转子异步电动机双馈调速系统如图 6-12 所示。自控工作方式又称异步工作方式。由式（6-8）可以看出，保持 ω_s 为常数且使该式成立的另一种控制方式是

$$\Delta\omega = f(\omega_r) \tag{6-10}$$

即转子转速改变时，转子绕组的电压频率也随之做相应的改变。这种控制方式即为自控工作

方式，这种工作方式需要在电动机转轴上安装转子位置检测器检测转子位置，以实现精确的频率控制。自控式双馈调速系统的优点是：定子侧的无功功率可以调节；系统稳定性好；过载能力和抗干扰能力也比较强，适用于轧钢之类具有冲击性负载的场合。

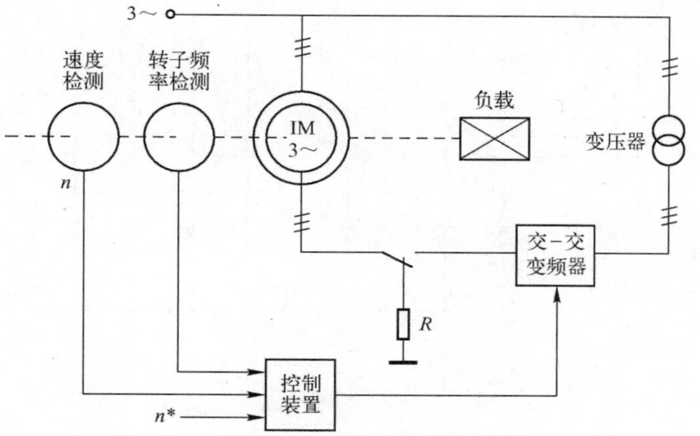

图 6-12　绕线转子异步电动机双馈调速系统框图

6.1.2　绕线转子异步电动机串级调速的基本原理

1. 串级调速的基本概念和特点

由前面的分析可知，绕线转子异步电动机的转子绕组回路串入附加电动势，可以调节电动机转速。在双馈调速方式中是采用交-交变频器来产生附加电动势的。如果把转子感应电动势通过可控整流器变换成为直流电压，然后用一个直流附加电动势与之作用，也可以调节异步电动机的转速。这就是串级调速的基本工作原理。

在串级调速方式中，把交流可变频率电动势转化为与频率无关的直流电压，使得分析和控制都比较方便。但同时也因为不可控整流器的引入，给系统带来了一些新问题。主要是转子电流畸变、附加电动势的相位不可调、系统的功率因数较低及功率不能双向传递等问题，这些内容将在后面详细讨论。

一种比较常见的电气串级调速系统原理图如图 6-13 所示。图中 UR 为三相不可控整流器，UI 为工作在逆变状态的三相可控整流器，TI 为逆变变压器，X_{DK}为平波电抗器。异步电动机 IM 以转差率 s 运行，其转子电动势 sE_r 经 UR 整流，输出直流电压 U_d，附加电动势由 UI 输出的直流电压 U_i 提供。U_d 与 U_i 的极性以及电流 I_d 的方向如图 6-13 所示。

电动机转子整流后的直流回路的电动势平衡方程式为

$$U_d = U_i + I_d R$$

或

$$K_1 sE_r = K_2 U_{rT}\cos\beta + I_d R \qquad (6-11)$$

式中，K_1、K_2 为 UR 与 UI 两个整流装置的电压整流系数，如果它们都采用三相桥式连接，则 $K_1 = K_2 = 2.34$；U_d 为整流器输出电压；U_i 为逆变器输出电压；I_d 为直流回路电流；U_{rT}为逆变变压器的二次相电压；β 为晶闸管逆变角；R 为转子直流回路的电阻。

式（6-11）是在未计及电动机转子绕组与逆变变压器的漏抗作用影响而写出的简化公式。从式中可以看出，U_d 是反映电动机转差率的量；控制晶闸管逆变角 β 可以调节逆变

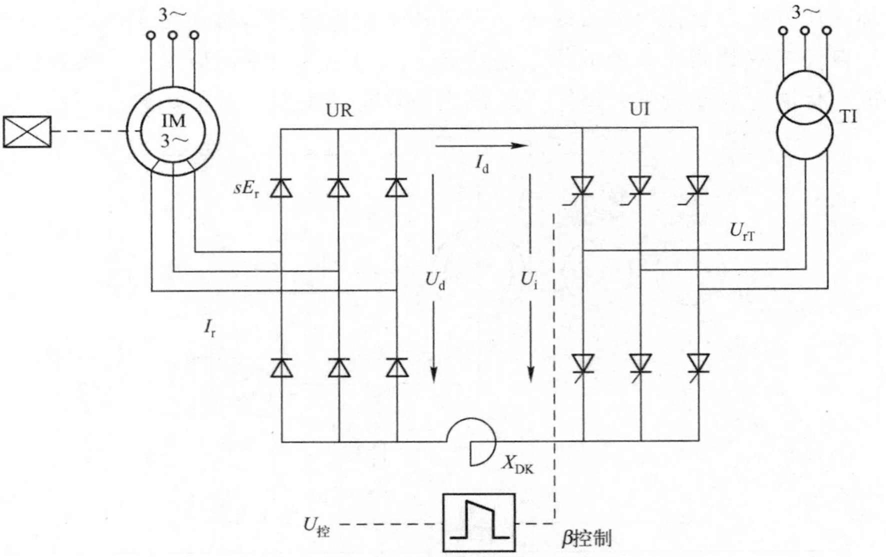

图 6-13　电气串级调速系统原理图

电压 U_i；I_d 与转子交流电流 I_r 间有固定的比例关系，它可以近似地反映电动机电磁转矩的大小。

当电动机拖动恒转矩负载在稳态运行时，可以近似认为 I_d 为恒值。当 β 增大时，则逆变电压 U_i（相当于附加电动势）立即减小，但电动机转速因存在着机械惯性不会突变，所以 U_d 也不会突变。则转子直流回路电流 I_d 增大，相应转子电流 I_r 也增大，电动机的电磁转矩随之增大，电动机就加速；在加速过程中转子整流电压随之减小，又使电流 I_d 减小，直到电磁转矩与负载转矩达到新的平衡，电动机进入新的稳定状态以较高的转速运行。同理，减小 β 值可以使电动机在较低的转速下运行。以上就是以电力电子器件组成的绕线转子异步电动机电气串级调速系统的工作原理。

由于串级调速装置的转子侧整流器是不可控的，从图 6-13 可以看出，转子整流电流和功率（U_dI_d）只能单方向流动，即转差能量只能由电动机流入变换器。由图 6-11 可以看出，不可控整流式的串级调速的异步电动机只能工作在亚同步电动、超同步发电制动和倒拉反接制动运行状态，一般把这类调速系统称为亚同步串级调速系统。为使串级调速系统能够达到亚同步发电制动和超同步电动状态，转子侧的整流器必须变为可控的。由此得到的一类串级调速系统称为“超同步串级调速系统”。与亚同步串级调速系统相比，它的功能比较完善，但控制方式也复杂一些。以后若不特别指出，所讲的串级调速系统都是指亚同步串级调速系统。

2. 串级调速系统的分类

根据串级调速系统中功率分配方式的不同，串级调速可分为机械回馈式串级调速（恒功率电动机型串级调速）和电气回馈式串级调速。

图 6-13 即为一种电气回馈式调速系统。在此系统中，转差功率是以电能的形式回馈电网的。早期的电气回馈式串级调速系统如图 6-14 所示。这种系统所用电机较多，目前已不采用。

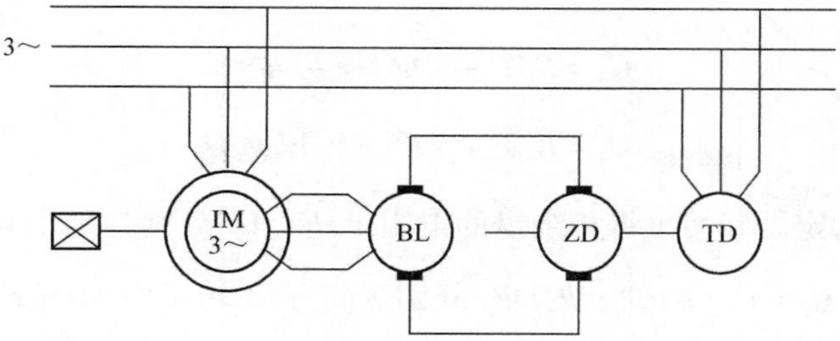

图 6-14　电气回馈式串级调速系统（早期）原理图

对电气回馈式串级调速系统，电动机轴上输出功率为 $P_M=(1-s)P_m$；电动机的角速度为$\omega_r=\omega_s(1-s)$，则电动机的输出电磁转矩 T_{ei} 为

$$T_{ei}=\frac{P_M}{\omega_r}=\frac{(1-s)P_m}{\omega_s(1-s)}=\frac{P_m}{\omega_s}=\text{常数}$$

在调速的过程中，电动机轴上所出现的转矩是恒定的，属于恒转矩调速。

串级调速的另一种方式是机械回馈式串级调速，又叫恒功率电动机型串级调速。系统构成如图 6-15 所示。

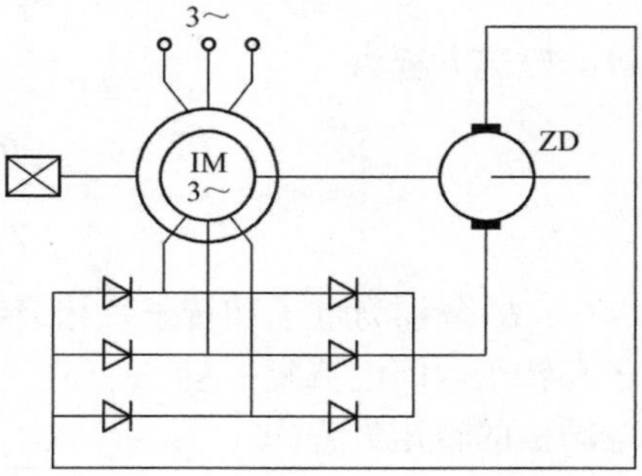

图 6-15　机械回馈式串级调速系统原理图

在机械回馈式串级调速系统中，异步电动机的转差功率通过一台由转子感应电动势整流电压供电的直流电动机变换为机械功率，并从电动机轴上输出。因此，在不考虑损耗的情况下，异步电动机轴上的输出功率为

$$\begin{aligned}P_{out}&=P_M+P_s\\&=(1-s)P_m+sP_m\\&=P_m(\text{常数})\end{aligned}$$

式中，P_{out}为异步电动机轴上的输出功率。

可见，在这种串级方式中，异步电动机轴上的输出功率是常数，且等于电动机从电网所吸收的功率。因此，机械回馈式串级调速属于恒功率调速。

从节能的角度看，机械回馈式串级调速系统有很大的优越性。特别是需要恒功率调速的设备，可以考虑采用这种串级方式。但是因为系统需要一台直流电动机，噪声大，而且直流电动机的容量也直接限制了调速范围，所以这种串级调速系统很少采用。

本章以后各节所讨论的串级调速系统在未加特别说明时，都是指静止式电气串级调速系统。

6.2　双馈调速系统和串级调速系统的稳态特性

6.2.1　双馈调速系统的稳态特性

1. 双馈调速系统的机械特性

在两相旋转坐标系 $d-q$ 中，双馈调速的异步电动机的电压方程写成复矢量形式：

$$
\left.\begin{aligned}
\dot{\boldsymbol{U}}_{\mathrm{s}} &= R_{\mathrm{s}}\dot{\boldsymbol{I}}_{\mathrm{s}} + p\dot{\boldsymbol{\Psi}}_{\mathrm{s}} + \mathrm{j}\omega_{\mathrm{s}}\dot{\boldsymbol{\Psi}}_{\mathrm{s}} \\
\dot{\boldsymbol{U}}_{\mathrm{r}} &= R_{\mathrm{r}}\dot{\boldsymbol{I}}_{\mathrm{r}} + p\dot{\boldsymbol{\Psi}}_{\mathrm{r}} + \mathrm{j}s\omega_{\mathrm{s}}\dot{\boldsymbol{\Psi}}_{\mathrm{r}}
\end{aligned}\right\} \tag{6-12}
$$

式中，R_{s}、R_{r} 分别为定子和转子每相绕组的电阻；$\dot{\boldsymbol{U}}_{\mathrm{s}}$、$\dot{\boldsymbol{U}}_{\mathrm{r}}$ 分别为定子和转子空间电压复矢量，$\dot{\boldsymbol{U}}_{\mathrm{s}} = U_{\mathrm{sd}} + \mathrm{j}U_{\mathrm{sq}}$；$\dot{\boldsymbol{U}}_{\mathrm{r}} = U_{\mathrm{rd}} + \mathrm{j}U_{\mathrm{rq}}$；$\dot{\boldsymbol{\Psi}}_{\mathrm{s}}$、$\dot{\boldsymbol{\Psi}}_{\mathrm{r}}$ 分别为定子和转子空间磁链复矢量，$\dot{\boldsymbol{\Psi}}_{\mathrm{s}} = \Psi_{\mathrm{sd}} + \mathrm{j}\Psi_{\mathrm{sq}}$；$\dot{\boldsymbol{\Psi}}_{\mathrm{r}} = \Psi_{\mathrm{rd}} + \mathrm{j}\Psi_{\mathrm{rq}}$。

在本节各矢量表示中，下标 d、q 分别表示在 $d-q$ 坐标系中该电磁量在 d、q 轴上的分量。

考虑到电动机在稳态时，有 $p\dot{\boldsymbol{\Psi}}_{\mathrm{s}}=0$，$p\dot{\boldsymbol{\Psi}}_{\mathrm{r}}=0$，则电动机的电压方程可以写为

$$
\left.\begin{aligned}
\dot{\boldsymbol{U}}_{\mathrm{s}} &= R_{\mathrm{s}}\dot{\boldsymbol{I}}_{\mathrm{s}} + \mathrm{j}\omega_{\mathrm{s}}\dot{\boldsymbol{\Psi}}_{\mathrm{s}} \\
\dot{\boldsymbol{U}}_{\mathrm{r}} &= R_{\mathrm{r}}\dot{\boldsymbol{I}}_{\mathrm{r}} + \mathrm{j}s\omega_{\mathrm{s}}\dot{\boldsymbol{\Psi}}_{\mathrm{r}}
\end{aligned}\right\} \tag{6-13}
$$

电动机的磁链方程为

$$
\left.\begin{aligned}
\dot{\boldsymbol{\Psi}}_{\mathrm{s}} &= L_{\mathrm{s}}\dot{\boldsymbol{I}}_{\mathrm{s}} + L_{\mathrm{m}}\dot{\boldsymbol{I}}_{\mathrm{r}} \\
\dot{\boldsymbol{\Psi}}_{\mathrm{r}} &= L_{\mathrm{m}}\dot{\boldsymbol{I}}_{\mathrm{s}} + L_{\mathrm{r}}\dot{\boldsymbol{I}}_{\mathrm{r}}
\end{aligned}\right\} \tag{6-14}
$$

式中，L_{s}、L_{r} 分别为定子和转子每相绕组的电感；L_{m} 为异步电动机的励磁电感；$\dot{\boldsymbol{I}}_{\mathrm{s}}$、$\dot{\boldsymbol{I}}_{\mathrm{r}}$ 分别为定子和转子空间电流复矢量。

电动机的转矩方程为

$$
T_{\mathrm{ei}} = n_{\mathrm{p}}\frac{L_{\mathrm{m}}}{L_{\mathrm{s}}L_{\mathrm{r}} - L_{\mathrm{m}}^2}[\dot{\boldsymbol{\Psi}}_{\mathrm{s}} \times \dot{\boldsymbol{\Psi}}_{\mathrm{r}}] \tag{6-15}
$$

由式（6-13）、式（6-14）并忽略定子电阻 R_{s} 的影响，可得（推导从略）

$$
\left.\begin{aligned}
\dot{\boldsymbol{\Psi}}_{\mathrm{s}} &= \frac{\dot{\boldsymbol{U}}_{\mathrm{s}}}{\mathrm{j}\omega_{\mathrm{s}}} \\
\dot{\boldsymbol{\Psi}}_{\mathrm{r}} &= \frac{\dot{\boldsymbol{U}}_{\mathrm{r}}}{\omega_{\mathrm{s}}}\frac{1}{s_{\mathrm{cr}} + \mathrm{j}s} + \frac{\dot{\boldsymbol{U}}_{\mathrm{s}}K_{\mathrm{s}}}{\mathrm{j}\omega_{\mathrm{s}}}\frac{s_{\mathrm{L}}}{s_{\mathrm{cr}} + \mathrm{j}s}
\end{aligned}\right\} \tag{6-16}
$$

其中，s_{cr} 为电动机自然特性（$\dot{\boldsymbol{U}}_{\mathrm{r}}=0$）的临界转差率，即

$$
s_{\mathrm{cr}} = \frac{R_{\mathrm{r}}}{\left(L_{\mathrm{r}} - \dfrac{L_{\mathrm{m}}^2}{L_{\mathrm{s}}}\right)\omega_{\mathrm{s}}} = \frac{R_{\mathrm{r}}}{\omega_{\mathrm{s}}\sigma L_{\mathrm{r}}} = \frac{R_{\mathrm{r}}}{X_{\mathrm{K}}}
$$

式中，σ 为漏磁系数，$\sigma = \dfrac{L_{\mathrm{s}}L_{\mathrm{r}} - L_{\mathrm{m}}^2}{L_{\mathrm{s}}L_{\mathrm{r}}}$；$X_{\mathrm{K}}$ 为电动机等效漏抗，$X_{\mathrm{K}} = \omega_{\mathrm{s}}\sigma L_{\mathrm{r}}$；$K_{\mathrm{s}}$ 为定子电感系数，$K_{\mathrm{s}} = L_{\mathrm{m}}/L_{\mathrm{s}}$。

在自控式双馈调速系统中，转子绕组外加电压 $\dot{\boldsymbol{U}}_{\mathrm{r}}$ 的频率自动跟踪电动机的转差频率，此时，$\dot{\boldsymbol{U}}_{\mathrm{r}}$ 的模值及其相对于定子侧电源电压矢量 $\dot{\boldsymbol{U}}_{\mathrm{s}}$ 的夹角可以由调节系统根据控制要求给出

$$\dot{U}_r = U_{rm}e^{j\delta} \tag{6-17}$$

式中，U_{rm}为转子外加电压的幅值；δ 为$\dot{U}_r$ 超前$\dot{U}_s$ 的角度（不考虑 R_s 的影响）。对应于图 6-4 中，$\delta=\pi-\beta$。

采用$\dot{U}_s$ 作为定向矢量，将式（6-16）、式（6-17）代入式（6-15）中，则电动机的转矩方程变成如下形式：

$$T_{ei}=\frac{2T_{cr}}{\dfrac{s}{s_{cr}}+\dfrac{s_{cr}}{s}}\left[1-\frac{U_r^*}{s}\left(\cos\delta+\frac{s}{s_{cr}}\sin\delta\right)\right] \tag{6-18}$$

式中，T_{cr}为电动机自然特性（$\dot{U}_r=0$）的临界转矩，$T_{cr}=\dfrac{1}{2}n_p\dfrac{K_s^2U_{sm}^2}{\sigma L_r\omega_s^2}$；$U_{sm}$为电动机定子电压 $\dot{U}_s$ 的幅值；U_r^* 为转子外加电压的相对值，$U_r^*=\dfrac{U_{rm}}{U_{sm}K_s}$。

考虑到$\dfrac{s}{s_{cr}}=\dfrac{s\omega_s\sigma L_r}{R_r}=\tan\varphi_r$，则式（6-18）还可以写成

$$T_{ei}=T_{ein}\left[1-\frac{U_r^*}{s}(\cos\delta+\tan\varphi_r\sin\delta)\right] \tag{6-19}$$

式中，T_{ein}为异步电动机自然接线时的转矩，且 $T_{ein}=\dfrac{2T_{cr}}{\dfrac{s}{s_{cr}}+\dfrac{s_{cr}}{s}}$。

式（6-19）即为自控式双馈调速的异步电动机的转矩公式。从式中可以看出，当采用双馈调速时，电动机所产生的转矩不仅取决于电动机的固有参数，还取决于电动机的转差率、感应到转子绕组上的电压及定、转子绕组电压之间的夹角 δ。

图 6-16 为自控式双馈调速的异步电动机的机械特性曲线。从图中可以看出，双馈调速的异步电动机的机械特性与普通异步电动机的机械特性十分类似，并且可以通过改变$\dot{U}_s$ 的幅值和相位来调节电动机的转矩和转速。

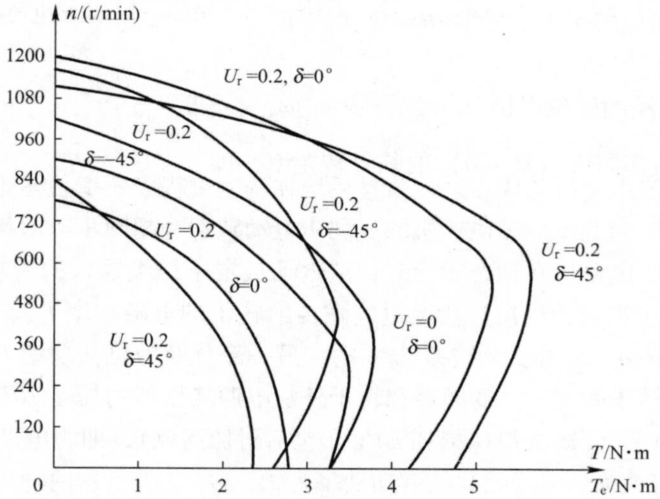

图 6-16 双馈调速的异步电动机的机械特性

下面分析双馈调速的异步电动机的无功电流关系。

由式（6–13）、式（6–14）并忽略定子电阻 R_s 的影响，有

$$\dot{U}_s = j\omega_s(L_s\dot{I}_s + L_m\dot{I}_r)$$

或写成标量形式

$$\left.\begin{aligned} U_{sd} &= -\omega_s L_s I_{sq} - \omega_s L_m I_{rq} \\ U_{sq} &= \omega_s L_s I_{sd} + \omega_s L_m I_{rd} \end{aligned}\right\} \tag{6-20}$$

由于前面已假设在 $d-q$ 坐标系中采用$\dot{U}_s$ 作为定向矢量，即 d 轴与矢量$\dot{U}_s$ 重合。因此，$U_{sd}=U_{sm}$，$U_{sq}=0$（参见图 6–17）。式（6–20）改写为

$$\left.\begin{aligned} I_{sd} &= -\frac{L_m}{L_s}I_{rd} = -K_s I_{rd} \\ I_{sq} &= -\frac{U_{sm}}{\omega_s L_s} - \frac{L_m}{L_s}I_{rq} = -I_0 - K_s I_{rq} \end{aligned}\right\} \tag{6-21}$$

式（6–21）表明，在双馈调速的异步电动机中，定子有功电流和转子有功电流的变比关系是 $-K_s$；而定子无功电流由两项组成，第一项是空载励磁电流 I_0，第二项是转子侧励磁电流。

一般地，K_s 接近于 1（为简化分析，忽略定子漏抗，则 $K_s\approx1$）。电动机内部的电流关系如图 6–17 所示。

由式（6–21）和图 6–17 都可以看出，当控制电动机转子电流的无功分量 I_{rq} 为负值时，将会使定子电流的无功分量 I_{sq}（负值）的绝对值减小，甚至可使 I_{sq} 变为正值（参见图 6–17 中的 I'_{sq}）。这就是增强转子侧的励磁分量能提高定子侧功率因数的原因。由于转子侧电压低（近似和转差频率成正比），所以转子侧的励磁功率要比定子侧励磁功率小得多。

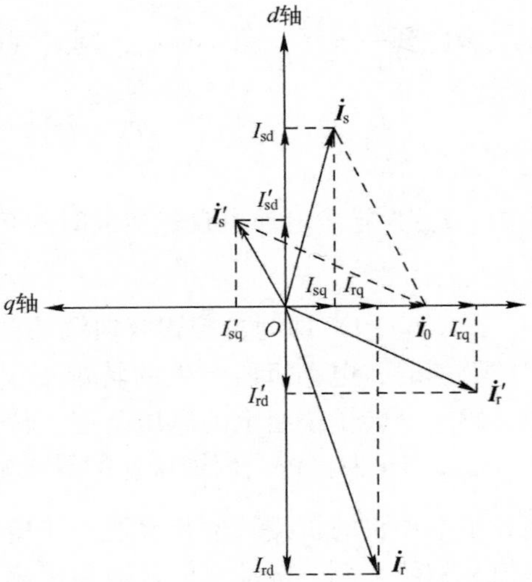

图 6–17　双馈电动机的有功电流和无功电流关系

2. 双馈调速系统的能量指标

（1）双馈调速系统的效率和功率因数

双馈调速的异步电动机的优点之一就是系统在调速过程中效率始终比较高。由于电机一般工作在电动状态，为此以双馈电动机的亚同步电动状态和超同步电动状态为例进行分析。

双馈调速的异步电动机在稳态运行时，从电动机定子绕组输入的有功功率 P_1 减去定子损耗 ΔP_1（包括定子铜损和铁损）为经过气隙传给转子的电磁功率 P_m。在亚同步电动状态时，电磁功率 P_m 中的一部分变为转差功率 P_s，另一部分变为机械功率 P_M。转差功率 P_s 减去转子损耗 ΔP_2、转子侧交–交变频器和转子外加电源变压器的损耗 ΔP_s，为回送到电网去的功率 P_B。机械功率 P_M 减去机械损耗 ΔP_M（包括附加损耗），即为电动机轴上的输出功率 P_{out}。此时串级调速系统从电网吸收的有功功率为 $P_{in}=P_1-P_B$。这两种运行状态的能量流图如图 6–18 所示，并由能量流图可推出以下关系式：

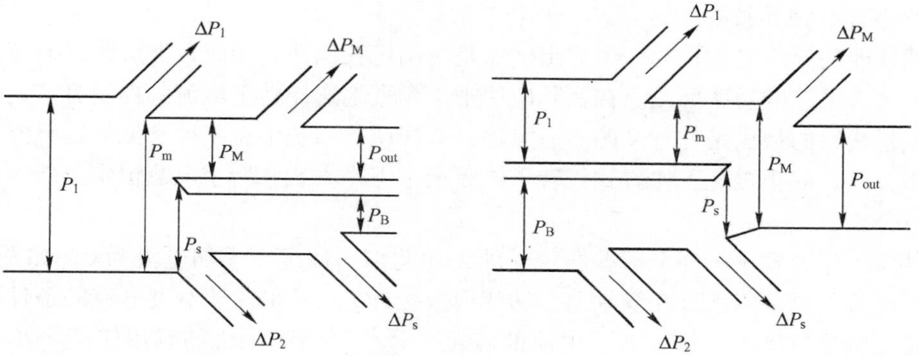

图 6-18　双馈电动机的能量流图

a）亚同步电动状态　b）超同步电动状态

$$\left.\begin{aligned}
&P_1=P_m+\Delta P_1\\
&P_m=P_M\pm P_s\\
&P_M=(1-s)P_m=\Delta P_M+P_{out}\\
&P_s=|s|P_m=P_B\pm(\Delta P_2+\Delta P_s)\\
&P_{in}=P_1\pm(-P_B)
\end{aligned}\right\}\tag{6-22}$$

式中，正号对应于亚同步电动运行状态，负号对应于超同步电动运行状态。

对亚同步电动运行状态，系统的效率 η_c 可表示为

$$\begin{aligned}
\eta_C&=\frac{P_{out}}{P_{in}}\times100\%=\frac{P_M-\Delta P_M}{P_1-P_B}\times100\%\\
&=\frac{(1-s)P_m-\Delta P_M}{(P_m+\Delta P_1)-(P_s-\Delta P_2-\Delta P_s)}\times100\%\\
&=\frac{(1-s)P_m-\Delta P_M}{P_m(1-s)+\Delta P_1+\Delta P_2+\Delta P_s}\times100\%\\
&=\frac{P_m(1-s)-\Delta P_M}{P_m(1-s)+\Delta P_\Sigma}\times100\%
\end{aligned}\tag{6-23}$$

式中，ΔP_Σ 为等效损耗，且 $\Delta P_\Sigma=\Delta P_1+\Delta P_2+\Delta P_s$。

对超同步电动运行状态，系统的效率公式完全相同。一般来说，ΔP_M、ΔP_Σ 相对于 P_m 来说都比较小，因此，双馈调速系统的效率都很高。

双馈调速的异步电动机的能量指标的另一个突出优点，就是在保证调速要求的同时，还可以独立地调节电动机定子侧的无功功率，从而提高整个系统的功率因数。由前面的分析可知，通过调节转子外加电压的幅值和相位，应可以使定子侧功率因数得到改善，甚至可以使电动机定子侧发出无功功率。在保持电动机的气隙磁通不变的条件下，由转子侧励磁的功率要小于由定子侧励磁的功率，从而可以提高电网侧的功率因数。双馈调速的功率因数一般可以达到 0.9 以上，因此，采用双馈调速的异步电动机不仅调速性能好，而且还可以有效地调节电网的无功功率。

(2) 双馈调速系统的运行方式

双馈调速的异步电动机的一个突出优点是电动机在调速的同时，能够独立调节定子侧无功功率，改善系统的功率因数。在实际应用中，合理地选择转子电流的控制方式，使系统获得某种能量指标的最优是有意义的。一般地，双馈调速系统中有4种常见的运行方式，即全补偿工作方式、最小损耗工作方式、转子电流最小工作方式和转子电流恒定工作方式，下面逐一进行分析。

全补偿工作方式——即全部补偿定子的无功功率，使定子无功电流为0，如图6-19所示。定子电流矢量端点轨迹在纵轴上，功率因数接近1，但在转子不过电流的条件下，最大转子转矩电流分量将小于额定转子电流的转矩分量，因而电动机的输出转矩将小于额定转矩。这种工作方式控制简单，较易实现，比较适用于负载变化不大的场合。

转子电流最小工作方式——这种工作方式的实际意义在于降低转子侧交-交变频器的容量。由于转子有功电流分量取决于负载，因此，当转子电流无功分量为零时，转子电流达到最小值。在这种情况下，当转矩为额定值时，转子的全电流即为额定的有功电流。对于功率为500~3500 kW的电动机，在额定转矩时，这种工作方式可以使转子电流降低9%~12%。

转子电流恒定工作方式——当负载变化时，转子电流的幅值不变，但相位改变了，如图6-20所示。重载时，转子电流的转矩分量较大，满足负载要求，在不过电流的条件下，发挥改善功率因数的作用；轻载时，则提供较大的超前无功电流，尽量发挥改善功率因数的作用。这种工作方式特别适合于负载变动较大、经常轻载而电网又常常需要补偿功率因数的场合。

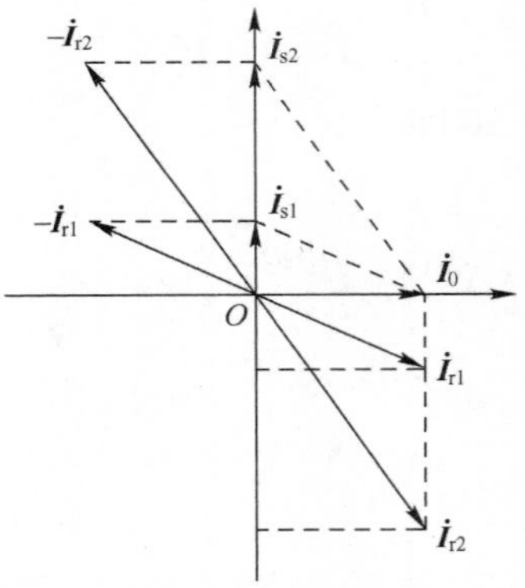

图6-19 全补偿工作方式矢量图

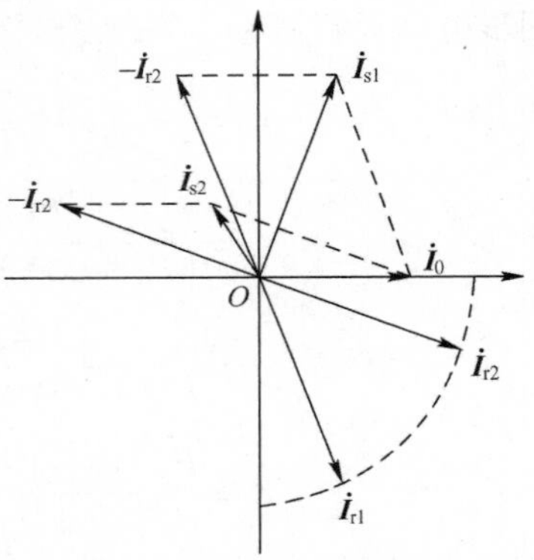

图6-20 转子电流恒定工作矢量图

最小损耗工作方式——这种工作方式的基本原理是通过调节转子电压的幅值和相位，合理地分配定子电流的有功分量和无功分量，使得在任何负载下双馈调速的异步电动机的损耗为最小。这种工作方式系统效率最高，但控制复杂。通过计算表明，对500~3500 kW的电动机，在额定负载条件下，铜损约减小15%~30%。

6.2.2 串级调速系统的稳态特性

1. 串级调速系统的机械特性

在串级调速系统中，由于存在转子整流器，转子电流不再是正弦波了。因此，应该首先从转子整流电路入手分析异步电动机串级调速时的机械特性。

在图 6-13 中，三相桥式整流器 UR 与电动机转子三相绕组相连，转子绕组相当于整流变压器的二次绕组。因此，转子整流电路与一般整流变压器和三相桥式电路相似，但也存在如下的不同之处：

① 电动机转子三相绕组感应电动势的幅值和频率都是转差率的函数；

② 转子电流的频率也是转差率的函数，因而转子的每相漏抗值也是转差率的函数；

③ 由于电动机转子侧等效漏抗值较大，引起换向重叠现象严重，转子整流器会出现特殊的工作状态，即整流器的“强迫延迟导通”现象。

因此，在分析串级调速系统转子整流器的工作时，必须注意以上因素。

（1） 三相桥式整流器的工作状态

为便于分析，做出以下几点假设：

① 直流回路的滤波电抗器的电感量足够大，能滤掉所有的谐波分量而得到平直的直流电流；

② 忽略电动机电阻对换向的影响；

③ 整流元件是理想的，导通时正向电阻为零，截止时反向电阻为无穷大。

由于电动机漏抗的存在，使得换流过程中电流不能突变，会产生换向重叠。根据换向重叠角 γ 的大小和换流时工作元件的数目，可以把整流器的工作情况分为以下 3 种：

1） 如果重叠角小于 60°，整流电路有换流和不换流两种情况。不换流期间两个元件导通，换流期间有 3 个元件导通（换流组有两个元件导通，不换流组有一个元件导通），这种状态称为整流器的“状态 2－3”。

2） 当重叠角等于 60°时，负载电流再增加，重叠角将保持 60°不变，而整流器产生强迫延迟换流角 α_p。当 $\alpha_p<30°$时，共阴极组或共阳极组任何瞬间都有一组元件进行换流，即任何瞬间都有 3 个元件同时导通，这种工作状态称为整流器的“状态 3”。

3） 在 $\alpha_p>30°$时，γ 将大于 60°，这时大部分时间有 3 个元件导通，一部分时间共阴极和共阳极组同时换流。即共有 4 个元件导通，称为“状态 3－4”。

串级调速系统正常工作时，转子整流器一般工作在“状态 2－3”和“状态 3”，为了和后面机械特性工作段的划分一致，将整流器的“状态 2－3”“状态 3”和“状态 3－4”分别称为“第一工作状态”“第二工作状态”和“第三工作状态”。下面对这几种工作状态进行深入的分析。

1） 第一工作状态。整流器等效电路如图 6-21 所示。原始状态为元件 1 和 2 导通，电流流通的路径为：e_{ra}→元件 1→X_{dk}→U_i→元件 2→e_{rc}→O 点。如果在图 6-22 上的 t_1 时刻（$\alpha=0°$）向元件 3 发出触发脉冲，则因 $e_{rb}>e_{ra}$，元件 3 具有导通条件而触发导通，电流流通路径为：e_{rb}→元件 3→X_{dk}→U_i→元件 2→e_{rc}→O 点。其间元件 1 和元件 3 换流，电流从 a 相换到 b 相。由于转子漏抗的存在，电流不能突变，而按照一定规律变化，产生换向重叠，每个元件导通的时间从 120°增加至 120°＋γ。

换流期间，元件 1、3 同时导通，图 6-21 中 a、b 两点等电位，所以两相电压的瞬时值相等，均为 e_{dv}，即

$$e_{dv}=e_{ra}-X_D\frac{di_{ra}}{dt}=e_{rb}-X_D\frac{di_{rb}}{dt} \tag{6-24}$$

由于已假设滤波电抗足够大，所以负载上流过平直的电流 I_d，因此有

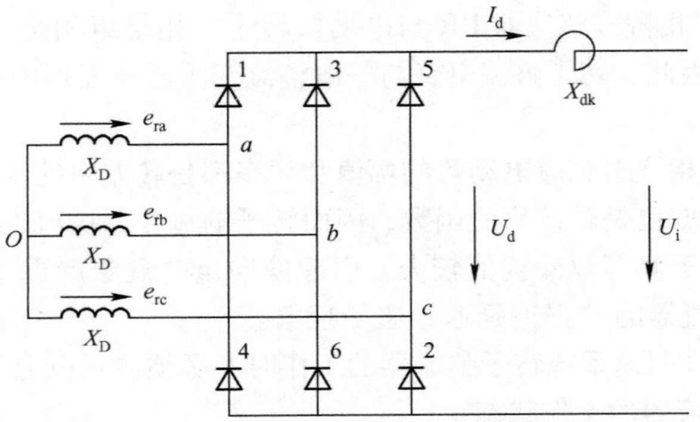

图 6-21　换向时的等效电路

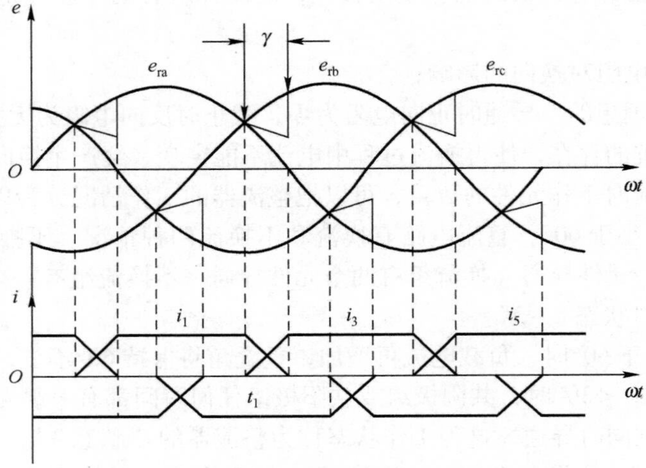

图 6-22　三相桥式整流器的波形（$\gamma \leqslant 60°$）

$$i_{ra} + i_{rb} = I_d$$

$$\frac{di_{ra}}{dt} + \frac{di_{rb}}{dt} = 0$$

于是

$$2e_{dv} = e_{ra} + e_{rb} - X_D\left(\frac{di_{ra}}{dt} + \frac{di_{rb}}{dt}\right)$$

$$e_{dv} = \frac{e_{ra} + e_{rb}}{2} \tag{6-25}$$

即在两相同时导电时，整流电压瞬时值为同时导电的两相电压瞬时值之和的一半。整流器输出的电压波形如图中粗实线所示。

当 $\gamma = 60°$时，电流和电压的波形如图 6-23 所示。这时共阴极组（元件 1、3）换流的终止点正好是共阳极组（元件 2、4）换流的起点，整流器始终处于换流状态，但还是在自然换流点换流。所以只要重叠角 $\gamma < 60°$，整流电路就有换流和不换流两种运行状态，属于整流器的“状态 2 - 3”，称为第一工作状态。

2）第二工作状态。在 $\gamma = 60°$时，如果直流电流 I_d 再增大，则换向将延迟一个角度 α_p，

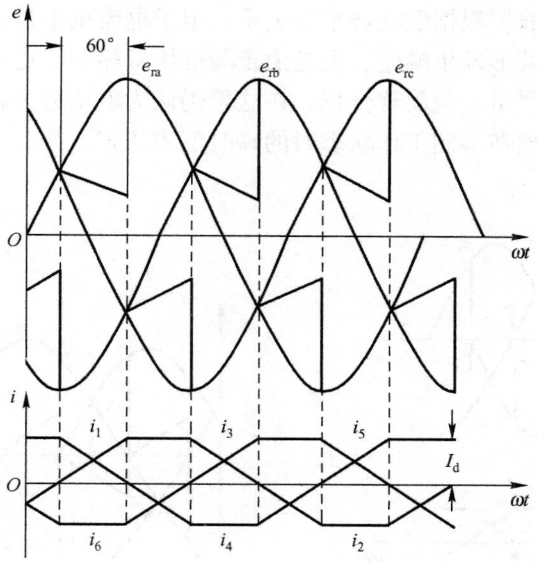

图 6-23　第一、第二工作状态交界处的整流器波形（$\gamma=60°$）

这种现象称为“强迫延迟换流”。电动势和电流波形如图 6-24 所示，$\gamma=60°$，$0<\alpha_p\leqslant30°$ 时为第二工作状态。造成强迫延迟换流的物理原因是：在三相整流电路中，每隔 60°换流一次，因此换流的两相中漏抗所存储和释放的能量必须在 60°内存储和释放完毕。而当 $I_d>I_d$ $(\gamma=60°)$时，电动机漏抗存储的磁能较多，按原有的速度不能在 60°内完成换向，因此要比自然换流点延迟一个角度 α_p。再从电路上看，在元件 1 导通，元件 6 与 2 正在换流时，元件 3 的阳极电位取决于 b、c 两相电压的平均值，其值为 $-\frac{e_{ra}}{2}$；而阴极电位则与 a 相电位相等。因此元件 3 的阴极和阳极间电压为 $-\frac{3}{2}e_{ra}$。可见，在元件 6 向元件 2 换流的 $t_1\sim t_3$ 期间，元件 3 一直承受反压，所以在自然换流点 t_2 时刻，元件 3 不可能导通。只有等到 t_3 时刻，元件 6 向元件 2 换流结束，元件 3 的阳极电位跃变到 e_{rb}，它承受正向电压后，才具有导通条件。即从元件 1 到元件 3 的换流过程中，出现了延迟换流角 α_p，α_p 对应时间为 $t_2\sim t_3$。当出现延迟换流角 α_p 后，电流 I_d 再增大，只会引起 α_p 增大，而换流重叠角 γ 保持 60°不变。从图 6-24看出，$\alpha_{p1}+\gamma-60°=\alpha_{p2}$，稳态时 $\alpha_{p1}=\alpha_{p2}$，所以 $\gamma=60°$不变。

3）第三工作状态。如果负载电流 I_d 再增大，使 α_p 增大到 30°，则元件 6 向元件 2 换流未完时，元件 3 的阳极电位就已高于阴极电位，元件 3 具备了导通的必要条件，这样就出现了 4 个元件同时导通的情况，属于整流器的“状态 3-4”，称为第三工作状态。因此，$\alpha_p=30°$是第二工作状态和第三工作状态的交界处，对应的电流波形如图 6-25 所示。当 $\alpha_p=30°$时，系统进入第三工作状态，在此状态下出现了共阳极和共阴极同时换流现象，使转子短路，这是一种故障状态，在此状态下系统不能长期工作。所以串级调速系统正常运行时只工作在第一、第二工作状态。

（2）转子电动势和电流的瞬时值

从以上分析可以看出，整流电路工作过程中，存在换向重叠和换向延迟现象，使转子电流不是方波也不是正弦波。根据磁动势平衡关系，定子电流也不是正弦波，从而使定子漏抗压降和定、转子电动势波形发生畸变。但是由于漏抗压降相对于定子电动势很小，它引起的定、转子电动势畸变不严重。为简化分析，在这里仍认为电动势为正弦波，因此只对转子电流波形进行分析，并导出在不同工作状态时的瞬时值表达式。

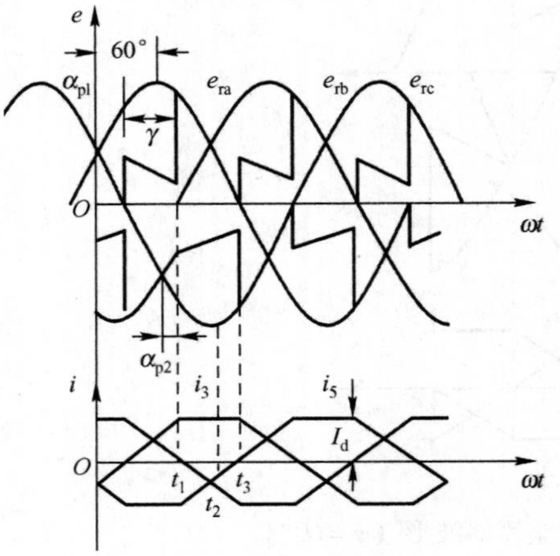

图 6-24　三相桥式整流器的波形
（$\gamma=60°$，$\alpha_p \leqslant 30°$）

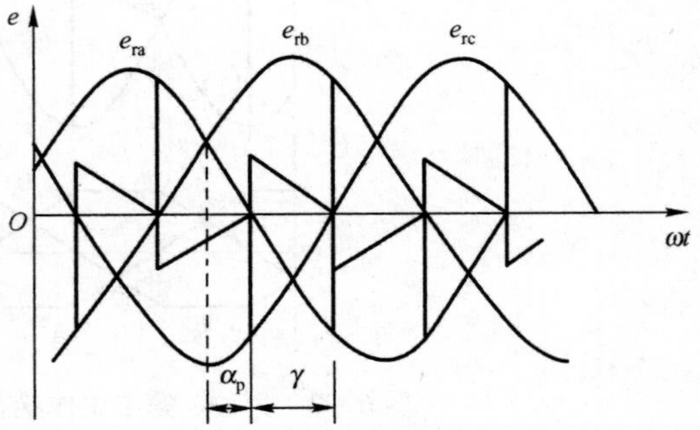

图 6-25　第二、第三工作状态交界处的整流器波形（$\alpha_p=30°$）

在图 6-22 中，将坐标原点设在 a、b 两相自然换流点处，则有

$$e_{ra}=\sqrt{2}sE_r\cos\left(s\omega_s t+\frac{\pi}{3}\right) \tag{6-26}$$

$$e_{rb}=\sqrt{2}sE_r\cos\left(s\omega_s t-\frac{\pi}{3}\right) \tag{6-27}$$

式中，E_r 为转子开路时的相电动势有效值。

将式（6-26）和式（6-27）代入式（6-24）中，并考虑$\frac{di_{ra}}{dt}+\frac{di_{rb}}{dt}=0$ 和初始条件：$s\omega_s t=0$ 时，$i_{ra}=I_d$，$i_{rb}=0$，则可得

$$i_{ra}=I_d-\frac{\sqrt{6}E_r}{2X_D}(1-\cos s\omega_s t) \tag{6-28}$$

$$i_{rb}=\frac{\sqrt{6}E_r}{2X_D}(1-\cos s\omega_s t) \tag{6-29}$$

当 $s\omega_s t=\gamma$ 时，换流结束，此时 $i_{ra}=0$，$i_{rb}=I_d$，代入式（6-28）、式（6-29）中，可得

$$\cos\gamma=1-\frac{2X_D}{\sqrt{6}E_r}I_d \tag{6-30}$$

式（6-30）是求重叠角的一般公式，可见 γ 与折算到转子边的漏抗 X_D、转子开路时相电动势的有效值 E_r 和整流电流的平均值 I_d 有关。其他两个因素一定时，负载电流越大，重叠角 γ 越大。当 $\gamma=60°$时，I_d 的表达式为

$$I_d(\gamma=60°)=\frac{\sqrt{6}E_r}{4X_D} \tag{6-31}$$

所以在第一工作区，$I_d < \dfrac{\sqrt{6}E_r}{4X_D}$，$\gamma < 60°$。式（6-28）和式（6-29）即为此工作区的电流瞬时值表达式。

当$I_d > \dfrac{\sqrt{6}E_r}{4X_D}$时，$\gamma = 60°$，出现换向延迟现象，为第二工作区。把纵坐标设在图 6-24 中 a 相与 b 相的实际起始换流点处，即从自然换流点右移一个延迟换流角 α_p，则用上述方法可求出

$$i_{ra} = I_d - \frac{\sqrt{6}E_r}{2X_D}[\cos\alpha_p - \cos(s\omega_s t + \alpha_p)] \tag{6-32}$$

$$i_{rb} = \frac{\sqrt{6}E_r}{2X_D}[\cos\alpha_p - \cos(s\omega_s t + \alpha_p)] \tag{6-33}$$

式（6-32）和式（6-33）为第二工作区电流瞬时值的表达式。当 $s\omega_s t = \dfrac{\pi}{3}$时，换流结束，$i_{ra} = 0$，$I_{rb} = I_d$，代入上面两式中，求出换向延迟角 α_P 与整流电流的关系

$$\sin(\alpha_p + 30°) = \frac{2X_D}{\sqrt{6}E_r}I_d \tag{6-34}$$

因为串级调速系统正常运行时，只工作在第一、第二工作状态，所以对第三工作状态的电流瞬时值表达式不再进行研究。

（3）转差功率 P_s

由图 6-22 可知，电动机转子相电动势瞬时值为

$$e_{rb} = \sqrt{2}sE_r\sin\left(s\omega_s t + \frac{\pi}{6}\right) \tag{6-35}$$

转子电流瞬时值表达式为

$$i_{rb} = \begin{cases} \dfrac{\sqrt{6}E_r}{2X_D}[1 - \cos(s\omega_s t)] & 0 < s\omega_s t < \gamma, \text{b 相进入导通} \\ I_d & \gamma < s\omega_s t < \dfrac{2}{3}\pi, \text{b 相导通} \\ I_d - \dfrac{\sqrt{6}E_r}{2X_D}[1 - \cos(s\omega_s t)] & \dfrac{2}{3}\pi < s\omega_s t < \dfrac{2}{3}\pi + \gamma, \text{b 相退出导通} \end{cases} \tag{6-36}$$

则第一工作区的转差功率 $P_{s\,\mathrm{I}}$ 为

$$\begin{aligned} P_{s\,\mathrm{I}} &= \frac{3}{\pi}\int_0^{\pi} e_{rb}i_{rb}\,\mathrm{d}(s\omega_s t) \\ &= \left(2.34sE_r - \frac{3}{\pi}sX_D I_d\right)I_d \end{aligned} \tag{6-37}$$

或写成

$$P_{s1} = (U_{d0} - \Delta U)I_d \tag{6-38}$$

式中，U_{d0}为转子整流器空载时的整流电压，$U_{d0} = 2.34sE_r$；ΔU 为空载时由于换向重叠引起的换向压降，$\Delta U = \dfrac{3}{\pi}sX_D I_d$。所以在不计电动机转子损耗及转子整流器的损耗时，转差功率

就是转子整流器输出的直流功率。

用同样的方法可以求出第二工作区的转差功率 $P_{s\text{II}}$ 为

$$P_{s\text{II}}=\frac{9\sqrt{3}sE_r^2}{2\pi X_D}\sin\left(\alpha_p+\frac{\pi}{6}\right)\cos\left(\alpha_p+\frac{\pi}{6}\right) \tag{6-39}$$

将式（6-34）代入式（6-39），有

$$P_{s\text{II}}=\frac{3\sqrt{6}}{2\pi}s\sqrt{3E_r^2-2I_d^2X_D^2}I_d \tag{6-40}$$

或写成直流功率的形式

$$\begin{aligned}P_{s\text{II}}&=\left\{2.34sE_r-\left[2.34sE_r(1-\cos\alpha_p)+\frac{2.34sE_r}{2}\sin\left(\alpha_p+\frac{\pi}{6}\right)\right]\right\}I_d\\&=(U_{d0}-\Delta U)I_d\end{aligned} \tag{6-41}$$

式中，ΔU 为系统在第二工作区时由于换向重叠及换向延迟引起的换向压降；且有

$$\Delta U'=2.34sE_r(1-\cos\alpha_p)+\frac{2.34sE_r}{2}\sin\left(\alpha_p+\frac{\pi}{6}\right)$$

（4）转矩特性 $T_{ei}=f(I_d)$

串级调速系统第一工作区和第二工作区的转矩特性，可用式（6-37）和式（6-40）代入下式：

$$T_{ei}=\frac{P_s}{s\omega_s} \tag{6-42}$$

得到

$$T_{ei\text{I}}=\frac{1}{\omega_s}\left(2.34E_r-\frac{3}{\pi}X_DI_d\right)I_d \tag{6-43}$$

$$T_{ei\text{II}}=\frac{1}{\omega_s}\left(\frac{3\sqrt{6}}{2\pi}\sqrt{3E_r^2-2I_d^2X_D^2}I_d\right) \tag{6-44}$$

知道了转矩特性表达式，那么两段特性是否衔接？异步电动机串级调速时的过载能力如何？额定负载运行时，电动机运行在哪个区段？下面先讨论这些问题，再求出用标幺值表示的转矩特性。

① 两段特性是否衔接？

两段特性交点在 $\gamma=60°$，$\alpha_p=0°$处，现分别求出在此点时两段特性的转矩表达式。将式（6-31）代入式（6-43）中得第一工作区的最大转矩 $T_{ei\text{I}\max}$

$$T_{ei\text{I}\max}=\frac{1}{\omega_s}\frac{3E_r^2}{2X_D}\frac{9}{4\pi} \tag{6-45}$$

由式（6-39）和式（6-42）可得

$$T_{ei\text{II}}=\frac{1}{\omega_s}\frac{9\sqrt{3}E_r^2}{4\pi X_D}\sin\left(2\alpha_p+\frac{\pi}{3}\right) \tag{6-46}$$

令 $\alpha_p=0°$可得第二工作区转矩的起始值

$$T_{ei\text{II}st}=\frac{1}{\omega_s}\frac{3E_r^2}{2X_D}\frac{9}{4\pi} \tag{6-47}$$

可见，$T_{ei\text{I}\max}=T_{ei\text{II}st}$，因此两段特性在交点处（$\gamma=60°$，$\alpha_p=0°$）衔接。

② 异步电动机串级调速时的过载能力。

由式（6-46）可以看出，当 $\alpha_p = \pi/12$ 时，第二工作区的转矩最大。

$$T_{ei\,\mathrm{II}\max} = \frac{1}{\omega_s}\frac{9\sqrt{3}E_r^2}{4\pi X_D} \tag{6-48}$$

此值表示了异步电动机串级调速时的过载能力。将它与异步电动机固有特性的最大转矩进行比较，看看有什么变化。异步电动机固有特性的最大转矩 T_{eimax} 为

$$T_{eimax} = \frac{1}{\omega_s}\frac{3U_s^2}{2\left[R_s + \sqrt{R_s^2 + (X_s^2 + X_r)^2}\right]} \tag{6-49}$$

如忽略定子电阻，并设 $U_s = E_s = KE_r$（K 为电动机的电压比），将 $(X_s + X_r)$ 折算到转子侧，有

$$X_s + X_r = K^2 X_D$$

则

$$T_{eimax} = \frac{1}{\omega_s}\frac{3E_r^2}{2X_D} \tag{6-50}$$

$$\frac{T_{ei\,\mathrm{II}\max}}{T_{eimax}} = \frac{\dfrac{1}{\omega_s}\dfrac{9\sqrt{3}E_r^2}{4\pi X_D}}{\dfrac{1}{\omega_s}\dfrac{3E_r^2}{2X_D}} = \frac{3\sqrt{3}}{2\pi} = 0.826 \tag{6-51}$$

可见，串级调速时，异步电动机的过载能力降低 17% 左右。这是因为在串级调速情况下，电动机绕组的电流波形不是正弦波，它将产生附加损耗。因此，在同样的发热条件下，串级调速异步电动机的额定转矩将低于固有特性上的异步电动机额定转矩，所以使最大转矩降低，这是在为串级调速系统选择电动机时必须要注意的问题。

③ 电动机额定运行时的工作区间。

将式（6-45）与式（6-50）比较，可得

$$T_{ei\,\mathrm{I}\max} = 0.716\,T_{eimax}$$

一般绕线转子异步电动机的最大转矩 $T_{eimax} = (1.8 \sim 2)\,T_{eiN}$，所以，$T_{ei\,\mathrm{I}\max} = (1.29 \sim 1.43)\,T_{eiN}$。可见串级调速系统的额定工作点处于第一工作区。在设计串级调速系统时，利用第一工作区的转矩表达式即可。

④ 用标幺值表示的转矩特性。

以固有特性的最大转矩 T_{eimax} 为转矩基值，以直流短路电流 I_{dk} 为电流 I_d 的基值，有

$$I_{dk} = \sqrt{\frac{3}{2}}\frac{E_r}{X_D}$$

$$T_{ei\,\mathrm{I}}^* = \frac{T_{ei\,\mathrm{I}}}{T_{eimax}} = \frac{\dfrac{1}{\omega_s}\left(2.34E_r - \dfrac{3}{\pi}X_D I_d\right)I_d}{\dfrac{3E_r^2}{2X_D}} = \frac{6}{\pi}I_d^* - \frac{3}{\pi}(I_d^*)^2 \tag{6-52}$$

$$T_{ei\,\mathrm{II}}^* = \frac{T_{ei\,\mathrm{II}}}{T_{eimax}} = \frac{\dfrac{3\sqrt{6}}{2\pi}I_d\sqrt{3E_r^2 - 2I_d^2X_D^2}}{\dfrac{3E_r^2}{2X_D}} = \frac{3\sqrt{3}}{\pi}I_d^*\sqrt{1 - I_d^{*2}} \tag{6-53}$$

根据以上两个公式，可以绘出异步电动机串级调速时的转矩特性曲线，如图 6-26 所示。从转矩公式和转矩特性看出，异步电动机串级调速时，转矩大小只取决于直流电流 I_d 的大小，而与转差率 s 无关，因此属于恒转矩调速。

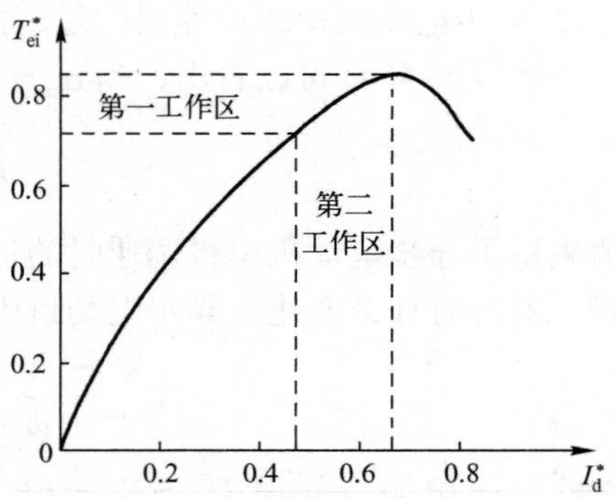

图 6-26　异步电动机串级调速时的转矩特性

（5）机械特性

前面已求出转矩公式 $T_{ei}=f(I_d)$，若再求出电流 I_d 与转差率 s 的关系 $I_d=f(s)$，代入转矩公式，即可求出机械特性方程式 $T_{ei}=f(s)$。

根据晶闸管串级调速的主回路（参见图 6-13）可以列出其直流回路的电压平衡方程式为

$$sU_{d0}-U_{i0}\cos\beta=I_d\left(R_D+\frac{3}{\pi}sX_D+R_{DK}+\frac{3}{\pi}X_B\right)+\sum\Delta U \tag{6-54}$$

式中，U_{d0} 为转子整流电压的最大值，$U_{d0}=2.34sE_r$；$U_{i0}\cos\beta$ 为逆变器的空载直流电压，β 为逆变角，$U_{i0}=2.34U_{rT}$；R_D 为折算到直流侧的电动机等效电阻，根据功率相等的原则，R_D 的近似公式为（推导从略）：$R_D=1.7(sR_s'+R_r)$，R_s' 为折算到转子侧的定子电阻，R_r 为转子电阻（未折算到定子侧）；$\frac{3}{\pi}X_D$ 为换流等效电阻；R_{DK}为滤波电抗器的电阻；X_B 为折算到二次侧的逆变变压器的漏抗；R_B 为折算到直流侧的变压器等效电阻；$\sum\Delta U$ 为管压降。因前面已假设为理想元件，所以下面推导过程中，将其忽略不计。

令 $R_{dx}=1.7R_r+\frac{3}{\pi}X_B+R_{DK}$，$R_{dx}$为等效电阻，则

$$I_d=\frac{U_{d0}\left(s-\frac{U_{i0}\cos\beta}{U_{d0}}\right)}{R_{dx}+\left(1.7R_s'+\frac{3}{\pi}X_D\right)s}$$

当 $I_d=0$ 时，

$$s=s_0=\frac{U_{i0}\cos\beta}{U_{d0}} \tag{6-55}$$

式中，s_0 为理想空载转差率，当电动机及逆变变压器已确定时，s_0 由逆变角 β 决定。则

$$I_d=\frac{U_{d0}(s-s_0)}{R_{dx}+\left(1.7R_s'+\frac{3}{\pi}X_D\right)s} \tag{6-56}$$

将式（6-56）代入式（6-43），即可得第一工作区转矩方程式为

$$T_{ei\,\mathrm{I}}=\frac{R_{dx}+\left(1.7R_s'+\frac{3}{\pi}s_0X_D\right)}{\left[R_{dx}+\left(1.7R_s'+\frac{3}{\pi}X_D\right)s\right]^2}(s-s_0) \tag{6-57}$$

给定一个 β 值，计算出一个 s_0，代入式（6-57），即可作出第一工作区的机械特性曲线 $T_{ei}=f(s)$。

当 $I_d>\frac{\sqrt{6}E_r}{4X_D}$时，进入第二工作区。由式（6-41）的直流功率表达式可知转子整流电压 U_d 为

$$U_d = sU_{d0}\cos\alpha_p - \frac{1}{2}sU_{d0}\sin\left(\alpha_p + \frac{\pi}{6}\right) \tag{6-58}$$

由式（6-34）及关系式：$U_{d0} = 2.34E_r = \frac{3}{\pi}\sqrt{6}E_r$，可得

$$\sin\left(\alpha_p + \frac{\pi}{6}\right) = \frac{2X_D}{\sqrt{6}E_r}I_d = \frac{6}{\pi}\frac{X_D}{U_{d0}}I_d \tag{6-59}$$

代入式（6-58），有

$$U_d = sU_{d0}\cos\alpha_p - \frac{3}{\pi}sX_D I_d \tag{6-60}$$

所以在稳态时第二工作区的电压平衡方程式为

$$sU_{d0}\cos\alpha_p - \frac{3}{\pi}sX_D I_d - U_{i0}\cos\beta = (R_{dx} + 1.7R'_s)I_d \tag{6-61}$$

将式（6-55）代入式（6-61），整理后可得

$$I_d = \frac{U_{d0}(s\cos\alpha_p - s_0)}{\left(1.7R'_s + \frac{3}{\pi}X_D\right)s + R_{dx}}$$

由式（6-59），有

$$I_d = \frac{\pi}{6}\frac{U_{d0}}{X_D}\sin\left(\alpha_p + \frac{\pi}{6}\right) \tag{6-62}$$

代入式（6-61）得

$$s = \frac{R_{dx}\sin\left(\alpha_p + \frac{\pi}{6}\right) + \frac{6}{\pi}X_D s_0}{\frac{6}{\pi}X_D\cos\alpha_p - \left(1.7R'_s + \frac{3}{\pi}X_D\right)\sin\left(\alpha_p + \frac{\pi}{6}\right)} \tag{6-63}$$

给定一个β，由式（6-55）求出s_0，再以α_p为参变量，由式（6-63）及式（6-46）分别求出相应的s和T_{ei}，即可求出第二工作区的机械特性曲线。

下面将串级调速异步电动机的机械特性临界点与异步电动机固有机械特性的临界点进行比较，从中对机械特性的硬度进行分析。由式（6-46）知，当$\alpha_p = 15°$时，电动机产生最大转矩，并可求出临界转差率s'_m为

$$s'_m = \frac{R_{dx} + \frac{6\sqrt{2}}{\pi}X_D s_0}{1.7(R_D - R'_s)}$$

令转差率的增量$\Delta s = s - s_0$。因此在最大转矩下，转差率的增量$\Delta s'_m = s'_m - s_0$为

$$\Delta s'_m = \frac{R_{dx}}{1.7(X_D - R'_s)} + \frac{\frac{6\sqrt{2}}{\pi}X_D - 1.7(X_D - R'_s)}{1.7(X_D - R'_s)} \tag{6-64}$$

因为$T_{ei\,\mathrm{II}\,max}$与转差率无关，所以$\Delta s'_m$就反映了串级调速时机械特性的硬度。从式（6-64）可以看出，$\Delta s'_m$随着s_0的增大而增大，机械特性随之变软。因此，对不同的s_0，机械特性并不是互相平行的。图6-27表示一台串级调速异步电动机的机械特性。

（6）晶闸管串级调速异步电动机的性质

在式（6-54）中，忽略ΔU的影响，则有

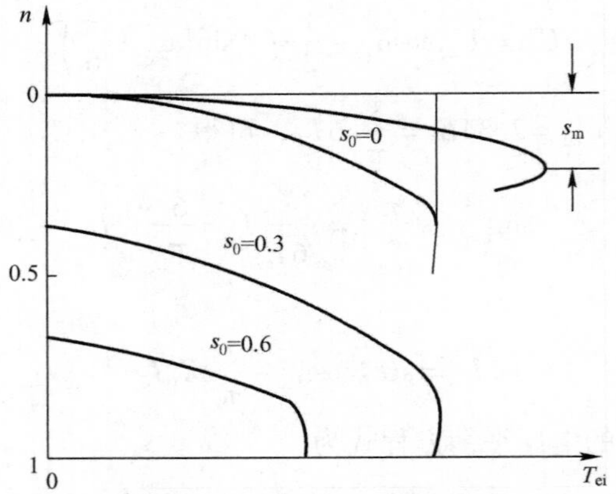

图 6-27　异步电动机串级调速时的机械特性

$$sU_{d0} - U_{i0}\cos\beta = I_d\left(R_D + \frac{3}{\pi}sX_D + R_{DK} + \frac{3}{\pi}X_B + R_B\right)$$

即

$$s = \frac{U_{i0}\cos\beta + I_d\left(R_D + R_{DK} + \frac{3}{\pi}X_B + R_B\right)}{U_{d0} - \frac{3}{\pi}X_D I_d} \tag{6-65}$$

将

$$s = \frac{n_0 - n}{n_0} = 1 - \frac{n}{n_0}$$

代入式（6-65）得

$$\begin{aligned} n &= n_0\left[1 - \frac{U_{i0}\cos\beta + I_d\left(R_D + R_{DK} + \frac{3}{\pi}X_B + R_B\right)}{U_{d0} - \frac{3}{\pi}X_D I_d}\right] \\ &= \frac{U_{d0} - U_{i0}\cos\beta - I_d R_2}{\dfrac{U_{d0} - \frac{3}{\pi}X_D I_d}{n_0}} \\ &= \frac{U - I_d R_\Sigma}{C_e} \end{aligned} \tag{6-66}$$

式中，$U = U_{d0} - U_{i0}\cos\beta$；$R_\Sigma = R_D + R_{DK} + \frac{3}{\pi}X_B + R_B$；$C_e = \dfrac{U_{d0} - \frac{3}{\pi}X_D I_d}{n_0}$；$n_0$ 为电动机的同步转速。

由式（6-66）可以看出，串级调速的异步电动机的机械特性和他励直流电动机机械特性方程式相似，不同之处在于 R_Σ 很大，而且电动势系数 C_e 不是常数，它随 I_d 增大而减小，从而使转速上升，这和电枢反应的去磁作用相似。

此外，由第一工作区的转矩公式（6-43）得

$$\begin{aligned} T_{ei} &= \frac{1}{\omega_s}\left(2.34E_r - \frac{3}{\pi}X_D I_d\right)I_d \\ &= C_T I_d \end{aligned} \tag{6-67}$$

式中，$C_T=\frac{1}{\omega_s}\left(2.34E_r-\frac{3}{\pi}X_D I_d\right)$。

可知，二者的转矩公式也相似。而且可以求出

$$\frac{C_T}{C_e}=\frac{n_0}{\omega_s}=\frac{60f_1}{n_p}\frac{n_p}{2\pi f_1}=9.55 \tag{6-68}$$

可见，异步电动机转矩系数 C_T 与电动势系数 C_e 的关系，也和直流电动机相同。

因此晶闸管串级调速的异步电动机，在性能上相当于一个内阻很大，又有电枢反应的他励直流电动机。调节逆变角 β，可以调节电压 U，这和直流电动机相似。

2. 串级调速系统的能量指标

（1）串级调速系统的总效率

由于串级调速系统在正常电动运行时，只能工作在亚同步转速区。因此，其能流图与工作于亚同步电动状态的双馈调速系统类似（见图 6-18a）。与双馈调速系统相比，串级调速系统的转差功率需要经过中间直流环节实现能量变换，因此，效率略低于采用交-交变频器直接实现能量变换的双馈调速系统。但与转子串电阻调速系统相比，它的效率还是相当高的。为此，重写式（6-23）如下：

$$\eta_C=\frac{P_m(1-s)-\Delta P_M}{P_m(1-s)+\Delta P_\Sigma}\times 100\% \tag{6-69}$$

η_C 即为串级调速系统的总效率。对于大容量的串级调速系统，η_C 可以达到 90% 以上；对于中小容量的串级调速系统，η_C 也在 80% 以上。

而转子串电阻时效率 η_R 可以表示为

$$\begin{aligned}\eta_R&=\frac{P_{out}}{P_m}\times 100\%\\&=\frac{P_m(1-s)-\Delta P_M}{P_1}\times 100\%\\&=\frac{P_m(1-s)-\Delta P_M}{P_m+\Delta P_1}\approx(1-s)\times 100\%\end{aligned}$$

可见，采用转子串电阻进行调速时，效率与转差率 s 有关。电动机转速越低，s 越大，系统效率越低。

异步电动机转子串电阻和串级调速时的效率曲线如图 6-28 所示。其中 η_R 为转子串电阻调速时的效率，η_C 为串级调速时的效率，可见 η_C 高得多，有明显的节能效果，这是串级调速装置的最大优点。而且由于其结构比较简单，因而在工业中获得广泛应用。

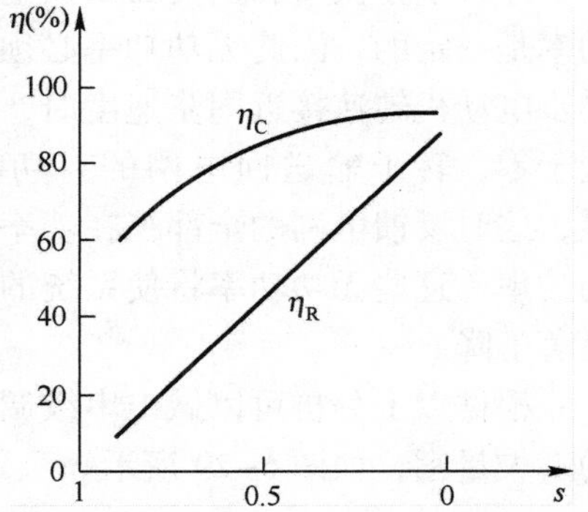

图 6-28　晶闸管串级调速和转子串电阻调速的效率曲线

（2）串级调速系统的总功率因数

一般串级调速系统的总功率因数都比较低，通常只有 0.3～0.6，即使在高速满载运行时，功率因数也只能达到 0.6～0.65，比正常接线时电动机的功率因数减少 0.1 左右。这是串级调速系统的主要缺点。

1）串级调速系统功率因数低的主要原因。

造成串级调速系统功率因数低的原因主要有三个方面。首先，晶闸管逆变桥采用自然换流方式，逆变桥触发延迟角在90°~180°之间，电流相位滞后，需从电网吸收大量的换向无功功率，再加上电动机本身和逆变变压器在正常工作时也要吸收相当数量的无功电流，因此串级调速系统从电网吸收的无功功率比异步电动机单独运行时多得多，而有功功率则由于转差功率的回收而减少，于是功率因数就变得很低。这是造成串级调速系统功率因数低的主要原因。其次，在串级调速系统中由于转子整流电路存在严重的换流重叠现象，使得定子和转子电流都是非正弦的，从而导致电动机本身的功率因数降低。此外，串级调速系统中电流波形发生畸变也会使串级调速系统的功率因数下降。

串级调速系统总功率因数可用下式表示：

$$\cos\varphi = \frac{P}{S} = \frac{P_1 - P_B}{\sqrt{(P_1 - P_B)^2 + (Q_1 + Q_B)^2}} \tag{6-70}$$

式中，P 为系统从电网吸收的总有功功率；S 为系统总的视在功率；P_1 为电动机从电网吸收的有功功率；P_B 为通过逆变变压器回馈到电网的有功功率；Q_1 为电动机从电网吸收的无功功率；Q_B 为逆变变压器从电网吸收的无功功率。

由式（6-70）可见，串级调速系统从电网吸收的总有功功率是电动机吸收的有功功率与逆变器回馈至电网的有功功率之差；而从交流电网吸收的总无功功率却是电动机和逆变器吸收的无功功率之和。因此，串级调速系统的功率因数较低。随着电动机转速的下降，功率因数还会进一步降低。下面借助于图析法来进一步分析电动机转速对系统功率因数的影响。

在串级调速系统中，电动机转子电流的大小取决于负载。如果电动机拖动的是恒转矩负载，则转子回路中的电流，也就是经逆变器送到电网的电流也是一定的。在逆变器电网侧电压一定的前提下，这意味着由逆变器反馈电网的视在功率也是一定的。在忽略损耗的情况下，电动机的转差功率就是转子整流器输出的直流功率，也就是由逆变变压器反馈到电网的有功功率。由式（6-37）、式（6-41）可以看出，在电动机调速时，这个功率是与转差率成正比的。电动机转速越高，则转差率越小，经转子整流器和逆变器回馈电网的视在功率是一定的，因此无功功率必须增大。当异步电动机转速接近同步速度时，转差率接近于零，转子输送回电网的有功功率也为零，这时反馈电网的全部视在功率都将是无功功率。这些无功功率将使系统的功率因数显著下降。

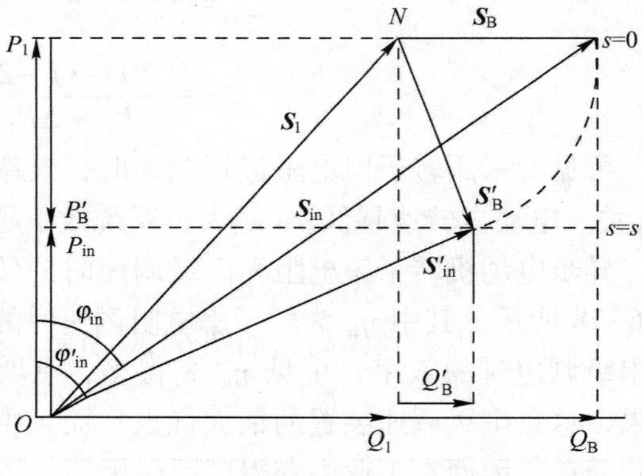

图6-29　串级调速系统功率矢量图

根据以上分析可以做出串级调速系统的功率矢量图，如图6-29所示。

图6-29中，S_1 是电动机定子从电网吸收的视在功率，$S_1 = \sqrt{P_1^2 + Q_1^2}$。$P_1$、$Q_1$ 分别是电动机从电网吸收的有功功率和无功功率。P_1、Q_1 和 S_1 都可以近似地认为与电动机的转差率无关，在调速过程中保持恒定。S_B、S'_B 分别是当电动机转差率为零和为 s_1 时的逆变变压器从电网吸收的视在功率。注意到在 $s=0$ 时从电网吸收的全部视在功率都是无功功率；在 s

$=s_1$ 时逆变变压器是向电网反馈有功功率 P'_B，吸收无功功率 Q'_B，因此 P'_B 与 P_1 方向相反，如图中所示。串级调速系统从电网吸收的全部视在功率矢量为 $\boldsymbol{S}_1$ 和 $\boldsymbol{S}_B$ 的矢量和，即 $\boldsymbol{S}_{in}=\boldsymbol{S}_1+\boldsymbol{S}_B$。由此可求出在不同转速时系统的总功率因数角。在不同转差率时，矢量 $\boldsymbol{S}_B$ 的大小不变，但方向改变，因此不同转差率下视在功率矢量就落在以 N 为圆心，以 $|\boldsymbol{S}_B|$ 为半径的圆弧上。在此轨迹上就可以求出在某一转差率时 $\boldsymbol{S}_B$ 矢量的方向，进而可以求出总视在功率矢量 $\boldsymbol{S}_{in}$ 及系统相应的总功率因数角。由图 6-30 中可以看出，在电动机调速范围一定的情况下，随着电动机转差率的增大，系统的功率因数降低了。

2）串级调速系统功率因数的改善方法。

功率因数的提高是串级调速系统能被广泛推广应用的关键问题之一，改善功率因数的方法通常有以下几种：

① 在串级调速装置的进线电网侧加动力电容器。这种方法比较简单易行，目前应用也很普遍。电容器的无功功率要根据功率因数由 $\cos\varphi_K$ 提高到 $\cos\varphi_{KC}$ 的要求，按下式计算：

$$Q_C=Q_K-Q_{KC}$$

式中，Q_{KC} 为对应于 $\cos\varphi_{KC}$ 的无功功率；Q_K 为对应于 $\cos\varphi_K$ 的无功功率。

由图 6-30 可以看出，电容器补偿有改善串级调速系统功率因数的效果。但这种方法也存在着缺点，即电容器对电网谐波比较敏感，容易引起发热，与电动机电抗之间产生自激振荡现象，在负荷变化时引起电网电压变化较大。因此便出现了从串级调速系统本身来解决功率因数过低的方法，如下所述。

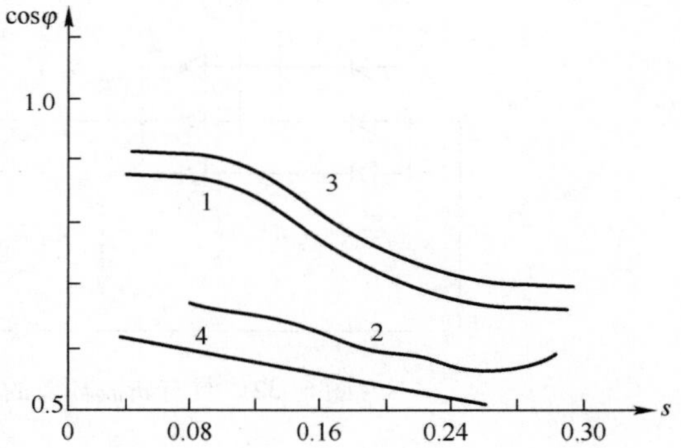

图 6-30　不同方式的串级调速系统的功率因数

1—采用电容器补偿　2—逆变器串联

3—采用斩波控制　4—一般形式逆变器

② 采用两台逆变器串联的纵续控制。对于大功率串级调速系统，提高功率因数最实际的方法，就是采用两台逆变器串联的纵续控制，如图 6-31 所示。其中一台逆变器的触发延迟角 β_1 固定为最小安全逆变角 β_{min}，一般取 $\beta_{min}\geqslant 30°$。另一台逆变器的触发延迟角 β_2 随负载而变，变化范围是 $\beta_{min}\leqslant\beta_2\leqslant 180°-\beta_{min}$。这种电路的逆变电压平滑，谐波分量小，逆变电流更接近正弦波。而且逆变器的功率因数可以得到提高，如图 6-30 所示。这种方法对于大功率系统比较适用。

③ 斩波控制串级调速系统。这种方案如图 6-32 所示。它是在常规串级调速系统的直流回路中，加上了一个并联型直流斩波器，斩波器 CH 工作在开关状态。当它接通时，转子整流电路被短接，电动机相当于在转子短路状态下工作；当它断开时，电动机在串级调速接线下工作。为了提高系统的功率因数，减少逆变器从电网吸收的无功功率，总是把逆变器固定在最小逆变角下工作，且不随转速变化而变化。这时，只要改变斩波器的占空比便可改变异步电动机的理想空载转速。设斩波器开关周期为 T，CH 接通的时间为 τ，则逆变器经 CH 送至整流器的电压 $\overline{U}_{ch}=\dfrac{T-\tau}{T}U_i$。$\overline{U}_{ch}$ 的波形如图 6-33 所示。

由图 6-32 和图 6-33 可见，改变占空比，相当于改变串入整流器的直流回路的附加电

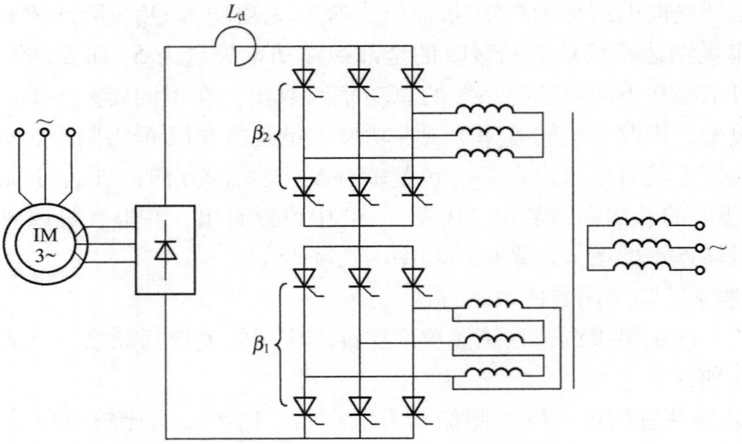

图 6-31　两台逆变器串联的纵续控制系统

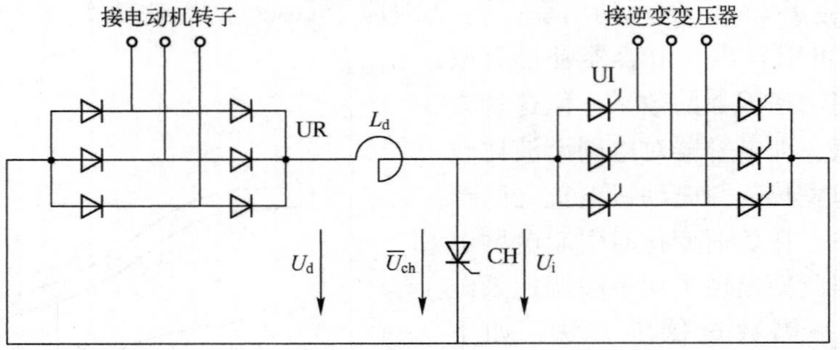

图 6-32　具有斩波环节的晶闸管串级调速系统原理图

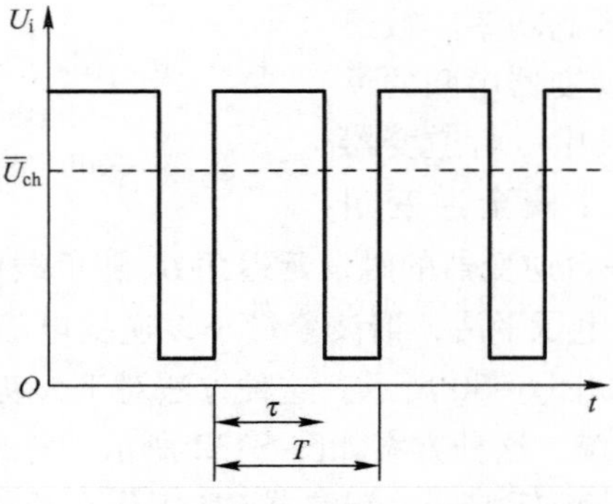

图 6-33　斩波器脉宽调制理想波形图

动势，因而能调节电动机转速。由于在系统中逆变器的触发延迟角一般取较小值且固定不变，故可提高系统的功率因数，如图所示，同时由于系统的功率因数较高，通过逆变器传输的功率几乎都是有功功率，即异步电动机的转差功率，因此这种斩波控制串级调速系统的逆变器和逆变变压器的容量比普通串级调速系统要小得多。系统功率因数高和逆变器容量相对较小，是斩波控制串级调速系统的突出优点，而且由于其控制系统的结构也十分简单、可靠，因此，它是一种很有发展前景的串级调速系统。

④ GTO 串级调速系统。这种系统通过改变逆变系统的工作状态来提高功率因数，即使逆变系统的触发延迟角 α 在 180°~270°之间改变，为此，只需将逆变桥中的普通晶闸管用可关断晶闸管 GTO 来代替即可，如图 6-34 所示。

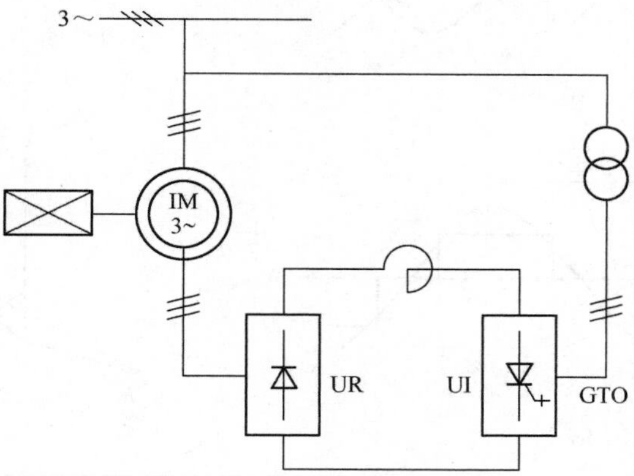

图 6-34　节能型串级调速装置原理图

GTO 是晶闸管的一种派生器件。它既具有晶闸管耐高压、电流大、浪涌能力强的特性，又具有在门极正、负信号控制其导通和关断的独特优点，它的控制方式和开关晶体管相似。

当串级调速装置的逆变系统采用 GTO 元件后，利用 GTO 元件的关断特性，逆变系统的触发延迟角在 180°~270°之间改变时，GTO 元件之间也能通过控制系统进行强迫换流。例如，当 $\alpha=240°$时，其逆变波形如图 6-35 所示，以 A、B 两相换流为例，在 t_1 之前 A 相导通，而在 $t=t_1$ 时同时分别给 A 相和 B 相 GTO 元件发关断和开通脉冲，则 A 相元件强迫关断，而 B 相元件当 A 相元件关断后，就可承受正向电压而导通。

逆变电流波形如图 6-35b 所示，电流波形的轴线滞后电压波形的轴线 240°，电流波形的基波分量滞后于电源电压 240°。图 6-35c 所示是这一电压和电流的相量图。电流的有功分量 $\dot{I}_{\mathrm{p}}$ 与 $\dot{U}$ 反相，和一般晶闸管串级调速情况相同，但是电流的无功分量 $\dot{I}_{\mathrm{q}}$ 却超前电压 $\dot{U}$ 90°，说明此时逆变系统从电源吸收容性无功电流，这个容性无功电流可以补偿电动机所需的感性无功电流，从而使总功率因数提高。图 6-35d 表示 $\alpha=240°$时串级调速装置电压和电流相量图，由图可见，总电流 $\dot{I}_{\mathrm{W}}$ 的相位角 φ_{W} 大大减小，因而提高了装置的总功率因数 $\cos\varphi_{\mathrm{W}}$。

由以上分析可以看出，GTO 串级调速系统与一般晶闸管串级调速系统在结构上的唯一区别，仅仅是用 GTO 元件代替普通的晶闸管元件，使其逆变工作状态的触发延迟角 α 在 180°~270°之间改变，即可达到提高功率因数的目的。除了要对触发控制系统做简单的改进外，两种串级调速系统完全相同。在不久的将来，GTO 元件也将逐渐被淘汰，取而代之的将是第四代电力电子器件 IGCT 或 SGCT。

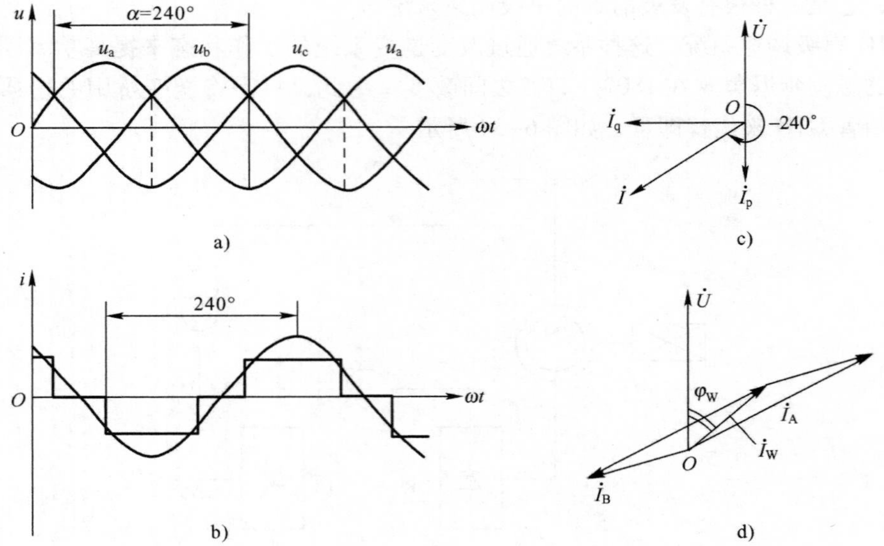

图 6-35　逆变电压、电流波形图及相量图（$\alpha=240°$）

a）电压波形　b）电流波形　c）电压和电流相量图　d）串级调速装置电压和电流相量图

6.3　双馈调速和串级调速的闭环控制系统

异步电动机无论是采用双馈调速还是串级调速，在开环控制时静差率都比较大，如图 6-16和图 6-27 所示。因此，开环控制系统只能用于对调速精度要求不高的场合。为了提高调速精度和获得较好的动态特性，就要采用闭环控制。

串级调速的闭环控制系统与直流双闭环系统相类似，也可以采用转速和电流两个闭环。因此，在系统设计时可以应用直流传动系统的闭环调节原理，但也必须考虑串级调速的特殊性。实践证明，加上闭环控制后，系统的动、静态性能都得到了较大的改善。

对双馈调速而言，在矢量控制理论出现之前，只出现过一些简单的闭环控制方案。但由于这些方案都不够完善，未能充分发挥双馈调速的优点而逐渐被采用矢量控制的双馈调速系统所代替。由于采用矢量控制后可以独立调节有功功率（转矩和转速）和无功功率，系统的动、静态性能优越，可以达到或超过直流调速系统的水平，因而在工业中应用日益广泛。

本节主要阐述采用简单闭环控制的双馈调速系统和串级调速的闭环控制系统的工作原理。

6.3.1　双馈调速的简单闭环控制系统

历史上曾出现由简单闭环控制的双馈调速系统是用模拟直流调速系统实现的，其原理如图 6-36 所示。该系统存在两个闭环：速度闭环和电流闭环，分别用于系统的速度调节和电流调节。电流检测环节检测电动机转子三相电流，一方面用作电流反馈，另一方面经过过零逻辑环节产生过零信号。电压同步环节用于产生触发交 - 交变频器所需的同步电压信号；对过零信号、同步电压信号和电流调节器的输出信号进行综合，经脉冲生成环节产生脉冲，用于控制交-交变频器输出频率幅值可调的“准正弦电压”。

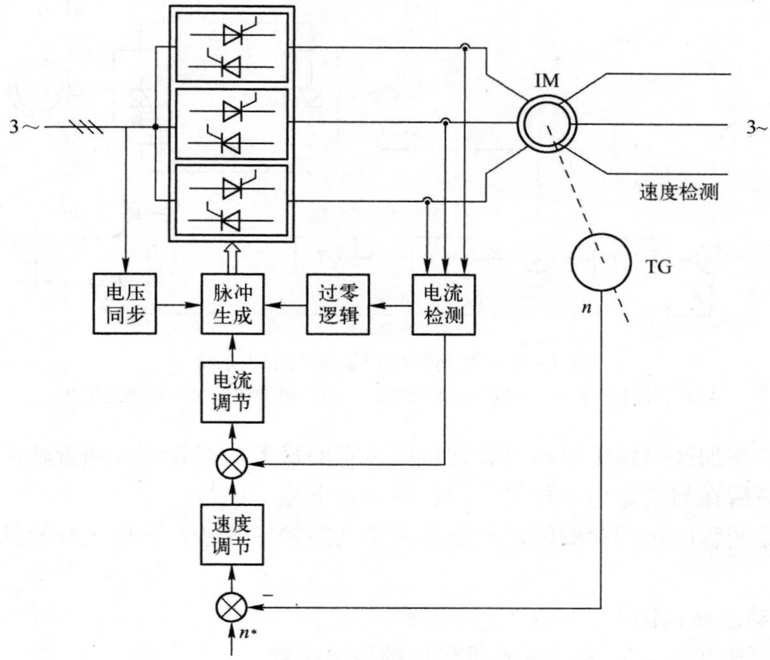

图 6-36　简单闭环控制的双馈调速系统

这种简单闭环控制系统在一定程度上克服了开环系统的不足，但由于被控对象异步电动机是一个非线性强耦合的电磁系统，因此与异步电动机的早期其他调速方案一样，系统的动、静态性能不是很理想，只能应用于风机、泵类等对调速精度和动态性能要求不高的场合。这在一定程度上限制了双馈调速的进一步发展。

矢量控制理论的出现为交流调速技术的发展注入了活力。双馈调速系统采用矢量控制后，系统的动、静态性能都得到了很大的提高，可与直流调速系统相媲美。矢量控制的双馈调速系统的调速精度高，动态特性优越，效率和功率因数也比较高，而且转子侧的变频器容量可以做得比电动机容量小，这对于调速精度要求较高、调速范围不大的大功率场合如轧钢机类负载尤其具有吸引力，显示出广阔的发展前景。

6.3.2　串级调速的闭环控制系统

1. 双闭环串级调速系统的工作原理

双闭环串级调速系统与直流闭环系统相似，其结构如图 6-37 所示。电流调节器 ACR 输出电压为零时，应整定触发脉冲，使 β 为最小值，以防止逆变颠覆。一般取 $\beta_{min}=30°$，此时转速最低，随着 ACR 输出电压的增加，β 角增大，U_i 减小，转速上升，到 $\beta=90°$时，$U_i=0$，相当于串级调速系统不起作用。

利用电流负反馈作用与速度调节器 ASR 输出电压的限幅环节作用，在加速过程中，也能实现恒流升速，使系统具有较好的加速特性。需要加速时，增加给定信号 n^*，经逆变触发器 GT 使 β 角变大，逆变电压下降，直流电流（即电动机电流）增大，电动机加速，由于

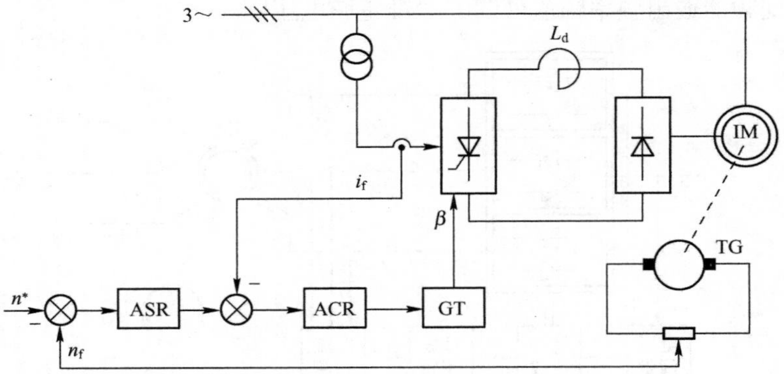

图 6-37　晶闸管串级调速双闭环系统

ACR—电流调节器　ASR—速度调节器　GT—触发器　TG—测速发电机

限幅环节作用，在加速过程中电动机能维持所设定的最大加速转矩。随着转速升高，转速反馈信号增大，最后在与给定信号相对应的较高转速下稳定运行。

为了研究晶闸管串级调速双闭环控制系统的动态校正方法，下面先介绍其传递函数及系统结构图。

2. 系统的动态结构图

（1）串级调速系统主回路（直流回路）的传递函数

直流回路的输入量是转子空载整流电动势 sU_{d0} 和逆变器空载逆变电动势 U_i 之差，输出量是 I_d，它们之间的关系可以用直流回路的动态电压平衡方程式表示为（忽略管压降）

$$sU_{d0}-U_i=L_{\Sigma}\frac{dI_d}{dt}+R_{\Sigma}I_d \tag{6-71}$$

式中，U_i 为逆变器输出的空载电压，$U_i=2.34U_{rT}\cos\beta$；L_{Σ} 为转子直流回路总电感，$L_{\Sigma}=L+2L_{D0}+2L_T$，$L_{D0}$ 为折算到转子侧的电动机每相漏感，L_T 为折算到二次侧的逆变变压器每相漏感，L 为平波电抗器电感；R_{Σ} 为转差率为 s 时的转子直流回路等效电阻。

$$R_{\Sigma}=\frac{3X_D}{\pi}s+\frac{3X_B}{\pi}+R_D+R_B+R_{DK}$$

式（6-71）可写为

$$U_{d0}-\frac{n}{n_s}U_{d0}-U_i=L_{\Sigma}\frac{dI_d}{dt}+R_{\Sigma}I_d \tag{6-72}$$

将式（6-72）两边取拉式变换，可求得转子直流回路的传递函数为

$$\frac{I_d(p)}{U_{d0}-\frac{U_{d0}}{n_s}n(p)-U_i(p)}=\frac{K_{Ln}}{T_{Ln}p+1} \tag{6-73}$$

式中，T_{Ln} 为转子直流回路的时间常数，$T_{Ln}=L_{\Sigma}/R_{\Sigma}$；$K_{Ln}$ 为转子直流回路的放大倍数，$K_{Ln}=1/R_{\Sigma}$。

转子直流回路相应的结构图如图 6-38 所示。由于该环节的时间常数 T_{Ln} 和放大倍数 K_{Ln} 都是转速 n 的函数，所以它是非定常的环节。

（2）异步电动机的传递函数

由于串级调速系统一般运行于第一工作区，由式（6-67）知，异步电动机的电磁转矩为

$$T_{ei}=\frac{1}{\omega_s}\left(2.34E_r-\frac{3}{\pi}X_DI_d\right)I_d=C_TI_d$$

电力拖动系统的运动方程式为

$$T_{ei}-T_L=\frac{GD^2}{375}\frac{dn}{dt}$$

或

$$C_T(I_d-I_L)=\frac{GD^2}{375}\frac{dn}{dt}$$

式中，I_L 为负载转矩 T_L 所对应的等效负载电流。

由上式可得异步电动机在串级调速时的传递函数为

$$W_D(p)=\frac{n(p)}{I_d(p)-I_L(p)}=\frac{1}{\frac{GD^2}{375}\cdot\frac{1}{C_T}p}=\frac{1}{T_Dp} \tag{6-74}$$

式中，$T_D=\frac{GD^2}{375}\cdot\frac{1}{C_T}$，由于系数 C_T 是电流 I_d 的函数，因此 T_D 也是电流 I_d 的函数，而不是常数。

（3）触发逆变环节的传递函数

触发逆变环节的输入是触发器的控制电压 U_K，输出是空载逆变电动势 U_i，这是一个纯滞后环节，由晶闸管电路知识可知，其传递函数为

$$W_s(p)=\frac{K_s}{T_sp+1} \tag{6-75}$$

式中，K_s、T_s 分别为晶闸管逆变器的放大倍数和时间常数；K_s 为转子整流电压最大值 U_{i0} 和逆变器控制电压最大值 U_{Kmax} 的比值；T_s 为 0.0017 s。

（4）电流反馈回路的传递函数

由于电流检测信号常含有交流分量，需要滤波，同时也为防止干扰信号侵入，而在电流反馈回路中加入电流反馈滤波器，其传递函数为

$$W_{Lf}(p)=\frac{K_{if}}{\tau_{if}p+1} \tag{6-76}$$

式中，K_{if}为电流反馈系数；τ_{if}为电流反馈滤波器的时间常数，一般取 1 ~ 2 s。

（5）转速反馈回路的传递函数

同理，在转速反馈回路中也加入转速反馈滤波器。其传递函数为

$$W_{nf}(p)=\frac{K_{nf}}{\tau_{nf}p+1} \tag{6-77}$$

式中，K_{nf}、τ_{nf}分别为转速反馈系数和转速反馈滤波器的时间常数。另外，为补偿反馈通道的惯性作用，在电流给定与转速给定通道中，也应加入相应的惯性环节，即给定滤波器。

由以上各环节的传递函数可以组成如图 6-38 所示的异步电动机晶闸管串级调速双闭环系统的结构框图。图中的速度调节器和电流调节器一般都采用 PI 调节器，其参数是待定的。

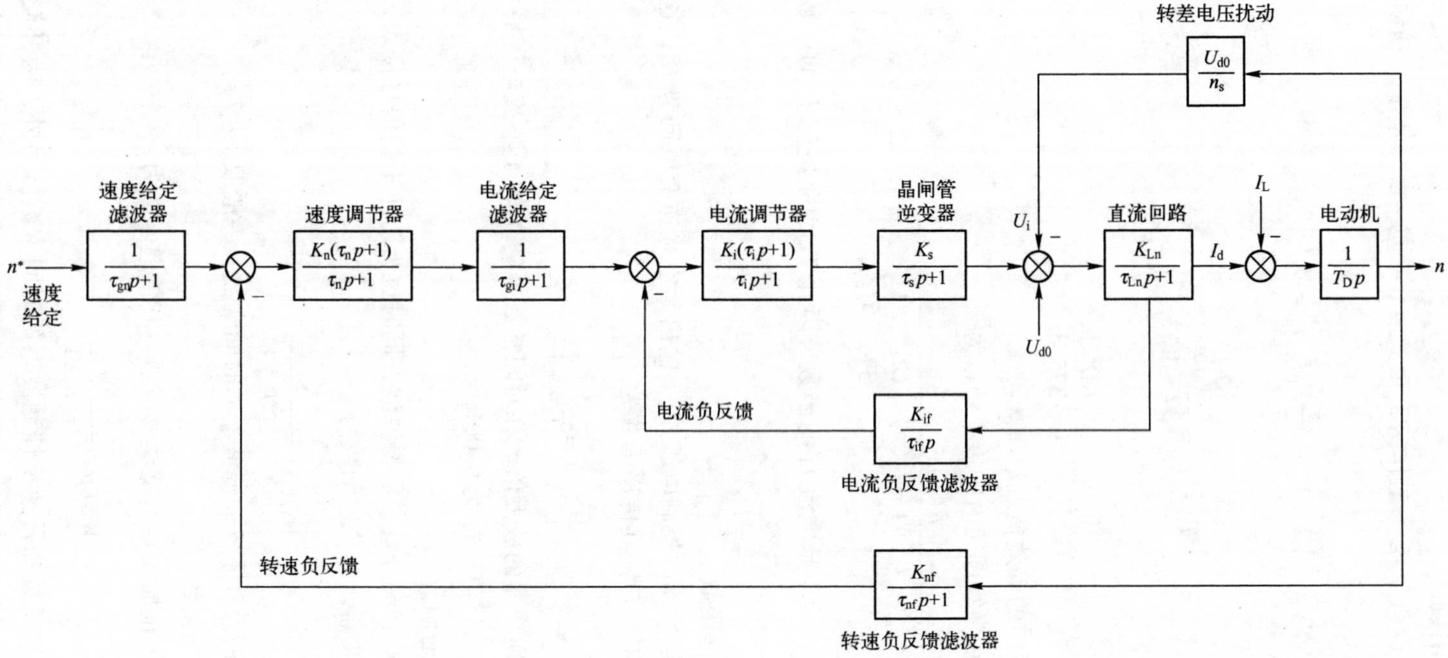

图6-38　异步电动机晶闸管串级调速双闭环系统动态结构图

由图6-38可以看出，串级调速双闭环控制系统的结构图与直流双闭环系数的结构图在形式上是相同的，校正的方法也是先内环后外环。不同点在于：串级调速系统直流回路的时间常数τ_{Ln}和放大系数K_{Ln}都是转速n的函数，是非定常系数，所以电流环是一个非定常系统。非定常电流环如何校正，是串级调速系统动态校正中的一个特殊问题。

但是据已有资料介绍，经理论分析和实验验证，不论是按高速还是按低速时的T_{Ln}和K_{Ln}计算电流调节器的参数，当转速n变化时，电流环的动态响应变化都不大，其阻尼系数的偏差均小于5%。通常都是按低速时的T_{Ln}和K_{Ln}计算电流调节器的参数。因为经过计算，按低速时的T_{Ln}和K_{Ln}整定电流调节器的参数所得到的阻尼系数，比按高速时的T_{Ln}和K_{Ln}整定电流调节器的参数所得到的阻尼系数小，所以这样能更快地补偿由扰动所造成的被调量的偏差，同时电流环可以具有更高的响应速度。

用不同转速时的T_{Ln}和K_{Ln}确定电流调节器的参数后，在转速变化时，电流环的动态响应变化不大，这是因为T_{Ln}和K_{Ln}自身随转速n的变化，有相互补偿的作用，这点从式（6-73）可以看出。从物理概念上理解，是因为系统的内环和外环的时间常数相差很大，而使两个环的调节过程无影响。例如，当有控制信号输入时，由于电动机的机械惯性大，转速还来不及变化时，电流环已调节完毕，电流达到了稳态值，而转速调节是在电流已基本稳定的条件下进行的。由此也可看出，电流调节过程是电动机静止或处于某一低速且转速来不及变化时进行的，因此，电流调节器的参数应该按低速时的T_{Ln}和K_{Ln}计算。

所以，一般对串级调速系统进行动态校正时，采用低速时的T_{Ln}和K_{Ln}值，用二阶最佳方法校正电流环，用三阶最佳方法校正速度环。

6.4 绕线转子异步电动机双馈矢量控制系统

6.4.1 绕线转子异步电动机双馈调速系统

双馈调速是指将电能分别馈入异步电动机的定子绕组和转子绕组，通常将定子绕组接入工频电源，将转子绕组接到频率、幅值、相位和相序都可以调节的变频电源。如果改变转子绕组电源的频率、幅值、相位和相序，就可以调节异步电动机的转矩、转速、转向及定子侧的无功功率。这种双馈调速的异步电动机可以超同步或亚同步运行，不但可以工作在电动状态，而且可以工作在发电状态。

因为交-交变流器采用晶闸管自然换向方式，结构简单，可靠性高；而且交-交变流器能够直接进行能量转换，效率高，所以，在双馈调速方式中采用交-交变流器作为转子绕组的变频电源是比较合适的。

绕线转子异步电动机串级调速系统（见图6-39）是从定子侧馈入电能，从转子侧馈出电能的系统。从广义上说，它也是双馈调速系统的一种。

在双馈调速中，所用变频器的功率仅占电动机总功率的一小部分，可以大大降低变频器的容量，从而降低了调速系统的成本，此外，双馈电动机还可以调节功率因数。由于具有这些优点，双馈电动机特别适合应用于大功率的风机、水泵类负载的调速场合；双馈调速方式在风力、水力等能源开发领域也是一种比较先进、理想的发电技术，具有一定的应用前景。

为了消除集电环和电刷带来的影响，提高系统运行的可靠性，近期人们又进行了无刷双馈电动机的研究，如图 6-40 所示。这种电动机只有一个定子，其上有两套不同极对数的绕组，一套称为功率绕组，接三相电网，另一套称为控制绕组，接变频装置，这两套绕组没有直接的电磁耦合，而是借助转子绕组间接地进行电磁功率的传递。在两套绕组极对数确定的情况下，通过改变变频装置的输出功率即可实现电动机的无级调速。

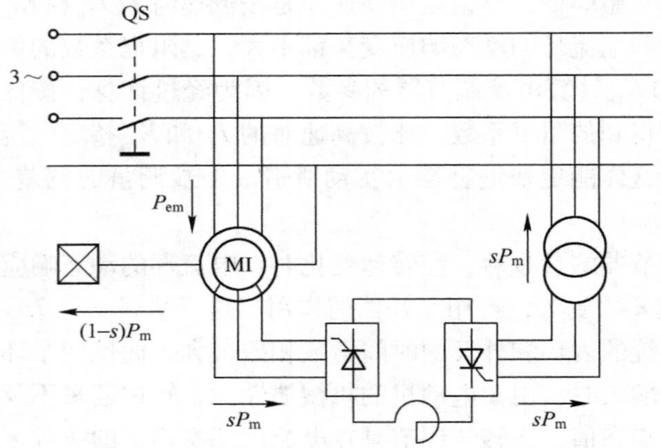

图 6-39　串级调速系统

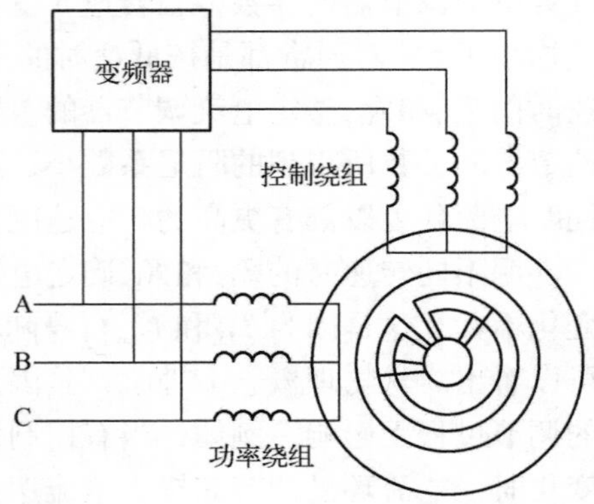

图 6-40　无刷双馈电动机

一般异步电动机双馈调速系统的主要缺点和不足是：

1）电磁转矩和转子相电流之间是非线性的关系。

2）控制系统中没有对交叉耦合信号进行补偿。

这些缺点和不足使得双馈调速系统的动态性能指标较差，尤其是在电网电压波动时或者负载转矩突变时就更为严重，所以一般双馈调速系统只能用于动态指标要求不高的场合。

6.4.2　绕线转子异步电动机双馈矢量控制系统

由于交流电动机矢量控制技术的日臻成熟和工业应用的成功，在 20 世纪末期，人们将矢量控制方式引入双馈调速系统中，提高了双馈调速系统的静、动态性能。

本节通过图 6-41 所示的一种实际应用的绕线转子异步电动机双馈矢量控制系统，对其基本控制原理、系统结构及其特点进行分析。图 6-41 中的电动机定子接在工频电网上，转子接在晶闸管三相交 - 交变频器输出端上。

n^* 表示速度给定值，ASR 为转速调节器，DACR1、DACR2 为转子电流的直流电流调节器，AACR1 ~ AACR3 为转子电流的交流电流调节器，EXT 为励磁电流控制器，VR 为矢量旋转变换器。

1. 双馈电动机矢量控制系统磁场定向坐标系的选择

对于双馈电动机而言，由于电动机的定子接在工频电网上，转子接在可控的三相变频电源上，在动态过程中由转子侧引起的电磁波动必将在定子侧进行解耦补偿，因此双馈电动机具有良好的解耦性能，易于实现磁场定向控制。

矢量控制系统的关键是正确选定磁场定向坐标系，对于双馈矢量控制系统的磁场定向坐标系的选择也有各种不同的方式。考虑到冲击性负载及电网的瞬间畸变情况下磁链应具有很强的抗干扰特性，因此选定气隙磁链矢量作为磁场定向坐标轴系，即将 M 轴取向于气隙磁

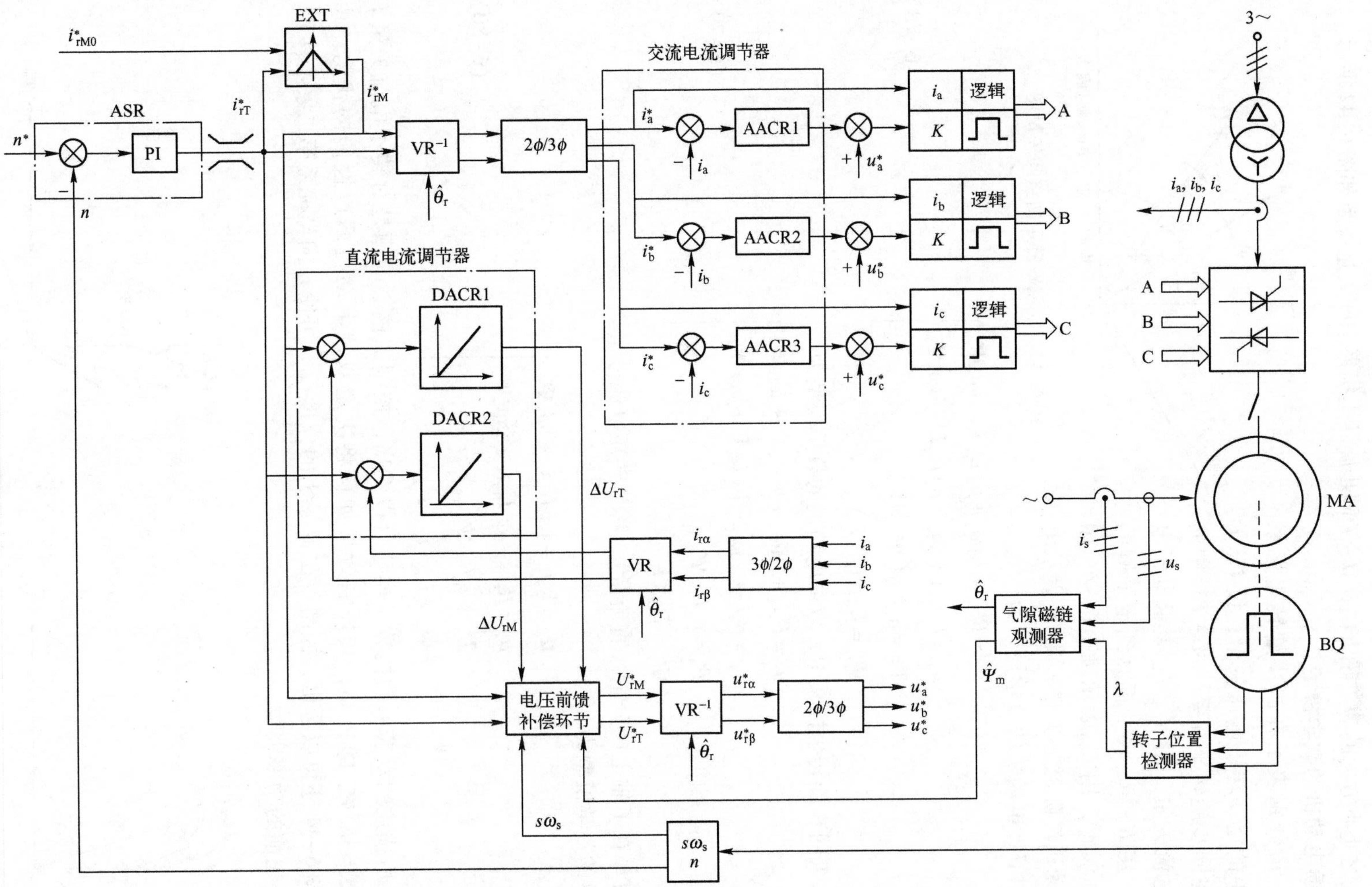

图6-41 双馈异步电动机自控式气隙磁场定向矢量变换控制系统结构图

链矢量，与之垂直方向的为 T 轴方向，$M-T$ 同步旋转坐标系空间矢量关系如图 6-42 所示。

2. 双馈电动机的数学模型

设 $\boldsymbol{u}_s$、$\boldsymbol{u}_r$ 分别表示在同步旋转坐标系（$M-T$）中的定、转子电压矢量；设 $\boldsymbol{i}_s$、$\boldsymbol{i}_r$ 分别表示在同步旋转坐标系（$M-T$）中的定、转子电流矢量；用 R_s、$L_{s\sigma}$ 表示定子电阻和漏感；用 R_r、$L_{r\sigma}$ 表示折算到定子侧的转子电阻和漏感；用 L_{md} 表示励磁电感；用 $\boldsymbol{\Psi}_m$ 表示电动机气隙磁链矢量；用 T_{ei} 表示电磁转矩，则双馈电动机的数学模型为

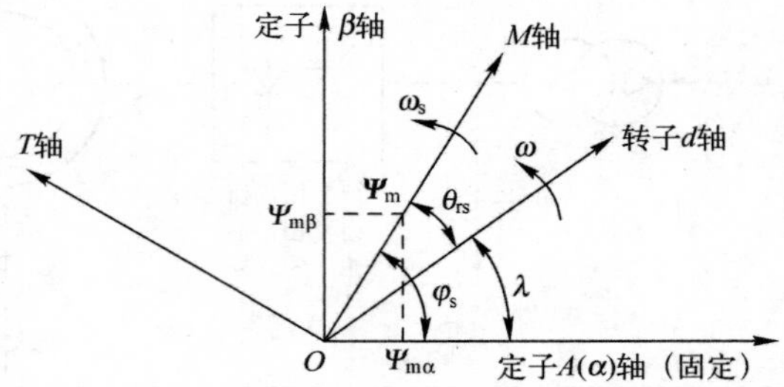

图 6-42　气隙磁链定向空间矢量图

$$\left.\begin{aligned}\boldsymbol{u}_s &= R_s\boldsymbol{i}_s + (j\omega_s + p)L_{s\sigma}\boldsymbol{i}_s + j\omega_s\boldsymbol{\Psi}_m\\ \boldsymbol{u}_r &= R_r\boldsymbol{i}_r + (j\omega_s + p)L_{r\sigma}\boldsymbol{i}_r + js\omega_s\boldsymbol{\Psi}_m\\ T_{ei} &= n_p L_{md}(\boldsymbol{\Psi}_m \times \boldsymbol{i}_r)\\ \boldsymbol{\Psi}_m &= L_{md}(\boldsymbol{i}_s + \boldsymbol{i}_r)\end{aligned}\right\} \tag{6-78}$$

在 $M-T$ 同步旋转坐标系中，双馈电动机的数学模型为

$$\left.\begin{aligned}\boldsymbol{u}_s &= R_s\boldsymbol{i}_s + (j\omega_s + p)L_{s\sigma}\boldsymbol{i}_s + j\omega_s\boldsymbol{\Psi}_m\\ \boldsymbol{u}_r &= R_r\boldsymbol{i}_r + (j\omega_s + p)L_{r\sigma}\boldsymbol{i}_r + js\omega_s\boldsymbol{\Psi}_m\\ T_{ei} &= n_p L_{md}\boldsymbol{\Psi}_m i_{rT}\\ \boldsymbol{\Psi}_m &= L_{md}(\boldsymbol{i}_s + \boldsymbol{i}_r)\end{aligned}\right\} \tag{6-79}$$

式中，i_{rT} 为 $\boldsymbol{i}_r$ 在 T 轴上的分量（直流量），称为转矩电流分量。

稳态时的数学模型为

$$\left.\begin{aligned}\boldsymbol{u}_s &= R_s\boldsymbol{i}_s + j\omega_s L_{s\sigma}\boldsymbol{i}_s + j\omega_s\boldsymbol{\Psi}_m\\ \boldsymbol{u}_r &= R_r\boldsymbol{i}_r + j\omega_s L_{r\sigma}\boldsymbol{i}_r + js\omega_s\boldsymbol{\Psi}_m\\ T_{ei} &= n_p L_{md}\boldsymbol{\Psi}_m i_{rT}\\ \boldsymbol{\Psi}_m &= L_{md}(\boldsymbol{i}_s + \boldsymbol{i}_r)\end{aligned}\right\} \tag{6-80}$$

由以上所描述的双馈电动机数学模型可以看出，控制的核心问题是对转子电流矢量 $\boldsymbol{i}_r$ 及气隙磁链矢量 $\boldsymbol{\Psi}_m$ 的控制，其控制效果如何将决定双馈电动机调速性能的优劣。由图 6-43和图 6-44 还可以看出，控制 $\boldsymbol{i}_r$ 在 M 轴上的分量 $\boldsymbol{i}_{rM}$，可使 $\boldsymbol{i}_s$ 向坐标系第二象限移动，从而可获得超前的功率因数。

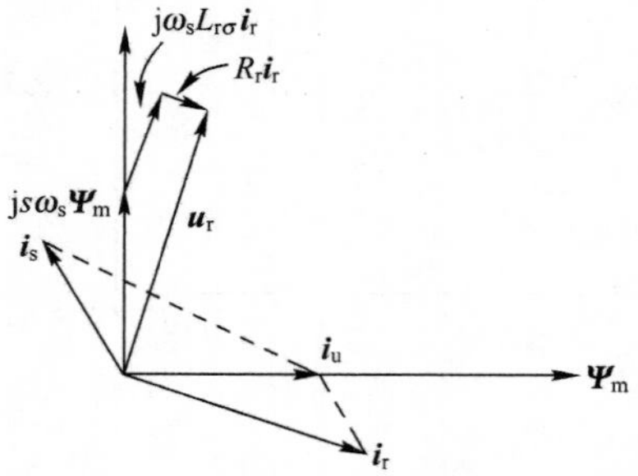

图 6-43　双馈电动机气隙磁链定向时转子的矢量图

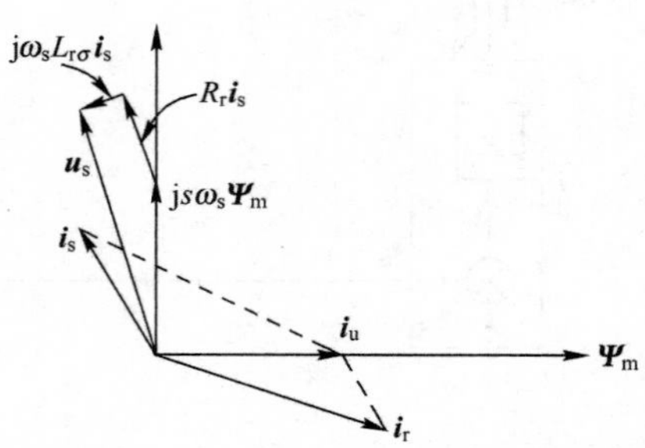

图 6-44　双馈电动机气隙磁链定向时定子的矢量图

3. 气隙磁链观测器

由于定子电压是工频电网电压，谐波小，积分运算容易进行，因此气隙磁链的观测采用定子电压模型，即

$$\left.\begin{aligned}\boldsymbol{\Psi}_{m\alpha} &= \int(u_{s\alpha} - R_s i_{s\alpha})\mathrm{d}t - L_{s\sigma} i_{s\alpha} \\ \boldsymbol{\Psi}_{m\beta} &= \int(u_{s\beta} - R_s i_{s\beta})\mathrm{d}t - L_{s\sigma} i_{s\beta} \\ \boldsymbol{\Psi}_{m} &= \sqrt{\boldsymbol{\Psi}_{m\alpha}^2 + \boldsymbol{\Psi}_{m\beta}^2} \\ \cos\varphi_s &= \boldsymbol{\Psi}_{m\alpha}/\boldsymbol{\Psi}_m\end{aligned}\right\} \tag{6-81}$$

式中，φ_s 角为 $\boldsymbol{\Psi}_m$ 轴线相对于定子 α 轴线的转角，如图 6-42 所示。

为完成对转子电流矢量的矢量控制，可通过装在电动机轴上的光电脉冲发生器测出转子位置角 λ。这样，磁链轴线和转子轴线之间的夹角 θ_r 可表示为

$$\theta_r = \varphi_s - \lambda \tag{6-82}$$

依据式（6-82）可得

$$\begin{pmatrix}\cos\theta_r \\ \sin\theta_r\end{pmatrix} = \begin{pmatrix}\cos\varphi_s & \sin\varphi_s \\ \sin\varphi_s & -\cos\varphi_s\end{pmatrix}\begin{pmatrix}\cos\lambda \\ \sin\lambda\end{pmatrix} \tag{6-83}$$

根据式（6-81）、式（6-83）可构成气隙磁链观测器，如图 6-45 所示。

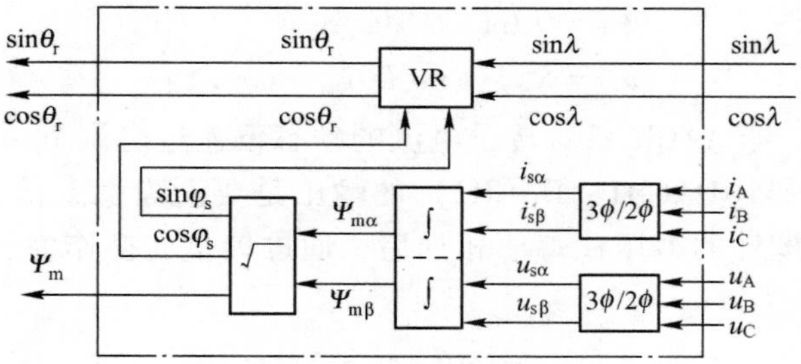

图 6-45　气隙磁链观测器结构

4. 转子电流转矩分量和励磁分量的设定与控制

由于气隙磁链矢量 $\boldsymbol{\Psi}_m$ 的模值受定子电源的 V/f 特性的约束，$\boldsymbol{\Psi}_m$ 的模值基本上是一常量，根据式（6-80）中的三式可知，转矩 T_{ei} 与 i_{rT} 成正比，因此，转矩电流设定值 i_{rT}^* 取为转速调节器的输出。

合理控制励磁电流分量 i_{rM} 可以改善电动机的功率因数，但是，由于转子电流矢量的模（$|\boldsymbol{i}_r| = \sqrt{i_{rM}^2 + i_{rT}^2}$）受到转子最大允许电流的限制，为了兼顾功率因数的改善要求和保证电动机的最大出力，在重载时使转子电流全部为转矩电流，轻载或空载时则给出一些励磁电流。因此转子励磁电流按下述关系设计：

$$\left.\begin{aligned}i_{rM}^* = i_{rM0}^* - K|i_{rT}^*|;\ i_{rM0}^* \geqslant K|i_{rT}^*| \\ i_{rM}^* = 0;\ i_{rM0}^* < K|i_{rT}^*|\end{aligned}\right\} \tag{6-84}$$

式中，K 为比例系数；i_{rM0}^* 为空载励磁电流设定值。按式（6-84）设计的 i_{rM} 控制器 EXT 也叫功率因数调节器，如图 6-46 所示。

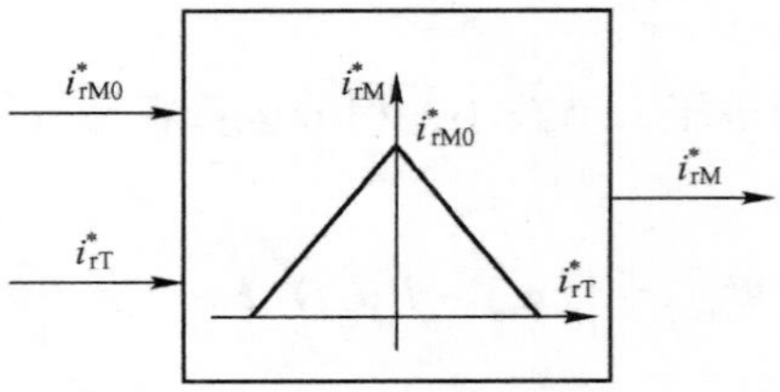

图 6-46　转子励磁电流控制器 EXT

5. 转子电流闭环控制及转子电压的前馈补偿环节

由图 6-41 可以看出，系统的外环为转速环，内环为电流环，转速环的设置及转速调节器参数整定与直流调速系统可以完全一样。但是电流环的设计必须考虑交流控制系统的特点。相电流调节器（AACR1 ~ AACR3）的输入是正弦波信号，由于正弦波信号可展开为一无穷阶幂级数，要实现对相电流的无静差控制，则需要一个无穷阶的 PI 调节器，这是无法实现的。为实现对 $\boldsymbol{i}_{rT}$、$\boldsymbol{i}_{rM}$的无静差控制，必须将电流调节器分成两个部分，其比例部分位于三相电流给定之后，组成相电流闭环，起调节动态误差的作用；积分部分对 $\boldsymbol{i}_{rT}$、$\boldsymbol{i}_{rM}$ 直接闭环，主要用于消除电流的动态误差。这两部分通过坐标变换器连接起来构成 PI 控制。

为消除转差感应电动势干扰的影响，系统中设置了电压前馈补偿环节。电压前馈补偿环节按下式所描述的关系构成，即

$$\left.\begin{aligned} u^*_{rM} &= R_r i^*_{rM} - s\omega_s L_{r\sigma} i^*_{rT} \\ u^*_{rT} &= R_r i^*_{rT} + s\omega_s L_{r\sigma} i^*_{rM} - s\omega_s \Psi_m \end{aligned}\right\} \tag{6-85}$$

由于交流电流调节器 AACR 只对转子电流的动态偏差进行调节，因此在实际的控制系统中，直流电流调节器（DACR1、DACR2）的输出是要消除稳态偏差 Δu_{rM}、Δu_{rT}。Δu_{rM}、Δu_{rT}与式（6-85）中设计的电压稳态值相加后，通过矢量变换作为三相电压的前馈控制，其补偿控制电压为

$$\left.\begin{aligned} u^*_{rM} &= R_r i^*_{rM} - s\omega_s L_{r\sigma} i^*_{rT} + \Delta u_{rM} \\ u^*_{rT} &= R_r i^*_{rT} + s\omega_s L_{r\sigma} i^*_{rM} - s\omega_s \Psi_m + \Delta u_{rT} \end{aligned}\right\} \tag{6-86}$$

按式（6-86）构成的电压前馈补偿环节的结构图如图 6-47 所示。

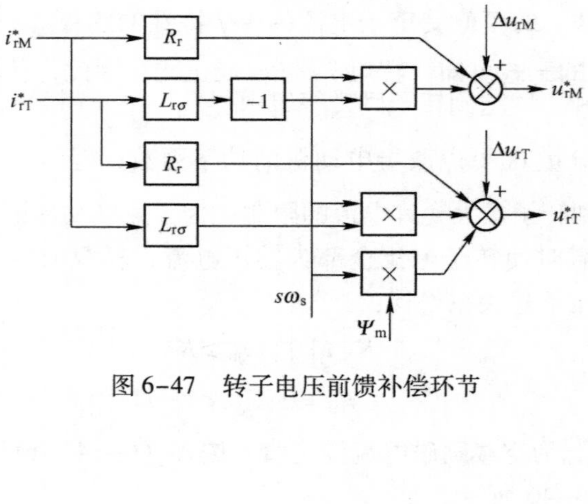

图 6-47　转子电压前馈补偿环节

第 7 章　普通同步电动机变压变频调速控制技术

本章介绍实际应用中的同步电动机变压变频调速系统的基本理论、调速特性，以及技术方法。

首先介绍同步电动机变压变频调速系统的基本特点及类型。然后重点讨论普通三相带有直流励磁绕组的同步电动机自控式变压变频调速系统，以及正弦波永磁同步电动机变压变频调速系统和梯形波永磁同步电动机变压变频调速系统；详细分析按气隙磁场定向的交－直－交变频同步电动机矢量控制系统。

7.1　同步电动机变压变频调速的特点及基本类型

同步电动机是交流电动机中的两大机种之一，是以其转速 n 和供电电源频率 f_s 之间保持严格的同步关系而得名的，只要供电电源的频率 f_s 不变，同步电动机的转速就绝对不变。

以往，小到电子钟和记录仪表的定时旋转机构，大到特大型（10 MW 以上）同步电动机所拖动的直流发电机组、空气压缩机、鼓风机等设备无不利用其转速恒定的特点。此外，和异步电动机相比，同步电动机还具有一个突出的优点，就是同步电动机的功率因数可以借助改变励磁电流加以调节，它不仅可以工作在感性状态下，而且也可以工作在容性状态下。实际应用中，常利用这个优点来改善电网的功率因数。但是，同步电动机存在起动困难、重载时有振荡或失步等问题，因此，限制了同步电动机的应用。

随着变频调速技术的发展，使调节和控制同步电动机的转速成为可能，同时也解决了同步电动机的起动困难、重载时有振荡或失步等问题。目前，同步电动机变频调速技术获得了重要的应用，成为交流调速领域中不可缺少的一个重要分支。

1. 调速同步电动机的种类

（1）励磁同步电动机

励磁同步电动机是同步电动机最常见的类型，转子磁动势由励磁电流产生，它通常由静止励磁装置通过集电环和电刷送到转子励磁绕组中，也可以采用无刷励磁的方式，即在同步电动机轴上安装一台交流发电机作为励磁电源，感应的交流电经过固定在轴上的整流器变换成直流电供给同步电动机的励磁绕组，励磁电流的调节可以通过控制交流励磁发电机的定子磁场来实现。这类电动机主要应用于大功率传动场所。

（2）永磁同步电动机

在永磁同步电动机中，转子磁动势由永久磁铁产生，一般采用稀土永磁材料做励磁磁极，如钐钴合金、钕铁硼合金等，永久磁铁励磁使电动机的体积和重量大为减小，而且效率高、结构简单、维护方便、运行可靠，但价格略高。目前这类电动机主要用于对电动机体积、重量和效率有特殊要求的中、小功率传动。随着永磁材料技术的发展，其价格逐渐降低，应用范围和容量逐步扩大，现已做到兆瓦级。

（3）开关磁阻电动机

开关磁阻电动机定、转子采用双凸结构，定子为集中绕组，施加多相交流电压后产生旋转磁场，转子上没有绕组，通过凸极产生的反应转矩来拖动转子和负载旋转。它比异步电动机更加简单、坚固，但噪声和转矩脉动较大，受控制特性非线性的影响调速性能欠佳，应用范围和容量受限制。目前已有开关磁阻电动机调速系统系列产品，但单机容量还不大。本章不涉及这类电动机。

（4）步进电动机

步进电动机是伺服系统的执行元件。从理论上讲步进电动机是一种低速同步电动机，只是由于驱动器的作用，使之步进化、数字化。开环运行的步进电动机能将数字脉冲输入转换为模拟量输出。闭环自同步运行的步进电动机系统是交流伺服系统的一个重要分支。基于步进电动机的特点，采用直接驱动方式，可以消除存在于传统驱动方式（带减速机构）中的间隙、摩擦等不利因素，增加伺服刚度，从而显著提高伺服系统的终端合成速度和定位的精度。

步进电动机有多种不同的结构形式。经过近 70 年的发展，逐渐形成以混合式与磁阻式为主的产品格局。混合式步进电动机最初是作为一种低速永磁同步电动机而设计的，它是在永磁和变磁阻原理共同作用下运转的，总体性能优于其他步进电动机品种，是工业应用最广泛的步进电动机品种。本章内容不涉及步进电动机。

2. 同步电动机变压变频系统的特点

与异步电动机变压变频调速系统相比，同步电动机变压变频调速系统有以下特点：

1）变频电源输出的基波频率和同步电动机的转速之间严格保持同步关系，即：$n_s = 60f_s/n_p$，其转差角频率 ω_{sl} 恒等于 0。由于同步电动机转子极对数是固定的，由上式可见，同步电动机唯有靠变频进行调速。

2）异步电动机靠加大转差来提高转矩，同步电动机靠加大功角来提高转矩，可知，同步电动机比异步电动机对负载扰动具有更强的承受能力，而且转速恢复响应更快。

3）同步电动机和异步电动机的定子三相绕组是一样的，二者的转子绕组却不同，同步电动机转子有直流励磁绕组（或永久磁铁），对于转子有励磁绕组的同步电动机而言，可通过调节转子励磁电流改变输入功率因数，使其运行在 $\cos\varphi = 1$ 的条件下。此外，在同步电动机的转子上还有一个自身短路的阻尼绕组。当同步电动机在恒频下运行时，阻尼绕组能够抑制重载下产生的振荡，但是，当同步电动机在转速闭环条件下变频调速时，阻尼绕组的这个作用并不大，但有加快动态响应的作用。

4）一般同步电动机具有励磁回路（或永久磁铁），即使在较低的频率下也能正常运行，因而，同步电动机的调速范围较宽。

5）异步电动机的电流在相位上总是滞后于变频电源的输出电压，因而对采用晶闸管的逆变器必须设置强制换流电路；同步电动机由于能运行在超前功率因数下，从而可利用同步电动机的反电动势实现逆变器的自然换流，不需要另设一个附加的换流电路。

6）同步电动机有隐极式和凸极式之分，隐极式同步电动机和异步电动机的气隙都是均匀的，而凸极式同步电动机的气隙是不均匀的，直轴磁阻小、交轴磁阻大，造成两轴的电感系数不同。与异步电动机相比，凸极式同步电动机变频调速系统的数学模型更为复杂。

3. 同步电动机变压变频系统的分类

根据对同步电动机定子频率的控制方法不同，同步电动机变压变频调速系统可分为自控式变频和他控式变频两大类。

他控式变频调速就是用独立的变压变频装置给同步电动机供电。变频装置中逆变器输出的频率独立设定，它不取决于转子位置。显然这样的调速系统就“同步”而言是一种开环控制，重载时仍存在振荡和失步的问题。

自控式变频调速是根据检测到的转子位置来控制逆变器开关器件的通断，从而使逆变器的输出频率追随电动机的转速。这是一种频率闭环的控制方式，它可以始终保证转子与旋转磁场同步旋转，从根本上避免了振荡和失步的产生。

7.2 同步电动机变压变频调速系统主电路晶闸管换流关断机理及其方法

7.2.1 同步电动机交-直-交型变压变频调速系统逆变器中晶闸管的换流机理

所谓换流，就是把正在导通的晶闸管器件切换到欲导通的晶闸管器件的过程，是通过关断和触发相应的晶闸管完成的。由于晶闸管为半控开关器件，一旦触发导通后，门极就失去了控制作用，要想关断它必须给晶闸管施加反向电压，使其电流减少到维持电流以下，再把反向电压保持一段时间后晶闸管才能可靠地关断。

逆变桥晶闸管换流的可靠与否，对同步电动机调速系统的运行、起动及过载能力等方面都有重要的影响。

1. 反电动势自然换流关断机理及其实现方法

由于逆变器的负载是一台自己能发出反电动势的同步电动机，晶闸管可直接利用电动机产生的反电动势来进行换流，这样的逆变器称作负载换流逆变器（Load - commutated Inverter，LCI）。

在同步电动机调速系统中，只要转子有励磁电流并在空间旋转，就会在电枢绕组中感应出反电动势。设在换流以前晶闸管 VT_1、VT_2导通，如图 7-1a 所示，电流由电源正极开始经由晶闸管 VT_1→A 相绕组→C 相绕组→晶闸管 VT_2→电源负极。现在要使电流由 A 相流通切换到 B 相流通，则应关断晶闸管 VT_1，触发晶闸管 VT_3使其导通。

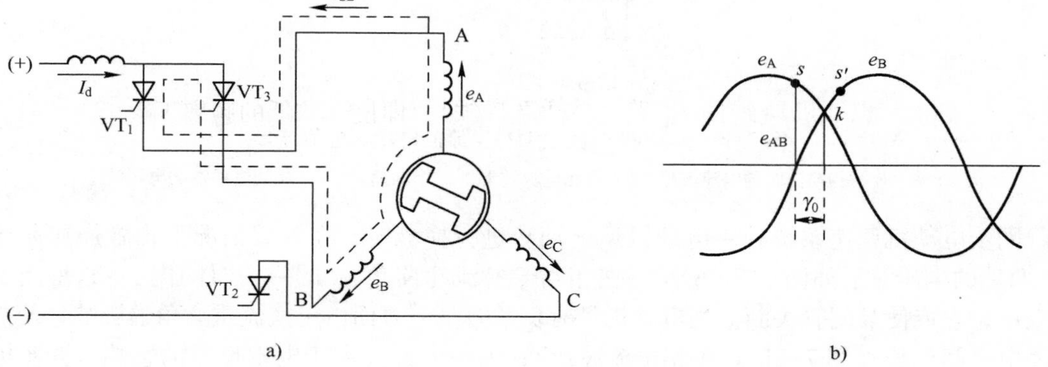

图 7-1 反电动势换流原理图

a）A、B 相换向电路 b）电压波形

从图 7-1b 中可知，如果按正常位置换流，应在 k 点触发晶闸管 VT_3 进行换流，即 $\gamma=0$ 的位置，当晶闸管 VT_3 导通瞬间，VT_1 两端电压为零，且随着 VT_3 的继续导通，晶闸管 VT_1 将不承受反压而继续导通，电源电流将在三相绕组中流通，造成换流失败。由此可见，换流时刻应比 A、B 两相电动势波形的交点 k 适当提前一个换流超前角 γ_0，例如在图 7-1b 中的 s 点换流。当在 s 点触发 VT_3 时，电动势 $e_A>e_B$，加在晶闸管 VT_1 上的反向电压 $U_{AB}=e_A-e_B>0$，这时在两个导通的晶闸管 VT_1、VT_3 和电动机 A、B 两相绕组之间出现一个短路电流 i_{SL}，其方向如图 7-1a 所示。当这个短路电流 i_{SL} 达到原来通过晶闸管 VT_1 的负载电流 I_d 时，晶闸管 VT_1 就因流过的实际电流下降至零而关断，负载电流 I_d 就全部转移到晶闸管 VT_3。至此，A、B 两相之间的换流全部结束，VT_2、VT_3 两管正常导通运行。相反，如果换流时刻滞后于 k 点（即图 7-1b 中 s' 点），则在晶闸管 VT_1、VT_3 和电枢两相绕组间作用的反电动势 $e_B>e_A$，这时所产生的短路电流将与图 7-1a 中相反，它将阻止 VT_3 导通，维持 VT_1 导通，从而不能实现换流。

上述换流回路中包括电动机的两相绕组，必然存在着电感，因而短路电流 i_{SL} 不可能发生突变，换流也不可能瞬间完成，而必然经历一个过程。通常把要换流的两个晶闸管同时导通所经历的时间（用电角度表示）称为换流重叠角，用 μ 表示，如图 7-2a 所示。换流重叠角 μ 和电动机的负载大小有关，负载电流越大，换流过程中两相绕组间需要转移的能量越多，换流重叠角 μ 就越大；反之，负载电流小，换流重叠角 μ 也就比较小。

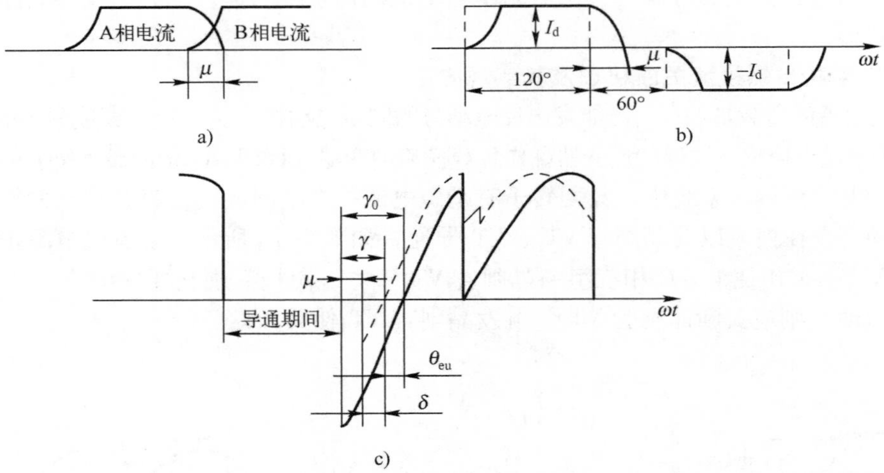

图 7-2　$\gamma_0=60°$ 时反电动势换流的电压、电流波形

a）A、B 两相换流时的电流波形　b）一相电流波形（一个周期）　c）晶闸管两端的电压波形

同步电动机调速系统利用电动机反电动势进行换流时，在空载情况下，施加在晶闸管 VT_1 两端的电压波形如图 7-2c 所示。在相当于换流超前角 γ_0 的一段时间内，VT_1 承受了反向电压，它能使晶闸管关断。当电动机带有负载时，一方面由于换流重叠角的影响，使晶闸管通电时间延长（图 7-2b 为 A 相电流波形）；另一方面又由于电枢反应的影响，同步电动机端电压的相位将随着负载的增加而提前一个功角 θ_{eu}（表现在同步电动机端子间的是电压而非电动势），于是使负载时的实际换流超前角 γ_0 减小，晶闸管承受反向电压的时间变短，如图 7-2c 中虚线所示。表征晶闸管承受反向电压时间的角度（电角度），称为换流剩余

角，即

$$\delta=\gamma-\mu=\gamma_0-\theta_{eu}-\mu$$

式中，γ_0 为空载换流超前角；γ 为电动机负载时的换流超前角；θ_{eu}为同步电动机的功角；μ 为换流重叠角。

为了保证换流的可靠进行，通常要求换流剩余角至少应保持在 10～15°之间。要满足这个条件，一是将空载换流超前角 γ_0 适当增大，另外就是限制电动机所允许的最大瞬时负载，以减小重叠角 μ。但是增大 γ_0 是有限制的，这是因为随着 γ_0 的增大，在同样的负载电流下电动机转矩会减小，而转矩脉动分量也将增大，转矩在 $KF_sF_r\sin(60°+\gamma_0)\sim KF_sF_r\sin(120°+\gamma_0)$范围内变化，所以 γ_0 值不宜超过 70°，在实用上一般取 $\gamma_0=60°$。

反电动势换流有它自身的优点——逆变桥结构简单，经济可靠。但是，这种换流关断方式也有其弱点，即同步电动机在起动和低速运行时反电动势很小，甚至没有反电动势。在这种情况下利用反电动势换流关断的方法是不可行的，必须寻找其他的解决办法。

2. 电流断续换流关断法

在电动机起动和低速运行时，电流断续换流关断法是解决逆变器晶闸管换流问题的最简单、最经济的办法。所谓电流断续换流关断法，就是每当晶闸管需要换流时，先设法使逆变器的输入电流下降到零，让逆变器的所有晶闸管均暂时关断，然后再给换流后应该导通的晶闸管加上触发脉冲使其导通，从而实现从一相到另一相的换流关断。

通常采用的断流办法是封锁电源或让供电的晶闸管整流桥也进入逆变状态（本桥逆变），迫使通过电动机绕组的电流迅速衰减，以达到在短时间内实现断流。

在同步电动机调速系统中，为了抑制电流纹波，在直流回路中通常都接有平波电抗器。它对断流过程会产生严重的延长影响。为了加速断流过程，通常在平波电抗器的两端接一个续流晶闸管 VT_0，如图 7-3 所示。当回路电流衰减时，电抗器两端电压极性如图 7-3 所示，这时触发晶闸管 VT_0，可使其导通。电抗器中的电流将经此晶闸管 VT_0而续流，使电抗器中原来储存的能量得以暂时保持，不至于因它的释放而影响逆变桥的断流。只要整流桥的封锁一解除，输入电流开始增长时，电抗器两端电压的极性就发生变化，续流晶闸管 VT_0就会自动关断，不会影响电抗器正常工作时的滤波功能。当同步电动机采用电流断续换流时，逆变器晶闸管的触发相位 γ_0 对换流已不起作用。为了增大起动转矩，减小转矩脉动，在电流断续换流时，一般取 $\gamma_0=0°$。

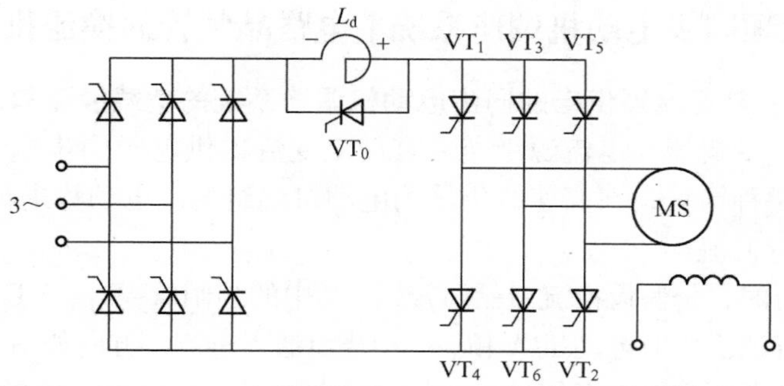

图 7-3　电流断续换流法的主电路

3. 由电流断续换流关断法到反电动势换流关断法的过渡

同步电动机调速系统在低速运行时，由于反电动势较小，换流有困难，因此采用电流断续法换流，而使 $\gamma_0=0°$。当电动机转速升高到一定数值以后（通常为额定转速的5%～10%），反电动势的大小足以满足自然换流的要求时，通过速度检测器和逻辑控制系统自动地切换到反电动势自然换流。此时，把换流超前角 γ_0 由0°变到60°，并对断流脉冲信号进行封锁，使逆变器的晶闸管换流时电动机不再断流，以避免电动机转矩受到影响。

两种换流方法切换时的关键是保证平滑过渡，且不发生逆变桥换流失败的现象。这里存在着换流超前角 γ_0 的切换信号和断续电流控制信号的封锁顺序问题。图7-4a为同步电动机的反电动势波形；图7-4b为 $\gamma_0=0°$时各晶闸管的触发信号（略去脉冲列信号）；图7-4c为 $\gamma_0=60°$时各晶闸管的触发信号。当电动机以电流断续换流法工作时，按图7-4b的触发顺序触发晶闸管，如果这时电动机的转速已升高到额定转速的10%左右，逆变器可切换到反电动势换流。在这之前控制系统仍应坚持电流断续法到 K 点，在 K 点进行断流，使逆变器的6个晶闸管全部可靠关断，然后按反电动势换流法要求的换流超前角 $\gamma_0=60°$的触发次序触发相应的晶闸管，K 点时刻应触发 VT_3、VT_4（而不是 VT_2、VT_3），触发 VT_3、VT_4晶闸管后，必须马上封锁断流信号，使系统切换到反电动势换流法。注意：切换点（断流点）必须在 K 点而不能提前，如提前（在 K'点）将发生桥臂短路，造成换流失败。

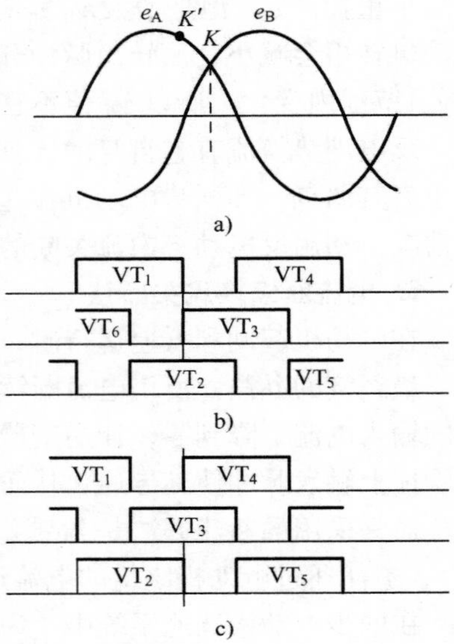

图7-4　电流断续法换流到反电动势换流法的过渡
a）同步电动机的反电动势波形
b）$\gamma_0=0°$时各晶闸管的触发信号
c）$\gamma_0=60°$时各晶闸管的触发信号

同理，当由反电动势换流法向电流断续换流法过渡时，由于 γ_0 角要由60°切换到0°，此时，导通的两个晶闸管将不能满足 $\gamma_0=0°$时的要求，这就要求首先解除对断流控制信号的封锁，然后再按 $\gamma_0=0°$时的触发要求触发相应的晶闸管，这一逻辑顺序可有效地避免在 γ_0 角切换过程中出现的换流失败现象。

7.2.2　交-交变频同步电动机调速系统主电路晶闸管的换流机理

1. 电流源型交-交变流器供电的同步电动机调速系统的负载换流和电源电压换流

电流源型交-交变流器与电流源型交-直-交变流器供电的同步电动机调速系统相同，也分成高速和低速两种情况，在高速时仍采用电动机绕组的反电动势进行自然换流；低速时则利用电源电压进行换流。

电动机高速运行时，仍假设换流前晶闸管组Ⅰ、Ⅱ中的晶闸管 VT_1、VT_2导通，为方便起见，记为 VT_{I-1}、VT_{II-2}导通。此时电动机A相、C相绕组通入电流，方向如图7-5a所示。

换流时，转子位置检测器发出信号，选择晶闸管组Ⅲ工作。在一定的换流提前角 γ_0（如 $\gamma_0=60°$）下，A相绕组感应电动势 e_A应大于B相绕组感应电动势 e_B，方向如图7-5a所示。同时整流桥侧发出的触发信号仍是触发晶闸管 VT_1，但此时被选择的是晶闸管组Ⅲ，因此被

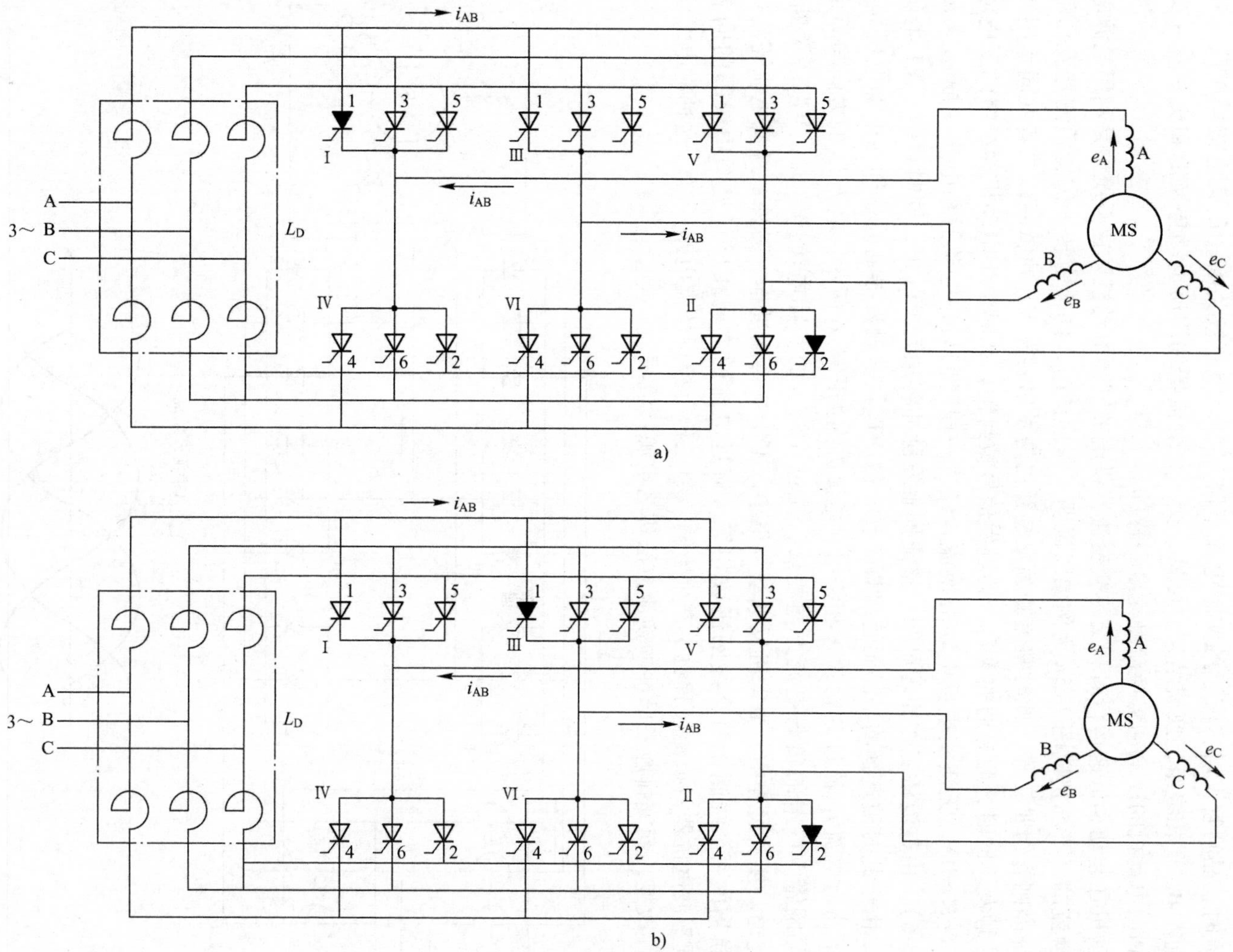

图7–5　交流自控式变频同步电动机反电动势换流示意图

a) 换流前 b) 换流后

触发导通的应是 $VT_{Ⅲ-1}$。$VT_{Ⅰ-1}$和 $VT_{Ⅲ-1}$是共阳极接法，在反电动势 $e_{AB}=e_A-e_B>0$ 的作用下，形成一短路电流 i_{AB}，方向如图 7-5b 所示。当 i_{AB}达到换流开始时流过晶闸管 $VT_{Ⅰ-1}$的负载电流时，晶闸管 $VT_{Ⅰ-1}$流过的实际电流下降到零，因而被关断。负载电流经 $VT_{Ⅲ-1}$和 $VT_{Ⅱ-2}$流入 B、C 相绕组，换流结束。可见，交-交变流器利用反电动势换流和交-直-交变流器利用电动机的反电动势换流是完全一样的。

电动机在起动和低速运行时，交-交变流器供电的同步电动机调速系统中是利用电源电压进行换流的，下面仍以图 7-5a 为例加以说明。需换流时，同样由转子位置检测器发出信号，选择晶闸管组Ⅲ工作。此时整流侧触发装置仍是发出触发 VT_1的脉冲，二者共同作用使 $VT_{Ⅲ-1}$被触发。同时，原导通的 $VT_{Ⅰ-1}$的触发信号被封锁。此时由于电动机相绕组的反电动势很小（$e_{AB}\approx0$），无法实现反电动势换流。经过一段时间后，电源的相电压变成 $u_A<u_B$（见图 7-6），由整流桥工作原理可知，整流侧触发脉冲将加到 $VT_{Ⅲ}$上，同时封锁了 VT_1的触发脉冲。由于此时被选择的是晶闸管组Ⅲ工作，故 $VT_{Ⅲ-3}$被触发导通。这样在电源电压 u_{BA}的作用下将有电流 i_{BA}流过 B 相和 A 相绕组，电流方向如图 7-6 所示。电流 i_{BA}的方向与原来导通的晶闸管 $VT_{Ⅰ-1}$的负载电流方向相反，流过 $VT_{Ⅰ-1}$的实际电流到零时，$VT_{Ⅰ-1}$关断，$VT_{Ⅲ-3}$导通。换流过程中，电动机反电动势很小，不影响换流过程。另外，换流电流还流过平波电抗器的两个线圈，两个线圈匝数相等，流过电流的方向相反（见图中线圈的同名端），则平波电抗器对换流过程也不产生影响。和三相全控桥整流电路一样，这种靠电源线电压极性改变，而安排触发脉冲的换流方法称为电源换流法。

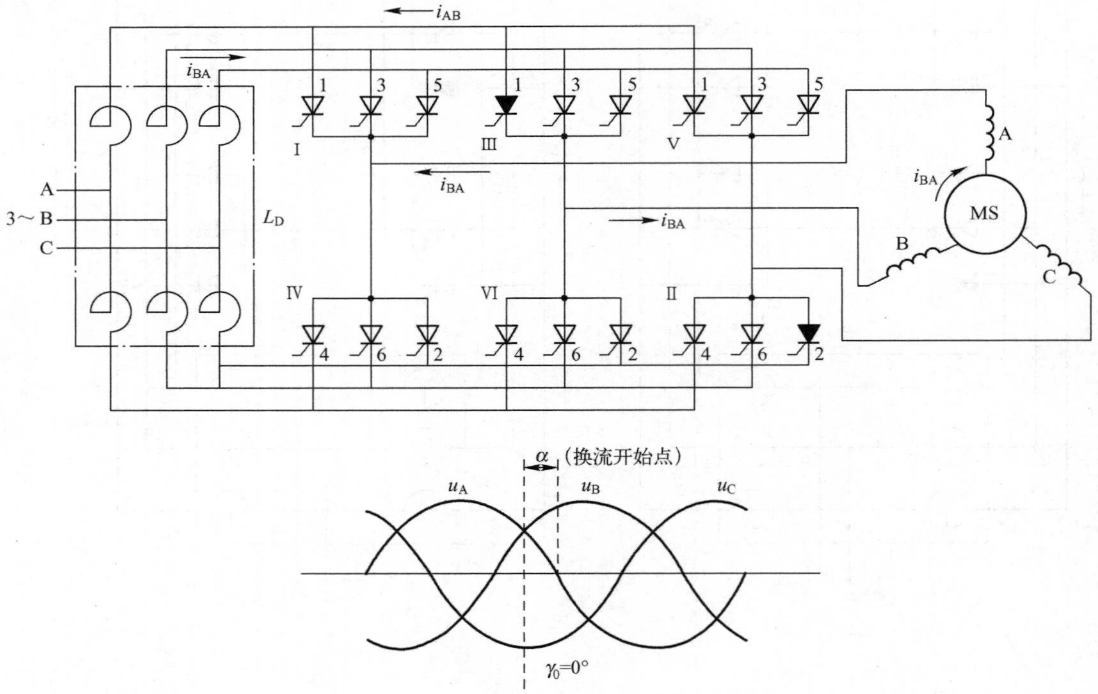

图 7-6　交-交变流器电源换流示意图

和整流电路一样，用电源电压进行换流时，也会有一段时间的延迟，或者说会有一段不可控的时间。例如上面分析的电源换流，原导通的晶闸管为 VT_{I-1}和 VT_{II-2}，换流时 VT_{III-1}被触发，但此时并未实现换流，而是经过一段等待时间。当电源电压 $u_A=u_B$时，再经过整流触发延迟角 α 时间后，当 $u_A<u_B$时，才开始触发导通晶闸管 VT_{III-3}，实现换流。这一不可控的等待时间最长可达电源周期的1/3。

2. 电压源型交－交变流器供电的同步电动机调速系统的电源电压换流

电压源型交－交变流器每一相都是直流调速系统中的反并联可逆桥式整流电路，电路中晶闸管换流采用电源电压过零时的自然换流，即上述的电源电压换流。

7.3 他控变频同步电动机调速系统

7.3.1 转速开环恒压频比控制的同步电动机调速系统

转速开环恒压频比控制的同步电动机调速系统如图 7-7 所示。图中，f_s^* 为转速给定信号，为了防止振荡或失步现象发生，变频器的输出频率必须缓慢变化。转速开环恒压频比控制的同步电动机调速系统，适合应用于化工、纺织业中多台小容量永磁同步电动机或开关磁阻电动机的拖动系统中。

7.3.2 交－直－交型他控变频同步电动机调速系统

要求高速运行的大型机械设备，如空气压缩机、鼓风机等，其拖动同步电动机往往采用交－直－交电流源变流器供电，如图 7-8a 所示（图中FBC 为电流反馈环节）。系统中的控制器程序包括转速调节、电流调节、负载换流控制、电流断续控制和励磁电流控制等部分。由晶闸管组成的逆变器可利用同步电动机定子中感应电动势波形实现晶闸管之间的换流，与相同情况的异步电动机相比，省去了庞大的强迫换流电路。

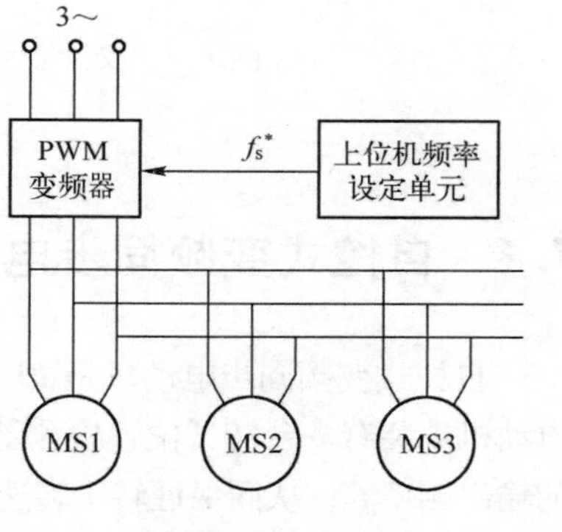

图 7-7　转速开环恒压频比控制的同步电动机调速系统

普通三相同步电动机的转子上带有直流励磁绕组，近代以来，通过集电环向直流励磁绕组输送直流励磁电流的励磁方式被逐步淘汰。作为替代，越来越多地采用由交流励磁发电机通过随转子一起旋转的整流器向直流励磁绕组供电（见图 7-8b），这无疑将大大提高同步电动机调速系统运行的可靠性、安全性。

无刷励磁的基本原理是（见图 7-8b）：交流励磁机为异步发电机，其定子由三相晶闸管调压器供电，励磁机转子绕组和同步电动机转子同轴。为保证同步电动机四象限运行时有足够的励磁裕量，可令励磁机定子电压的相序始终与同步电动机的相序保持相反。当同步电动机静止时，励磁机的工作为变压器性质；当同步电动机调速运行时，励磁机的工作介于变压器与发电机之间。此时同步电动机的转子励磁电流不但和调压器输出电压有关，而且和励磁机的转差率、旋转整流桥的换向过程及方式、励磁机的谐波电流、功率因数及效率有关。

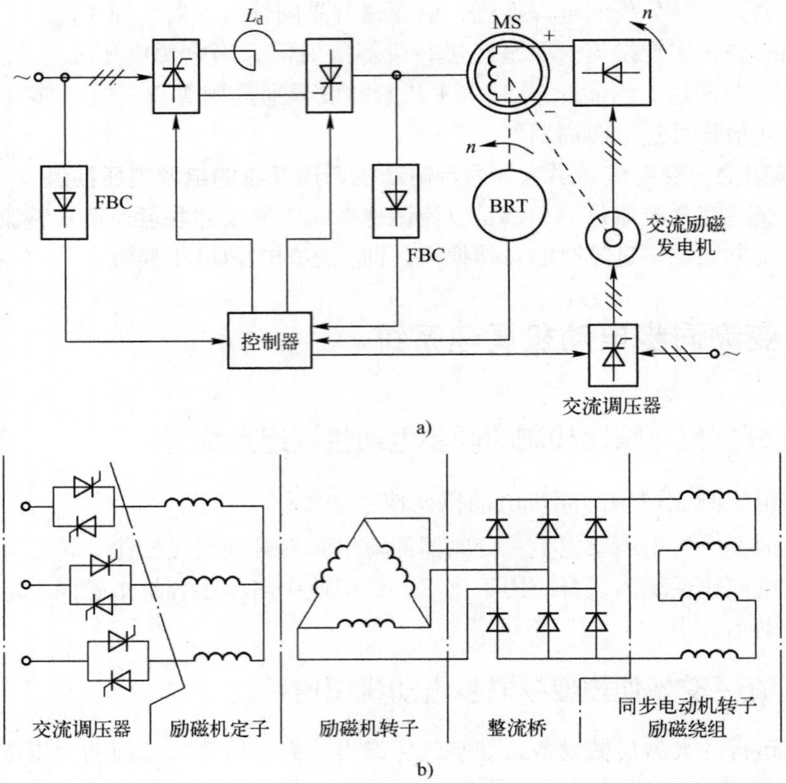

图 7-8　交 - 直 - 交变频他控式同步电动机变压变频调速系统框图

a）系统图　b）无刷励磁原理图

7.4　自控式变频同步电动机（无换向器电动机）调速系统

自控式变频同步电动机是 20 世纪 70 年代发展起来的一种调速电动机，其基本特点是在同步电动机端装有一台转子位置检测器 BQ（见图 7-9），由它发出主频率控制信号来控制逆变器 UI 的输出频率 f_s，从而保证转子转速与供电频率同步。根据主电路拓扑结构不同，可分为交 - 直 - 交电流源型自控变频同步电动机调速系统和交 - 交型自控变频同步电动机调速系统。

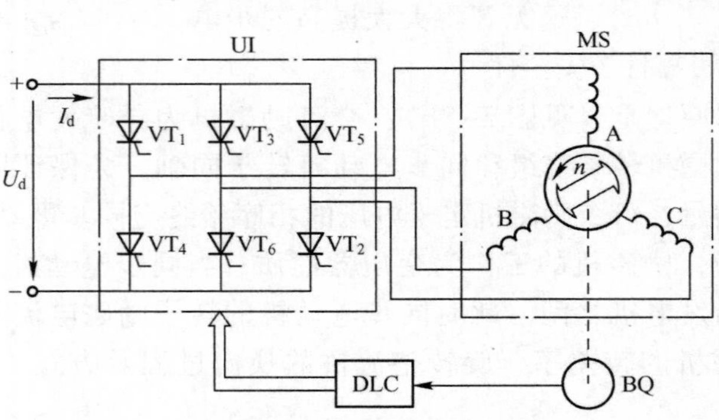

图 7-9　交 - 直 - 交电流型自控变频同步电动机的构成

7.4.1 自控变频同步电动机（无换向器电动机）的调速原理及特性

由图 7-9 可知，自控变频同步电动机由同步电动机 MS、位置检测器 BQ、逆变器 UI 及逻辑控制器 DLC 组成。

为了与直流电动机比较，可将图 7-9 改画为图 7-10a 的形式。图 7-10b 表示一台只有 3 个换向片的直流电动机，图 7-10a 与图 7-10b 相比，有如下对应关系：

逆变器 UI⇒机械换向器；位置检测器 BQ⇐直流电动机电刷。

可见，自控变频同步电动机可以等效为只有 3 个换向片的直流电动机。

在 3 个换向片的直流电动机模型中可以看到，电动机每转过 60°电角度，电枢绕组出现一次换向。在自控式变频同步电动机中也是转子每转过 60°电角度，电枢绕组进行一次换向。只不过在直流电动机中，电枢换向是靠换向器和电刷完成的；而在自控式变频同步电动机中，电枢换向是靠转子位置检测信号控制逆变器的开关器件的通断来完成的。

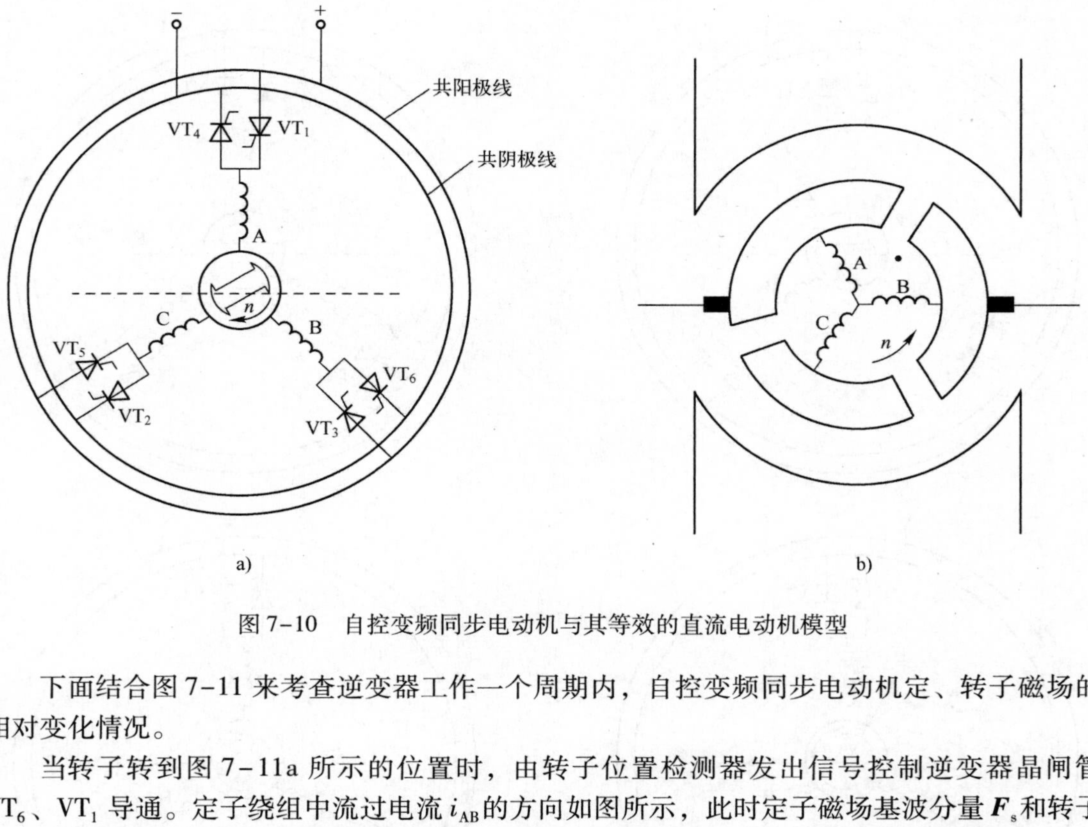

图 7-10　自控变频同步电动机与其等效的直流电动机模型

下面结合图 7-11 来考查逆变器工作一个周期内，自控变频同步电动机定、转子磁场的相对变化情况。

当转子转到图 7-11a 所示的位置时，由转子位置检测器发出信号控制逆变器晶闸管 VT_6、VT_1 导通。定子绕组中流过电流 i_{AB}的方向如图所示，此时定子磁场基波分量 $\boldsymbol{F}_s$和转子正弦磁场 $\boldsymbol{F}_r$在空间的相对位置如图所示，它们在空间相差 120°电角度。由于采用了交－直－交电流源型逆变器，流入定子绕组中的电流幅值恒定（假设电动机负载恒定），所产生的定子磁动势基波分量的幅值为恒定。转子是直流励磁（假设产生的磁场在气隙中是按正弦规律分布的），其转子磁动势幅值同样固定不变。根据电机学知识可知，它们之间产生的电磁转矩除与定、转子磁动势的幅值成正比外，还与定、转子磁动势间夹角 θ_{rs}的正弦值成正比，转矩作用方向始终是使 θ_{rs}角减小的方向。显然，转子转到定、转子磁动势间夹角 $\theta_{rs}=90°$

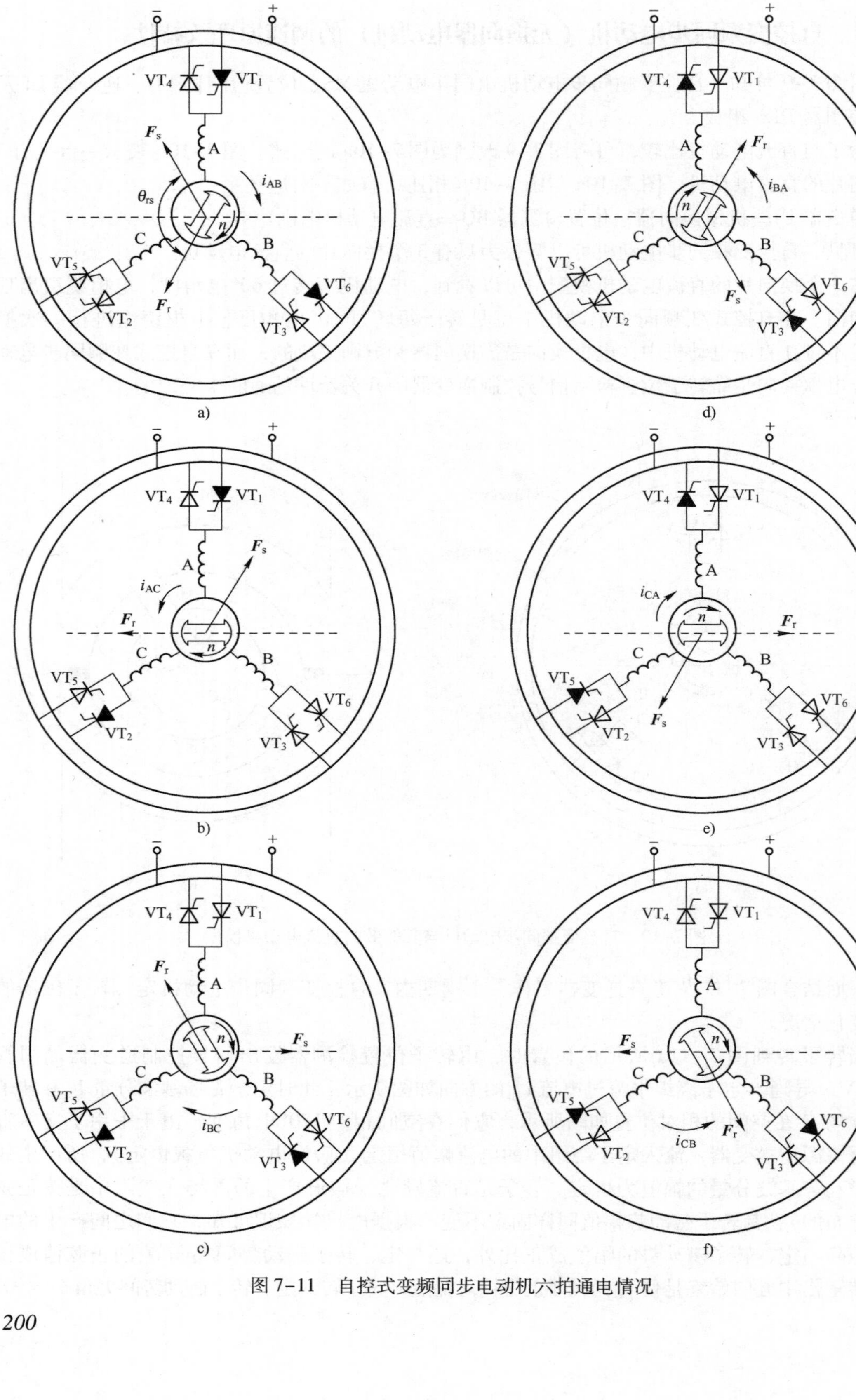

图 7−11　自控式变频同步电动机六拍通电情况

时，电动机产生最大电磁转矩，而后随电动机旋转，θ_{rs}角不断地减小，转矩将下降。当转子转到图 7-11b 所示位置时，即定、转子磁动势间夹角为60°电角度时，由位置检测器发出信号控制晶闸管 VT_1、VT_2导通，同时关断晶闸管 VT_6。由于定子磁动势幅值仍恒定不变，只是其空间位置顺转子转向向前跳跃了 60°电角度，使定、转子空间磁动势间夹角 θ_{rs}又变成120°电角度。以下重复上面的情况。

综上，定子磁动势 $\boldsymbol{F}_s$在空间是跳跃式转动的，每次跳动60°电角度。而转子励磁磁动势$\boldsymbol{F}_r$却是随转子连续旋转的，二者平均旋转速度相等，但瞬时速度不等。由于定子磁动势和转子磁动势间夹角不断地由 120°电角度到 60°电角度重复变化，因此产生的电磁转矩是脉动的。

从逆变器的工作情况看，逆变器中晶闸管是120°通电型，也就是一个周期内每个晶闸管导通 120°，每隔 60°换流一次，即导通下一序号的晶闸管同时关闭上一序号的晶闸管。正、反转时晶闸管导通顺序与对应的定子绕组电流方向详见表 7-1。

表 7-1　正、反转时晶闸管导通顺序与对应的定子绕组电流方向

时间(电角度)/(°)		0~60	60~120	120~180	180~240	240~300	300~360
正转	定子绕组电流方向	A→B	A→C	B→C	B→A	C→A	C→B
	共阳极组导通的晶闸管	VT_1		VT_3		VT_5	
	共阴极组导通的晶闸管	VT_6	VT_2		VT_4		VT_6
反转	定子绕组电流方向	A→B	C→B	C→A	B→A	B→C	A→C
	共阳极组导通的晶闸管	VT_1	VT_5		VT_3		VT_1
	共阴极组导通的晶闸管	VT_6		VT_4		VT_2	

从表 7-1 中也可以看出，对于 120°通电型的六拍逆变器，每一时刻都有两只晶闸管导通。至于任一时刻究竟由哪两只晶闸管导通，则由转子位置检测器发出信号来控制。图 7-12 示出了转子所在空间位置和与之对应导通的晶闸管。图中把空间分成了 6 个区域，每个区域对应导通的晶闸管标于图中。如转子处于图中位置时，则应导通的晶闸管为 VT_6、VT_1，以此类推。

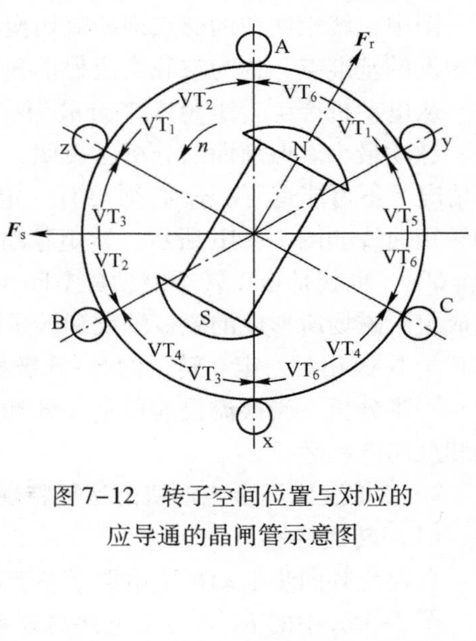

图 7-12　转子空间位置与对应的应导通的晶闸管示意图

自控式变频同步电动机靠转子位置检测器发出转子位置信号，去控制逆变器晶闸管的导通与关断的时刻，从而实现了控制逆变器的输出频率。

另外，自控变频同步电动机调速和直流电动机十分相似，靠改变逆变器的输入直流电压和转子励磁电流均可实现无级调速。

1. 自控式变频同步电动机的电磁转矩

自控式变频同步电动机转子采用直流励磁，转子磁动势是恒定的，但它所产生的气隙磁场则按正弦规律分布。定子三相绕组采用电流源型三相桥式逆变器供电时，每一时刻均有定子两相绕组串联流过恒定电流，产生的定子磁动势也是恒定磁动势，幅值不变。这样，空间上幅值恒定的定、转子磁动势的基波分量所产生的电磁转矩就正比于它们之间夹角 θ_{rs} 的正弦函数值，即电磁转矩随 θ_{rs} 角按正弦规律变化。由于定子绕组每隔 60°电角度进行一次换流，所以通入直流的定子绕组产生的电磁转矩也只是正弦曲线的一段，相当于 1/6 周期的一段。

下面以图 7-13 为例说明电磁转矩的变化情况。

在图 7-13 中，三相绕组视为集中绕组，如图中所示分布，当转子转到图中位置时，由位置检测器发出控制信号控制晶闸管 VT_6、VT_1 导通。A 相、B 相绕组流入电流方向如图中所示。定、转子磁动势 $\boldsymbol{F}_s$ 和 $\boldsymbol{F}_r$ 间夹角 θ_{rs} 为 120°电角度。定、转子间电磁转矩记为 T_{AB}，正比于 $\sin\theta_{rs}$，随着转子旋转，θ_{rs} 角减小，电磁转矩按正弦规律变化，如图 7-14a 所示。当转子转过 60°电角度后，触发晶闸管 VT_1、VT_2，关断晶闸管 VT_6。此时 A 相绕组和 C 相绕组流入电流方向为：电源正极→A→x→z→C→电源负极，定子磁动势空间矢量逆时针跳跃 60°电角度，电磁转矩记为 T_{AC}，形状与 T_{AB} 相同，只是相位向后移了 60°电角度（见图 7-14a）。以此类推，当定、转子磁动势夹角 θ_{rs} 为 60°电角度时，进行定子绕组的换流，使 θ_{rs} 角跳变到 120°电角度，随转子旋转，θ_{rs} 角不断减小，达 60°电角度时再次换流。对应这种情况的电磁转矩如图 7-14a 所示。

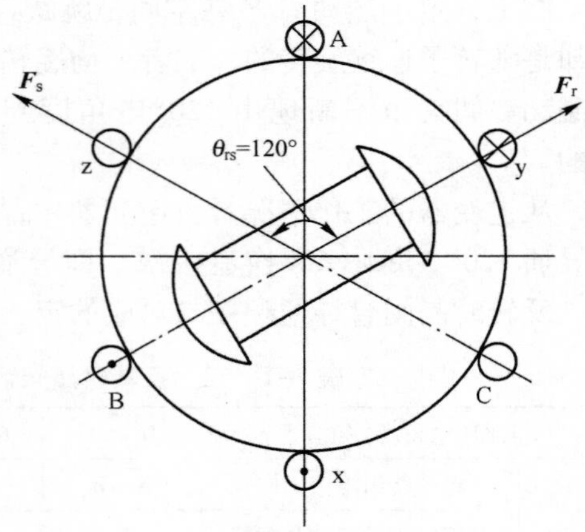

图 7-13　VT_6、VT_1 触发导通时定、转子磁动势空间位置图

图中，转矩曲线的交点即换流切换点，如图 7-13 中的 A 点，习惯上把这一点选作晶闸管触发的基准点，称为空载换流提前角，记为 $\gamma_0 = 0°$。不难看出，空载换流提前角 $\gamma_0 = 0°$ 时，从电动机产生转矩角度来看最为有利，因为这种情况下，电动机产生的转矩平均值最大，脉动最小。但前面的分析已表明，用电动机反电动势进行自然换流时，电动机在 $\gamma_0 = 0°$ 情况下不可能运行。γ_0 必须要有一定的提前角度，常用的是 $\gamma_0 = 60°$。$\gamma_0 = 60°$ 时电动机的转矩曲线如图 7-14b 所示。转矩脉动增加，平均值减小，而且出现瞬时转矩为零的情况。$\gamma_0 = 60°$，也就是定、转子磁动势空间矢量间夹角 $\theta_{rs} = 180°$ 的情况。从另一个角度看，也可看成定子磁场所形成的磁极轴线和转子磁极轴线重合，其夹角为（$180° - \theta_{rs}$），且定子 N 极与转子 N 极相对，定、转子的 S－S 极相对。此时转矩为零，出现了起动死点。

不难分析，当换流提前角 $\gamma_0 > 90°$ 时，电动机将产生负的转矩，可以实现电动机正向制动和反向电动运行。

2. 自控变频同步电动机的运行特性

（1）转速特性

自控变频同步电动机主电路及整流电压、电动机反电动势波形如图 7-15 所示。

图 7-15a 中的 R_{Σ} 表示主电路总等效电阻，包括平波电抗器电阻、电枢绕组两相电阻及晶闸管正向压降等值电阻等。

主电路为交－直－交电路，整流和逆变器件均为晶闸管。考虑换流重叠角后，三相桥式整流电路输出电压平均值 U_D 应为

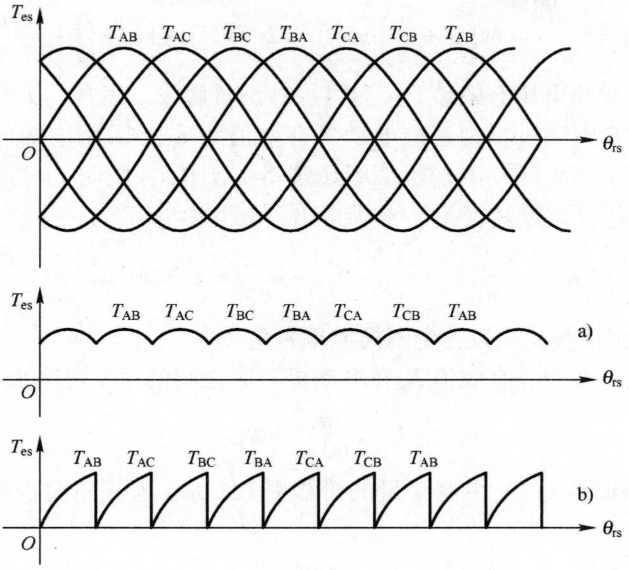

图 7-14　桥式接法时自控变频同步电动机的转矩

a) $\gamma_0=0°$　b) $\gamma_0=60°$

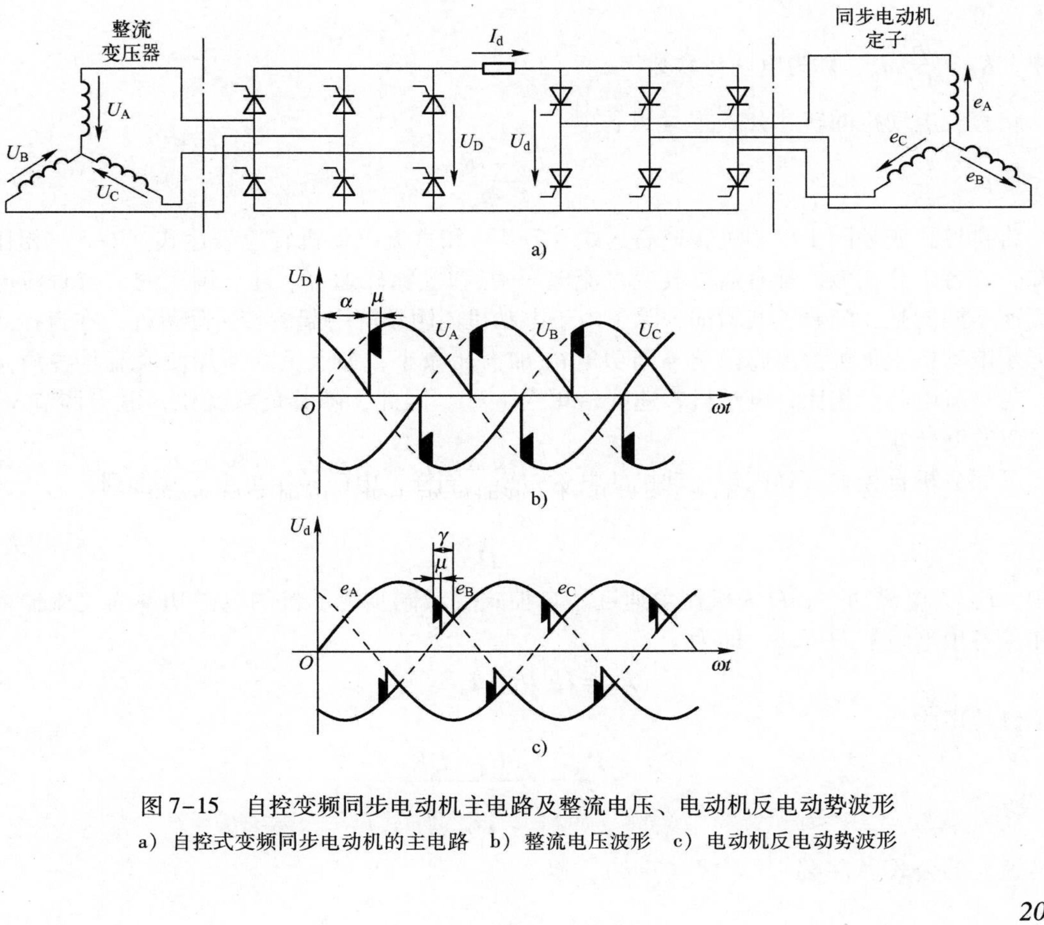

图 7-15　自控变频同步电动机主电路及整流电压、电动机反电动势波形

a) 自控式变频同步电动机的主电路　b) 整流电压波形　c) 电动机反电动势波形

$$U_D=\frac{3\sqrt{6}}{\pi}U_2\cos\left(\alpha+\frac{\mu}{2}\right)\cos\frac{\mu}{2}=2.34U_2\cos\left(\alpha+\frac{\mu}{2}\right)\cos\frac{\mu}{2} \tag{7-1}$$

式中，U_2为变压器二次相电压有效值；α 为可控整流桥触发延迟角；μ 为换流重叠角。

设自控式变频同步电动机每相感应电动势有效值为 E_s，回路中的电阻压降，包括平波电抗器压降、晶闸管正向压降、电动机绕组压降等为 I_dR_Σ。同时，对比整流侧和逆变侧电路及整流电压和电动机反电动势波形，不难得出

$$U_d=U_D-I_dR_\Sigma=\frac{3\sqrt{6}}{\pi}E_s\cos\left(\gamma-\frac{\mu}{2}\right)\cos\frac{\mu}{2}=2.34E_s\cos\left(\gamma-\frac{\mu}{2}\right)\cos\frac{\mu}{2} \tag{7-2}$$

式中，γ 为负载换流提前角；μ 为逆变侧换流重叠角。

电动机的每相感应电动势有效值 E_s和电动机转速之间的关系可写成

$$E_s=\frac{2\pi}{60}kn_pn\Phi_m \tag{7-3}$$

式中，k 为电动机结构常数；n_p为电动机的磁极对数；Φ_m 为气隙每极磁通（Wb）；n 为电动机转速（r/min）。

将式（7-3）代入式（7-2）得到

$$n=\frac{U_D-I_dR_\Sigma}{\frac{\sqrt{6}}{10}kn_p\Phi_m\cos\left(\gamma-\frac{\mu}{2}\right)\cos\frac{\mu}{2}}=\frac{U_D-I_dR_\Sigma}{K_E\Phi_m\cos\left(\gamma-\frac{\mu}{2}\right)\cos\frac{\mu}{2}} \tag{7-4}$$

式中，$K_E=\frac{\sqrt{6}}{10}kn_p$，称为电动势常数。

将直流电动机的转速公式重写如下：

$$n=\frac{U_D-IR_a}{K_E\Phi_m} \tag{7-5}$$

将自控式变频同步电动机转速表达式（7-4）和直流电动机转速表达式（7-5）相比较可知，二者十分相似，都是通过改变直流电压 U_D和气隙磁通 Φ_m 进行调速的。与直流电动机调速不同的是，随着负载增加，除了由于电动机内阻压降引起的转速降落外，在自控式变频同步电动机中负载换流超前角 γ 随功角 θ_{eu}加大而减小，加上负载增加使换流重叠角 μ 加大，与直流电动机相比，电动机转速降落更大一些。因此，随着负载变化，适当调节 γ_0 角也可以改变转速。

下面分析自控式变频同步电动机的电磁转矩。同样，电磁转矩可由下式得到：

$$T_{es}=\frac{P_m}{\Omega} \tag{7-6}$$

式中，P_m 为电磁功率；Ω 为机械角速度。自控式变频同步电动机的电磁功率为直流输入功率扣除各项电阻上的损耗，即为

$$P_m=I_d(U_D-I_dR_\Sigma) \tag{7-7}$$

则电磁转矩为

$$T_{es}=\frac{P_m}{\Omega}=\frac{I_d(U_d-I_dR_\Sigma)}{\frac{2\pi}{60}n_pn} \tag{7-8}$$

把转速 n 的公式（7-4）代入式（7-8），得

$$T_{es}=\frac{60}{2\pi n_p}K_E\Phi_m I_d\cos\left(\gamma-\frac{\mu}{2}\right)\cos\frac{\mu}{2}$$

$$=K_M\Phi_m I_d\cos\left(\gamma-\frac{\mu}{2}\right)\cos\frac{\mu}{2} \tag{7-9}$$

式中，$K_M=\frac{60}{2\pi n_p}K_E$，称为转矩常数。

式（7-9）与直流电动机转矩公式 $T_{ed}=K_M\Phi_d I_a$ 相比，是基本相同的，二者都可以通过控制电枢电流和气隙磁通来调节转矩。不同的是，在自控式变频同步电动机电磁转矩公式(7-9)中，增加了一项数值小于1的因子 $\cos\left(\gamma-\frac{\mu}{2}\right)\cos\frac{\mu}{2}$，它不仅增加了转矩的脉动，减少了转矩的平均值，而且也使 T_{es}、I_d 及 Φ_m 的关系不再是严格的线性关系。由式（7-9）还可以看出，由于负载换流超前角 γ 和重叠角 μ 均随负载而变化，所以当负载变化时，电磁转矩也会跟随变化。

应当说明，转矩公式（7-9）是把自控变频同步电动机看成是一台直流电动机，用直流电动机的物理量（如电枢电流 I_d、气隙磁通 Φ_m 等）来描述的，它简单明了。由于自控式变频同步电动机的本体是同步电动机，当然也可以用同步电动机的一些相关物理量来表示电磁转矩，但关系略复杂一些。

（2）过载能力

自控式变频同步电动机的过载能力较低，一般为1.5～2。过载能力主要取决于逆变桥的换流能力。由前面分析可知，电动机空载时，换流提前角 γ_0 常取60°左右，这也是欲关断的晶闸管承受反向电压的时间。这个时间应当大于两个晶闸管同时导通的换流重叠角 μ 和欲关断晶闸管的关断时间 t_{off} 之和，这样才能保证可靠换流。

电动机带负载之后，电动机的端电压前移一个功角 θ_{eu}。欲关断晶闸管承受反向电压时，由 γ_0 角减小到负载换流提前角 γ，$\gamma=\gamma_0-\theta_{eu}$。考虑到随负载增加，晶闸管换流重叠角 μ 加大，则换流剩余角 $\delta=\gamma_0-\theta_{eu}-\mu=\gamma-\mu$ 将减小。但只要 $\delta>\omega t_{off}$，就能保证换流成功。由于 t_{off} 很小，一般只有几十微秒，而逆变器工作频率又较低，当把 t_{off} 忽略后，电动机承受负载的极限值示于图7-16中。

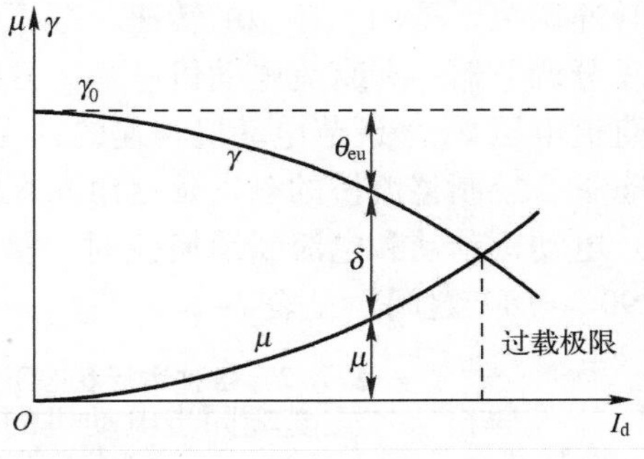

图7-16　δ、γ、μ 与负载电流的关系

很明显，图中曲线 $\gamma=f(I)$ 和 $\mu=f(I)$ 的交点所对应的负载电流，即为电动机承受负载的极限值，该交点决定了电动机的过载能力。从图中可以明显看出，为了提高自控式变频同步电动机的过载能力，在空载换流超前角 γ_0 一定的情况下，减小换流重叠角 μ 和功角 θ_{eu}，均可提高电动机的过载能力。

7.4.2　自控变频同步电动机调速系统

1. 交－直－交电流源型变流器供电的自控式变频同步电动机调速系统

（1）交－直－交电流源型变流器供电的自控式变频同步电动机调速系统的组成

交－直－交电流源型变流器供电的自控式变频同步电动机（无换向器电动机）调速系统的组成如图 7–17 所示。

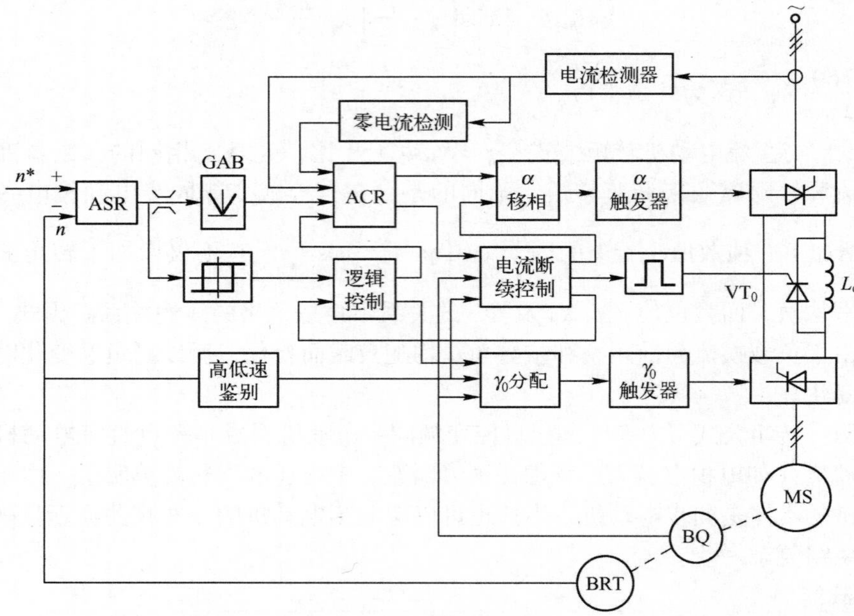

图 7–17　交－直－交电流源型变流器供电的自控式变频同步电动机调速系统原理框图

（2）交－直－交电流源型变流器供电的自控式变频同步电动机调速系统的工作原理

主电路采用交－直－交电流源型变流器，功率开关器件为晶闸管。自控变频同步电动机的转速调节，采用了典型的转速、电流双闭环控制系统，转速和电流调节器均为带限幅的比例积分调节器。和直流电动机一样，自控变频同步电动机的转速调节是通过控制整流桥输出的直流电压 U_D来调节电动机转速的［见式（7–4）］。自控变频同步电动机在正、反向电动状态下，控制整流桥的触发延迟角 α 在90°～0°之间。α 角减小，则 U_d增大，电动机转速升高。电动机制动和电流断续换流时，整流桥需进入逆变工作状态，此时把触发延迟角 α 推向 90°～180°之间，见表 7–2。

表 7–2　各种运行状态下触发延迟角 α 和空载换流提前角 γ_0 的值

运行状态		触发延迟角 α/(°)	换流提前角 γ_0/(°)	运行状态		触发延迟角 α/(°)	换流提前角 γ_0/(°)
Ⅰ	低速电动 高速电动	$0<\alpha<90$ $0<\alpha<90$	0 60	Ⅲ	低速电动 高速电动	$0<\alpha<90$ $0<\alpha<90$	180 120
Ⅱ	低速制动 高速制动	$90<\alpha<180$ $90<\alpha<180$	180 120	Ⅳ	低速制动 高速制动	$90<\alpha<180$ $90<\alpha<180$	0 60

转子位置检测器根据不同的转子位置发出相应的信号，经过脉冲分配器、触发放大环节，去触发逆变器相应的晶闸管。电动机在正向高、低速运行和反向高、低速制动时，触发晶闸管导通的顺序是：$VT_1 \to VT_2 \to VT_3 \to VT_4 \to VT_5 \to VT_6$。

而电动机在反向高、低速和正向高、低速制动运行时，只要改变晶闸管导通顺序就可实现，导通顺序应为：$VT_6 \to VT_5 \to VT_4 \to VT_3 \to VT_2 \to VT_1$。

电动机在低速运行时，高低速判别环节会发出解除断流封锁信号到断流控制环节。转子位置检测器发出逆变桥晶闸管的换流时刻检测信号，送至断流控制环节，由断流控制环节发出信号，使整流桥迅速推入逆变状态（触发延迟角 $\alpha>90°$）。同时，触发导通并联在平波电抗器 L_D 两端的晶闸管 VT_0，为平波电抗器提供续流回路，迅速拉断电动机电流，以便晶闸管可靠换流。检测出的电动机转速信号送至高、低速鉴别环节，它的输出送至 γ_0 分配器和断流控制环节，使电动机在起动和低速运行时 $\gamma_0=0°$，高速运行时取 $\gamma_0=60°$。同时，在高速运行时封锁断流系统，低速运行时解除对断流系统的封锁。

和直流电动机调速系统一样，在自控变频同步电动机调速系统中，可以通过对速度调节器输出信号的极性鉴别，来控制电动机的运行状态。例如，调节电动机转速升高时，输入到速度调节器的给定转速信号 U_{gn} 极性假如为正，转速反馈信号 U_{fn} 极性为负，且实际转速低于转速设定值，则速度调节器的输出极性为负。经极性鉴别和逻辑控制单元送出信号至电流调节器和 γ_0 分配器，分别控制整流桥的触发延迟角 α，使其在 90°～0°之间，并和高、低速信号一起控制逆变桥 γ_0 为 60°或 0°。当电动机从电动状态到制动状态切换时，电动机实际转速 n 大于转速设定值 n^*，速度调节器输出信号极性将变为正。同样，经极性鉴别后，控制整流桥 α 角大于 90°，使整流桥进入逆变工作状态，以便把电能回馈到电网，同时控制逆变桥 γ_0 角在电动机转速高时为 120°、转速低时为 180°，也就是把逆变桥由逆变工作状态变为整流工作状态，把电动机制动时的机械能转变为电能回馈电网。

自控变频同步电动机没有直流电动机的机械换向器，却获得了和直流电动机一样的调速性能，调速系统结构和直流调速系统也十分相似，同时它又解决了同步电动机振荡和失步的问题。可见，自控式变频同步电动机是一种比较理想的、有发展前途的调速电动机。

2. 交－交变频自控式同步电动机调速系统

交－交变流器也有电流源型和电压源型之分，用得较多的是电流源型交－交变流器。

（1）交－交变频自控式同步电动机调速系统的组成

交－交变频自控式同步电动机调速系统由同步电动机、交－交变流器、转子位置检测器和控制器组成（见图 7-18）。

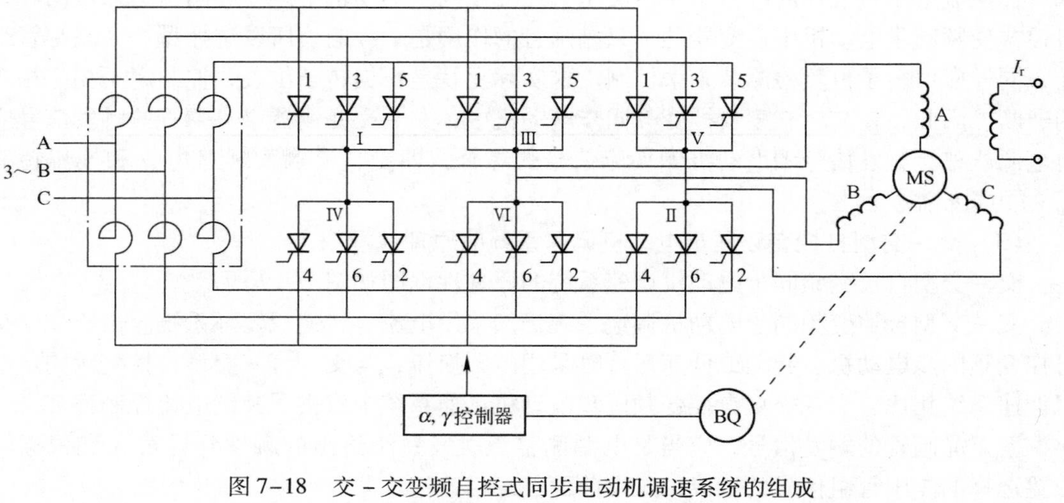

图 7-18　交－交变频自控式同步电动机调速系统的组成

图中主电路为三相半波整流桥构成的电流源型交－交变流器。半波整流桥共有6组，每组由3只晶闸管组成。Ⅰ、Ⅲ、Ⅴ组组内的晶闸管接成共阴极，Ⅱ、Ⅳ、Ⅵ组组内的晶闸管接成共阳极（见图7-18）。

由于交－交变流器没有直流中间环节，平波电抗器 L_D 接于交流电源侧，它由6个线圈组成（见图7-18）。平波电抗器对主电路电流起滤波作用，但对晶闸管间的换流不起阻碍作用。

交－交型自控变频同步电动机较交－直－交型自控变频同步电动机所用晶闸管数量多，耐压要求也较高。任一时刻交－交变流器只有两只晶闸管导通工作，因此，交－交型自控变频同步电动机的晶闸管的利用率比较低。但交－交变频自控式同步电动机由交流电源到负载电动机只经过一次变换，且每一时刻只有两只晶闸管工作，晶闸管损耗较小，整个系统工作效率较交－直－交型自控变频同步电动机高。另外，交－交型自控变频同步电动机起动性能好，所以对起动转矩要求较高的场合常采用交－交型自控变频同步电动机。

（2）交－交型自控变频同步电动机调速系统的工作原理

以图7-18为例加以说明。图中，交－交变流器的每一桥臂接一晶闸管组（图中Ⅰ、Ⅱ、Ⅲ、Ⅳ、Ⅴ、Ⅵ），每一晶闸管组由3只晶闸管组成。一个晶闸管组相当于直流自控式变频同步电动机中逆变器的一只晶闸管的作用。在交－直－交型自控变频同步电动机中，由于逆变器中的晶闸管接于直流电源上，所以可以在任意时刻触发导通某一晶闸管。但在交－交变频自控式同步电动机中，晶闸管接于交流电源上，电源的极性是交变的，不可能做到某一晶闸管在任意时刻使其触发导通。为此，在交－交变频系统中，每个桥臂不得不用3只晶闸管分别接于三相电源上，组成了三相半波整流电路。工作时，任一时刻触发导通上、下桥臂各一只晶闸管，输出电压加于电动机的两相绕组上，这相当于三相全控桥整流电路。改变触发延迟角 α，可以改变加于电动机的电压，就可以调节电动机的转速，这一点和交－直－交型自控变频同步电动机是一样的。晶闸管组中哪一只晶闸管导通以及触发延迟角 α 的设定，应由电源侧整流触发系统来决定。晶闸管组组内器件间的换流依靠电源电压来完成，这和可控整流电路是一样的。由于交－交型自控变频同步电动机中一个晶闸管组的作用和直流自控式变频同步电动机中逆变器的一只晶闸管的作用是一样的，所以选择哪一个晶闸管组工作，同样应由转子位置检测装置来控制。这实际上就是根据转子位置，控制定子相应相绕组的通断。因此，在交－交型自控变频同步电动机中，交－交变流器中晶闸管的触发信号应来自电源侧整流触发信号和电动机侧换流信号的综合，即受整流触发延迟角 α 和换流超前角 γ_0 的共同控制。

（3）交－交型自控变频同步电动机调速系统的原理性框图

交－交型自控变频同步电动机调速系统的原理性框图如图7-19所示。

交－交型自控变频同步电动机调速系统仍然采用电流、转速双闭环系统。由于交－交型自控变频同步电动机在起动或低速运行时采用电源换流，与交－直－交型自控变频同步电动机调速系统相比，交－交型自控变频同步电动机调速系统中省去了断续电流控制环节。

至于晶闸管的触发信号，应当是电源侧整流触发系统给出的触发延迟角 α 和根据转子位置选择的晶闸管组信号的合成，这在前面已经讨论过。

交－交型自控变频同步电动机和交－直－交型自控变频同步电动机一样，可以很方便地

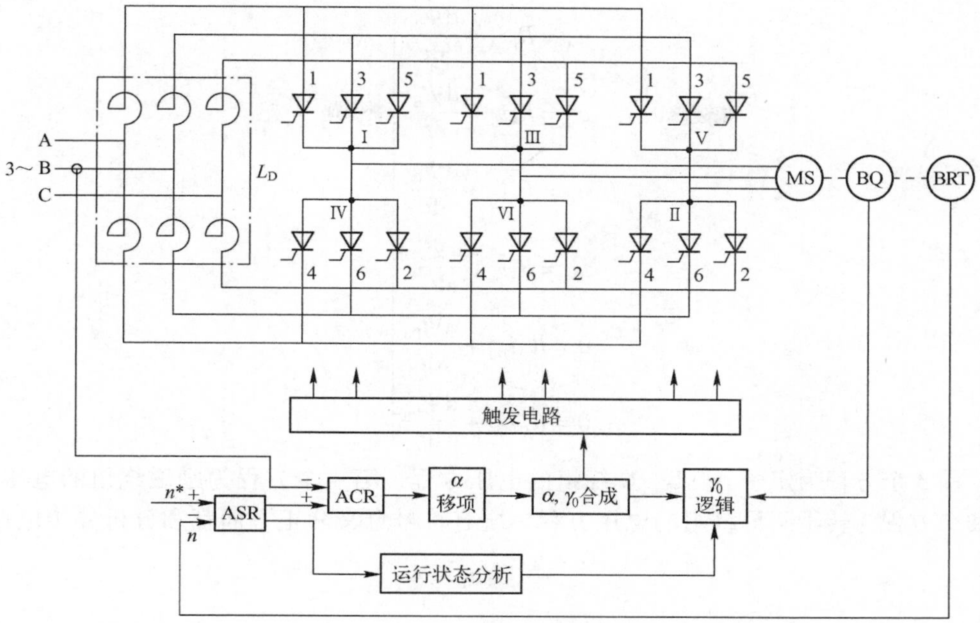

图 7-19　交-交变频自控式同步电动机调速系统框图

实现电动机的反转和再生制动等四象限运行。

交-直-交型自控变频同步电动机和交-交型自控变频同步电动机原理相同，控制过程相似，但二者还是有不同之处，例如，交-交型自控变频同步电动机，其交-交变流器所用元件数量多，元件耐压要求高；交-交变流器只经一次能量变换，因而运行效率高。

7.5　按气隙磁场定向的普通三相同步电动机矢量控制系统

为获得更高的同步电动机调速性能，与异步电动机一样，必须采用按磁场定向控制方案。

目前按气隙磁场定向的同步电动机交-交变频矢量控制系统和按气隙磁场定向的同步电动机交-直-交变频矢量控制系统在工业生产中已得到了广泛的应用。

为了获得更高性能的同步电动机调速系统，必须考虑更精确的矢量控制算法，为此就要建立完整的同步电动机多变量动态数学模型。

7.5.1　普通三相同步电动机的多变量数学模型

所谓普通三相同步电动机是指转子上具有直流励磁绕组的同步电动机。图 7-20a 表示三相两极的凸极式同步电动机的物理模型，其转子以 $\omega_r=\omega_s=\omega$ 旋转。图中选定以转子 N 极的方向（转子磁链的方向）为两相同步旋转坐标系定向。凸极式同步电动机在转子上加有阻尼绕组，实际阻尼绕组是多导条类似笼形的绕组，这里把它等效成在 d 轴和 q 轴各自短路的两个独立绕组，如图 7-20b 所示。依据图 7-20，当忽略电动机磁路饱和非线性影响时，则普通三相同步电动机的动态电压方程为

$$\left.\begin{aligned} u_A &= R_s i_A + \frac{d\Psi_A}{dt} \\ u_B &= R_s i_B + \frac{d\Psi_B}{dt} \\ u_C &= R_s i_C + \frac{d\Psi_C}{dt} \\ U_r &= R_s i_r + \frac{d\Psi_r}{dt} \\ 0 &= R_D i_{Dd} + \frac{d\Psi_{Dd}}{dt} \\ 0 &= R_Q i_{Dq} + \frac{d\Psi_{Dq}}{dt} \end{aligned}\right\} \tag{7-10}$$

式中，前 3 个方程为定子 A、B、C 绕组的电压方程，第 4 个方程为励磁绕组的电压方程，最后两个方程为转子阻尼绕组的电压方程。所有符号意义和正方向都和分析异步电动机时一致。

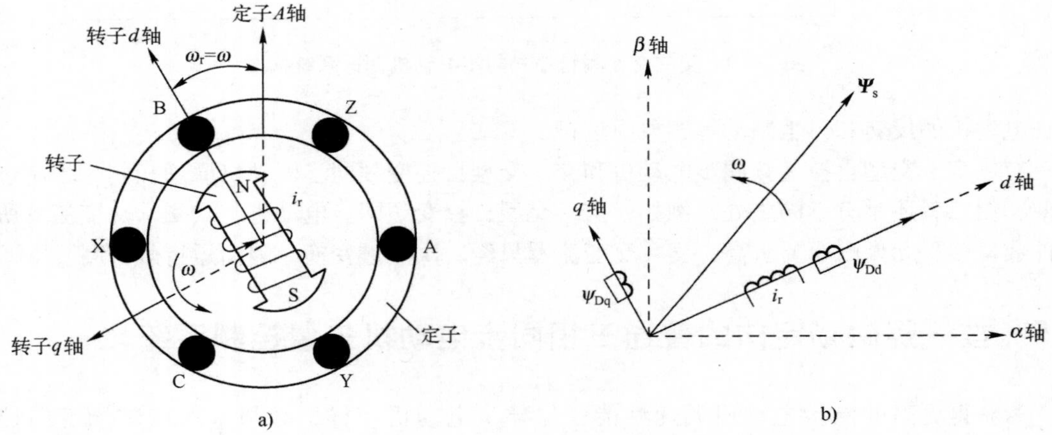

图 7-20　三相两极凸极转子励磁的同步电动机

a）同步机模型　b）定子磁链和阻尼磁链的位置

按照坐标变换原理，将 A、B、C 坐标系变换到 d、q 同步坐标系，并用 p 表示微分算子，则 3 个定子电压方程变换成

$$\left.\begin{aligned} u_{sd} &= R_s i_{sd} + p\Psi_{sd} - \omega\Psi_{sq} \\ u_{sq} &= R_s i_{sq} + p\Psi_{sq} + \omega\Psi_{sd} \end{aligned}\right\} \tag{7-11}$$

3 个转子电压方程不变，因为它们已经是 d、q 轴上的方程了，可以沿用式（7-10）的后 3 个方程，即

$$\left.\begin{aligned} U_r &= R_r i_r + p\Psi_r \\ 0 &= R_D i_{Dd} + p\Psi_{Dd} \\ 0 &= R_Q i_{Dq} + p\Psi_{Dq} \end{aligned}\right\} \tag{7-12}$$

从式（7-11）和式（7-12）可以看出，从三相静止坐标系变换到两相同步旋转坐标系

以后，d、q 轴的电压方程由电阻压降、脉变电动势（$p\Psi_{sd}$、$p\Psi_{sq}$）和旋转电动势（$\omega\Psi_{sd}$、$-\omega\Psi_{sq}$）构成。

在 d、q 同步旋转坐标系上的磁链方程为

$$\left.\begin{aligned}\Psi_{sd} &= L_{sd}i_{sd} + L_{md}i_r + L_{md}i_{Dd}\\ \Psi_{sq} &= L_{sq}i_{sq} + L_{mq}i_{Dq}\\ \Psi_r &= L_{md}i_{sd} + L_{rd}i_r + L_{md}i_{Dd}\\ \Psi_{Dd} &= L_{md}i_{sd} + L_{md}i_r + L_{rD}i_{Dd}\\ \Psi_{Dq} &= L_{mq}i_{sq} + L_{rQ}i_{Dq}\end{aligned}\right\} \tag{7-13}$$

式中，$L_{sd}=L_{s\sigma}+L_{md}$ 为等效两相定子绕组的 d 轴自感；$L_{sq}=L_{s\sigma}+L_{mq}$ 为等效两相定子绕组的 q 轴自感；$L_{s\sigma}$ 为等效两相定子绕组漏感；L_{md} 为 d 轴定子与转子绕组间的互感，相当于同步电动机原理中的 d 轴电枢感应电感；L_{mq} 为 q 轴定子与转子绕组间的互感，相当于 q 轴电枢感应电感；$L_{rd}=L_{r\sigma}+L_{md}$ 为励磁绕组的自感；$L_{rD}=L_{D\sigma}+L_{md}$ 为 d 轴阻尼绕组自感；$L_{rQ}=L_{Q\sigma}+L_{mq}$ 为 q 轴阻尼绕组自感。

上述电压方程和磁链方程中，零轴分量方程是独立的，对 d、q 轴都没有影响，可以不予考虑，除此以外，将式（7-11）~式（7-13）整理后可得同步电动机的电压矩阵方程式

$$\begin{pmatrix}u_{sd}\\ u_{sq}\\ U_r\\ 0\\ 0\end{pmatrix}=\begin{pmatrix}R_s+L_{sd}p & -\omega L_{sq} & L_{md}p & L_{md}p & -\omega L_{mq}\\ \omega L_{sd} & R_s+L_{sq}p & \omega L_{md} & \omega L_{md} & L_{sq}p\\ L_{md}p & 0 & R_r+L_{rd}p & L_{md}p & 0\\ L_{md}p & 0 & L_{md}p & R_D+L_{rD}p & 0\\ 0 & L_{mq}p & 0 & 0 & R_Q+L_{rQ}p\end{pmatrix}\begin{pmatrix}i_{sd}\\ i_{sq}\\ i_r\\ i_{Dd}\\ i_{Dq}\end{pmatrix} \tag{7-14}$$

同步电动机在 $d-q$ 同步轴上的转矩和运动方程为

$$T_{es}=n_p(\Psi_{sd}i_{sq}-\Psi_{sq}i_{sd})=\frac{J}{n_p}\frac{d\omega}{dt}+T_L \tag{7-15}$$

式（7-14）和式（7-15）构成了同步电动机多变量动态数学模型。

7.5.2　按气隙磁场定向的普通三相同步电动机交-直-交变频矢量控制系统

图7-21示出了普通三相同步电动机交-直-交变频电压源型双PWM矢量控制系统的基本组成框图。与前述交-交变频同步电动机矢量控制系统的不同之处是，该系统的主电路拓扑结构为三电平双PWM（PWM整流电路、PWM逆变电路）电压源型变流电路。由于电网侧整流电路可按期望的可编程功率因数提供直流输入电流，因而功率因数既可超前也可以滞后，还可以为1，因此该系统的逆变侧不再有功率因数($\cos\varphi$)给定设置部分。

同步电动机矢量控制系统的结构形式多种多样，但其基本原理和控制方法和异步电动机矢量控制系统相似。然而，由于同步电动机的转子结构和异步电动机不同，因此，同步电动机矢量控制系统有自己的磁场定向特点。

普通同步电动机的转子结构和异步电动机的不同之处是转子有励磁机构，而且转子磁极轴线的位置是明确的，可以通过转子位置检测器精确地测量出来，这对同步电动机进行磁场定向控制是十分有利的，因此，$d-q$ 磁场定向坐标系的直轴（d 轴）方向选定转子的磁极轴线，与之垂直的为交轴（q 轴）。但是，当同步电动机负载运行时，由于电枢反应的影响，

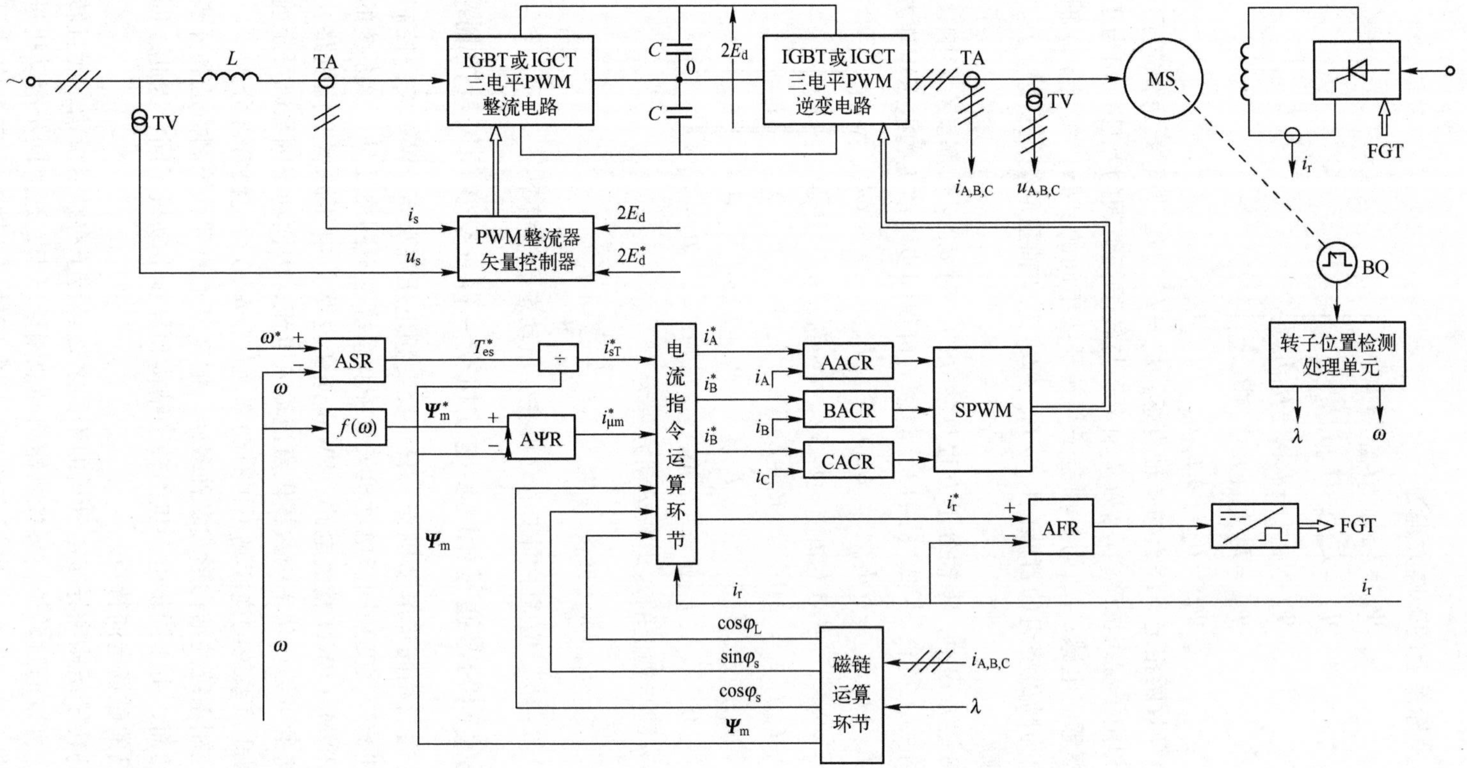

图7–21　绕组励磁三相同步电动机交–直–交变频电压源型双PWM矢量控制系统的基本组成框图

气隙合成磁场轴线就不再和磁极轴线相重合，而要转过一个负载角 φ_L，因此，在普通同步电动机矢量变换控制系统中，还要选定同步电动机的气隙合成磁场轴线作为磁场定向的坐标轴即 M 轴，与之垂直的为 T 轴，如图 7-22 所示。

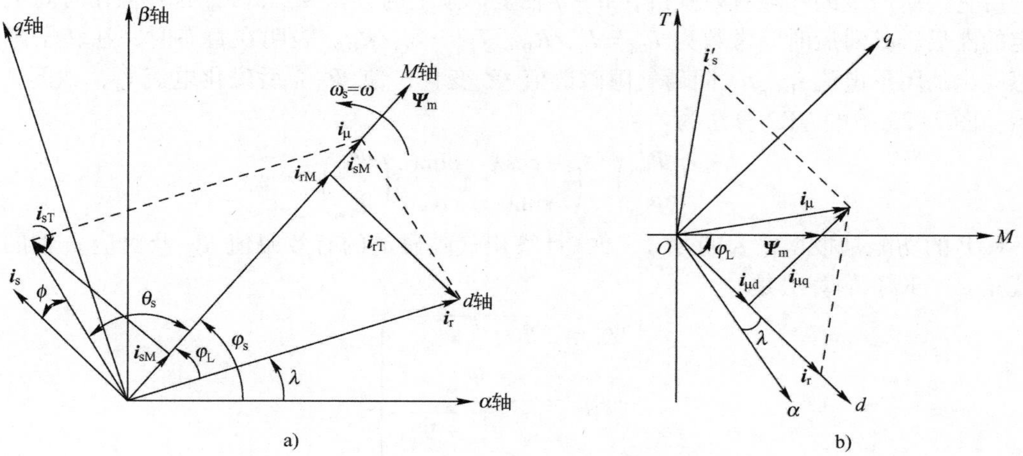

图 7-22　两个磁场坐标系的关系图

由于同步电动机转子轴线的位置是明确的，可通过转子位置检测器精确地测量出来。因此，$d-q$ 磁场定向坐标系的直轴（d 轴）方向选定转子的磁极轴线，与之垂直的为交轴（q 轴）。

1. 凸极式同步电动机矢量控制系统的磁链算法和算法结构

磁链运算环节的输入量有同步电动机的定子电流 i_A、i_B、i_C，以及来自转子位置运算器的 λ 信号；其输出为 Ψ_m、$\sin\varphi_s$、$\cos\varphi_s$、$\cos\varphi_L$。磁链运算环节的内部结构如图 7-23 所示。

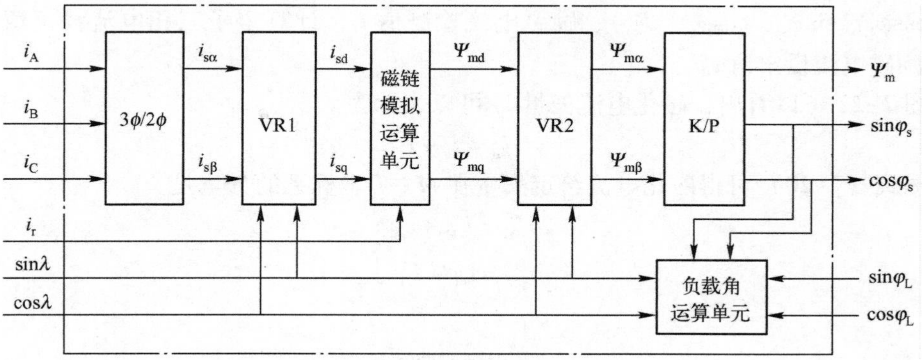

图 7-23　磁链运算环节的内部结构

图 7-23 中的磁链模拟运算单元算法可根据式（7-14）中的第 4 行、第 5 行及式（7-13）中第 1、第 2 式求得

$$\left.\begin{aligned}\Psi_{md} &= (i_{sd}+i_r)G_d(p)\\ \Psi_{mq} &= i_{sq}G_q(p)\end{aligned}\right\}\tag{7-16}$$

式中，$G_d(p)=-\dfrac{T_{md}p}{1+T_{Dd}p}$；$G_q(p)=-\dfrac{T_{mq}p}{1+T_{Dq}p}$。

对于隐极同步电动机而言，由于 d、q 轴磁路对称，磁链矢量 $\boldsymbol{\Psi}_{m}$ 和磁化电流矢量 $\boldsymbol{i}_{\mu}$ 方向一致且重合，如图 7-22a 所示。

对于凸极同步电动机而言，由式（7-16）可以看出，当 d 轴电流和 q 轴电流发生变化时，由它们所产生的气隙有效磁链在 $d-q$ 轴坐标系上的分量 Ψ_{md}、Ψ_{mq} 的变化在时间上会有一定的滞后，其滞后时间常数为 $T_{Dd}=L_{Dr}/R_{D}$、$T_{Qq}=L_{Qr}/R_{Q}$。表明在暂态时，在转子阻尼绕组感应出的阻尼电流 i_{Dd}、i_{Dq} 阻碍气隙磁链值 $\boldsymbol{\Psi}_{m}$ 变化，使 $\boldsymbol{\Psi}_{m}$ 滞后磁化电流 $\boldsymbol{i}_{\mu}$，如图 7-22a 所示。图 7-23 中的 VR2 算法为

$$\begin{pmatrix}\Psi_{m\alpha}\\ \Psi_{m\beta}\end{pmatrix}=\begin{pmatrix}-\cos\lambda & \sin\lambda\\ \sin\lambda & \cos\lambda\end{pmatrix}\begin{pmatrix}\Psi_{md}\\ \Psi_{mq}\end{pmatrix} \tag{7-17}$$

K/P 的功能是根据输入的 $\Psi_{m\alpha}$、$\Psi_{m\beta}$ 计算出气隙磁链的有效幅值 Ψ_{m} 及对应 α 轴的空间位置角 φ_{s}。K/P 的算法是

$$\left.\begin{aligned}\Psi_{m}&=\sqrt{\Psi_{m\alpha}^{2}+\Psi_{m\beta}^{2}}\\ \cos\varphi_{s}&=\frac{\Psi_{m\alpha}}{\sqrt{\Psi_{m\alpha}^{2}+\Psi_{m\beta}^{2}}}\\ \sin\varphi_{s}&=\frac{\Psi_{m\beta}}{\sqrt{\Psi_{m\alpha}^{2}+\Psi_{m\beta}^{2}}}\end{aligned}\right\} \tag{7-18}$$

图 7-23 中的负载角运算器的算法是

$$\begin{pmatrix}\sin\varphi_{L}\\ \cos\varphi_{L}\end{pmatrix}=\begin{pmatrix}\cos\varphi_{s} & -\sin\varphi_{s}\\ \sin\varphi_{s} & -\cos\varphi_{s}\end{pmatrix} \tag{7-19}$$

2. 电流指令运算环节的结构与算法

电流指令运算器的任务是，依据设定值 i_{sT}^{*}、$i_{\mu M}^{*}$（见图 7-21），以及磁链运算环节的输出量（$\cos\varphi_{L}$、$\sin\varphi_{s}$、$\cos\varphi_{s}$、Ψ_{m}）、励磁电流检测值 i_{r}，计算定子三相电流设定值 i_{A}^{*}、i_{B}^{*}、i_{C}^{*} 以及励磁电流设定值 i_{r}^{*}。

由图 7-22 可以看出，磁化电流矢量 $\boldsymbol{i}_{\mu}$ 可以表示为

$$\boldsymbol{i}_{\mu}=\boldsymbol{i}_{s}+\boldsymbol{i}_{r} \tag{7-20}$$

根据式（7-20）可得磁化电流给定矢量在 $M-T$ 坐标系的分量是

$$\left.\begin{aligned}i_{\mu M}^{*}&=i_{sM}^{*}+i_{rM}^{*}\\ i_{\mu T}^{*}&=i_{sT}^{*}+i_{rT}^{*}\end{aligned}\right\} \tag{7-21}$$

其中

$$\left.\begin{aligned}i_{rM}^{*}&=i_{r}\cos\varphi_{L}\\ i_{rT}^{*}&=i_{r}\sin\varphi_{L}\end{aligned}\right\} \tag{7-22}$$

由式（7-21）和式（7-22）可求得

$$i_{sM}^{*}=i_{\mu M}^{*}-i_{r}\cos\varphi_{L} \tag{7-23}$$

通过旋转变换将 i_{sM}^{*}、i_{sT}^{*} 从 $M-T$ 坐标系变换到 $\alpha-\beta$ 坐标系，得到 $i_{s\alpha}^{*}$、$i_{s\beta}^{*}$，即

$$\begin{pmatrix}i_{s\alpha}^{*}\\ i_{s\beta}^{*}\end{pmatrix}=\begin{pmatrix}\cos\varphi_{s} & -\sin\varphi_{s}\\ \sin\varphi_{s} & \cos\varphi_{s}\end{pmatrix}\begin{pmatrix}i_{sM}^{*}\\ i_{sT}^{*}\end{pmatrix} \tag{7-24}$$

再通过两相→三相（2/3）变换得到定子三相电流设定值 i_{A}^{*}、i_{B}^{*}、i_{C}^{*}，即为

$$\begin{pmatrix} i_A^* \\ i_B^* \\ i_C^* \end{pmatrix} = \sqrt{\frac{2}{3}} \begin{pmatrix} 1 & 0 & \frac{1}{\sqrt{2}} \\ -\frac{1}{2} & \frac{\sqrt{3}}{2} & \frac{1}{\sqrt{2}} \\ -\frac{1}{2} & -\frac{\sqrt{3}}{2} & \frac{1}{\sqrt{2}} \end{pmatrix} \begin{pmatrix} i_{s\alpha}^* \\ i_{s\beta}^* \\ i_0 \end{pmatrix} \tag{7-25}$$

励磁电流设定值 i_r^* 计算如下：

根据励磁电流检测值 i_r，通过式（7–22）算出 i_{rM}^*、i_{rT}^*，可求得 i_r^*：

$$i_r^* = \sqrt{i_{rM}^{*2} + i_{rT}^{*2}} \tag{7-26}$$

由式（7–21）~式（7–26）可得到电流指令运算器的内部结构如图 7–24 所示。

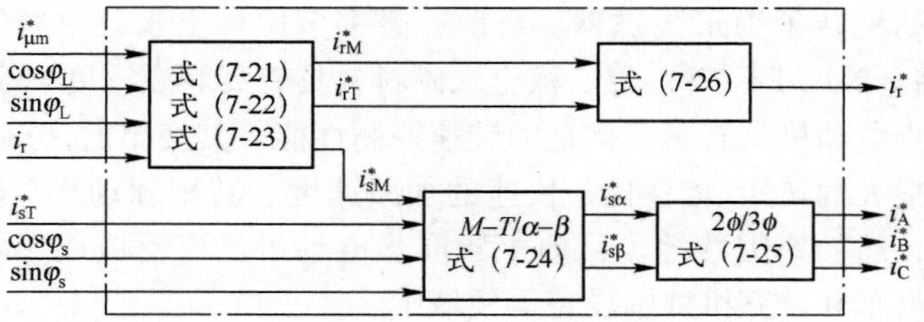

图 7–24　电流指令运算器的内部结构图

需要指出的是，由于交–交变频器被输出电流谐波及转矩脉动所限制，系统的最高输出频率被限制在 $f_{smax} \leqslant 16 \sim 22$ Hz 范围内，显然对于高转速的生产机械而言，交–交变频的应用受到了限制。因此，采用现代自关断功率器件（IGBT、IEGT、IGCT……）、具有三电平双 PWM 电压源型逆变器的中、大容量同步电动机矢量控制系统正在被用来取代交–交变频同步电动机矢量控制系统。

第 8 章　正弦波永磁同步电动机（永磁同步电动机）的控制技术

永磁同步电动机是由电励磁三相同步电动机发展而来的，它用永磁体代替了电励磁系统，故称为永磁同步电动机（Permanent Magnet Synchronous Motor，PMSM），其定子绕组一般为三相短距分布绕组，其气隙磁场和定子分布绕组决定了定子绕组感应电动势为正弦波形，因此将永磁同步电动机称为正弦波永磁同步电动机。所用的供电电源为 PWM 变压变频电源，永磁同步电动机转子为永久磁钢。目前，磁钢多用稀土永磁材料制成，如钐钴合金（Sm－Co）、钕铁硼（Nd－Fe－B）等。稀土永磁材料具有高剩磁密度、高矫顽力等特点。

正弦波永磁同步电动机具有十分优良的转速控制性能，其突出的优点是结构简单、体积小、重量轻，具有很大的转矩/惯性比、快速的加减速度、转矩脉动小、转矩控制平滑、调速范围宽、高效率、高功率因数等。目前永磁同步电动机已广泛应用于航空航天、数控机床、机器人、电动汽车和计算机外围设备等领域中。

8.1　永磁同步电动机的转子结构及物理模型

8.1.1　永磁同步电动机的转子结构

永磁同步电动机的转子结构按永磁体安装形式分类，有面装式（面贴式、外装式）、插入式和内装式 3 种。

面装式永磁同步电动机结构简单、制造方便、转动惯量小，易于将气隙磁场设计成近似正弦分布，在工业上已得到广泛应用。面装式转子的几种几何形状如图 8-1 所示。

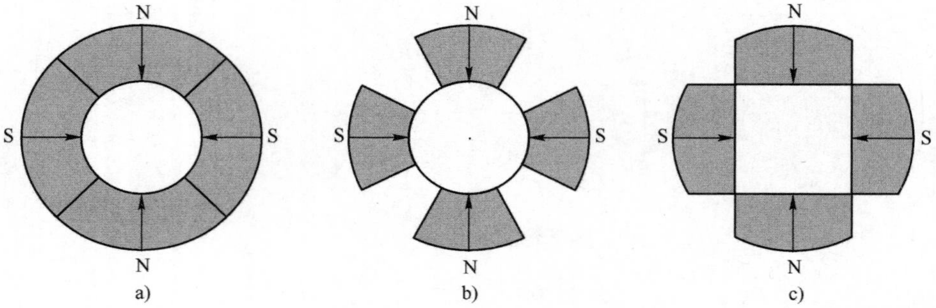

图 8-1　面装式永磁转子结构
a）圆套筒型　b）扇装型　c）瓦片型

另外还有一种转子结构，它不是将永磁体装在转子表面上，而是将其埋装在转子铁心内部，每个永磁体都被铁心所包围，如图 8-2a 所示，称之为插入式永磁同步电动机。这种结构机械强度高、磁路气隙小，更适用于弱磁运行。

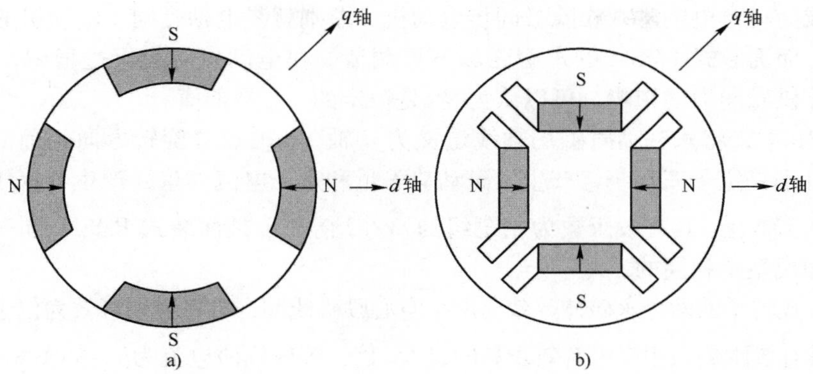

图 8-2　插入式、内装式永磁转子结构

a）插入式　b）内装式

图 8-2b 所示的内装式结构，永磁体径向充磁，气隙磁通密度会在一定程度上受到永磁体供磁面积的限制。在某些电动机中，要求气隙磁通值很高。在这种情况下，可用另一种结构的永磁转子，它将永磁体横向充磁。

8.1.2　永磁同步电动机的物理模型

对于面装式转子结构，永磁体内部的磁导率接近于空气，因而非常小，可以将位于转子表面的永磁体等效为两个空心励磁线圈，如图 8-3a 所示。假设两个线圈在气隙中产生的正弦分布励磁磁场与两个永磁体产生的正弦分布磁场相同。将两个励磁线圈等效为置于转子槽内的励磁绕组，其有效匝数为相绕组的$\sqrt{3}/\sqrt{2}$倍，通入等效励磁电流 i_f，在气隙中产生的正弦分布励磁磁场与两个励磁线圈产生的相同，即 $\boldsymbol{\Psi}_f = L_{mf} i_f$，其中 L_{mf} 为等效励磁电感。图 8-3b为等效后的物理模型，将等效励磁绕组表示为位于永磁励磁磁场轴线上的线圈。

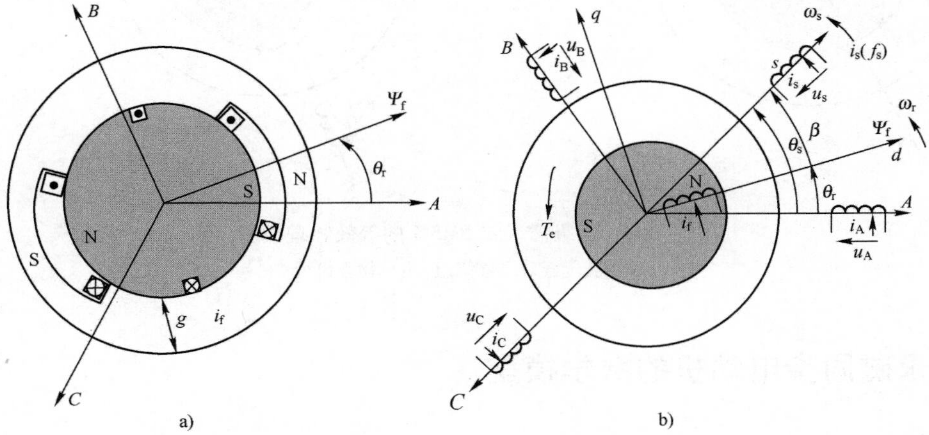

图 8-3　二极面装式 PMSM 物理模型

a）转子等效物理模型　b）物理模型

如图 8-3a 所示，由于永磁体内部的磁导率非常小，因此对于定子三相绕组产生的电枢磁动势而言，电动机气隙是均匀的，气隙长度为 g。于是图 8-3b 等于是将面装式永磁同步电动机等效成为一台电励磁三相隐极同步电动机，差别就是电励磁同步电动机的转子励磁磁场可以调节，而面装式 PMSM 的永磁磁场不可调节。在电动机的运行过程中，若不计温度变化对永磁体供磁能力的影响，可以认为 Ψ_f 是恒定的，i_f 是常值。

在图 8-3b 中，将永磁励磁磁场轴线定义为 d 轴，q 轴顺着旋转方向超前 d 轴 90°电角度。$\boldsymbol{f}_s$ 和 $\boldsymbol{i}_s$ 分别是定子三相绕组产生的磁动势矢量和定子电流矢量，产生 $\boldsymbol{i}_s(\boldsymbol{f}_s)$ 的等效单轴线圈位于 $i_s(f_s)$ 轴上，其有效匝数为相绕组的$\sqrt{3}/\sqrt{2}$倍。于是面装式 PMSM 与三相隐极同步电动机的物理模型是相同的。

可将插入式转子的两个永磁体等效为两个空心励磁线圈，再将它们等效为位于转子槽内的励磁绕组，其有效匝数为相绕组有效匝数的$\sqrt{3}/\sqrt{2}$倍，等效励磁电流为i_f，如图 8-4a 所示。它与面装式 PMSM 不同的是，电动机气隙不再是均匀的了，此时面对永磁体部分的气隙长度增大为 $g+h$，h 为永磁体的高度，而面对转子铁心部分的气隙长度仍为 g，因此转子在 d 轴方向的气隙磁阻大于在 q 轴方向的气隙磁阻。图 8-4b 中当 $\beta=0°$时，将 $\boldsymbol{i}_s(\boldsymbol{f}_s)$ 在气隙中产生的正弦分布磁场称为直轴电枢反应磁场；当 $\beta=90°$时，将 $\boldsymbol{i}_s(\boldsymbol{f}_s)$ 在气隙中产生的正弦分布磁场称为交轴电枢反应磁场。在幅值相同的 $\boldsymbol{i}_s(\boldsymbol{f}_s)$ 作用下，直轴电枢反应磁场要弱于交轴电枢反应磁场，于是有 $L_{md}<L_{mq}$，其中 L_{md} 和 L_{mq} 分别为直轴等效励磁电感和交轴等效励磁电感。

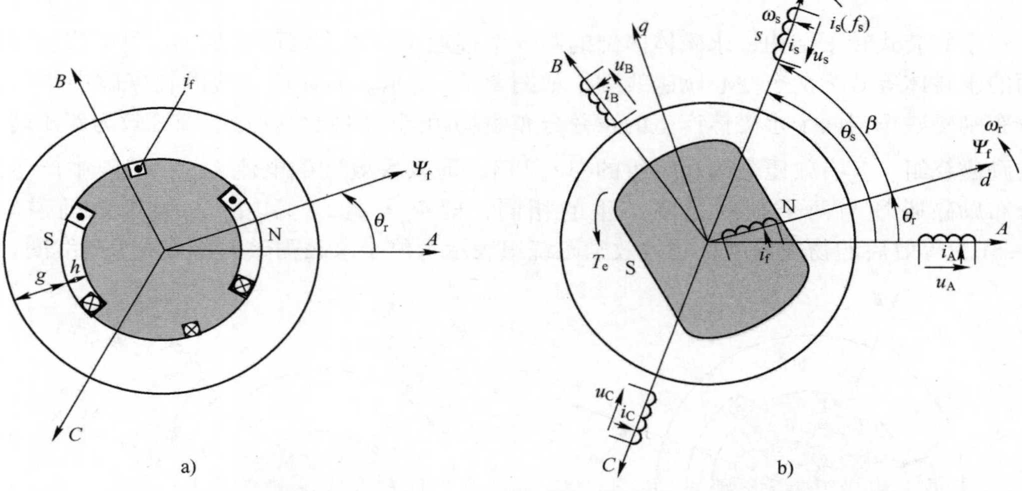

图 8-4　二级插入式 PMSM 的等效物理模型

a）转子等效励磁绕组　b）物理模型

8.2　永磁同步电动机的数学模型

8.2.1　面装式三相永磁同步电动机的数学模型

1. 定子磁链和电压矢量方程

图 8-3b 中，三相绕组的电压方程可表示为

$$u_A = R_s i_A + \frac{d\Psi_A}{dt} \tag{8-1}$$

$$u_B = R_s i_B + \frac{d\Psi_B}{dt} \tag{8-2}$$

$$u_C = R_s i_C + \frac{d\Psi_C}{dt} \tag{8-3}$$

式中，Ψ_A、Ψ_B 和 Ψ_C 分别为 A、B、C 相绕组的全磁链。

可有

$$\begin{pmatrix} \Psi_A \\ \Psi_B \\ \Psi_C \end{pmatrix} = \begin{pmatrix} L_A & L_{AB} & L_{AC} \\ L_{BA} & L_B & L_{BC} \\ L_{CA} & L_{CB} & L_C \end{pmatrix} \begin{pmatrix} i_A \\ i_B \\ i_C \end{pmatrix} + \begin{pmatrix} \Psi_{fA} \\ \Psi_{fB} \\ \Psi_{fC} \end{pmatrix} \tag{8-4}$$

式中，Ψ_{fA}、Ψ_{fB}和 Ψ_{fC}分别为转子磁通链过定子 A、B、C 相绕组产生的磁链。

同电励磁三相隐极同步电动机一样，因电动机气隙均匀，故 A、B、C 相绕组的自感和互感都与转子位置无关，均为常值。于是有

$$L_A = L_B = L_C = L_{s\sigma} + L_{m1} \tag{8-5}$$

式中，$L_{s\sigma}$和 L_{m1} 分别为相绕组的漏电感和励磁电感。

另有

$$L_{AB} = L_{BA} = L_{AC} = L_{CA} = L_{BC} = L_{CB} = L_{m1}\cos 120° = -\frac{1}{2}L_{m1} \tag{8-6}$$

式（8-4）可表示为

$$\begin{pmatrix} \Psi_A \\ \Psi_B \\ \Psi_C \end{pmatrix} = \begin{pmatrix} L_{s\sigma} + L_{m1} & -\frac{1}{2}L_{m1} & -\frac{1}{2}L_{m1} \\ -L_{m1} & L_{s\sigma} + L_{m1} & -\frac{1}{2}L_{m1} \\ -\frac{1}{2}L_{m1} & -\frac{1}{2}L_{m1} & L_{s\sigma} + L_{m1} \end{pmatrix} \begin{pmatrix} i_A \\ i_B \\ i_C \end{pmatrix} + \begin{pmatrix} \Psi_{fA} \\ \Psi_{fB} \\ \Psi_{fC} \end{pmatrix} \tag{8-7}$$

式中

$$\Psi_A = (L_{s\sigma} + L_{m1})i_A - \frac{1}{2}L_{m1}(i_B + i_C) + \Psi_{fA}$$

若定子三相绕组为Y形联结，且无中性线引出，则有 $i_A + i_B + i_C = 0$，于是

$$\begin{aligned} \Psi_A &= \left(L_{s\sigma} + \frac{3}{2}L_{m1}\right)i_A + \Psi_{fA} \\ &= (L_{s\sigma} + L_m)i_A + \Psi_{fA} \\ &= L_s i_A + \Psi_{fA} \end{aligned} \tag{8-8}$$

式中，L_m 为等效励磁电感，$L_m = \frac{3}{2}L_{m1}$；L_s 称为同步电感，$L_s = L_{s\sigma} + L_m$。

同样，可将 Ψ_B 和 Ψ_C 表示为式（8-8）的形式。由此可将式（8-7）表示为

$$\begin{pmatrix} \Psi_A \\ \Psi_B \\ \Psi_C \end{pmatrix} = (L_{s\sigma} + L_m)\begin{pmatrix} i_A \\ i_B \\ i_C \end{pmatrix} + \begin{pmatrix} \Psi_{fA} \\ \Psi_{fB} \\ \Psi_{fC} \end{pmatrix} \tag{8-9}$$

同三相感应电动机一样，由三相绕组中的电流 i_A、i_B 和 i_C 构成了定子电流矢量 $\boldsymbol{i}_s$（见图 8-3b），同理由三相绕组中的全磁链可构成定子磁链矢量 $\boldsymbol{\Psi}_s$，由 Ψ_{fA}、Ψ_{fB}和 Ψ_{fC}可构成转子磁链矢量 $\boldsymbol{\Psi}_f$，即有

$$\begin{aligned}\boldsymbol{i}_s &= \sqrt{\frac{2}{3}}(i_A+\boldsymbol{a}i_B+\boldsymbol{a}^2 i_C)\\ \boldsymbol{\Psi}_s &= \sqrt{\frac{2}{3}}(\Psi_A+\boldsymbol{a}\Psi_B+\boldsymbol{a}^2\Psi_C)\\ \boldsymbol{\Psi}_f &= \sqrt{\frac{2}{3}}(\Psi_{fA}+\boldsymbol{a}\Psi_{fB}+\boldsymbol{a}^2\Psi_{fC})\end{aligned} \tag{8-10}$$

将式（8-9）两边矩阵的第一行分别乘以$\sqrt{2}/\sqrt{3}$，第二行分别乘以 $\boldsymbol{a}\sqrt{2}/\sqrt{3}$，第三行分别乘以 $\boldsymbol{a}^2\sqrt{2}/\sqrt{3}$，再将 3 行相加，可得

$$\boldsymbol{\Psi}_s = L_{s\sigma}\boldsymbol{i}_s + L_m\boldsymbol{i}_s + \boldsymbol{\Psi}_f \tag{8-11}$$

式中，等式右边第一项是 $\boldsymbol{i}_s$ 产生的漏磁链矢量，与定子相绕组漏磁场相对应；第二项是 $\boldsymbol{i}_s$ 产生的励磁磁链矢量，与电枢反应磁场相对应；第三项是转子等效励磁绕组产生的励磁磁链矢量，与永磁体产生的励磁磁场相对应。

通常，将定子电流矢量产生的漏磁场和电枢反应磁场之和称为电枢磁场，将转子励磁磁场称为转子磁场，又称为主极磁场。

可将式（8-11）表示为

$$\boldsymbol{\Psi}_s = L_s\boldsymbol{i}_s + \boldsymbol{\Psi}_f \tag{8-12}$$

式（8-12）为定子磁链矢量方程，$L_s\boldsymbol{i}_s$ 为电枢磁链矢量，与电枢磁场相对应。

同理，可将式（8-1）~式（8-3）转换为矢量方程，即有

$$\boldsymbol{u}_s = R_s\boldsymbol{i}_s + \frac{d\boldsymbol{\Psi}_s}{dt} \tag{8-13}$$

将式（8-12）代入式（8-13），可得

$$\boldsymbol{u}_s = R_s\boldsymbol{i}_s + L_s\frac{d\boldsymbol{i}_s}{dt} + \frac{d\boldsymbol{\Psi}_f}{dt} \tag{8-14}$$

式中，$\boldsymbol{\Psi}_f = \Psi_f e^{j\theta_r}$，$\theta_r$ 为 $\boldsymbol{\Psi}_f$ 在 ABC 轴系内的空间相位，如图 8-3b 所示。

另有

$$\frac{d}{dt}(\Psi_f e^{j\theta_r}) = \frac{d\Psi_f}{dt}e^{j\theta_r} + j\omega_r\boldsymbol{\Psi}_f \tag{8-15}$$

式中，等式右边第一项为变压器电动势项，因 Ψ_f 为恒值，故为零；第二项为运动电动势项，是因转子磁场旋转产生的感应电动势，通常又称为反电动势。

最后，可将式（8-13）表示为

$$\boldsymbol{u}_s = R_s\boldsymbol{i}_s + L_s\frac{d\boldsymbol{i}_s}{dt} + j\omega_r\boldsymbol{\Psi}_f \tag{8-16}$$

式（8-16）为定子电压矢量方程。可将其表示为等效电路形式，如图 8-5 所示。图中，$\boldsymbol{e}_0 = j\omega_r\boldsymbol{\Psi}_f$，为感应电动势矢量。

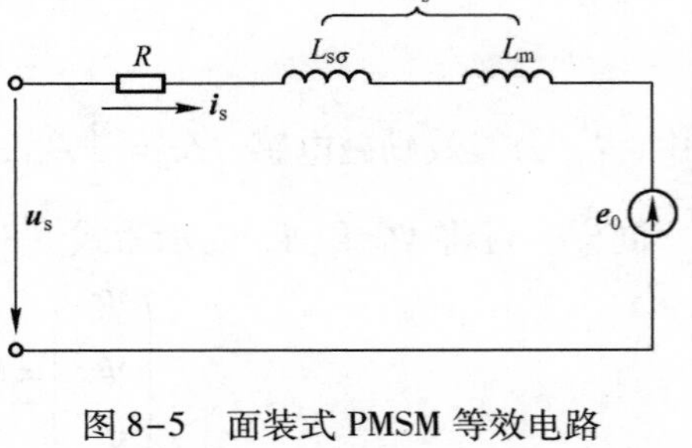

图 8-5　面装式 PMSM 等效电路

在正弦稳态下，因 $\boldsymbol{i}_s$ 幅值恒定，则有

$$L_s\frac{d\boldsymbol{i}_s}{dt}=j\omega_s L_s\boldsymbol{i}_s$$

于是式（8-16）可表示为

$$\boldsymbol{u}_s=R_s\boldsymbol{i}_s+j\omega_s L_s\boldsymbol{i}_s+j\omega_s\boldsymbol{\Psi}_f \tag{8-17}$$

由式（8-12）和式（8-17）可得如图 8-6a 所示的矢量图。

在分析三相感应电动机相矢图时已知，在正弦稳态下，（空间）矢量和（时间）相量具有时空对应关系，若同取 A 轴为时间参考轴，则可将矢量图直接转换为 A 相绕组的相量图，或者反之。这一结论同样适用于 PMSM，因此可将图 8-6a 所示的矢量图直接转换为 A 相绕组的相量图，如图 8-6b 所示。

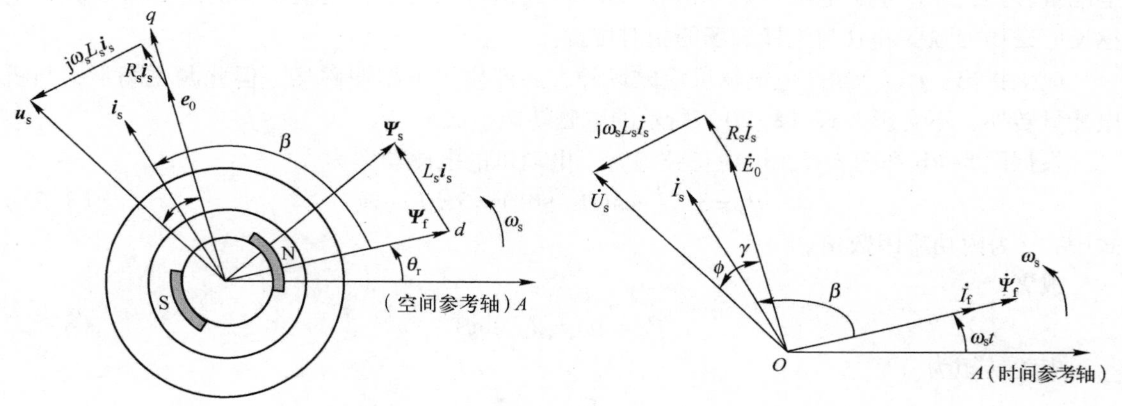

a）　　　　　　　　　　b）

图 8-6　面装式 PMSM 矢量图和相量图

a）稳态矢量图　b）相量图

此时，可将式（8-17）直接转换为

$$\begin{aligned}\dot{U}_s&=R_s\dot{I}_s+j\omega_s L_s\dot{I}_s+j\omega_s\dot{\Psi}_f\\&=R_s\dot{I}_s+j\omega_s L_s\dot{I}_s+j\omega_s L_{mf}\dot{I}_f\\&=R_s\dot{I}_s+j\omega_s L_s\dot{I}_s+\dot{E}_0\end{aligned} \tag{8-18}$$

式中，$E_0=\omega_s\Psi_f=\omega_s L_{mf}I_f$，因 $L_{mf}=L_m$，故有 $E_0=\omega_s L_m I_f$。

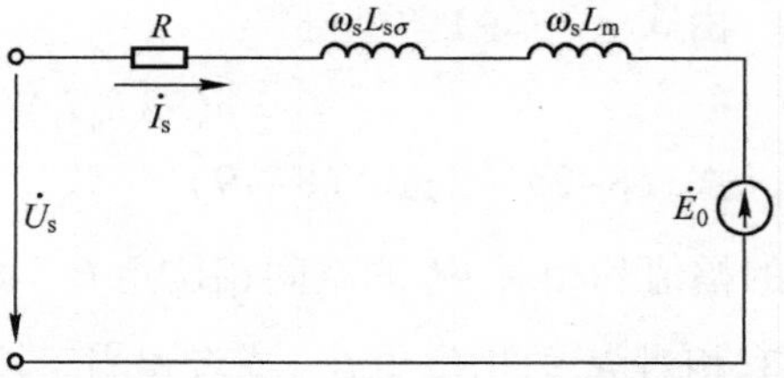

图 8-7　以电压源表示的等效电路

由式（8-18）可得如图 8-7 所示的等效电路。图中，将永磁体处理为一个正弦电压源。

2. 电磁转矩矢量方程

根据电励磁三相隐极同步电动机的物理模型，已得电磁转矩为

$$T_e=p\Psi_f i_s\sin\beta=p\boldsymbol{\Psi}_f\times\boldsymbol{i}_s \tag{8-19}$$

式（8-19）同样适用于面装式 PMSM，此时转子磁场不是由转子励磁绕组产生的，而是由永磁体提供的。

式（8-19）中，当 $\boldsymbol{\Psi}_f$ 和 $\boldsymbol{i}_s$ 幅值恒定时，电磁转矩仅与 β 角有关，将此时的 $T_e-\beta$ 关系曲线称为矩 - 角特性，如图 8-8 所示，β 为转矩角。图 8-8 所示特性曲线与三相隐极同步电

动机矩－角特性完全相同。

将式（8-19）表示为

$$T_e = p\frac{1}{L_m}\boldsymbol{\Psi}_f \times (L_m \boldsymbol{i}_s) \qquad (8\text{-}20)$$

式（8-20）表明，电磁转矩可看成是由电枢反应磁场与永磁励磁磁场相互作用的结果，且取决于两个磁场的幅值和相对位置。由于 $\boldsymbol{\Psi}_r$ 幅值恒定，因此将取决于电枢反应磁场 $L_m\boldsymbol{i}_s$ 的幅值和其相对 $\boldsymbol{\Psi}_f$ 的相位。在电机学中，将 $\boldsymbol{f}_s(\boldsymbol{i}_s)$ 对主极磁场的影响和作用称为电枢反应，正是由于电枢反应使气隙磁场发生畸变，促使了机电能量转换，才产生了电磁转矩。由式（8-20）也可以看出，电枢反应的结果将取决于电枢反应磁场的强弱和其与主极磁场的相对位置。

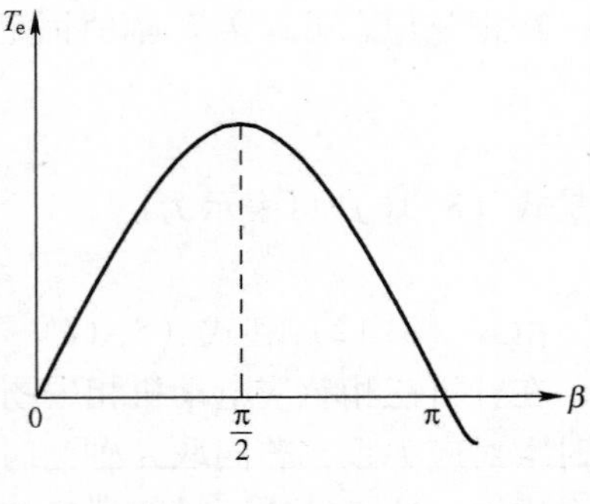

图 8-8　$T_e-\beta$ 关系曲线

应该指出，$\boldsymbol{f}_s(\boldsymbol{i}_s)$ 除产生电枢反应磁场外，还产生了电枢漏磁场，但此漏磁场不参与机电能量转换，不会影响式（8-20）所示的电磁转矩生成。

根据图 8-6b 和图 8-7，可得正弦稳态下电动机的电磁功率为

$$P_e = 3E_0 I_s \cos(\beta - 90°) = 3E_0 I_s \cos\gamma \qquad (8\text{-}21)$$

式中，γ 为内功率因数角。

或者

$$P_e = 3\omega_s L_m I_f I_s \sin\beta \qquad (8\text{-}22)$$

电磁转矩为

$$T_e = \frac{3p}{\omega_s} E_0 I_s \cos\gamma \qquad (8\text{-}23)$$

或者

$$T_e = 3pL_m I_f I_s \sin\beta \qquad (8\text{-}24)$$

由式（8-24），可得

$$T_e = p(\sqrt{3}L_m I_f)(\sqrt{3}I_s)\sin\beta = p\Psi_f i_s \sin\beta = p\boldsymbol{\Psi}_f \times \boldsymbol{i}_s \qquad (8\text{-}25)$$

式（8-25）与式（8-19）一致。这说明在转矩的矢量控制中，控制的是定子电流矢量 $\boldsymbol{i}_s$ 的幅值和相对 $\boldsymbol{\Psi}_f$ 的空间相位角 β，而在正弦稳态下，就相当于控制定子电流相量 $\dot{I}_s$ 的幅值和相对 $\dot{\Psi}_f$ 的相位角 β，或者相当于控制 $\dot{I}_s$ 的幅值和相对 $\dot{E}_0$ 的相位角 γ。

8.2.2　插入式三相永磁同步电动机的数学模型

如图 8-4b 所示，对于插入式转子结构，电动机气隙是不均匀的。在幅值相同的 $\boldsymbol{i}_s$ 作用下，因相位角不同，产生的电枢反应磁场不会相同，等效励磁电感不再是常值，而随 β 角的变化而变化，这给定量计算电枢反应磁场和分析电枢反应作用带来了很大困难。在电机学中，常采用双反应（双轴）理论来分析凸极同步电动机问题。对于插入式永磁同步电动机，同样可采用这种分析方法，为此可采用图 8-4b 中的 dq 轴系来构建数学模型。

1. 定子磁链和电压方程

将图 8-4b 表示为图 8-9 所示的同步旋转 dq 轴系。图中，将单轴线圈 s 分解为 dq 轴系

上的双轴线圈d 和 q，每个轴线圈的有效匝数仍与单轴线圈相同。这相当于将定子电流矢量 $\boldsymbol{i}_s$ 分解为

$$\boldsymbol{i}_s = i_d + j i_q \tag{8-26}$$

根据双反应理论，可分别求得 $i_d(f_d)$ 和 $i_q(f_q)$ 产生的电枢反应磁场，即有

$$\boldsymbol{\Psi}_{md} = L_{md} i_d \tag{8-27}$$

$$\boldsymbol{\Psi}_{mq} = L_{mq} i_q \tag{8-28}$$

式中，L_{md} 和 L_{mq} 分别为直轴和交轴等效励磁电感，$L_{md} < L_{mq}$。

于是，在 dq 轴方向上的磁场则分别为

$$\boldsymbol{\Psi}_d = L_d i_d + \boldsymbol{\Psi}_f \tag{8-29}$$

$$\boldsymbol{\Psi}_q = L_q i_q \tag{8-30}$$

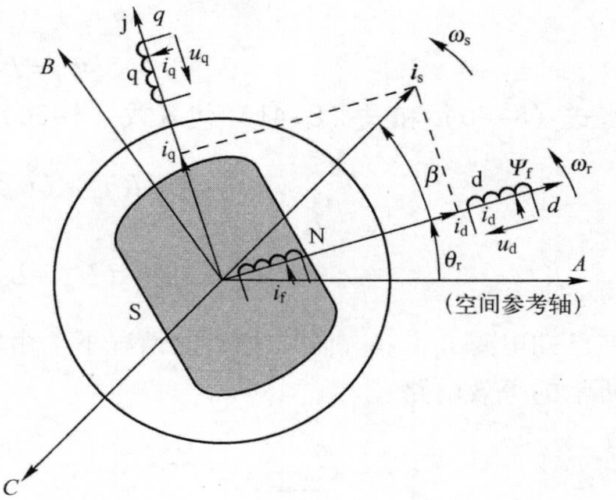

图 8-9　同步旋转 dq 轴系

式中，L_d 为直轴同步电感，$L_d = L_{s\sigma} + L_{md}$；$L_q$ 为交轴同步电感，$L_q = L_{s\sigma} + L_{mq}$。

由式（8-29）和式（8-30），可得以 dq 轴系表示的定子磁链矢量 $\boldsymbol{\Psi}_s$ 为

$$\boldsymbol{\Psi}_s^{dq} = \Psi_d + j\Psi_q = L_d i_d + \Psi_f + jL_q i_q \tag{8-31}$$

定子电压矢量方程（8-13）是由三相绕组电压方程式（8-1）~式（8-3）得出的，具有普遍意义，对面装式和插入式 PMSM 均适用。同三相感应电动机一样，通过矢量变换可将 ABC 轴系内定子电压矢量方程式（8-13）变换为以 dq 轴系表示的矢量方程。

利用变换因子 $e^{j\theta_r}$，可得

$$\boldsymbol{u}_s = \boldsymbol{u}_s^{dq} e^{j\theta_r} \tag{8-32}$$

$$\boldsymbol{i}_s = \boldsymbol{i}_s^{dq} e^{j\theta_r} \tag{8-33}$$

$$\boldsymbol{\Psi}_s = \boldsymbol{\Psi}_s^{dq} e^{j\theta_r} \tag{8-34}$$

将式（8-32）~式（8-34）代入式（8-13），可得以 dq 轴系表示的电压矢量方程为

$$\boldsymbol{u}_s^{dq} = R_s \boldsymbol{i}_s^{dq} + \frac{d\boldsymbol{\Psi}_s^{dq}}{dt} + j\omega_r \boldsymbol{\Psi}_s^{dq} \tag{8-35}$$

与式（8-13）相比，式（8-35）中多了右端第三项，这是由于 dq 轴系旋转而产生的。

将式（8-35）中的各矢量以坐标分量表示，可得电压分量方程为

$$u_d = R_s i_d + \frac{d\Psi_d}{dt} - \omega_r \Psi_q \tag{8-36}$$

$$u_q = R_s i_q + \frac{d\Psi_q}{dt} - \omega_r \Psi_d \tag{8-37}$$

可将式（8-36）和式（8-37）表示为

$$u_d = R_s i_d + L_d \frac{di_d}{dt} - \omega_r L_q i_q \tag{8-38}$$

$$u_q = R_s i_q + L_q \frac{di_q}{dt} + \omega_r (L_d i_d + \Psi_f) \tag{8-39}$$

在图 8-9 中，由于 $L_{mf} = L_{md}$，可将 Ψ_f 表示为 $\Psi_f = L_{mf} i_f = L_{md} i_f$，于是可将磁链方程式（8-29）和式（8-30）写为

$$\Psi_d = L_{s\sigma} i_d + L_{md} i_d + L_{md} i_f \tag{8-40}$$

$$\Psi_q = L_{s\sigma} i_q + L_{mq} i_q \tag{8-41}$$

将式（8-40）和式（8-41）代入式（8-36）和式（8-37），可得

$$u_d = R_s i_d + (L_{s\sigma} + L_{md}) \frac{di_d}{dt} - \omega_r L_q i_q \tag{8-42}$$

$$u_q = R_s i_q + (L_{s\sigma} + L_{mq}) \frac{di_q}{dt} + \omega_r L_d i_d + \omega_r L_{md} i_f \tag{8-43}$$

在已知电感 $L_{s\sigma}$、L_{md}、L_{mq} 和 i_f 的情况下，由电压方程式（8-42）和式（8-43）可得图 8-10 所示的等效电路。

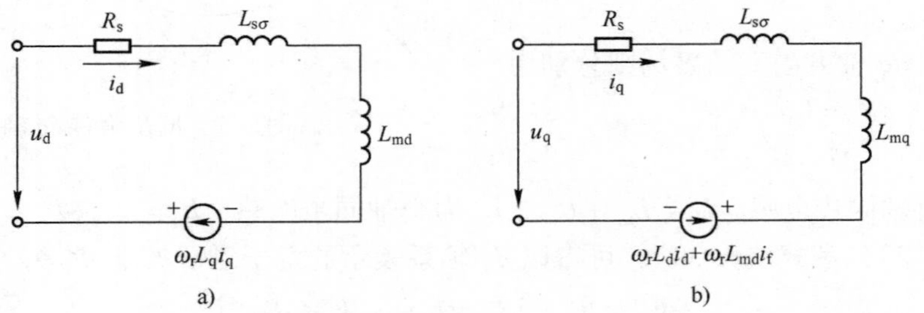

图 8-10　以 dq 轴系表示的电压等效电路

a）直轴　b）交轴

若以感应电动势 e_0 来表示 $\omega_r \Psi_f$，则可将电压分量方程表示为

$$u_d = R_s i_d + L_d \frac{di_d}{dt} - \omega_r L_q i_q \tag{8-44}$$

$$u_q = R_s i_q + L_q \frac{di_q}{dt} + \omega_r L_d i_d + e_0 \tag{8-45}$$

对于上述插入式 PMSM 的电压分量方程，若令 $L_d = L_q = L_s$，便可转化为面装式 PMSM 的电压分量方程。

在正弦稳态下，式（8-44）和式（8-45）则变为

$$u_d = R_s i_d - \omega_r L_q i_q \tag{8-46}$$

$$u_q = R_s i_q + \omega_r L_d i_d + e_0 \tag{8-47}$$

此时，$\omega_r = \omega_s$，ω_s 为电源电角频率。

将式（8-46）和式（8-47）改写为

$$u_d = R_s i_d + j\omega_s L_q j i_q \tag{8-48}$$

$$ju_q = R_s j i_q + j\omega_s L_d i_d + je_0 \tag{8-49}$$

于是可得

$$\boldsymbol{u}_s = R_s \boldsymbol{i}_s + j\omega_s L_d i_d - \omega_s L_q i_q + e_0 \tag{8-50}$$

由式（8-31）和式（8-50），可得到插入式和内装式 PMSM 稳态矢量图，如图 8-11 所示。与图 8-6a 比较。可以看出，由于交、直轴磁路不对称（磁导不同），已将定子电流（磁动势）矢量 $\boldsymbol{i}_s(\boldsymbol{f}_s)$ 分解为交轴分量 $i_q(f_q)$ 和直轴分量 $i_d(f_d)$，这实际上体现了双反应理论的分析方法。

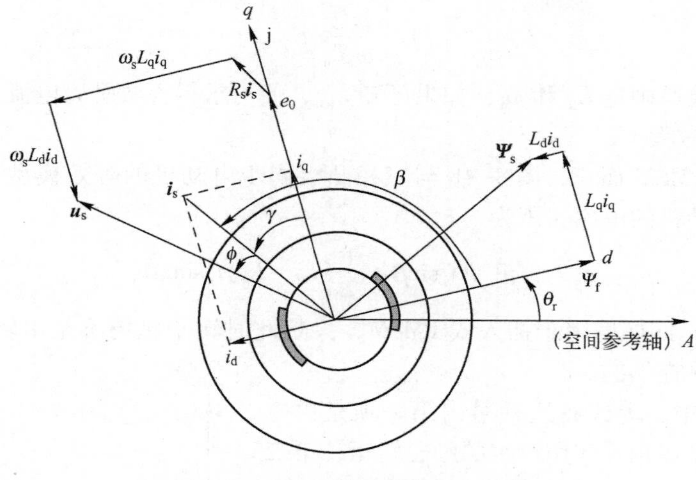

图 8-11　插入式 PMSM 稳态矢量图

同样，可将图 8-11 所示的矢量图直接转换为 A 相绕组的相量图，如图 8-12a 所示。对于面装式 PMSM，可将图 8-12a 表示为图 8-12b 的形式，此图与图 8-6b 形式相同。

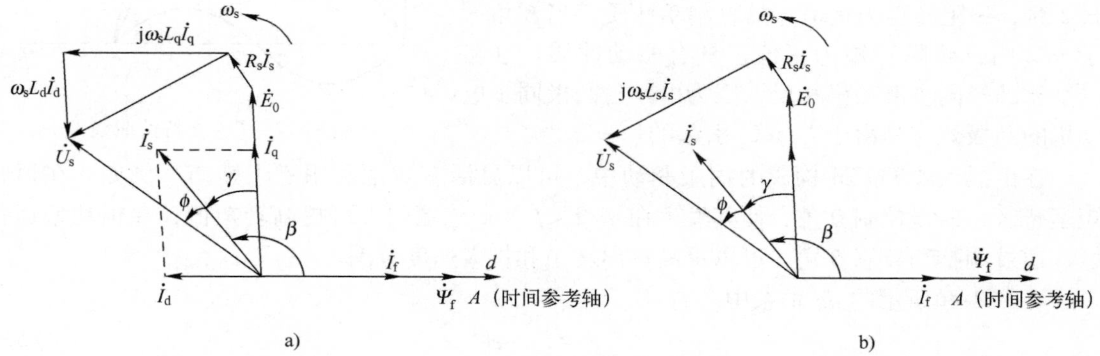

图 8-12　PMSM 相量图

a）插入式 PMSM　b）面装式 PMSM

实际上，在正弦稳态下，式（8-48）和式（8-49）中各物理量均为恒定的直流量，且为正弦量有效值的$\sqrt{3}$倍。将式（8-48）和式（8-49）各量除以$\sqrt{3}$就变成正弦量有效值，再将两式两边同乘以 $e^{j\omega_s t}$，就相当于将两式中的（空间）矢量转换为（时间）相量，可将图 8-9 所示的空间复平面转换为时间复平面，且同取 A 轴为时间参考轴，$t=0$ 时，d 轴与 A 轴重合，并取$\dot{\Psi}(\dot{I}_f)$为参考相量。于是可得到以（时间）相量表示的电压方程为

$$\dot{U}_s = R_s\dot{I}_s + \mathrm{j}\omega_s L_d\dot{I}_d + \mathrm{j}\omega_s L_q\dot{I}_q + \dot{E}_0 \tag{8-51}$$

对于面装式 PMSM，可将式（8-51）改写为式（8-18）的形式。

在图 8-6b 和图 8-12 中，E_0 是永磁励磁磁场产生的运动电动势，即有

$$E_0 = \omega_r \Psi_f = \frac{\omega_r \boldsymbol{\Psi}_f}{\sqrt{3}} \tag{8-52}$$

由式（8-52），可得

$$i_f = \frac{\sqrt{3}}{\omega_r L_{md}} E_0 \tag{8-53}$$

通过空载实验可确定 E_0 和 ω_r，如果已知 L_{md}，便可求得等效励磁电流 i_f。

2. 电磁转矩方程

对于插入式 PMSM 而言，图 8-4b 与三相凸极同步电动机的等效模型具有相同的形式。三相凸极同步电动机的电磁转矩为

$$T_e = p\left[\Psi_f i_s \sin\beta + \frac{1}{2}(L_d - L_q) i_s^2 \sin 2\beta \right] \tag{8-54}$$

显然，式（8-54）同样适用于插入式 PMSM，只是此时转子磁场不是由转子励磁绕组产生的，而是由永磁体提供的。

式（8-54）中，等式右边括号内第一项是由电枢和永磁体励磁磁场相互作用产生的励磁转矩，第二项是因直轴磁阻和交轴磁阻不同所引起的磁阻转矩。图 8-13 所示的曲线为 $T_e - \beta$ 特性曲线，也称矩－角特性，曲线 1 表示的是励磁转矩，曲线 2 表示的是磁阻转矩，曲线 3 是合成转矩。可以看出，当 β 角小于 $\pi/2$ 时，磁阻转矩为负值，具有制动性质；当 β 角大于 $\pi/2$ 时，磁阻转矩为正值，具有驱动性质。这与电励磁凸极同步电动机相反，因为电励磁凸极同步电动机的凸极效应是由于 $L_d > L_q$ 引起的。

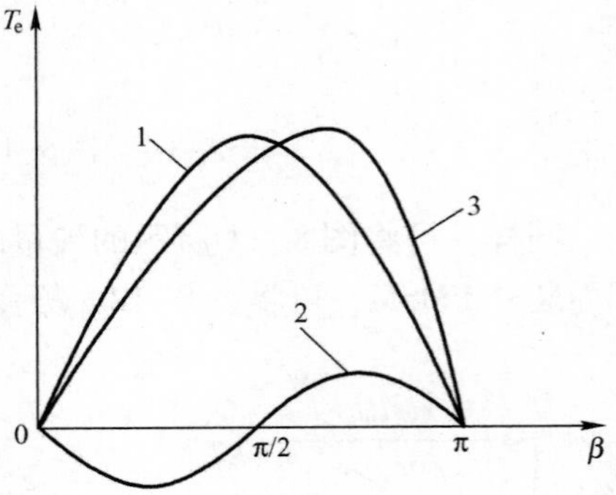

图 8-13　$T_e - \beta$ 特性曲线

在由插入式 PMSM 构成的伺服驱动中，可以灵活有效地利用磁阻转矩。例如，在恒转矩运行区，通过控制 β 角，使其发生在 $\pi/2 < \beta < \pi$ 范围内，可提高转矩值；在恒功率运行区，通过调整和控制 β 角，可以提高输出转矩和扩大速度范围。

在图 8-9 所示的 dq 轴系中，有

$$i_d = i_s \cos\beta \tag{8-55}$$

$$i_q = i_s \sin\beta \tag{8-56}$$

将式（8-55）和式（8-56）代入式（8-54），可得

$$T_e = p\left[\Psi_f i_q + (L_d - L_q) i_d i_q \right] \tag{8-57}$$

式（8-57）为电磁转矩方程。

可将式（8-57）表示为

$$T_e = p(\Psi_d + \mathrm{j}\Psi_q) \times (i_d + \mathrm{j} i_q) \tag{8-58}$$

于是有

$$T_e = p \boldsymbol{\Psi}_s \times \boldsymbol{i}_s \tag{8-59}$$

式（8-59）为电磁转矩矢量。应该指出，式（8-59）既适用于面装式 PMSM，也适用于插入式 PMSM，具有普遍性。因为 $\boldsymbol{\Psi}_s$ 和 $\boldsymbol{i}_s$ 在电动机内客观存在，当参考轴系改变时，并不能改变两者间的作用关系和转矩值，所以式（8-59）对 ABC 轴系和 dq 轴系均适用。

对于面装式 PMSM，可将式（8-59）表示为

$$T_e = p(\boldsymbol{\Psi}_f + L_s \boldsymbol{i}_s) \times \boldsymbol{i}_s = p \boldsymbol{\Psi}_f \times \boldsymbol{i}_s \tag{8-60}$$

式（8-60）和式（8-19）是同一表达式。

8.3　永磁同步电动机矢量控制系统

8.3.1　面装式三相永磁同步电动机矢量控制系统

1. 基于转子磁场的转矩控制

转矩矢量方程式（8-19）表明，在 dq 轴系内通过控制 $\boldsymbol{i}_s$ 的幅值和相位，就可控制电磁转矩。如图 8-9 所示，这等同于在 dq 轴系内控制 $\boldsymbol{i}_s$ 内的两个电流分量 i_q 和 i_d。但是，这个 dq 轴系的 d 轴一定要与 $\boldsymbol{\Psi}_f$ 方向一致，或者说 dq 轴系是沿转子磁场定向的，通常称之为磁场定向。由转矩矢量方程式（8-19），可得

$$T_e = p\Psi_f i_s \sin\beta = p\Psi_f i_q \tag{8-61}$$

式（8-61）表明，决定电磁转矩的是定子电流 q 轴分量，i_q 称为转矩电流。

若控制 $\beta = 90°$ 电角度（$i_d = 0$），则 $\boldsymbol{i}_s$ 与 $\boldsymbol{\Psi}_f$ 在空间正交，$i_s = \mathrm{j}i_q$，定子电流全部为转矩电流，此时可将面装式 PMSM 转矩控制表示为图 8-14 所示的形式。图中，虽然转子以电角度 ω_r 旋转，但是在 dq 轴系内 $\boldsymbol{i}_s$ 与 $\boldsymbol{\Psi}_f$ 却始终相对静止，从转矩生成的角度，可将面装式 PMSM 等效为他励直流电动机，如图 8-15a 所示。

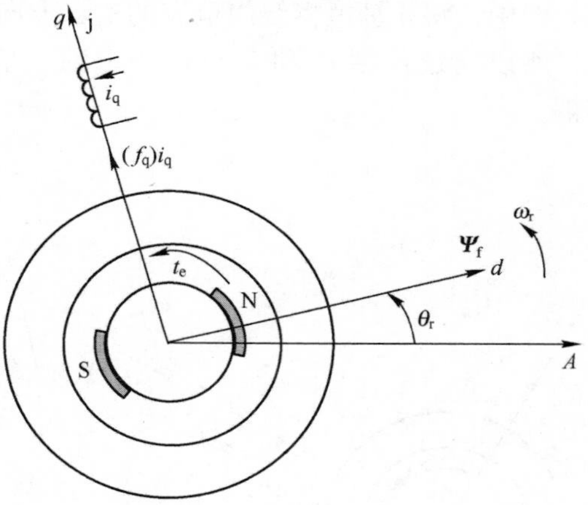

图 8-14　面装式 PMSM 转矩控制（$i_d = 0$）

图 8-15a 中，PMSM 的转子转换成为直流电动机的定子，定子励磁电流 i_f 为常值，产生的励磁磁场即为 $\boldsymbol{\Psi}_f$；PMSM 的 q 轴线圈等效成为电枢绕组，此时直流电动机电刷置于几何中性线上，电枢产生的交轴磁动势即为 f_q，它产

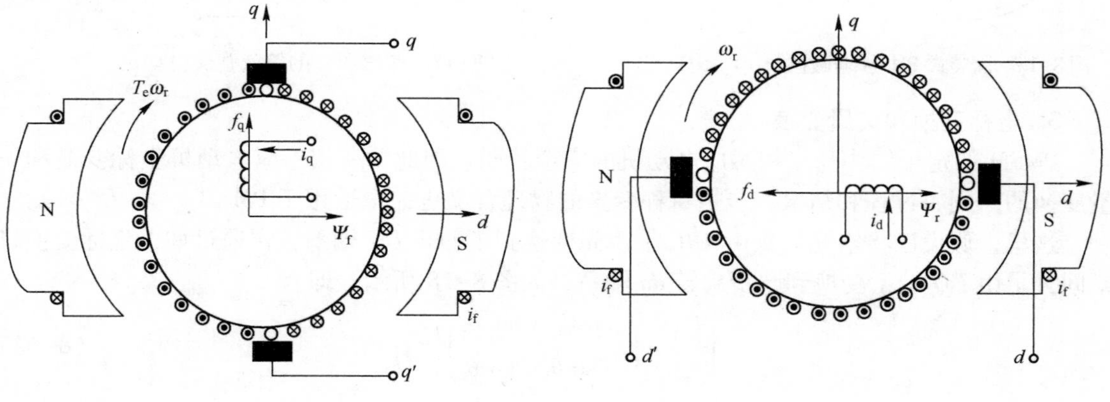

图 8-15　等效他励直流电动机

a）$i_q > 0$，$i_d = 0$　b）$i_q = 0$，$i_d < 0$

生的交轴正弦磁场与图 8-14 中的相同。

对比图 8-14 和图 8-15a 可以看出，交轴电流 i_q 已相当于他励直流电动机的电枢电流，控制 i_q 即相当于控制电枢电流，可以获得与他励直流电动机同样的转矩控制效果。

2. 弱磁

与他励直流电动机不同的是，PMSM 的转子励磁不可调节。为了能够实现弱磁，可以利用磁动势矢量 $\boldsymbol{f}_s$，使其对永磁体产生去磁作用。在图 8-3b 中，若控制 $\beta>90°$，$\boldsymbol{f}_s$ 便会产生直轴去磁分量 f_d。对去磁磁动势 f_d 而言，面装式 PMSM 弱磁控制如图 8-16 所示。图中，i_d 的实际方向与正方向相反，即 $i_d<0$。

同理，可将图 8-16 等效为他励直流电动机，如图 8-15b 所示。图中，已将直轴线圈转换成为电刷位于 d 轴上的电枢绕组。电枢绕组产生的去磁磁动势 f_d 对定子励磁磁场的去磁作用和效果与图 8-16 中的相同。

若同时考虑 i_q 和 i_d 的作用，就可在 dq 轴系内将面装式 PMSM 等效为图 8-17 所示的形式。图中，将 q 轴电枢绕组电流的实际方向标在了线圈导体外。因为 dq 轴磁场间不存在耦合，所以通过控制 i_d 和 i_q 可以各自独立地进行弱磁和转矩控制，也实现了两种控制间的解耦。

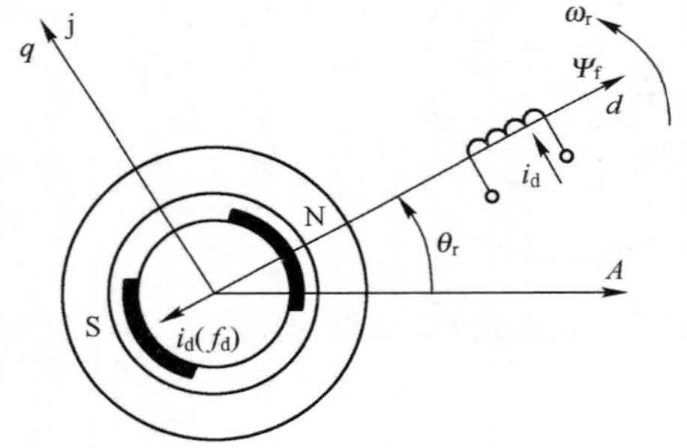

图 8-16　面装式 PMSM 弱磁控制（$i_d<0$）

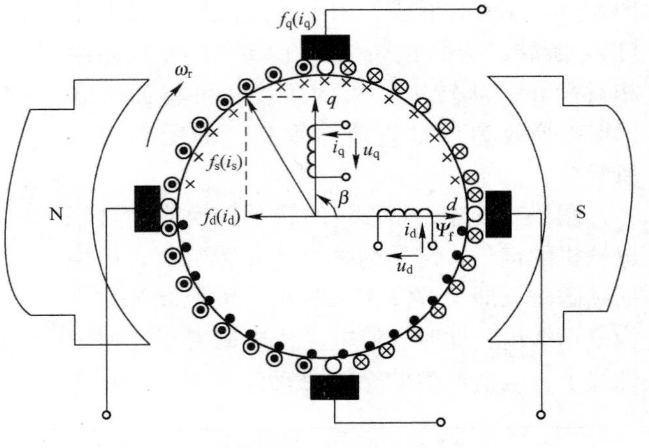

图 8-17　考虑弱磁的等效直流电动机

3. 坐标变换和矢量变换

PMSM 的定子结构与三相感应电动机的完全相同。因此，三相感应电动机坐标变换和矢量变换的原则、过程和结果，包括每种变换的物理含义也完全适用于 PMSM。

这里，假设已将空间矢量由 ABC 轴系先变换到了静止 DQ 轴系，再通过如下坐标变换将空间矢量由 DQ 轴系变换到同步旋转 dq 轴系，如图 8-18 所示。即有

$$\begin{pmatrix} i_d \\ i_q \end{pmatrix} = \begin{pmatrix} \cos\theta_r & \sin\theta_r \\ -\sin\theta_r & \cos\theta_r \end{pmatrix} \begin{pmatrix} i_D \\ i_Q \end{pmatrix} \tag{8-62}$$

式（8-62）所示坐标变换的物理含义是将图 8-18 中的 DQ 绕组变换成为具有 dq 轴线的换向器绕组。正是通过这种换向器变换，才将 PMSM 在 dq 轴系内等效成为图 8-17 所示的等效直流电动机。

在三相感应电动机矢量控制中，通过换向器变换，将定子 DQ 绕组变换成为等效直流电

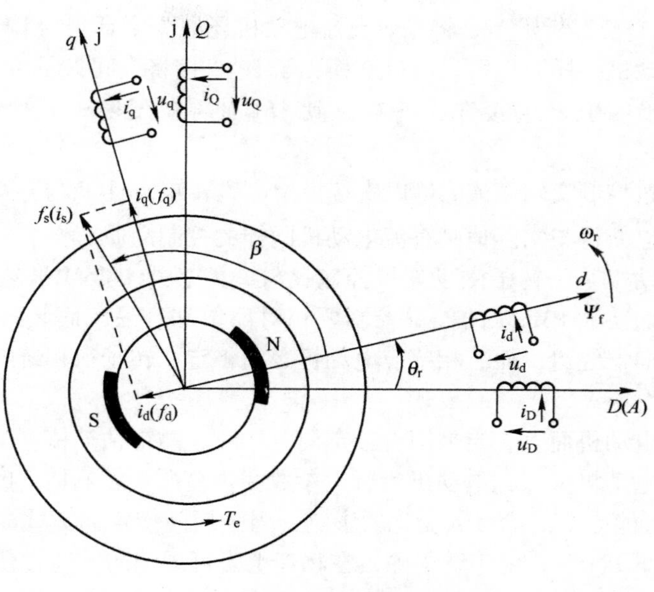

图 8-18　静止 DQ 轴系与同步旋转 dq 轴系

动机两个换向器绕组。就这种换向器变换而言，PMSM 与三相感应电动机没有差别，因此电压方程式（8-36）和式（8-37）与三相感应电动机定子电压方程式具有相同的形式。因为换向器绕组具有伪静止特性，所以电压方程式（8-36）和式（8-37）中也同样出现了运动电动势项 $-\omega_r\Psi_q$ 和 $\omega_r\Psi_q$。

由静止 ABC 轴系到静止 DQ 轴系的坐标变换为

$$\begin{pmatrix} i_D \\ i_Q \end{pmatrix} = \sqrt{\frac{2}{3}} \begin{pmatrix} 1 & -\frac{1}{2} & -\frac{1}{2} \\ 0 & \frac{\sqrt{3}}{2} & -\frac{\sqrt{3}}{2} \end{pmatrix} \begin{pmatrix} i_A \\ i_B \\ i_C \end{pmatrix} \tag{8-63}$$

于是，由式（8-62）和式（8-63），可得由静止 ABC 轴系到同步旋转 dq 轴系的坐标变换为

$$\begin{aligned} \begin{pmatrix} i_d \\ i_q \end{pmatrix} &= \sqrt{\frac{2}{3}} \begin{pmatrix} \cos\theta_r & \sin\theta_r \\ -\sin\theta_r & \cos\theta_r \end{pmatrix} \begin{pmatrix} 1 & -\frac{1}{2} & -\frac{1}{2} \\ 0 & \frac{\sqrt{3}}{2} & -\frac{\sqrt{3}}{2} \end{pmatrix} \begin{pmatrix} i_A \\ i_B \\ i_C \end{pmatrix} \\ &= \sqrt{\frac{2}{3}} \begin{pmatrix} \cos\theta_r & \cos\left(\theta_r - \frac{2\pi}{3}\right) & \cos\left(\theta_r - \frac{4\pi}{3}\right) \\ -\sin\theta_r & -\sin\left(\theta_r - \frac{2\pi}{3}\right) & -\sin\left(\theta_r - \frac{4\pi}{3}\right) \end{pmatrix} \begin{pmatrix} i_A \\ i_B \\ i_C \end{pmatrix} \end{aligned} \tag{8-64}$$

由式（8-64），可得

$$\begin{pmatrix} i_A \\ i_B \\ i_C \end{pmatrix} = \sqrt{\frac{2}{3}} \begin{pmatrix} \cos\theta_r & -\sin\theta_r \\ \cos\left(\theta_r - \frac{2\pi}{3}\right) & -\sin\left(\theta_r - \frac{2\pi}{3}\right) \\ \cos\left(\theta_r - \frac{4\pi}{3}\right) & -\sin\left(\theta_r - \frac{4\pi}{3}\right) \end{pmatrix} \begin{pmatrix} i_d \\ i_q \end{pmatrix} \tag{8-65}$$

通过式（8-65）的变换，实际上是将等效直流电动机还原为了真实的 PMSM。

同三相感应电动机一样，也可以通过变换因子 $e^{j\theta_r}$ 直接将空间矢量由 ABC 轴系变换到 dq 轴系，或者通过变换因子 $e^{j\theta_r}$ 直接进行 dq 轴系到 ABC 轴系的变换。

4. 矢量控制

如上所述，通过控制交轴电流 i_q 可以直接控制电磁转矩，且 T_e 与 i_q 间具有线性关系，就转矩控制而言，可以获得与实际他励直流电动机同样的控制品质。

同三相感应电动机基于转子磁场矢量控制比较，面装式 PMSM 虽然也是将其等效为他励直流电动机，但面装式 PMSM 的矢量控制要相对简单和容易。面装式 PMSM 只需将定子三相绕组变换为换向器绕组，而三相感应电动机必须将定、转子三相绕组同时变换为换向器绕组。

对于三相感应电动机而言，当采用直接定向方式时，磁链估计依据的是定、转子电压矢量方程，涉及多个电动机参数，电动机运行中参数变化会严重影响估计的精确性，即使采用“磁链观测器”也不能完全消除参数变化的影响；当采用间接定向方式时，依然摆脱不了转子参数的影响。对于 PMSM，由于转子磁极在物理上是可观测的，通过传感器可直接观测到转子磁场轴线位置，这不仅要比观测感应电动机转子磁场容易实现，而且不受电动机参数变化的影响。

三相感应电动机的运行原理是基于电磁感应，机电能量转换必须在转子中完成，这使得转矩控制复杂化。在转子磁场定向 MT 轴系中，如下关系式是非常重要和十分关键的，即有

$$0 = R_r i_t + \omega_f \Psi_r \tag{8-66}$$

$$T_e = p\frac{T_r}{L_r}\Psi_r^2\omega_f \tag{8-67}$$

$$i_T = -\frac{L_r}{L_m}i_t \tag{8-68}$$

式（8-66）表明，在转子磁场恒定的条件下，转子转矩电流 $\omega_f\Psi_r$ 大小取决于运动电动势 ω_f，即取决于转差角速度 ω_f。因此，转矩大小是转差频率 ω_f 的函数，且具有线性关系，如式（8-67）所示。式（8-68）表明，电能通过磁动势平衡由定子侧传递给了转子。而且，感应电动机为单边励磁电动机，建立转子磁场的无功功率也必须由定子侧输入，为保证转子磁链恒定或能够快速跟踪其指令值变化（弱磁控制时），在直接磁场定向系统中需要对磁链进行反馈控制和比例微分控制。

三相同步电动机的运行原理是依靠定、转子双边励磁，由两个励磁磁场的相互作用产生励磁转矩，转矩控制的核心是对定子电流矢量幅值和相对转子磁链矢量相位的控制，由于机电能量转换在定子中完成，因此转矩控制可直接在定子侧实现，这些都要比感应电动机转差频率控制相对简单和容易实现。

PMSM 的转子磁场由永磁体提供，若不计温度和磁路饱和影响，可认为转子磁链 Ψ_f 恒定，如果不需要弱磁，则与三相感应电动机相比，相当于省去了励磁控制，使控制系统更加简化。

由以上分析可知，无论从能量的传递和转换，还是从磁场定向、矢量变换、励磁和转矩控制来看，PMSM 都要比三相感应电动机直接和简单，其转矩生成和控制更接近于实际的他励直流电动机，动态性能更容易达到实际直流电动机的水平，因此在数控机床、机器人等高

性能伺服驱动领域，由三相永磁同步电动机构成的伺服系统获得了广泛的应用。

如图 8-3b 所示，定子电流矢量 $\boldsymbol{i}_s$ 在 ABC 轴系中可表示为

$$\boldsymbol{i}_s = |\boldsymbol{i}_s| e^{j\theta_s} = |\boldsymbol{i}_s| e^{j(\theta_r+\beta)} \tag{8-69}$$

式中，β 角由矢量控制确定；θ_r 是实际检测值。

式（8-69）表明，$\boldsymbol{i}_s$ 在 ABC 轴系中的相位总是在转子实际位置上增加一个相位角 β。这就是说，定子电流矢量 $\boldsymbol{i}_s$（也就是电枢反应磁场曲线）在 ABC 轴系中的相位最终还是取决于转子自身的位置，因此将这种控制方式称为自控式。自控式控制就好像电枢反应磁场总是超前 β 电角度而领跑于转子磁场，而且无论在稳态还是在动态下，都能严格控制 β 角。传统开环变频调速中采用的是他控式控制方式，所采用的 V/f 控制方式只能控制电枢反应磁场自身的幅值和旋转速度，而不能控制 β 角，其实质是一种标量控制，这是它与矢量控制的根本差别。

由于计算机技术的发展，特别是数字信号处理器（DSP）的广泛应用，加之传感技术以及现代控制理论的日渐成熟，使得 PMSM 矢量控制不仅理论上更加完善，而且实用化程度也越来越高。

5. 矢量控制系统

应当指出，PMSM 矢量控制系统的方案是有多种选择的。作为一个例子，图 8-19 给出了面装式 PMSM 的矢量控制系统的一个原理性的框图，控制系统采用了具有快速电流控制环的电流可控 PWM 逆变器。

假设在电动机侧（或在负载侧）安装了光电编码器，通过对所提供信号的处理，可以得到转子磁极轴线的空间相位 ω_r 和转子速度 ω_r。

图 8-19 采用的是由位置、速度和转矩控制环构成的串级控制系统。由转矩调节器的输出可得到交轴电流给定值 i_q^*。直轴电流给定值 i_d^* 可根据弱磁运行的具体要求而确定，这里没有考虑弱磁。令 $i_q^*=0$，定子电流全部为转矩电流。矢量图如图 8-20a 所示，在正弦稳态下，相量图如图 8-20b 所示，此时 PMSM 运行在内功率角 $\gamma=0$ 的状态。

图 8-19 中，通过变换因子 $e^{-j\theta_r}$，进行静止 ABC 轴系到同步旋转 dq 轴系的矢量变换，即有

$$i_s^{dq} = i_s e^{-j\theta_r} \tag{8-70}$$

由式（8-70），可得

$$\begin{pmatrix} i_d \\ i_q \end{pmatrix} = \sqrt{\frac{2}{3}} \begin{pmatrix} \cos\theta_r & \cos\left(\theta_r - \frac{2\pi}{3}\right) & \cos\left(\theta_r - \frac{4\pi}{3}\right) \\ -\sin\theta_r & -\sin\left(\theta_r - \frac{2\pi}{3}\right) & -\sin\left(\theta_r - \frac{4\pi}{3}\right) \end{pmatrix} \begin{pmatrix} i_A \\ i_B \\ i_C \end{pmatrix} \tag{8-71}$$

由于式（8-70）中的 θ_r 是实测的转子磁极轴线位置，因此可保证 dq 轴系是沿转子磁场定向的。在此 dq 轴系内已将 PMSM 等效为一台他励直流电动机，控制 i_q 就相当于控制直流电动机电枢电流，如图 8-15a 所示。此时电磁转矩为

$$T_e = p\Psi_f i_q \tag{8-72}$$

可将此转矩值作为转矩控制的反馈量。

控制系统的设计可借鉴直流伺服系统的设计方法，位置调节器多半采用 P 调节器，速度和转矩调节器多半采用 PI 调节器。对 i_q 的控制最终还是要通过控制三相电流来实现，为此还要将他励直流电动机还原为实际的 PMSM。图 8-19 中，通过变换因子 $e^{j\theta_r}$，将 i_s 由 dq 轴系变换到了 ABC 轴系，即有

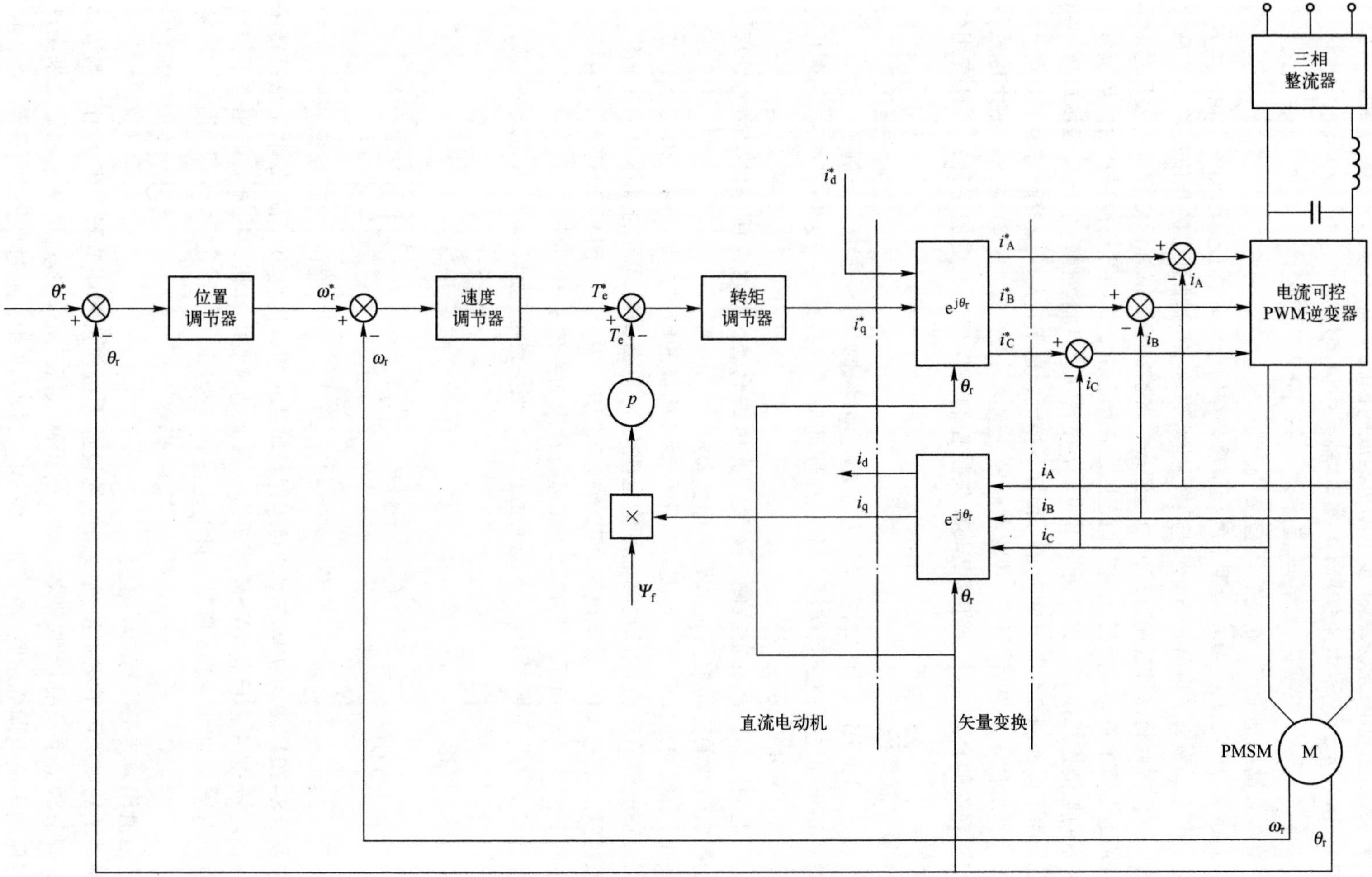

图8-19　面装式PMSM矢量控制系统框图

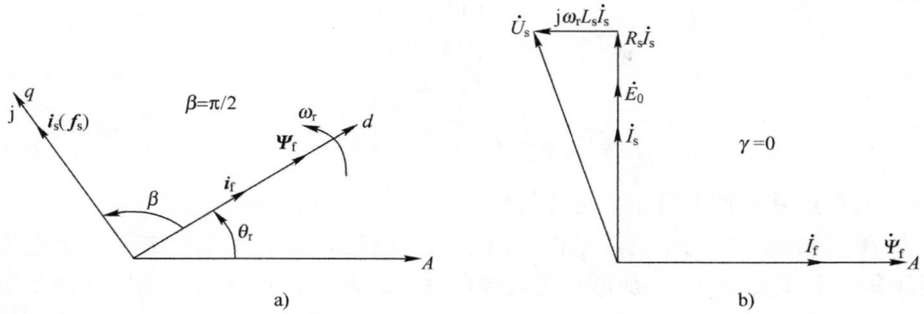

图 8-20　面装式 PMSM 矢量控制

a）矢量图　b）相量图

$$i_s^* = i_s^{dq} e^{j\theta_r} \tag{8-73}$$

由式（8-73），可得

$$\begin{pmatrix} i_A^* \\ i_B^* \\ i_C^* \end{pmatrix} = \sqrt{\frac{2}{3}} \begin{pmatrix} \cos\theta_r & -\sin\theta_r \\ \cos\left(\theta_r - \frac{2\pi}{3}\right) & -\sin\left(\theta_r - \frac{2\pi}{3}\right) \\ \cos\left(\theta_r - \frac{4\pi}{3}\right) & -\sin\left(\theta_r - \frac{4\pi}{3}\right) \end{pmatrix} \begin{pmatrix} i_d^* \\ i_q^* \end{pmatrix} \tag{8-74}$$

图 8-19 中，对定子三相电流采用了滞环比较的控制方式。这种控制方式（在三相感应电动机矢量控制中已做了详细说明）使定子电流能快速跟踪参考电流，提高了系统的快速响应能力。

除了滞环比较控制外，同三相感应电动机定子电流控制一样，还可以采用斜坡比较控制或预测电流控制等方式。也可以在 dq 轴系内对 i_d 和 i_q 采取 PID 控制方式，例如采用 PI 调节器作为电流调节器，调节器的输出为 u_d^* 和 u_q^*，经坐标变换，可得

$$\begin{pmatrix} u_A^* \\ u_B^* \\ u_C^* \end{pmatrix} = \sqrt{\frac{2}{3}} \begin{pmatrix} \cos\theta_r & -\sin\theta_r \\ \cos\left(\theta_r - \frac{2\pi}{3}\right) & -\sin\left(\theta_r - \frac{2\pi}{3}\right) \\ \cos\left(\theta_r - \frac{4\pi}{3}\right) & -\sin\left(\theta_r - \frac{4\pi}{3}\right) \end{pmatrix} \begin{pmatrix} u_d^* \\ u_q^* \end{pmatrix} \tag{8-75}$$

将 u_A^*、u_B^* 和 u_C^* 输入电压源逆变器，再采用适当的 PWM 技术控制逆变器的输出，使实际三相电压能严格跟踪三相参考电压。

8.3.2　插入式三相永磁同步电动机矢量控制系统

插入式和内装式 PMSM 是将永磁体嵌入或内装于转子铁心内，在结构上增强了可靠性，可以提高运行速度；能够有效利用电磁转矩，提高转矩/电流比；还可降低永磁体励磁磁通，减小永磁体的体积，既有利于弱磁运行，扩展速度范围，又可降低成本。

为分析方便，将转矩方程（8-57）标幺值化，写成

$$T_{en} = i_{qn}(1 - i_{dn}) \tag{8-76}$$

式中，T_{en} 为转矩标幺值；i_{qn} 为交轴电流标幺值；i_{dn} 为直轴电流标幺值。

式（8-76）中各标幺值的基值被定义为

$$T_{eb}=p\Psi_f i_b \tag{8-77}$$

$$i_b=\frac{\Psi_f}{L_q-L_d}$$

$$T_{en}=\frac{T_e}{T_{eb}}i_{qn}=\frac{i_q}{i_b}i_{dn}=\frac{i_d}{i_b}$$

式（8-76）的特点是公式中消除了所有的参数。

式（8-76）表明，在电动机的结构确定之后，电磁转矩的大小取决于定子电流的两个分量。对于每一个 T_{en}，i_{qn}和 i_{dn}都可有无数组组合与之对应，这就需要确定对两个电流分量的匹配原则，也就是定子电流的优化控制问题。显然，优化的目标不同，两个电流分量的匹配原则和控制方式便不同。

电动机在恒转矩运行区，因为转速在基速以下，所以铁耗不是主要的，铜耗占得比例较大，通常选择按转矩/电流比最大的原则来控制定子电流，这样不仅使电动机铜耗最小，还减小了逆变器和整流器的损耗，可降低系统的总损耗。

电动机在恒转矩区运行时，对应每一转矩值，可由式（8-76）求得不同组合的电流标幺值 i_{qn}和 i_{dn}，于是可在 $i_{dn}-i_{qn}$平面内得到与该转矩相对应的恒转矩曲线，如图 8-21 中虚线所示。每条恒转矩曲线上有一点与坐标原点最近，这点便与最小定子电流相对应。将各条恒转矩曲线上这样的点连起来就确定了最小定子电流矢量轨迹，如图 8-21 中实线所示。

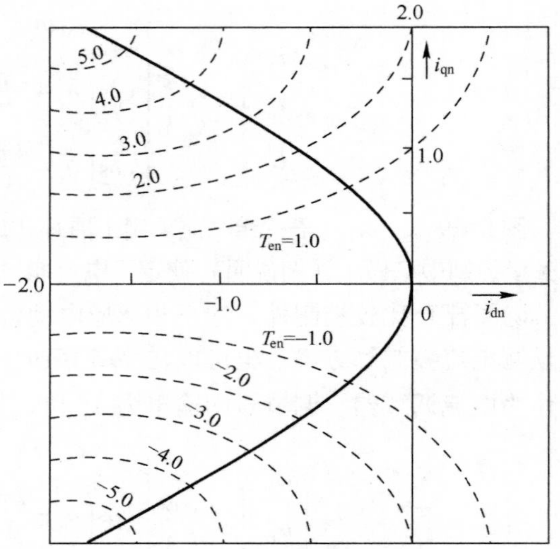

图 8-21　可获得最大转矩/电流比的定子电流矢量轨迹

通过对式（8-76）求极值，可得这两个电流分量的关系，即为

$$T_{en}=\sqrt{i_{dn}(i_{dn}-1)^3} \tag{8-78}$$

$$T_{en}=\frac{i_{qn}}{2}(1+\sqrt{1+4i_{qn}^2}) \tag{8-79}$$

图 8-21 中，定子电流矢量轨迹在第二和第三象限内对称分布。第二象限内转矩为正（驱动作用），第三象限内转矩为负（制动作用）。轨迹在原点处与 q 轴相切，它在第二象限内的渐近线是一条 45°的直线。当转矩值较低时，轨迹靠近 q 轴，这表示励磁转矩起主导作用，随着转矩的增大，轨迹渐渐远离 q 轴，这意味着磁阻转矩的作用越来越大。

图 8-22 给出了插入式 PMSM 恒转矩矢量控制简图，电动机仍然由具有快速电流控制环的 PWM 逆变器馈电，其他控制环节图中没有画出。

图中 FG_1 和 FG_2 为函数发生器，是根据式（8-78）和式（8-79）构成的，即

$$i_{dn}=f_1(T_{en}) \tag{8-80}$$

$$i_{qn}=f_2(T_{en}) \tag{8-81}$$

函数 f_1 和 f_2 波形如图 8-23 所示。FG_1 和 FG_2 的输出可转换为两轴电流指令 i_d^* 和 i_q^*，利用矢

量变换 $e^{j\theta_r}$，将其变换为 ABC 轴系中的三相参考电流 i_A^*、i_B^* 和 i_C^*，转子磁极位置 θ_r是实际检测的，这个角度被用于矢量变换。

图 8-22 所示的控制系统选择的是令转矩/电流比最大的控制方案，这相当于提高了逆变器和整流器的额定容量，降低了整个系统成本。可以看出，提高转矩能力的是插入式，但这是以提高电动机制造成本为代价的，因为其转子结构相对复杂。

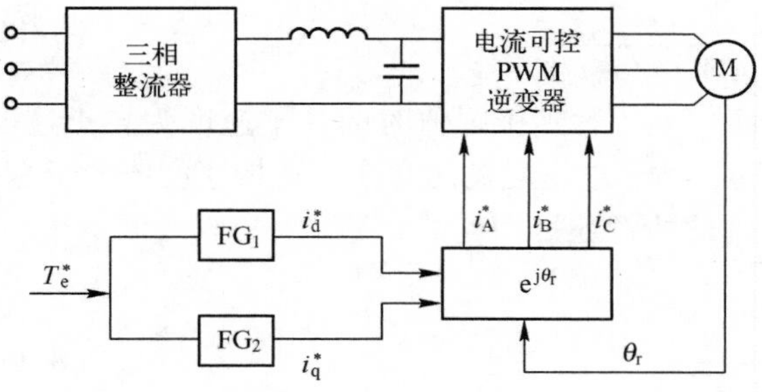

图 8-22 插入式 PMSM 恒转矩矢量控制简图

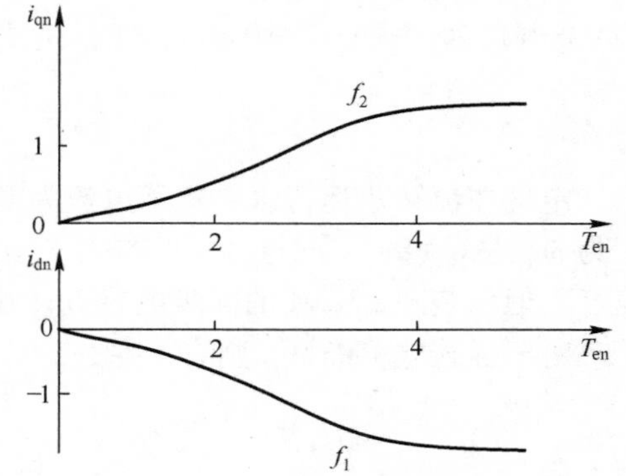

图 8-23 函数 f_1 和 f_2

8.4 永磁同步电动机的弱磁控制及定子电流的最优控制

8.4.1 弱磁控制

1. 基速和转折速度

逆变器向电动机所能提供的最大电压要受到整流器可能输出的直流电压的限制。在正弦稳态下，电动机定子电压矢量 $\boldsymbol{u}_s$的幅值直接与电角频率 ω_s，即与转子电角速度 ω_r有关，这意味着电动机的运行速度要受到逆变器电压极限的制约。

在正弦稳态情况下，由式（8-46）和式（8-47）已知，dq 轴系中的电压分量方程为

$$u_q = R_s i_q + \omega_r L_d i_d + \omega_r \Psi_f \tag{8-82}$$

$$u_d = R_s i_d - \omega_r L_q i_q \tag{8-83}$$

且有

$$|\boldsymbol{u}_s| = \sqrt{u_q^2 + u_d^2} \tag{8-84}$$

当电动机在高速运行时，式（8-82）和式（8-83）中的电阻压降可以忽略不计，式（8-84）可写为

$$|\boldsymbol{u}_s|^2 = (\omega_r \Psi_f + \omega_r L_d i_d)^2 + (\omega_r L_q i_q)^2 \tag{8-85}$$

应有

$$|\boldsymbol{u}_s|^2 \leqslant |\boldsymbol{u}_s|_{max}^2 \tag{8-86}$$

式中，$|\boldsymbol{u}_s|_{max}$为 $|\boldsymbol{u}_s|$ 允许达到的极限值。

在空载情况下，若忽略空载电流，则由式（8-85），可得

$$\omega_r \Psi_f = e_0 = |\boldsymbol{u}_s| \tag{8-87}$$

定义空载电动势 e_0 达到 $|\boldsymbol{u}_s|_{max}$ 时的转子速度为速度基值，记为 ω_{rb}。由式（8-87），可得

$$\omega_{rb}=\frac{|\boldsymbol{u}_s|_{max}}{\Psi_f}=\frac{|\boldsymbol{u}_s|_{max}}{L_{mf}i_f} \tag{8-88}$$

式中，L_{mf} 为面装式 PMSM 永磁体等效励磁电感，对于插入式 PMSM 应为 L_{md}。

在负载情况下，当面装式 PMSM 在恒转矩运行区运行时，通常控制定子电流矢量相位 β 为 90°电角度，则有 $i_d=0$ 和 $i_q=i_s$，由式（8-85）和式（8-86），可得

$$\omega_{rt}=\frac{|\boldsymbol{u}_s|_{max}}{\sqrt{(L_{mf}i_f)^2+(L_si_s)^2}} \tag{8-89}$$

定义在恒转矩运行区，定子电流为额定值，$|\boldsymbol{u}_s|$ 达到极限值时的转子速度为转折速度，记为 ω_{rt}。式（8-89）与式（8-88）对比表明，由于电枢磁场的存在，转折速度要低于基值速度，但面装式 PMSM 的同步电感 L_s 较小，因此两者还是相近的。

对于插入式 PMSM，则有

$$\omega_{rt}=\frac{|\boldsymbol{u}_s|_{max}}{\sqrt{(L_{md}i_f+L_di_d)^2+(L_qi_q)^2}} \tag{8-90}$$

当 $\beta>90°$ 时，式（8-90）中的 i_d 应为负值，此时直轴电枢磁场会使定子电压降低，而交轴电枢磁场会使定子电压升高，两者的不同作用也反映在稳态矢量图 8-11 中。

2. 电压极限椭圆和电流极限圆

为便于分析，将式（8-85）转换为标幺值形式，即有

$$(e_0+x_di_d)^2+(\rho x_qi_q)^2=\left(\frac{|\boldsymbol{u}_s|}{\omega_r}\right)^2 \tag{8-91}$$

式中，i_d、i_q 和 ω_r 的基值为额定值 i_{sn} 和 ω_{rn}；$e_0=\frac{\omega_{rn}\Psi_f}{u_{sn}}$；$x_d=\omega_{rn}L_d\frac{i_{sn}}{u_{sn}}$；$x_q=\omega_{rn}L_q\frac{i_{sn}}{u_{sn}}$；$\rho$ 为凸极系数，$\rho=\frac{x_q}{x_d}$，对于面装式 PMSM，$\rho=1$，对于插入式 PMSM，$\rho>0$。

定子电压 $|\boldsymbol{u}_s|$ 要受逆变器电压极限的制约，于是有

$$(e_0+x_di_d)^2+(\rho x_qi_q)^2\leqslant\left(\frac{|\boldsymbol{u}_s|_{max}}{\omega_r}\right)^2 \tag{8-92}$$

同样，逆变器输出电流的能力也要受其容量的限制，定子电流也有一个极限值，即

$$|\boldsymbol{i}_s|\leqslant|\boldsymbol{i}_s|_{max} \tag{8-93}$$

若以定子电流矢量的两个分量表示，则有

$$i_d^2+i_q^2\leqslant i_{s\,max}^2 \tag{8-94}$$

由式（8-92）和式（8-94）构成了电压极限椭圆和电流极限圆，如图 8-24 所示。图中，电流极限圆的半径为 1，即设定 $i_{s\,max}$ 等于额定值。

由式（8-92）可以看出，电压极限椭圆的两轴长度与速度成反比，随着速度的增大便形成了逐渐变小的一簇套装椭圆。因为定子电流矢量 $\boldsymbol{i}_s$ 既要满足电流极限方程，又要满足电压极限方程，所以定子电流矢量 $\boldsymbol{i}_s$ 一定要落在电流极限圆和电压极限椭圆内。例如，当 $\omega_r=\omega_{r1}$ 时，$\boldsymbol{i}_s$ 要被限制在 *ABCDEF* 范围内。

3. 弱磁控制方式

弱磁控制与定子电流最优控制如图 8-25 所示。

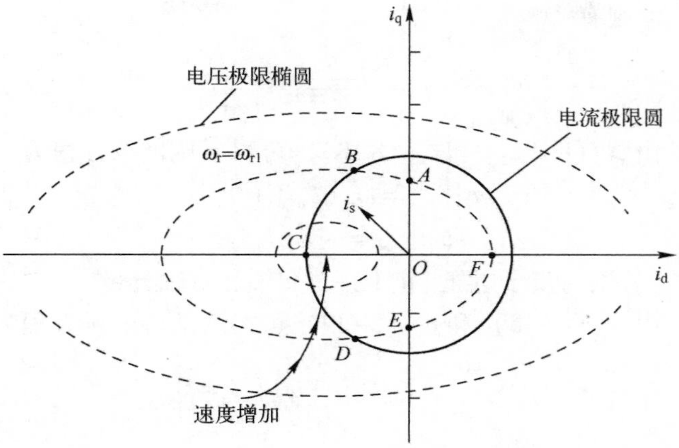

图 8-24　电流极限圆和电压极限椭圆

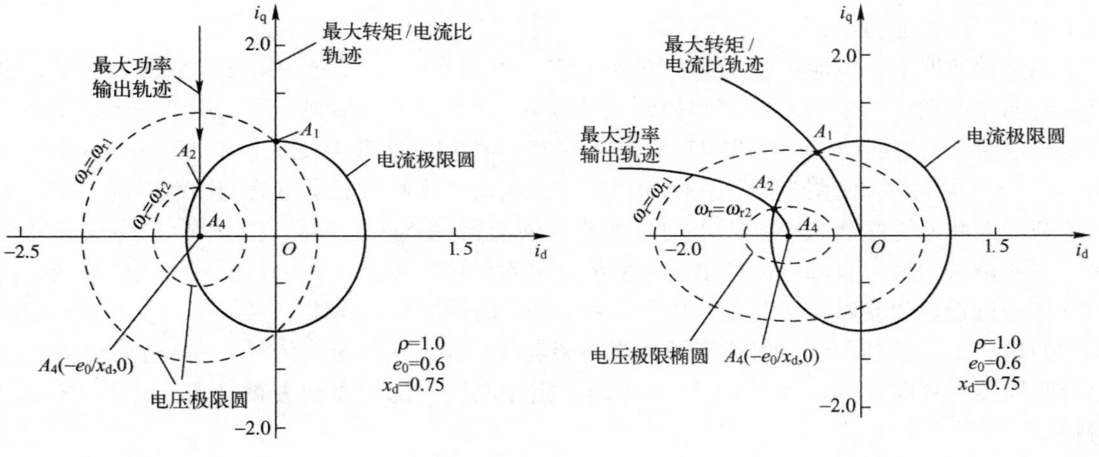

a)　　　　　　　　b)

图 8-25　弱磁控制与定子电流最优控制

a）面装式　b）插入式

图 8-25 中不仅给出了电压极限椭圆和电流极限圆，同时还给出了最大转矩/电流比轨迹。对于面装式 PMSM，该轨迹即为 q 轴；对于插入式 PMSM，该轨迹应与图 8-21 中的定子电流矢量轨迹相对应，两轨迹与电流极限圆各相交于 A_1 点。落在电流极限圆内的轨迹为 OA_1 线段，这表示电动机可在此段轨迹内的每一点上做恒转矩运行，而与通过该点的电压极限椭圆对应的速度就是电动机可以达到的最高速度。恒转矩值越高，电压极限椭圆的两轴半径越大，可达到的最高速度越低。其中，A_1 点与最大转矩输出对应，如图 8-26 所示。通过 A_1 点的电压极限椭圆对应的速度为 ω_{r1}，ω_{r1} 即为转折速度

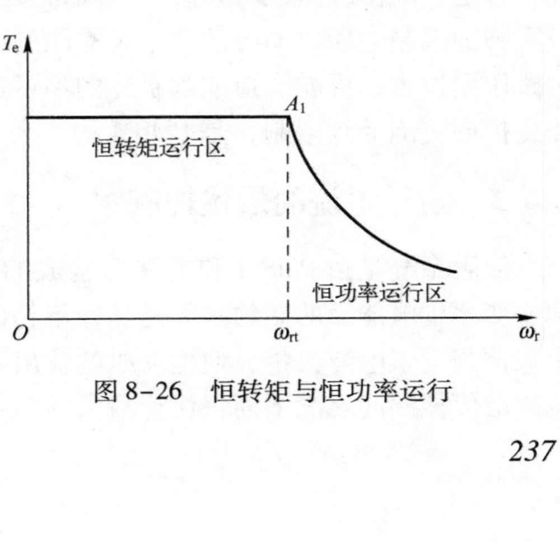

图 8-26　恒转矩与恒功率运行

ω_{rt}。若以标幺值表示，则有

$$\omega_{rt} = \frac{|\boldsymbol{u}_s|_{max}}{\sqrt{(e_0 + x_d i_d)^2 + (\rho x_q i_q)^2}} \tag{8-95}$$

对于 A_1 运行点，由式（8-82）和式（8-83）可得电压极限方程为

$$u_q|_{max} = \omega_{r1}(L_d i_d + \Psi_f) \tag{8-96}$$

$$u_d|_{max} = -\omega_{r1} L_q i_q \tag{8-97}$$

式中，$u_q|_{max}$ 和 $u_d|_{max}$ 分别为定子电压 $|\boldsymbol{u}_s|_{max}$ 的交轴和直轴分量。

对于 A_1 运行点，由式（8-38）和式（8-39）可得其动态电压方程为

$$L_d \frac{di_d}{dt} = u_d|_{max} + \omega_{r1} L_q i_q = 0 \tag{8-98}$$

$$L_q \frac{di_q}{dt} = u_q|_{max} - \omega_{r1}(L_d i_d + \Psi_f) = 0 \tag{8-99}$$

可以看出，当电动机运行于 A_1 点时，电流调节器已处于饱和状态，控制系统丧失了对定子电流的控制能力。

在这种情况下，电流矢量 $\boldsymbol{i}_s$ 将会脱离 A_1 点，由图 8-25b 可见，其可能会向右摆动，也可能会向左摆动。如果在 A_1 点能够控制交轴分量 i_q 逐渐减小，直轴分量 i_d 逐渐增大，将会迫使定子电流 $\boldsymbol{i}_s$ 向左摆动。由图 8-11 和式（8-85）可知，这都会使定子电压 $|\boldsymbol{u}_s|$ 减小，于是 $|\boldsymbol{u}_s| < |\boldsymbol{u}_s|_{max}$，使调节器脱离饱和状态，系统就可恢复对定子电流的控制功能。随着 i_d 的逐渐增大和 i_q 的逐渐减小，转子的速度范围便会得到逐步扩展。之所以会产生这样的效果，主要是因为反向直轴电流产生的磁动势会对永磁体产生去磁作用，减弱了直轴磁场，所以将这一过程称为弱磁。在弱磁过程中，对 i_d 和 i_q 的控制称为弱磁控制。

如果在弱磁控制中，仍保持定子电流为额定值，那么定子电流矢量 $\boldsymbol{i}_s$ 的轨迹将会由 A_1 点沿着圆周逐步移向 A_2 点。当控制 $\beta = 180°$ 时，定子电流全部为直轴去磁电流，由式（8-92）可得

$$\omega_{r\,max} = \frac{|\boldsymbol{u}_s|_{max}}{e_0 + x_d i_d} \tag{8-100}$$

一种极限情况是，当 $e_0 + x_d i_d = 0$ 时，电动机速度会增至无限大，此运行点即为图 8-25 中电压极限椭圆的原点 A_4，其坐标为 $A_4(-e_0/x_d, 0)$。但这种情况一般是不会发生的，因为若发生 $e_0 + x_d i_d = 0$ 的情况，在实际运行中必须满足 $L_{md} i_f + L_d i_d = 0$（均以实际值表示）的条件。可是，L_{md} 与 L_d 近乎相等，而 i_f 通常是个大值，$|i_d|$ 又不可能过大，因它同样要受到电流极限圆的限制，所以弱磁的效果是有限的。即使逆变器可以提供较大的去磁电流，还要考虑去磁作用过大，可能会造成永磁体的不可逆退磁。与三相感应电动机相比，弱磁能力有限，速度扩展范围受到限制，是 PMSM 的一个不足。

8.4.2 定子电流的最优控制

伺服系统是由 PMSM 和逆变器构成的，电动机的功率、速度和转矩等输出特性自然受到逆变器供电能力的制约。但是，在不超出逆变器供电能力的情况下，仍然可以遵循一定规律来控制定子电流矢量，使电动机的输出特性能满足某些特定的要求，这就是要讨论的定子电流最优控制问题。下面仅讨论最大转矩/电流比和最大功率输出控制。

1. 最大转矩/电流比控制

由式（8-91）可以得到以标幺值形式给出的功率方程和转矩方程，即有

$$P_e = \omega_r [e_0 i_q + (1-\rho) x_d i_d i_q] \tag{8-101}$$

$$T_e = p[e_0 i_q + (1-\rho) x_d i_d i_q] \tag{8-102}$$

图 8-25 中，最大转矩/电流比轨迹与电流极限圆相交于 A_1 点，应控制定子电流矢量 $\boldsymbol{i}_s$ 不超出轨迹 OA_1 的范围。

将式（8-102）写成如下形式：

$$T_e = p\left[e_0 i_s \sin\beta + \frac{1}{2}(1-\rho) x_d i_s^2 \sin 2\beta\right] \tag{8-103}$$

通过对式（8-103）求极小值，可以得到满足转矩/电流比最大的定子电流矢量 $\boldsymbol{i}_s$ 的空间相位，即

$$\beta = \frac{\pi}{2} + \arcsin\left[\frac{-e_0 + \sqrt{e_0^2 + 8(\rho-1)^2 x_d^2 i_s^2}}{4(\rho-1) x_d i_s}\right] \tag{8-104}$$

此时

$$i_d = |\boldsymbol{i}_s| \cos\beta \tag{8-105}$$

$$i_q = |\boldsymbol{i}_s| \sin\beta \tag{8-106}$$

对于面装式 PMSM，式（8-104）中，$\rho = 1$，β 的值为 $\frac{\pi}{2}$，即有 $i_d = 0$。

式（8-78）和式（8-79）给出了在某一转矩值给定的条件下，可以满足最大的转矩/电流比的 i_d 和 i_q；而式（8-104）~式（8-106）给出了在恒转矩运行区，满足最大转矩/电流比的定子电流的控制规律，使定子电流矢量 $\boldsymbol{i}_s$ 的轨迹始终不离开线段 OA_1。其中，A_1 点与最大转矩输出对应，将式（8-105）和式（8-106）代入式（8-95），可得其转折速度为

$$\omega_{r1} = \frac{|\boldsymbol{u}_s|_{max}}{\sqrt{(e_0 + x_d i_{s\,max} \cos\beta)^2 + (\rho x_d i_{s\,max} \sin\beta)^2}} \tag{8-107}$$

对于面装式 PMSM，$\beta = \pi/2$，式（8-107）变为

$$e_{rt} = \frac{|\boldsymbol{u}_s|_{max}}{\sqrt{e_0^2 + (x_q i_{s\,max})^2}} \tag{8-108}$$

2. 最大功率输出控制

为扩展 PMSM 的速度范围可以采取弱磁控制，在弱磁运行区，电动机通常做恒功率输出，也可以要求其输出功率最大。下面讨论在弱磁运行时，为满足电动机最大功率的输出需求，如何对定子电流矢量进行最优控制。

对式（8-101）求极大值，并考虑式（8-92）的电压约束，可推导出在电压极限下，满足这一最优控制的定子电流矢量，其 dq 轴电流分量应为

$$i_d = -\frac{e_0}{x_d} - \Delta i_d \tag{8-109}$$

$$i_q = \frac{\sqrt{\left(\frac{|\boldsymbol{u}_s|_{max}}{\omega_r}\right)^2 - (x_d \Delta i_d)^2}}{\rho x_d} \tag{8-110}$$

式中

$$\Delta i_{d} = \begin{cases} 0 & \rho = 1 \\ \dfrac{-\rho e_{0} + \sqrt{(\rho e_{0})^{2} + 8(\rho - 1)^{2}\left(\dfrac{|\boldsymbol{u}_{s}|_{max}}{\omega_{r}}\right)^{2}}}{4(\rho - 1)x_{d}} & \rho \neq 1 \end{cases}$$

图 8-25 给出了能满足最大功率输出的定子电流矢量轨迹，其与电流极限圆相交于 A_2 点，与此点对应的速度为 ω_{r2}，这是在电压极限约束下，电动机能以最大功率输出的最低速度。当速度低于 ω_{r2} 时，因定子电流矢量轨迹与电压极限椭圆的交点将会在电流极限圆外，所以这些运行点是达不到的。在 A_2 点以下，即当 $\omega_r > \omega_{r2}$ 时，若按上述规律控制电流矢量，就可获得最大功率输出。定子电流矢量沿着该轨迹向 A_4 点逼近，A_4 点的坐标是：$i_d = -e_0/x_d$，$i_q = 0$。这是一个极限运行点，电动机转速可达无限大。如上所述，这仅是理论分析结果。

如果 $e_0/x_d > |\boldsymbol{i}_s|_{max}$，那么最大功率输出轨迹将落在电流极限圆外面，如图 8-27 所示。在这种情况下，最大功率输出控制是无法实现的。

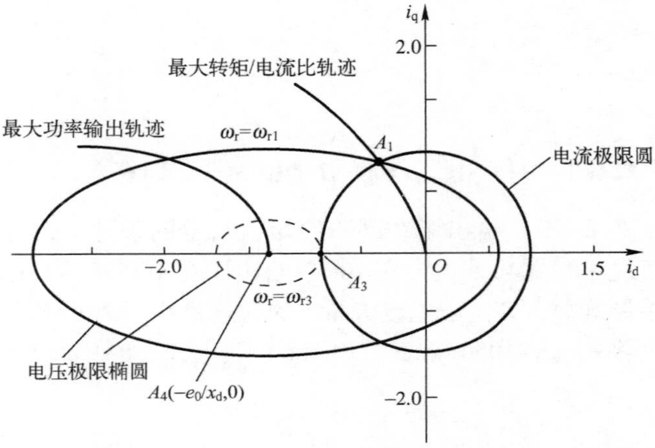

图 8-27 $e_0/x_d > |\boldsymbol{i}_s|_{max}$ 时定子电流矢量轨迹

综上所述，参看图 8-25，在整个速度范围内对定子电流矢量可进行如下控制：

区间Ⅰ（$\omega_r \leqslant \omega_{r1}$）：定子电流可以按照式（8-104）~式（8-106）控制，定子电流矢量将沿着最大转矩/电流比轨迹变化。

区间Ⅱ（$\omega_{r1} < \omega_r \leqslant \omega_{r2}$）：若电动机已经运行于 A_1 点，且转速达到了转折速度（$\omega_r = \omega_{r1}$），可控制定子电流矢量由 A_1 点沿着圆周向下移动，这实际上就是弱磁控制，随着速度的增大，定子电流矢量由 A_1 点移动到 A_2 点。

区间Ⅲ（$\omega_r > \omega_{r2}$）：i_d 和 i_q 可以按照式（8-109）和式（8-110）进行控制，定子电流矢量沿着最大功率输出轨迹由 A_2 点向 A_4 点移动。当然，若 $e_0/x_d > |\boldsymbol{i}_s|_{max}$，这种控制就不存在了。在这种情况下，可以将区间Ⅱ的控制由 A_2 点延伸至 A_3 点，与 A_3 点对应的转速为 ω_{r3}，这是弱磁控制在理论上可达到的最高转速。

图 8-28 给出了面装式 PMSM 的功率输出特性，图中的参数与图 8-25a 中的相同。在区间Ⅰ，电动机恒转矩输出，且输出最大转矩，输出功率与转速成正比。在区间Ⅱ，若不进行弱磁控制，输出功率将急剧减少，如图中虚线所示；若进行弱磁控制，功率输出将继续增

加。在区间Ⅲ，通过控制 i_d和 i_q可输出最大功率，并几乎保持不变。

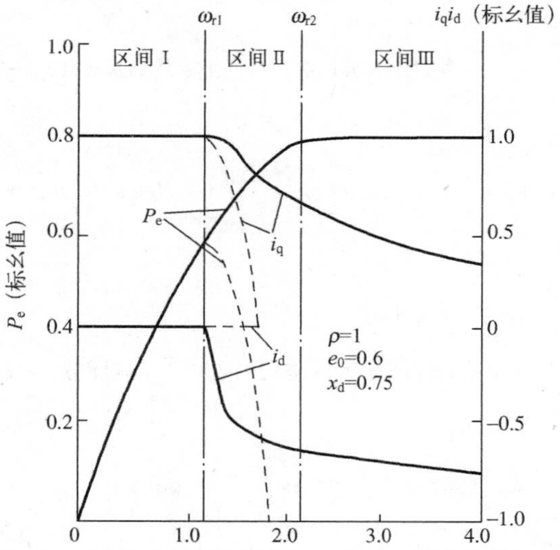

图 8-28　面装式 PMSM 的功率输出特性

有弱磁……无弱磁

8.5　谐波转矩及其抑制方法

8.5.1　谐波转矩

1. 谐波转矩的生成

在分析谐波转矩时，做如下的假定：

1）不考虑永磁体和转子的阻尼效应。

2）转子励磁磁场对称分布。

3）定子电流不含偶次谐波。

前面的分析已经提到，为产生恒定电磁转矩，PMSM 的反电动势和由逆变器注入定子的相电流都必须是正弦的。但实际上，由于永磁体形状上的原因和定子齿槽的存在，反电动势不可能是正弦的，它的波形一定会发生畸变。此外，由逆变器馈入的定子电流，尽管经过 PWM 调制可以十分逼近正弦波，但它还会含有许多高次谐波。

若定子为Y形联结，并且没有中性线，则定子相电流中不含 3 次和 3 的倍数次谐波。在基于转子磁场的矢量控制中，若控制 $\beta=90°$电角度，在稳态下，相绕组中定子电流基波与感应电动势基波同相位。于是可将 A 相电流和感应电动势写为

$$i_A(t)=I_{m1}\sin\omega_r t+I_{m5}\sin5\omega_r t+I_{m7}\sin7\omega_r t+\cdots \tag{8-111}$$

$$e_A(t)=E_{m1}\sin\omega_r t+E_{m5}\sin5\omega_r t+E_{m7}\sin7\omega_r t+\cdots \tag{8-112}$$

式中，ω_r为转子电角速度，在电动机稳定运行时，为电源角频率。

A 相电磁功率为

$$p_{eA}=e_A(t)i_A(t)=P_0+P_2\cos2\omega_r t+P_4\cos4\omega_r t+P_6\cos6\omega_r t+\cdots \tag{8-113}$$

同理，可写出 B 相和 C 相的电磁功率为

$$
\begin{aligned}
p_{eB} &= e_B(t)i_B(t) \\
&= P_0 + P_2\cos 2\left(\omega_r t - \frac{2\pi}{3}\right) + P_4\cos 4\left(\omega_r t - \frac{2\pi}{3}\right) + P_6\cos 6\left(\omega_r t - \frac{2\pi}{3}\right) + \cdots
\end{aligned} \tag{8-114}
$$

$$
\begin{aligned}
p_{eC} &= e_C(t)i_C(t) \\
&= P_0 + P_2\cos 2\left(\omega_r t + \frac{2\pi}{3}\right) + P_4\cos 4\left(\omega_r t + \frac{2\pi}{3}\right) + P_6\cos 6\left(\omega_r t + \frac{2\pi}{3}\right) + \cdots
\end{aligned} \tag{8-115}
$$

电磁转矩为

$$
\begin{aligned}
T_e(t) &= \frac{1}{\Omega_r}(p_{eA} + p_{eB} + p_{eC}) \\
&= T_0 + T_6\cos 6\omega_r t + T_{12}\cos 12\omega_r t + T_{18}\cos 18\omega_r t + T_{24}\cos 24\omega_r t + \cdots
\end{aligned} \tag{8-116}
$$

式中

$$T_0 = \frac{3}{2\Omega_r}(E_{m1}I_{m1} + E_{m5}I_{m5} + E_{m7}I_{m7} + E_{m11}I_{m11} + \cdots)$$

$$T_6 = \frac{3}{2\Omega_r}[I_{m1}(E_{m7} - E_{m5}) + I_{m5}(E_{m11} - E_{m1}) + I_{m7}(E_{m1} - E_{m13}) + I_{m11}(E_{m5} - E_{m17}) + \cdots]$$

$$T_{12} = \frac{3}{2\Omega_r}[I_{m1}(E_{m13} - E_{m11}) + I_{m5}(E_{m17} - E_{m7}) + I_{m7}(E_{m19} - E_{m5}) + I_{m11}(E_{m23} - E_{m1}) + \cdots]$$

$$T_{18} = \frac{3}{2\Omega_r}[I_{m1}(E_{m19} - E_{m17}) + I_{m5}(E_{m23} - E_{m13}) + I_{m7}(E_{m25} - E_{m11}) + I_{m11}(E_{m29} - E_{m7}) + \cdots]$$

$$T_{24} = \frac{3}{2\Omega_r}[I_{m1}(E_{m25} - E_{m23}) + I_{m5}(E_{m29} - E_{m19}) + I_{m7}(E_{m31} - E_{m17}) + I_{m11}(E_{m35} - E_{m13}) + \cdots]$$

写成矩阵形式为

$$
\begin{pmatrix} T_0 \\ T_6 \\ T_{12} \\ T_{18} \end{pmatrix} = \frac{3}{2\Omega_r}\begin{pmatrix} E_{m1} & E_{m5} & E_{m7} & E_{m11} \\ E_{m7} - E_{m5} & E_{m11} - E_{m1} & E_{m13} + E_{m1} & E_{m17} + E_{m5} \\ E_{m13} - E_{m11} & E_{m17} - E_{m7} & E_{m19} - E_{m5} & E_{m23} - E_{m1} \\ E_{m19} - E_{m17} & E_{m23} - E_{m13} & E_{m25} - E_{m11} & E_{m29} - E_{m7} \end{pmatrix}\begin{pmatrix} I_{m1} \\ I_{m5} \\ I_{m7} \\ I_{m11} \end{pmatrix} \tag{8-117}
$$

上述分析表明，次数相同的感应电动势和电流谐波作用后产生平均转矩，不同次数谐波电动势和电流作用将产生脉动频率为基波频率 6 倍次的谐波转矩，各谐波转矩的幅值与感应电动势和电流波形的畸变程度有关。

可以用转矩脉动系数来定量描述转矩脉动程度，将其定义为

$$\delta = \frac{T_p}{T_0} \tag{8-118}$$

式中，T_0是平均转矩；T_p为转矩峰 - 峰值的脉动幅度。

感应电动势中的谐波是由永磁励磁磁场在定子绕组中感应的，因此它与励磁磁场和定子绕组的空间分布有关。定子基波电流和各次谐波电流，除了产生基波磁动势外，还会产生谐波磁动势。下面从永磁励磁磁场与定子磁动势间的相互作用角度来分析谐波转矩，因为此类谐波转矩实质是由定、转子磁场相互作用生成的。定子 k 次谐波电流产生的 γ 次谐波磁动势波为

$$f_{sk} = F_{sk}\sin(k\omega_r t \pm \gamma\theta_s) \tag{8-119}$$

式中，$k=1, 5, 7, \cdots$；$\gamma=1, 5, 7, \cdots$；θ_s是沿定子内圆的空间坐标。

这些旋转磁动势波的速度和方向为

$$\omega_{rk} = \pm \frac{k}{\gamma}\omega_r \tag{8-120}$$

式中，“+”号表示与基波磁动势旋转方向相同，“-”号表示与基波磁动势旋转方向相反。

由电机学理论可知，两个谐波次数不同的空间旋转磁场相互作用不会产生电磁转矩，只有次数相同的谐波磁场相互作用后才会产生电磁转矩。如果这两个谐波磁场速度相同，便会产生平均转矩，否则只能产生脉动电磁转矩，其平均值一定为零。

如果ε是转子永磁励磁磁场的谐波次数，$\varepsilon=1, 3, 5, \cdots$，那么只有在满足$\gamma=\varepsilon$的条件下，才会产生转矩。当转子速度为$\omega_r$时，这个转矩的脉动频率为

$$\omega_{\gamma\varepsilon} = \gamma\left[\omega_r - \left(\pm\frac{k}{\gamma}\omega_r\right)\right] = (\gamma \mp k)\omega_r \tag{8-121}$$

式中，“+”号表示与反向旋转磁动势波相对应；“-”号表示与正向旋转磁动势波相对应。

例如，当$k=5$和$\gamma=7$时，转矩脉动频率为$12\omega_r$。实际上，因为5次谐波电流产生的空间磁动势中的7次谐波相对定子反向旋转，速度为$(-5/7)\omega_r$，它相对转子的速度为$(-5/7)\omega_r$，若转子励磁磁场中存在7次谐波($\omega=\gamma=7$)，则两者产生的脉动转矩频率为$12\omega_r$。依此，可列出表8-1，表中的数据为各脉动转矩频率（以ω_r的倍数给出）。

表8-1　脉动转矩频率

	γ										
k	1	0	6	6	12	12	18	18	24	24	30
	5	6	0	12	6	18	12	24	18	30	24
	7	6	12	0	18	6	24	12	30	18	36
	11	12	6	18	0	24	6	30	12	36	18
	13	12	18	6	24	0	30	6	36	12	
	17	18	12	24	6	30	0	36	6	42	
	19	18	24	12	30	6	36	0	42	6	
	23	24	18	30	12	36	6	42	0	48	
	25	24	30	18	36	12	42	6	48	0	
	29	30	24		18	42					
	31					18					

表8-1中列出的是定子k次谐波电流产生的γ次谐波磁场与转子ε次谐波励磁磁场生成的谐波转矩，产生谐波转矩的条件为$\gamma=\varepsilon$。转矩谐波的次数为$(\gamma \mp k)$，$(\gamma \mp k)$应为6的整数倍，并且由此来决定两者是应相加还是相减。于是，可将整个转矩表示为

$$T_e = \sum_{\gamma=k} T_{\gamma k} \pm \sum_{\gamma \neq k} T_{\gamma k}\cos(\gamma \mp k)\omega_r t \quad k = 1,5,7,\cdots;\gamma = 1,5,7 \tag{8-122}$$

式中，$T_{\gamma k}$为谐波转矩的幅值。

式（8-122）中，当$\gamma=k$时，可以产生平均转矩；当$(\gamma-k)$为6的整数倍时，取正值；当$(\gamma+k)$为6的整数倍时，取负值。亦即，当$\gamma \neq k$时，会产生谐波转矩，谐波转矩的脉动频率等于馈电频率的$6n$倍，$n=1, 2, 3, \cdots$。此式对于3种转子结构的PMSM都适用。

式（8-122）右端第一项中，$\gamma=k$ 意味着 k 次谐波电流产生了 γ 次定子谐波磁场。例如，当 $k=5$ 时，$\gamma=5$，是指式（8-122）中5次谐波电流产生的5次谐波磁动势，由该磁动势产生了5次定子谐波磁场。若转子永磁体励磁磁场中也存在5次谐波磁场，则这两个定、转子谐波磁场相互作用会产生平均电磁转矩。因为5次谐波电流产生的基波磁动势相对定子的速度为 $-5\omega_r$，而5次谐波电流产生的5次谐波磁动势相对定子的速度为 ω_r，它产生的定子5次谐波磁场与转子5次谐波磁场在空间相对静止，所以会产生平均转矩。其中，定子5次谐波磁场幅值决定于5次谐波电流幅值 I_{m5}，而转子5次谐波磁场幅值决定了感应电动势中5次谐波分量的幅值，分析表明，此平均转矩为 $3/2\Omega_r(E_{m5}I_{m5})$。这样的结果同样适用于 $k=1$，7，11，…

对于 $k\neq\gamma$ 的情况，是指 k 次谐波电流产生的 γ 次定子谐波磁场($k\neq\gamma$)与转子 ε 次谐波磁场($\varepsilon=\gamma$)相互作用，因两者不再相对静止，产生了脉动转矩，可将其表示为$\dfrac{3}{2\Omega_r}$（$E_{m\varepsilon}I_{mk}$）。

于是，可将式（8-122）表示为

$$T_e=\frac{3}{2\Omega_r}\left[\sum_{\varepsilon=k}E_{m\varepsilon}+I_{mk}+\sum_{\varepsilon\neq k}E_{m\varepsilon}+I_{mk}\cos(\varepsilon\mp k)\omega_r t\right]\quad \varepsilon=1,5,7,\cdots;k=1,5,7,\cdots \tag{8-123}$$

式中，当$(\varepsilon-k)$为6的整数倍时，取正值；当$(\varepsilon+k)$为6的整数倍时，取负值。

将式（8-123）展开，便得到式（8-116）的形式。

2. 转速波动

将式（8-123）表示为

$$T_e=T_{ev}\pm\sum T_{ek} \tag{8-124}$$

式中，T_{ev}为平均转矩；$\sum T_{ek}$为脉动转矩。

即有

$$T_{ev}=\frac{3}{2\Omega_r}\sum_{\varepsilon=k}E_{m\varepsilon}I_{mk}\quad \varepsilon=1,5,7,\cdots;k=1,5,7,\cdots \tag{8-125}$$

$$\sum T_{ek}=\pm\frac{3}{2\Omega_r}\sum_{\varepsilon\neq k}E_{m\varepsilon}I_{mk}\cos(\varepsilon\mp k)\omega_r t\quad \varepsilon=1,5,7,\cdots;k=1,5,7\cdots \tag{8-126}$$

电动机的机械特性方程为

$$T_e-T_L=R_\Omega\Omega_r+J\frac{d\Omega_r}{dt} \tag{8-127}$$

在谐波转矩作用下，转速会产生波动，可将实际转速 Ω_r表示为

$$\Omega_r=\Omega_{rv}+\sum\Omega_{rk} \tag{8-128}$$

式中，Ω_{rv}为平均转速。

将式（8-124）和式（8-128）分别代入式（8-127）中，可得

$$T_{ev}+\sum T_{ek}-T_L=R_\Omega(\Omega_{rv}+\sum\Omega_{rk})+J\frac{d}{dt}(\Omega_{rv}+\sum\Omega_{rk}) \tag{8-129}$$

于是，有

$$\sum T_{ek}=R_\Omega\sum\Omega_{rk}+J\frac{d}{dt}(\sum\Omega_{rk}) \tag{8-130}$$

若忽略 $R_\Omega\sum\Omega_{rk}$项，则有

$$\sum\Omega_{rk}=\frac{1}{J}\int\sum T_{ek}dt \tag{8-131}$$

将式（8-126）和式（8-128）代入式（8-131），可得

$$\Omega_r = \Omega_{rv} \pm \frac{1}{J}\int \frac{3}{2\Omega_r}\sum_{\varepsilon\neq k} E_{m\varepsilon} I_{mk}\cos(\varepsilon \mp k)\omega_r t\mathrm{d}t \tag{8-132}$$

最后可得转速方程为

$$\Omega_r = \Omega_{rv} \pm \frac{3}{2}\frac{1}{J_P}\frac{1}{\Omega_r^2}\sum_{\varepsilon\neq k} E_{m\varepsilon} I_{mk}\sin(\varepsilon \mp k)\omega_r t \tag{8-133}$$

式（8-133）表明，在脉动转矩作用下，电动机转速产生了一系列谐波分量，各次谐波分量的幅值与转速的二次方成正比，这会使电动机允许运行的最低转速受到限制，也会直接影响到低速时电动机的伺服性能。

系统的转动惯量 J 值对转速波动影响很大，增大转动惯量可以有效抑制转速波动，但过大的转动惯量会影响系统的动态响应能力。

在谐波转矩幅值相同的情况下，谐波次数$(\varepsilon \mp k)$越低，对转速波动影响越大，应尽量消除 6 次和 12 次等低次谐波转矩。

8.5.2 谐波转矩的削弱方法

1. 纹波转矩削弱方法

通常，将因感应电动势和电流波形畸变引起的谐波转矩称为纹波转矩。为减小纹波转矩，应使电流和感应电动势波形尽可能接近理想正弦波。

如前所述，若由电流可控 PWM 逆变器供电，可采用各种调制技术，使定子电流快速跟随正弦电流，所以低次谐波含量不大，而会含有较丰富的高次谐波，但高次谐波的幅值较小，由此产生的高频转矩脉动很容易被转子滤掉。现假设定子电流为正弦波，式（8-117）则变为

$$\begin{pmatrix} T_0 \\ T_1 \\ T_2 \\ T_3 \end{pmatrix} = \frac{3}{2}\frac{I_m}{\Omega_r}\begin{pmatrix} E_{m1} \\ E_{m7} - E_{m5} \\ E_{m13} - E_{m11} \\ E_{m19} - E_{m17} \end{pmatrix} \tag{8-134}$$

式（8-134）表明，此时谐波转矩是由感应电动势谐波引起的。为消除感应电动势中的谐波，首先应使永磁体产生的励磁磁场尽量按正弦分布，以降低磁场中的各次谐波的幅值，这可以通过改变永磁体的形状和极弧宽度，或者采用其他有效措施来实现；其次在绕组设计上可以采用短距和分布绕组，尽量削弱或消除各低次谐波电动势。

除了在电动机设计方面努力外，还可从控制角度采取措施消除或减小转矩脉动。关于这方面取得的研究成果已有大量文献发表。下面，通过举例来说明这个问题。

现要消除 6 次和 12 次谐波转矩。由式（8-117）或式（8-123），已知 6 次和 12 次谐波转矩分别为

$$T_6 = \frac{3}{2\Omega_r}[I_{m1}(E_{m7} - E_{m5}) + I_{m5}(E_{m11} - E_{m1}) + I_{m7}(E_{m1} - E_{m13}) + I_{m11}(E_{m5} - E_{m17})] \tag{8-135}$$

$$T_{12} = \frac{3}{2\Omega_r}[I_{m1}(E_{m13} - E_{m11}) + I_{m5}(E_{m17} - E_{m7}) + I_{m7}(E_{m19} - E_{m5}) + I_{m11}(E_{m23} - E_{m1})] \tag{8-136}$$

在定子电流和转子永磁励磁磁场中，5 次和 7 次谐波是主要的，若忽略 11 次以上的谐波，根据式（8-135）和式（8-136），可得

$$I_{m1}(E_{m7}-E_{m5})+(-E_{m1}I_{m5})+I_{m7}E_{m1}=0 \tag{8-137}$$

$$-I_{m5}E_{m7}+(-I_{m7}E_{m5})=0 \tag{8-138}$$

由式（8-137）和式（8-138），可解出

$$I_{m5}=\frac{E_{m5}(E_{m7}-E_{m5})}{E_{m1}(E_{m5}+E_{m7})}I_{m1} \tag{8-139}$$

$$I_{m7}=\frac{E_{m7}(E_{m5}-E_{m7})}{E_{m1}(E_{m5}+E_{m7})}I_{m1} \tag{8-140}$$

对于给定的电动机，通过磁场计算或实验可求出 E_{m1}、E_{m5} 和 E_{m7}。由转矩指令可得 I_{m1} 的大小，根据式（8-139）和式（8-140），可解出 I_{m5} 和 I_{m7}。显然，如果向正弦参考电流注入这样的 5 次、7 次谐波电流，那么会有利于消除 6 次和 12 次转矩谐波。

2. 齿槽转矩及其削弱方法

在高次谐波磁场中，有一种谐波的次数为

$$\gamma_Z=\frac{Z}{p}\pm 1 \tag{8-141}$$

式中，Z 为定子齿数。

通常，将这类谐波称为齿谐波。将因定子开槽引起的齿谐波磁场所产生的谐波转矩称为齿槽转矩。

图 8-29 所示是面装式 PMSM 一个极下的物理模型。定子采用开口槽，槽宽为 b，齿宽为 a，齿距 $\lambda=a+b$，若忽略曲率半径的影响，可认为槽和齿都是等宽的。

图 8-29b 中，当转子旋转时，处于永磁体中间部分的定子齿与永磁体间的磁导几乎不变，定子齿周围磁场也不变，而与永磁体两侧面 A 和 B 对应的由一个或两个定子齿构成的一段封闭区域内的磁导变化却很大，导致磁场储能改变，由此产生了齿槽转矩 T_{ez}，如图 8-30 所示。可以看出，这是一个周期函数，其基波分量波长与齿距一致，而且基波分量是齿槽转矩的主要部分。

齿槽转矩会降低电动机位置伺服的精度，特别是在低速时更为严重，因此必须采取各种措施来削弱和消除齿槽转矩。

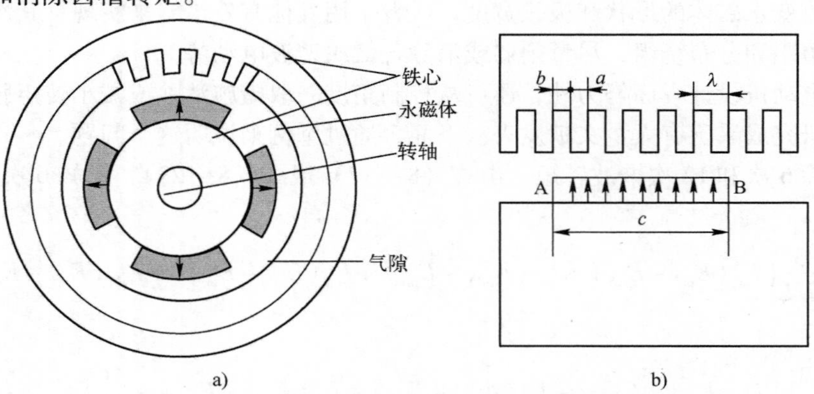

a) b)

图 8-29 面装式 PMSM 一个极下的物理模型

a）截面图 b）定子齿槽与永磁体

合理选择永磁体宽度 c，选择合适的齿槽宽度比 a/b，可以减小气隙磁导变化。定子斜槽或转子斜极是削弱或消除齿槽转矩的有效措施。对于定子斜槽，斜一个齿距，可基本消除齿槽转矩。

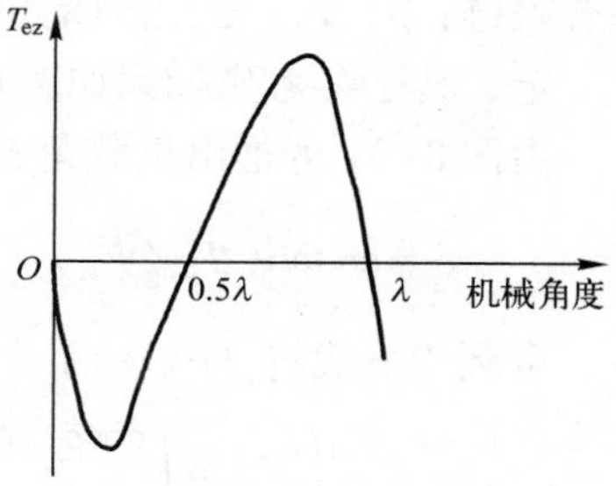

图 8-30　齿槽转矩

也可通过转子斜极达到斜槽同样的效果，但因永磁体难以加工，转子斜极比较困难，可以采用多块永磁体连续移位的措施，使其能达到与定子斜极同样的效果。齿谐波的特点是绕组因数与基波绕组因数相同，因此不能采用短距和分布绕组来削弱。同电励磁同步电动机一样，可以采用分数槽绕组来削弱齿谐波，这种方法在低速永磁同步电动机中获得了广泛应用。

8.6　三相永磁同步电动机直接转矩控制技术

8.6.1　转矩控制原理

直接转矩控制（DTC）是在 20 世纪 80 年代继矢量控制之后提出的又一个高性能交流电动机控制策略，这种控制方式已经成功用于感应电动机中，在永磁同步电动机中的研究和应用也得到了广泛的关注。相比于矢量控制方式，直接转矩控制省去了复杂的空间坐标变换，只需采用定子磁链定向控制，便可在定子坐标系内实现对电动机磁链、转矩的直接观察和控制。只需要检测定子电流即可准确观测定子磁链，解决了矢量控制中系统性能受转子参数影响的问题。在直接转矩控制过程中，将磁链、转矩观测值与给定值之差经两值滞环控制器调节后便获得磁链、转矩控制信号，再考虑到定子磁链的当前位置来选取合适的空间电压矢量，形成对电动机转矩的直接控制。

为了在正弦波永磁同步电动机中能用空间电压矢量直接控制电磁转矩 T_e，必须建立正弦波永磁同步电动机电磁转矩 T_e 和负载角 δ 的关系式。

假设正弦波永磁同步电动机是线性的，参数不随温度变化，忽略磁滞、涡流损耗，转子无阻尼绕组，在转子 dq 坐标系下，电动机的磁链、电压、转矩的表达式为

$$\begin{gathered}\boldsymbol{\Psi}_{sd}=L_d i_{sd}+\boldsymbol{\Psi}_f\\ \boldsymbol{\Psi}_{sq}=L_q i_{sq}\\ |\boldsymbol{\Psi}_s|=\sqrt{\boldsymbol{\Psi}_{sd}^2+\boldsymbol{\Psi}_{sq}^2}\end{gathered}\tag{8-142}$$

$$\begin{gathered}u_{sd}=R_s i_{sd}+\frac{d\boldsymbol{\Psi}_{sd}}{dt}-\omega_r\boldsymbol{\Psi}_{sq}\\ \boldsymbol{u}_{sq}=R_s i_{sq}+\frac{d\boldsymbol{\Psi}_{sq}}{dt}+\omega_r\boldsymbol{\Psi}_{sd}\\ |\boldsymbol{u}_s|=\sqrt{u_{sd}^2+u_{sq}^2}\end{gathered}\tag{8-143}$$

$$T_e=\frac{3}{2}p(\boldsymbol{\Psi}_{sd}i_{sq}-\boldsymbol{\Psi}_{sq}i_{sd})\tag{8-144}$$

式中，$\boldsymbol{\Psi}_{sd}$、u_{sd}、i_{sd}、L_d 分别是定子绕组 d、q 轴的磁链、电压、电流和电感分量。$|\boldsymbol{u}_s|$、$|\boldsymbol{\Psi}_s|$、R_s 为定子端电压幅值、定子磁链幅值和定子绕组电阻；$\boldsymbol{\Psi}_f$ 为转子磁钢在定子侧的

耦合磁链；p、T_e、ω_r 为电动机极对数、电磁转矩和电动机电角频率。

定、转子参考坐标系如图 8-31 所示。

由图 8-31 可推出负载角 δ 的表达式为

$$\delta=\arctan(\Psi_{sq}/\Psi_{sd})=\arctan\left(\frac{L_q i_{sq}}{L_d i_{sd}+\Psi_f}\right) \quad (8-145)$$

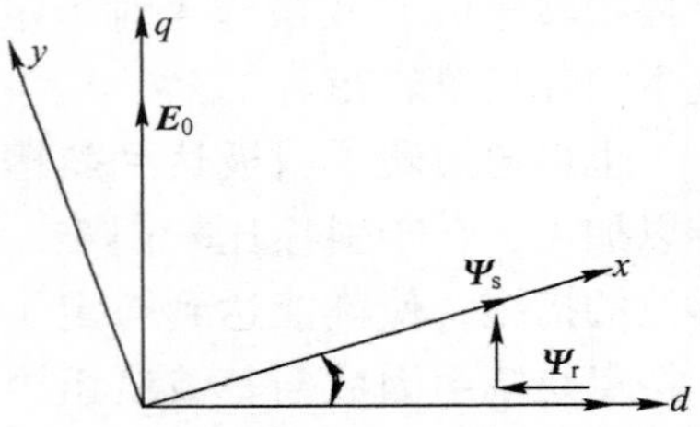

图 8-31　定、转子参考坐标系

可利用下式将 dq 坐标系中的物理量转换到 xy 坐标系

$$\begin{pmatrix}F_x\\F_y\end{pmatrix}=\begin{pmatrix}\cos\delta & \sin\delta\\-\sin\delta & \cos\delta\end{pmatrix}\begin{pmatrix}F_d\\F_q\end{pmatrix} \quad (8-146)$$

式中，F 可代表电压、电流和磁链。

经推导后，xy 坐标系下的定子磁链可表示如下：

$$\begin{pmatrix}\Psi_{sx}\\\Psi_{sy}\end{pmatrix}=\begin{pmatrix}L_d\cos^2\delta+L_q\sin^2\delta & (L_q-L_d)\sin\delta\cos\delta\\(L_q-L_d)\sin\delta\cos\delta & L_q\cos^2\delta+L_d\sin^2\delta\end{pmatrix}\begin{pmatrix}i_{sx}\\i_{sy}\end{pmatrix}+\Psi_f\begin{pmatrix}\cos\delta\\\sin\delta\end{pmatrix} \quad (8-147)$$

由于定子磁链定向于 x 轴，有 $\Psi_{sy}=0$。可得在 xy 坐标系下的定子电流为

$$i_{sx}=\frac{2\Psi_f\sin\delta-[(L_d+L_q)+(L_d-L_q)\cos2\delta]i_{sy}}{(L_q-L_d)\sin2\delta} \quad (8-148)$$

$$i_{sy}=\frac{1}{2L_dL_q}[2\Psi_fL_q\sin\delta-|\Psi_s|(L_q-L_d)\sin2\delta] \quad (8-149)$$

由图 8-31 可知，负载角和定子磁链的关系表达式为

$$\sin\delta=\Psi_{sq}/|\boldsymbol{\Psi}_s|$$
$$\cos\delta=\Psi_{sd}/|\boldsymbol{\Psi}_s| \quad (8-150)$$

由以上关系式能推导得电动机的转矩表达式

$$T_e=\frac{3p|\boldsymbol{\Psi}_s|}{4L_dL_q}[2\Psi_fL_q\sin\delta-|\boldsymbol{\Psi}_s|(L_q-L_d)\sin2\delta] \quad (8-151)$$

式（8-151）就是正弦波永磁同步电动机电磁转矩 T_e 和负载角 δ 的关系式。在式（8-151）中，前一部分是用转子的永磁磁链 Ψ_f 与定子电枢反应磁链的相互作用来表示基本电磁转矩；后一部分是由于电动机中 d、q 磁路不对称而产生的磁阻转矩，还和定子磁链幅值有关。在电磁转矩的表达式中，除正弦波永磁同步电动机本身的电机参数外，可控变量只有定子磁链 $\boldsymbol{\Psi}_s$ 和负载角 δ 两个，这两个量均能用空间电压矢量来直接改变，这就是直接转矩控制理论的指导思想。因此，新推导的电磁转矩表达式（8-151）对正弦波永磁同步电动机 DTC 理论的建立有着极其重要的意义。

式（8-151）表示的是 $L_d\neq L_q$ 时一般正弦波永磁同步电动机的电磁转矩，也即插入式 PMSM 的电磁转矩。而面装式 PMSM 可看成是一般正弦波永磁同步电动机的特殊情况，这时 $L_d=L_q$，代入式（8-151）中，电磁转矩表达式可以简化为

$$T_e=\frac{Ep|\boldsymbol{\Psi}_s|}{2L_s}\Psi_f\sin\delta \quad (8-152)$$

8.6.2　滞环比较控制及其控制系统

PMSM 的滞环比较控制与三相感应电动机一样，也是利用两个滞环比较器分别控制定子磁链和转矩偏差。

如图 8-32 所示，如果想保持 $|\boldsymbol{\Psi}_s|$ 恒定，应使 $\boldsymbol{\Psi}_s$ 的运行轨迹为圆形。

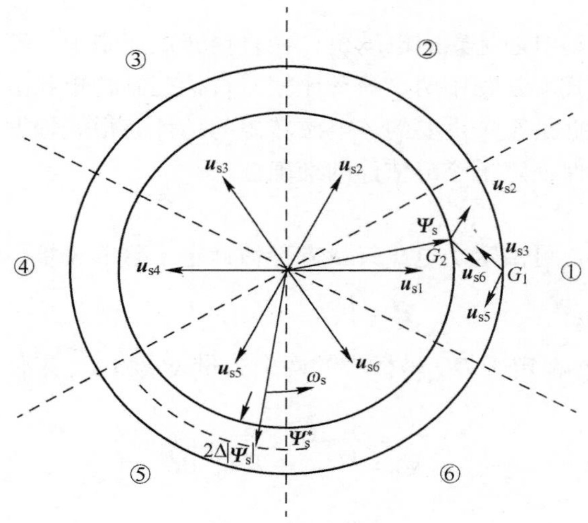

图 8-32　定子磁链矢量运行轨迹的控制

可以选择合适的开关电压矢量来同时控制 $\boldsymbol{\Psi}_s$ 幅值和旋转速度。对永磁同步电动机来说，由于永磁体随转子旋转，当定子施加零电压矢量时定子磁链将变化。因此，在永磁同步电动机中，不采用零电压矢量控制定子磁链，即定子磁链一直随转子磁链的旋转而旋转。开关电压矢量的选择原则与三相感应电动机滞环控制时所确定的原则完全相同。例如，当 $\boldsymbol{\Psi}_s$ 处于区间①时，在 G_2 点 $|\boldsymbol{\Psi}_s|$ 已经达到磁链滞环比较器的下限值，应选择 $\boldsymbol{u}_{s2}$ 或 $\boldsymbol{u}_{s6}$；而对于 G_1 点，$|\boldsymbol{\Psi}_s|$ 已经达到比较器的上限值，应选择 $\boldsymbol{u}_{s3}$ 或 $\boldsymbol{u}_{s5}$。与此同时，在 G_1 或 G_2 点，可选择 $\boldsymbol{u}_{s2}$ 或 $\boldsymbol{u}_{s3}$ 使 $\boldsymbol{\Psi}_s$ 向前旋转，或者选择 $\boldsymbol{u}_{s5}$ 或 $\boldsymbol{u}_{s6}$ 使 $\boldsymbol{\Psi}_s$ 向后旋转，以此来改变负载角 δ，使转矩增大或减小。当 $\boldsymbol{\Psi}_s$ 在其他区间时也要按照此原则选择开关电压矢量，由此可确定开关电压矢量选择规则，见表 8-2。

在表 8-2 中，$\Delta\Psi$ 和 ΔT 的值分别由磁链和转矩滞环比较器给出，$\Delta\Psi=1$ 和 $\Delta T=1$ 表示应使 Ψ_s 和 T_e 增加，$\Delta\Psi=-1$ 和 $\Delta T=-1$ 表示应使 Ψ_s 和 T_e 减小，这种滞环比较控制方式与三相感应电动机直接转矩控制中的原理基本相同，如上所述，这里没有采用零开关电压矢量 $\boldsymbol{u}_{s7}$ 和 $\boldsymbol{u}_{s8}$。

表 8-2　开关电压矢量选择表

$\Delta\Psi$	ΔT	①	②	③	④	⑤	⑥
1	1	$\boldsymbol{u}_{s2}$	$\boldsymbol{u}_{s3}$	$\boldsymbol{u}_{s4}$	$\boldsymbol{u}_{s5}$	$\boldsymbol{u}_{s6}$	$\boldsymbol{u}_{s7}$
	-1	$\boldsymbol{u}_{s6}$	$\boldsymbol{u}_{s1}$	$\boldsymbol{u}_{s2}$	$\boldsymbol{u}_{s3}$	$\boldsymbol{u}_{s4}$	$\boldsymbol{u}_{s5}$
-1	1	$\boldsymbol{u}_{s3}$	$\boldsymbol{u}_{s4}$	$\boldsymbol{u}_{s5}$	$\boldsymbol{u}_{s6}$	$\boldsymbol{u}_{s1}$	$\boldsymbol{u}_{s2}$
	-1	$\boldsymbol{u}_{s5}$	$\boldsymbol{u}_{s6}$	$\boldsymbol{u}_{s1}$	$\boldsymbol{u}_{s2}$	$\boldsymbol{u}_{s3}$	$\boldsymbol{u}_{s4}$

8.6.3 磁链和转矩估计

无论是永磁同步电动机还是感应电动机，在直接转矩控制中，转矩和定子磁链都是控制变量，滞环比较控制方式就是利用两个滞环比较器直接控制转矩和磁链的偏差，显然能否获得转矩和定子磁链的数据是至关重要的。电磁转矩的估计在很大程度上取决于定子磁链估计的准确性，所以首先要保证定子磁链估计的准确性。

1. 电压模型

同感应电动机一样，可由定子电压矢量方程估计定子磁链矢量，即

$$\boldsymbol{\Psi}_{\mathrm{s}}=\int(\boldsymbol{u}_{\mathrm{s}}-R_{\mathrm{s}}\boldsymbol{i}_{\mathrm{s}})\mathrm{d}t \tag{8-153}$$

一般情况下，由矢量 $\boldsymbol{\Psi}_{\mathrm{s}}$ 在定子 DQ 坐标中的两个分量 Ψ_{D} 和 Ψ_{Q} 来估计它的幅值和空间相位角 ρ_{s}，即

$$\Psi_{\mathrm{D}}=\int(u_{\mathrm{D}}-R_{\mathrm{s}}i_{\mathrm{D}})\mathrm{d}t \tag{8-154}$$

$$\Psi_{\mathrm{Q}}=\int(u_{\mathrm{Q}}-R_{\mathrm{s}}i_{\mathrm{Q}})\mathrm{d}t \tag{8-155}$$

$$|\boldsymbol{\Psi}_{\mathrm{s}}|=\sqrt{\Psi_{\mathrm{D}}^{2}+\Psi_{\mathrm{Q}}^{2}} \tag{8-156}$$

$$\rho_{\mathrm{s}}=\arcsin\frac{\Psi_{\mathrm{Q}}}{|\boldsymbol{\Psi}_{\mathrm{s}}|} \tag{8-157}$$

式中，i_{D} 和 i_{Q} 由定子三相电流 i_{A}、i_{B} 和 i_{C} 的检测值经坐标变换后所得；u_{D} 和 u_{Q} 可以是检测值，也可由逆变器开关状态所知。

上述的积分方式存在一些技术问题，在低频情况下，因为式（8-154）和式（8-155）中的定子电压很小，定子电阻是否准确就变得十分重要了。定子电阻参数变化会对积分结果产生很大影响，随着温度的变化应对电阻值进行修正，在必要时需要在线得到定子电阻 R_{s} 的值。此外，积分器还存在误差积累和数字化过程中产生的量化误差等问题，还要受逆变器压降和开关死区的影响。

2. 电流模型

电流模型是利用式 $\Psi_{\mathrm{d}}=L_{\mathrm{d}}i_{\mathrm{d}}+\Psi_{\mathrm{r}}$ 和 $\Psi_{\mathrm{q}}=L_{\mathrm{q}}i_{\mathrm{q}}$ 来获取 Ψ_{d} 和 Ψ_{q}。但这两个方程是以转子 dq 轴系表示的，必须进行坐标变换才能由 i_{D} 和 i_{Q} 求得 i_{d} 和 i_{q}，这需要实际检测转子位置。此外，估计是否准确，还取决于电动机参数 L_{d}、L_{q} 和 Ψ_{f} 是否与实际值相一致，在必要时需要对相关参数进行在线测量。但与电压模型相比，电流模型中消除了定子电阻变化的影响，不存在低频积分困难的问题。

图 8-33 所示是由电流模型估计定子磁链的系统框图。图中表明，也可以用电流模型来修正电压模型低速时的估计结果。

实际上，在转矩和定子磁链的滞环比较控制中，控制周期很短，这要求定子磁链的估计至少要在与之相同的量级上进行。而对于电压模型来说这点可以做到，而采用电流模型做到这点就比较困难。因为后者需要测量转子位置，并要进行转子位置传感器和电动机控制模块之间的通信，而且电压模型中的电压积分本身具有滤波性质，而电流模型中的电流包含了所有谐波，还需要增加滤波环节，由于这些原因使得这两个模型不大可能在相同的时间量级内完成定子磁链估计。

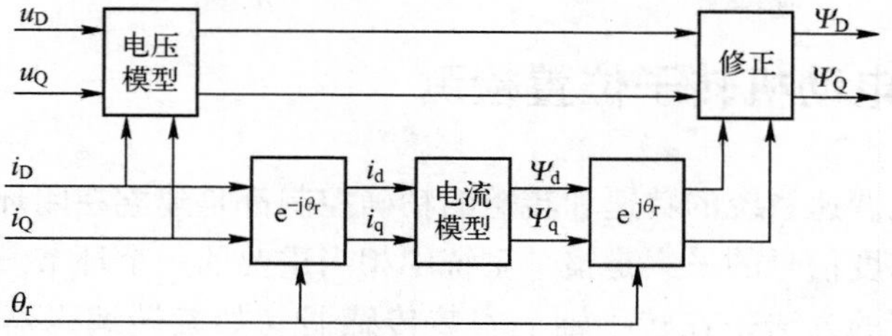

图 8-33　由电流模型估计定子磁链的系统框图

3. 电磁转矩估计

可以利用式（8-19）估计转矩，即

$$T_e = p(\Psi_D i_Q - \Psi_Q i_D) \tag{8-158}$$

式中，Ψ_D 和 Ψ_Q 为估计值；i_D 和 i_Q 为实测值。

8.6.4　转矩控制及最优控制

在转子磁场定向矢量控制中，将定子电流 $\boldsymbol{i}_s$ 的分量 i_d 和 i_q 作为控制变量，电动机运行中的各种最优控制是通过控制 i_d 和 i_q 实现的。在这一过程中，定子磁链只是对应 i_d 和 i_q 的控制结果，定子磁链为

$$\boldsymbol{\Psi}_s = \Psi_f + L_d i_d + jL_q i_q \tag{8-159}$$

$$|\boldsymbol{\Psi}_s| = \sqrt{(\Psi_f + L_d i_d)^2 + (L_q i_q)^2} \tag{8-160}$$

直接转矩控制控制的是定子磁链，因而不能直接控制 i_d 和 i_q。但是，在实际的控制过程中，很多情况下要求能够实现某些最优控制，例如，在恒转矩运行时进行的最大转矩/电流比控制。此时再采用定子磁链幅值恒定的控制准则已经无法满足这种最优控制要求，因为定子磁链幅值的大小取决于这种控制要求的定子电流 i_d 和 i_q，即由式（8-160）决定定子磁链的参考值 $|\boldsymbol{\Psi}_s^*|$。

对于面装式 PMSM，转矩方程为

$$T_e = p\Psi_f i_q \tag{8-161}$$

若使单位定子电流产生的转矩最大，应控制 $i_d = 0$，此时 $|\boldsymbol{\Psi}_s^*|$ 应为

$$|\boldsymbol{\Psi}_s^*| = \sqrt{\Psi_f^2 + (L_s i_q)^2} \tag{8-162}$$

将式（8-161）考虑进去，有

$$|\boldsymbol{\Psi}_s^*| = \sqrt{\Psi_f^2 + L_s^2\left(\frac{T_e^*}{p\Psi_f}\right)^2} \tag{8-163}$$

根据式（8-163），可由转矩参考值 T_e^* 确定定子磁链参考值 $|\boldsymbol{\Psi}_s^*|$。

对于插入式 PMSM，因为存在凸极效应，应根据转矩方程式（8-57）来确定满足定子电流最小控制时的 i_d 和 i_q。利用式（8-78）和式（8-79）求出标幺值 i_{dn} 和 i_{qn}，再将其还原为实际值，由式（8-160）计算出定子磁链参考值 $|\boldsymbol{\Psi}_s^*|$，然后按照参考值 T_e^* 和 $|\boldsymbol{\Psi}_s^*|$ 进行的直接转矩控制即可满足最大转矩/电流比控制要求。

除了最大转矩/电流比控制外，还可以进行最小损耗等最优控制，同样是通过对定子磁链矢量幅值进行控制来实现的。

8.7 永磁同步电动机转子位置检测

永磁同步电动机调速系统的转速和转矩的精确控制都是建立在闭环控制基础之上的，因此对于转子位置、速度信号的采集是整个系统中相当重要的一个环节。通常，永磁同步电动机的控制中，最常用的方法是在转子轴上安装传感器（如旋转编码器、解算器、测速发电机等），但是这些传感器增加了系统的成本，降低了系统可靠性。

近年来，无位置传感器技术获得了实际应用。从总体来说可以分为两大类：基于各种观测器技术的位置估计方法和基于永磁同步电动机电磁关系的位置估计方法。前者如卡尔曼滤波器法、滑模变结构法等，后者如直接计算法、施加恒定电压矢量法、基于凸极效应的高频注入法等。各种方法各有千秋，这里介绍直接计算法和高频注入法。

（1）直接计算法

直接计算法是直接检测定子的三相端电压和电流值来估计转子位置 λ 和转速 ω。其算法如下：

由于两相静止坐标系 $\alpha-\beta$ 和旋转坐标系 $d-q$ 下的电压、电流存在以下转换关系：

$$\begin{pmatrix} U_{sd} \\ U_{sq} \end{pmatrix} = \begin{pmatrix} \cos\lambda & \sin\lambda \\ \cos\lambda & -\sin\lambda \end{pmatrix} \begin{pmatrix} u_{s\alpha} \\ u_{s\beta} \end{pmatrix} \tag{8-164}$$

$$\begin{pmatrix} i_{sd} \\ i_{sq} \end{pmatrix} = \begin{pmatrix} \cos\lambda & \sin\lambda \\ \cos\lambda & -\sin\lambda \end{pmatrix} \begin{pmatrix} i_{s\alpha} \\ i_{s\beta} \end{pmatrix} \tag{8-165}$$

由 PMSM 在 $d-q$ 坐标系下的电压方程式

$$\left.\begin{aligned} u_{sd} &= -\omega_s L_{sq} i_s = -\omega_s \Psi_{sq} \\ u_{sq} &= R_s i_s + L_{sq} p i_s + \omega_s \Psi_t \end{aligned}\right\}$$

可以得到

$$\lambda = \arctan(A/b) \tag{8-166}$$

式中，$A = u_{s\alpha} - Ri_{s\alpha} - L_{sd}pi_{s\alpha} + \omega i_{s\beta}(L_{sq} - L_{sd})$；$B = -u_{s\beta} + Ri_{s\beta} + L_{sd}pi_{s\beta} + \omega i_{s\alpha}(L_{sq} - L_{sd})$。

这样，转子位置角 λ 可以用定子端电压和电流及转子转速 ω 来表示。对于表面式 PMSM，有 $L_{sd} = L_{sq} = L$，则 ω 可以由下式得到：

$$\omega = C^{1/2}/\Psi_r \tag{8-167}$$

式中，$C = (u_{s\alpha} - Ri_{s\alpha} - Lpi_{s\alpha})^2 + (u_{s\beta} - Ri_{s\beta} - Lpi_{s\beta})^2$。

这种方法的特点是仅依赖于电动机的基波方程，因此计算简单，动态响应快，几乎没有什么延迟。但是这种方法的最大缺点在于低速时，误差很大；此外，由静止时速为零，反电动势为零，不可能估计出转子的初始位置。

（2）高频注入法

为了解决低速时转子位置和转速估计不准的问题，美国 Wisconsin 大学的 M. L. Corley 和 R. D. Lorenz 提出了高频注入的办法。

有两种高频输入形式：

1）在电动机的出线端注入高频电压，检测电动机出线端的高频电流信号。

2）在电动机的出线端注入高频电流，检测电动机出线端的高频电压信号。作为附加高频信号，可以是正弦电压、正弦电流、矩形波电压等，这些高频信号可进一步分为空间旋转的和非旋转的，然后利用其响应确定转子位置。电流注入法有更快的响应，但在重载时电流注入型系统的控制性能容易丢失，因此，电压注入法更常用。

1）高频电流信号表达式。两相静止坐标系($\alpha-\beta$)的定子电压方程为

$$\begin{pmatrix} u_{s\alpha} \\ u_{s\beta} \end{pmatrix} = \begin{pmatrix} r & 0 \\ 0 & r \end{pmatrix}\begin{pmatrix} i_{s\alpha} \\ i_{s\beta} \end{pmatrix} + \omega\Psi_r\begin{pmatrix} -\sin\lambda \\ \cos\lambda \end{pmatrix} + \begin{pmatrix} p & 0 \\ 0 & p \end{pmatrix}\begin{pmatrix} L_{av}+\Delta L_{av}\cos2\lambda & \Delta L_{av}\sin2\lambda \\ \Delta L_{av}\sin2\lambda & L_{av}-\Delta L_{av}\cos2\lambda \end{pmatrix}\begin{pmatrix} i_{s\alpha} \\ i_{s\beta} \end{pmatrix} \tag{8-168}$$

$$\lambda = \omega t + \theta_0$$

$$L_{av} = (L_{sd}+L_{sq})/2;\quad \Delta L_{av} = (L_{sd}-L_{sq})/2$$

式中，θ_0 为初始夹角。

注入的高频电压信号在两相静止坐标系中可表示为

$$\begin{pmatrix} u_{j\alpha} \\ u_{j\beta} \end{pmatrix} = u_j\begin{pmatrix} \cos\omega_j t \\ -\sin\omega_j t \end{pmatrix} \tag{8-169}$$

式中，ω_j 为注入高频信号的角频率；u_j 为所注入三相高频电压信号的幅值。

高频注入信号频率一般为0.5~2 kHz，远高于基波频率，忽略定子电阻的电压降，经过高通滤波器后，载波电流矢量表达式可以写成

$$\begin{aligned}\begin{pmatrix} i_{j\alpha} \\ i_{j\beta} \end{pmatrix} &= \omega_j^{-1}u_j\begin{pmatrix} L_{av}+\Delta L_{av}\cos2\lambda & \Delta L_{av}\sin2\lambda \\ \Delta L_{av}\sin2\lambda & L_{av}-\Delta L_{av}\cos2\lambda \end{pmatrix}\begin{pmatrix} -\cos\omega_j t \\ -\sin\omega_j t \end{pmatrix} \\ &= \frac{u_j\Delta L_{av}}{\omega_j\ (L_{av}^2-\Delta L_{av}^2)}e^{j(2\lambda-\omega_j t)} - \frac{u_j L_{av}}{\omega_j\ (L_{av}^2-\Delta L_{av}^2)}e^{j\omega_j t}\end{aligned} \tag{8-170}$$

从式（8-168）~式（8-170）可以看出，只有负相序分量包含转子的位置信息，载波信号电流矢量的正相序分量的轨迹是一个圆，而整个载波信号电流矢量是一个椭圆。当电动机为凸极式时，高频载波电流信号矢量的轨迹是椭圆；当电动机为隐极式时，载波电流信号矢量值包括正相序分量，轨迹是一个圆。在$\alpha-\beta$坐标系中的高频电流响应如图8-34所示。

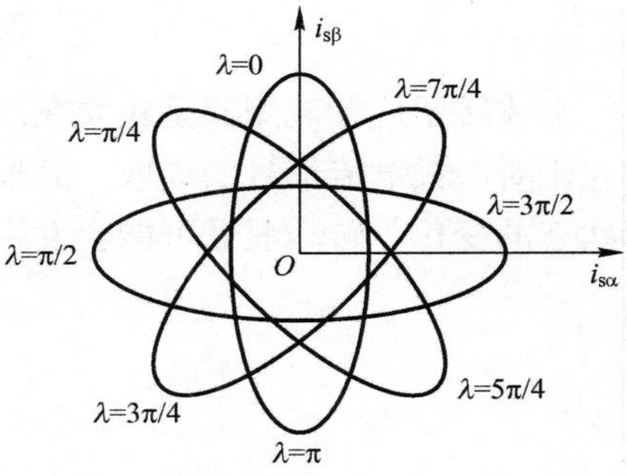

图 8-34　静止坐标系中的电流响应

由式（8-170）可以看出，第一项为含有转子位置信息的反向旋转分量，第二项是随着时间正向旋转的分量。当载波电流信号矢量被转换到一个与载波信号电压励磁同步的参考坐标系中后，正相序载波信号变成一个直流量，很容易用一个高通滤波器滤掉。通过高通滤波器后，得到含有转子位置信息的高频电流分量为

$$\begin{pmatrix} i'_{j\alpha} \\ i'_{j\beta} \end{pmatrix} = \frac{u_j\Delta L_{av}}{\omega_j(L_{av}^2-\Delta L_{av}^2)}\begin{pmatrix} \cos(2\lambda-2\omega_j t) \\ \sin(2\lambda-2\omega_j t) \end{pmatrix} \tag{8-171}$$

由以上分析可以看出，这种方法要求电动机具有一定的凸极性质，它利用固定载波频率励磁的方法来估算转子的位置和速度。对于内置式永磁同步电动机来说，由于永磁体的磁导率与空间磁导率相近，导致 d 轴电感与 q 轴电感不相等，即 $L_{sd}\neq L_{sq}$，从而形成电动机的凸极。

2）转子位置观测器。对上述具有明显凸极特征的转子跟踪问题可以根据电流矢量，利

用外差法和位置观测器来获得转子位置信号。使用外差法对检测得到的 α、β 轴分量进行处理的计算式为

$$\sin(2\lambda-2\omega_j t)\cos(2\hat{\lambda}-2\omega_j t)-\cos(2\lambda-2\omega_j t)\sin(2\hat{\lambda}-2\omega_j t)=\sin(2\lambda-2\hat{\lambda}) \quad (8-172)$$

式中，$\hat{\lambda}$为位置估计值。

当式（8－172）逼近零，估计值逼近真实值 λ 时，即可确定转子位置。在外差法的基础上，根据电动机运动方程，建立如图 8-35 所示的转子位置观测器。

高频注入法的优点是可以应用于较宽的速度范围内，低速时也能得到较好的估算结果。另外，这种方法对于所有永磁同步电动机都适用，因为即使对隐极式同步电动机而言，定子铁心的饱和作用也会在电动机中产生很小的凸极效应。由于定子铁心饱和时线圈的电感会减小，所以 d 轴电感会小于 q 轴电感，即 $L_{sd}<L_{sq}$，可见，所有 PMSM 均可以认为具有凸极结构。

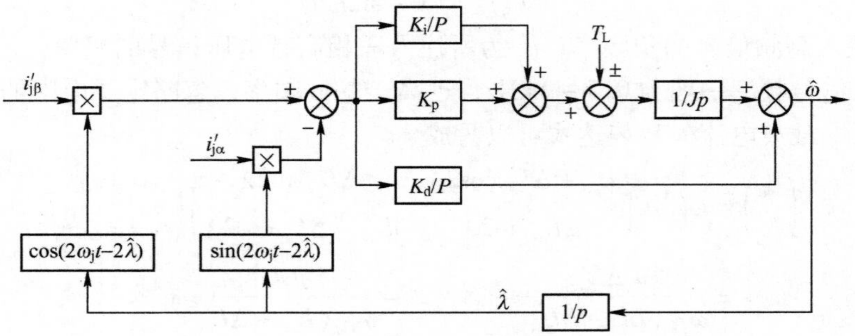

图 8-35　转子位置观测器

上述转子位置观测器是建立在调速系统参数确定的基础上的，且计算简单。这种方法关键在于对高频电流信号的提取。另外，它对调速系统参数的准确性要求比较高，随着系统运行状态的变化，转动惯量可能会发生变化，导致转速和位置的估算值偏离真实值。

第 9 章　梯形波永磁同步电动机（无刷直流电动机）的控制技术

根据电机设计理论可知，使电机气隙磁通密度按梯形波分布的永磁无刷同步电动机可定义为“梯形波永磁无刷同步电动机”。再从工作原理和构成上看，梯形波永磁无刷同步电动机与直流电动机类似，仅仅是用电子换向代替了机械换向，因此在实际工程中习惯称为“无刷直流电动机”（Brushless DC Motor，BLDM）。

无刷直流电动机是一种新型机电一体化电动机，它是电力电子技术、控制理论和电机技术相结合的产物。由于无刷直流电动机具有直流电动机的优越性能（控制性能好、调速范围宽、起动转矩大、低速性能好、运行平稳等），因而广泛应用于工业、国防、航空航天、交通运输、家用电器等国民经济各个领域中，发展前景光明，市场广阔。

9.1　无刷直流电动机的基本组成

无刷直流电动机的构成如图 9-1 所示。图中 PMS 为三相永磁电动机，轴上装有一台磁极位置检测器 BQ，由它发出转子磁极位置信号，经逻辑控制器 DLC 产生控制信号，控制逆变器 UI 工作。

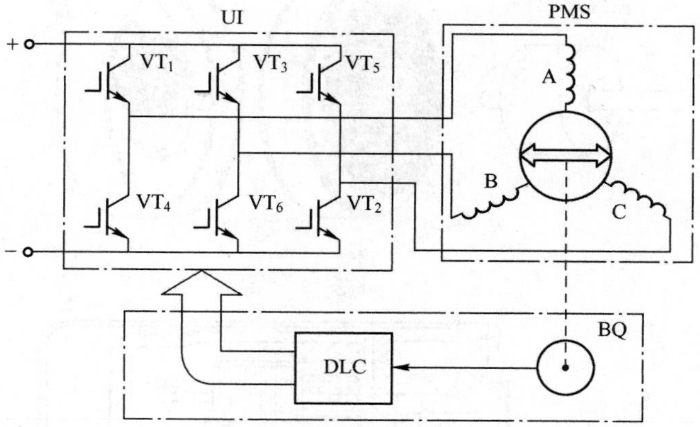

图 9-1　无刷直流电动机组成原理图

下面具体介绍无刷直流电动机的主要组成部分及工作方式。

9.1.1　永磁梯形波同步电动机——无刷直流电动机本体

构成无刷直流电动机的永磁同步电动机一般设计成永磁梯形波电动机。所谓梯形波电动机是指电动机的气隙磁通密度的波形为梯形波，如图 9-2 所示，其平顶宽≥120°电角（理想状态为 120°电角的矩形波，通常称作方波，实际电动机中较接近于梯形波），与 120°导通型三相逆变器相匹配，由逆变器向电动机提供三相对称的、与电动势同相位的梯形波电流。它与正弦波电动机相比，具有以下优点：

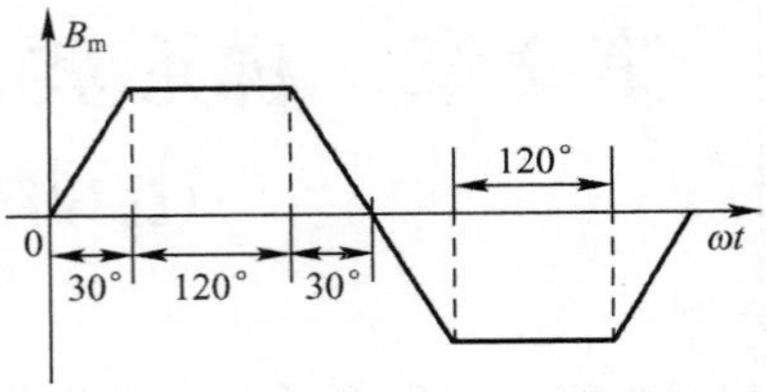

图 9-2　电动机气隙磁通密度分布为梯形波

1）电动机与电力电子控制电路结构简单，在电动机中产生平顶波的磁场分布和平顶波的感应电动势，比产生正弦分布的磁场和正弦变化的电动势简单，同样，产生方波电压、方波电流的逆变器比产生正弦波电压、正弦波电流的逆变器简单得多，控制也方便。

2）工作可靠，梯形波电动机的逆变器采用120°导通型，逆变器同一个桥臂中不可能产生直通现象，工作可靠，尤其适用于高速运行。

3）转矩脉动小，三相对称，波宽≥120°的平顶波电动势和电流，当相位相同时，转矩脉动小。

4）材料利用率高，出力大，在相同的材料下，电动机输出功率较正弦波大 10.2%，同一个逆变器，控制方波电动机时比控制正弦波电动机时，逆变器的容量可增加 15%，因在输出同一转矩条件之下，平顶波的波幅比正弦波的波幅小。

5）控制方法简单，磁场定向控制简化为磁极位置控制，电压频率协调控制简化为调压控制（频率自控）。

电动机部分的结构和经典的交流永磁同步电动机相似，其定子上有多相绕组，转子上镶有永久磁铁。图 9-3 是内转子和外转子的无刷直流电动机本体的典型机械结构。

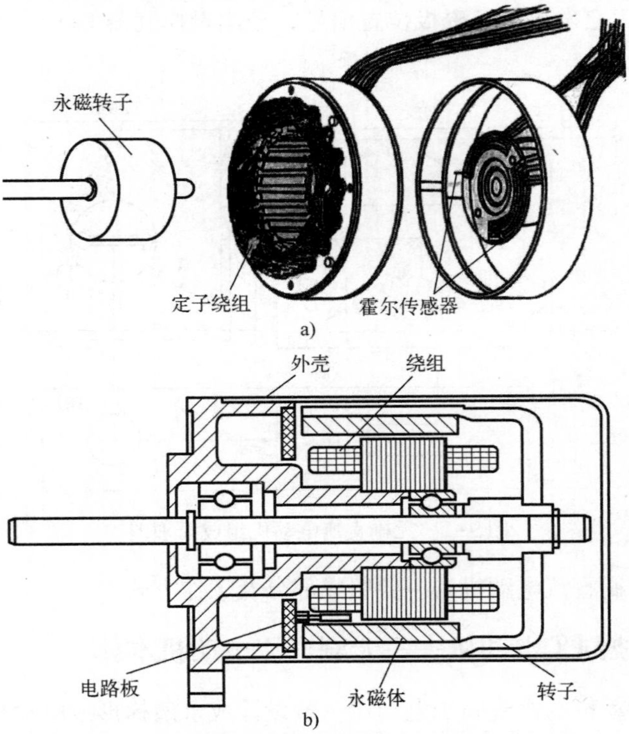

图 9-3　无刷直流电动机本体典型机械结构

a）内转子无刷直流电动机　b）外转子无刷直流电动机

9.1.2　电力电子逆变器及其工作方式

无刷直流电动机的电枢绕组与交流电动机定子绕组相同，通常有星形绕组和三角形绕组两类。它们与逆变器相连接的主电路又有桥式和非桥式之分，其相数也有单相、两相、三相、四相、五相等，种类较多。

1. 电力电子逆变器

（1）星形接法

星形联结如图 9-4 所示，其中图 9-4a、c 为星形桥式；图 9-4b、d 为星形非桥式。两相绕组也可连接成星形和桥式接法，如图 9-4e、f 所示。

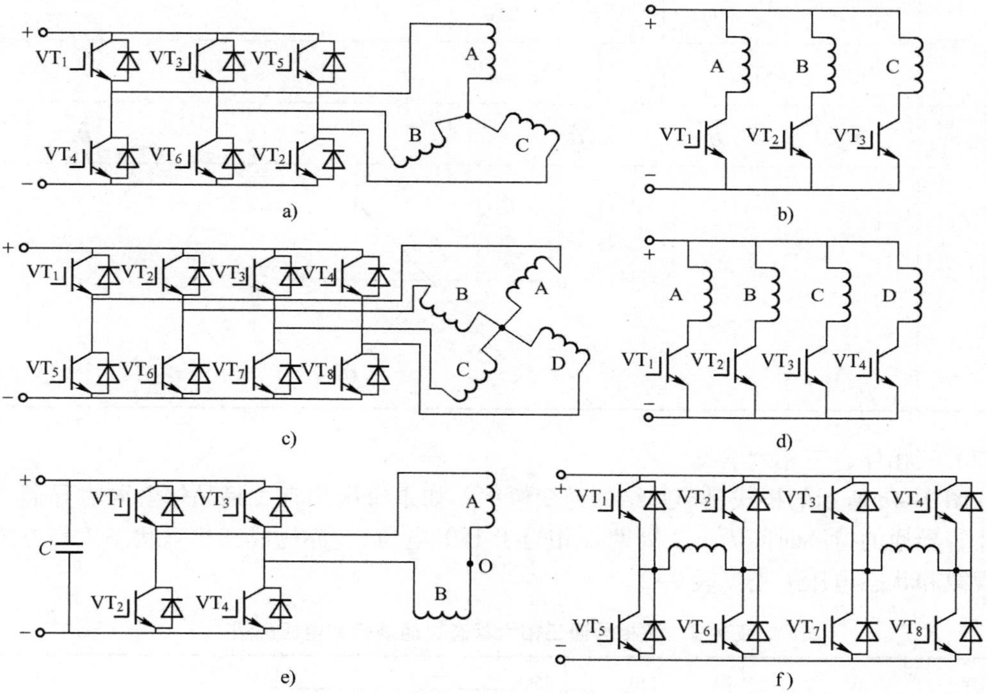

图 9-4　星形联结

（2）三角形接法

三角形联结绕组如图 9-5 所示，逆变器为桥式连接。

2. 工作方式

在无刷直流电动机中，三相应用最广。现以三相结构为例，说明其工作方式。

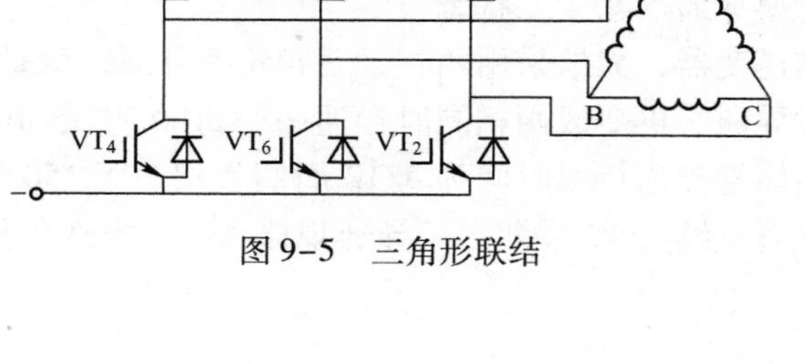

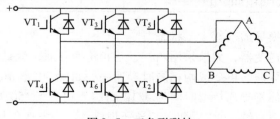

图 9-5　三角形联结

三相星形桥式接法的工作方式如下。

（1）两相导通三相六状态

图 9-4a 所示是三相桥式逆变器，A、B、C 三个桥臂中，任何一个桥臂的上、下两管不能同时导通，若每次只有两相同时导通，即一个桥臂的上管（或下管）只与另一桥臂的下管（或上管）同时导通，则构成 120°电角导通型三相六状态工作方式，其导通规律和状态电压矢量见表 9-1。

表 9-1　两相导通三相六状态导通规律和电压矢量

顺序	0°	60°	120°	180°	240°	300°	360°
导通规律	VT_1	VT_3	VT_5	VT_1			
	VT_6	VT_2	VT_4	VT_6			
电压矢量	$\hat{U}_1$	$\hat{U}_2$	$\hat{U}_3$	$\hat{U}_4$	$\hat{U}_5$	$\hat{U}_6$	
	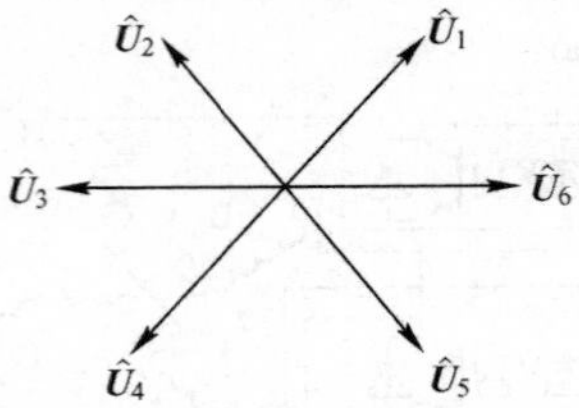 						

（2）三相导通三相六状态

在图 9-4a 所示的桥式星形联结的逆变桥中，如果每次均有 3 只晶体管同时导通，则每只晶体管导通的持续时间为 1/2 周期（相当于 180°电角），亦构成三相六状态工作方式，其导通规律和状态电压矢量见表 9-2。

表 9-2　三相导通三相六状态导通规律和电压矢量

顺序	0°	120°	240°	360°	120°				
导通规律	VT_1	VT_4	VT_1						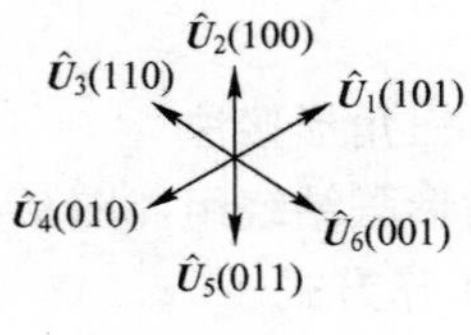
	VT_6	VT_3	VT_6						
	VT_5	VT_2	VT_5	VT_2					
电压矢量	$\hat{U}_1$ (101)	$\hat{U}_2$ (100)	$\hat{U}_3$ (110)	$\hat{U}_4$ (010)	$\hat{U}_5$ (011)	$\hat{U}_6$ (001)	$\hat{U}_1$	$\hat{U}_2$	

（3）两相、三相轮换导通三相十二状态

三相桥式星形联结逆变器，如果采用两相、三相轮换导通，就是依次轮换，有时两相同时导通，然后三相同时导通，再变成两相同时导通……每隔 30°电角，逆变桥晶体管之间就进行一次换流，每只晶体管导通持续时间为 5/12 周期，相当于 150°电角，便构成十二状态工作方式。其中每种状态持续 1/12 周期，其导通规律和状态电压矢量见表 9-3。

表 9-3　两相、三相轮流导通规律和电压矢量

顺序	0°　30°　60°　90°　120°　150°　180°　210°　240°　270°　300°　330°　360°											
导通规律	VT_1				VT_4				VT_1			
	VT_6				VT_3				VT_6			
	VT_5				VT_2				VT_5			
电压矢量	$\hat{U}_1$	$\hat{U}_2$	$\hat{U}_3$	$\hat{U}_4$	$\hat{U}_5$	$\hat{U}_6$	$\hat{U}_7$	$\hat{U}_8$	$\hat{U}_9$	$\hat{U}_{10}$	$\hat{U}_{11}$	$\hat{U}_{12}$

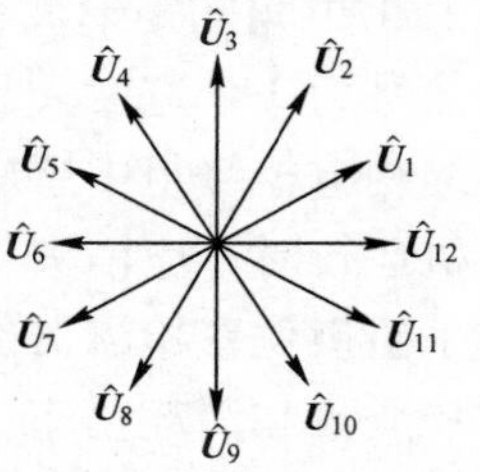

在三相十二状态工作时相电压的波形计算如下。

以图 9-4a 为例，状态 1：VT_1、VT_6、VT_5 导通，电动机端点电位 $u_A = E_d, u_B = -E_d, u_C = E_d$。电动机星形中性点电位为

$$u_O = \frac{1}{3}(u_A + u_B + u_C) = \frac{1}{3}E_d \tag{9-1}$$

A 相相电压为

$$u_{AO} = u_A - u_O = \frac{2}{3}E_d \tag{9-2}$$

同理可得状态 2：$u_O = 0, u_{AO} = E_d$；状态 3：$u_O = -\frac{1}{3}E_d, u_{AO} = \frac{4}{3}E_d$；状态 4：$u_O = 0, u_{AO} = E_d$；……依次求得电动机 A 相相电压，其波形如图 9-6 所示。

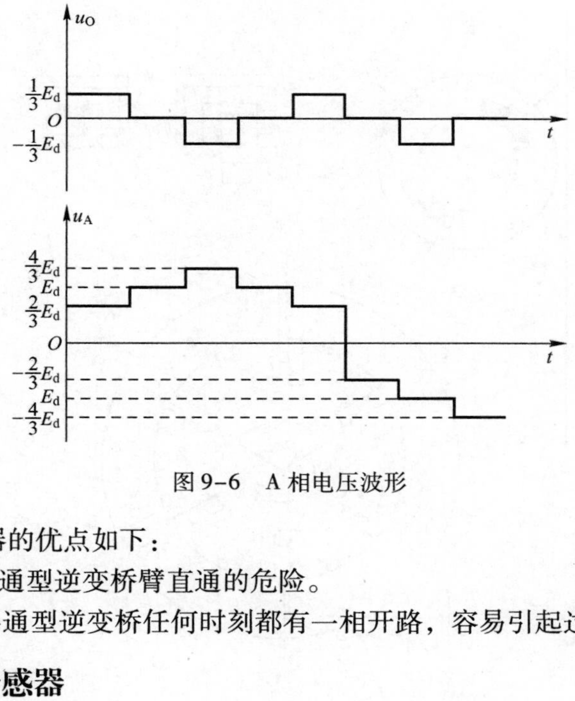

图 9-6　A 相电压波形

150°导通型逆变器的优点如下：

1）避免了 180°导通型逆变桥臂直通的危险。

2）避免了 120°导通型逆变桥任何时刻都有一相开路，容易引起过电压的危险。

9.1.3　转子位置传感器

转子磁极位置检测器又称转子位置传感器，它是检测转子磁极与定子电枢绕组间的相对位置，并向逆变器发出控制信号的一种装置，其输出信号应与逆变器的工作模式相匹配。在

三相桥式逆变器电路中，电动机的转子磁极位置检测器输出信号为 3 个宽为 180°电角、相位互差 120°电角的矩形波；在三相零式（非桥式）逆变电路中，电动机转子磁极位置检测器输出信号为 3 个宽度大于或等于 120°电角、相位互差 120°电角的矩形波，波形的轴线应与相应的相电枢绕组中感应电动势 e 波形的轴线在时间相位上一致。位置检测器的 3 个信号在电动机运行时不应消失，即使电动机转速置零时，也应有信号输出。

转子磁极位置检测器的主要技术指标是：输出信号的幅值、精度、响应速度、抗干扰能力、体积质量和消耗功率，以及调整方便和工作的可靠性。

常用的位置检测器分为电磁感应式、光电式、霍尔开关式和接近开关式等，它们都由定子和转子两部分构成。这里只介绍前 3 种。

（1）电磁感应式位置检测器

电磁感应式位置检测器又称差动变压器式位置检测器。其转子为一转盘，它是一块按电角为 π 切成的扇形导磁圆盘，对于四极电动机，其位置检测器结构原理如图 9-7a 所示。其定子为 3 只开口的“E”形变压器，这 3 只变压器在空间相隔 120°电角，如图 9-7a 所示。在“E”形铁心的中心柱上绕有二次线圈，外侧两铁心柱上绕有一次线圈，并由外加高频电源供电。当圆盘 π 电角的突出部分处在变压器两心柱下时，磁导增大，磁阻变小，而另一侧心柱下的磁阻不变。由于两侧磁路变为不对称，二次绕组便有感应信号输出，当电动机旋转时，位置检测器圆盘的突出部分依次扫过变压器 A、B、C，于是就有 3 个相位相差 120°电角的高频感应信号输出，经滤波器整流后，便呈 180°电角宽、3 个相位互差 120°的矩形信号输出，经逻辑处理以后，向逆变器提供驱动信号。

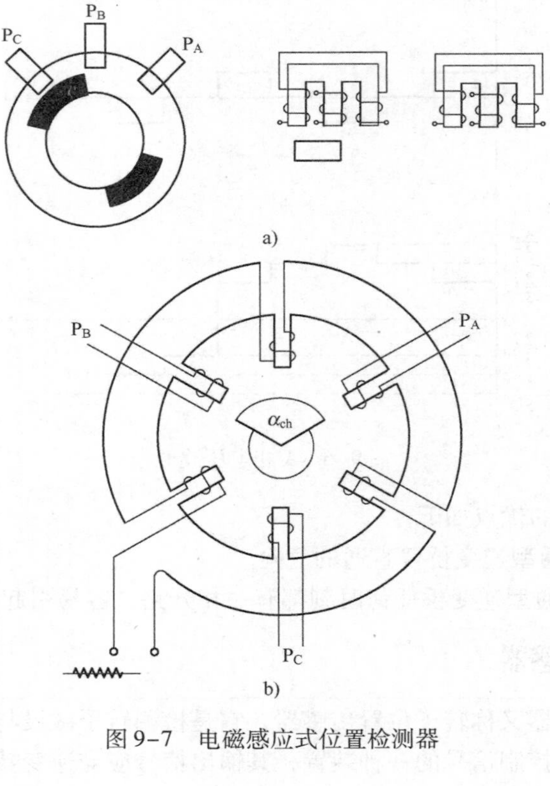

图 9-7　电磁感应式位置检测器

另一种电磁感应式位置检测器的定子由带齿的磁环、高频励磁绕组和输出绕组组成。转子为扇形磁心柱，如图 9-7b 所示，目前常用的磁心材料为锰锌铁氧体，其磁导率 $\mu \geqslant 1500$，品质因数 $Q \geqslant 80$，为软磁材料。每 360°电角中共设 6 个磁心齿，磁心与磁心间的夹角为 60°电角，每隔 120°电角的齿心上套着高频励磁线圈，作为一次线圈。其他 3 个齿心上分别安装输出线圈 P_A、P_B、P_C，作为二次线圈。转子扇形磁心柱的扇形片弧长 α_{ch} 按逆变器工作模式确定。在小型无刷直流电动机中，常采用三相半桥逆变器供电，其主电路如图 9-4b 所示，此时，取 $\alpha_{ch} \geqslant 120°$ 即可。若采用三相桥式逆变器，如图 9-4a 所示的电路，并采用 120°或 180°导通型工作时，则取 $\alpha_{ch} \geqslant 180°$ 电角即可。电动机运行时扇形磁心柱随电动机转子旋转，当扇形片处在输出线圈下时，输出线圈中便感应出高频信号，高频信号段的宽度等于 α_{ch} 弧长的电角度，经滤波整形逻辑处理以后，向逆变器提供驱动信号。

（2）光电式位置检测器

光电式位置检测器也是由定子、转子组成的。其转子部分是一个按 π 电角开有缺口的金属或非金属圆盘或杯形圆盘，其缺口数等于电动机极对数；定子部分是由发光二极管和光敏晶体管组合而成的。市场上已经有“π”形光耦元件供应，常称槽光耦。每个槽光耦由一只发光二极管和光敏晶体管组成，使用十分方便。槽的一侧是砷化镓发光二极管，通电时发出红外线；槽的另一侧为光敏晶体管。由它组成的光电式位置检测器如图 9-8 所示。当圆盘的突出部分处在槽光耦的槽部时，光线被圆盘挡住，光敏晶体管呈高阻态；当圆盘的缺口处在光耦的槽部时，光敏晶体管接收红外线的照射，呈低阻态。位置检测器的圆盘固定在电动机转轴上，随电动机转子旋转，圆盘的突出部分依次扫过光耦，通过电子变换电路，将光敏晶体管高、低电阻转换成相对应的高、低电平信号输出。对于三相电动机，位置检测器的定子部分有 3 只槽光耦，在空间相隔 120°电角，发出相位互差 120°的 3 个信号，经逻辑处理后向逆变器提供驱动信号。

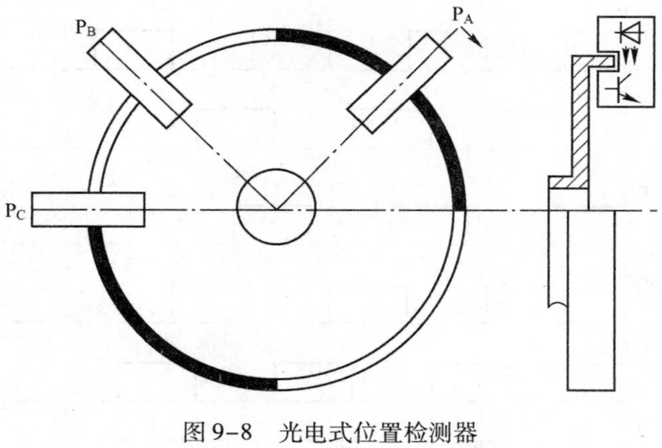

图 9-8　光电式位置检测器

（3）霍尔开关式位置检测器

霍尔元件是一种最常用的磁敏元件，在霍尔开关元件的输入端通以控制电流。当霍尔元件受外磁场的作用时，其输出端便有电动势信号输出；当没有外界磁场作用时，其输出端无电动势信号。通常把霍尔元件敷贴在定子电枢磁心气隙表面，根据霍尔元件输出的信号便可判断转子磁极位置，将信号处理放大后便可驱动逆变器工作。

（4）两相导通星形三相六状态的驱动信号

两相导通星形三相六状态工作的无刷直流电动机转子位置信号逻辑变换的波形和电路如图 9-9 所示。该电路具有电动机正反转控制功能。图中 P_A、P_B、P_C 为转子位置检测器输出信号。

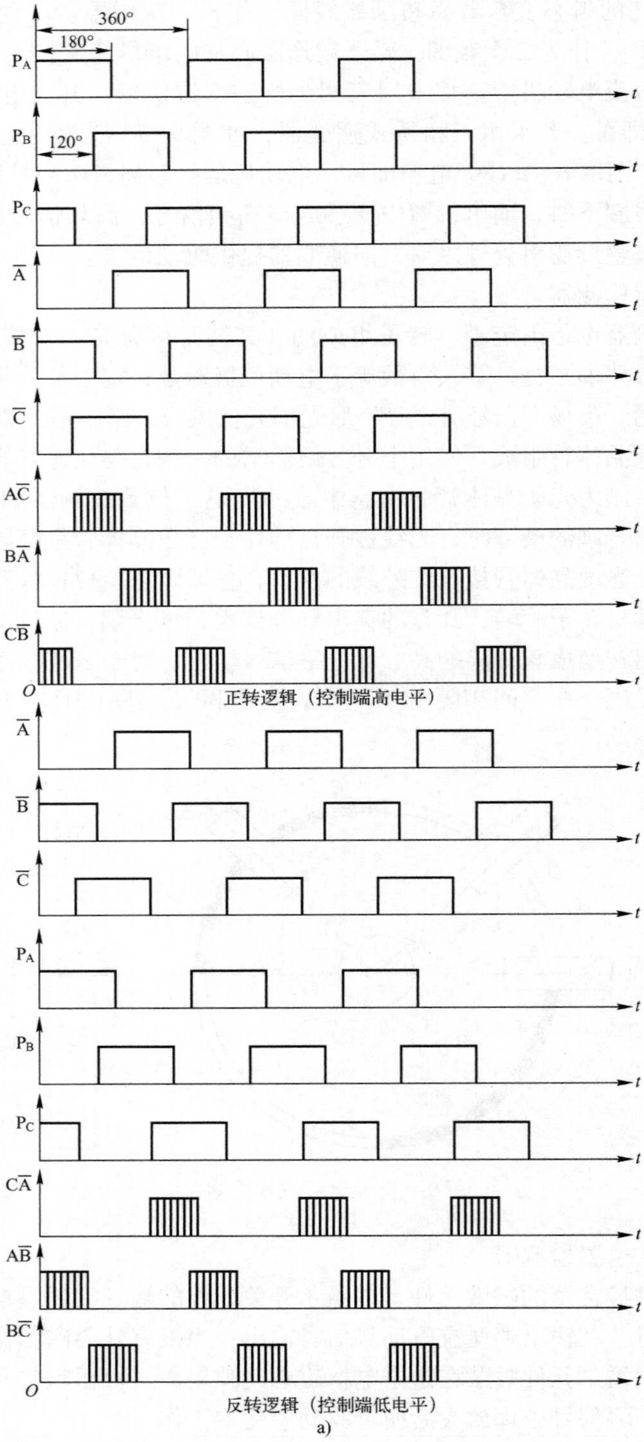

a)

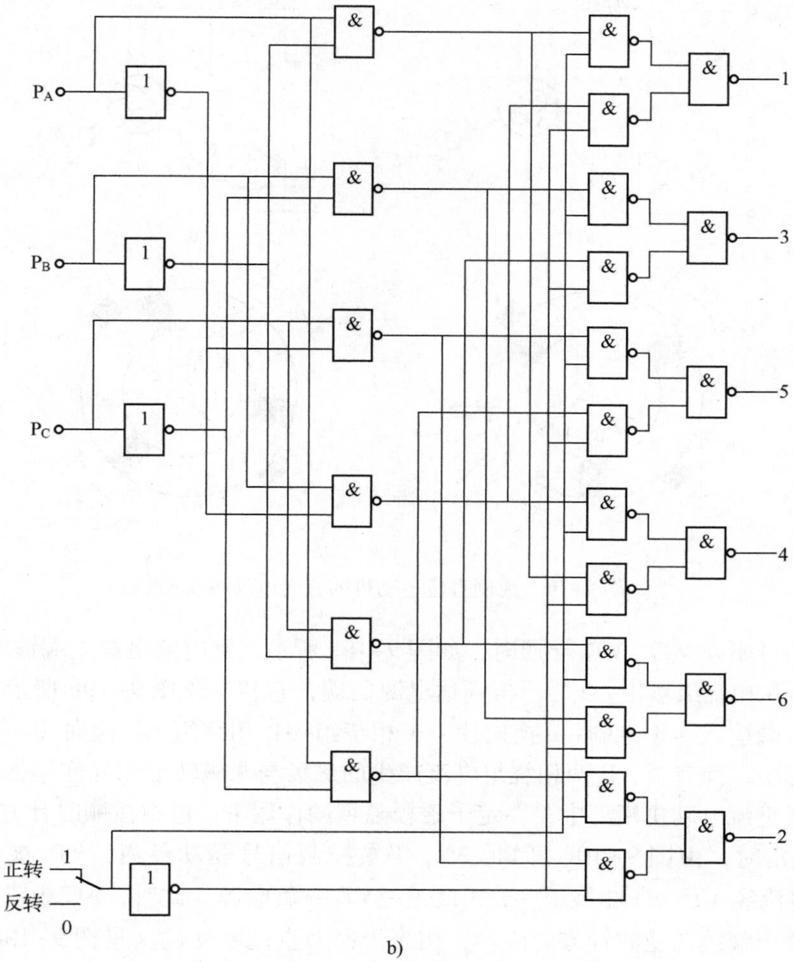

b)

图 9-9　两相导通三相六状态（正反转逻辑和控制电路）

a）正反转逻辑变换波形　b）控制电路

电路的端点 1、3、5、4、6、2 分别与逆变桥功率管的驱动电路连接，提供驱动信号。显然，图中换向逻辑变换电路相当复杂，这里仅用于说明原理。随着集成电路技术的发展，目前已广泛使用 EPROM、GAL 等芯片编程，实现换向逻辑变换，其具有结构简单、编程可靠的特点。

9.2　无刷直流电动机的工作原理

9.2.1　基本工作原理

无刷直流电动机的工作原理可用等效直流电动机模型来说明，它相当于带有 3 个换向片的直流电动机，电刷放在几何中心线上，如图 9-10 所示。直流电动机是电枢旋转，而无刷直流电动机是转子磁极旋转。由以上分析和无刷直流电动机的构成可以看出，无刷直流电动机就是自控变频同步电动机（无换向器电动机）。因此，无刷直流电动机的基本工作原理等同自控变频同步电动机。以下分析无刷直流电动机的工作原理。

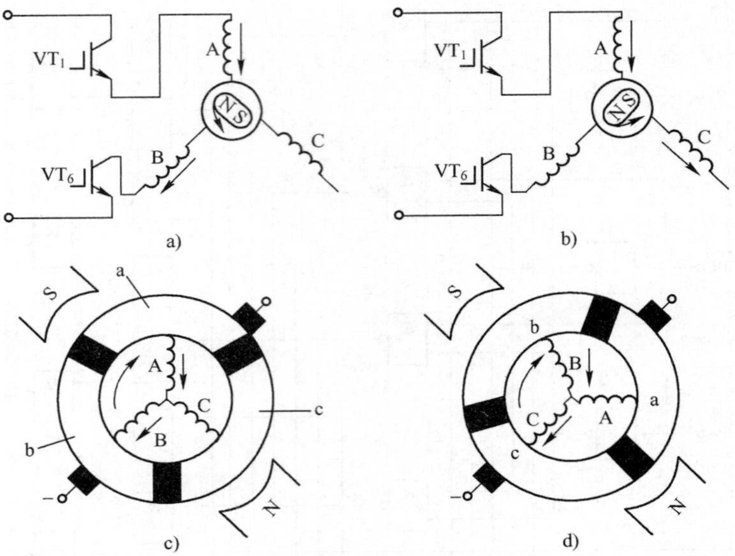

图 9-10　无刷直流电动机的直流电动机模型

当控制信号驱动 VT_1、VT_6 导通时，如图 9-10a 所示，则电流电源正端输入，经 VT_1→A 相绕组输入→B 相绕组输出→VT_6，再到达电源负端，它相当于图 9-10b 所示的直流电动机电流由电源正端输入→正电刷→a 换向片→A 相绕组→B 相绕组→b 换向片→负电刷→负电源。在该状态中，前者 A、B 两相绕组电流产生的磁场与永磁转子相互作用拖动转子逆时针方向运动；在直流电动机模型中，在定子磁极磁场的作用下，电枢按顺时针方向运动。当转子旋转 60°电角时，由图 9-10c 可知，VT_1 仍被控制信号驱动导通，VT_6 被截止，转变成 VT_2 导通，电流经 VT_1→A 相绕组→C 相绕组→VT_2→负电源。此时，AC 相绕组产生的磁场又拖动永磁转子继续向逆时针方向旋转，相当于模型直流电动机（见图 9-10d），电流由电源正端→正电刷→a 换向片→A 相绕组→C 相绕组→c 换向片→负电刷→负电源端，电枢电流在磁极磁场的作用下，按顺时针方向旋转。由此可知：当逆变器桥臂上管导通时，相当于直流换向片与正电刷相接触；当桥臂下管导通时，相当于换向片与负电刷相接触。模型直流电动机电枢绕组中的电流的转移是靠换向片与电刷之间接触的变换来实现的；无刷直流电动机中电流的换向是由 IGBT 管的导通和关断来实现的。

从图 9-10b 过渡到图 9-10d 的过程中，当电刷同时与换向片 b、c 相接触时，B、C 的两个线圈被负电刷短路，电流从 B 向 C 转移，进入换向过程，它就相当于控制信号驱动 VT_6 导通转变为控制信号驱动 VT_2 导通的换流过程。图中无刷直流电动机每相绕组中流过电流的持续时间仅为 1/3 周期，相当于转过 120°电角的时间，即为 120°导通型。永磁转子每转过 60°电角，逆变器晶体管之间就进行一次换流，这相当于直流电动机进行一次换向。在直流电动机中，每次换向过渡的换向时间是由电刷的宽度和电动机转速决定的，而在无刷直流电动机中，电流从一相转移到另一相所需的时间是由晶体管的关断时间和导通时间决定的，相应的时间极短。这里应注意：在无刷直流电动机中，电流每次从一相转移到另一相，定子磁状态就改变一次，每改变一次磁状态，电枢磁场就在空间跃进 60°电角，所以无刷直流电动机是一种步进式旋转磁场。

众所周知，在直流电动机中，当电刷处在几何中心线时，电枢磁场与磁极磁场正交，在同样的电枢电流下转矩最大；在无刷直流电动机中，等效电刷的位置取决于转子磁极位置检测器所发出的控制信号驱动 IGBT 管导通的相对时刻（提前还是落后），应使电枢磁动势与永磁转子磁极磁动势相互作用产生最大的电磁转矩（见图9-11）。也就是要求每两相绕组流过电枢电流期间建立的磁动势轴线与转子磁极磁动势轴线间的相应相位，应由（90°+30°）电角持续到（90°-30°）电角，其平均值相当于处在正交运行状态。在电动势电流矢量图中，电枢绕组基波反电动势与基波电流同相位，其电磁转矩最大。

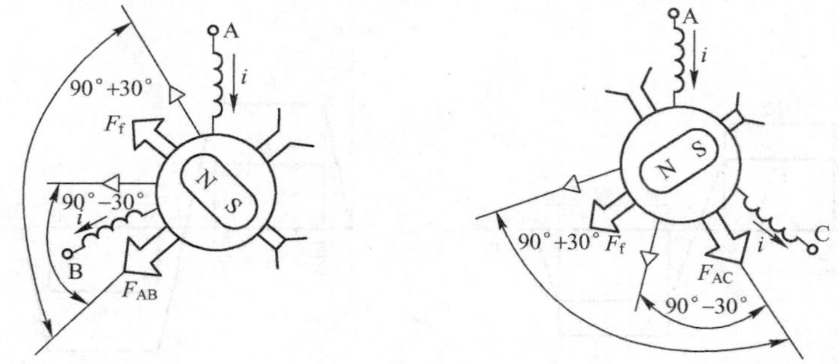

图9-11 无刷直流电动机定、转子磁场空间相对位置

综上所述，无刷直流电动机借助转子位置检测器发出转子磁场位置信号，协调控制与电枢绕组相连的相应的功率开关元件，使其导通或截止依次馈电，从而产生步进式旋转的电枢磁场，驱动永磁转子旋转。随着转子的旋转，位置检测器不断地发出磁场位置信号，控制着电枢绕组的磁状态，使电枢磁场总是超前于永磁转子磁场90°左右电角度，产生最大的电磁转矩。

9.2.2 无刷直流电动机的换向原理

无刷直流电动机的换向控制，是根据位置传感器测量到的转子磁场位置，控制逆变器功率器件的导通与关断，以控制电动机绕组的通电状态。无刷直流电动机通常为三相绕组结构，也有四相、五相结构的情况，但应用最广泛的为三相结构。三相绕组结构的无刷直流电动机，可以将三相绕组接为半桥Y形、三相桥Y形和三相桥△形结构，其中三相桥Y形是最常用的结构，为本章讨论的内容。

1. 无刷直流电动机的换向控制

三相桥式Y形结构的无刷直流电动机，可以使用120°导通型、180°导通型和150°导通型逆变器，不同的逆变器使电动机的工作特性有所差异。

（1）采用120°导通型逆变器的电动机特性

Y形接法的电动机采用120°导通型逆变器，换向控制方法见表9-4，每个周期有6个换向状态，电动机在每个时刻有两相绕组通电，又称为两相通电方式。

表9-4 120°导通型逆变器换向控制方法

转子磁场位置	0°~30°	30°~90°	90°~150°	150°~210°	210°~270°	270°~330°	330°~360°
正转	C/B	A/B	A/C	B/C	B/A	C/A	C/B
反转	B/C	B/A	C/A	C/B	A/B	A/C	B/C

为了使电动机产生最大转矩，在表 9-4 中将逆变器导通的起始位置放在转子磁场 30°相位上，得到图 9-12a 所示的 A 相绕组的电压与反电动势的波形。由于任何时候都是两相绕组串联，因此当绕组 A 接电源的正端时（VT_1 导通），获得正向的 $U_d/2$ 电压，而当绕组 A 接电源地时（VT_4 导通），获得 $-U_d/2$ 电压。

如果是电流型逆变器，得到的是图 9-12 所示的电流与反电动势波形，则当绕组 A 接电源的正端时（VT_1 导通），获得正向的 I_d 电流，而当绕组 A 接电源地时（VT_4 导通），获得 $-I_d$ 电流。

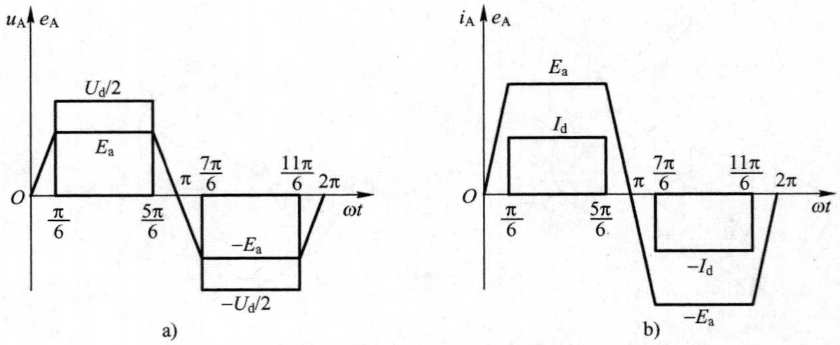

图 9-12　两相导通方式的 A 相电压、电流和反电动势

采用电压型逆变器驱动、两相通电方式控制是无刷直流电动机使用最多的类型，其等效电路图如图 9-13a 所示，并且进一步等效为图 9-13b。

根据图 9-13b 的等效电路，两相通电方式的电动机绕组的电压平衡式为

$$U_d=(2r_0+2r_a)I_d+2L_a\frac{dI_d}{dt}+2E_a=R_{a2}I_d+L_{a2}\frac{dI_d}{dt}+E_{a2} \tag{9-3}$$

式中，r_0 为开关器件的等效内阻；定义两相通电方式下回路电阻 $R_{a2}=2(r_0+r_a)$，电感 $L_{a2}=2L_a$，当反电动势上顶宽大于 120°时，反电动势 $E_{a2}=2E_a$。由式（9-3）和图 9-13b 的等效电路可知，转矩为

$$T_e=\frac{1}{\Omega}(e_Ai_A+e_Bi_B+i_Ci_C)=\frac{2I_dE_a}{\Omega}=K_TI_d \tag{9-4}$$

式中，$K_T=2E_a/\Omega$，为两相绕组通电时的转矩系数。再将式（9-3）的稳态式代入，整理得到机械特性

$$\Omega=\frac{2E_a}{K_T}=\frac{U_d-R_AI_d}{K_T}=\frac{U_d}{K_T}-\frac{R_A}{K_T^2}T_e=\Omega_0-\beta T_e \tag{9-5}$$

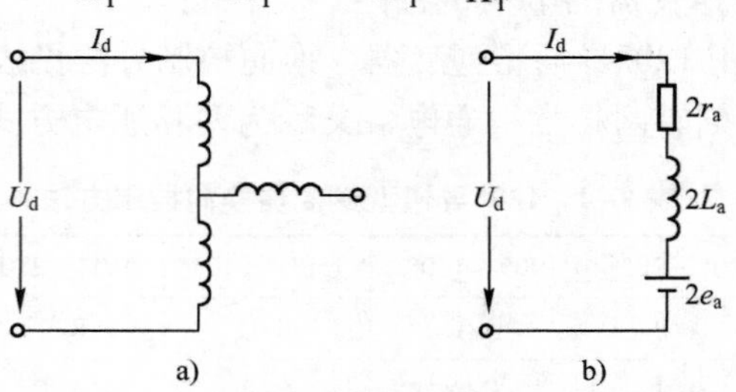

图 9-13　两相导通方式下电动机的等效电路

(2) 采用180°导通型逆变器的电动机特性

无刷直流电动机采用180°导通型逆变器控制，每个功率开关器件导通180°电角，两管相差60°电角，每个瞬间有3个功率开关导通。

Y形接法的电动机采用180°导通型逆变器时，换向控制方法见表9-5，每个周期也有6个换向状态，电动机在每个时刻有三相绕组通电，因此又称为三相通电方式。

表9-5 180°导通型逆变器换向控制方法

转子磁场位置	0°~60°	60°~120°	120°~180°	180°~240°	240°~300°	300°~360°
正转	CA/B	A/BC	AB/C	B/AC	BC/A	C/AB
反转	B/CA	BC/A	C/AB	CA/B	A/BC	AB/C

由180°导通型的电压波形，得到A相绕组电压和反电动势的关系如图9-14所示，电压从0相位施加。如果使用的是电流源逆变器，因能够直接对母线电流 I_d 控制，得到相电流与反电动势的波形图如图9-14所示。

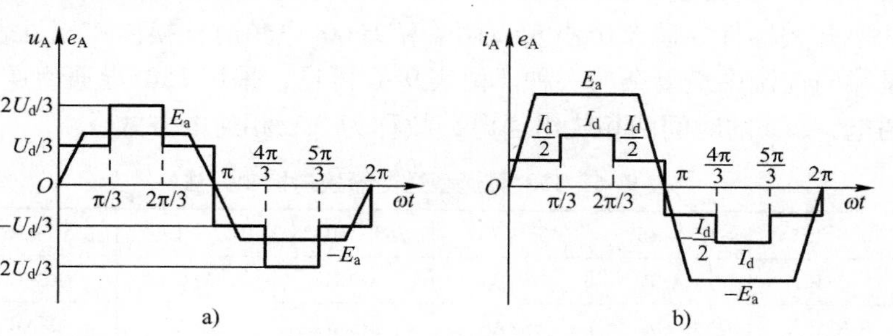

图9-14 三相通电方式相电压、相电流与反电动势

根据表9-5给出的换向控制逻辑，可以得到三相通电方式的等效电路有图9-15a和b所示的两种情况，或者两相绕组连接在电源正端，一相连接在电源地上，或者一相绕组连接在电源的正端，两相连接在电源地上，得到进一步的等效电路如图9-15c所示。

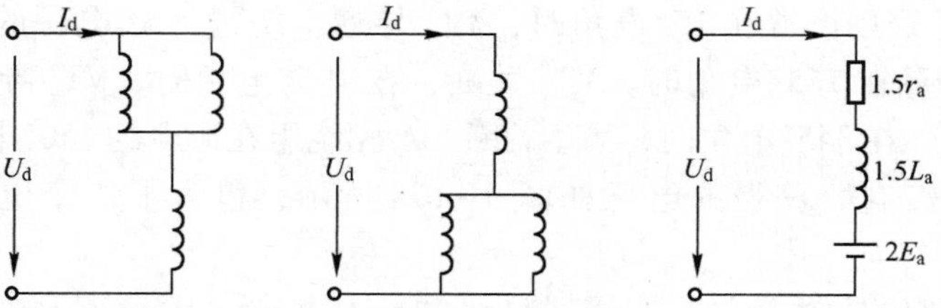

图9-15 三相通电方式下电动机绕组的等效电路

根据图9-15c的等效电路，得到绕组回路的等效电压平衡式为

$$U_d = (2r_0 + 1.5r_a)I_d + 1.5L_a\frac{\mathrm{d}I_d}{\mathrm{d}t} + 2\overline{E}_a = R_{a3}I_d + L_{a3}\frac{\mathrm{d}I_d}{\mathrm{d}t} + E_{a3} \tag{9-6}$$

为了区别两相通电的情况，式(9-6)中定义 $R_{a3}=2r_0+1.5r_a$ 为三相通电方式下的回路电阻，$L_{a3}=1.5L_a$ 为三相通电方式下的回路电感，而反电动势采用半周期内的平均值 $\overline{E}_a$ 来

表示，即 $E_{a3}=2\overline{E}_a$。由于 180°通电的绕组，其反电动势的梯形波上顶宽不可能达到 180°，这意味着 $\overline{E}_a<E_a$，而有 $E_{a3}<2E_a$。如果根据式（9-4）将电磁转矩式表示为

$$T_e=\frac{1}{\Omega}(e_A i_A+e_B i_B+e_C i_C)=K_{T3}I_d \tag{9-7}$$

则由于绕组 180°通电，反电动势的形状将影响着转矩系数 K_{T3}。同样，当反电动势近似为 180°方波时，$K_{T3}\approx 2E_a/\Omega$。而当反电动势顶宽小于 180°时，$K_{T3}$是脉动的。通常为了获得线性的电流与转矩的关系，也将 K_{T3}看作平均值。其机械特性为

$$\Omega=\frac{2E_a}{K_{T3}}=\frac{U_d-R_3 I_d}{K_{T3}}=\frac{U_d}{K_{T3}}-\frac{R_3}{K_{T3}^2}T_e=\Omega_0-\beta T_e \tag{9-8}$$

其形式与式（9-5）相同。但是由于反电动势很难成为 180°方波，有 $K_{T3}<2E_a/\Omega=K_T$，而使在相同的直流电源电压 U_d 下，三相通电的空载转速稍高于两相通电方式。同时因电阻 R_3 小于两相通电方式下的 R_2，这表明三相通电的特性要硬些。

（3）采用 150°导通型逆变器的电动机特性

当每个功率开关器件导通 150°电角，两管相差 60°电角时，换向控制见表 9-6，有 12 个换向状态，是换向控制中最复杂的一种。由表 9-6 可见，采用 150°导通型逆变器，1/2 的时间三相绕组通电，1/2 的时间两相绕组通电，故称为二三相通电方式。

表 9-6　150°导通型逆变器换向控制方法

转子磁场位置	0°~15°	15°~45°	45°~75°	75°~105°	105°~135°	135°~165°	165°~180°
正转	C/B	CA/B	A/B	A/BC	A/C	AB/C	B/C
反转	B/C	B/CA	B/A	BC/A	C/A	C/AB	C/B
转子磁场位置	180°~195°	195°~225°	225°~255°	255°~285°	285°~315°	315°~345°	345°~360°
正转	B/C	B/CA	B/A	BC/A	C/A	C/AB	C/B
反转	C/B	CA/B	A/B	A/BC	A/C	AB/C	B/C

表 9-6 所示的二三相通电方式，需要将 150°导通型电压波形的起始位置放在转子磁场 15°的位置上。转子磁场位置在 15°电角时，VT_1 导通，绕组 A 接电源的正端，获得正向电压，而转子磁场位置在 165°电角时，VT_1 关断，在 195°电角时，VT_4 导通，绕组 A 接电源地，获得反向电压，在 345°电角时，VT_4 关断。A 相绕组在通电的 150°电角期间，电压随着二相、三相结构的变化，获得的电压如图 9-16a 所示，包含了 4 个电平：0、$U_d/3$、$U_d/2$、$2U_d/3$。

如果逆变器使用的是电流源，直接对母线电流 I_d 控制，则采用 150°导通的二三相通电方式时，反电动势与相电流的时序如图 9-16b 所示。需要注意的是，它与图 9-16a 所示的相电压波形完全不同，仅包含两个电流值：$I_d/2$、I_d。

二三相通电方式，有时为三相绕组通电，有时为两相绕组通电，等效电路如图 9-17a 和 b 所示，电压平衡式分别为

两相通电时
$$U_d=R_{a2}I_d+L_{a2}=\frac{dI_d}{dt}+E_{a2}$$

三相通电时
$$U_d=R_{a3}I_d+L_{a3}\frac{dI_d}{dt}+E_{a3}$$

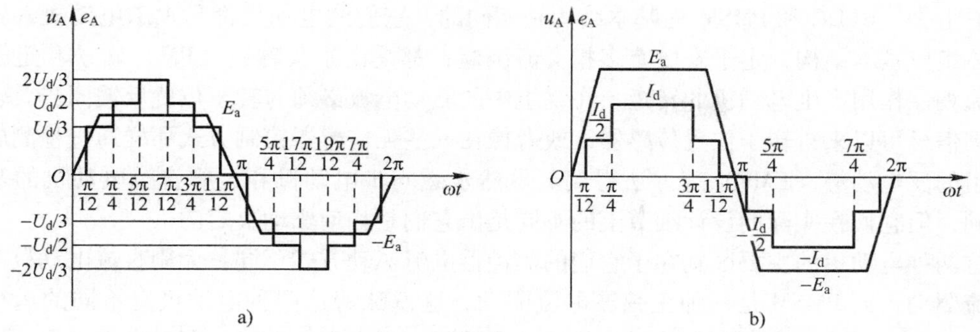

图 9-16　二三相通电方式相电压、相电流与反电动势

因两相通电时间与三相通电时间相等，将参数求平均值

$$R_{a23}=(R_{a2}+R_{a3})/2=2r_0+1.75r_a$$
$$L_{a23}=(L_{a2}+L_{a3})/2=1.75L_a$$

得到的等效电路图如图 9-17b 所示。得到电压平衡式为

$$U_d=R_{a23}I_d+L_{a23}\frac{dI_d}{dt}+E_{a2} \tag{9-9}$$

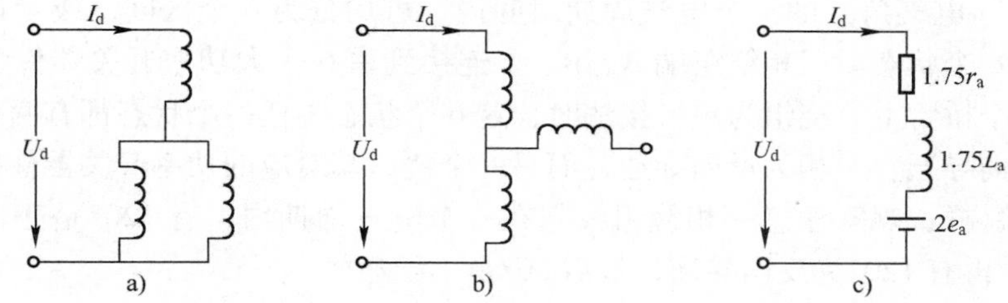

图 9-17　二三相通电方式电动机绕组的等效电路

电磁转矩能够表示为

$$T_e=\frac{1}{\Omega}(i_Ae_A+i_Be_B+i_Ce_C)=K_{T23}I_d \tag{9-10}$$

同样，如果反电动势为 150°方波，$K_{T23}=2E_a/\Omega=K_T$。而当反电动势顶宽小于 150°时，K_{T23}也是脉动的，为了获得线性的转矩式，也可以将 K_{T23}看作平均值，得到机械特性

$$\Omega=\frac{2E_a}{K_{T23}}=\frac{U_d-R_{23}I_d}{K_{T23}}=\frac{U_d}{K_{T23}}-\frac{R_{23}}{K_{T23}^2}T_e=\Omega_0-\beta T_e \tag{9-11}$$

由 K_{T23}和 R_{a23}可知，二三相通电方式的机械特性在空载转速、特性硬度上都介于两相通电和三相通电之间。

9.3　无刷直流电动机与永磁同步电动机的比较

根据永磁电动机气隙磁通密度分布规律的不同将永磁无刷同步电动机分为两大类：梯形波永磁同步电动机（常称无刷直流电动机，符号为 BLDC）和正弦波永磁同步电动机（常简称为永磁同步电动机，符号为 PMSM）。

看上去，BLDC 和 PMSM 的基本结构是相同的：它们的电动机都是永磁电动机，转子由永磁体组成基本结构，定子安放有多相交流绕组；都是由永久磁铁（PM）转子和定子的交流电流相互作用产生电动机的转矩；在绕组中的驱动电流必须与转子位置反馈同步。转子位置反馈信号可以来自转子位置传感器，或者像在一些无传感器控制方式那样通过检测电动机相绕组的反电动势（EMF）等方法得到。虽然永磁同步电动机和无刷直流电动机的基本结构相同，但它们在实际的设计细节上的不同是由它们是如何驱动决定的。

这两种电动机的主要区别在于它们的驱动器电流驱动方式不同：无刷直流电动机是梯形波电流驱动，而 PMSM 是一种正弦波电流驱动，这意味着这两种电动机有不同的运行特性和设计要求。因此，两者在电动机的气隙磁场波形、反电动势波形、驱动电流波形、转子位置传感器，以及驱动器中的电流环电路结构、速度反馈信息的获得和控制算法等方面都有明显的区别，它们的转矩产生原理也有很大不同。

9.3.1 无刷直流电动机与永磁同步电动机的转矩产生原理比较

图 9-18 给出了理想情况下，两种电流驱动模式的磁通密度分布、相反电动势、相电流和电磁转矩波形。

无刷直流电动机（BLDC）采用梯形波电流驱动模式。对于常见的三相桥式六状态工作方式，在 360°（电气角）的一个电气周期时间内，可均分为 6 个区间，或者说，三相绕组导通状态分为 6 个状态。三相绕组端 A、B、C 连接到由 6 个大功率开关器件组成的三相桥式逆变器的 3 个桥臂上。绕组为星形接法时，这 6 个状态中任一个状态都有两个绕组串联导电，一相为正向导通，一相为反向导通，而另一个绕组端对应的功率开关器件桥臂上下两器件均不导通。这样，观察任意一相绕组，它在一个电气周期内，有 120°是正向导通，然后 60°为不导通，再有 120°为反向导通，最后 60°是不导通的。

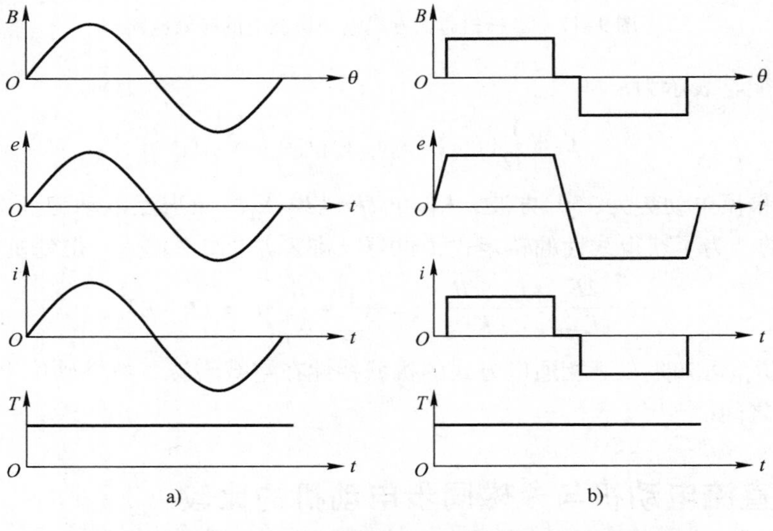

图 9-18 理想情况下两种电流驱动模式的磁通密度分布、相反电动势、相电流和电磁转矩波形

a）正弦波驱动 PMSM b）梯形波驱动 BLDC 电动机

首先讨论一相绕组在120°正向导通范围内产生的转矩。当电动机转子恒速转动，电流指令为恒值的稳态情况下，由控制器电流环作用强迫该相电流为某一恒值。在理想情况下，无刷直流电动机设计气隙磁通密度分布使每相绕组的反电动势波形为有平坦顶部的梯形波，其平顶宽度应尽可能地接近120°。在转子位置传感器作用下，使该相电流导通120°范围和同相绕组反电动势波形平坦部分120°范围在相位上是完全重合的，如图9-18b所示。这样，在120°范围内，该相电流产生的电磁功率和电磁转矩均为恒值。由于每相绕组正向导通和反向导通的对称性，以及三相绕组的对称性，总合成电磁转矩为恒值，与转角位置无关。

在一相绕组正向导通120°范围内，输入相电流I为恒值，它的一相绕组反电动势E为恒值，转子角速度为Ω时，一相绕组产生的电磁转矩T_{ep}由下式表示：

$$T_{ep}=\frac{EI}{\Omega}$$

考虑在一个电气周期内该相还反向导通120°，以及三相电磁转矩的叠加，则在一个360°内的总电磁转矩T为

$$T=\frac{3(2\times120°)}{360°}\frac{EI}{\Omega}=2\frac{EI}{\Omega}$$

在上述理想情况下，方波驱动永磁无刷直流电动机有线性的转矩-电流特性，理论上转子在不同转角时都没有转矩波动产生。但是，在实际的永磁无刷直流电动机中，由于每相反电动势梯形波平顶部分的宽度很难达到120°，平顶部分也不可能做到绝对的平坦无纹波，加上齿槽效应的存在和换向过渡过程电感作用等原因，电流波形也与理想方波有较大差距，转矩波动实际上必然存在。

按正弦波驱动模式工作的永磁同步电动机（PMSM）则完全不同。电动机气隙磁通密度分布设计和绕组设计使每相绕组的反电动势波形为正弦波。正弦波的相电流是由控制器强制产生的，这是通过转子位置传感器检测出转子相对于定子的绝对位置，由伺服驱动器的电流环实现的，并且可以按需要控制相电流与该相反电动势之间的相位关系。它的反电动势和相电流频率由转子转速决定。当相电流与该相反电动势同相时（见图9-18a），三相绕组A、B、C相的反电动势和相电流可表示为

$$e_A=E\sin\theta$$
$$e_B=E\sin(\theta-120°)$$
$$e_C=E\sin(\theta-240°)$$
$$i_A=I\sin\theta$$
$$i_B=I\sin(\theta-120°)$$
$$i_C=I\sin(\theta-240°)$$

式中，E和I分别为一相反电动势和相电流的幅值；θ为转子转角。这里，它的每相绕组正向导通180°，反向导通180°。

电动机的电磁功率P和电磁转矩T的关系为

$$T=\frac{P}{\Omega}=\frac{e_Ai_A+e_Bi_B+e_Ci_C}{\Omega}=1.5\frac{EI}{\Omega}$$

上式表明，正弦波驱动的永磁同步电动机具有线性的转矩-电流特性。式中，瞬态电磁转矩T与转角θ无关，理论上转矩波动为零。在实际的永磁同步电动机中，转矩波动一般比较小。

9.3.2 无刷直流电动机与永磁同步电动机的结构和性能比较

1. 在电动机结构与设计方面

这两种电动机的基本结构相同，有永磁转子和与交流电动机类似的定子结构。但永磁同步电动机要求有一个正弦的反电动势波形，所以在设计上有不同的考虑，它的转子设计要努力获得正弦的气隙磁通密度分布波形。而无刷直流电动机需要有梯形反电动势波，所以转子通常按等磁通密度设计，绕组设计方面进行同样目的的配合。此外，BLDC 控制希望有一个低电感的绕组，以减低负载时引起的转速下降，所以通常采用磁片表贴式转子结构。内置式永磁（IPM）转子电动机不太适合无刷直流电动机控制，因为它的电感偏高。IPM 结构常常用于永磁同步电动机，和表面安装转子结构相比，可使电动机增加约 15% 的转矩。

2. 转矩波动

两种电动机性能最引人关注的是在转矩平稳性上的差异。运行时的转矩波动由许多不同因素造成，首先是齿槽转矩的存在。目前已研究出多种卓有成效的齿槽转矩最小化设计措施，例如，定子斜槽或转子磁极斜极可使齿槽转矩降低到额定转矩的 1%~2% 以下。原则上，永磁同步电动机和无刷直流电动机的齿槽转矩没有太大区别。

其他原因的转矩波动本质上是独立于齿槽转矩的，没有齿槽转矩时也可能存在。如前所述，由于永磁同步电动机和无刷直流电动机相电流波形的不同，为了产生恒定转矩，永磁同步电动机需要正弦波电流，而无刷直流电动机需要矩形波电流。但是，永磁同步电动机需要的正弦波电流是可能实现的，而无刷直流电动机需要的矩形波电流是难以做到的。因为无刷直流电动机绕组存在一定的电感，它妨碍了电流的快速变化。无刷直流电动机的实际电流上升需要经历一段时间，电流从其最大值回到零也需要一定的时间。因此，在绕组换向过程中，输入到无刷直流电动机的相电流是接近梯形的而不是矩形的。每相反电动势梯形波平顶部分的宽度很难达到 120°，正是这种偏离导致无刷直流电动机存在转矩波动。在永磁同步电动机中驱动器换向转矩波动几乎是没有的，它的转矩纹波主要是电流纹波造成的。

在高速运行时，这些转矩纹波影响将由转子的惯性过滤去掉，但在低速运行时，它们会严重影响系统的性能，特别是在位置伺服系统的准确性和重复性方面的性能会恶化。

应当指出，除了电流波形偏离期望的矩形外，实际电流在参考值附近存在高频振荡，它取决于置换电流控制器滞环的大小或三角波比较控制器的开关频率。这种高频电流振荡的影响是产生高频转矩振荡，其幅度低于由电流换向所产生的转矩波动。这种高频转矩振荡也存在于永磁同步电动机中。实际上，这些转矩振荡较小和频率足够高，它们很容易由转子的惯性而衰减。不过，由相电流换相产生的转矩波动远远大于电流控制器产生的这种高频转矩振荡。

3. 功率密度和转矩转动惯量比

在一些像机器人技术和航空航天器等的高性能应用中，希望规定输出功率的电动机有尽可能小的体积和重量，即希望有较高的功率密度。功率密度受限于电动机的散热性能，而这又取决于定子表面积。在永磁电动机中，最主要的损耗是定子的铜损耗、铁心的涡流和磁滞损耗，转子损耗假设可忽略不计。因此，对于给定的机壳，低损耗的电动机将有高的功率密度。

假设永磁同步电动机和无刷直流电动机的定子铁心涡流和磁滞损耗是相同的。这样，它们的功率密度的比较取决于铜损耗。下面对比两种电动机的输出功率是基于铜损耗相等的条件的。在永磁同步电动机中，采用滞环比较器或 PWM 电流控制器得到低谐波含量的正弦波电流，绕组铜损耗基本上是由电流的基波部分决定的。设每相峰值电流是 I_{p1}，电流有效值（RMS）是 $I_{p1}/\sqrt{2}$，那么三相绕组铜损耗是 $3(I_{p1}/\sqrt{2})^2R_a$，其中 R_a 是相电阻。

在无刷直流电动机中，它的电流是梯形波，设每相峰值电流是 I_{p2}，由于三相六状态总是两相通电工作，绕组铜损耗是 $2I_{p2}^2R_a$，其中 R_a 是相电阻。由铜损耗相等的设定条件，即

$$3(I_{p1}/\sqrt{2})^2R_a=2I_{p2}^2R_a$$

可得到

$$I_{p1}/I_{p2}=2/\sqrt{3}=1.15$$

由上面分析，在无刷直流电动机中，每相反电动势为 E_{P2}，转速为 Ω，电磁转矩表示为 $T_{eb1}=2E_{p2}I_{p2}/\Omega$；在永磁同步电动机中，每相反电动势为 E_{p1}，转速为 Ω，电磁转矩表示为 $T_{epm}=1.5E_{p1}I_{p1}/\Omega$。由于反电动势幅值是由直流母线电压决定的，取 $E_{p1}=E_{p2}$，可得到

$$T_{eb1}/T_{epm}=2/\sqrt{3}=1.15$$

转换为两者输出电磁功率之比也是 1.15。

上述粗略分析结果显示，无刷直流电动机比相同机壳尺寸的永磁同步电动机能够多提供 15% 的功率，即其功率密度约大 15%。实际上，考虑到无刷直流电动机的铁损耗比永磁同步电动机要稍大些，实际上输出功率的增加达不到 15%。

当电动机用于要求快速响应的伺服系统时，系统期望电动机有较小的转矩转动惯量比。因为无刷直流电动机的功率输出可能增加 15%，如果它们具有相同的额定速度，也就有可能获得 15% 的电磁转矩的增加。当它们的转子转动惯量相等时，则无刷直流电动机的转矩转动惯量比可以高出 15%。

如果两种电动机都是在恒转矩模式下运行，无刷直流电动机比永磁同步电动机的每单位峰值电流产生的转矩要高。由于这个原因，当使用场合对重量或空间有严格限制时，无刷直流电动机应当是首选。

4. 在传感器方面

图 9-19 和图 9-20 分别给出了两种不同电流驱动模式的速度伺服系统框图。

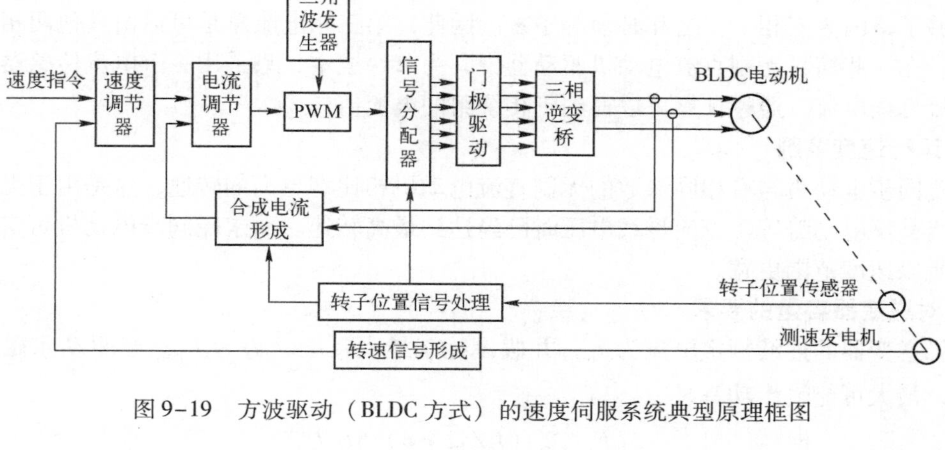

图 9-19　方波驱动（BLDC 方式）的速度伺服系统典型原理框图

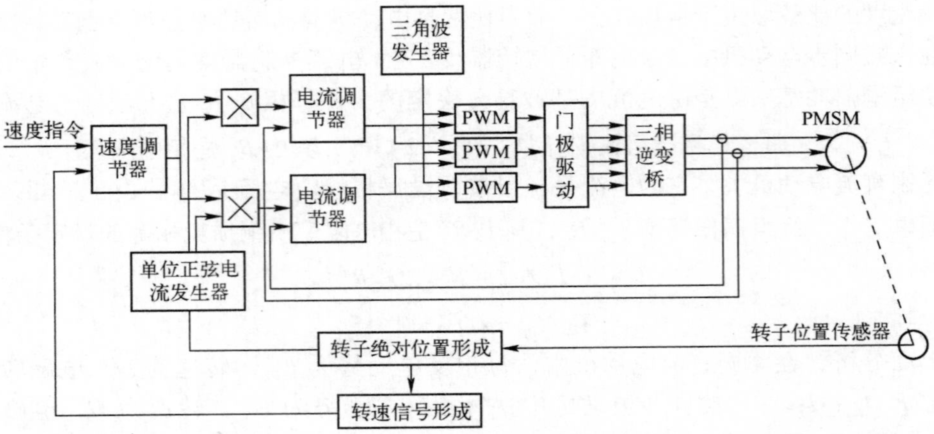

图 9-20　正弦波驱动（BLAC 方式）的速度伺服系统典型原理框图

两种电动机运行均需要转子位置反馈信息，永磁同步电动机正常运行时要求是正弦波电流，无刷直流电动机要求的电流是矩形波，这导致它们在转子位置传感器选择上的差异很大。无刷直流电动机中的矩形电流导通模式只需要检测电流换向点。因此，只需要每隔 60° 电角检测一次转子位置即可。此外，由于在任何时间只有两相通电，所以它只需要低分辨率转子位置传感器，例如霍尔传感器，其结构简单，成本较低。

但是，永磁同步电动机的每相电流需要是正弦波，所有三相都同时通电，因此连续转子位置检测是必需的。它需要采用高分辨率转子位置传感器，常见的是 10 bit 以上的绝对型光电编码器，或解算器（旋转变压器）与 R/D 转换器（旋转变压器/数字转换器）的组合，成本比 3 个霍尔集成电路要高得多。

如果在位置伺服系统中，角位置编码器既可用作位置反馈，同时也可以用于换向的目的，这样无刷直流电动机转子位置传感器结构简单的特点并没有带来什么好处。然而，对于速度伺服系统，永磁同步电动机还需要高分辨率的转子位置传感器，而在无刷直流电动机中，有低分辨率传感器就足够了。如果换向引起的转矩波动可以接受，在速度伺服系统中采用无刷直流电动机则显得更为合适。

对于三相电动机，为了控制绕组电流，需要得到三相电流信息。通常采用两个电流传感器就足够了，因为三相电流之和必须等于零。因此，第三相电流总是可以由其他两相电流推导出来。在一些简易无刷直流电动机驱动器中，为节约成本，只采用一个电流传感器，检测的是直流母线电流，通过计算可以得到三相绕组的电流值。

5. 运行速度范围

永磁同步电动机与有相同参数的无刷直流电动机相比有更高的转速，这是由于无刷直流电动机当其反电动势等于直流母线电压时已经达到最高转速。而永磁同步电动机可实施弱磁控制，所以速度范围更宽。

6. 对逆变器容量的要求

如果逆变器的连续额定电流为 I_p，并假设控制最大反电动势为 E_p。当驱动永磁同步电动机时，最大可能输出功率是

$$3(E_p/\sqrt{2})(I_p/\sqrt{2}) = 1.5E_pI_p$$

如果这个逆变器也用来驱动无刷直流电动机，它的输出功率将是 $2I_pI_p$，两者之比为 4/3 = 1.33。因此，对于给定的连续电流和电压的逆变器，理论上可以驱动更大功率的无刷直流电动机，其额定功率比永磁同步电动机可能提高 33%。但由于无刷直流电动机铁损耗的增加将减少这个百分数。反过来说，当被驱动的两种电动机输出功率相同时，驱动无刷直流电动机的逆变器容量将可减小 33%。

综上所述，正弦波驱动是一种高性能的控制方式，电流是连续的，理论上可获得与转角无关的均匀输出转矩，良好设计的系统可做到 3% 以下的低纹波转矩。因此它有优良的低速平稳性，同时也大大改善了中高速大转矩的特性，铁心中附加损耗较小。从控制角度说，可在一定范围内调整相电流和相电动势相位，实现弱磁控制，拓宽高速范围。正弦波交流伺服电动机具有较高的控制精度，其控制精度是由电动机与安装于轴上的位置传感器及解码电路来决定的。对于采用标准的 2500 线编码器的电动机而言，由于驱动器内部采用了四倍频技术，其脉冲当量为 360°/1000 = 0.036°。对于带无刷旋转变压器的正弦波交流伺服电动机的控制精度，由于位置信号是连接的正弦量，原则上位置分辨率由解码芯片的位数决定。如果解码芯片为 14bit 的 R/D 转换器（旋转变压器/数字转换器），驱动器每接收 2^{14} = 16384 个脉冲，电动机转一圈，即其脉冲当量为 360°/16384 = 0.02197°。

正弦波交流伺服电动机低速运转平稳。正弦波交流伺服电动机由矢量控制技术产生三相正弦波交流电流。三相正弦波交流电流与三相绕组中的三相正弦波反电动势产生光滑平稳的电磁转矩，使得正弦波交流伺服电动机具有宽广的调速范围，例如从 30 min 转一周到 3000 r/min。

但是，为满足正弦波驱动要求，伺服电动机在磁场正弦分布上有较严格的要求，甚至定子绕组需要采用专门设计，这样就会增加工艺复杂性；必须使用高分辨率绝对型转子位置传感器，驱动器中的电流环结构更加复杂，都使得正弦波驱动的交流伺服系统成本更高。

对比相对简单的梯形波 BLDC 电动机控制，PMSM 的复杂正弦波形控制算法使控制器开发成本增高，需要一个更加强大（更昂贵）的处理器。最近 IR、Microchip、Freescale、ST-Micro 等国际知名厂商相继推出电动机控制开发平台，该算法已经开发，有望在不久的将来能够以较低成本使用于平稳转矩、低噪声、节能的永磁同步电动机中。

实际上，上述两种驱动模式的电动机和驱动器都在速度伺服和位置伺服系统中得到了满意的应用。

同一台永磁无刷直流电动机在两种驱动方式的性能对比，电动机的参数：槽数为 24，极数为 4，转动惯量为 4.985×10^{-6} kg·m²，绕组自感为 0.411 mH，绕组互感为 0.375 mH，绕组电阻为 0.4317 Ω，反电动势系数为 0.03862 V·s/rad。直流电源电压设为 27 V，正弦波驱动时三角波载波信号频率为 3000 Hz，负载转矩为 T_L = 0.37 N·m。通过仿真结果得到：在电枢电流有效值相等的条件下，方波驱动的电磁转矩大于正弦波驱动的电磁转矩，方波驱动的平均电磁转矩是正弦波驱动的平均电磁转矩的 1.176 倍；方波驱动的稳态电磁转矩脉动系数为 10.5%，正弦波驱动的稳态电磁转矩脉动系数为 3.37%；两种驱动方式在同样的负载情况下，方波驱动时电动机的转速（4600 r/min）高于正弦波驱动（3960 r/min），即方波驱动电动机输出功率更大。因此认为，在对电动机运行平稳性要求不高、对出力要求高时，宜采用控制简单的方波驱动，若对电动机有高的稳速精度要求，宜采用控制复杂的正弦波驱动。

9.3.3 结论

与正弦波驱动相比较，方波驱动有如下优点：

1）转子位置传感器结构较简单，成本低。

2）位置信号仅需作逻辑处理，电流环结构较简单，伺服驱动器总体成本较低。

3）伺服电动机有较高材料利用率，在相等有效材料情况下，方波工作方式的电动机输出转矩约可增加15%。

方波驱动的主要缺点如下：

1）转矩波动大。

2）高速工作时，矩形电流波会发生较大的畸变，会引起转矩的下降。

3）定子磁场非连续旋转，定子铁心附加损耗增加。

但是，良好设计和控制的方波驱动无刷伺服电动机的转矩波动可以达到有刷直流伺服电动机的水平。转矩纹波可以用高增益速度闭环控制来抑制，以获得良好的低速性能。伺服系统的调速比也可达1∶10000。它有良好的性能/价格比，对于有直流伺服系统调整经验的人，比较容易接受这种方波驱动的伺服系统。所以这种驱动方式的伺服电动机和伺服驱动器仍是工业机器人、数控机床、各种自动机械的理想的驱动元件之一。

总而言之，一般性能的速度调节系统和低分辨率的位置伺服系统可以采用无刷直流电动机，而高性能的速度伺服和机器人位置伺服应用宜采用永磁同步电动机。成本较低是无刷直流电动机相对永磁同步电动机的一个主要优势。

9.4 无刷直流电动机的运行控制特性

本节讲述无刷直流电动机的调速、起动和制动过程的控制特性。而无刷直流电动机的调速、制动都涉及电力电子变换电路的结构和控制方法。

9.4.1 无刷直流电动机的正反转运行

同步电动机电动运行时，其转子总是跟踪定子磁场运动，定子电枢磁场正转，转子也正转，定子磁场反转，转子磁场也反转。定子磁场的转向是由定子绕组的通电规律决定的。由表9-1给出的导通规律可知，若晶体管按 VT_1、VT_2、VT_3、…、VT_6 规律导通，则电动机通电顺序为 A、B、C，电枢磁场为正转，电动机也正转；若晶体管按 VT_6、VT_5、VT_4、…、VT_1 顺序导通，则电动机通电顺序为 C、B、A，电枢磁场反转，电动机也反转。

晶体管导通与否由电动机转子位置检测器的输出信号决定。当电动机正转时，位置检测器信号 P_A 超前于 P_B 120°电角，P_B 超前于 P_C 120°电角，使晶体管导通顺序为 VT_1、VT_2、VT_3、…、VT_6；当电动机反转时，位置检测器的输出信号相序自动反过来，因而晶体管的导通顺序也自动反过来了。这是带转子位置检测器的无刷直流电动机特有的功能，称为“自控”作用。它是由转子位置信号经控制系统中综合逻辑电路处理（或EPROM编程）来实现的。两相导通三相六状态无刷直流电动机正反转驱动信号和逻辑电路如图9-9所示。

9.4.2 调速和起动控制

控制绕组上的电压即可实现无刷直流电动机的调速，最常用的是 PWM 控制方法。120°导通型电动机在任何时刻有两相绕组通电，即有两个功率开关器件处于导通的状态。对于两相绕组和两个功率开关组成的电枢绕组回路，只要有一个开关器件用 PWM 信号控制，就能够实现对绕组电压的控制，该方法称为单极性 PWM 控制方法。

三相桥逆变器的单极性 PWM 控制方法之一是桥的上 3 个开关器件（VT_1、VT_3、VT_5）用 PWM 信号驱动，而下 3 个晶体管（VT_2、VT_4、VT_6）用方波信号驱动，或者反之。图 9-21 示出了 120°导通型逆变器的功率开关器件 PWM 控制信号，其中，图 9-21a 为电动机正转控制信号，图 9-21b 为反转控制信号。

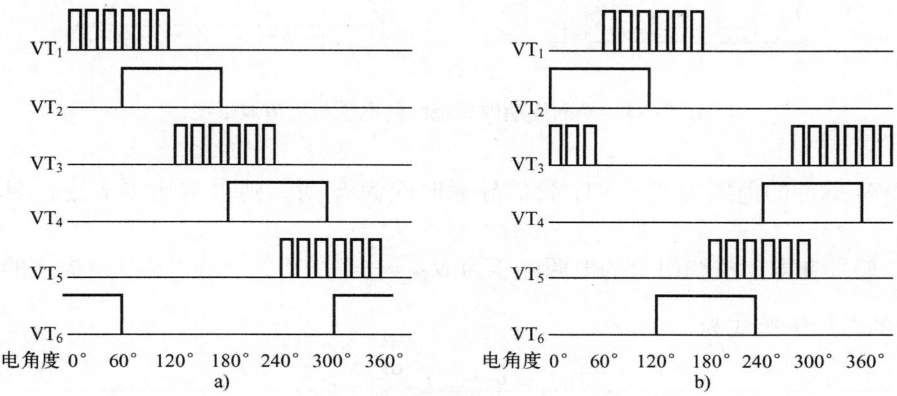

图 9-21 三管斩波的单极性 PWM 控制信号

a) 正转 b) 反转

图 9-21 所示的控制方法，VT_1、VT_3 和 VT_5 因高频斩波而开关损耗较大，VT_2、VT_4 和 VT_6 用低频方波信号驱动而开关损耗较小，即导致 6 个开关器件发热不均匀。因此出现了图 9-22 所示的 PWM 控制方法，每个开关器件在通电时间内一半采用 PWM 信号控制，而另一半采用方波控制，使每个器件的开关损耗均匀分配。

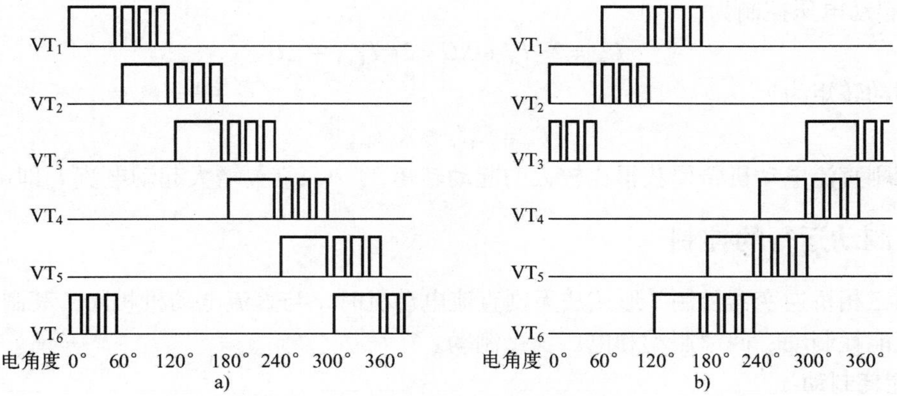

图 9-22 六管斩波的单极性 PWM 控制信号

a) 正转 b) 反转

选择 A/B 换向状态分析 PWM 控制相绕组电压的原理，此时开关器件 VT_1 采用 PWM 信号控制，而 VT_6 一直处于导通状态，逆变器和绕组的等效电路可简化为图 9-23a。当 VT_1 在 PWM 信号控制下导通时，直流母线电流 I_d 经 VT_1 流向绕组 A、B，再经 VT_6 流向电源地，这时，$i_A = -i_B = I_d$。而当 VT_1 在 PWM 信号控制下关断时，i_A 和 $-i_B$ 经 VD_4 形成短路回路续流，使相电流连续，如图 9-23b 所示。

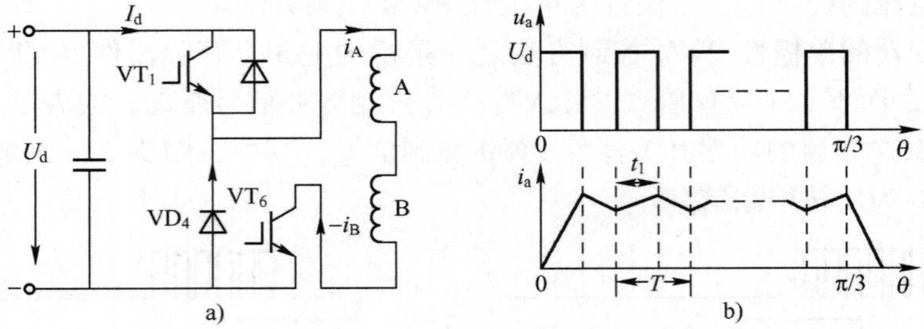

图 9-23　换向周期内相绕组的电压与电流波形图

当 PWM 脉冲的周期为 T_e，VT_1 管的导通时间为 t_1 时，则占空比 $D=\dfrac{t_1}{T}$，变化范围为 $0<T<1$，施加在电动机绕组上的电源电压为 $U_{AB}=\dfrac{t_1}{T}U_d=DU_d$。式（9-3）描述的两相绕组通电方式的电压平衡式为

$$DU_d = R_a I_d + L_a \frac{dI_d}{dt} + E_{a2} \tag{9-12}$$

此时电动机的机械特性为

$$\Omega = \frac{DU_d - R_A I_d}{K_T} = \frac{DU_d}{K_T} - \frac{R_A}{K_T^2}T_e = \Omega_0 - \beta T_e \tag{9-13}$$

通过控制占空比 D 来控制空载角速度 Ω_0，从而控制电动机角速度 Ω，获得直流调速系统中的调压调速特性。

同样，由于电源电压可控，无刷直流电动机可以减压起动，当起动电流要求满足 $I_{st} \leqslant I_{dmax}$ 时，起动电压控制为

$$U_{st} = 2r_a I_{st} + \Delta U = 2r_a I_{dmax} + \Delta U \tag{9-14}$$

即可，起动转矩为

$$T_{st} = K_T I_{st} \leqslant K_T I_{dmax} \tag{9-15}$$

即如果无刷直流电动机希望获得比较大的起动转矩 T_{st}，只需要增大起动电流 I_{st} 即可。

9.4.3　制动运行的控制

采用三相桥逆变器控制Y形接法无刷直流电动机时，与直流电动机相同，其制动方式也能够实现能耗制动、回馈制动和电压反接制动。

1. 能耗制动

无刷直流电动机在实现能耗制动时，取消换向控制逻辑，将三相桥逆变器的上三开关器件（VT_1、VT_3、VT_5）或者下三开关器件（VT_4、VT_6、VT_2）同时导通。

由于每个开关器件均有反并联的续流二极管 $VD_1 \sim VD_6$，因此当上三管 VT_1、VT_3、VT_5 同时导通，或者下三管 VT_4、VT_6、VT_2 同时导通时，实质上是使得电动机的三相绕组短路，相电流的方向取决于反电动势的方向，形成反向的相电流，从而产生反向转矩，使电动机制动运行。

在直流电动机的能耗制动时，反电动势比较大时，为了防止制动电流过大，需要串入制动电阻。若无刷直流电动机采用相同的方法限制电流，需要在三相绕组中串入三个制动电阻 R_b，并且用三个双向开关控制制动电阻的接入和切除，如图 9-24 所示。

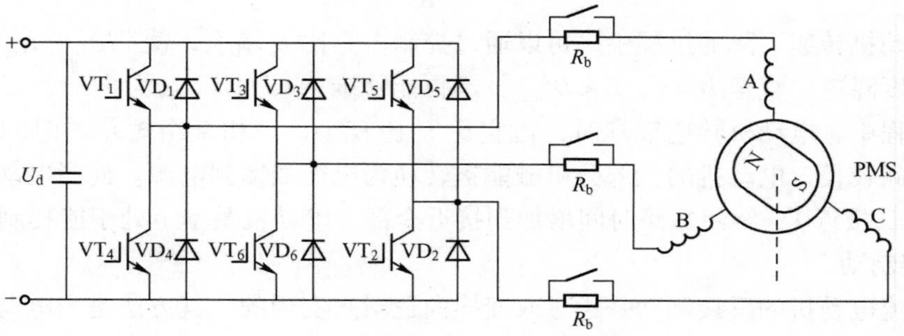

图 9-24　能耗制动的制动电阻

当要求制动电流 $|I_b| \leqslant I_{max}$ 时，则制动电阻应满足

$$R_b \geqslant \frac{E_a}{I_{max}} - r_a \tag{9-16}$$

在电动机绕组回路中接入制动电阻和控制开关，增加了系统的复杂性。如果不希望增加这种复杂性，能耗制动只能在低速、反电动势很低的情况下使用。

2. 回馈制动

将无刷直流电动机的三相桥逆变器的上三开关器件（VT_1、VT_3、VT_5）或者下三开关器件（VT_4、VT_6、VT_2）同时用 PWM 信号控制，即实现了回馈制动。

某状态下回馈制动工作原理如图 9-25a 所示，此时 A 相绕组反电动势为正，B 相绕组反电动势为负，VT_4、VT_6 用 PWM 信号控制。当 PWM 控制信号使 VT_4 和 VT_6 导通时，VT_4、VT_6 和绕组 A、B 构成短路回路，短路电流 I_b 上升。而当 VT_4 和 VT_6 同时关断时，VT_1 和 VD_6 与 A、B 绕组、电源形成回路，电感的作用使 I_b 经 VD_1 和 VD_6 流向电源，形成回馈制动。

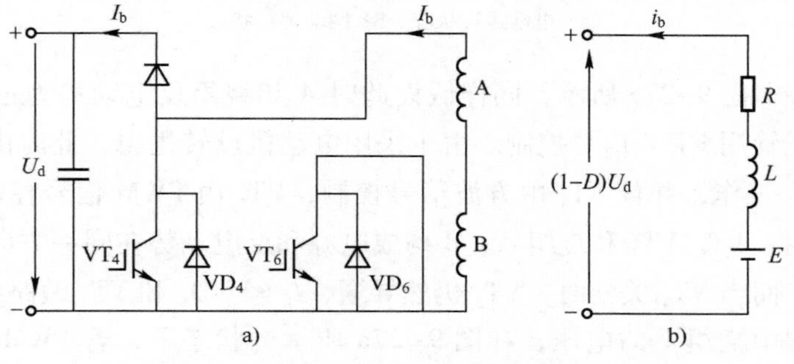

图 9-25　回馈制动时的工作电路和等效电路

a）工作电路　b）等效电路

分析图 9-25a 所示的回馈制动中绕组上的电压，若 PWM 信号的占空比为 D，则每个周期 T 内有 DT 时间段 VT_4 导通，绕组 A、B 两端的电压为 0，而有 $(1-D)T$ 时间段 VT_4 关断，此时 A 相绕组经二极管 VD_1 接在电源上，使绕组 A、B 两端电压变为 U_d，于是得到绕组 A、B 两端的平均电压为 $(1-D)U_d$，得到等效电路，如图 9-25b 所示。

由图 9-25b 所示的等效电路可见，在采用 PWM 控制电动机回馈制动时，可以通过占空比 D 的控制维持制动电流 $|I_b| \leq I_{max}$，因为 I_b 满足

$$I_b = \frac{E-(1-D)U_d}{R} \tag{9-17}$$

即在电动机转速下降的过程中，可以通过控制占空比 D 增大，使 $|I_b| = I_{max}$，电动机以最大负加速度降速。直至 $D=1$，$E < RI_{max}$，不再能够维持 $|I_b| = I_{max}$ 为止。

在此过程中，电动机转速较高时，占空比 D 比较小，三相绕组短路的时间比较短，回馈制动的时间较长，电动机的大部分机械能被转换为电能回馈到电源。而当电动机转速很低时，占空比 D 接近 1，绕组短路时间增加到接近全部，电动机基本上处于能耗制动状态。

3. 反接制动

无刷直流电动机的反接制动是通过改变换向逻辑来实现的。其方法是当电动机正向旋转时，采用表 9-5 中的反转换向逻辑，而电动机反向旋转时，采用正转换向逻辑，即可使电动机处于反接制动状态。

A 相绕组的反电动势与相电流的波形如图 9-26 所示，其中，图 a 为正常的电动工作状态，而图 b 为制动工作状态。B 相、C 相也是相同的换向逻辑，根据式（9-12），因反电动势与相电流的方向相反，电磁转矩为负，为制动状态。

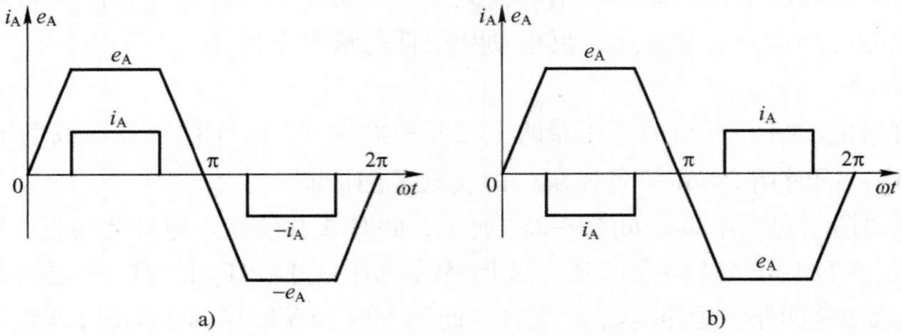

图 9-26　电动与反接制动的反电动势与相电流

a）电动运行状态　b）制动运行状态

电路工作原理如图 9-27a 所示，同样假设此时 A 相绕组反电动势为正，而 B 相绕组反电动势为负，下三管用 PWM 信号控制。由于采用电动机反转逻辑，此时由电动时 VT_1、VT_6 工作改为 VT_4、VT_3 工作，并且 VT_3 由方波信号控制，VT_4 由 PWM 信号控制。当 PWM 控制信号使 VT_4 导通时，VT_4、VT_3 和绕组 A、B 构成电源和反电动势在同一方向上的回路，共同产生制动电流 I_b。而当 VT_4 关断时，VT_2 仍然导通，I_b 经 VD_1 和 VT_3 短路续流。

分析制动过程中绕组上的电压，在图 9-27a 所示的状态下，若 PWM 信号的占空比为 D，则每个周期 T 内有 DT 时间段 VT_4 导通，施加在绕组 A、B 两端的电压为 $-U_d$，而有 $(1-D)T$ 时间段 VT_4 关断，绕组 A、B 两端的电压为 0，于是得到绕组 A、B 两端的平均电

压为 $-DU_d$，等效电路如图 9-27b 所示。

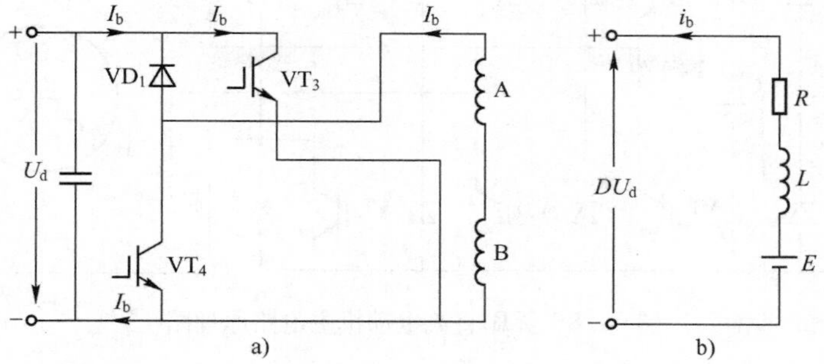

图 9-27　反接制动时的工作电路和等效电路

a）工作电路　b）等效电路

由图 9-27b 所示的等效电路可见，它与直流电动机的反接制动原理相同，在电源电压和反电动势比较高时，同样存在制动电流 I_b 过大的问题，即使控制占空比 D 为 0，其制动电流仍然可能大到不能接受，为

$$I_b = \frac{E-(-DU_d)}{R} = \frac{E+DU_d}{R} \geqslant \frac{E}{R} \tag{9-18}$$

在直流电动机的反接制动中，采用串入制动电阻的方法来防止制动电流过大，无刷直流电动机也可采用图 9-24 所示的结构，当要求制动电流 $|I_b| \leqslant I_{max}$ 时，则串入的制动电阻应满足

$$R_b \geqslant \frac{E_2+DU_d}{I_{max}} - r_a \tag{9-19}$$

对于没有串入电阻的电动机，反接制动只能应用于低速的情况，此时反电动势很小。电源电压在占空比的控制下也可以很小，使制动电流被限制在允许的范围内。

9.5　无刷直流电动机调速系统

无刷直流电动机调速系统是以图 9-1 所示的无刷直流电动机为基本结构实现闭环控制，从而获得误差低、调速范围高、快速响应的调速系统。根据系统要求，可以构成单闭环和双闭环系统。

9.5.1　梯形波永磁同步电动机的动态数学模型

由三相桥式逆变器供电的无刷直流电动机主电路原理图如图 9-28 所示。

图中，电动机定子三相绕组为整距集中绕组，Y 联结。由于无刷直流电动机的气隙磁密按梯形波分布，因而定子每相绕组的感应电动势也是梯形波。由转子位置检测器控制逆变器产生的各相电流与各相电动势同相。与有刷直流电动机一样，当电动机电枢磁动势与永磁体产生的气隙磁通正交时，电动机转矩达最大值。换句话说，只有当电流与反电动势同相时，电动机才能得到单位电流转矩的最大值。根据定子每相绕组的电压平衡方程：

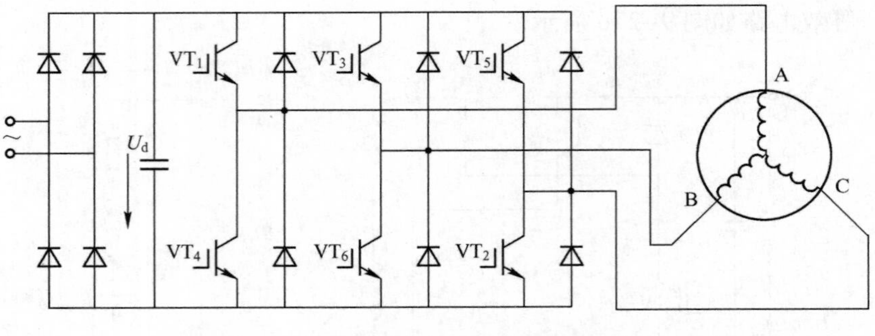

图 9-28　无刷直流电动机主电路原理图

$$U'_d - e_s = L_s \frac{di_s}{dt} + i_s R_s$$

式中，U'_d 为定子上外加电压；e_s、i_s 为定子每相绕组感应电动势和电流；L_s、R_s 为各相绕组的电感和电阻。

由于稀土永磁材料的磁导率很低，磁阻很大，故各相绕组的电感很小，略去定子绕组的电磁时间常数，则电流是矩形波，如图 9-29 所示。

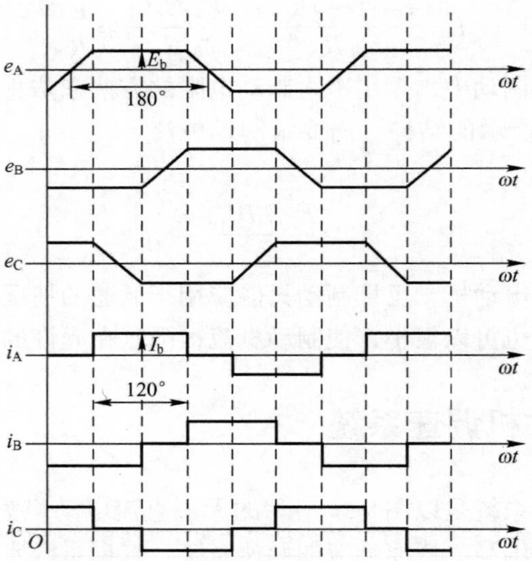

图 9-29　无刷直流电动机的电动势和电流波形图

当逆变器采用 120°导通时，每一时刻有两相绕组串联通电，则电磁功率 $P_m = 2E_b I_b$。E_b、I_b 分别为感应电动势的幅值和电流的幅值。忽略换流过程的影响，则电磁转矩为

$$T_{esb} = \frac{P_m}{\Omega} = \frac{2E_b I_b}{\omega_s / n_p} = \frac{n_p 2E_b I_b}{\omega_s} = 2n_p \Psi_b I_b \tag{9-20}$$

根据拖动系统运动方程有

$$T_{esb} - T_L = \frac{J}{n_p} p\omega \tag{9-21}$$

由于 $e_A = -e_B = k_e \omega$，则式（9-21）中电磁转矩为

$$T_{esb}=\frac{n_p}{\omega}(e_A i_A+e_B i_B)=2n_p k_e i_A \tag{9-22}$$

根据式（9-20）、式（9-22）绘出无刷直流电动机动态结构图，如图 9-30 所示。

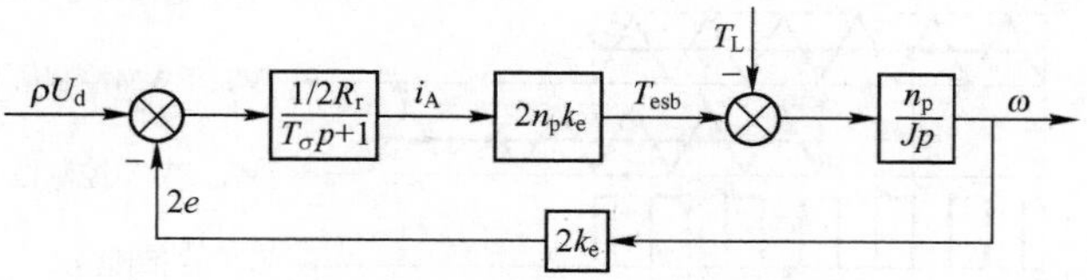

图 9-30　无刷直流电动机的动态结构图

注：$T_\sigma=(L_s-L_m)/R_s$ 为电枢回路漏磁时间常数。

无刷直流电动机的动态结构图和直流电动机的动态结构图十分相似，转速控制方法也相同，控制无刷直流电动机的电压就可以控制其转速。

9.5.2　梯形波永磁同步电动机调速系统

无刷直流电动机的调速系统原理性框图如图 9-31 所示。无刷直流电动机本质上是一台直流电动机，具有与直流电动机类似的转速控制方法。改变加在电动机定子侧的直流电压 ρU_d，就可以改变定子电流 I_b，改变电磁转矩 T_{esb}，从而改变电动机转速。

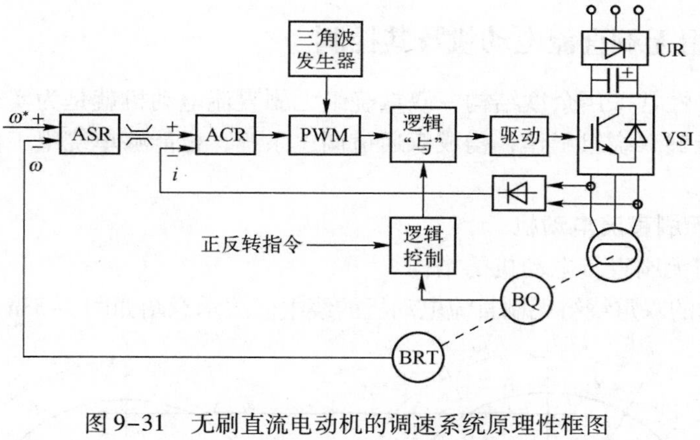

图 9-31　无刷直流电动机的调速系统原理性框图

图 9-31 中，转速控制仍采用了与直流电动机调速系统相类似的转速、电流双闭环。逆变器采用 PWM 技术，载波为等腰三角波，调制波为幅值可变的直流信号，改变调制波幅值，即图中电流调节器输出信号，从而改变了占空比 ρ，即改变了定子侧电压的平均值 ρU_d。

值得说明的是，逆变器开关器件的通/断信号是位置传感器检测信号和 PWM 控制信号的合成。具体地说就是根据转子位置检测信号和正反转指令信号，选择应导通的开关器件，而该开关器件的通/断应由 PWM 信号控制，如图 9-32 所示。

开关器件 VT_1、VT_2 的通、断控制信号应是转子位置检测信号和 PWM 控制信号的逻辑“与”。在图 9-31 中，由于主电路采用了交－直－交电压源型系统，且整流桥为不可控整流，故电动机无法实现回馈制动和四象限运行，只能正、反向电动运行。要想制动运行可在主电路中加装能耗制动单元。

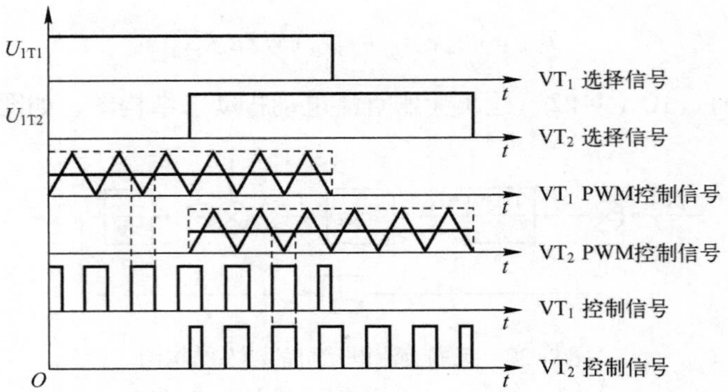

图 9-32 电动机正转时 VT_1、VT_2 的控制信号

无刷直流电动机具有和直流电动机一样的转矩控制性能和调速性能，因而它获得了广泛的应用。但无刷直流电动机由于转矩的脉动，使其调速范围和调速性能受到影响。另外，它还具有永磁电动机的共同缺点，当电动机高速运行时，定子绕组感应电动势增大，当电动势增大到外加电压，甚至超过外加电压时，电动机无法正常工作。而当弱磁升速时，弱磁效果又不明显。

由于这些缺点的存在，使无刷直流电动机目前主要应用于要求不高的场合，例如变频空调、电动自行车、计算机外围设备等领域中。

9.5.3 双重绕组无刷直流电动机及其控制

为了提高可靠性常采用余度结构，双重绕组无刷直流电动机就是为实现其系统的余度结构而设计的，它能够双绕组工作，构成双通道调速系统，也能够单绕组工作，构成容错控制的单通道调速系统。

1. 双重绕组无刷直流电动机

（1）双重绕组无刷直流电动机的结构

一种并行结构的双重绕组无刷直流电动机的绕组嵌放示意图如图 9-33a 所示，与图 9-33b

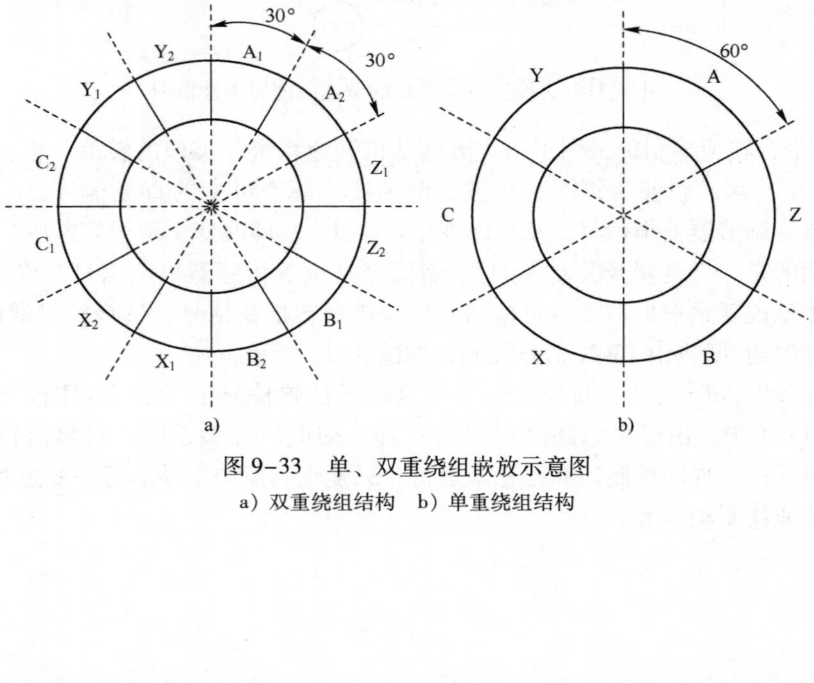

图 9-33 单、双重绕组嵌放示意图

a）双重绕组结构 b）单重绕组结构

所示的普通电动机绕组嵌放相位比较，区别是它在定子槽中隔槽嵌放有两套三相集中绕组，定义为 A_1、B_1、C_1 和 A_2、B_2、C_2，两套绕组的相位差为30°电角。

将图9-33a所示的两套绕组分别采用丫形接法，并且采用两套独立的三相桥逆变器驱动，如图9-34a所示。两套绕组可以独立地控制电压和电流，而产生的电磁转矩综合在一起输出，因而称为电磁综合结构的双重绕组无刷直流电动机。

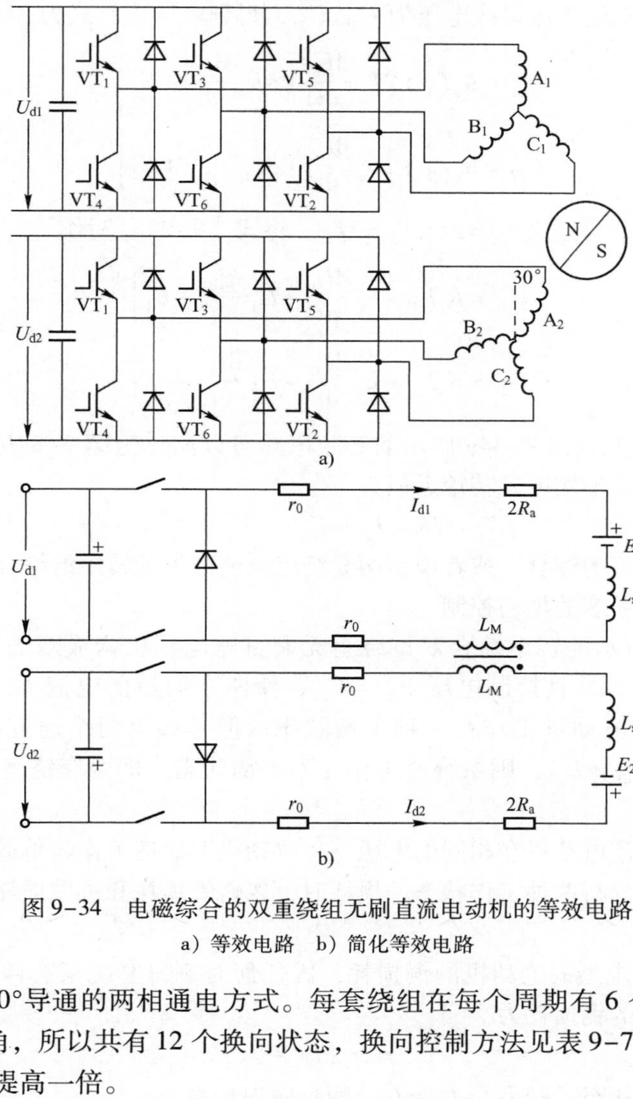

图9-34　电磁综合的双重绕组无刷直流电动机的等效电路
a）等效电路　b）简化等效电路

电动机采用120°导通的两相通电方式。每套绕组在每个周期有6个换向状态，由于两套绕组相差30°电角，所以共有12个换向状态，换向控制方法见表9-7。这表明转子位置传感器的分辨率需要提高一倍。

表9-7　双重绕组电动机的换向控制

转子位置	0°～30°	30°～60°	60°～90°	90°～120°	120°～150°	150°～180°
绕组1	A_1/B_1	A_1/B_1	A_1/C_1	A_1/C_1	B_1/C_1	B_1/C_1
绕组2	C_2/B_2	A_2/B_2	A_2/B_2	A_2/C_2	A_2/C_2	B_2/C_2
转子位置	180°～210°	210°～240°	240°～270°	270°～300°	300°～330°	330°～360°
绕组1	B_1/A_1	B_1/A_1	C_1/A_1	C_1/A_1	C_1/B_1	C_1/B_1
绕组2	B_2/C_2	B_2/A_2	B_2/A_2	C_2/A_2	C_2/A_2	C_2/B_2

其中，A_1/B_1 表示电动机的第一套绕组的 A 相绕组电压为正，B 相绕组电压为负，其余类推。

（2）双重绕组无刷直流电动机的数学模型

如果每套绕组采用 120°通电逆变器，也可以简化为与式（9-6）相同的电压平衡式。定义两个通道的线电流为 I_{d1} 与 I_{d2}，感应的线反电动势为 E_1 与 E_2，并且定义功率开关器件的等效电阻为 r_0，功率电路直流母线电压为 U_{d1}、U_{d2}，得到电压平衡式为

$$\left.\begin{aligned}U_{d1}&=R_aI_{d1}+2L_a\frac{dI_{d1}}{dt}+3L_m\frac{dI_{d2}}{dt}+E_1\\U_{d2}&=R_aI_{d2}+2L_a\frac{dI_{d2}}{dt}+3L_m\frac{dI_{d1}}{dt}+E_2\end{aligned}\right\}\tag{9-23}$$

式中，$R_a=2(r_0+r_a)$。再定义 $L_s=2L_a,l_m=3L_m$，将式（9-23）写作

$$\left.\begin{aligned}U_{d1}&=R_aI_{d1}+L_s\frac{dI_{d1}}{dt}+L_m\frac{dI_{d2}}{dt}+E_1\\U_{d2}&=R_aI_{d2}+L_s\frac{dI_{d2}}{dt}+L_m\frac{dI_{d1}}{dt}+E_2\end{aligned}\right\}\tag{9-24}$$

由式（9-24）可知，图 9-34a 所示的等效电路可以简化为图 9-34b，即两套存在磁耦合的直流电动机绕组。平均电磁转矩近似为

$$T_e=2K_T(I_{d1}+I_{d2})=T_{e1}+T_{e2}\tag{9-25}$$

它是两套绕组电流的综合，或者说是两套绕组电流产生的转矩的综合。

（3）双通道调速系统的均衡控制

由式（9-25）所示的转矩综合双重绕组无刷直流电动机构成双通道调速系统时，如果两个通道参数相同，并且控制电压 $U_{d1}=U_{d2}$，使两个通道的电流 $I_{d1}=I_{d2}$，即两个通道产生的转矩相等，则电动机工作在一种平衡状态。但是如果两个通道参数存在差异，或者因控制不当出现 $U_{d1}\neq U_{d2}$，则系统会工作在不平衡状态，即两套绕组及功率电路的电流不相等。

双重绕组无刷直流电动机在相同的电压下，电动机双通道工作与单通道工作时的空载转速基本相同，因此在分析两种工作状态的损耗时，忽略铁损耗和机械损耗的差别，重点讨论铜损耗的差别。

讨论采用 120°通电型的电动机的铜损耗，因任何时刻每套绕组有两相绕组通电，得到双绕组电动机工作时的铜损耗为

$$p_{Cu}=2r_a(I_{d1}^2+I_{d2}^2)\tag{9-26}$$

如果工作在额定状态，则 $I_{d1}=I_{d2}=I_N$，额定铜损耗为

$$p_{CuN}=4I_N^2r_a\tag{9-27}$$

假设系统需要电动机输出额定转矩，平衡时两套绕组电流应满足 $I_{d1}=I_{d2}=I_N$。如果电动机工作不平衡，即 $I_{d1}\neq I_{d2}$，则转矩要求 $I_{d1}+I_{d2}=2I_N$，可以计算得到不同情况下的铜损耗，见表 9-8，其中，电流数据是以 I_N 为基值的标幺值，铜损耗数据是以 $r_aI_N^2$ 为基值的标幺值。

表 9-8　不平衡状态下电动机的铜损耗

状　态	绕组电流		绕组铜损耗		电动机铜损耗 p_{Cu}^*
	I_{d1}^*	I_{d2}^*	p_{Cu1}^*	p_{Cu2}^*	
平衡	1	1	1	1	2
不平衡	1.25	0.75	1.5625	0.5625	2.125
	1.5	0.5	2.25	0.25	2.5
	1.75	0.25	3.0625	0.0625	3.125
	2	0	4	0	4
异常	>2	<0	>4	>0	>4

由表9-8可见，当两个通道电流不平衡时，电动机铜损耗 p_m^* 增大，不平衡情况越严重，p_m^* 增大越多，例如，当 I_{d1}^* 与 I_{d2}^* 分别为1.5与0.5时，$p_m^*=2.5$，铜损耗增加了1/4，而当 $I_{d1}^*=2$、$I_{d2}^*=0$ 时，即单绕组工作时，$p_m^*=4$，为平衡时的两倍。

如果双重绕组电动机两个通道的功率严重不平衡，出现控制电压与反电动势的关系为 $U_{d1}>E, U_{d2}<E$，导致电流 $I_{d1}>0, I_{d2}<0$。这时双绕组电动机等效为一台电动机带动一台发电机工作。电动工作的绕组电流会非常大，甚至使电路或者绕组损坏。

因此双绕组无刷直流电动机在双通道工作模式时，应采用电流均衡控制策略，使两套绕组的电流 $I_{d1}=I_{d2}$，从而使 $T_{e1}=T_{e2}$。

9.5.4　双通道的无刷直流电动机调速系统

1. 双通道的无刷直流电动机调速系统的结构

双重绕组的无刷直流电动机构成的双通道调速系统结构框图如图9-35所示，该系统采用两套功率电路驱动电动机的两套绕组，两套绕组产生的转矩在电动机轴上综合，经机械传动装置减速驱动运动机构，如果需要直线运动可以经滚珠丝杠变换运动形式。该系统由两套功率电路和两套绕组构成两个独立的控制通道，因在电气上完全独立，所以一个通道发生故障可以不影响另一个通道。

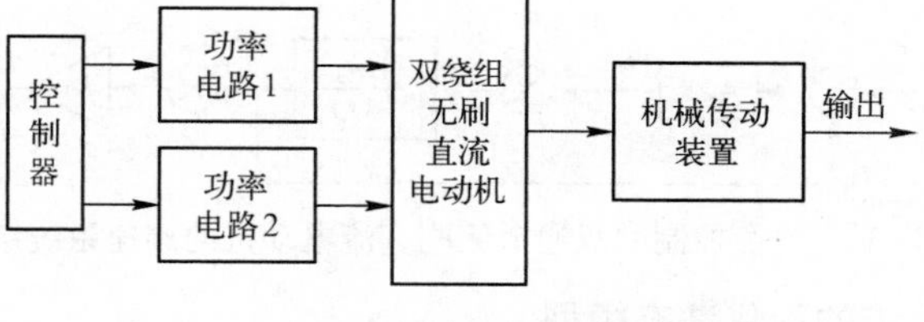

图9-35　双通道控制系统结构框图

系统中的控制器由微处理器构成，虽然是单通道的，但可以在局部电路上有备份，或者采用两个独立的微处理器系统组合，以达到可靠性要求。

无刷直流电动机控制系统集电磁机构（电动机本体）、电力电子电路、微处理器、机械装置为一体，根据可靠性分析和大量的数据统计可知，由电力电子器件实现的电源变换器是整个系统可靠性的薄弱环节——功率电路部位采用了双通道结构，当一个通道发生故障时，能够以单通道系统运行，即以容错的形式完成驱动任务。该系统的容错工作能力提高了完成任务的概率，即提高了任务可靠性。

2. 双通道双闭环系统的动态模型

下面讨论电磁综合的双重绕组无刷直流电动机的数学模型，式（9-24）的电压平衡方程式可以写作传递函数，即

$$\begin{pmatrix} I_{d1}(s) \\ I_{d2}(s) \end{pmatrix} = \frac{1/R_a}{T_0^2 + 2T_s s + 1}\begin{pmatrix} T_s s + 1 & -T_m s \\ -T_m s & T_s s + 1 \end{pmatrix}\begin{pmatrix} U_{d1}(s) - E(s) \\ U_{d2}(s) - E(s) \end{pmatrix} \tag{9-28}$$

式中，$T_0 = \frac{\sqrt{(L_s^2 - l_m^2)}}{R_a}, T_s = \frac{L_s}{R_a}, T_m = \frac{l_m}{R_a}$。

为了防止双通道控制系统出现上述的不平衡情况，在双通道工作时可以采用电流均衡控制策略，即通过通道电流反馈控制实现电流的均衡，使通道线电流满足 $I_{d1} = I_{d2}$。

电流均衡控制的最简单的方法是在系统设计时使两个通道的参数完全相同，再给两个通道施加相同的电压，就应能够使两个通道的电流相等。但是这样完全依赖于通道参数，而在实际系统中会因为接触、发热、器件性能差异等因素，导致参数存在差异，因此应采用主动的电流均衡控制策略。

实现电流均衡控制的双通道双闭环调速系统结构如图 9-36 所示，它有以下特点：

1）在速度控制上与普通的双闭环调速系统相同，ASR 的输出为与转矩 T_e 成正比的电流给定值 I_d^*，只是转矩 T_e 由两个通道的电流 I_{d1} 和 I_{d2} 综合产生，因此给定电流 I_d^* 被均分到两个通道作为每个通道的电流给定值 I_{d1}^* 与 I_{d2}^*。

2）为了对两个通道的电流独立进行控制，系统中采用了两个电流调节器 ACR_1、ACR_2，跟踪两个通道电流的给定值 I_{d1}^* 与 I_{d2}^*，控制 I_{d1} 和 I_{d2} 在满足电动机对转矩的需要的同时，保证两个通道的电流 I_{d1} 和 I_{d2} 大小一致。

3）在系统控制中，当电动机与电路构成的两个通道参数一致时，ACR 会通过控制两个通道的电压相等来保证两个通道的电流相等。如果两个通道的参数不一致，ACR 为了调节两个通道电流一致，则需要控制电压产生差异来保证。

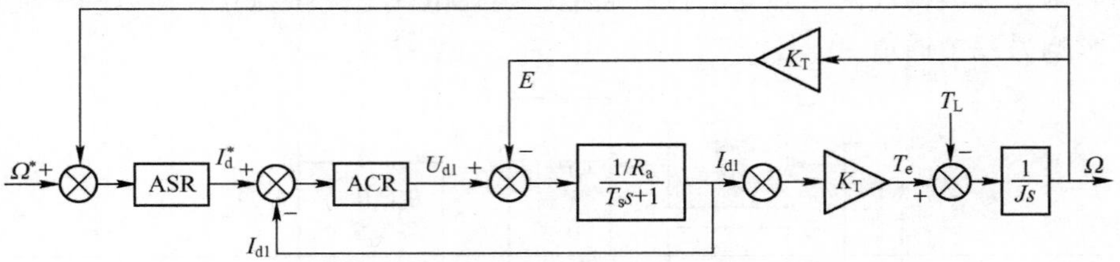

图 9-36　均衡控制的双通道无刷直流电动机的调速系统结构

3. 双通道双闭环系统的简化动态模型

在图 9-36 所示的双通道无刷直流电动机的调速系统中，若采用 $U_{d1} = U_{d2} = U_d$ 的控制，则两套绕组电流相等，为

$$\begin{aligned} I_{d1}(s) = I_{d2}(s) &= \frac{(T_s s + 1 - T_m s)/R}{T_0^2 s^2 T_s s + 1}[U_d(s) - E(s)] \\ &= \frac{1/R_a}{(T_s + T_m)s + 1}[U_d(s) - E(s)] \end{aligned} \tag{9-29}$$

这表明电流变化为一阶系统，电磁时间常数为

$$T_s + T_m = \frac{L_s + l_m}{R_a} \tag{9-30}$$

由此可以看出，两套绕组之间存在互感使电磁时间常数增大。将式（9-29）代入式（9-30），得到电磁转矩的传递函数为

$$T_e(s) = \frac{2K_T/R_a}{(T_s + T_m)s + 1}[U_d(s) - E(s)] \tag{9-31}$$

根据式（9-31）可以得到均衡控制下系统的简化动态结构图，如图 9-37 所示。

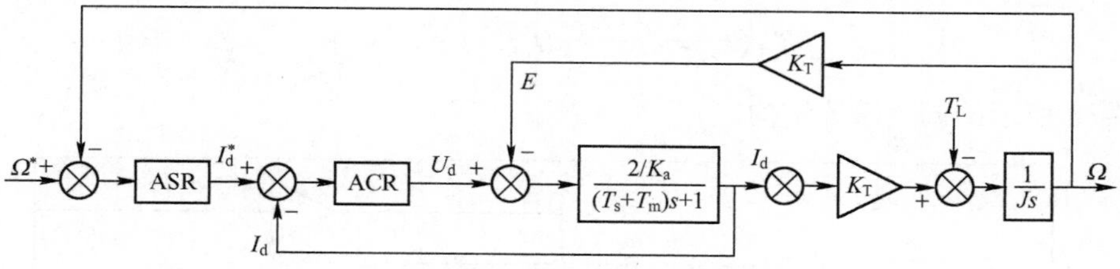

图 9-37　简化后的电磁综合的双通道系统动态模型

9.5.5　双通道的无刷直流电动机调速系统容错控制

双通道无刷直流电动机控制系统工作在单通道状态，即系统的容错工作状态，其输出功率将受到限制，系统的其他特性会发生变化。

1. 允许转矩和功率

由于双通道运行与单通道运行的电动机磁状态与转速基本不变，在电动机功率损耗的分析中，即可假定两种运行方式下空载损耗 P_0 相同，只需分析铜损耗 p_{Cu}。

对于图 9-33a 所示的电磁综合的双重绕组无刷直流电动机，因为电磁综合型的电动机的绕组隔槽嵌放，单绕组运行时的绕组均匀分布，铜损耗发热点也均匀分布，而使工作绕组能够在电流适当过载的情况下运行。

这里以铜损耗不变为原则分析电动机的允许转矩。电动机的额定功率是按双通道运行设计的，此时电压 $U_{d1} = U_{d2} U_N$，则电动机两套绕组相电流相等，为额定电流 I_N，得到两相通电方式下电动机的额定铜损耗为

$$p_{CuN} = 2r_a(I_{d1}^2 + I_{d2}^2)4r_a I_N^2$$

额定电磁转矩为

$$T_{eN} = 2K_T I_N \tag{9-32}$$

电动机的单绕组运行时一套绕组电流为零，不产生铜损耗，工作绕组的铜损耗为

$$p_{Cu1} = 2r_a I_{d1}^2 = 2r_a I_{N1}^2$$

式中，I_{N1} 为单绕组运行时的额定电流。使单绕组运行时铜损耗等于额定铜损耗 p_{CuN}，于是得到单绕组运行时的额定电流

$$I_{N1} = \sqrt{p_{CuN}/r_a} = 1.4I_N \tag{9-33}$$

以及单绕组运行时额定损耗下电动机的输出转矩

$$T_{eN1} = K_T I_{N1} = 0.7T_{eN} \tag{9-34}$$

由此得到结论，如果要求电动机在单绕组运行时铜损耗不增加，则工作绕组的允许电流

不超过额定电流 I_N 的 1.4 倍，允许电磁转矩不超过额定转矩 T_{eN} 的 70%。

2. 动态模型

双绕组无刷直流电动机工作在单通道模式，必须使不工作的绕组处于开路状态，这时数学模型与普通的无刷直流电动机相同，工作绕组（设为通道 1 的绕组）的电压平衡方程式为

$$I_{d1}(s)=\frac{1/R_a}{T_s s+s}[U_{d1}(s)-E(s)] \tag{9-35}$$

电磁转矩为

$$T_{e1}(s)=\frac{K_T/R_a}{T_s s+s}[U_{d1}(s)-E(s)] \tag{9-36}$$

得到图 9-38 所示的调速系统结构。

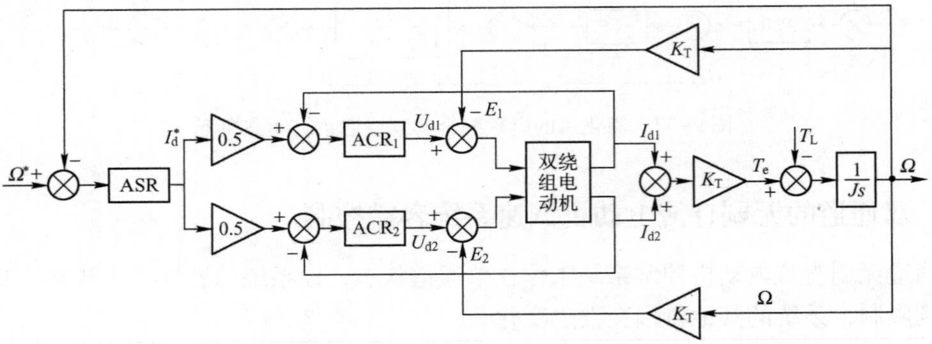

图 9-38　单通道调速系统动态模型

3. 位置伺服系统的容错特性

伺服系统在起动或者快速调节中，希望电动机有高的加速度。提高加速度的方法是增大电流的短时过载倍数，单通道运行时因过载电流受到限制，导致系统的操纵性能受到影响。

某电磁综合的双重绕组无刷直流电动机构成的位置伺服系统采用电流、转速和位置三闭环结构，给定位置阶跃信号 $\theta_a^*=1\text{rad}$（即 57.3°），电动机轴上负载转矩 $T_L=3\text{N}\cdot\text{m}$。电动机额定电流为 8 A，根据式（9-34）得到单绕组额定电流为 11.2 A，电动机额定铜损耗为 90 W。同时，选择起动时电流过载系数为 2，即单绕组工作时电流最大值为 22.4 A，双绕组工作时最大值为 16 A。为使容错模式下电动机铜损耗不大于额定值，可以调整调节器的参数，将系统调节过程放慢。得到系统运行过程如图 9-39 所示。

图 9-39a 示出的单/双通道的电流 I_d 曲线表明，在电动机转速上升期间，单/双通道的电流均达到了过载允许值。由图 9-39b 可见，由于单通道运行时转矩仅为双通道的 0.7 倍，导致加速度降低，加速时间增长，运行中的最高转速偏低。最后，由图 9-39c 可见，单通道运行时间比双通道运行时间增加，表明系统快速性变差。

从以上例子分析可见，伺服系统在容错状态下单通道运行时，要使电动机的铜损耗不变，则会引起系统快速性变差。而单通道系统快速性变差的原因有两方面，其一并且最主要的是单通道起动时只有一套绕组工作，起动转矩小而使加速度变小，影响了快速性；其二是在单通道系统设计中，要采用不同的控制率，防止动态过程中铜损耗过载，改慢了控制率。

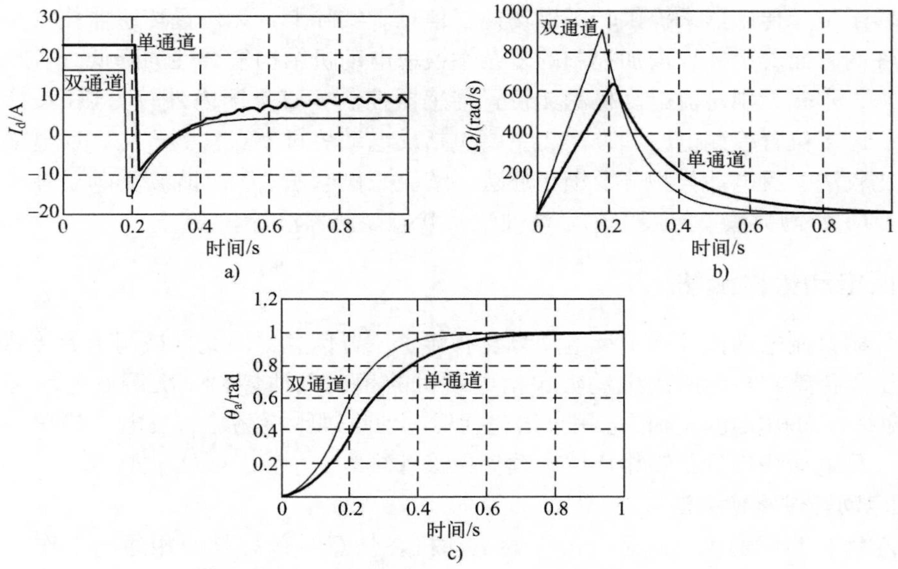

图 9-39　位置伺服系统的容错特性

9.6　无刷直流电动机无位置传感器控制

如前所述，无刷直流电动机的工作必须有转子磁场位置的信息，以控制逆变器功率器件的开/关实现绕组的换向。例如，三相六状态运行的无刷直流电动机在内部安装 3 个转子位置传感器来确定 6 个换向点时刻。传统的无刷直流电动机转子位置信息是采用机电式或电子式传感器直接检测，如霍尔传感器、光电传感器等，在实际应用中发现，在电动机内部安装转子位置传感器有以下问题：

1）在某些高温、低温、高振动、潮湿、污浊空气和高干扰等恶劣的工作环境下，由于位置传感器的存在使系统的可靠性降低。

2）位置传感器电气连接线多，不便于安装，而且易引入电磁干扰。

3）传感器的安装精度直接影响电动机运行性能，特别是在多极电动机时安装精度难以保证。

4）位置传感器占用电动机结构空间，限制了电动机的小型化。

因此，无刷直流电动机的无位置传感器技术近年来日益受到人们的关注，无位置传感器控制技术已成为无刷直流电动机控制技术的一个发展方向。无位置传感器控制方式尽管会导致转子位置检测的准确度有所降低，但它使系统能够在恶劣的工作环境中可靠运行，同时使电动机结构变得简单，安装更方便，成本降低。无传感器技术对提高系统的可靠性和对环境的适应性，以及对进一步扩展无刷直流电动机的应用领域和生产规模具有重要意义。尤其在小型无刷直流电动机、轻载起动的条件下，无位置传感器控制成为理想选择。

例如，在空调压缩机中，由于压缩机是密封的，如果采用霍尔位置传感器，需要 5 条信号线，连线过多会降低压缩机运行的可靠性。并且在空调压缩机中，要承受制冷剂的强腐蚀性和高温工作环境，常规的位置传感器很难正常工作。

无刷直流电动机无位置传感器技术的核心内容是研究各种间接的转子位置检测方法替代

直接安装转子位置传感器来提供转子磁场位置信息。实际上，无位置传感器技术是从控制的硬件和软件两方面着手，以增加控制的复杂性换取电动机结构复杂性的降低。

多年来，永磁无刷直流电动机的无位置传感器控制一直是国内外较为热门的研究课题，人们提出了诸多位置检测电路和方法，主要包括反电动势过零点检测方法、反电动势积分及参考电压比较法、反电动势积分及锁相环法、续流二极管法、3 次谐波反电动势检测法、电感测量法、$G(\theta)$函数法、扩展卡尔曼滤波法、状态观测器法等。

9.6.1 反电动势检测法

永磁无刷直流电动机的绕组反电动势含有转子位置信息，因此常被用于无传感器控制。

应用于无传感器控制的反电动势包括电动机的相反电动势和 3 次谐波电动势，后者在 9.6.2 节介绍。而相反电动势的应用方法包括反电动势过零检测法、反电动势积分及参考电压比较法、反电动势积分及锁相环法、续流二极管法等。

1. 反电动势过零检测法

三相六状态 120°通电方式运行的无刷电动机在任意时刻总是两相通电工作，另一相绕组是浮地不导通的。这时候非导通绕组的端电压（从绕组端部到直流地之间）或相电压（从绕组端部到三相绕组中心点之间）就反映出该相绕组的感应电动势。在实际应用场合，由于电动机绕组中心点往往是不引出的，所以，通常将非通电绕组的端电压用于无传感器控制时称为端电压法。无刷电动机气隙磁场包含永磁转子和电枢反应产生的磁场，只是永磁转子产生的磁场和它感应产生的反电动势才是我们需要的，而电枢反应会引起气隙磁场的畸变和过零点的移动，参见第 8 章的电枢反应分析。严格来说，反电动势过零检测法适用于电枢反应电动势比较小的电动机，例如表贴式转子的情况。在有些无刷直流电动机中电枢反应比较强，使得非导通相的感应电动势包含较大的电枢反应电动势成分，这样从端电压中提取反电动势过零点就存在较大的误差。这种端电压法容易实现，但往往带有很多噪声干扰信号。尤其是在高速重载或者绕组电气时间常数很大的情况下，续流二极管导通角度很大，可能使得反电动势无法检测，另外就是存在 PWM 干扰信号。

当以相反电动势过零点定义为 0°时，为了获得尽可能大的电动机转矩输出，同一相的反电动势和电流应当同相位，所以，正确换向点应该在延后 30°处。也就是说，在相反电动势过零点 30°时刻，应该就是该相换向点出现的时刻。由于每隔 60°应当出现一个换向点，检测到反电动势的过零点以后，延时$(30+60K)$°电角（$K=0,1,2\cdots$）就是相应的换向时刻。为了电路设计方便，取 $K=1$，也就是取相反电动势过零点滞后 90°电角作为一个换向点。在每一相检测电路将相电压深度滤波，它不仅起到滤波作用，而且将输入的反电动势信号滞后一个 90°电角，从而得到电动机换向的时刻。

一个反电动势过零检测电路的例子如图 9-40 所示。现以 U 相为例说明检测电路的工作原理：首先，U 相端电压经 R_{60}和 R_{71}进行降压，然后经一阶低通滤波器深度滤波，使其产生近 90°的滞后相移；再经过 C_{44}隔直处理，以消除三相电压不对称所引起的过零点漂移；后再经过一次滤波处理，主要是消除高频信号的干扰，基本不产生相位滞后。其输出一路接到比较器 U12B 的同相输入端，另一路经 R_{61}与其他两相耦合，产生电动机的中性点电位作为参考电压，接到 3 个比较器的反相输入端。比较器的翻转点滞后反电动势过零点约 90°电角，即比较器的翻转点对应着电动机的换向时刻。电路由 R_{60}、R_{71}、C_{47}构成一阶低通滤波器，该滤波器滞后相角极限值为90°电角，因此C_{47}选择较大电容值。滞后角度和滞后时间随着电动机转速增加而增大，所以电动机转速较高时，滞后相角接近90°。例如，电路参数采用$R_{60}=180\ \text{k}\Omega$，$R_{71}=50\ \text{k}\Omega$，$C_{47}=2.2\ \mu\text{F}$时，当转速达到500 r/min时，相移为85.77°，滞后的相角接近90°。低转速时滞后的相角偏离90°较大，为了不影响电动机的出力并获得好的特性，需要对相位进行校正。可行方法是在控制器中实时对此滞后时间进行计算，对换向时间进行校正。

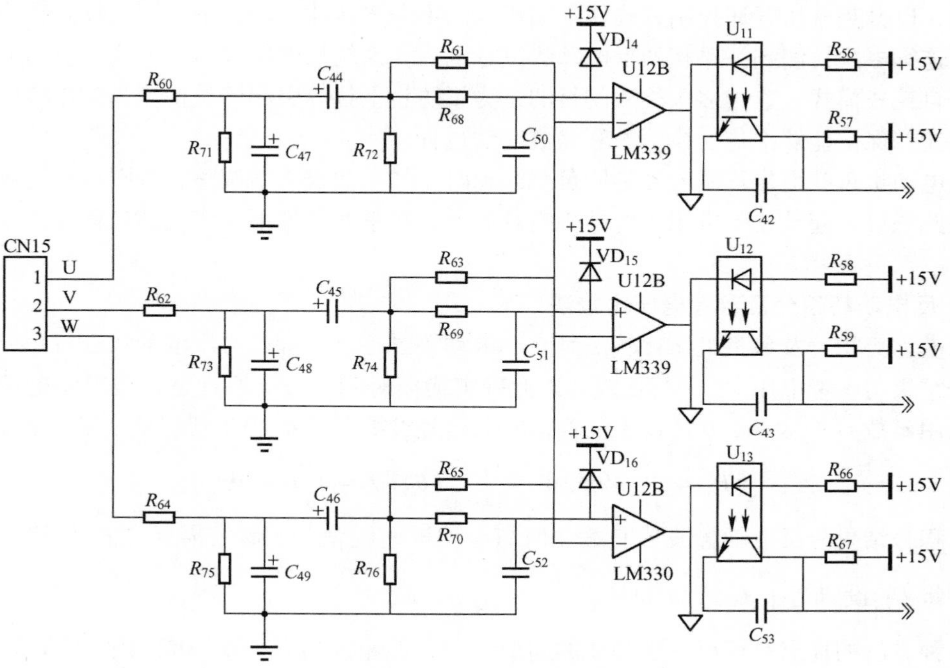

图9-40 反电动势过零检测电路的例子

在众多检测转子位置的方法中，反电动势过零检测法是目前最为成熟、应用最广泛的方法，该方法简单可靠、容易实现。这种方法也存在一些缺点：

1）低速或转子静止时不适用。这是所有反电动势法的共同缺点。

2）电压比较器对被检测信号中的毛刺、噪声非常敏感，所以，当存在PWM时，有时会产生不正确的换向信号。

3）滤波器的实际延时角度是随电动机转速而变的，通常小于90°，转速越高越接近90°。所以低速时是超前相位，高速时反而接近正常相位；这种情况与实际对电动机的需要正好相反，人们往往希望高速时超前相位，以提升高速范围。

4）当某相逆变器的功率器件关断时，由于电感的作用续流二极管导通，在绕组端电压形成一个脉冲，这个脉冲覆盖了相电动势部分信号。所以，如果续流二极管的导通角超过30°，就会把反电动势的过零点掩盖住，最终导致无传感器控制无法工作。

反电动势过零检测法的起动方法：

无刷直流电动机在转子静止或低速时反电动势为零或很小，无法用检测反电动势过零的方法来判断转子位置，不能正常起动，因此需要采用特殊的起动技术。通常采用三段式起动技术，即转子定位、升速运行和状态切换 3 个阶段。

首先控制程序选择预定两相绕组强制导通并以 PWM 控制绕组，经过一段短时间后使转子转到一个预定的位置附近。这个过程称为定位。这个预定的位置应当使电动机定子磁动势轴线与转子直轴的夹角小于 180°电角度，转子才能按预期的方向旋转。

在升速阶段，通过 PWM 控制逐渐提高给电动机的外施电压，使电动机转速逐渐提高。由控制器产生预先设定的转子转速理想变化规律即加速曲线。通常是经由试验获得优化的加速曲线，以升频升压开环控制方式使电动机转速不失步地软起动，平稳达到较高转速。

当连续多次检测到开路相的反电动势过零点后，系统从他控式运行模式切换到无刷直流电动机自控式模式。连续多次检测的目的是为了防止干扰等引起的误检测和防止转速未达到预定转速，保证能够平稳切换，顺利完成起动过程。

当电动机负载惯量不同或带不同负载起动时，加速曲线需要调整，否则可能造成起动失败，因此三段式起动技术常用于电动机空载起动。在重载条件下，该起动过程往往难以顺利实现。

2. 反电动势积分及参考电压比较法

反电动势积分及参考电压比较法是在相电动势过零点处开始对反电动势进行积分，然后将积分结果与参考电压 U_{ref} 进行比较，以此确定换向时刻。具体原理是：假定相电动势的波形系数用函数 $f(\theta)$ 表示，θ 是转子位置，取电动势过零点时 $\theta=0$，则积分结果可表示为

$$U_{\mathrm{i}} = \int_0^{\tau_0} \omega f(\theta)\,\mathrm{d}t = \int_0^{\omega\tau_0} f(\theta)\,\mathrm{d}\theta = \int_0^{\theta_0} f(\theta)\,\mathrm{d}\theta$$

所以，积分结果与反电动势波形有关，但与电动机速度无关。假定需要在 θ_0 位置换向，那么只要将 U_{ref} 设定为 $\int^{\theta_0} f(\theta)\,\mathrm{d}\theta$ 即可。

这种方法的优点是可以实现必要的超前换向，但超前角必须在 30°以内。它也存在一些缺点：

1）如果反电动势过零点不能正确检测到，那么该技术就无法工作。

2）采用电压比较器来比较积分结果和参考电压，而比较器对毛刺、干扰很敏感；由于比较器的输出是触发一个环形分配器，因此一旦干扰信号造成一次误触发，随后的触发顺序就都是错误的且不可恢复，这样电动机就因错误的换向相位而无法工作。

3）对同一系列的电动机，或同一电动机在不同的温升条件下，其反电动势波形函数 $f(\theta)$ 都会有变化。因此，如果采用固定的参考电压，则实际的换向角会有所变化，造成电动机运行性能的离散性。

3. 反电动势积分及锁相环法

反电动势积分及锁相环法首先也是对反电动势积分，但不是将积分结果与参考电压比较，而是采用锁相环技术。其基本原理是：积分器对非导通相的相电动势积分，积分时间对应 60°电角。在通常的换流条件下，积分是从反电动势过零点前 30°开始，到过零点后 30°为止，因此积分结果应为 0。如果电路中一个压控振荡器的输入保持不变，则其输出频率也不变，系统将继续保持正常的换向顺序。但是在动态情况下，如果电动机换向已经超前，那么反电动势的积分结果是负值，这会降低压控振荡器的输入电压和输出频率，并进一步降低电动机的换流频率，减缓换向时序，直到重新恢复正常换向为止。反之，若换向滞后，则积分

结果为正值，就会提高电动机的换向频率，加快换向时序。由此，控制器、逆变器及电动机整个系统构成了一个锁相环，确保了正常的换向时序。Microlinear 公司的 ML4425、ML4428、ML4435 无传感器控制专用芯片采用此原理工作。这种技术的优点在于：

1）毛刺、干扰可以被积分器及压控振荡器前的 *RC* 网络有效滤除。

2）环形分配器直接由压控振荡器的输出信号触发，而压控振荡器本身有很好的抗干扰性，其输出信号不含干扰，因此不会出现误触发。

3）不需要参考电压，因此不受电动机参数离散性的影响。

其缺点是：实际电动机绕组的端电压中还存在一个由续流二极管导通引起的脉冲信号，它有可能掩盖反电动势信号，从而使积分结果永不为 0，导致控制失败。

4. 续流二极管法

续流二极管法是通过检测反并联于逆变桥功率开关管上的续流二极管的导通与关断状态来确定断开相反电动势过零点的位置。这种方法在一定程度上能够拓宽电动机的调速范围，尤其是能拓宽电动机调速的下限。因为续流二极管的导通压降很小，在有些应用场合，电动机的最低转速基本能小于 100 r/min。

但这种方法的缺点是：

1）要求逆变器必须工作在上下功率器件轮流处于 PWM 斩波的方式，例如 pwm - on 调制方式，必须从众多的二极管导通状态中识别出在反电动势过零点附近发生的那次导通状态。

2）该方法是建立在忽略逆变器可关断器件及二极管的导通压降的前提下的，实际这些压降会造成位置检测误差。

3）在没有 PWM 时这种控制方法无法工作。

4）实现难度大，必须防止无效的二极管续流导通信号和因毛刺干扰而产生的误导通信号。

此外，这种方法的转子位置误差也比较大，反电动势系数、绕组电感量不是常数，反电动势波形不是标准的梯形波等因素都会造成转子位置误差，这就需要一定的补偿措施。为此这种方法在国内应用并不多，相对来说技术也不很成熟。

9.6.2 3 次谐波反电动势检测法

3 次谐波检测法适用于Y形联结、三相六状态工作的无刷电动机。其基本思想是相绕组反电动势除了基波分量外，主要还包括 3 次谐波。在一个基波周期内 3 次谐波共有 6 个过零点。如果取得反电动势 3 次谐波信号，再将它移相 90°（相当于基波的 30°），就可以获得预期的换向点，并且无论在任何转速及负载情况下，这个相位差都保持不变。3 次谐波反电动势的 6 个过零点实际上和基波反电动势过零点重合，所以取得 3 次谐波反电动势过零点后，可以仿照 9. 6. 1 节有关方法实现电动机的换向。

3 次谐波反电动势的提取方法有两种：

1）3 次谐波电动势可以从星形电阻网络的中心点 n 到电动机绕组中心点 s 之间的电压提取，即电压 u_{sn}。无论续流二极管的导通角有多大，或者是否存在 PWM，u_{sn} 都能很好地反映出 3 次谐波电动势。这种方法的缺点是：

① 它仅适用于绕组电感不随转子位置变化、三相参数对称、电枢反应微弱、磁场的 3

次谐波分量和 3 次谐波绕组系数都比较大的电动机。在实际应用中，这些前提或多或少得不到满足，影响检测的准确程度。所提取的 3 次谐波电动势信号往往也带有一些干扰，但是这些干扰可以用简单的低通滤波器来削弱。

② 绕组中心点必须从电动机引出，这在一定程度上限制了 3 次谐波方法的应用。

图 9-42 给出了一台无刷电动机相反电动势、线反电动势和 3 次谐波反电动势（CH4）实测示波图。图中它们的幅度比例尺不同。这里 3 次谐波反电动势是从电阻网络的中心点到电动机绕组中心点之间的电压提取的。由图可以看出 3 次谐波反电动势过零点与预期的换向点之间的相位关系。

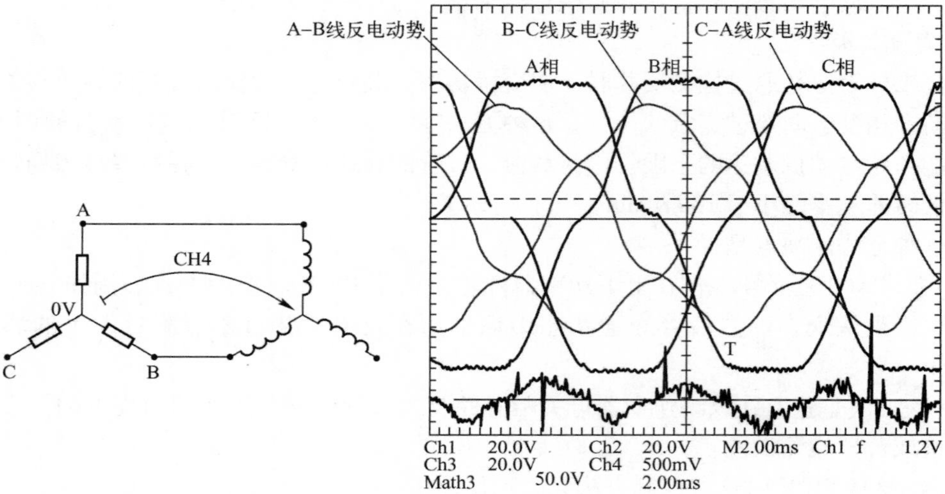

图 9-41　一台无刷电动机相反电动势、线反电动势和 3 次谐波反电动势实测示波图

2）为了避免使用绕组中心点，可在星型接法绕组并联一个星型电阻网络，通过电阻网络中性点 n 与直流电源的中心点 h 之间的电压 u_{hn} 来提取 3 次谐波电动势，省去了电动机绕组中心点的引出线。

这种位置检测方法与利用反电动势过零点检测方法进行了对比试验，采用后者获得的调速范围为 300～8000 r/min；而反电动势 3 次谐波积分法获得了更宽的调速范围，为 100～8000 r/min。它也需要采用开环起动方式，但性能要比反电动势过零点检测法优越。与反电动势过零点检测法相比，3 次谐波积分法与电动机速度、负载情况无关，受逆变器引起的干扰影响小，对滤波器要求低，移相误差小，有更宽的调速范围；低速时依然可以检测到 3 次谐波信号，所以起动和低速性能要好一些，在更宽的调速范围内能获得更大的单位电流出力和更高的电动机效率。

如图 9-42 所示的电路中，若电动机处在三相六状态下对称运行，当开关 VT_1 和 VT_2 导通时电路简化成图 9-43。由相电压方程可以推导得到

$$u_{sn}=\frac{1}{2}(e_a+e_b+e_c)$$

设想电动势中只有基波和 3 次谐波，上式的对称三相基波反电动势之和为零，对称三相的 3 次谐波反电动势是同相位的，故得到

$$u_{sn} = E_3 \sin 3\omega t$$

上式说明 u_{sn} 正是 3 次谐波反电动势信号。

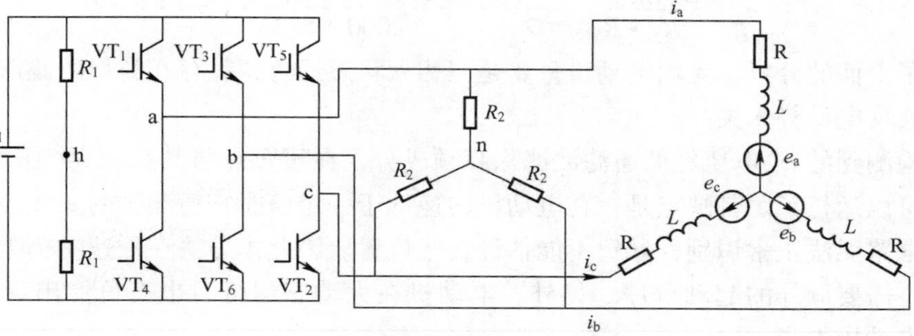

图 9-42　提取 3 次谐波反电动势的电路

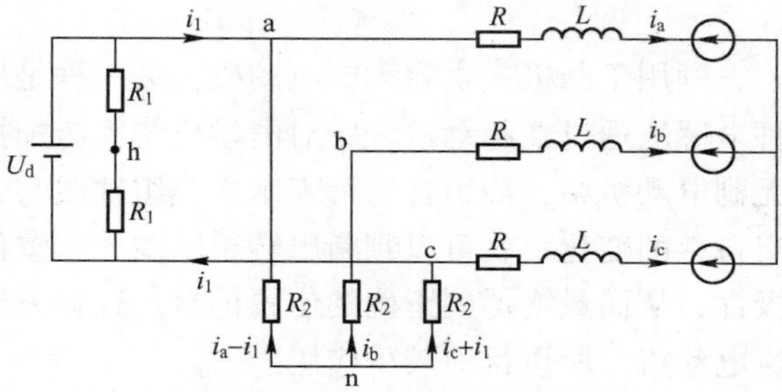

图 9-43　V_1 和 V_2 导通时的简化电路

再分析 u_{hn}，为分析方便，略去绕组电感，推导得到 u_{hn} 的表达式如下式所示，显然 u_{hn} 与 3 次谐波反电动势无关，而与基波反电动势有关：

$$u_{hn} = \frac{-R_2}{R_2 + R} \frac{E_1 \sin\left(\omega t - \frac{2\pi}{3}\right)}{2}$$

式中，E_1 和 E_2 分别为相绕组反电动势的基波和 3 次谐波幅值。

用一台相绕组反电动势 3 次谐波很小的无刷电动机进行验证。实测的三相六状态下的 u_{hn} 波形如图 9-44 所示，它看似 3 次谐波，其实与 3 次谐波电动势无关。该电动机在某试验转速下，测得基波电动势幅值为 $E_1 = 52\text{ V}$；3 次谐波电动势幅值为 $E_3 = 0$。当电动机在三相六状态下对称运行时，其 u_{hn} 波形幅值点的电压值 $u_{hnm} = 12 \sim 13\text{ V}$。

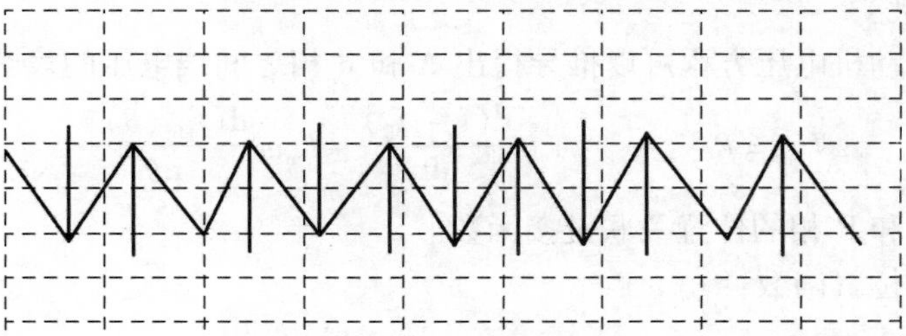

图 9-44　u_{hn} 的实测波形

若按上式计算，则

$$u_{\mathrm{hnm}}=\frac{R_2}{R_2+R}\frac{E_1\sin\left(\frac{\pi}{6}\right)}{2}=\frac{2000\times52\times0.5}{(2000+5.3)}\mathrm{V}=13\mathrm{~V}$$

从而验证了上面的分析。无刷电动机只要是三相六状态运行，就存在类似的波形，与是否存在3次谐波反电动势无关。

利用检测到的 u_{hn} 电压经低通滤波滤除高频成分，在过零点将其移相30°作为换向信号，电动机就可以运行了。其缺点是：在电动机转速低于一定值时，检测到的 u_{hn} 信号严重变形，引起后续电路无法正常识别，导致不能估计转子位置。因此本方法在低速时仍无法正确估计转子位置，需要额外的起动程序。另外，电动机在大动态运行时也有可能出现位置检测失败，造成电动机失步。

9.6.3 定子电感法

电感法有两种形式：一种用于凸极式永磁无刷电动机，另一种是用于内置式转子结构的永磁无刷电动机。第一种电感法通过在起动过程中对电动机绕组施加探测电压来判断其电感的变化，在凸极式永磁无刷电动机中，绕组自感可表示成绕组轴线与转子直轴间夹角的偶次余弦函数，通过检测绕组自感的变化，就可以判断出转子轴线的大致位置；再根据铁心饱和程度的变化趋势确定其极性，从而最终得到正确的位置信号。这种方法难度较大，且只能应用于凸极式永磁无刷直流电动机，所以目前较少应用。

第二种方法才是真正意义上的电感法。在内置式（IPM）无刷电动机中，电动机绕组电感和转子位置之间有一定的对应关系，电感测量法就是基于这种关系，通过检测绕组电感的变化来判断转子位置。当绕组采用星形接法且其中两相绕组的电感量相等时，反电动势正处于过零点，此时绕组中性点电位与直流电源中性点电压相等，由此获得反电动势过零点。

9.6.4 $G(\theta)$函数法

$G(\theta)$函数法又称为速度无关位置函数法，是从一个全新的概念提出的转子位置检测方法。在转子转速接近零到高速时它都能够对转子位置进行检测，给出换向时刻。

下面对具体原理进行简单介绍，为了便于说明，对电动机做如下假设：

1）电动机运行于额定条件，因而可以忽略绕组电流的磁饱和现象。

2）因为漏感很小，可以忽略不计。

3）忽略铁损耗。

由三相无刷电动机电压方程可以推导得出A和B相之间线电压的表达式：

$$U_{\mathrm{ab}}=R(i_{\mathrm{a}}-i_{\mathrm{b}})+L\frac{\mathrm{d}(i_{\mathrm{a}}-i_{\mathrm{b}})}{\mathrm{d}t}+K_{\mathrm{e}}\omega\frac{\mathrm{d}(f_{\mathrm{abr}}(\theta))}{\mathrm{d}\theta}$$

其中，$f_{\mathrm{abr}}(\theta)$是A和B相的位置关联链接函数。

定义一个新的位置函数：

$$H(\theta)_{\mathrm{ab}}=\frac{\mathrm{d}f_{\mathrm{abr}}(\theta)}{\mathrm{d}\theta}$$

该 H 位置函数表示为

$$H(\theta)_{ab}=\frac{1}{\omega K_e}\left[(U_a-U_b)-R(i_a-i_b)-L\left(\frac{di_a}{dt}-\frac{di_b}{dt}\right)\right]$$

为消除式中与速度相关的量 ω，得到与速度无关的位置函数 $G(\theta)$ 函数表达式，可用两个线电压 H 位置函数表达式相除即可得到：

$$G(\theta)_{ab/ca}=\frac{u_{ab}-R_s i_{ab}-L_s\dfrac{di_{ab}}{dt}}{u_{ca}-R_s i_{ca}-L_s\dfrac{di_{ac}}{dt}}$$

该信号在每个换向点具有高灵敏性，且与转速无关。图 9-45 给出了无刷电动机在应用速度无关位置函数法时的 H 函数、G 函数和换向信号图形。图中 6 个模式对应于无刷电动机一个换向周期的 6 个状态。

由图 9-45 可以看出，$G(\theta)$ 函数的峰值点就是对应换向时刻。$G(\theta)$ 函数与速度无关，且包含连续的位置信号。由于电动机以任何速度运行时该函数的表示形式都是一样的，所以在电动机的暂态和稳态都能得到一个精确的换向脉冲。在利用 DSP 对电动机进行控制的过程中，通过对 $G(\theta)$ 设置门槛值确定换向时刻，门槛值由相电流上升时间与期望超前角度决定。

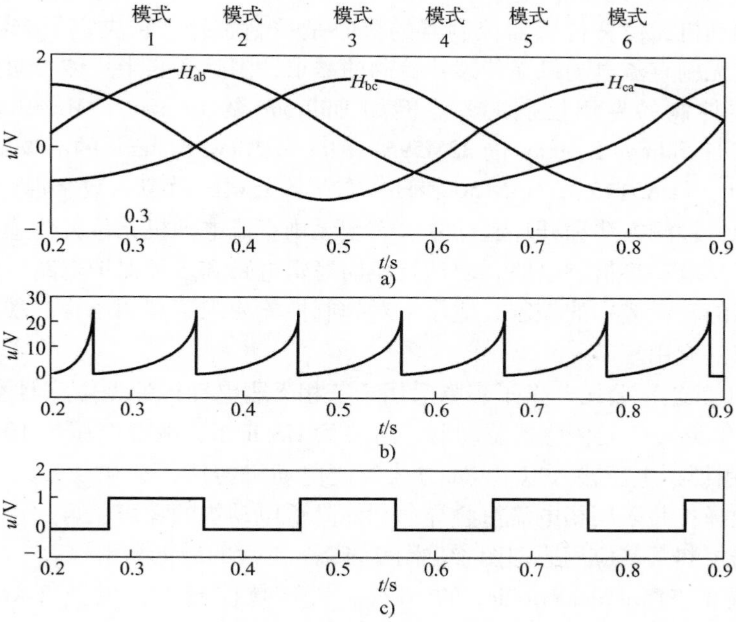

图 9-45　无刷电动机的 H 函数、G 函数和换向信号图形

a）H 函数　b）G 函数　c）换向信号

9.6.5　扩展卡尔曼滤波法

扩展卡尔曼滤波（EKF）法通过建立电动机的数学模型，周期性地检测外加电压、不导通相反电动势和负载电流等变量。利用特定算法得到电动机转子的位置以及速度的估计值；通过比较估计值与设定值的差值后经 PID 调节，达到控制电动机的目的。通过端电压检测，在得到反电动势的基础上，用卡尔曼算法在线递推出转子位置，从而确定定子绕组换流

时刻。

9.6.6　状态观测器法

状态观测器法即转子位置计算法。其原理是将电动机的三相电压、电流作坐标变换，在派克方程的基础上估计出电动机转子位置。将电动机 $a-b-c$ 坐标系下的三相实测相电流和相电压转换至代表转子假想位置的 $\alpha-\beta$ 坐标系下，两个坐标系的角度差为 $\Delta\theta$；再根据该坐标系下的电流派克方程计算出三相电压值，比较这一电压和前面经转换所得电压的差值，就可以得到函数关系 $\Delta U=f(\Delta\theta)$。经推导发现，当 $\Delta\theta$ 趋于 0 时，$\Delta U\propto\Delta\theta$，故可采用一个状态观测器来观测 ΔU，从而获得 $\Delta\theta$，即转子位置信号。

这种方法一般只适用于感应电动势为正弦波的无刷直流电动机，且计算烦琐，对微机性能要求较高，因此，尽管这种方法早就提出了，但应用并不广泛。近年来由于高性能 DSP 的应用和推广，该方法才有了更多的应用场合，特别是随着 TMS320LF2407 专用电动机控制用 DSP 芯片的推出，使这种方法能够更容易地得以实现。

9.6.7　利用微控制器和数字信号处理器的无传感器控制

无刷直流电动机无位置传感器控制器的核心是控制芯片，它决定了控制器的性能与成本。为迎合开发无刷直流电动机无传感器控制的需求，国际知名半导体公司先后开发了多种适用于无传感器控制的专用控制芯片。例如 Unitrode 的 UC3646；Microlinear 的 ML4423、ML4425、ML4428；Silicon Systems 的 32M595；Allegro Micro Systems 的 A8902CLBA；PHILIPS 的 TDA5142T、TDA5145、TDA5156 和日本东芝等公司的模拟 - 数字混合专用集成电路。它们采用反电动势检测方法和开环起动方法实现无刷直流电动机无位置传感器的控制。这些芯片内部集成了反电动势检测电路、起动及换向逻辑电路和多种保护电路，保证了无刷直流电动机无传感器的较低成本的控制，适用于对控制性能要求不高的场合，现在这些芯片在国内外已经得到广泛应用。

TOSHOBA（东芝）公司开发了多款适用于三相无刷电动机的无传感器控制器、驱动器。其中最新一款 TB6588FG 无传感器驱动器，封装为 HSOP36，电源电压为 10 ~ 42 V，输出电流为 1.5 A，利用模拟电压输入以 PWM 方式控制电动机转速，有 0°、7.5°、15°或 30°四个超前角设置供选择；并采用相电流重叠导通功能降低电动机的噪声，可用于家电洗衣机等无刷电动机的驱动控制。其应用原理图参见图 9-46。

近年，出现了 STMicroelectronics 的 ST7 系列等微控制器，以及 Texas Instruments 的 TMS320 系列、Motorola 的 DSP568xx 系列、Freescale 的 MC56F801x 系列数字信号处理器（DSP）等专用控制芯片。这些专用控制芯片的出现大大促进了无传感器控制的应用。

1. 利用 ST7MC 微处理器的反电动势过零法无传感器控制的例子

ST7MC 是意法（ST）公司推出的 8 位电动机控制专用微控制器芯片，适用于无刷直流电动机无传感器控制。它具有高灵敏度的反电动势过零检测，高去噪能力，即使在电动机高速运行时也能实现正确检测。反电动势可直接取自断开相绕组的端电压，不需经滤波电路，因此没有相移问题。下面介绍一种基于 ST7MC 单片机的两相导通三相六状态星形接法无位置传感器无刷直流电动机控制方案，该方案通过检测三相定子绕组反电动势过零点来确定转子位置，决定换向时刻。

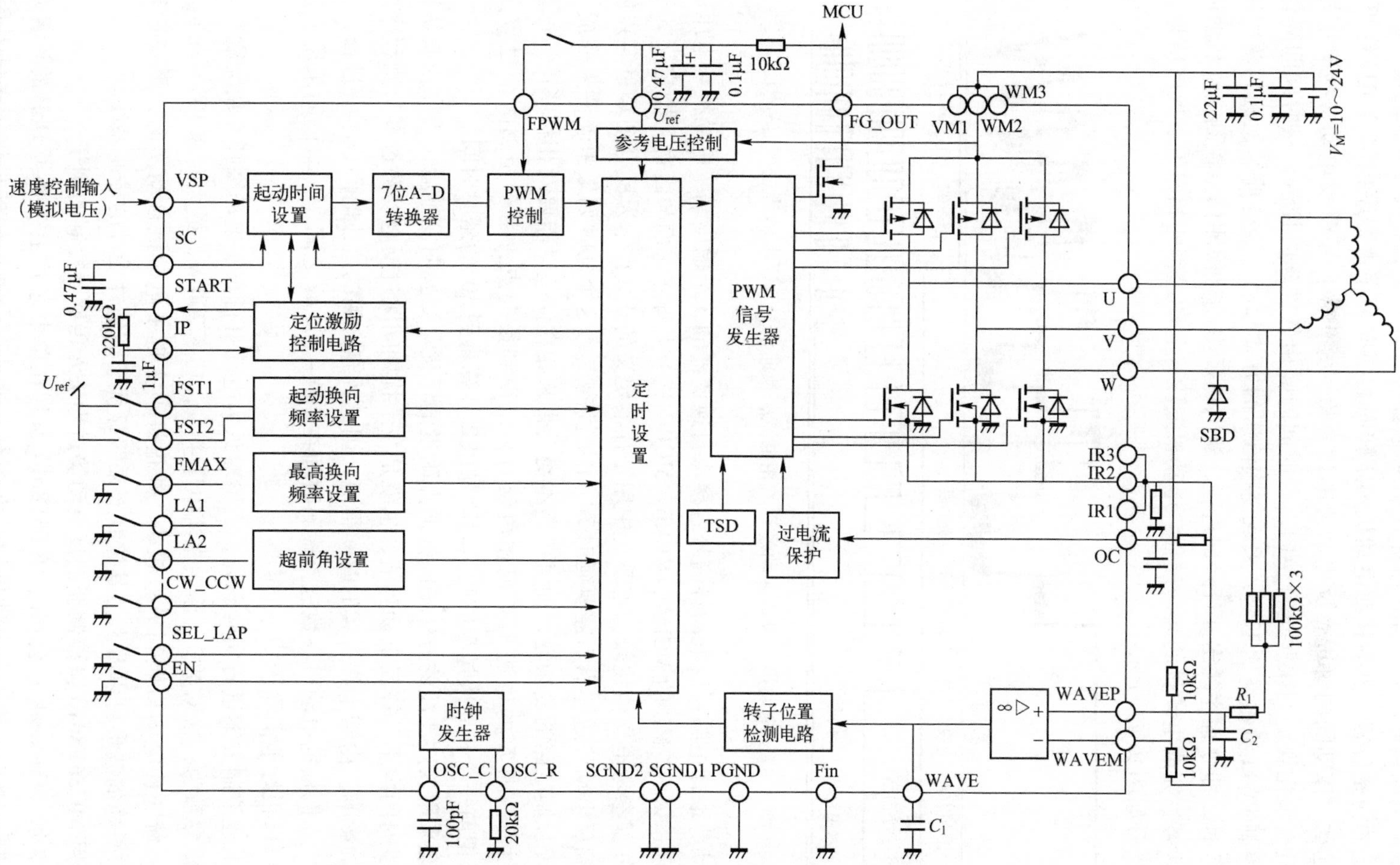

图9-46　东芝TB6588FG无传感器驱动器应用原理图

无刷直流电动机起动时，先由程序控制给电动机的两相定子绕组通电，经过一段时间转子处于预定的初始位置。然后按照电动机预定转向的换向顺序由程序控制给相应绕组馈电，使电动机起动，该期间同时进行反电动势的过零检测，但换向不受反电动势检测信号的控制。电动机按预先规定的次序进行换向，且时间间隔由软件延时控制，该时间间隔逐渐变短。程序控制 PWM 波占空比不变，采取变频恒压的方式起动。等待连续检测到两次反电动势过零信号时，即令程序跳出开环换向过程，进入由反电动势检测信号控制电动机换向的自控式运行状态，完成电动机的起动过程。电动机三段式起动过程的相电流、换向信号、反电动势过零信号如图 9-47 所示。

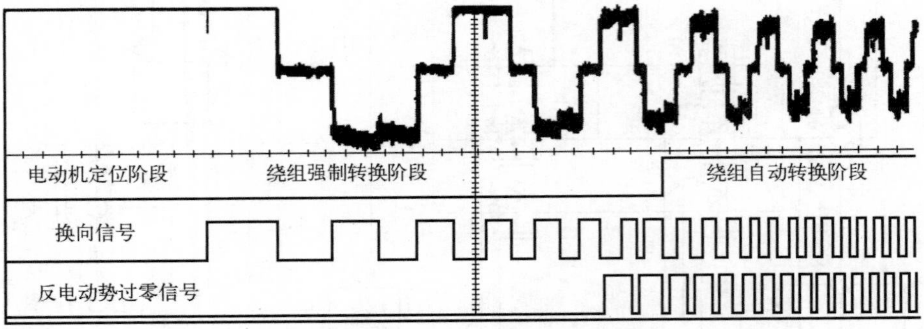

图 9-47　电动机三段式起动过程的相电流、换向信号、反电动势过零信号图

反电动势取样电路：反电动势信号直接取自逆变器的 3 个输出端，电动机端电压通过限流电阻分别送入 ST7MC 的 MCRA、MCRB、MCRC 三个引脚。它们与由寄存器定义的电压基准值或者外部参考电压值比较，本系统中用寄存器定义的 0.2 V 作为反电动势过零点的基本值。检测到反电动势过零点后需要延时 30°才是换向点，这个延时如果由硬件来完成，不仅会增加系统控制电路的复杂性，而且电路本身会带来相移误差，需要对相移修正。这里采取完全由软件程序计算的方法来实现相角延时，以得到换向点：由于相邻两个过零点相差 60°，所以把前一个和此次过零的间隔时间除以 2 计算得到 30°的延时时间。

本方案采用软件滤波的方法消除换向点附近的干扰。当换向发生后，程序控制从换向时刻起的一段时间内不计算反电动势值，也就是在干扰期间跳过反电动势过零检测程序段，以避开干扰的影响。由于干扰持续的时间很短，因此放弃检测的这段时间也不宜过长，视具体系统而定。本例根据电动机参数选择检测时间在 200 ~ 500 ns 之间，实验证明采用上述软件滤波算法可以很好地消除干扰。

采用上述控制方案进行实验研究，实验对象为电动自行车、电动摩托车用无刷直流电动机，电动机参数为：极对数 3，输入直流电压 48 V，功率 700 W，最大转速 3000 r/min。结果表明，该系统能使电动机顺利平稳起动，并很好地实现了电动机自动换向、平稳运行，从图 9-47 中平稳的波形可以看出，其控制效果明显优于纯硬件设计的控制系统。

2. 利用 MC56F8013 微控制器的反电动势过零法无传感器控制的例子

飞思卡尔（Freescale）公司的 MC56F801x 系列在单个芯片上结合了 DSP 的计算功能和 MCU 的控制功能，非常适合电动机的数字控制。这种混合型控制器提供了多种专用外设，如脉宽调制（PWM）模块（组）、数 - 模转换器（ADC）、定时器、通信外设（SCI、SPI 和

I^2C）以及内置闪存和 RAM。

图 9-48 显示了利用 MC56F8013 既可用于实现 PMSM 矢量控制，也可用于实现 BLDC 电动机的无位置传感器控制的框图。它包含了采用成本最低、最可靠的反电动势过零点法实现无传感器控制，以及电流和速度的闭环控制。它利用电阻网络采集的三相反电动势信号发送到 ADC2、ADC3、ADC4 输入端，利用电阻分压取得直流母线电压 U_{dc} 中性点电位发送到 ADC1，计算得到反电动势过零点的信息用于确定转子的位置，并确定开通哪个功率晶体管以实现正确的换向，获得最大的电动机转矩。

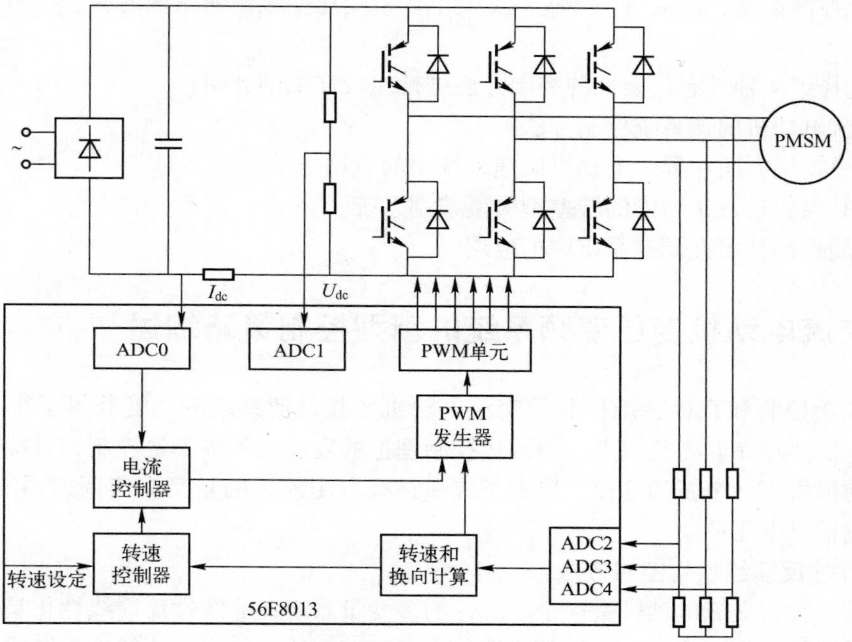

图 9-48　MC56F8013 的 PMSM/BLDC 电动机控制方案通用框图

第 10 章　交流电动机的先进控制技术

近年来，随着电力电子技术和现代控制理论的发展，出现了许多具有应用前景的新型交流调速系统控制策略，这为进一步提高交流电动机变压变频调速系统的静、动态性能提供了可能性。

本章选择了 4 种具有代表性的控制方法进行比较详细的介绍：

1）交流电动机的逆系统控制方法。

2）内模控制方法在异步电动机调速系统中的应用。

3）具有参数自校正功能的转差型矢量控制系统。

4）智能控制技术在调速系统中的应用。

10.1　交流电动机变压变频系统的新型控制策略综述

虽然矢量控制和直接转矩控制使交流电动机变频调速系统的性能获得了很大程度的提高，但是，依然存在着一些缺点。而现代控制理论的发展为解决矢量控制和直接转矩控制中存在的问题提供了一个新的途径，出现了许多具有应用前景的新型交流调速系统控制方法，其中主要包括以下几种。

1. 非线性反馈线性化控制方法

从本质上看，交流电动机是一个非线性的多变量系统，非线性反馈线性化是一种研究非线性控制系统的有效方法，它与局部线性化方法有着本质的不同。非线性反馈线性化控制方法是基于微分同胚的概念，利用非线性坐标变换和反馈（状态反馈或者输出反馈）控制将一个非线性系统变换为一个线性系统，实现系统的动态解耦和全局线性化。

1987 年，Z. Krzeminski 首次利用微分几何的方法处理五阶的异步电动机模型，继而非线性反馈线性化理论在交流传动中的应用得到了发展。从理论上可以证明，使用反馈线性化方法可以实现交流电动机的转速 - 磁链、转矩 - 磁链解耦控制，而矢量控制没有能完全实现转速（转矩）的解耦控制，可见使用非线性反馈线性化方法为提高交流调速系统的性能提供了一种有效的手段。

非线性反馈线性化是一种基于控制对象精确数学模型的控制方法，在其实现过程中主要存在以下两个问题：①在调速系统运行过程中，当参数发生变化时能否保持系统的稳定性，如何抑制电动机参数变化对控制系统的影响，提高系统的鲁棒性；②如何对调速系统的状态变量估计准确，如果出现状态估计误差，控制系统的稳定性能否保证。这两个问题一直是非线性反馈线性化在交流调速系统中广泛应用的主要障碍，其解决有赖于控制理论的进一步完善。

2. 反步设计（Backstepping）控制方法

反步设计控制方法是一种非线性控制系统递推设计思想，是 1991 年由美国加州大学的

Kanellakopoulos 和 Kokotovic 提出并大力推广的，旨在递推设计非线性系统的 Lyapunov 函数和控制律。反步设计控制的基本思想是将高阶非线性系统化为多个低阶子系统，进行递推（分层）设计。首先根据最靠近系统输出端的子系统的输入、输出描述，设计其 Lyapunov 函数，并基于 Lyapunov 稳定性原理得到其虚拟的控制律；然后向后逐步递推，得到各个子系统的 Lyaponov 函数和虚拟控制律，直至得到实际输入的控制律。

Kanellakopoulos 等人最早把反步设计控制方法应用于异步电动机调速领域，继而在交流调速领域又出现了结合滑模控制的反步设计控制方法、带有各种参数自适应律的反步设计控制方法、带有磁链观测器的反步设计控制方法、使用扩张状态观测器对不确定性进行补偿的反步设计控制方法等。

反步设计控制方法作为构造非线性控制的一种有效方法，把高阶非线性系统进行分解并逐步设计控制器，在设计的每一步都以保证一个子系统的稳定性为目标，从而可以保证这个系统的稳定性，这是其优越性所在。但是在交流电动机控制问题中，由于未知参数众多，利用反步设计控制方法构造的控制律过于复杂，使得这种方法至今仍多停留在理论研究上。

3. 基于无源性的控制策略

基于无源性的控制（Passivity - Based Control，PBC）策略的突出特点是利用“无功力”的概念从能量平衡的角度来分析非线性系统的状态变化及其性质。无功力的特点是不影响系统关系的平衡和稳定性，所以，在设计控制器的过程中无须考虑无功力对系统的影响，从而简化异步电动机的控制。此外，在设计无源控制器的过程中，可以利用系统本身的能量函数来构造 Lyapunov 函数，从而进一步简化了控制器的设计难度。

20 世纪 90 年代，R. Oterga 等人第一次将无源控制方法应用到了交流调速领域，用来解决异步电动机的控制问题。在无源控制应用的初期实现了恒转矩控制，并得到了形式简单的转矩控制器，后来又基于无源控制方法设计了转速控制器，给出了异步电动机无源控制系统的实验结果。理论研究和实验表明，使用无源控制方法设计的异步电动机控制器具有形式简单、鲁棒性强的特点。

虽然基于无源控制方法设计的转速控制器形式简单，静、动态性能良好，但是无源控制的核心是要保证系统的严格无源性，实现的手段是引入足够大的定子电流反馈，而这是该方法的主要缺陷。

4. 自抗扰控制

自抗扰控制（Auto Disturbance Rejection Controller，ADRC）是 20 世纪 90 年代由中国科学院系统科学研究所的著名控制论学者韩京清研究员首先提出的。这种控制方法的核心是，将系统的模型内扰（模型及参数的变化）和未知外扰都归结为对系统的“总扰动”，利用误差反馈的方法对其进行实时估计，并给予补偿，具有较强的鲁棒性。自抗扰控制的特点是充分利用特殊的非线性效应，而这些非线性效应则分别包含在 ADRC 的各个非线性单元中。扩张状态观测器是自抗扰控制理论的核心，采用扩张状态观测器的双通道补偿控制系统结构，对原系统模型加以改造，使得非线性、不确定的系统近似线性化和确定性化。在此基础上设计控制器，并充分利用特殊的非线性效应，可有效加快收敛速度，提高控制系统的动态性能，是解决非线性、不确定系统控制问题的强有力手段。

ADRC 特殊的非线性和不确定性处理方法，同时具有经典调节理论和现代控制理论的优点，其在异步电动机的控制系统中也得到了一定的应用。因为高阶的 ADRC 计算量偏大，因此在异步电动机控制中适合采用低阶 ADRC，以提高调速系统的响应速度和降低控制器的计算量。分别采用 ADRC 中的跟踪 - 微分器和扩张状态观测器，运用到异步电动机控制中，取得了满意的效果。在全阶 Luenberger 磁链观测器的基础上，应用 ADRC 控制异步电动机，将电动机模型中磁链与转速方程相互耦合的部分都视为系统的模型内扰进行处理，实现了电动机的解耦控制。ADRC 及其各个组成单元包含的内容十分丰富，其控制思想和工程实践结合紧密，因此这种控制方法在交流调速领域具有很好的应用前景。

但是，ADRC 方法中的一些非线性特性增加了其实际应用的难度，具体如下：

1）为提高系统的收敛速度和控制精度，ADRC 典型模型中普遍应用了非线性环节。由于非线性运算较多，使得计算量很大，对系统硬件的计算能力提出了较高的要求，增加了实时控制的难度。

2）ADRC 中涉及较多的参数，其控制性能很大程度上取决于参数的选取。如何调整选择众多参数，使控制器工作于最佳状态，是 ADRC 应用中的一个难题。

综上所述，上面谈及的现代控制理论都已经应用到了交流调速领域，而应用这些控制方法的主要目的是实现异步电动机的解耦控制，同时解决模型参数扰动等因素对系统性能的影响。

5. 逆系统控制方法

逆系统控制方法是一种直接反馈线性化方法，具有直观、简便和易于实现的特点，便于在工程实际中推广应用。现已将逆系统控制方法引入到了异步电动机调速系统中，实现了转子磁链模值和转速的解耦控制。但是，这种控制方法仍存在以下问题：

1）以转子磁链模值作为控制量，其控制效果依赖于转子磁链模值的观测精度，受电动机参数变化的影响比较严重，鲁棒性差。

2）这些逆系统控制方法只是实现了转速和磁链的解耦控制，没有实现转矩和磁链的解耦控制，从而影响系统性能的进一步提高。

3）这些逆系统控制方法是基于精确数学模型提出来的，当电动机参数发生变化后，对调速系统的动、静态性能会产生什么影响，在相关文献中都没有进行讨论。

4）现有的逆系统控制方法的实现前提是，对调速系统中各个状态变量都能进行准确的观测。但是，实际上各个状态变量的观测值存在的估计误差对系统的性能和系统的稳定性的影响，在相关文献中都没有进行讨论。

6. 滑模变结构控制

滑模变结构控制是由苏联学者在 20 世纪 50 年代提出的一种非线性控制策略，它与常规控制方法的根本区别在于控制律的不连续性，即滑模变结构控制中使用的控制器具有随系统“结构”随时变化的特性。其主要特点是，根据性能指标函数的偏差及导数，有目的地使系统沿着设计好的“滑动模态”轨迹运动。这种滑动模态是可以设计的，且与系统的参数、扰动无关，因而整个控制系统具有很强的鲁棒性。早在 1981 年，Sabonovic 等人就将滑模变结构控制策略引入到了异步电动机调速系统中，并进行了深入的研究，以后又出现了不少关于异步电动机滑模变结构控制的研究成果。但是滑模变结构控制本质上不连续的开关特性使系统存在“抖振”问题，其主要原因是：

1）对于实际的滑模变结构系统，其控制力（输入量的大小）总是受到限制的，从而使系统的加速度有限。

2）系统的惯性、切换开关的时间滞后以及状态检测的误差，特别对于计算机控制系统，当采样时间较大时，会形成“准滑模”等现象。“抖振”问题在一定程度上限制了滑模变结构控制方法在交流调速领域中的应用。

7. 自适应控制

自适应控制与常规反馈控制一样，也是一种基于数学模型的控制方法，所不同的只是自适应控制所要求的关于模型和扰动的先验知识比较少，需要在系统运行过程中不断提取有关模型的信息，使模型逐渐完善，所以自适应控制是克服参数变化影响的有力控制手段。

应用于电动机控制的自适应方法有模型参考自适应控制、参数辨识自校正控制，以及新发展的各种非线性自适应控制。但是自适应控制在交流调速系统中的应用存在着以下几方面问题：

1）对于参数自校正控制缺少全局稳定性证明。

2）参数自校正控制的前提是参数辨识算法的收敛性，如果在交流调速系统运行的一些特殊的工况下，不能保证参数辨识算法的收敛性，则难以保证整个自适应交流调速控制处于正常的工作状态。

3）对于模型参考自适应控制，未建模动态的存在可能造成自适应控制系统的不稳定。

4）辨识和校正都需要一个过程，对于较慢的参数变化尚可以起到校正作用，如校正因温度变化而影响的电阻参数变化；但是对于较快的参数变化，如因趋肤效应引起的电阻变化、因饱和作用产生的电感变化等，就显得无能为力了。

8. H_∞ 控制

在鲁棒控制中，最具有代表性的控制方法是 H_∞ 控制。20 世纪 80 年代，人们开始重新考虑运用频域方法来处理数学模型与实际模型之间的误差，由此产生了 H_∞ 范数以及最优化控制问题。H_∞ 控制在本质上是一种优化方法，力求使从外界干扰到系统输出之间的传递函数的 H_∞ 范数达到极小，使外扰动对系统性能的影响被极小化。

目前，H_∞ 控制方法在交流电动机控制系统中已经得到了一些应用，针对电流型逆变器和矢量控制系统，采用混合灵敏度方法确定 H_∞ 的优化目标，设计了转速控制器。根据 H_∞ 控制理论设计了磁链观测器，并应用离散 H_∞ 方法设计了 PWM 整流桥的电流控制器。

在 H_∞ 控制器的设计过程中，关键问题在于如何确定系统中模型的误差限以及期望的性能指标。为了得到合适的加权函数，往往需要经过多次尝试，同时利用这种方法设计得到的控制器也比较复杂，这是在 H_∞ 控制中需要进一步深入研究解决的问题。

9. 内模控制

为了降低控制系统性能对控制对象数学模型的依赖性，必须寻求一些对模型精度要求不高的控制策略，同时还希望要寻求的控制策略具有结构简单、容易实现的特点。

内模控制（Internal Model Control，IMC）是 20 世纪 80 年代从化工过程控制中发展起来的一种控制方法，具有很强的实用性。从本质上讲，内模控制是一种零极点对消的补偿控制，通过引入对象的内部模型将不确定性因素从对象模型中分离出来，从而提高了整个控制系统的鲁棒性。

内模控制不过分依赖于被控制对象的准确数学模型，对控制对象的模型精度要求比较低，系统能实现对给定信号的跟踪，鲁棒性强，并能消除不可测干扰的影响；同时控制器具有结构简单、参数单一、易于整定、在线计算方便、容易实现的特点。

内模控制最初用于多变量、非线性、大时滞的工业过程控制，交流电动机也是一个多变量、非线性、强耦合的系统，完全有可能应用内模控制技术。事实上，目前内模控制技术在电气传动领域的应用日益广泛，如用于永磁同步电动机的电流控制和解耦控制，利用单自由度的内模控制器实现了异步电动机定子电流的解耦控制，同时还利用双自由度的内模控制技术设计了磁链和转速控制器，得到的控制系统具有对给定信号的良好跟踪能力和对负载扰动很强的抗扰能力。

但是，由于内模控制是一种基于控制对象传递函数的控制方法，从本质上看，也是一种线性控制方法；同时，内模控制只能适用于参数变化不大、建模误差限制在一定范围内的控制对象。

10. 智能控制方法

在交流传动中，依赖经典的以及各种近代控制理论提出的控制策略都存在着一个共同问题，即控制算法依赖于电动机模型。当模型受到参数变化和扰动作用的影响时，系统性能将受到影响，如何抑制这种影响一直是电工界的一大课题。上述自适应控制和滑模变结构控制曾是解决这个课题的研究方向，结果发现它们又各有其不足之处。

智能控制能摆脱对控制对象模型的依赖，因而许多学者进行了将智能控制引入交流传动领域的研究。智能控制是自动控制学科发展里程中的一个崭新的阶段，与其他控制方法相比，具有一系列独到之处：

1）智能控制技术突破了传统控制理论中必须基于数学模型的框架，不依赖或不完全依赖于控制对象的数学模型，只按实际效果进行控制。

2）智能控制技术继承了人脑思维的非线性特性，同时，还可以根据当前状态方便地切换控制器的结构，用变结构的方法改善系统的性能。

3）在复杂系统中，智能控制还具有分层信息处理和决策的功能。

由于交流传动系统具有比较明确的数学模型，所以在交流传动中引入智能控制方法，并非像许多控制对象那样是出于建模的困难，而是充分利用智能控制非线性、变结构、自寻优等特点来克服交流传动系统变参数与非线性等不利因素，从而提高系统的鲁棒性。

本章根据交流调速系统控制策略的发展情况，选择了逆系统控制方法、内模控制方法、自校正控制方法、智能控制方法 4 种具有代表性的控制方法，就其在交流调速领域中的应用进行了较为详细的介绍。

10.2 交流电动机的逆系统控制方法

交流电动机是一类典型的多变量、强耦合、非线性、参数时变的控制对象，在磁链和转速之间存在着强耦合关系，这些不利因素大大增加了交流电动机高性能调速的实现难度。

为了实现转速和磁链的动态解耦控制，一些学者将逆系统控制方法应用到了异步电动机及同步电动机调速系统中。逆系统控制方法是一种新的非线性控制策略，其基本思想是：对于给定的控制对象，首先利用状态反馈的方法得到控制对象的“α 阶积分逆系统”，然后把“α 阶积分逆系统”和控制对象串联起来，将控制对象补偿为具有线性传递关系的且已解耦的伪线性系统，最后对伪线性系统进行综合。逆系统控制方法的特点是不必将问题引入“几何域”中，具有直观、简便和易于理解的优点，从而便于在工程上推广应用。

10.2.1 逆系统控制方法的理论基础

从泛函观点来看，一个控制对象的动态模型可用一个从输入到输出的算子来表示。给定一个 p 维输入、q 维输出的系统（线性或非线性）Σ，其输入为 $\boldsymbol{u}(t)=[u_1,u_2,\cdots,u_p]^{\mathrm{T}}$，输出为 $\boldsymbol{y}(t)=[y_1,y_2,\cdots,y_q]^{\mathrm{T}}$，并具有一组确定的初始状态 $\boldsymbol{x}(t_0)=\boldsymbol{x}$。记描述该映射关系的算子为 $\theta:\boldsymbol{u}\rightarrow\boldsymbol{y}$，即

$$\boldsymbol{y}(\cdot)=\theta[\boldsymbol{x}_0,\boldsymbol{u}(\cdot)]$$

简写为

$$\boldsymbol{y}=\theta\boldsymbol{u} \tag{10-1}$$

所谓系统Σ的逆系统，简单说就是指能实现从原系统的输出到其输入映射关系的系统，其严格的数学描述如下：

设 Π 为一个 q 维输入、p 维输出的系统，表示其映射关系的算子记为$\bar{\theta}$：$\boldsymbol{y}_{\mathrm{d}}\rightarrow\boldsymbol{u}_{\mathrm{d}}$，其中 $\boldsymbol{y}_{\mathrm{d}}(t)=[y_{\mathrm{d1}}(t),y_{\mathrm{d2}}(t),\cdots,y_{\mathrm{d}q}(t)]^{\mathrm{T}}$，$\boldsymbol{u}_{\mathrm{d}}(t)=[u_{\mathrm{d1}}(t),u_{\mathrm{d2}}(t),\cdots,u_{\mathrm{d}q}(t)]^{\mathrm{T}}$，$\boldsymbol{y}_{\mathrm{d}}(t)$为任意取值于某域的可微函数向量（$\boldsymbol{y}_{\mathrm{d}}(t)$在 t_0 处满足一定的初始条件），如果算子$\bar{\theta}$满足下式：

$$\theta\bar{\theta}\boldsymbol{y}_{\mathrm{d}}(t)=\theta\boldsymbol{u}_{\mathrm{d}}=\boldsymbol{y}_{\mathrm{d}}(t) \tag{10-2}$$

则称系统 Π 为系统 Σ 的单位逆系统。相应地，系统 Σ 称为原系统。

由于在解决实际控制问题时，使用以上定义的单位逆系统经常存在物理不可实现的问题，所以还需要定义 α 阶积分逆系统，其定义如下：

设$\bar{\theta}_\alpha$ 为另一个 q 维输入、p 维输出的系统，表示其映射关系的算子为$\bar{\theta}$：$\boldsymbol{v}\rightarrow\boldsymbol{u}_{\mathrm{d}}$，其中 $\boldsymbol{v}$ 为任意取值于某域的可微函数向量 $\boldsymbol{v}(t)=\boldsymbol{y}_{\mathrm{d}}^{(\alpha)}$，并且在 t_0 处满足一定的初始条件，$\boldsymbol{\alpha}=[\alpha_1,\alpha_2,\cdots,\alpha_q]$，$\boldsymbol{y}_{\mathrm{d}}^{(\alpha)}(t)=[y_{\mathrm{d1}}^{(\alpha_1)}(t),y_{\mathrm{d2}}^{(\alpha_2)}(t),\cdots,y_{\mathrm{d}q}^{(\alpha_q)}(t)]^{\mathrm{T}}$，$y_{\mathrm{d}i}^{(\alpha_i)}(t)$表示 $y_{\mathrm{d}i}(t)$的 α_i 阶导数，如果算子$\bar{\theta}_\alpha$ 满足下式：

$$\theta\bar{\theta}_\alpha\boldsymbol{v}=\theta\bar{\theta}_\alpha\boldsymbol{y}_{\mathrm{d}}^{(\alpha)}=\theta\boldsymbol{u}_{\mathrm{d}}=\boldsymbol{y}_{\mathrm{d}} \tag{10-3}$$

则称系统$\bar{\theta}_\alpha$ 为系统 Σ 的 α 阶积分逆系统，简称 α 阶逆系统。单位逆系统相当于 0 阶积分逆系统。

对于 MIMO 系统，α 阶积分逆系统一般通过状态反馈来实现。如果将得到的 α 阶积分逆系统串联在原系统之前就组成了伪线性系统，如图 10-1 所示。在图 10-1 中点画线框内为通过状态反馈实现的伪线性系统，向量函数 $\boldsymbol{v}(t)$是伪线性系统的输入，向量函数 $\boldsymbol{y}(t)$是伪线性系统的输出。

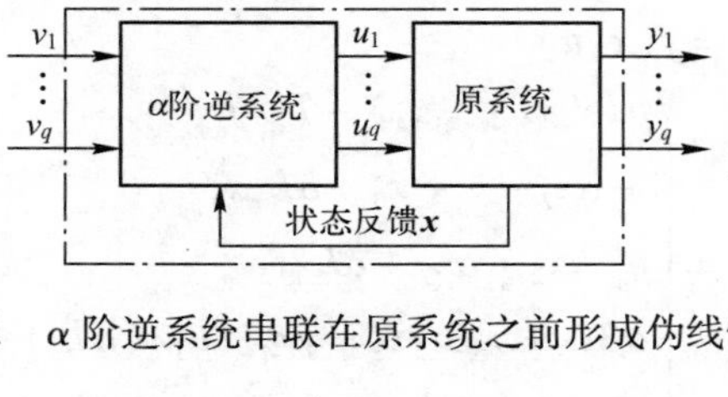

图 10-1　α 阶逆系统串联在原系统之前形成伪线性系统

伪线性系统实现的映射关系可以用算子 $\theta\bar{\theta}_\alpha$ 表示，如果取伪线性系统的输入 $\boldsymbol{v}(t)=$

$\boldsymbol{y}_{\mathrm{d}}^{(\alpha)}(t)=[y_{\mathrm{d1}}^{(\alpha)}(t),y_{\mathrm{d2}}^{(\alpha)}(t),\cdots,y_{\mathrm{d}q}^{(\alpha)}(t)]^{\mathrm{T}}$，根据 α 阶积分逆系统的定义，伪线性系统的输出则为 $\boldsymbol{y}_{\mathrm{d}}(t)=[y_{\mathrm{d1}}(t),y_{\mathrm{d2}}(t),\cdots,y_{\mathrm{d}q}(t)]^{\mathrm{T}}$。从伪线性系统的输入－输出关系可以看出，伪线性系统实现了输入－输出之间的解耦控制，并且伪线性系统还是一个线性系统，其输入－输出关系为

$$\left.\begin{aligned} y_{\mathrm{d1}}(t)&=y_{\mathrm{d1}}^{\alpha_1}(t)\\ &\vdots\\ y_{\mathrm{d}q}(t)&=y_{\mathrm{d}q}^{\alpha_q}(t)\end{aligned}\right\}\tag{10-4}$$

使用逆系统方法对控制对象进行解耦线性化的一个基本前提是原系统是可逆的，即原系统存在 α 阶逆系统。在讨论非线性系统可逆性条件之前，需要给出系统相对阶的定义。

考虑用以下状态方程描述的一般非线性系统：

$$\left.\begin{aligned}\dot{\boldsymbol{x}}&=\boldsymbol{f}(\boldsymbol{x},\boldsymbol{u})\\ \boldsymbol{y}&=\boldsymbol{h}(\boldsymbol{x},\boldsymbol{u})\end{aligned}\right\}\tag{10-5}$$

式中，$\boldsymbol{x}\in\mathbf{R}^n$，$\boldsymbol{u}\in\mathbf{R}^p$，$\boldsymbol{y}\in\mathbf{R}^q$；$\boldsymbol{f}(\boldsymbol{x},\boldsymbol{u})$，$\boldsymbol{h}(\boldsymbol{x},\boldsymbol{u})$是光滑函数向量。系统在点$(\boldsymbol{x}_0,\boldsymbol{u}_0)$具有相对阶 $\boldsymbol{\alpha}=[\boldsymbol{\alpha}_1,\cdots,\boldsymbol{\alpha}_q]$，如果

（1）系统在点$(\boldsymbol{x}_0,\boldsymbol{u}_0)$的某邻域内

$$\frac{\partial}{\partial u_j}[L_{f(\boldsymbol{x},\boldsymbol{u})}^{k}h_i(\boldsymbol{x},\boldsymbol{u})]=0\tag{10-6}$$

式中，$j=1$，$\cdots$，p；$i=1$，$\cdots$，q；$k\leqslant\alpha_i-1$。

（2）$q\times p$ 阶矩阵

$$\boldsymbol{A}(\boldsymbol{x},\boldsymbol{u})=\begin{pmatrix}\dfrac{\partial}{\partial u_1}[L_{f(\boldsymbol{x},\boldsymbol{u})}^{\alpha_1}h_1(\boldsymbol{x},\boldsymbol{u})] & \cdots & \dfrac{\partial}{\partial u_p}[L_{f(\boldsymbol{x},\boldsymbol{u})}^{\alpha_1}h_1(\boldsymbol{x},\boldsymbol{u})]\\ \vdots & & \vdots\\ \dfrac{\partial}{\partial u_1}[L_{f(\boldsymbol{x},\boldsymbol{u})}^{\alpha_q}h_q(\boldsymbol{x},\boldsymbol{u})] & \cdots & \dfrac{\partial}{\partial u_p}[L_{f(\boldsymbol{x},\boldsymbol{u})}^{\alpha_q}h_q(\boldsymbol{x},\boldsymbol{u})]\end{pmatrix}\tag{10-7}$$

在$(\boldsymbol{x}_0,\boldsymbol{u}_0)$的秩为 q。

对于输入变量维数和输出变量维数都等于 n 的方系统，在点$(\boldsymbol{x}_0,\boldsymbol{u}_0)$处可逆的充分条件是，在$(\boldsymbol{x}_0,\boldsymbol{u}_0)$的某一邻域内系统存在相对阶 $\boldsymbol{\alpha}=[\alpha_1,\cdots,\alpha_q]$，并且 $\sum\limits_{i=1}^{q}\alpha_i\leqslant n$。

10.2.2 交流电动机动态模型的可逆性及其逆系统

在两相静止坐标系上，异步电动机的动态模型可以用以下 5 阶微分方程来描述：

$$\dot{\boldsymbol{x}}=\boldsymbol{f}(\boldsymbol{x},\boldsymbol{u})=\begin{pmatrix}\mu(x_2x_5-x_3x_4)-T_{\mathrm{L}}/J\\ -\alpha x_2-n_{\mathrm{p}}x_1x_3+\alpha L_{\mathrm{m}}x_4\\ n_{\mathrm{p}}x_1x_2-\alpha x_3+\alpha L_{\mathrm{m}}x_5\\ \alpha\beta x_2+n_{\mathrm{p}}\beta x_1x_3-\gamma x_4+u_1/(\sigma L_{\mathrm{s}})\\ -n_{\mathrm{p}}\beta x_1x_2+\alpha\beta x_3-\lambda x_5+u_2/(\sigma L_{\mathrm{s}})\end{pmatrix}\tag{10-8}$$

输出方程为

$$y = h(x) = \begin{pmatrix} h_1(x) \\ h_2(x) \end{pmatrix} = \begin{pmatrix} x_1 \\ x_2^2 + x_3^2 \end{pmatrix} \tag{10-9}$$

状态变量为

$$x = [x_1, x_2, x_3, x_4, x_5]^{\mathrm{T}} = [\omega, \Psi_{r\alpha}, \Psi_{r\beta}, i_{sd}, i_{sq}]^{\mathrm{T}}$$

输入变量为

$$u = [u_1, u_2] = [u_{s\alpha}, u_{s\beta}]^{\mathrm{T}}$$

输出变量为

$$y = [y_1, y_2] = [\omega, \Psi_{r\alpha}^2 + \Psi_{r\beta}^2]^{\mathrm{T}}$$

式中，$\sigma = 1 - L_{md}^2/(L_{sd}L_{rd})$；$\alpha = R_r/L_{rd}$；$\beta = L_{md}/(\sigma L_{sd}L_{rd})$；$\mu = n_p L_{md}/(JL_{rd})$；$\gamma = L_{md}^2 R_r/(\sigma L_{sd}L_{rd}^2) + (R_s + \sigma L_{sd})$；$L_{md}$、$L_{sd}$、$L_{rd}$分别为定转子互感、定子自感、转子自感。

为了采用逆系统的方法实现转子转速和转子磁链的动态解耦控制，首先要判断数学模型的可逆性。从式（10-8）可知，异步电动机动态模型的输入向量维数 $p=2$，输出向量的维数 $q=2$，并且 $p=q$，是一个方系统。根据式（10-8）有

$$L_{f(x,u)}^0 h_1(x) = h_1(x) = x_1$$

$$L_{f(x,u)}^1 h_1(x) = \sum_{i=1}^{5} \frac{\partial h_1(x)}{\partial x_i} f_i(x,u) = \mu(x_2x_5 - x_3x_4) - Y_L/J$$

$$L_{f(x,u)}^2 h_1(x) = \sum_{i=1}^{5} \frac{\partial h_1(x)}{\partial x_i} f_i(x,u) = P(x) - \mu x_3 u_1/(\sigma L_s) + \mu x_2 u_2/(\sigma L_s)$$

式中

$$\begin{aligned} P(x) = &\mu x_5(-\alpha x_2 - n_p x_1 x_3 + \alpha L_m x_4) - \mu x_4(n_p x_1 x_2 - \alpha x_3 + \alpha L_m x_5) \\ &- \mu x_3(\alpha\beta x_2 + n_p\beta x_1 x_3 - \gamma x_4) + \mu x_2(-n_p\beta x_1 x_2 + \alpha\beta x_3 - \lambda x_5) \end{aligned}$$

$$L_{f(x,u)}^1 h_2(x) = h_2(x) = x_2^2 + x_3^2$$

$$\begin{aligned} L_{f(x,u)}^1 h_2(x) &= \sum_{i=1}^{5} \frac{\partial h_2(x)}{\partial x_i} f_i(x,u) \\ &= 2x_2(-\alpha x_2 - n_p x_1 x_3 + \alpha L_m x_4) + 2x_3(n_p x_1 x_2 - \alpha x_3 + \alpha L_m x_5) \end{aligned}$$

$$\begin{aligned} L_{f(x,u)}^2 h_2(x) &= \sum_{i=1}^{5} \frac{\partial h_2(x)}{\partial x_i} f_i(x,u) \\ &= 2x_2\alpha L_m u_1/(\sigma L_s) + 2x_3\alpha L_m u_2/(\sigma L_s) + Q(x) \end{aligned}$$

式中

$$\begin{aligned} Q(x) = &2(-2\alpha x_2 + \alpha L_m x_4)(-2\alpha x_2 + \alpha L_m x_4) + 2(-2\alpha x_3 + \alpha L_m x_5) \\ &\cdot (n_p x_1 x_2 - \alpha x_3 + \alpha L_m x_5) + 2x_2\alpha L_m(\alpha\beta x_2 + n_p\beta x_1 x_3 - \gamma x_4) \\ &+ 2x_3\alpha L_m(-n_p\beta x_1 x_2 + \alpha\beta x_3 - \lambda x_5) \end{aligned}$$

由式（10-7）可以求得

$$\begin{aligned} A(x,u) &= \begin{pmatrix} \dfrac{\partial}{\partial u_1}[L_{f(x,u)}^2 h_1(x,u)] & \dfrac{\partial}{\partial u_2}[L_{f(x,u)}^2 h_1(x,u)] \\ \dfrac{\partial}{\partial u_1}[L_{f(x,u)}^2 h_2(x,u)] & \dfrac{\partial}{\partial u_2}[L_{f(x,u)}^2 h_2(x,u)] \end{pmatrix} \\ &= \begin{pmatrix} -\mu x_3/(\alpha L_s) & \mu x_2/(\alpha L_s) \\ 2x_2\alpha L_m/(\alpha L_s) & 2x_3\alpha L_m/(\alpha L_s) \end{pmatrix} \end{aligned}$$

$$\mathrm{Det}(\boldsymbol{A}(\boldsymbol{x},\boldsymbol{u})) = -\frac{2\alpha\mu L_{\mathrm{m}}}{(\alpha L_{\mathrm{s}})}(x_2^2 + x_3^2)$$

从$\boldsymbol{A}(\boldsymbol{x},\boldsymbol{u})$的行列式中可以看出，当$\boldsymbol{x}\in\boldsymbol{\Omega}=\{\boldsymbol{x}\in\mathbf{R}^5: x_2^2+x_3^2\neq 0\}$时，$\boldsymbol{A}(\boldsymbol{x},\boldsymbol{u})$为非奇异的，其秩为2。根据相对阶的定义，系统的相对阶为$\alpha=[2,2]$。由于$\sum_{i=1}^{2}\alpha_i = 4 \leqslant n$，根据逆系统存在的充分条件可知：当$\boldsymbol{x}\in\boldsymbol{\Omega}=\{\boldsymbol{x}\in\mathbf{R}^5: x_2^2+x_3^2\neq 0\}$时，异步电动机存在$\alpha$阶逆系统。

为了得到解耦控制律，下面求α阶逆系统的输入、输出关系。

设α阶逆系统的输入为$\boldsymbol{v}=[v_1,v_2]^{\mathrm{T}}$，输出为$\boldsymbol{u}=[u_1,u_2]^{\mathrm{T}}$，其状态变量和异步电动机系统的状态变量同为$\boldsymbol{x}$，根据李导数的定义可以得到用以下矩阵表示的方程组

$$\begin{pmatrix} v_1 \\ v_2 \end{pmatrix} = \begin{pmatrix} -\mu x_3/(\sigma L_{\mathrm{s}}) & \mu x_2/(\sigma L_{\mathrm{s}}) \\ 2x_2\alpha L_{\mathrm{m}}/(\sigma L_{\mathrm{s}}) & 2x_3\alpha L_{\mathrm{m}}/(\sigma L_{\mathrm{s}}) \end{pmatrix}\begin{pmatrix} u_1 \\ u_2 \end{pmatrix} + \begin{pmatrix} P(\boldsymbol{x}) \\ Q(\boldsymbol{x}) \end{pmatrix}$$

解这两个方程得到α阶逆系统输入、输出关系

$$\left.\begin{aligned} u_1 &= [v_2 - Q(\boldsymbol{x})]\frac{\sigma L_{\mathrm{s}}x_2}{2\alpha L_{\mathrm{m}}(x_2^2+x_3^2)} - [v_1 - P(\boldsymbol{x})]\frac{\sigma L_{\mathrm{s}}x_3}{\mu(x_2^2+x_3^2)} \\ u_2 &= [v_1 - P(\boldsymbol{x})]\frac{\sigma L_{\mathrm{s}}x_2}{\mu(x_2^2+x_3^2)} + [v_2 - Q(\boldsymbol{x})]\frac{\sigma L_{\mathrm{s}}x_3}{2\alpha L_{\mathrm{m}}(x_2^2+x_3^2)} \end{aligned}\right\} \tag{10-10}$$

将α阶逆系统串联在异步电动机模型之前，得到线性化解耦的伪线性系统如图 10-2所示。

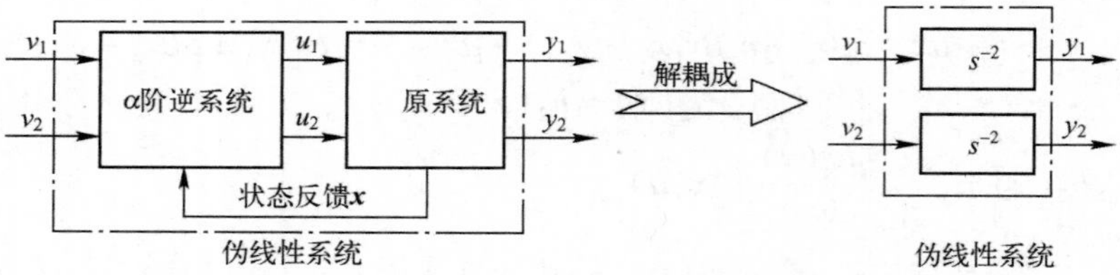

图 10-2　异步电动机与其α阶逆系统串联组成的伪线性系统

伪线性系统的输入向量为α阶逆系统的输入向量$\boldsymbol{v}=[v_1,v_2]^{\mathrm{T}}$，伪线性系统的输出向量为异步电动机的输出向量$\boldsymbol{y}=[y_1,y_2]$。伪线性系统的输入、输出关系为

$$\left.\begin{aligned} \frac{\mathrm{d}^2 y_1(t)}{\mathrm{d}t} &= \frac{\mathrm{d}^2\omega}{\mathrm{d}t} = v_1 \\ \frac{\mathrm{d}^2 y_2(t)}{\mathrm{d}t} &= \frac{\mathrm{d}^2(\Psi_{\mathrm{r}\alpha}^2)}{\mathrm{d}t} = v_2 \end{aligned}\right\} \tag{10-11}$$

由式（10-11）可以看出，电动机的转速输出ω只受v_1的控制，转子磁链模值的二次方Ψ_{r}^2只受v_2的控制。

10.2.3　闭环控制器的设计

基于逆系统控制方法设计的异步电动机变压变频调速系统的结构框图如图 10-3 所示，把逆变器和异步电动机串联后得到伪线性系统，对应于图 10-3 中的点画线框中的部分。

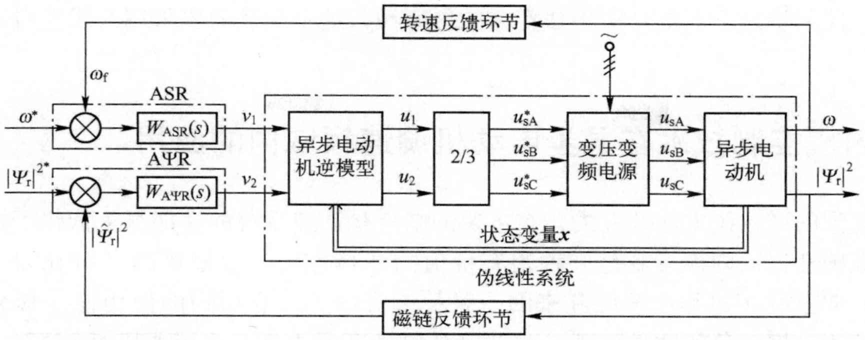

图 10-3　异步电动机逆系统控制方法结构图

在图 10-3 中，双线表示状态变量。为了计算逆系统的输出值，需要把状态变量从异步电动机反馈到逆系统中，状态变量中转子转速 ω 可以通过测量得到或转速估计器得到；定子电流分量（$i_{s\alpha}$、$i_{s\beta}$）利用定子电流（i_{sA}、i_{sB}、i_{sC}）的测量值经过 3/2 变换得到；转子磁链分量（$i_{r\alpha}$、$i_{r\beta}$）通过磁链估计器得到。逆系统的输出（u_1、u_2）作为定子电压（$u_{s\alpha}$、$u_{s\beta}$）的给定值，通过 2/3 变换得到的 u_{sA}^*、u_{sB}^*、u_{sC}^*作为电压源型逆变器的给定值。

根据伪线性系统的性质可知，$\omega(s)=v_1(s)/s^2$、$|\Psi_r|^2(s)=v_2(s)/s^2$，所以，整个控制对象可以等价于两个互相独立的子系统，分别称为转速子系统和磁链子系统，如图 10-4 所示。可以应用线性系统理论设计转速调节器 ASR 和磁链调节器 AΨR。假设转速调节器 ASR 和磁链调节器 AΨR 均选为 PD 调节器，并且参数均整定为 $K_p=900$，$K_d=85$，则两个子系统的闭环传递函数均为

$$G(s)=\frac{85s+900}{s^2+85s+900}$$

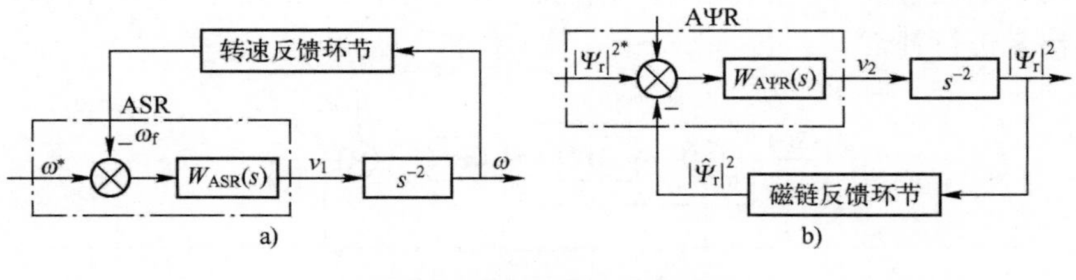

图 10-4　控制系统的等价结构

a）转速子系统　b）磁链子系统

逆系统控制方法的主要优点是：

1）采用逆系统控制方法可以将异步电动机解耦成转速和转子磁链二阶线性子系统，实现了转速和磁链的动态解耦控制。

2）对两个解耦的线性子系统，可以运用简单的控制理论对转速调节器和磁链调节器进行设计，简化了调节器的设计方法。

但是，解耦控制律［式（10-10）］的计算精度取决于异步电动机数学模型的准确程度，只有在参数准确的情况下，才能实现转速和磁链的精确动态解耦控制。然而，异步电动机的参数是随着运行时间和运行条件的变化而变化的，加上实际应用中存在负载扰动及未建模动

态的影响，使系统缺乏对电动机参数变化的鲁棒性，这个问题需要采用非线性自适应技术加以解决。

10.3 内模控制技术在异步电动机调速领域内的应用

前面提到的逆系统方法存在的一个主要的缺点是调速系统的性能严重依赖于被控对象数学模型的准确性，而内模控制是一种很有价值的选择方案。内模控制（Internal Model Control，IMC）是从化工过程中发展起来的一种控制方法，具有很强的使用性，其突出的特点是不过分依赖被控对象的数学模型，对被控对象精度要求低，系统跟踪性能好，鲁棒性强。另外，内模控制还有所设计的控制器结构简单、参数单一、调整方向明确、在线设计方便、工程上容易实现的优点。

内模控制最初用于控制多变量、非线性、强耦合、大时滞的工业过程，这方面已经有不少成功应用的例子。交流电动机也是一种多变量、非线性、强耦合的控制对象，因而完全有可能利用内模控制提高异步电动机调速系统的性能。目前，内模控制在电力拖动领域的应用已经有很多成功应用的实例，如永磁同步电动机磁阻转矩的内模控制、双凸极电动机电压调节中的内模控制、永磁同步电动机定子电流的内模解耦控制。下面首先介绍一下内模控制的基本原理，然后对内模控制技术在异步电动机调速领域中的应用进行详细的讨论。

10.3.1 内模控制的基本原理和特点

常规的反馈控制系统的结构框图如图 10-5 所示，图中 $C(s)$ 为控制器的传递函数，$G(s)$ 为被控对象的传递函数，$D(s)$ 为不可测干扰，$R(s)$ 和 $Y(s)$ 为整个控制系统的输入和输出。在常规的反馈控制系统中，反馈信号直接取自系统的输出，这就使得不可测干扰 $D(s)$ 对系统输出的影响通过反馈通道和其他因素混杂在一起，无法从其他因素的影响中把 $D(s)$ 的影响分离出来进行补偿。

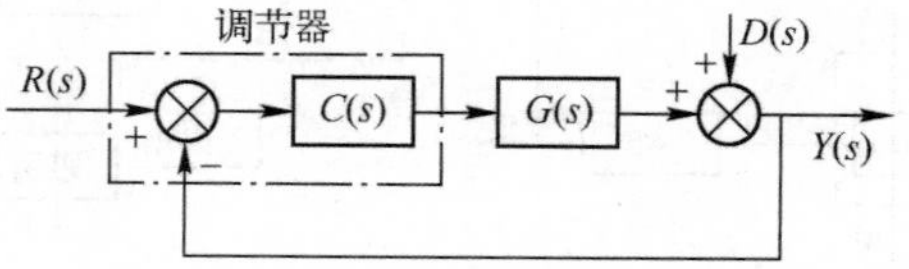

图 10-5 反馈控制系统的结构框图

如果采用图 10-6 所示的内模控制结构（等效变换），其中 $\hat{G}(s)$ 为被控制对象的内模，用 $C_{IMC}(s)$ 来表示图中点画线框的等效控制器，则有

$$C_{IMC}(s) = \frac{C(s)}{1+\hat{G}(s)C(s)} \tag{10-12}$$

$$C(s) = \frac{C_{IMC}(s)}{1+\hat{G}(s)C(s)} \tag{10-13}$$

在内模控制中，$C(s)$ 为反馈控制器，$C_{IMC}(s)$ 为内模控制器。$Y_m(s)$ 为内模 $\hat{G}(s)$ 的输出；$\hat{d}(s)$ 为系统输出 $Y(s)$ 与内模输出 $Y_m(s)$ 之差。图 10-6 可以用图 10-7 来等效表示，在

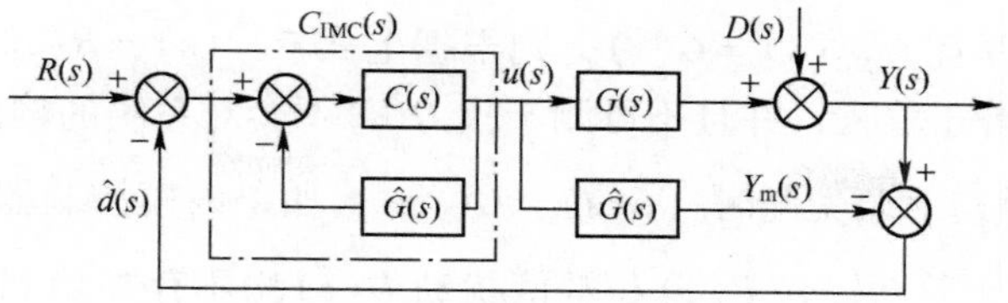

图 10-6　等效内模控制结构框图

图 10-7中忽略了 $D(s)$的作用。把图 10-7 进行一些简单的变换可以得到图 10-8 所示的等价控制结构，从图 10-8 中可以看出，内模控制是一种特殊的反馈控制结构，$F(s)$相当于反馈控制结构中的反馈控制器，$F(s)$与内模$\hat{G}(s)$、内模控制器 $C_{IMC}(s)$的关系为

$$F(s)=[1-C_{IMC}(s)\hat{G}(s)]^{-1}C_{IMC}(s) \tag{10-14}$$

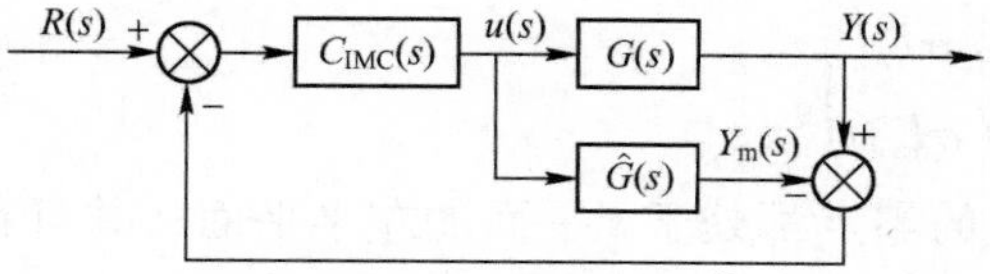

图 10-7　内模控制结构图

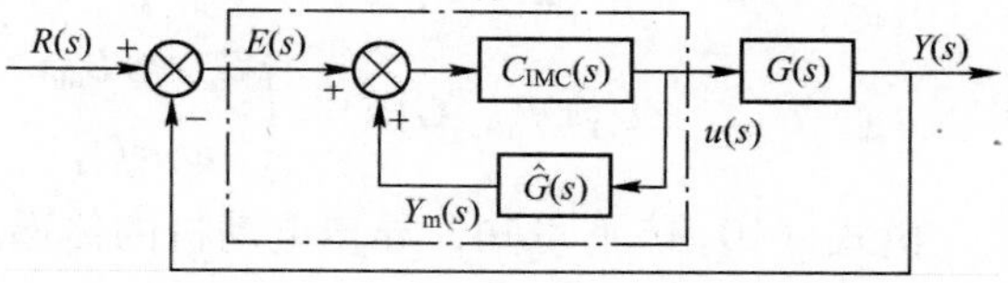

图 10-8　等效反馈控制结构图

在设计内模控制系统的过程中，通常采用两步走的设计方法。首先在不考虑系统的鲁棒性和约束性的条件下，设计一个稳定的理想内模控制器 $C_{IMC}(s)$，例如令 $C_{IMC}(s)=\hat{G}(s)^{-1}$；其次在理想内模控制器中加入低通滤波器 $L(s)$，通过调整 $L(s)$的结构和参数来稳定系统，并使系统获得所期望的动态品质和鲁棒性。当已知对象的预测模型（内模）为$\hat{G}(s)$时，式（10-15）所表示的内模控制器结构，就可以使整个内模控制系统具有一定的鲁棒性。

$$C_{IMC}(s)=\hat{G}(s)^{-1}L(s) \tag{10-15}$$

从图 10-6 中可以看出内模控制具有以下特点：

1）内模控制能对不可测干扰 $D(s)$所造成的输出偏差进行补偿。当不可测干扰 $Y(s)$增大时，控制对象的输出 $Y(s)$也增加，$\hat{d}(s)(s)=Y(s)-Y_m(s)$增加，$u(s)=R(s)-\hat{d}(s)$降低，最后导致控制对象的输出 $Y(s)$降低；当 $D(s)$减小时分析过程类似。

2）内模控制可以对由于模型与对象失配（$\hat{G}(s)\neq G(s)$）所造成的输出偏差进行调节。当$\hat{G}(s)>G(s)$时，则有

$$[\hat{G}(s)>G(s)]\Rightarrow Y_m(s)\uparrow\Rightarrow\hat{d}(s)\downarrow\Rightarrow R(s)-\hat{d}(s)\uparrow\Rightarrow Y(s)\uparrow$$

$$\Rightarrow\hat{d}(s)\uparrow\Rightarrow[R(s)-\hat{d}(s)]\downarrow\Rightarrow u(s)\uparrow\Rightarrow Y(s)\Rightarrow Y(s)\downarrow$$

当$\hat{G}(s)>G(s)$时分析过程类似。

3）当对象的内模准确时，即$\hat{G}(s)=G(s)$，并且令 $C_{IMC}(s)=\hat{G}^{-1}(s)$，系统对任何不可测干扰 $D(s)$都可以克服，而且对任何输入 $R(s)$均可实现无偏差跟踪。根据图 10-6 有

$$Y(s)=\frac{C_{IMC}(s)G(s)}{1+C_{IMC}(s)[G(s)-\hat{G}(s)]}R(s)+\frac{1-C_{IMC}(s)\hat{G}(s)}{1+C_{IMC}(s)[G(s)-\hat{G}(s)]}D(s)$$

如果对象的内模准确并且 $C_{\mathrm{IMC}}(s)=\hat{G}(s)$，则根据上式有 $Y(s)=R(s)$。也就是说，在这种情况下，系统的输出等于输入，并且不可测干扰 $D(s)$ 不会对系统的输出造成任何影响。

4）当对象的内模与对象失配时（$\hat{G}(s)\neq G(s)$），如果内模控制器 $C_{\mathrm{IMC}}(s)$ 满足 $C_{\mathrm{IMC}}(s)=\hat{G}^{-1}(0)$，则系统对于阶跃输入 $R(s)$ 和常值扰动 $D(s)$ 均不存在稳态偏差；如果使内模控制器不仅满足 $C_{\mathrm{IMC}}(s)=\hat{G}^{-1}(0)$，同时满足 $\mathrm{d}(C_{\mathrm{IMC}}(s)\hat{G}(s))/\mathrm{d}s\,|_{s=0}=0$，则系统对于斜坡输入 $R(s)$ 和扰动 $D(s)$ 均不存在稳态误差。

10.3.2 定子电流的内模解耦控制

在按转子磁场定向的 $M-T$ 坐标系下，根据电压方程式，有

$$\boldsymbol{Y}(s)=\boldsymbol{G}(s)\boldsymbol{U}(s) \tag{10-16}$$

式中，$\boldsymbol{U}(s)=[\boldsymbol{u}_{\mathrm{sM}}\quad \boldsymbol{u}'_{\mathrm{sT}}]^{\mathrm{T}}$、$\boldsymbol{Y}(s)=[\boldsymbol{i}_{\mathrm{sM}}\quad \boldsymbol{i}_{\mathrm{sT}}]^{\mathrm{T}}$ 分别为异步电动机的定子电压和定子电流，$\boldsymbol{u}'_{\mathrm{sT}}=\boldsymbol{u}_{\mathrm{sT}}-\omega(L_{\mathrm{md}}/L_{\mathrm{rd}})\boldsymbol{\Psi}_{\mathrm{r}}$，$\boldsymbol{G}(s)=\begin{pmatrix} R_{\mathrm{s}}+\sigma L_{\mathrm{sd}}s & -\omega_{\mathrm{s}}\sigma L_{\mathrm{sd}} \\ \omega_{\mathrm{s}}\sigma L_{\mathrm{sd}} & R_{\mathrm{s}}+\sigma L_{\mathrm{sd}}s \end{pmatrix}$。

由式（10-16）可知，异步电动机的传递函数的零点都处于 s 平面的左半平面，并且在高频下近似为一阶系统。

$$\boldsymbol{G}_{\mathrm{IMC}}(s)=\hat{\boldsymbol{G}}^{-1}(s)\boldsymbol{L}(s)=\begin{pmatrix} \hat{R}_{\mathrm{s}}+\hat{\sigma}\hat{L}_{\mathrm{sd}}s & -\omega_{\mathrm{s}}\hat{\sigma}\hat{L}_{\mathrm{sd}} \\ \omega_{\mathrm{s}}\hat{\sigma}\hat{L}_{\mathrm{sd}} & \hat{R}_{\mathrm{s}}+\hat{\sigma}\hat{L}_{\mathrm{sd}}s \end{pmatrix}\boldsymbol{L}(s) \tag{10-17}$$

式中，$\hat{R}_{\mathrm{s}}$、$\hat{L}_{\mathrm{sd}}$、$\hat{\sigma}$ 分别为定子电阻、定子自感及漏感系数的估计值；$\boldsymbol{L}(s)=\dfrac{\lambda}{s+\lambda}\boldsymbol{I}$ 为低通滤波器的传递函数矩阵，λ 为一阶低通滤波器的截止频率，$\boldsymbol{I}$ 为单位矩阵，低通滤波器 $\boldsymbol{L}(s)$ 的作用是提高系统的鲁棒性。

定子电流内模解耦控制系统的结构框图如图 10-9 所示，图中 $\boldsymbol{R}(s)=[i^*_{\mathrm{sM}}\quad i^*_{\mathrm{sT}}]$ 为定子电流的给定信号。按照图 10-8 和式（10-17）等效后的反馈控制器 $F(s)$ 的传递函数为

$$\begin{aligned}\boldsymbol{F}(s)&=\left(\boldsymbol{I}-\frac{\lambda}{s+\lambda}\boldsymbol{I}\right)^{-1}\hat{\boldsymbol{G}}^{-1}(s)\frac{\lambda}{s+\lambda}=\frac{\lambda}{s}\hat{\boldsymbol{G}}^{-1}(s)\\ &=\lambda\begin{pmatrix} \hat{\sigma}\hat{L}_{\mathrm{sd}}\left(1+\dfrac{\hat{R}_{\mathrm{s}}}{s\,\hat{\sigma}\hat{L}_{\mathrm{sd}}}\right) & -\omega_{\mathrm{s}}\dfrac{\hat{\sigma}\hat{L}_{\mathrm{sd}}}{s} \\ \omega_{\mathrm{s}}\dfrac{\hat{\sigma}\hat{L}_{\mathrm{sd}}}{s} & \hat{\sigma}\hat{L}_{\mathrm{sd}}\left(1+\dfrac{\hat{R}_{\mathrm{s}}}{s\,\hat{\sigma}\hat{L}_{\mathrm{sd}}}\right) \end{pmatrix}\end{aligned} \tag{10-18}$$

在 $\boldsymbol{F}(s)$ 的表达式中，主对角线上的元素 $\lambda\,\hat{\sigma}\hat{L}_{\mathrm{sd}}\left(1+\dfrac{\hat{R}_{\mathrm{s}}}{s\,\hat{\sigma}\hat{L}_{\mathrm{sd}}}\right)$ 为定子电流控制器的传递函数，而反对角线上的元素 $-\omega_{\mathrm{s}}\dfrac{\hat{\sigma}\hat{L}_{\mathrm{sd}}}{s}$、$\omega_{\mathrm{s}}\dfrac{\hat{\sigma}\hat{L}_{\mathrm{sd}}}{s}$ 则为内模解耦网络的传递函数。

从内模控制的特点可知，定子电流内模控制方案具有以下特点：

1）由内模控制的前两个特点可知，定子电流内模控制可以有效地抑制干扰及模型失配

对系统输出的影响，并增强了系统输出对给定信号的跟踪能力。

2）参数的估计误差会引起电动机模型$\hat{\boldsymbol{G}}(s)$和实际对象$\boldsymbol{G}(s)$的失配，但是由于

$$\boldsymbol{C}_{\mathrm{IMC}}=\hat{\boldsymbol{G}}^{-1}(0)\boldsymbol{L}(0)=\hat{\boldsymbol{G}}^{-1}(0) \tag{10-19}$$

$$\begin{aligned}\frac{\mathrm{d}}{\mathrm{d}s}[\boldsymbol{C}_{\mathrm{IMC}}(s)\hat{\boldsymbol{G}}(s)]\Big|_{s=0}&=\frac{\mathrm{d}}{\mathrm{d}s[\hat{\boldsymbol{G}}^{-1}\boldsymbol{L}(s)\hat{\boldsymbol{G}}(s)]}\Big|_{s=0}\\&=\frac{\mathrm{d}}{\mathrm{d}s}\left(\frac{\lambda}{s+\lambda}\boldsymbol{I}\right)\Big|_{s=0}=-\frac{1}{\lambda}\boldsymbol{I}\neq 0\end{aligned} \tag{10-20}$$

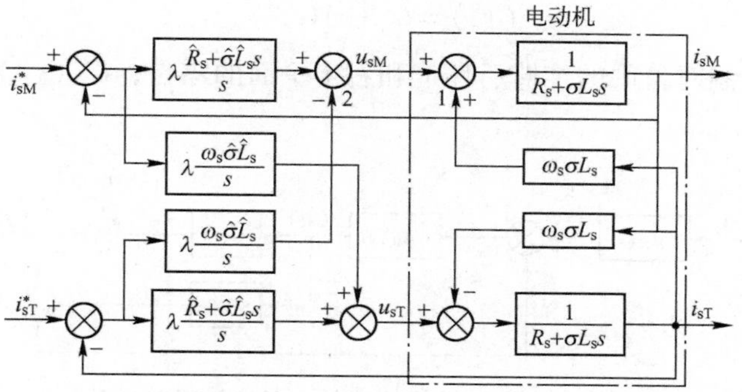

图 10-9　定子电流内模解耦控制系统的结构框图

所以，基于内模控制的电动机定子电流控制系统，当模型$\hat{\boldsymbol{G}}(s)$和实际对象$\boldsymbol{G}(s)$失配时，对于阶跃给定信号变化和常值扰动，系统输出不存在稳态误差，但对斜坡给定信号，系统存在稳态误差。

3）定子电流内模控制解耦控制系统具有解耦控制的特点。当定子电流采用内模控制方案后，由给定信号到输出信号的传递函数为

$$\frac{\boldsymbol{Y}(s)}{\boldsymbol{R}(s)}=\frac{\boldsymbol{F}(s)}{\boldsymbol{I}+\boldsymbol{F}(s)\boldsymbol{G}(s)}=\frac{\boldsymbol{C}_{\mathrm{IMC}}(s)\boldsymbol{G}(s)}{\boldsymbol{I}+\boldsymbol{C}_{\mathrm{IMC}}(s)[\boldsymbol{G}(s)-\hat{\boldsymbol{G}}(s)]} \tag{10-21}$$

由式（10-21）可知，如果模型准确，有$\boldsymbol{Y}(s)=\boldsymbol{R}(s)$，即两个定子电流分量之间没有耦合关系。当存在参数估计误差时，$\hat{\boldsymbol{G}}(s)\neq\boldsymbol{G}(s)$。对于电流分量$i_{sM}$来说，来自$T$轴的耦合电压为$\omega_s\sigma L_s i_{sT}+(\lambda/s)\omega_s\hat{\sigma}\hat{L}_s(i_{sT}^*-i_{sT})$（见图 10-9）。根据特点 2）的结论可知，当系统达到稳态时，输出信号i_{sT}可以无偏差地跟踪阶跃给定信号i_{sT}^*，则$\Delta i_{sT}=i_{sT}^*-i_{sT}=0$，来自$T$轴的耦合电压$\omega_s\sigma L_s i_{sT}+(\lambda/s)\omega_s\hat{\sigma}\hat{L}_s(i_{sT}^*-i_{sT})$为常值函数，对于电流分量$i_{sM}$，控制通道相当于常值扰动，从而参数估计误差不会影响系统稳态时的解耦效果。

10.3.3　二自由度内模控制策略

以上研究的内模控制属于一自由度控制策略，如果使用一自由度控制策略分别设计转速调节器和磁链调节器，则在参数整定过程中难以兼顾各种控制指标的性能要求。而采用二自由度的内模控制策略则可以分别调节系统的跟随性、动态抗扰性和鲁棒性，使各方面的性能均得到优化。一自由度内模控制主要用于交流调速系统中的定子电流控制，取得了令人满意的控制效果。二自由度内模控制目前已经在恒磁通直流电动机调速系统和永磁电动机的交流

伺服系统中得到应用，其优点是可以通过二自由度内模控制器各自独立的特性调节系统的跟随性能和抗扰性能。下面对二自由度内模控制策略的原理和在异步电动机调速系统中的应用进行详细的介绍。

二自由度内模控制系统的原理框图如图 10-10 所示，图中控制器 $C_{\mathrm{IMC}}^{\mathrm{II}}$ 和 $C_{\mathrm{IMC}}^{\mathrm{I}}$ 构成了二自由度的内模控制器，$C_{\mathrm{IMC}}^{\mathrm{II}}$ 主要用来调节整个控制系统对给定信号 $R(s)$ 的跟随性能，$C_{\mathrm{IMC}}^{\mathrm{I}}$ 的主要作用是提高整个控制系统对扰动信号 $D(s)$ 的抗干扰性能和提高系统的鲁棒性。$Y(s)$ 为控制对象的输出，$G(s)$ 为被控对象，$\hat{G}(s)$ 为对象的内模，并且 $\hat{G}(s)$ 可以分解为如下的形式：

$$\hat{G}(s)=\hat{G}_{+}(s)\hat{G}_{-}(s)$$

式中，$\hat{G}_{+}(s)$ 包含控制对象中的纯滞后环节和右半平面的零点；$\hat{G}_{-}(s)$ 为被控对象中包含的最小相位系统。

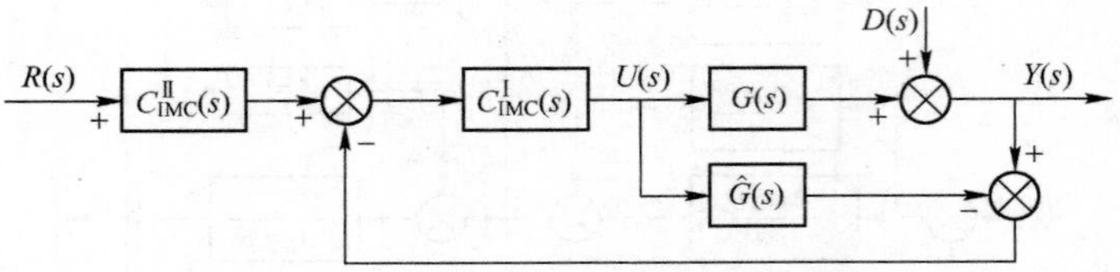

图 10-10　二自由度内模控制系统的原理框图

根据图 10-10 可得

$$Y(s)=\frac{G(s)C_{\mathrm{IMC}}^{\mathrm{I}}(s)C_{\mathrm{IMC}}^{\mathrm{II}}(s)}{1+C_{\mathrm{IMC}}^{\mathrm{I}}(s)[G(s)-\hat{G}(s)]}R(s)+\frac{1-\hat{G}(s)G_{\mathrm{IMC}}^{\mathrm{I}}(s)}{1+C_{\mathrm{IMC}}^{\mathrm{I}}(s)[G(s)-\hat{G}(s)]}D(s) \tag{10-22}$$

当模型精确，即 $G(s)=\hat{G}(s)$ 时，有

$$Y(s)=G(s)C_{\mathrm{IMC}}^{\mathrm{I}}(s)C_{\mathrm{IMC}}^{\mathrm{II}}(s)R(s)+[1-\hat{G}(s)C_{\mathrm{IMC}}^{\mathrm{II}}(s)]D(s) \tag{10-23}$$

控制器 $C_{\mathrm{IMC}}^{\mathrm{I}}(s)$ 的设计方法一般和一自由度内模控制器的设计方法相同，具有以下形式：

$$C_{\mathrm{IMC}}^{\mathrm{I}}(s)=\hat{G}_{-}^{-1}(s)L_1(s) \tag{10-24}$$

式中，$L_1(s)$ 是阶次为 m 的低通滤波器，其传递函数为 $L_1(s)=\frac{1}{(\lambda_1 s+1)^m}$。

为了达到跟随性能和抗扰动性能能够单独调整的目的，将控制器 $C_{\mathrm{IMC}}^{\mathrm{II}}(s)$ 设计为

$$C_{\mathrm{IMC}}^{\mathrm{II}}(s)=\frac{L_2(s)}{L_1(s)} \tag{10-25}$$

式中，$L_2(s)$ 是阶次为 n 的低通滤波器，其传递函数为 $L_2(s)=\frac{1}{(\lambda_2 s+1)}$。

值得注意的是，$L_1(s)$ 和 $L_2(s)$ 的阶次的选取和 $\hat{G}_{-}^{-1}(s)$ 有关，选取的原则是使控制器的传递函数 $C_{\mathrm{IMC}}^{\mathrm{I}}(s)$、$C_{\mathrm{IMC}}^{\mathrm{II}}(s)$ 可以实现。

如果控制器 $C_{\mathrm{IMC}}^{\mathrm{I}}(s)$、$C_{\mathrm{IMC}}^{\mathrm{II}}(s)$ 选择以上的形式，则式（10-23）可以化简为

$$Y(s)=\hat{G}_{+}(s)L_2(s)R(s)+[1-\hat{G}_{+}(s)L_1(s)]D(s) \tag{10-26}$$

从式（10-26）可知，分别对 $L_2(s)$ 和 $L_1(s)$ 进行设计就可以分别调节控制系统的跟随性能和抗干扰性能。

10.3.4 异步电动机调速系统的二自由度内模控制方法

在矢量控制异步电动机调速系统的框架上，本节利用二自由度内模控制方法对转速控制器和磁链控制进行设计，使调速系统同时具有对给定信号的良好跟踪能力和对负载扰动较强的抗干扰能力。图 10-11 是采用二自由度内模控制器的异步电动机调速系统的原理框图，图中 $\boldsymbol{Y}(s)$ 为整个调速系统的输出向量 $\boldsymbol{Y}(s)=[\boldsymbol{\Psi}_{\mathrm{r}}\quad \omega]^{\mathrm{T}}$，$\boldsymbol{R}(s)$ 为由转速给定值和转子磁链模值给定值组成的给定向量 $\boldsymbol{R}(s)=[\boldsymbol{\Psi}_{\mathrm{r}}^{*}\quad \omega^{*}]^{\mathrm{T}}$；点画线框内是使用一自由度内模控制器设计的定子电流控制环；$\boldsymbol{C}_{\mathrm{IMC}}^{\mathrm{I}}(s)$、$\boldsymbol{C}_{\mathrm{IMC}}^{\mathrm{II}}(s)$ 为二自由度内模控制器的传递函数矩阵，可以同时实现对转速和磁链的控制；$\boldsymbol{G}_1(s)$ 为控制器 $\boldsymbol{C}_{\mathrm{IMC}}^{\mathrm{I}}(s)$ 的输出 $[i_{\mathrm{sm}}^{*}\quad T_{\mathrm{ei}}^{*}]^{\mathrm{T}}$ 到电流控制环的给定信号 $\boldsymbol{R}_1(s)$ 的传递函数；$\boldsymbol{G}_2(s)$ 为电流控制环的输出 $\boldsymbol{Y}_1=[i_{\mathrm{sM}}\quad i_{\mathrm{sT}}]^{\mathrm{T}}$ 到整个系统的输出 $\boldsymbol{Y}=[\boldsymbol{\Psi}_{\mathrm{r}}\ \omega]^{\mathrm{T}}$ 的传递函数矩阵；$\boldsymbol{D}(s)$ 为转速控制环和磁链控制环受到的扰动，如负载变化、转速时间常数波动等。

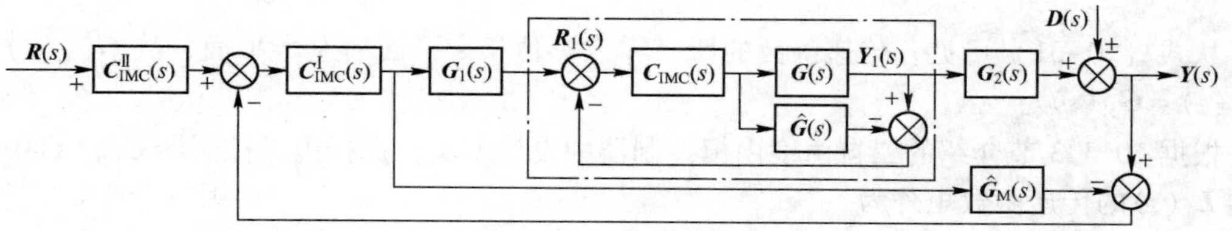

图 10-11 采用二自由度内模控制器的异步电动机调速系统的原理框图

下面主要讨论 $\boldsymbol{C}_{\mathrm{IMC}}^{\mathrm{I}}(s)$、$\boldsymbol{C}_{\mathrm{IMC}}^{\mathrm{II}}(s)$ 的设计方法。

如上所述，在设计二自由度内模控制器时遵循的顺序是先设计控制器 $\boldsymbol{C}_{\mathrm{IMC}}^{\mathrm{I}}(s)$，再设计控制器 $\boldsymbol{C}_{\mathrm{IMC}}^{\mathrm{II}}(s)$。

为了设计控制器 $\boldsymbol{C}_{\mathrm{IMC}}^{\mathrm{I}}(\boldsymbol{s})$，首先需要对定子电流内环进行等效化简，根据图 10-11，定子电流控制环的输出向量 $\boldsymbol{Y}_1(s)$ 和输入向量 $\boldsymbol{R}_1(s)$ 的关系为

$$\boldsymbol{Y}_1(s)=\frac{\boldsymbol{C}_{\mathrm{IMC}}(s)\boldsymbol{G}(s)}{\boldsymbol{I}+\boldsymbol{C}_{\mathrm{IMC}}(s)[\boldsymbol{G}(s)-\hat{\boldsymbol{G}}(s)]}\boldsymbol{R}_1(s) \tag{10-27}$$

当 $\boldsymbol{G}(s)=\hat{\boldsymbol{G}}(s)$ 时，按照一自由度内模控制器的设计方法有 $\boldsymbol{C}_{\mathrm{IMC}}(s)=\hat{\boldsymbol{G}}(s)\boldsymbol{L}(s)$，则式 (10-27) 可以等效化简为 $\boldsymbol{Y}(s)=\boldsymbol{L}(s)\boldsymbol{R}(s)$，电流内环的传递函数矩阵唯一由低通滤波器的传递函数矩阵 $\boldsymbol{L}(s)$ 决定，如果取 $\boldsymbol{L}(s)=\boldsymbol{I}*\lambda_{\mathrm{i}}/(s+\lambda_{\mathrm{i}})$，根据以上分析有

$$\begin{pmatrix} i_{\mathrm{sM}} \\ i_{\mathrm{sT}} \end{pmatrix}=\begin{pmatrix} \dfrac{\lambda_{\mathrm{i}}}{s+\lambda_{\mathrm{i}}} & 0 \\ 0 & \dfrac{\lambda_{\mathrm{i}}}{s+\lambda_{\mathrm{i}}} \end{pmatrix}\begin{pmatrix} i_{\mathrm{aM}}^{*} \\ i_{\mathrm{sT}}^{*} \end{pmatrix} \tag{10-28}$$

由控制器 $\boldsymbol{C}_{\mathrm{IMC}}^{\mathrm{I}}(s)$ 的输出 $[i_{\mathrm{sm}}^{*}\quad T_{\mathrm{ei}}^{*}]$ 到电流控制环的给定信号 $\boldsymbol{R}(s)$ 的传递函数矩阵 $\boldsymbol{G}_1(s)$ 为

$$\boldsymbol{G}_1(s)=\begin{pmatrix} 1 & 0 \\ 0 & \dfrac{L_{\mathrm{rd}}}{n_{\mathrm{p}}L_{\mathrm{md}}\boldsymbol{\Psi}_{\mathrm{r}}^{*}} \end{pmatrix} \tag{10-29}$$

假定调速系统的负载恒定 $\Delta T_L=0$，同时考虑到系统是转子磁链模值保持不变的恒转矩调速系统，也就是在系统运行过程中认为 $\boldsymbol{\Psi}_r=\boldsymbol{\Psi}_r^*$，则由电流控制环的输出 $\boldsymbol{Y}=[i_{sM}\quad i_{sT}]^T$ 到整个系统的输出 $\boldsymbol{Y}_1=[\boldsymbol{\Psi}_r\quad \boldsymbol{\omega}]^T$ 的传递函数矩阵 $\boldsymbol{G}_2(s)$ 为

$$\boldsymbol{G}_2(s)=\begin{pmatrix}\dfrac{L_{md}}{T_s s+1} & 0\\ 0 & \dfrac{n_p^* L_{md}\Psi_r^*}{L_{rd}Js}\end{pmatrix} \tag{10-30}$$

由于定子电流控制系统的等效传递函数矩阵为 $\boldsymbol{L}(s)$，则由 $[i_{sm}^*\quad i_{ei}^*]^T$ 到 $\boldsymbol{Y}_1=[\boldsymbol{\Psi}_r\quad \boldsymbol{\omega}]^T$ 的传递函数矩阵为

$$\boldsymbol{G}_M(s)=\boldsymbol{G}_1(s)\boldsymbol{L}(s)\boldsymbol{G}_2(s)=\begin{pmatrix}\dfrac{\lambda_i L_m}{(s+\lambda_i)(T_s s+1)} & 0\\ 0 & \dfrac{\lambda_i L_m n_p}{(s+\lambda_i)J_r s}\end{pmatrix} \tag{10-31}$$

从式（10-31）可见，传递函数的所有零点都位于 s 平面的左半平面，故 $\boldsymbol{G}_{M+}(s)=1$，$\boldsymbol{G}_{M-}(s)=\boldsymbol{G}_M(s)$。

根据 10.3.3 节介绍的二自由度内模控制器的设计方法，选择内模控制器 $C_{IMC}^{I}(s)$ 中的滤波器 $\boldsymbol{L}_1(s)$ 的传递函数矩阵为

$$\boldsymbol{L}_1(s)=\begin{pmatrix}\dfrac{\lambda_{\Psi1}}{s+\lambda_{\Psi1}} & 0\\ 0 & \dfrac{2\lambda_{\omega1}s+1}{(\lambda_{\omega1}s+1)^2}\end{pmatrix} \tag{10-32}$$

则内模控制器 $\boldsymbol{C}_{IMC}^{I}(s)$ 的传递函数矩阵可以设计为

$$\boldsymbol{C}_{IMC}^{I}(s)=\hat{\boldsymbol{G}}_M^{-1}(s)\boldsymbol{L}_1(s)=\begin{pmatrix}\dfrac{\lambda_{\Psi1}}{s+\lambda_{\Psi1}}\left(\dfrac{1}{\lambda_i}+1\right)\dfrac{T_r s+1}{L_{md}} & 0\\ 0 & \dfrac{\hat{J}s}{n_p}\dfrac{2\lambda_{\omega1}+1}{(\lambda_{\omega1}s+1)^2}\left(\dfrac{1}{\lambda_i}+1\right)\end{pmatrix} \tag{10-33}$$

考虑到内模控制器 $\boldsymbol{C}_{IMC}^{II}(s)$ 的可实现性，选择内模控制器 $\boldsymbol{C}_{IMC}^{II}(s)$ 中的滤波器 $\boldsymbol{L}_2(s)$ 的传递函数矩阵为

$$\boldsymbol{L}_2(s)=\begin{pmatrix}\dfrac{\lambda_{\Psi1}}{s+\lambda_{\Psi1}} & 0\\ 0 & \dfrac{2\lambda_{\omega1}+1}{(\lambda_{\omega1}s+1)^2}\end{pmatrix} \tag{10-34}$$

则内模控制器 $\boldsymbol{C}_{IMC}^{II}(s)$ 的传递函数矩阵可以设计为

$$\boldsymbol{C}_{IMC}^{II}(s)=\frac{\boldsymbol{L}_2(s)}{\boldsymbol{L}_1(s)}=\begin{pmatrix}\dfrac{\lambda_{\Psi2}(s+\lambda_{\Psi1})}{\lambda_{\Psi1}(s+\lambda_{\Psi2})} & 0\\ 0 & \dfrac{(\lambda_{\omega1}s+1)^2(2\lambda_{\omega2}s+1)}{(\lambda_{\omega2}s+1)^2(2\lambda_{\omega1}s+1)}\end{pmatrix} \tag{10-35}$$

根据式（10-26），调速系统的输出向量 $\boldsymbol{Y}_1$ 可以表示为

$$
\begin{aligned}
\boldsymbol{Y}_1(s) &= \hat{\boldsymbol{G}}_{M+}(s)\boldsymbol{L}_2(s)\boldsymbol{R}_1(s) + [\boldsymbol{I} - \hat{\boldsymbol{G}}_{M+}(s)\boldsymbol{L}_1(s)]\boldsymbol{D}_1(s) \\
&= \boldsymbol{L}_2(s)\boldsymbol{R}_1(s) + [\boldsymbol{I} - \boldsymbol{L}_1(s)]\boldsymbol{D}_1(s)
\end{aligned}
\tag{10-36}
$$

从式（10-36）可见，在采用二自由度控制器的异步电动机调速系统中，调整滤波器 $\boldsymbol{L}_2(s)$中的参数 $\lambda_{\Psi2}$、$\lambda_{\omega2}$就可以改变系统的跟随性能而不影响系统的抗干扰性能；而调整滤波器 $\boldsymbol{L}_1(s)$中的参数 $\lambda_{\Psi1}$、$\lambda_{\omega1}$就可以改变系统的抗干扰性能而不影响系统的跟随性能。因而，可以先根据系统的抗干扰性能指标确定参数 $\lambda_{\Psi1}$、$\lambda_{\omega1}$，然后再根据系统的跟随性能指标来确定参数 $\lambda_{\Psi2}$、$\lambda_{\omega2}$。

10.4 具有参数自校正功能的转差型矢量控制系统

当电动机运行时，电动机参数发生变化（特别是转子电阻 R_r 随电动机温度变化较大，最高约有 50% R_r）。这样，在电动机运行中，设定的磁场定向坐标往往会偏离实际的磁场定向坐标。因此，在系统运行中，随着电动机参数的变化不断修正设定的磁场定向坐标，使之与实际的磁场定向坐标相一致，才能保证这类系统有永久的优良性能。为此，以下讨论一种具有参数自校正的转差型异步电动机矢量控制系统。

（1）前馈矢量控制方式的问题

图 10-12 为按转子磁链定向的异步电动机转差型具有参数自校正功能的前馈矢量控制系统的结构图。图中 i_{sT}为电动机定子电流矢量 $\boldsymbol{i}_s$ 在同步坐标系（M、T）上沿 T 轴方向的分量，称为转矩定子电流分量；i_{sM}为 $\boldsymbol{i}_s$ 沿 M 轴方向的分量，称为励磁定子电流分量；* 表示给定值；i_{rM}为对应于转子磁链 $\boldsymbol{\Psi}_r$ 的磁化电流，即数值上 $\Psi_r = K_r i_{rM}$；φ_s 为磁场定向角；ω_s 为同步角频率；ω 为转子旋转角频率；ω_{s1}为转差角频率。$T_r = L_{rd}/R_r$ 为转子电路时间常数；L_{md}为定、转子间的等效互感。由图可见，对于 ω_{s1}而言，该系统为前馈矢量控制方式，因此，该系统的鲁棒性差。

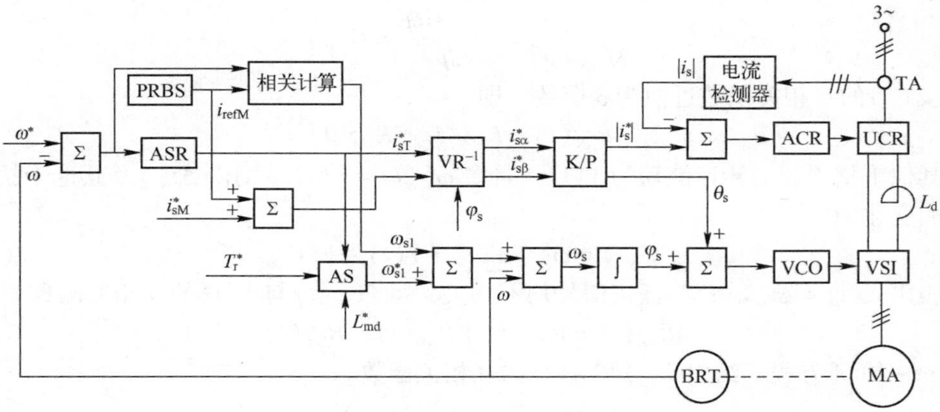

图 10-12　参数自校正转差型前馈矢量控制系统结构图

图 10-12 中，AS 为转差角频率运算器。由图可知，磁场定向角 φ_s 为

$$
\varphi_s = \int(\omega + \omega^*_{s1})\,\mathrm{d}t = \int\left(\omega + \frac{L^*_{md}}{T^*_r}\ \frac{i^*_{sT}}{K_r i^*_{rM}}\right)\mathrm{d}t \tag{10-37}
$$

式中，$K_r=\Psi_r^*/i_{rM}^*$。

由式（10-37）可见，T_r 的变化、ω 的检测误差及负载变化，将使 φ_s 的计算值与实际值不符合，并导致矢量解耦控制失效。这是工程中需要解决的重要课题。

（2）参数自校正方法及实现

1982 年，西德 Gabriel 把 PRBS 信号（伪随机信号）在线辨识技术应用于矢量控制系统中磁通模型参数 T_r 的自校正。这种方法不需要附加传感器，算法也很简单，但没有考虑速度检测小误差对系统的影响，而且存在辨识结果依赖于负载的缺点，对此做出如下修正。

由式（10-37）可知，$\omega_{s1}^*=\dfrac{L_{md}^*}{T_r^*}\dfrac{i_{sT}^*}{K_r i_{rM}^*}$，对 T_r^* 的修正（ΔT_r）引起对 ω_{s1}^* 的修正，即

$$\omega_{s1}-\omega_{s1}^*=\omega_{s1}'=-\frac{L_{md}^* i_{sT}^*}{T_{ro}^* K_r i_{rM}(T_{ro}^*+\Delta T_r)}\Delta T_r \tag{10-38}$$

式中，T_{ro}^* 为未修正前的 T_r^* 值。对相同的 ΔT_r，ω_{s1} 还受负载变化的影响，可见更合理的策略是直接校正 ω_{s1}'，其校正的幅值正比于 $|i_{sT}^*|+K_0$，其中 $K_0>0$。K_0 是考虑速度检测小误差及轻载时为了抵抗不相关噪声干扰而设置的校正系数。ω_{s1}' 的校正方向（符号）证明如下：

若在 $\hat{M}$ 计算轴上存在 PRBS 信号 Δi_{refM}，则其在 T 轴上的投影为

$$\Delta i_{sT}=-\Delta i_{refM}\sin\beta;\quad \beta=\varphi_s-\varphi_s';\quad -\pi\leqslant\beta\leqslant\pi \tag{10-39}$$

对式（10-39）取拉氏变换，得

$$\Delta i_{sT}(p)=-\Delta i_{refM}(p)\sin\beta \tag{10-40}$$

设同步旋转坐标系上的电动机转矩变化量为

$$\Delta T_{ei}(p)=K_r i_{rM}\Delta i_{sT}(p)=-K_r i_{rM}\Delta i_{refM}(p)\sin\beta \tag{10-41}$$

设 ΔT_{ei} 引起的转速变化为 ω_{s1}'，则有

$$\frac{\omega_{s1}'(p)}{\Delta T_{ei}(p)}=\frac{1/J}{p} \tag{10-42}$$

结合式（10-41）得

$$\frac{\omega_{s1}'(p)}{\Delta i_{refM}(p)}=\frac{K_r i_{rM}\sin\beta}{Jp}=G(p) \tag{10-43}$$

$\Delta i_{refM}(p)$ 的自相关函数近似为 δ 函数，即

$$R_{XX}(t)=K_1\delta(t)\quad K_1>0 \tag{10-44}$$

设其他干扰引起的转速波动为 $V(t)$，且令 $\omega_{s1}'(t)=Y(t)$，则由 Δi_{refM} 及其他干扰引起被测速度的变化为

$$Z(t)=\omega_{s1}'+V(t)=Y(t)+V(t) \tag{10-45}$$

由于白噪声 $X(t)=\Delta i_{refM}(t)$ 与任何信号均不相关，可知 $Z(t)$ 与 $X(t)$ 的互相关函数

$$R_{XZ}(t)=R_{XY}(t)+R_{XV}(t)=R_{XY}(t) \tag{10-46}$$

由 Wiener - Hopf 方程，给出 $Y(t)$ 和 $X(t)$ 的互相关函数

$$R_{XY}(t)=\int_0^\infty g(t)R_{XX}(\tau-1)\mathrm{d}t \tag{10-47}$$

令 $C_1=K_1K_r i_{rM}/J>0$，则

$$R_{XY}(t)=-K_1K_r i_{rM}\sin\beta/J=-C_1\sin\beta \tag{10-48}$$

$$R_{XZ}(t)=-C_1\sin\beta \tag{10-49}$$

设 $\varphi_s'>\varphi_s$，这时，$\beta<0$，$R_{XZ}(t)>0$。设 φ_s' 的修正量为 $\Delta\varphi_s$，则 $\varphi_s'+\Delta\varphi_s=\varphi_s$，因此有

$$\Delta\varphi_s = \varphi_s - \varphi_s' = \beta < 0 \tag{10-50}$$

即校正量 $\Delta\varphi_s$ 的符号与 $R_{XZ}(t)$ 的符号相反。

应用表明，修正的 Gabiel 自校正方法增强了转差型矢量控制系统的鲁棒性，改善了系统的动态性能。

10.5 智能控制方法在异步电动机调速系统中的应用

10.5.1 异步电动机的神经网络模型参考自适应控制方法

神经网络控制技术是智能控制的一个重要分支，其主要优点是可以利用神经网络的学习能力，适应系统的非线性和不确定性，使控制系统具有较强的适应能力和鲁棒性。与模糊控制相比，神经网络控制不需要事先设定控制规则，能够在线调整权系数，使系统性能达到最优，从而能够显著降低控制系统的开发周期。

近年来，把神经网络控制技术引入电气传动领域的研究，受到了各国专家广泛的关注，已经获得很多成功应用的实例，很多学者希望能够利用神经网络控制技术把电气传动系统的控制性能提高到一个新的水平。

1. 神经网络参数估计器

在按转子磁链定向的同步旋转坐标系中，异步电动机的转矩方程为

$$T_{ei} = K_t i_{sT} \tag{10-51}$$

式中，$K_t = C_{IM}\Psi_r$，$C_{IM} = n_p L_{md}/L_{rd}$ 为转矩系数，Ψ_r 为转子磁链的模值，n_p 为电动机的极对数；i_{sT} 为定子电流的 T 轴分量。在以下分析中，假设 Ψ_r 保持不变。

考虑摩擦对系数的影响，电气传动系统的运动方程为

$$J\frac{d\omega_r}{dt} = T_{ei} - T_L - B\omega_r \tag{10-52}$$

式中，ω_r 是转子的机械转速；B 为系统的摩擦系数；T_L 为负载转矩。

根据式（10-51）、式（10-52）可以得到以下差分方程：

$$\omega_r(k) = c\omega_r(k-1) + d[K_t i_{sT}(k-1)T_L(k-1)]$$

式中，$c = \exp(-T_s B/J)$，$d = -(1-c)/B$。

从式（10-52）可见，在负载转矩 T_L 时变的条件下，则不能利用线性参数辨识方法对 c、d 进行精确估计。

神经网络辨识器的作用是实时对参数 c、d 和负载转矩 T_L 进行估计，其结构如图 10-13 所示，图中 $\hat{T}_L(k-1)$ 是 $k-1$ 时刻的负载转矩估计值。为了分析方便，3 个神经元的传递函数都取为单位映射，即神经元的输出等于神经元的净输入。权系数 $\hat{c}(k-1)$、$\hat{d}(k-1)$ 采用投影算法进行在线训练，递推公式为

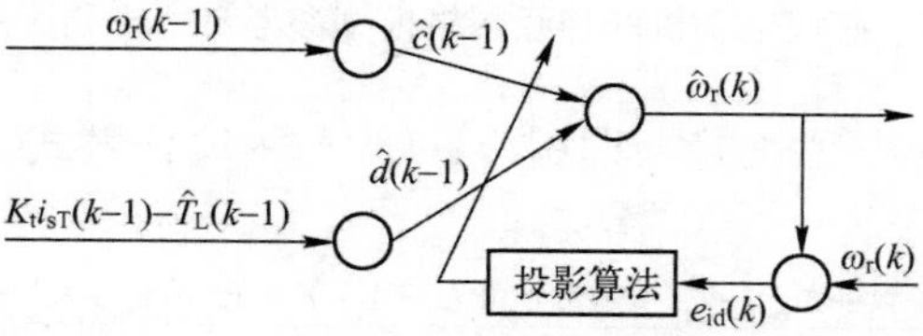

图 10-13 神经网络辨识器的结构框图

$$
\left.\begin{aligned}
\begin{pmatrix} x(k) \\ d(k) \end{pmatrix} &= \begin{pmatrix} c(k-1) \\ d(k-1) \end{pmatrix} + \frac{a\boldsymbol{\phi}(k-1)e_{\mathrm{id}}(k)}{b+\boldsymbol{\phi}^{\mathrm{T}}(k-1)\boldsymbol{\phi}(k-1)} \\
e_{\mathrm{id}}(k) &= \omega_{\mathrm{r}}(k) - \hat{\omega}_{\mathrm{r}}(\mathrm{k}-1) \\
\hat{T}_{\mathrm{L}}(k-1) &= \frac{1}{\hat{d}(k)}[\omega_{\mathrm{r}}(k) - \hat{c}(k) - \omega_{\mathrm{r}}(k-1)] + K_{\mathrm{r}} i_{\mathrm{ds}}(k-1) \\
\hat{\omega}(k) &= \hat{c}(k)\omega_{\mathrm{r}}(k-1) + \hat{d}(k)[-K_{\mathrm{t}} i_{\mathrm{sT}}(k-1) + \hat{T}_{\mathrm{L}}(k-1)]
\end{aligned}\right\} \quad (10\text{-}53)
$$

式中，$\boldsymbol{\phi}(k-1)=[\omega_{\mathrm{r}}(k-1) \quad K_{\mathrm{t}} i_{\mathrm{sT}}(k-1)-T_{\mathrm{L}}(k-1)]$；$a$、$b$ 是常数，$a \in (0,2)$，b 是一个接近于 0 的正常数，其作用是在训练过程中避免分母为 0。在 k 时刻的训练过程中，由于 $\hat{T}_{\mathrm{L}}(k-1)$ 和 $\hat{\omega}(k)$ 的计算过程中使用了 $\hat{c}(k)$、$\hat{d}(k)$，所以 k 时刻的权系数更新需要解一个代数方程。

2. 神经网络模型参考自适应调速系统

神经网络模型参考自适应调速系统框图如图 10-14 所示，其设计目标是使转子转速 ω_{r} 跟踪给定 ω_{r}^{*}。在整个调速系统中使用了两个控制器：ASR 称为速度控制器，NNPIC 称为补偿控制器。速度控制器决定了整个系统的响应速度、稳态误差等性能指标，补偿控制器 NNPIC 的主要作用是提高系统对参数变化和负载扰动的鲁棒性。速度控制器的输出 i_{pi} 和 NNPIC 控制的输出 i_{Tc} 相加作为定子电流矢量 T 轴分量的给定值 i_{sT}^{*}。

参考模型的作用是为训练 NNPIC 提供参考目标，希望在 NNPIC 的作用下系统的动态特性逼近参考模型的动态特性。

（1）补偿控制器 NNPIC

补偿控制器 NNPIC 是一个神经网络控制器 PI 控制器，其结构如图 10-15 所示。PI 控制器的传递函数为

$$
\frac{i_{\mathrm{qc}}(s)}{e_{\mathrm{m}}(\mathrm{s})} = K_{\mathrm{pc}} + \frac{K_{\mathrm{ic}}}{s} \quad (10\text{-}54)
$$

式中，K_{pc} 和 K_{ic} 为比例系数和积分系数；$e_{\mathrm{m}}=\omega_{\mathrm{m}}(k)-\omega_{\mathrm{r}}(k)$。

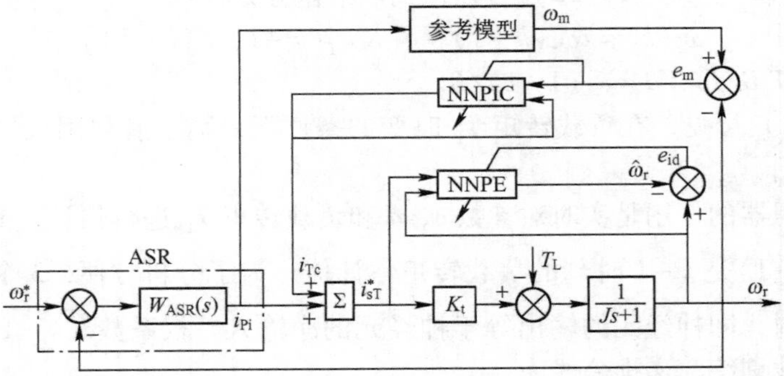

图 10-14　感应电动机的神经网络模型参考自适应调速系统框图

对式（10-37）进行双线性变换，即用 $(z-1)/(z+1)$ 代替式（10-54）中的 s，可以得到 PI 控制器的离散形式

$$
\begin{aligned}
i_{\mathrm{qc}} &= i_{\mathrm{qc}}(k-1) + K_{\mathrm{qc}}(e_{\mathrm{m}}(k) - e_{\mathrm{m}}(k-1)) + K_{\mathrm{ic}}(e_{\mathrm{m}}(k) + e_{\mathrm{m}}(k+1)) \\
&= \boldsymbol{\phi}_{\mathrm{c}}^{\mathrm{T}}(k-1)\boldsymbol{\theta}_{\mathrm{c}}(k-1)
\end{aligned} \quad (10\text{-}55)
$$

式中，$\boldsymbol{\phi}_c=[i_{qc}(k-1), e_m(k)-e_m(k-1), e_m(k)+e_m(k-1)]^T$ 作为神经网络控制器的输入矢量；$\boldsymbol{\theta}_c(k-1)=[1, K_{pc}, K_{ic}]^T$ 作为神经网络的权系数向量。补偿控制器 NNPIC 的结构如图 10–15 所示，为了分析方便，3 个神经元的传递函数都取为单位映射，即神经元的输出等于神经元的净输入，神经网络的输出为

$$i_{qc}(k)=\boldsymbol{\phi}_c^T(k-1)\boldsymbol{\theta}_c(k-1) \tag{10-56}$$

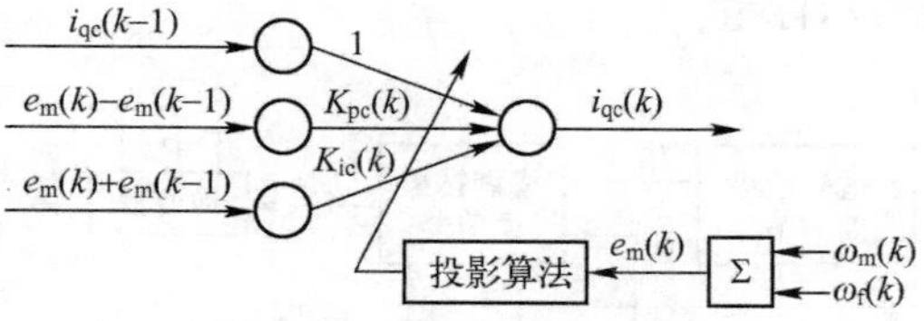

图 10–15　补偿控制器 NNPIC 的结构框图

神经网络的输出 $e_m(k)$ 权系数向量 $\boldsymbol{\theta}_c(k)$ 采用投影算法进行在线训练，递推公式为

$$\boldsymbol{\theta}_c(k)=\boldsymbol{\theta}_c(k-1)+\frac{a\boldsymbol{\phi}_c(k-1)e_m(k)}{b+\boldsymbol{\phi}_c^T(k-1)\boldsymbol{\phi}_c(k-1)} \tag{10-57}$$

式中，a、b 是常数，$a\in(0,2)$，b 是一个接近于 0 的正常数，其作用是避免在训练过程中分母为 0。

（2）转速调节器 ASR

在整个调速系统的设计过程中，速度控制器 ASR 的设计和补偿控制器 NNPIC 的设计可以分开进行。根据以上方法设计的补偿控制器 NNPIC 可以使系统的动态特性逼近参考模型的动态特性，假设参考模型的传递函数为

$$P_m=\frac{K_m}{J_m s+B_m} \tag{10-58}$$

式中，K_m、J_m、B_m 是已知的常数。

速度调节器 ASR 使用简单的 PI 调节器，ASR 的传递函数为

$$\frac{i_{Pi}(s)}{e_\omega(s)}=K_p+\frac{K_i}{s} \tag{10-59}$$

式中，K_p 和 K_i 分别为 ASR 的比例系数和积分系数。

整个调速系统的传递函数可以近似为

$$\frac{\omega_r(s)}{\omega_r^*(s)}\approx\frac{K_m K_p s+K_m K_i}{J_m s^2+(B_m+K_m K_p)s+K_m K_i} \tag{10-60}$$

根据式（10–60）和给定的调速系统的性能指标，就可以对转速调节器 ASR 中的参数 K_p、K_i 进行设计。

10.5.2　异步电动机模糊控制方法

1965 年，美国著名控制论专家 L. A. Zadeh 创立了模糊集合论，为解决复杂系统的控制问题提供了强有力的数学工具。1974 年，Mamdani 创立了使用模糊控制语言描述控制规则的模糊控制理论，这种控制方法具有简单、易用、控制效果好的特点，已经被广泛应用于各种控制系统，尤其是在模型不确定、非线性、大时滞系统的控制中，其优势尤其明显，正如 L. A. Zadeh 教授所说：“有很多可供选择的方法来代替模糊逻辑，但是模糊逻辑往往是最快

速和最简单有效的方法”。本节介绍一种采用模糊控制器的异步电动机直接转矩控制方法。

1. 异步电动机模糊直接转矩控制调速系统的基本结构

异步电动机模糊直接转矩控制调速系统的基本结构如图 10-16 所示，整个系统主要由自适应模糊速度调节器、模糊转矩调节器、逆变器、交流电动机、磁链和转矩观测器组成。图中双线表示矢量，单线表示标量。

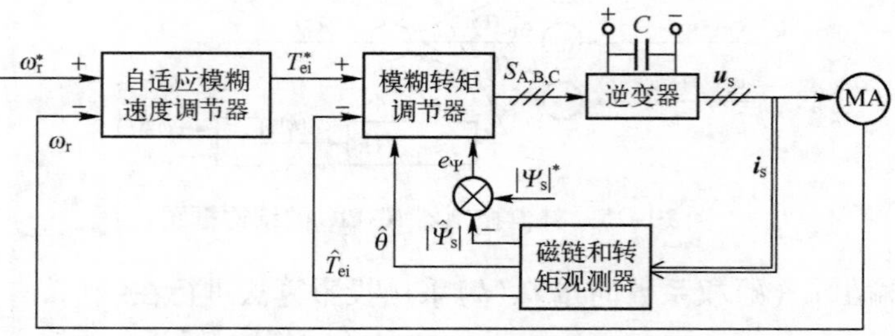

图 10-16　异步电动机模糊直接转矩控制调速系统的基本结构

模糊直接转矩控制调速系统的基本工作原理如下：自适应模糊速度调节器根据转速误差 e_ω 输出电磁转矩的给定信号 T_{ei}^*；模糊转矩调节器根据输入的转矩误差 e_T、磁链误差 e_Ψ 和磁链角 θ，经过模糊推理选择开关状态 $S_{A,B,C}$，作为逆变器单元的输入信号，实现对异步电动机的控制。

2. 模糊转矩控制器的设计

模糊转矩控制器除了要满足转矩控制要求外，还要保证定子磁链矢量 $\boldsymbol{\Psi}_s$ 的运行轨迹接近于半径为 Ψ_s^* 的圆形，Ψ_s^* 为定子磁链模值的给定信号。

磁链角 θ_s 是定子磁链和静止定子坐标系 α 轴之间的夹角，θ_s 的论域为[0,2π]，具有 12 个语言变量值 $\{\theta_0,\cdots,\theta_{11}\}$，对应的隶属函数如图 10-17 所示。

转矩误差信号 e_T 是给定转矩 T_{ei}^* 和其观测值 $\hat{T}_{ei}$ 之差

$$e_T = T_{ei}^* - \hat{T}_{ei} \tag{10-61}$$

e_T 的论域为 [-4.5, +4.5]，具有 5 个语言变量值 {正大(PB)，正小(PS)，零(Z)，负小(NS)，负大(NB)}，对应的隶属函数如图 10-18 所示。

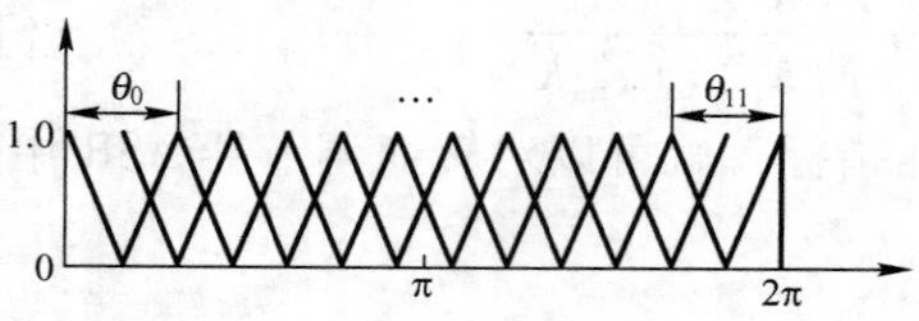

图 10-17　θ_s 的隶属度函数分布

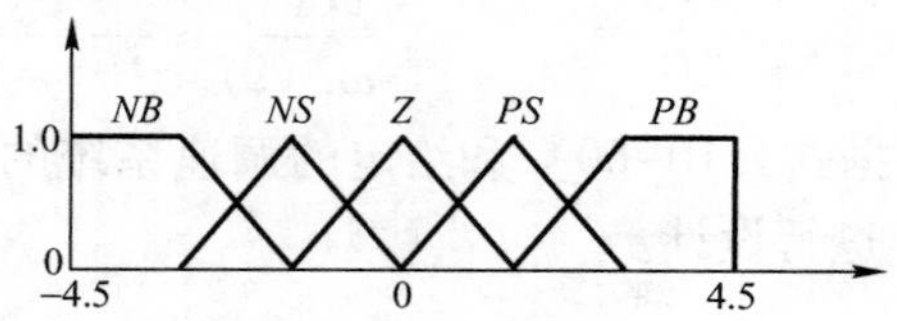

图 10-18　e_T 的隶属度函数分布

磁链误差 e_Ψ 为定子磁链幅值的给定信号 Ψ_s^* 和其观测值 $\hat{\Psi}_s$ 之差

$$e_\Psi = \Psi_s^* - \hat{\Psi} = \Psi_s^* - \sqrt{\hat{\Psi}_{s\alpha}^2 + \hat{\Psi}_{s\beta}^2} \tag{10-62}$$

e_Ψ 的论域为 [-0.01, 0.01]，具有 3 个模糊语言值 {正(P)，零(Z)，负(N)}，对应的隶属函数如图 10-19 所示。

模糊转矩控制器的输出量 $S_{A,B,C}$ 的论域为 8 种开关状态组成的集合，定义 7 个语言变量值$\{N_1, N_2, N_3, N_4, N_5, N_6, N_0\}$，对应的隶属函数如图 10-20 所示。

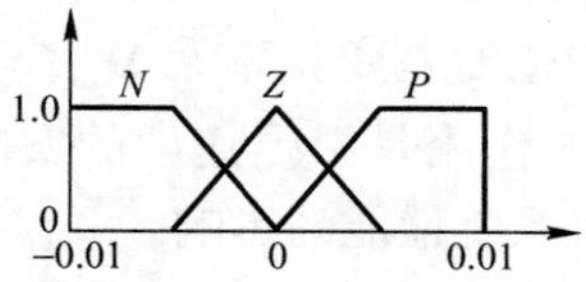

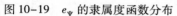

图 10-19 e_Ψ 的隶属度函数分布

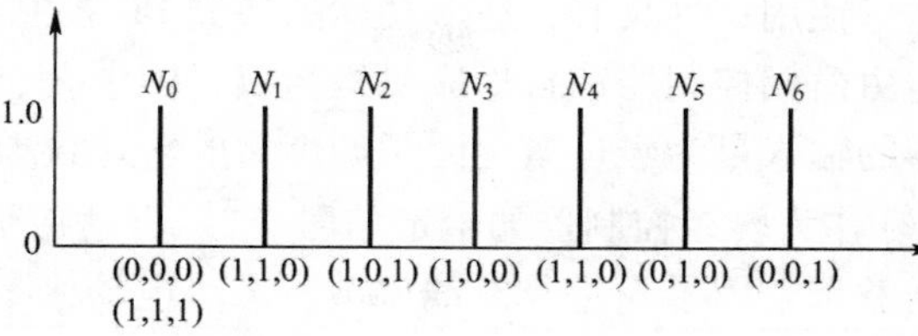

图 10-20 n 的隶属度函数分布

模糊控制规则可以用 e_Ψ、e_T、θ 和 $S_{A,B,C}$ 描述，比如与 $e_\psi = P$、$e_T = PL$、$\theta = \theta_0$ 对应的控制规则具有以下形式：

$$\text{if } e_\psi^* = P, e_T = PB \text{ and } \theta = \theta_0 \text{ then } S_{A,B,C} \text{ is } N_3$$

利用和直接转矩控制中相似的方法，通过分析定子电压空间矢量对 e_Ψ、θ 和 e_T 的影响，可以得到表 10-1 所示的模糊控制规则。

表 10-1 模糊控制规则表

e_Ψ	e_T	θ_0	θ_1	θ_2	θ_3	θ_4	θ_5	θ_6	θ_7	θ_8	θ_9	θ_{10}	θ_{11}
	PB	N_3	N_1	N_1	N_5	N_5	N_4	N_4	N_6	N_6	N_2	N_2	N_3
	PS	N_3	N_1	N_1	N_5	N_5	N_4	N_4	N_6	N_6	N_2	N_2	N_3
P	Z	N_0	N_0	N_0	N_0	N_0	N_0	N_0	N_0	N_0	N_0	N_0	N_0
	NS	N_2	N_2	N_3	N_3	N_1	N_5	N_5	N_5	N_4	N_4	N_6	N_6
	NB	N_2	N_2	N_3	N_3	N_1	N_5	N_5	N_5	N_4	N_4	N_6	N_6
	PB	N_1	N_1	N_5	N_5	N_4	N_4	N_6	N_6	N_2	N_2	N_3	N_3
	PS	N_1	N_5	N_5	N_4	N_4	N_6	N_6	N_2	N_2	N_3	N_3	N_1
Z	Z	N_0	N_0	N_0	N_0	N_0	N_0	N_0	N_0	N_0	N_0	N_0	N_0
	NS	N_0	N_0	N_0	N_0	N_0	N_0	N_0	N_0	N_0	N_0	N_0	N_0
	NB	N_6	N_2	N_2	N_3	N_3	N_1	N_1	N_5	N_5	N_4	N_4	N_6
	PB	N_1	N_5	N_5	N_4	N_4	N_6	N_6	N_2	N_2	N_3	N_3	N_1
	PS	N_5	N_5	N_4	N_4	N_6	N_6	N_2	N_2	N_3	N_3	N_1	N_1
N	Z	N_0	N_0	N_0	N_0	N_0	N_0	N_0	N_0	N_0	N_0	N_0	N_0
	NS	N_4	N_6	N_6	N_2	N_2	N_3	N_3	N_1	N_1	N_5	N_5	N_4
	NB	N_6	N_6	N_2	N_2	N_3	N_1	N_1	N_1	N_5	N_5	N_4	N_4

在模糊转矩控制器的实现过程中，模糊推理采用 Mamdani 推理方法，解模糊采用最大隶属度平均法。

3. 自适应模糊速度调节器

自适应模糊控制器具有以下两个功能：

1）控制功能：根据调速系统的运行状态，给出合适的控制量。

2）自适应功能：根据调速系统的运行效果，对控制器的控制决策进一步更改，以便获得更好的控制效果。

这里使用一种具有自适应功能的模糊 PD 控制器作为速度调节器，其结构如图 10-21 所示，它由模糊控制器和自适应机构组成，图中 k_e、k_c是调整量化因子，k_u是比例因子。模糊控制器的输入量为经过量化因子调整后的转速误差 $k_e e_\omega$和转速偏差变化率 $k_c \Delta e_\omega$，其输出量 u 乘 αk_u 作为转矩控制器的给定信号 T_{ei}^*。自适应调整机构的作用是根据速度的实时变化趋势对增益调整因子 α 进行在线调节，减小电动机参数变化对系统性能的影响。

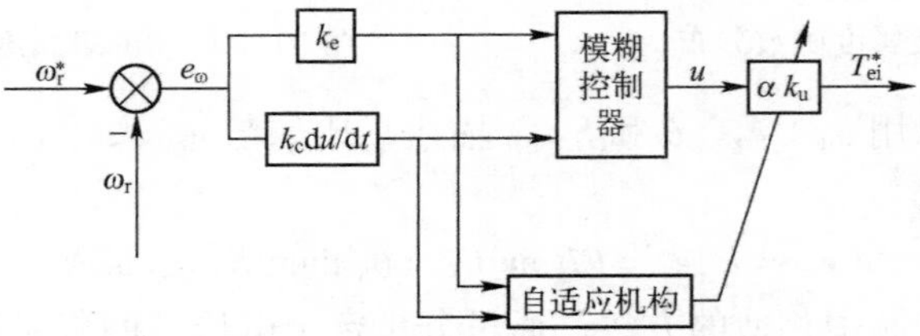

图 10-21　自适应模糊速度调节器结构框图

速度控制器的设计分为两步：模糊控制器的设计和模糊自适应机构的设计。

（1）模糊控制器的设计

基本模糊控制器的输入量为转速偏差 e_ω和转速偏差变化率 Δe_ω，其计算公式为

$$e_\omega = k_e(\omega^* - \omega_f)$$

$$\Delta e_\omega = k_e \mathrm{d}e_\omega/\mathrm{d}t$$

控制量为 u，与比例因子 k_u 相乘，作为转矩控制器的给定信号

$$T_{ei}^* = \alpha k_u \cdot u$$

e_ω的论域为［1,1］，定义 7 个语言变量值｛负大（NB），负中（NM），负小（NS），零（Z），正小（PS），正中（PM），正大（PB）｝，对应的隶属函数如图 10-22 所示。

Δe_ω的论域为［-1,1］，定义 7 个语言变量值｛负大（NB），负中（NM），负小（NS），零（Z），正小（PS），正中（PM），正大（PB）｝，对应的隶属函数如图 10-22 所示。

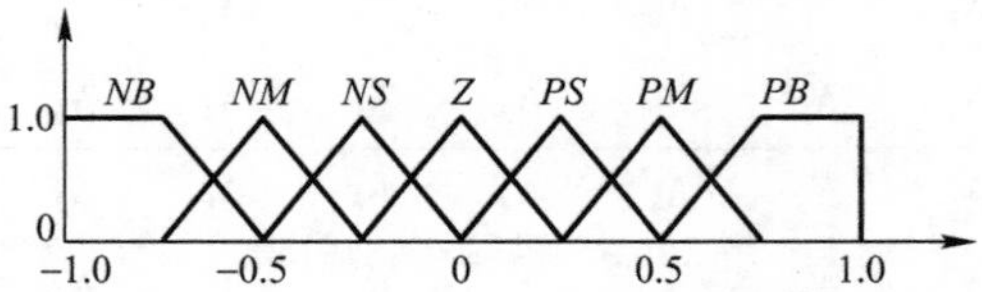

图 10-22　e_ω、Δe_ω、u 的隶属度函数分布

u 的论域为［-1,1］，定义 7 个语言变量值｛负大（NB），负中（NM），负小（NS），零（Z），正小（PS），正中（PM），正大（PB）｝，对应的隶属函数如图 10-22 所示。

模糊控制规则用 e_ω、Δe_ω、u 描述，比如与 $e = NB$、$\Delta e_\omega = NB$ 对应的控制规则具有以下形式：

$$\text{if } e_\omega = NB \text{ and } \Delta e_\omega = NB \text{ then } u = NB$$

所有模糊控制规则见表 10-2，模糊推理采用 Mamdani 推理方法，解模糊采用加权平均法。

表 10-2　模糊控制规则表

u		e_ω						
		NB	*NM*	*NS*	*Z*	*PS*	*PM*	*PB*
Δe_ω	*NB*	*NB*	*NB*	*NB*	*NM*	*NS*	*NS*	*Z*
	NM	*NB*	*NM*	*NM*	*NM*	*NS*	*Z*	*PS*
	NS	*NB*	*NM*	*NS*	*NS*	*Z*	*PS*	*PM*
	Z	*NB*	*NM*	*NS*	*Z*	*PS*	*PM*	*PB*
	PS	*NM*	*NS*	*Z*	*PS*	*PS*	*PM*	*PB*
	PM	*NS*	*Z*	*PS*	*PM*	*PM*	*PM*	*PB*
	PB	*Z*	*PS*	*PS*	*PM*	*PB*	*PB*	*PB*

（2）模糊自适应机构的设计

为了使调速系统在电动机参数变化后仍然具有很好的性能，在速度控制器中增加了自适应机构对增益调整因子 α 进行在线调节。模糊自适应机构的输入量为转速偏差 e 和转速偏差变化律 Δe_ω，输出量为增益调整因子 α。

e_ω的论域为［−1,1］，定义 7 个语言变量值｛负大(NB)，负中(NM)，负小(NS)，零(Z)，正小(PS)，正中(PM)，正大(PB)｝，对应的隶属函数如图 10-22 所示。

Δe_ω的论域为［−1,1］，定义 7 个语言变量值｛负大(NB)，负中(NM)，负小(NS)，零(Z)，正小(PS)，正中(PM)，正大(PB)｝，对应的隶属函数如图 10-22 所示。

α 的论域为［0,1］，定义 7 个语言变量值｛零(Z)，非常小(VS)，小(S)，小大(SB)，中大(MB)，大(B)，非常大(VB)｝，对应的隶属函数如图 10-23 所示。

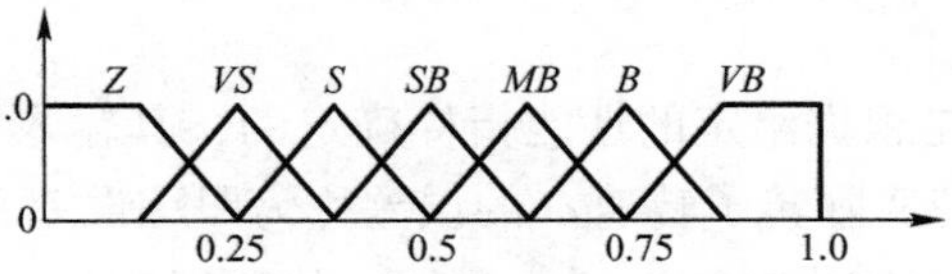

图 10-23　α 的隶属度函数分布

模糊控制规则用 e_ω、Δe_ω、α 描述，比如与 $e=NB$、$\Delta e_\omega=NB$ 对应的控制规则表示为

$$\text{if } e_\omega = NB \text{ and } \Delta e_\omega = NB \text{ then } \alpha = VB$$

所有模糊控制规则见表 10-3，模糊推理采用 Mamdani 推理方法，解模糊采用加权平均法。

表 10-3　模糊控制规则表

u		e_ω						
		NB	*NM*	*NS*	*Z*	*PS*	*PM*	*PB*
Δe_ω	*NB*	*VB*	*VB*	*VB*	*B*	*SB*	*S*	*Z*
	NM	*VB*	*VB*	*B*	*MB*	*MB*	*S*	*VS*
	NS	*VB*	*MB*	*B*	*B*	*VS*	*S*	*VS*
	Z	*S*	*SB*	*MB*	*Z*	*MB*	*SB*	*S*
	PS	*VS*	*S*	*VS*	*B*	*B*	*MB*	*VB*
	PM	*VS*	*S*	*MB*	*MB*	*B*	*VB*	*VB*
	PB	*Z*	*S*	*SB*	*B*	*VB*	*VB*	*VB*

4. 模糊直接转矩控制方案的特点

从以上分析可见，异步电动机模糊直接转矩控制方案结构简单、思路清晰、容易实现。

实验结果表明，这种控制方案具有以下优点：

1）速度响应快、无超调、稳态精度高。

2）模糊速度控制器具有自适应功能，改善了调速系统的低速性能。

3）能在一定程度上抑制电动机参数变化对调速系统性能的影响。

在速度控制器和转矩控制器的设计过程中，为了确定合理的模糊控制规则，需要进行大量的实验，这是模糊直接转矩控制方案存在的主要问题。

10.5.3 异步电动机的自适应模糊神经网络控制方法

模糊神经网络同时具有模糊推理能力和自学习能力，是神经网络技术和模糊技术的有机结合，已经被广泛应用到系统辨识和控制领域中。模糊神经网络在结构上虽然也是局部逼近网络，但它是按照模糊系统模型建立起来的，网络中的各个节点和所有参数均具有明显的物理意义，因此这些参数的初始值比较容易确定，从而提高了网络的收敛速度。另一方面，模糊神经网络还具有神经网络的自学习能力，能够根据系统的运行情况对推理规则进行调整，这是其优于模糊技术之所在。近10年来，把智能控制和自适应控制结合起来的智能自适应控制技术是自动控制领域的研究热点之一，为解决控制对象的非线性和不确定性问题提供了一种可行的方法。

1. 异步电动机模糊神经网络自适应控制系统的基本结构

异步电动机模糊神经网络自适应控制系统的基本结构如图10-24所示，整个系统主要由参考模型、模糊神经网络辨识器（FNNI）、自适应控制器和按恒压频比方式控制的异步电动机等几部分组成。

参考模型的动态特性是根据给定的性能指标确定的，其输入为给定转速信号 ω^*，输出为参考转速信号 ω_m。ω_m 与实际转子转速 ω 的误差称为跟踪误差，记为 e_m。自适应控制器的输入为 e_m，输出为转差频率的给定值 ω_{si}^*，ω_{si}^* 和 ω 相加得到供电角频率 ω_s，按恒压频比方式控制的异步电动机作为控制对象。FNNI 的作用是为自适应控制器提供误差梯度信息 $\partial\hat{\omega}/\partial\omega_s$，其输出为电动机转子转速的估计值 $\hat{\omega}$，ω 与 $\hat{\omega}$ 之间的误差称为估计误差，记为 e_1。

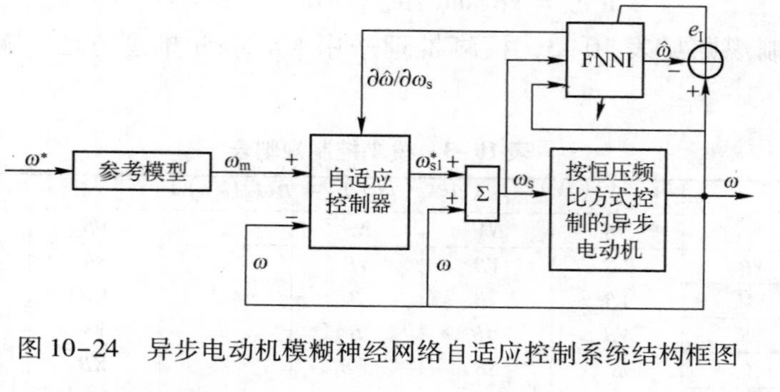

图10-24 异步电动机模糊神经网络自适应控制系统结构框图

2. 模糊神经网络辨识器的结构

模糊神经网络辨识器包含4层神经元，分别称为输入层（i 层）、成员函数层（j 层）、规则层（k 层）和输出层（o 层），其结构如图10-25所示。

第一层——输入层，其作用是将 x_1^1、x_2^1 引入模糊神经网络，该层具有两个神经元，第 i 个神经元的净输入和输出为

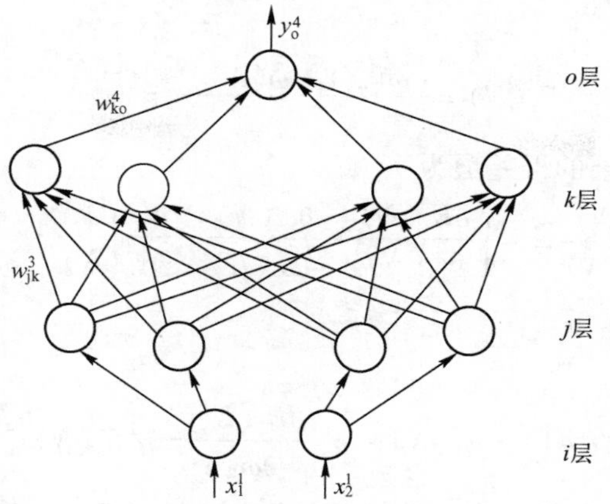

图 10-25　模糊神经网络辨识器的结构

$$\left.\begin{aligned} net_i^1(N) &= x_i^1(N) \\ y_i^1(N) &= f_i^1(net_i^1(N)) = net_i^1(N) \end{aligned}\right\} \quad i=1,2 \tag{10-63}$$

式中，N 表示迭代次数，$x_1^1(N)=\omega_s(N)$，$x_2^1(N)=\omega(N)$。

第二层——成员函数层，其作用是将 y_1^1、y_2^1 模糊化，模糊化使用的隶属度函数为高斯函数

$$\exp\left(-\left(\frac{x-m}{\sigma}\right)^2\right)$$

式中，m 为高斯函数的均值中心；σ 为高斯函数的标准偏差。

该层每一个神经元完成一个隶属度函数的功能，第 j 个节点的净输入和输出分别表示为

$$\left.\begin{aligned} net_j^2(N) &= -\frac{(x_j^2-m_j)^2}{\sigma 2_j} \\ y_j^2(N) &= f_j^2(net_j^2(N)) = \exp(net_j^2(N)) \end{aligned}\right\} \quad j=1,\cdots,n \tag{10-64}$$

式中，x_j^2 是第 j 个神经元的输入；m_j 为第 j 个隶属度函数（神经元）的均值中心和标准偏差；n 为所有输入量的语言变量总数，等于第二层包含的全部神经元的个数。

第三层——规则层，其作用是进行模糊推理，该层第 k 个神经元净输入和输出分别为

$$\left.\begin{aligned} net_k^3(N) &= \prod_j w_{jk}^3 x_j^3(N) \\ y_k^3(N) &= f_k^3(net_k^3(N)) = net_k^3(N) \end{aligned}\right\} \tag{10-65}$$

式中，$x_j^3(N)$ 为第 k 个神经元的第 j 个输入；w_{jk}^3 为对应于 $x_j^3(N)$ 的权系数，全部取 1。

第四层——输出层，该层只有一个神经元，用 Σ 表示，其神经元净输入和输出分别为

$$\left.\begin{aligned} net_o^4(N) &= \sum_{k=1}^{R_1} w_k^4 x_k^4(N) \\ y_o^4(N) &= f_o^4(net_o^4(N)) = net_o^4(N) \end{aligned}\right\} \tag{10-66}$$

式中，$x_k^4(N)$ 为输出神经元的第 k 个输入；w_k^4 为对应于 $x_k^4(N)$ 的权系数；R_1 为规则数。

3. 模糊神经网络辨识器的学习算法

在系统运行过程中，使用 BP 算法对模糊神经网络辨识器进行在线训练。定义性能指标

函数为

$$E_1(N)=\frac{(\omega(N)-\hat{\omega}(N))^2}{2}=\frac{e_1^2(N)}{2} \tag{10-67}$$

根据 BP 算法，输出层的误差项为

$$\delta_o^4(N)=-\frac{\partial E_1(N)}{\partial net_o^4(N)}=-\left[\frac{\partial E_1(N)}{\partial e_i(N)}\cdot\frac{\partial e_i(N)}{\partial\hat{\omega}_r(N)}\cdot\frac{\partial\hat{\omega}_r(N)}{\partial y_o^4(N)}\cdot\frac{\partial y_o^4(N)}{\partial net_o^4(N)}\right]=e_i(N) \tag{10-68}$$

权系数的调整公式为

$$w_k^4(N+1)=w_k^4(N)-\eta_w^I\frac{\partial E_1(N)}{\partial\omega_{ko}^4}=\eta_w^I\delta_o^4(N)x_k^4(N) \tag{10-69}$$

式中，η_w^I 为输出层权系数的学习率，上标 I 表示辨识器，下标 w 表示权系数。

在训练过程中，规则层的权系数恒等于 1，所以只需要计算该层的误差项

$$\delta_k^3(N)=-\frac{\partial E_1(N)}{\partial net_k^3(N)}=\delta_o^4(N)w_k^4(N) \tag{10-70}$$

成员函数层的误差项的计算公式为

$$\delta_1^2(N)=-\frac{\partial E_1(N)}{\partial net_j^2(N)}=\sum_k\delta_k^3(N)y_k^3(N) \tag{10-71}$$

语言变量的均值 m_j 中心和标准偏差 σ_j 的更新公式为

$$\left.\begin{aligned}\sigma_j(N+1)&=\sigma_j(N)-\eta_\sigma^I\frac{\partial E_1(N)}{\partial\sigma_j}=\sigma_j(N)+\eta_\sigma^I\delta_j^2(N)\frac{2(x_j^2(N)-m_j(N))^2}{(\sigma_j(N))^3}\\ m_j(N+1)&=m_j(N)-\eta_m^I\frac{\partial E_1(N)}{\partial m_j}=m_j(N)+\eta_m^I\delta_j^2(N)\frac{2(x_j^2(N)-m_j(N))^2}{(\sigma_j(N))^3}\end{aligned}\right\} \tag{10-72}$$

式中，η_σ^I、η_m^I 分别是 σ_j、m_j 的学习率。

4. 自适应控制器

自适应控制器的作用是根据控制误差 e_m 和 FNNI 提供的梯度信息 $\partial\hat{\omega}/\partial\omega_s$ 确定转差频率的给定值 ω_{s1}^*，使如下定义的性能指标 J 达到最小。

$$J=\frac{(\omega_m-\omega_r)^2}{2}=\frac{e_m^2}{2} \tag{10-73}$$

自适应控制器利用梯度下降法确定转差频率的给定值

$$\omega_{s1}^*(N+1)=\omega_{s1}^*(N)-\eta_c\frac{\partial J}{\partial\omega_{s1}^*}=\omega_{s1}^*(N)-\eta_c e_m\frac{\partial\omega}{\partial\omega_s} \tag{10-74}$$

式中，η_c 为自适应控制器的学习率。

当模糊神经网络辨识器收敛后，可以认为 $\partial/\partial\omega_s$ 是 $\partial\omega/\partial\omega_s$ 的估计值，即

$$\frac{\partial\omega}{\partial\omega_s}\approx\frac{\partial\hat{\omega}}{\partial\omega_s}=\frac{\partial y_o^4}{\partial x_1^1}=-2\sum_{k=1}^{R_1}\omega_{ko}^4\left\{y_k^3\frac{(x_1^1-m_k)}{\sigma_k^2}\right\} \tag{10-75}$$

式中，m_k 和 σ_k 分别为联系 x_1^1 和第 k 个语言变量的均值中心和标准偏差。

试验表明，这种自适应模糊神经网络控制方法增强了整个调速系统的鲁棒性，当电动机参数发生较大变化时，整个系统仍能保持良好的动、静态性能。

参考文献

[1] 陈伯时．电力拖动自动控制系统［M］．3 版．北京：机械工业出版社，2003.

[2] 李华德．交流调速控制系统［M］．北京：电子工业出版社，2003.

[3] 马志源．电力拖动自动控制系统［M］．北京：科学出版社，2003.

[4] 尔桂花，窦曰轩．运动控制系统［M］．北京：清华大学出版社，2004.

[5] 马小亮．高性能变频调速及其典型控制系统［M］．北京：机械工业出版社，2010.

[6] 高景德，王祥衍，李发海．交流电机及其系统的分析［M］．2 版．北京：清华大学出版社，2005.

[7] 天津电气传动研究所．电气传动自动化手册［M］．2 版．北京：机械工业出版社，2005.

[8] 胡斯登．考虑非理想特性与特定工况的变频调速系统控制策略研究［D］．北京：清华大学，2011.

[9] 汤蕴璆．电机学［M］．5 版．北京：机械工业出版社，2014.

[10] 马小亮．大功率交—交变频交流调速及矢量控制［M］．3 版．北京：机械工业出版社，2004.

[11] 李正军．计算机控制系统［M］．北京：机械工业出版社，2005.

[12] 易继楷．智能控制技术［M］．北京：北京工业大学出版社，1999.

[13] Holz J. Fast dynamic control of medium voltage drives operating at very low switching frequency—An overview [J]. IEEE Trans. on Ind. Electron, 2008, 55 (3): 1005 – 1013.

[14] Oikonomon N, Holz J. Closed – loop control of medium – voltage drives operated with synchronous optimal pulse width modulation [J]. IEEE Trans. on Ind. Appl, 2008, 44 (1): 115 – 123.

[15] Caucet S. Parameter – dependent Lyapunov functions applied to analysis of induction motor stability [J]. Control Engineering Practice, 2002, (10): 337 – 345.

[16] Lyshevshi S E. Control of high performance induciton motors: theory and practice [J]. Energy Conversion and Management, 2001, 42 (7): 877 – 898.

[17] 顾绳谷．电机及拖动基础［M］．北京：机械工业出版社，2005.

[18] Peng F Z, Fukao T, Lai J S. Low – speed performance of robust speed identification Using instantaneous reactive power for tacholess vector control of induction motors [J]. IEEE Industry Application Society, 1994: 493 – 499.

[19] Lataire P H. White paper on the new ABB medium voltage drive system, using IGCT power semiconductors and direct torque control [J]. EPE Journal, 2015, 7 (3 – 4): 40 – 45.

[20] Nguyen Phung Qang, Jorg – Andreas Dittrich. Vector control of three – phase AC machines system development in the practice [J]. Berlin: Springer, 2008.

[21] 徐彬，冀路明，廖自立，等．稀土永磁同步电动机和永磁无刷方波直流电动机的数字式调速系统［C］．中国交流电机调速传动学术会议，宜昌，1999.

[22] Kazmierkowski M P, Daieniakow M A, Sulkowski W. Novel space vector based current controllers for PWM inverter [J]. IEEE Trans. on PE, 1991, 6 (1): 158 – 166.

[23] 刘大勇，肖先辉．N 相大功率永磁同步电动机数学模型及矢量变换控制［C］．中国交流电机调速传动学术会议，宜昌，1999.

[24] Wang L M, Guo Q D, Lorenz R D. Sensorless control of permanent magnet synchronous motor [C]. The Third International Power Electronics and Motion Control Conference, Beijing, 2000.

[25] Muhammadh Rashid. Power electronics handbook [M]. Amsterdam: Eisevier Science, 2001.

[26] Bimal K. Bose．现代电力电子学与交流传动［M］．王聪，译．北京：机械工业出版社，2005.
[27] Monmasson E. FPGA design methodolgy for industrial control systems—A review［J］. IEEE Trans. on Ind, Electron，2007，54（1）：1824—1842.
[28] Tien－Chi Chen，Tsong－Teng Shen. Model reference neural network controller for induction motor speed control［J］. IEEE Transaction on Energy Conversion，2002，17（2）：157—163.
[29] Steimel A. Direct self control（Dsc）and indirect stator－quantities control（Isc）for tranction application［C］. Tutorials of 10th European Power Electronic Conference（EPE），Toulouse，2003.
[30] 王成元，夏加宽，杨俊友，等．电机现代控制技术［M］．北京：机械工业出版社，2009.
[31] 丛爽，李泽湘．实用运动控制技术［M］．北京：电子工业出版社，2006.
[32] 张莉松，胡佑德，徐立新．伺服系统原理与设计［M］．北京：北京理工大学出版社，2006.
[33] 郭庆鼎，孙宜标，王丽梅．现代永磁同步电动机交流伺服系统［M］．北京：中国电力出版社，2006.
[34] Tang L，Zhong L，Rahman M F. A novel direct torque control scheme for interior permanent magnet synchrous machines drives system with low ripple in torque and flux，and fixed switching frequency［J］. IEEE Transactions on Power Electronics，2004，19（12）：246—354.
[35] Texas Instruments Incorporated. TMS320C28X 系列 DSP 的 CPU 与外设：上册［M］．张为宁，译．北京：清华大学出版社，2006.
[36] 朱希荣，伍小杰，周渊深．基于内模控制的同步电动机变频调速系统的研究［J］．电气传动，2007，37（12）：46—48.
[37] 庄圣贤．异步电动机定子电流的内模控制及实现［J］．控制理论与应用．2000，21（4）：12—17.
[38] Lin F J，Yu J C，Tzeng M S. Sensorless induction spindle motor drive using fuzzy neural network speed controller［J］. Electric Power Systems Research，2003，58（3）：187—196.
[39] 韩京清．自抗扰控制及其应用［J］．控制与决策．1998，13（1）：19—23.
[40] 寇宝泉，程树康．交流伺服电机及其控制［M］．北京：机械工业出版社，2008.
[41] 胡育文，等．异步电动机（电动发电）直接转矩控制系统［M］．北京：机械工业出版社，2012.